Office 2016 三合一

高效办公手册

崔昊 主编

北京日报出版社

图书在版编目（CIP）数据

Office 2016 三合一高效办公手册 / 崔昊主编. --
北京 : 北京日报出版社, 2017.5
ISBN 978-7-5477-2427-9

Ⅰ. ①O… Ⅱ. ①崔… Ⅲ. ①办公自动化—应用软件
Ⅳ. ①TP317.1

中国版本图书馆 CIP 数据核字(2017)第 016413 号

Office 2016 三合一高效办公手册

出版发行：北京日报出版社
地　　址：北京市东城区东单三条 8-16 号东方广场东配楼四层
邮　　编：100005
电　　话：发行部：（010）65255876
　　　　　总编室：（010）65252135
印　　刷：北京市燕山印刷厂
经　　销：各地新华书店
版　　次：2017 年 5 月第 1 版
　　　　　2017 年 5 月第 1 次印刷
开　　本：787 毫米×1092 毫米　1/16
印　　张：21.75
字　　数：451 千字
定　　价：39.80 元（随书赠送光盘 1 张）

前　言 FOREWORD

内容导读

Office 2016 办公软件套装中的 Word 2016、Excel 2016 和 PowerPoint 2016 是现代化办公中不可或缺的重要工具，也是每位职场人士高效办公的得力助手。使用 Word 2016 可以轻松地对文档进行编辑、排版和打印等操作，使用 Excel 2016 可以进行表格制作、数据分析和处理，使用 PowerPoint 2016 可以制作具有一流水准的演示文稿。

本书针对 Office 办公初学者的学习需求，系统地介绍了 Word 2016、Excel 2016 和 PowerPoint 2016 的软件功能及其应用方法，深入揭示隐藏于高效办公背后的实操技巧，帮助读者全面掌握 Word、Excel 和 PowerPoint 在实际办公工作中的应用技术。

本书共分为 14 章，主要内容包括：

- ☑ Word 2016 全新体验
- ☑ Word 2016 文档基本操作
- ☑ 制作图文并茂的 Word 文档
- ☑ 办公表格的编辑与应用
- ☑ 样式与模板的编辑与应用
- ☑ 文档页面设置与打印
- ☑ Word 2016 高级办公操作
- ☑ Excel 表格制作快速入门
- ☑ 制作专业的 Excel 办公表格
- ☑ 使用公式和函数
- ☑ 工作表数据管理与分析
- ☑ PowerPoint 演示文稿制作快速入门
- ☑ 统一幻灯片格式
- ☑ 动态演示文稿制作及放映

主要特色

本书是帮助 Office 2016 初学者实现高效办公入门、提高到精通的得力助手和学习宝典。主要具有以下特色：

内容全面，注重实用

本书选择实际办公中最实用、最常用的各种知识，力求让读者“想学的知识都能找到，所学的知识都能用上”，让学习从此不做无用功，学习效率事半功倍。

精选案例，拿来即用

为了便于读者即学即用，本书摒弃传统枯燥的知识讲解方式，而是将实际办公案例贯穿全书，让读者在学会案例制作方法的同时掌握软件操作技能。

图解教学，直观易懂

本书采用图解教学的体例形式，一步一图，以图析文，在讲解具体操作时，图片上均清晰地标注出了要进行操作的分步位置，便于读者在学习过程中直观、清晰地看到操作过程，更易于理解和掌握，提升学习效果。

光盘说明

本书随书赠送一张超长播放的多媒体 DVD 视听教学光盘，由专业人员精心录制了本书所有操作实例的实际操作视频，并伴有清晰的语音讲解，读者可以边学边练，即学即会。光盘中包含本书所有实例文件，易于读者使用，是培训和教学的宝贵资源，且大大降低了学习本书的难度，增强了学习的趣味性。

光盘中还超值赠送了由本社出版的《电脑软硬件维修从新手到高手（图解视频版）》和《Excel 2013 公式、函数、图表应用与数据分析从新手到高手（图解视频版）》的多媒体光盘视频，一盘多用，超大容量，物超所值。

适用读者

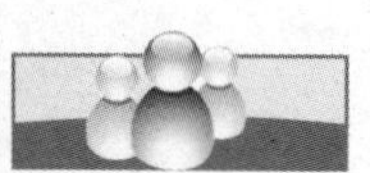

无论您是初学 Office，还是需要从 Office 较低的版本升级到 Office 2016；无论您是在校学生，还是初入职场的新人；无论您身在行政、人力资源、市场营销行业，还是会计财务行业，本书都是您学习 Office 2016 中三个组件 Word 2016、Excel 2016、PowerPoint 2016 来提高工作效率的得力助手。

售后服务

如果读者在使用本书的过程中遇到问题或者有好的意见或建议，可以通过发送电子邮件（E-mail：bzsybook@163.com）联系我们，我们将及时予以回复，并尽最大努力提供学习上的指导与帮助。

希望本书能对广大读者朋友提高学习和工作效率有所帮助，由于编者水平有限，书中可能存在不足之处，欢迎读者朋友提出宝贵意见，在此深表谢意！

编　者

目录 CONTENTS

Chapter 01 Word 2016 全新体验

Chapter 02 Word 2016 文档基本操作

Chapter 03 制作图文并茂的 Word 文档

Chapter 04 办公表格的编辑与应用

Chapter 05 样式与模板的编辑与应用

Chapter 06 文档页面设置与打印

Chapter 07 Word 2016 高级办公操作

Chapter 08 Excel 表格制作快速入门

Chapter 09 制作专业的 Excel 办公表格

Chapter 10 使用公式和函数

Chapter 11 工作表数据管理与分析

Chapter 12 PowerPoint 演示文稿制作快速入门

Chapter 13 统一幻灯片格式

Chapter 14 动态演示文稿制作及放映

Chapter

01

Word 2016 全新体验

Office 是目前使用最为普及的优秀办公软件，被广泛应用于文字处理、电子表格制作、演示文稿制作、数据库管理等应用领域。Office 2016 是微软推出的新一代办公套装软件，本章将介绍 Office 2016 的工作界面及基本操作。

Word 2016 的工作窗口

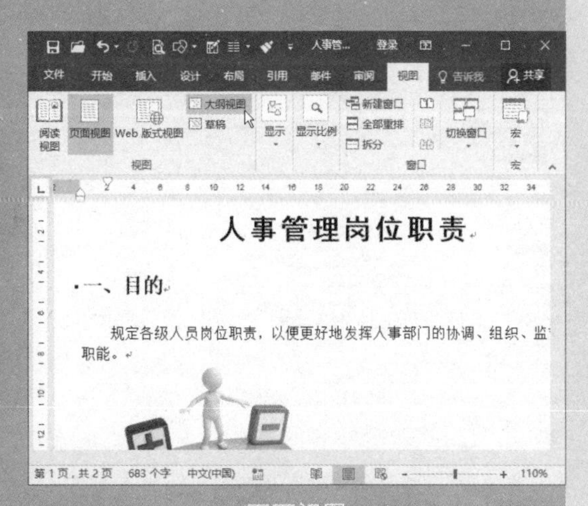

页面视图

1.1 初识 Office 2016

微软在发布 Windows 10 系统两个月后推出 Office 2016，它是针对 Windows 10 环境从零全新开发的通用应用，这意味着用户在不同平台和设备之间都能获得非常相似的应用。Office 2016 优化了多用户协同工作等功能，通过“共享”可以直接在 SharePoint、OneDrive 或 OneDrive for Business 上与他人共享自己的文档，或以电子邮件附件的形式发送副本。

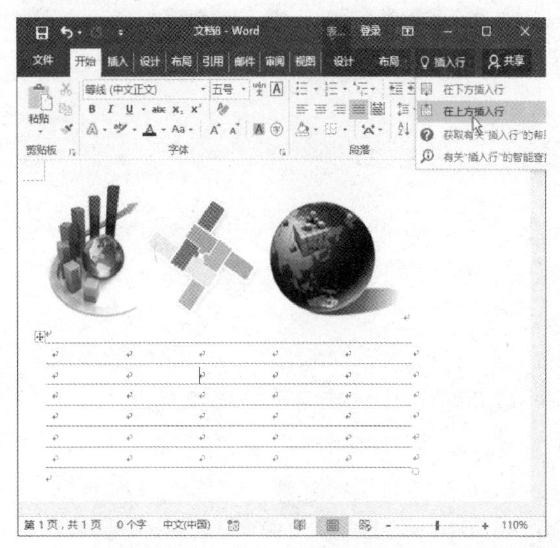

在 Office 2016 的功能区中包含一个“告诉我你想要做什么”文本框，它是一个全新的 Office 助手，可以在用户使用 Office 的过程中提供帮助。用户可以在其中输入与接下来要执行操作有关的字词和短语，以快速访问要使用的功能或要执行的操作，如选中表格后，在“请告诉我”文本框中输入“删除表格”，此时将显示相应的命令，选择命令即可快速执行操作，如左图所示。还可使用“请告诉我”文本框查找与要查找的内容有关的帮助，或使用智能查找对所输入的术语进行信息检索或定义。

Office 2016 有很多组件，在办公中经常用到的组件有 Word、Excel 和 PowerPoint，另外还包括 Outlook、Access、Publisher 和 OneNote 等组件。

Word 在 Office 组件中是一个很重要的角色，也是被用户使用最广泛的应用软件。使用 Word 可以创建和编辑专业的文档，如会议记录、邀请函、论文、报告等，如下图所示。

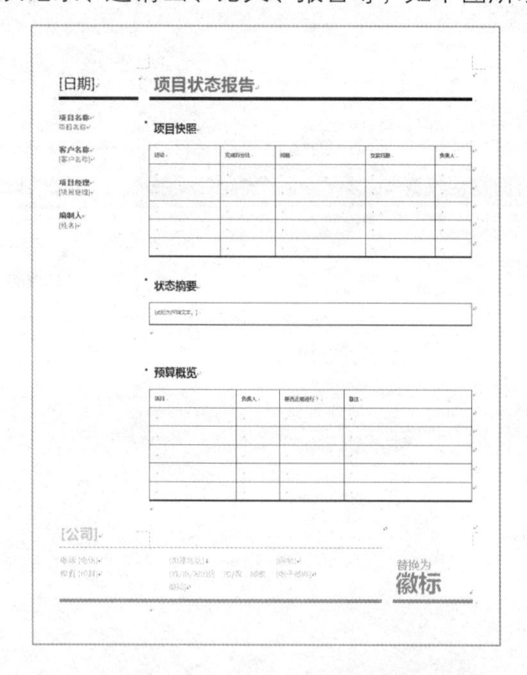

Excel 同样也是 Office 中的重要组件之一，其功能非常强大，可以进行各种数据的处理、统计分析等操作，被广泛应用于管理、财经、金融等领域，如下图所示。

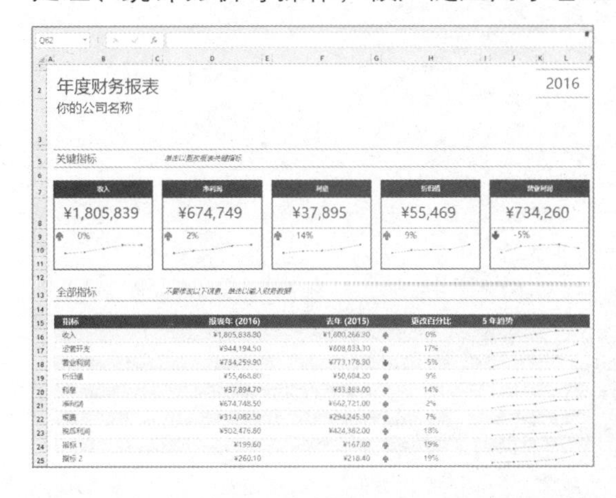

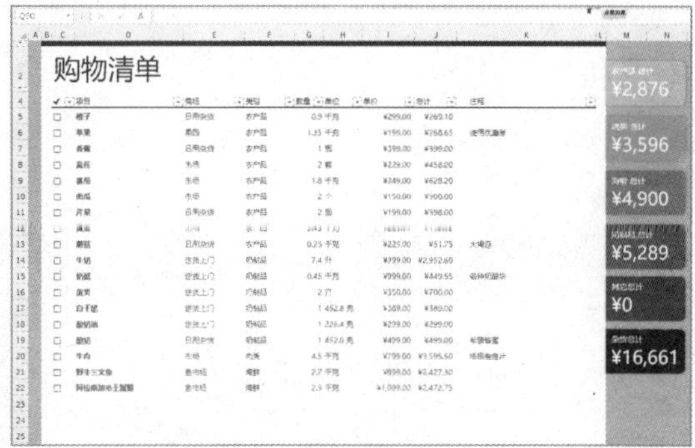

PowerPoint 用于创建和编辑用于幻灯片播放、会议和网页的演示文稿，可以制作动态演示文稿，用于会议汇报、产品演示等，形象生动、节省时间、引人注目，可以有效地帮助用户演讲、教学及产品演示等，如下图所示。

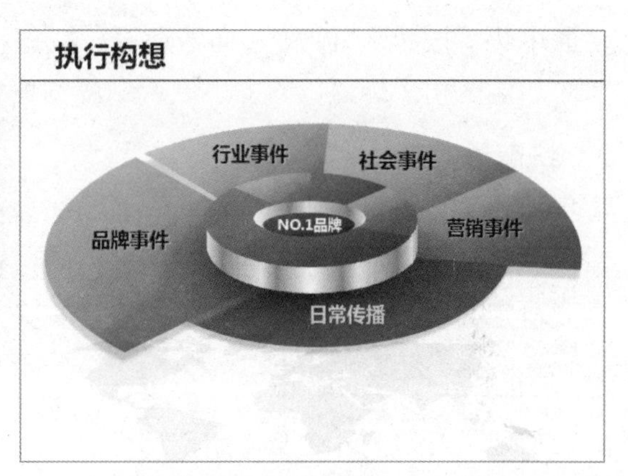

1.2 熟悉 Word 2016 工作窗口

Office 2016 中各个组件的工作窗口基本相似，只要熟悉其中一个组件的工作窗口，再使用其他组件就变得非常容易了。还可根据需要自定义 Office 2016 的工作窗口，如自定义快速访问工具栏、自定义功能区等。下面将以 Word 2016 的工作窗口为例进行详细介绍。

1.2.1 认识 Word 2016 工作窗口

启动 Word 2016 程序后，即可打开 Word 窗口。在使用软件之前首先应熟悉其工作窗口，了解各部分的功能，这样以后的操作才能更加快捷。

Word 2016 的工作窗口包含了更多的工具，它拥有一个汇集基本要素并直观呈现这些要素的控制中心，如下图所示。

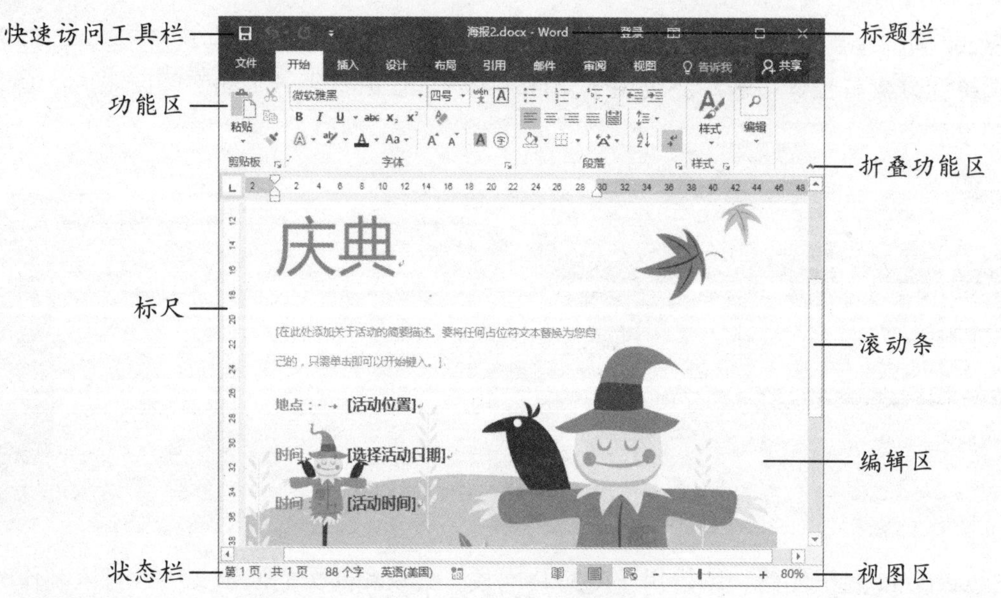

1. 标题栏

标题栏位于 Word 2016 工作窗口的最上方，由文档名称、“功能区显示选项”按钮、“最小化”按钮、“最大化/向下还原”按钮和“关闭”按钮组成。单击不同的按钮，可以对功能区和文档窗口的大小进行相应的调整操作。

2. 快速访问工具栏

快速访问工具栏位于 Word 2016 工作窗口的左上角，其中包括“新建”、“保存”、“撤销”等常用命令对应的按钮。单击其中的按钮，可以便捷地执行相应的操作。还可根据需要自定义快速访问工具栏中的按钮及其先后顺序。

3. 功能区

功能区有以下 4 个基本组成部分。

- 选项卡：位于功能区的顶部，每个选项卡都代表着在特定程序中执行的一组核心任务。
- 组：显示在选项卡上，是相关命令的集合。组将用户所需要执行某种类型任务的一组命令直观地汇集在一起，更便于用户使用。
- 命令：按组来排列，命令可以是按钮、菜单或可供输入信息的文本框。
- “请告诉我”文本框：该文本框位于选项卡的右侧，从中搜索内容即可快速获取帮助，此为 Word 2016 的新增功能。

此外，单击功能区右下方的“折叠功能区”按钮^可隐藏功能区，以增大显示空间。

4. 编辑区

编辑区也称为工作区，位于窗口中央，是用于进行文字输入、文本及图片编辑的工作区域。通过选择不同的视图方式可以改变基本工作区对各项编辑显示的方式，系统默认的是页面视图。

5．标尺

标尺分为水平标尺和垂直标尺两种，分别位于文档编辑区的上方和左侧。标尺上有数字、刻度和各种标记。无论是排版，还是制表和定位，标尺都起着非常重要的作用。

6．滚动条

滚动条是窗口右侧和下方用于移动窗口显示区的长条。当页面内容较多或太宽时，就会自动显示滚动条。拖动滚动条中的滑块或单击滚动条中的上下按钮，可以滚动显示文档中的内容。

7．状态栏和视图区

状态栏位于工作窗口底端的左半部分，用于显示当前 Word 文档的相关信息，如当前文档的页码、总页数、字数、当前光标在文档中的位置等内容。状态栏的右侧是视图栏，其中包括视图按钮组、调整页面显示比例滑块和当前显示比例等。

1.2.2 自定义快速访问工具栏

快速访问工具栏位于程序的左上方，它独立于功能区上选项卡中的命令，用于放置常用的命令。用户可以根据需要在快速访问工具栏上添加或删除命令，具体操作方法如下。

STEP 01 选择"打印预览和打印"选项 ❶单击"自定义快速访问工具栏"下拉按钮。❷选择"打印预览和打印"选项。

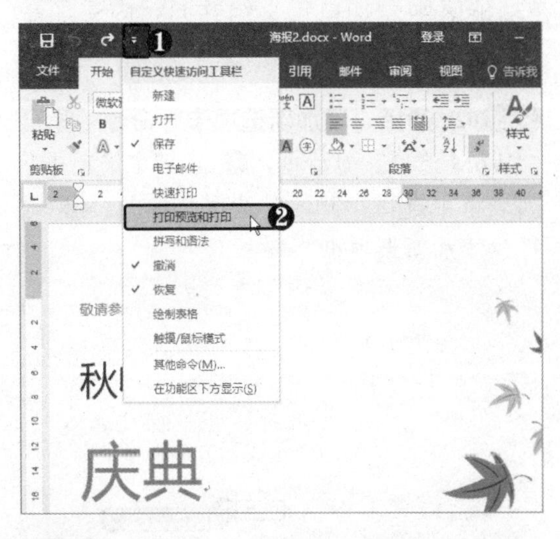

STEP 02 添加到快速访问工具栏 此时即可将"打印预览和打印"命令添加到快速访问工具栏。❶ 选择"插入"选项卡。❷ 在"插图"组中右击"形状"按钮。❸ 选择"添加到快速访问工具栏"命令。

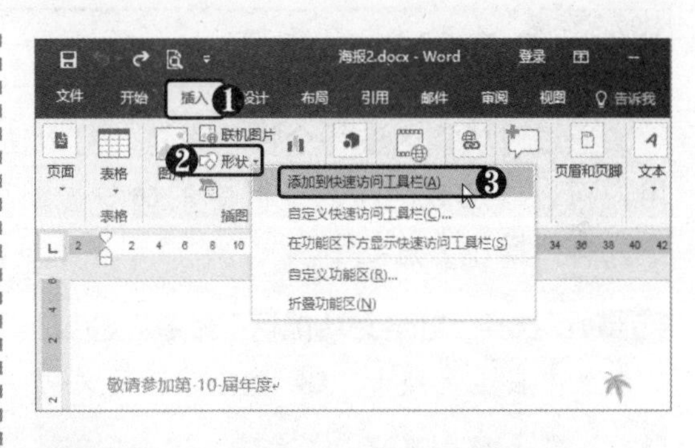

STEP 03 从快速访问工具栏删除命令 此时即可将"绘制形状"命令添加到快速访问工具栏。❶ 在快速访问工具栏右击"绘制形状"按钮。❷ 选择"从快速访问工具栏删除"命令，即可删除该命令。

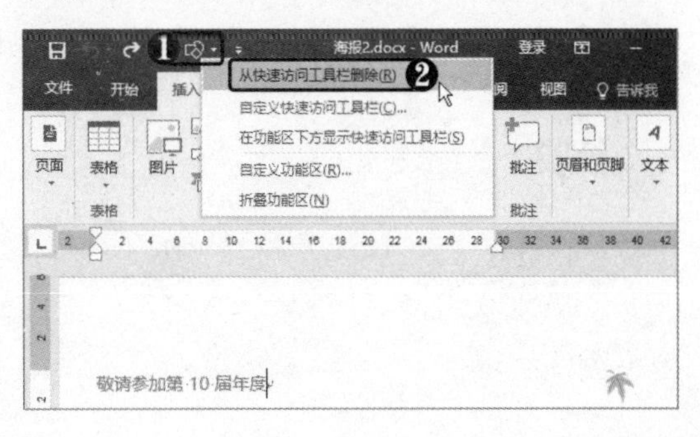

STEP 04 使用快捷键调用命令 通过快捷键也可快速调用快速访问工具栏中的命令，由左向右的组合键依次为【Alt+1】、【Alt+2】、【Alt+3】……

STEP 05 排列命令 单击“自定义快速访问工具栏”下拉按钮，选择“打印预览和打印”选项，弹出“Word选项”对话框，❶ 选择命令选项。❷ 单击“上移”按钮或“下移”按钮，即可调整命令在快速访问工具栏中的排列顺序。

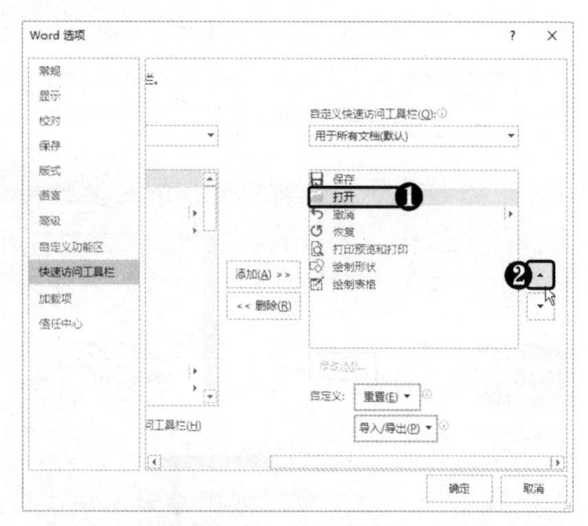

1.2.3 自定义功能区

通过对功能区进行个性化设置，可以使其按照用户所需的方式排列选项卡或命令。用户可以添加或隐藏功能区中的命令，还可在功能区中添加自定义组并向组内添加命令，具体操作方法如下。

STEP 01 选择“自定义功能区”命令 ❶ 在功能区中右击选项卡。❷ 选择“自定义功能区”命令。

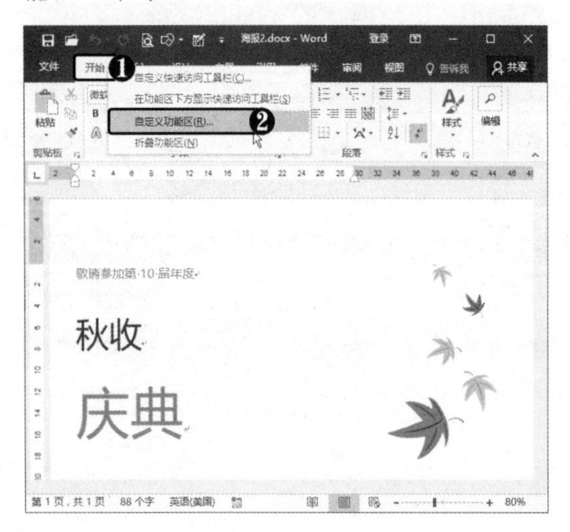

STEP 02 选择“添加新选项卡”命令 弹出“Word选项”对话框，❶ 在“主选项卡”列表框中选择“开始”选项并右击。❷ 选择“添加新选项卡”命令。

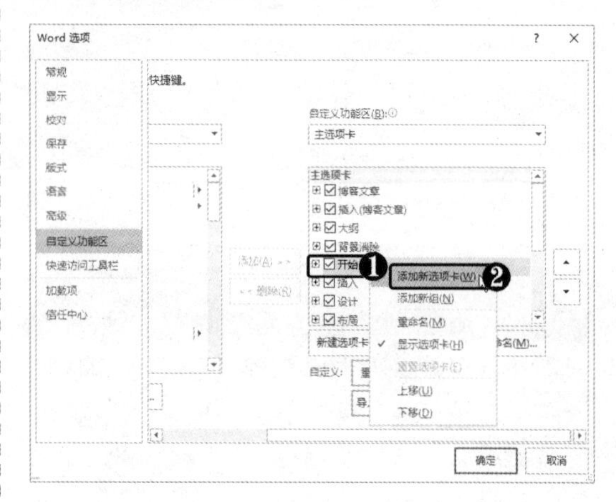

STEP 03 选择“重命名”命令 此时即可在“开始”选项卡下生成一个新选项卡。❶ 右击“新建选项卡”选项。❷ 选择“重命名”命令。

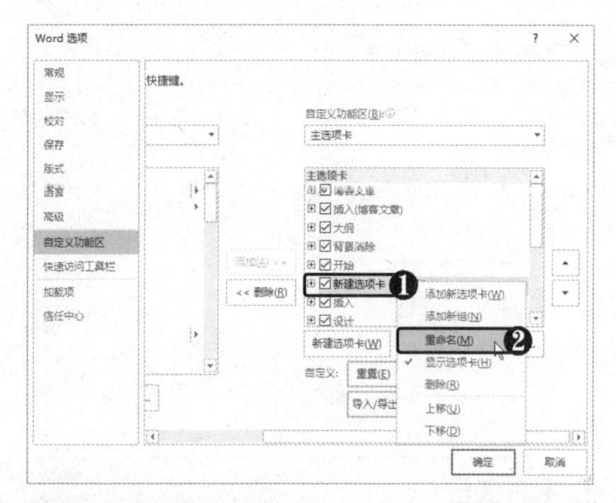

STEP 04 重命名选项卡 弹出“重命名”对话框，❶ 输入名称。❷ 单击“确定”按钮。

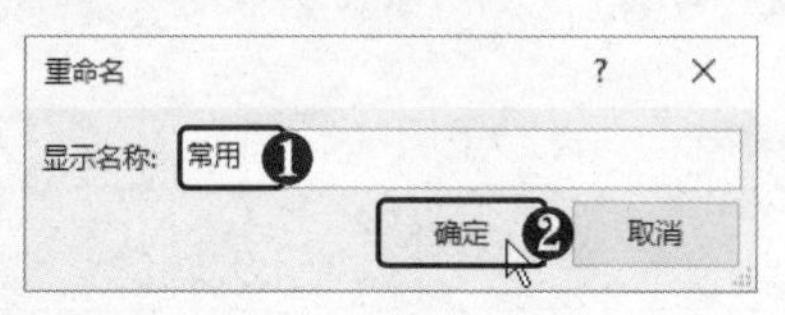

STEP 05 添加命令 ❶ 选择“新建组”选项。❷ 在“常用命令”列表框中选择“插入图片”选项。❸ 单击“添加”按钮。

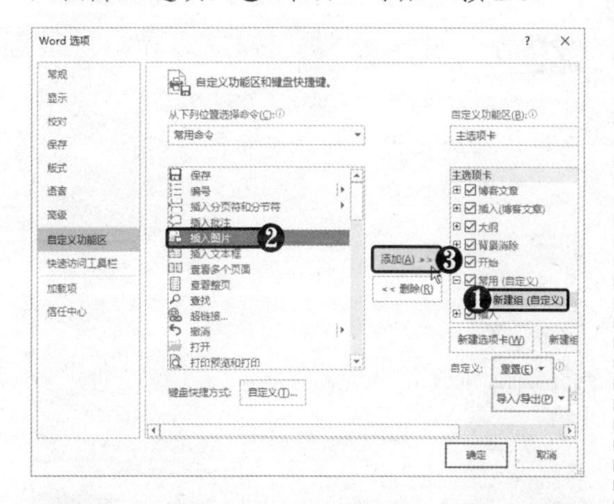

STEP 06 查看效果 此时即可将“插入图片”命令添加到“新建组”中。采用同样的方法，继续为该组添加其他命令。

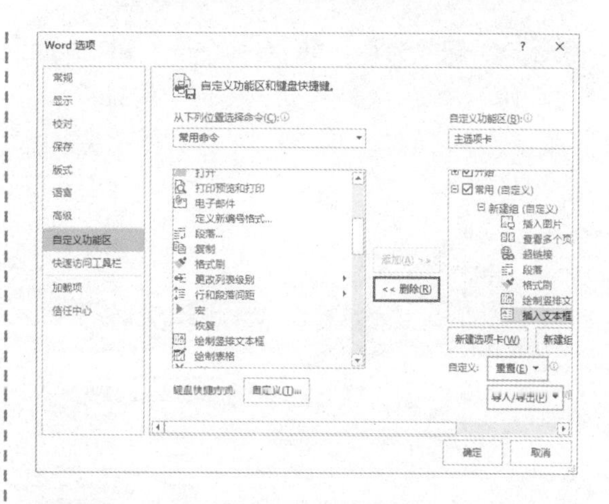

STEP 07 添加其他命令 ❶ 在“从下列位置选择命令”下拉列表框中选择“不在功能区中的命令”选项。❷ 选择命令。❸ 单击“添加”按钮。

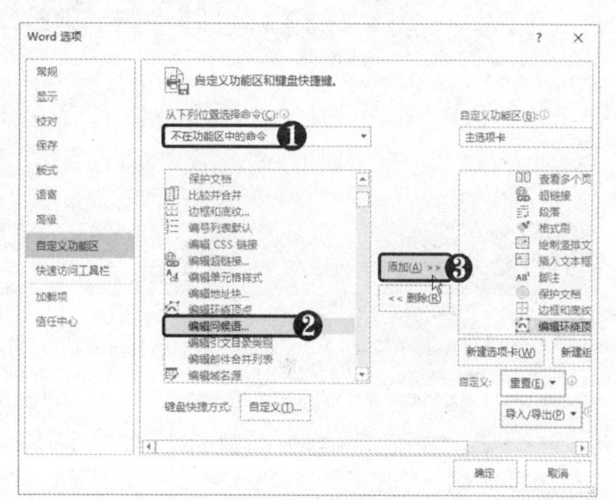

STEP 08 调整命令顺序 ❶ 在右侧选择命令。❷ 单击“上移”按钮▲或“下移”按钮▼，调整其顺序。

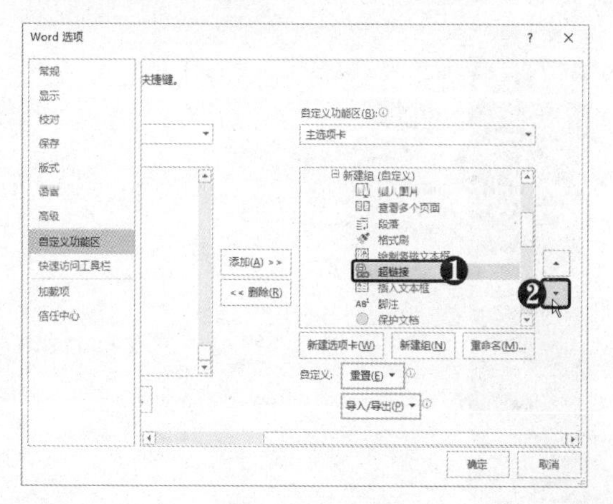

STEP 09 **删除命令** ❶ 右击命令。❷ 选择“删除”命令。❸ 单击“确定”按钮。

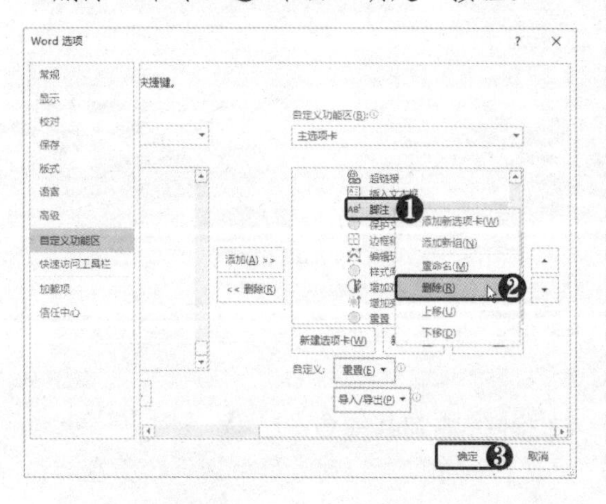

STEP 10 **查看设置效果** 此时在功能区中即可看到创建的选项卡及其中添加的命令。

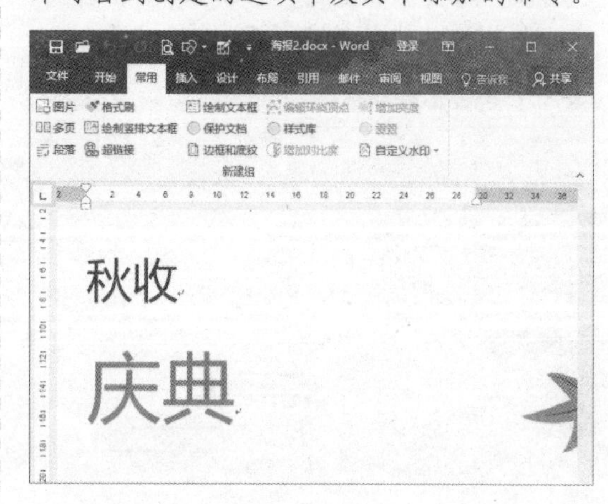

1.3 Word 2016 的基本操作

在学习 Word 2016 的使用方法之前，首先要掌握 Word 2016 的基本操作，如新建与保存文档、打开、关闭文档及切换视图方式等。

1.3.1 新建与保存文档

在 Word 2016 中可以新建空白文档，还可联机搜索模板新建带有格式和内容的文档，以提高工作效率。新建文档后，若要在电脑中生成该文件，则需将其保存到电脑中，然后进行内容的编辑操作，具体操作方法如下。

STEP 01 **选择模板类型** 在功能区中选择“文件”选项卡，❶ 在左侧选择“新建”选项。❷ 选择搜索模板的类型，如单击“业务”超链接。

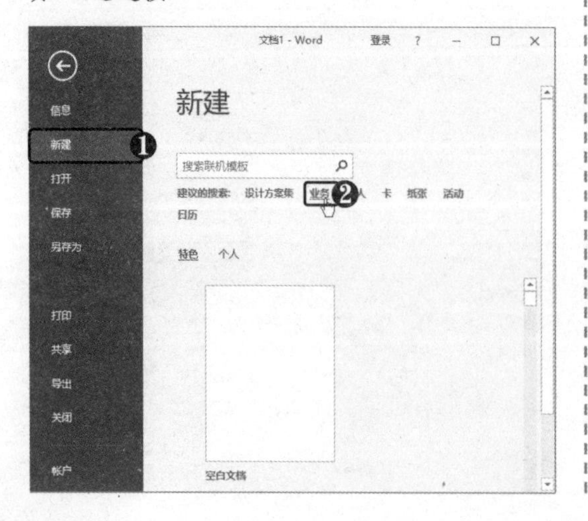

STEP 02 **选择模板** ❶ 在右侧“分类”列表框中选择“教育”选项。❷ 在模板列表中选择所需的模板，如“荣誉证书”。

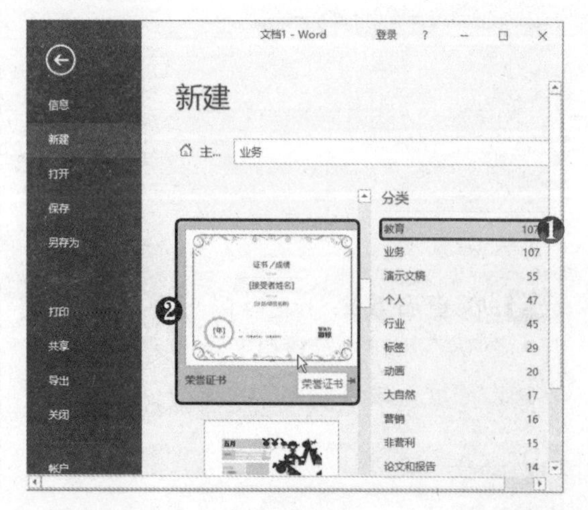

STEP 03 单击“创建”按钮 弹出该模板的说明和预览界面，若确认要使用该模板，则单击“创建”按钮。

STEP 04 单击“保存”按钮 开始从网上下载所选模板文件。模板文件下载完成后会自动创建一个基于“荣誉证书”模板的Word文档。在快速访问工具栏中单击“保存”按钮。

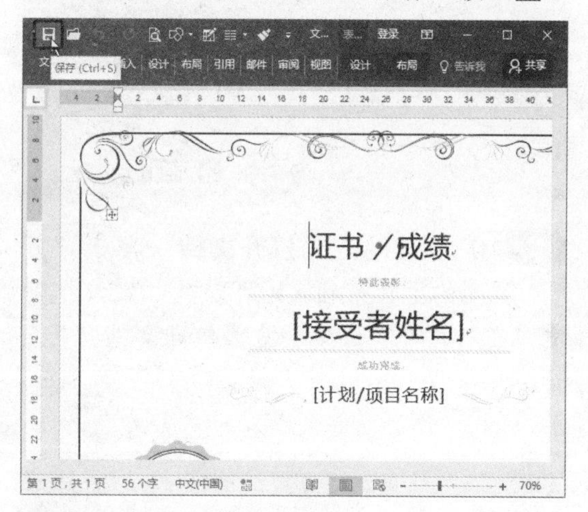

STEP 05 单击“浏览”按钮 打开“另存为”窗口，在右侧可选择最近访问的文件夹作为保存位置。若要保存到其他位置，则单击“浏览”按钮。

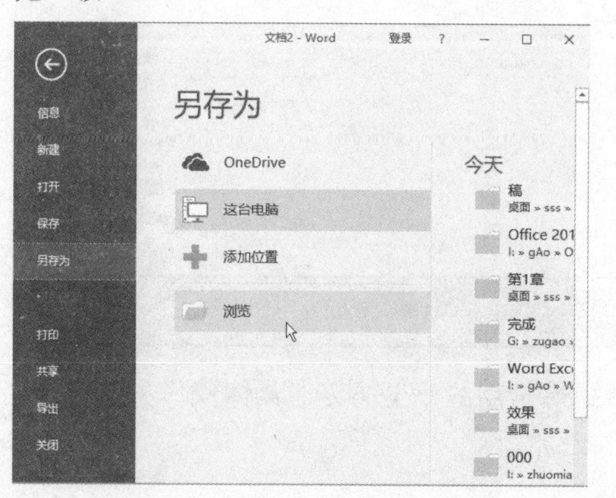

STEP 06 保存文档 弹出“另存为”对话框，❶ 选择保存位置。❷ 输入文件名。❸ 单击“保存”按钮。

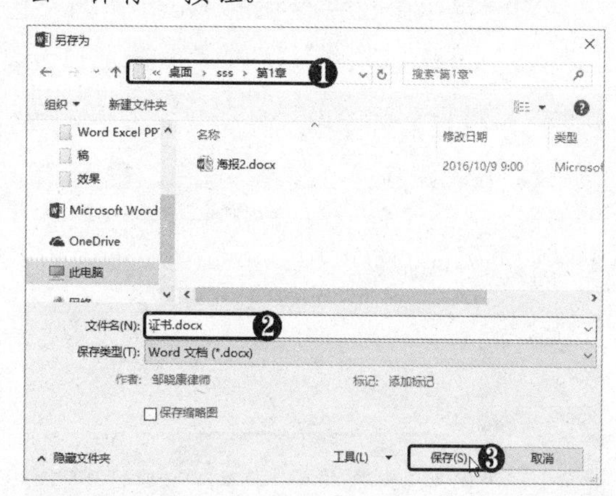

STEP 07 保存编辑后的文档 对文档进行编辑后，按【Ctrl+S】组合键或单击“保存”按钮，即可保存文档。

STEP 08 另存为文档 要将文档另存一份或保存为其他格式，可按【F12】键，弹出“另存为”对话框，❶ 在“保存类型”下拉列表中选择所需的类型。❷ 单击“保存”按钮。

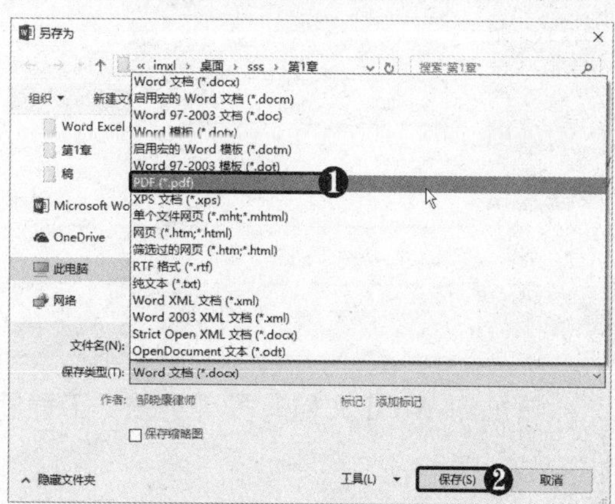

1.3.2 打开文档

对于电脑中已经存在的Word文档，直接双击该文档即可使用Word 2016程序将其打开，也可在“文件”选项卡下快速打开最近使用的文档，具体操作方法如下。

STEP 01 选择最近文档 选择“文件”选项卡，❶ 在左侧选择“打开”命令。❷ 选择“最近”选项。❸ 在右侧列表中选择文档，即可将其打开。

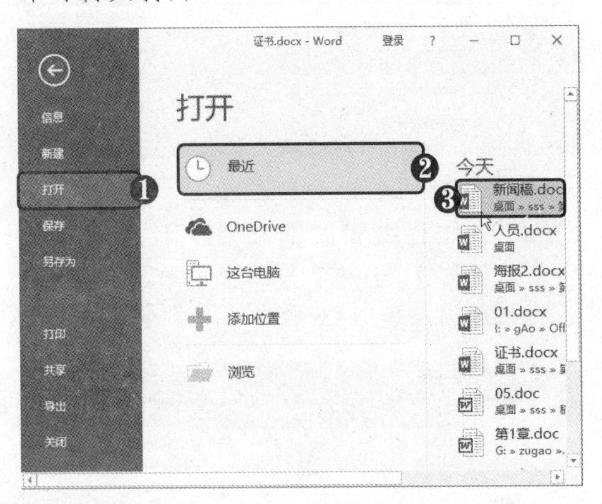

STEP 02 选择位置 ❶ 选择“这台电脑”选项。❷ 在右侧选择一个最近使用的位置，单击↑按钮可返回到上一级目录。❸ 单击“浏览”按钮。

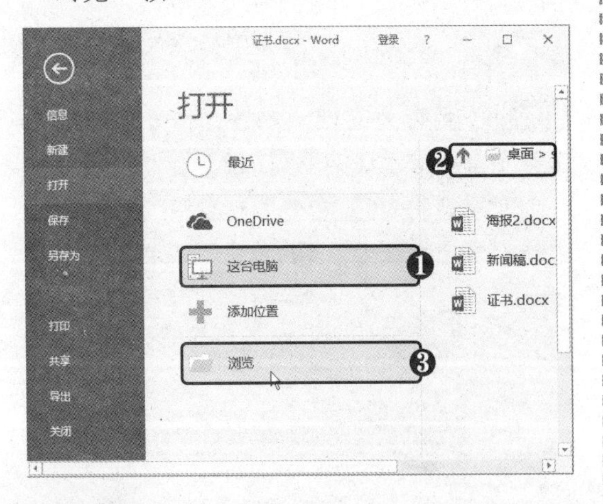

STEP 03 选择打开文档 弹出“打开”对话框，❶ 选择要打开的文件。❷ 单击“打开”按钮，即可将其打开。

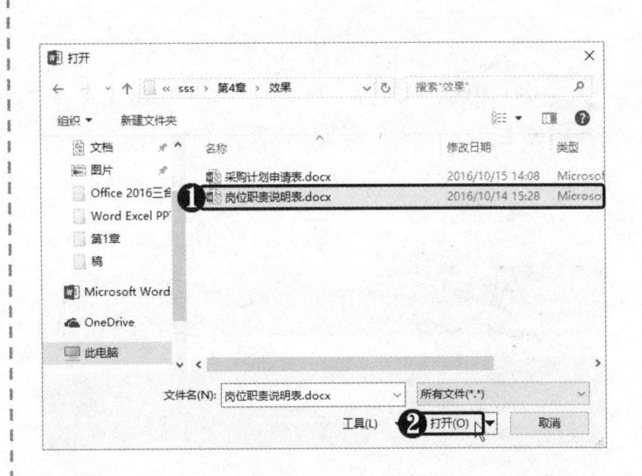

STEP 04 以其他方式打开文档 单击“打开”右侧的下拉按钮，还可以“只读”、“副本”或“打开并修复”方式打开文档。

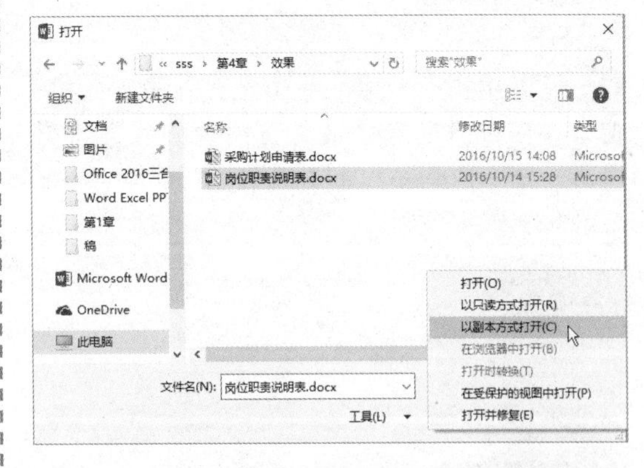

1.3.3 关闭文档

要关闭Word文档有多种方法，下面将介绍最常用的一些方法，具体操作方法如下。

STEP 01 关闭文档 按【Ctrl+W】组合键，即可关闭当前正在编辑的Word文档。若文档没有进行保存，则会提示是否要保存文档。

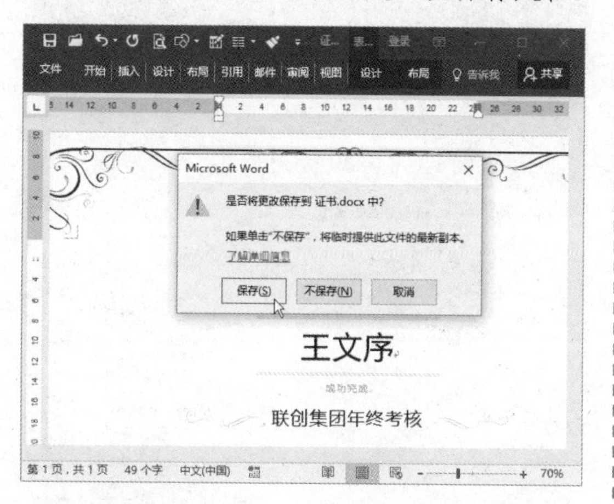

STEP 02 同时关闭所有打开的文档 ❶ 在任务栏中右击Word 2016图标。❷ 选择"关闭所有窗口"命令。

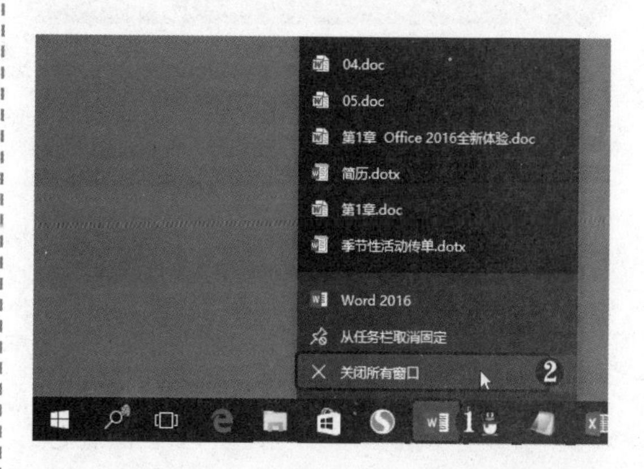

1.3.4 切换视图方式

在Word 2016中，使用不同的视图模式可以方便地进行不同类型的编辑操作。Word 2016提供了页面视图、大纲视图、阅读版式视图、草稿视图与Web版式视图5种视图模式，下面将分别对其进行简要介绍。

1. 页面视图

页面视图是默认和最常用的视图模式，其最大的特点是"所见即所得"。文档排版的效果即为打印的效果，因此可显示元素都会显示在实际位置。若要更改视图方式，可选择"视图"选项卡，在"视图"组中单击相应的按钮即可，如下图所示。

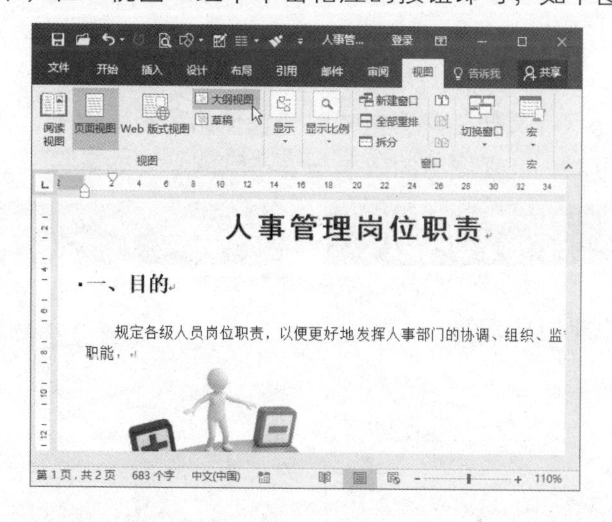

2. 大纲视图

顾名思义，大纲视图是专门用于编辑文档结构的。在大纲视图下可以方便地查看与修改文档结构，在"显示级别"下拉列表中选择"3级"选项，如下图（左）所示。此时在大纲视图中仅显示 3 级级别的文档标题结构。要退出大纲视图，可单击状态栏中的“普通视图”按钮▤。

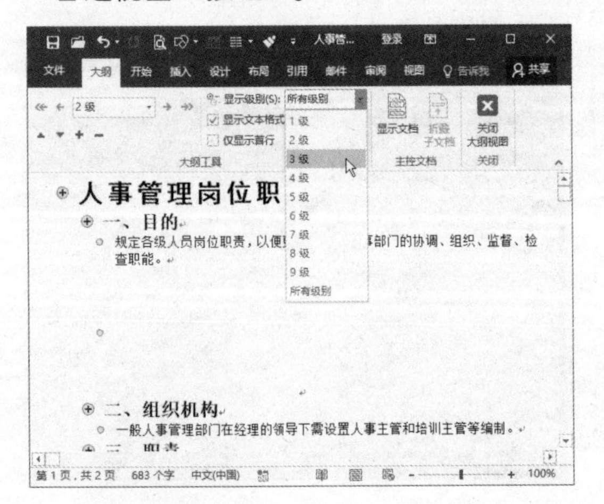

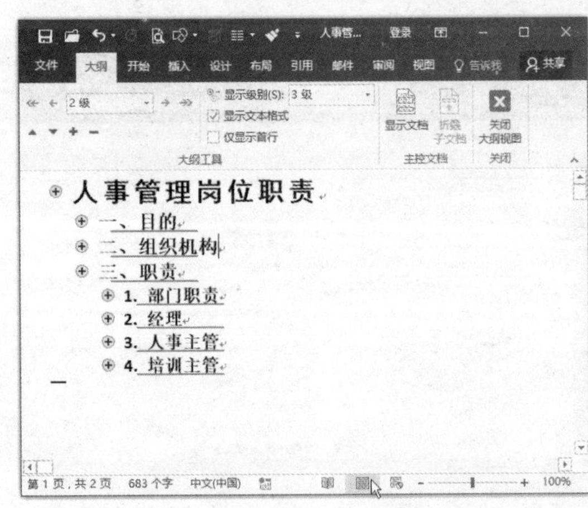

3．阅读版式视图

阅读版式视图是为了方便阅读文档而设立的视图模式，用户可以像阅读电子书籍一样阅读文档，还可更改页面颜色，如右图所示。

4．草稿视图

草稿视图主要用于编辑正文文本，即输入与编辑工作，如下图（左）所示。而一些美化和排版的操作则不方便操作，如页眉/页脚、页边距等。

5．Web 版式视图

Web 版式视图是保存文档为网页格式时建议使用的视图模式，如下图（右）所示。当将文档保存为网页时，此视图下的效果与发布到网上的效果是一致的。

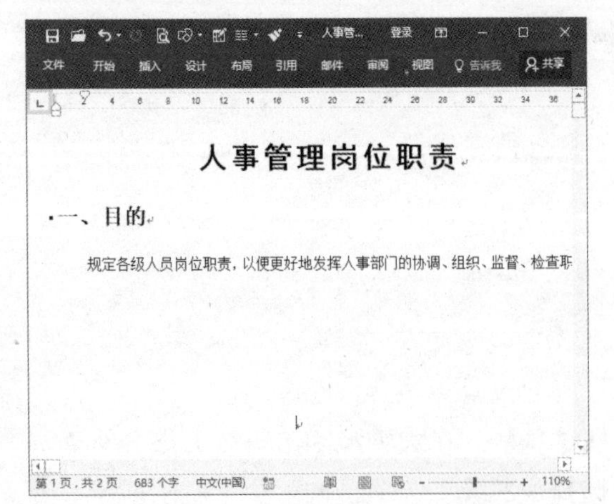

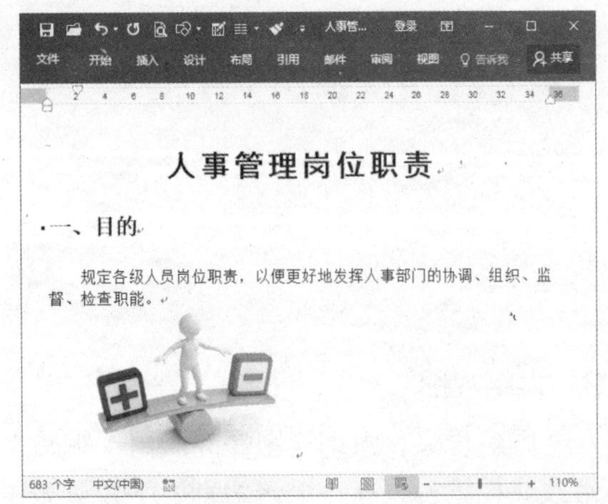

Chapter

02

Word 2016 文档基本操作

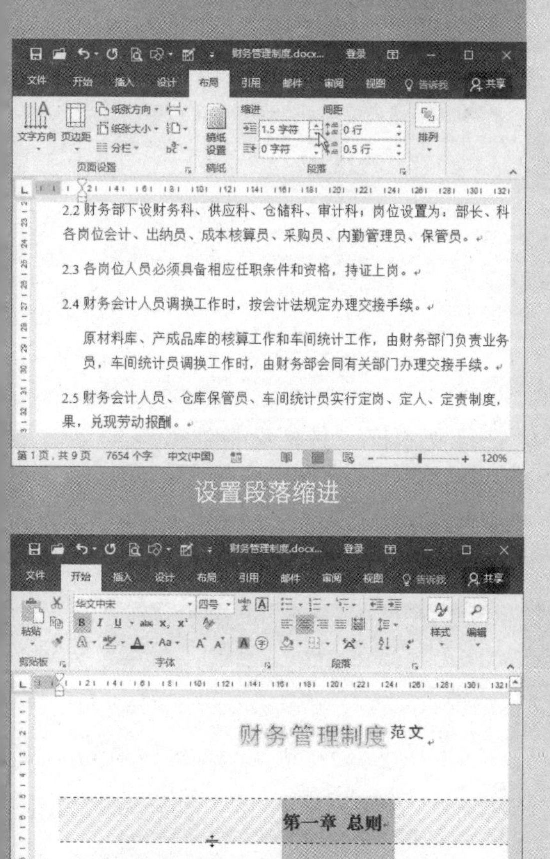

设置段落缩进

为段落添加边框和底纹

Word是目前应用最为广泛的文字处理软件，可以帮助用户轻松、快捷地创建各种精美的文档。本章将学习Word文档的基本操作、编辑文档中的文本、输入特殊字符、编排文本格式、使用项目符号与编号，以及设置边框和底纹等知识。

2.1 编辑文本

下面将详细介绍如何在 Word 2016 中编辑文本，包括选择文本、复制文本、删除文本及剪切文本等知识。

2.1.1 选择文本的多种方法

在对文本进行操作时，应先将其选中。在 Word 2016 中可采用多种方法选中不同的文本，具体操作方法如下。

STEP 01 **选择连续文本** 将光标定位在文本起始位置，按住【Shift】键，单击要选择文本的末尾位置，或直接拖动鼠标，即可选中连续的文本。

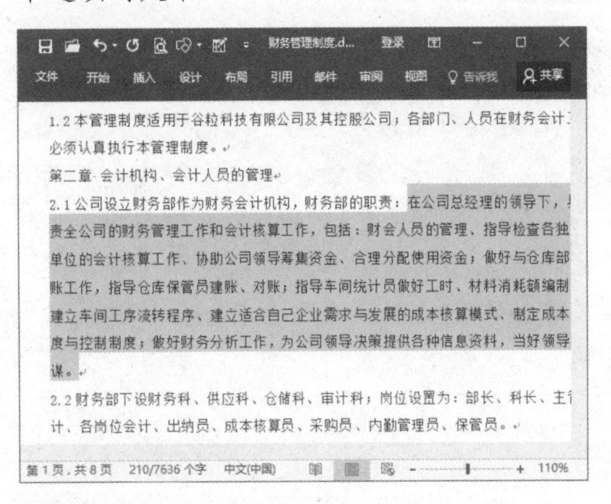

STEP 02 **选择文本块** 按住【Alt】键的同时拖动鼠标，即可选中连续的文本块。

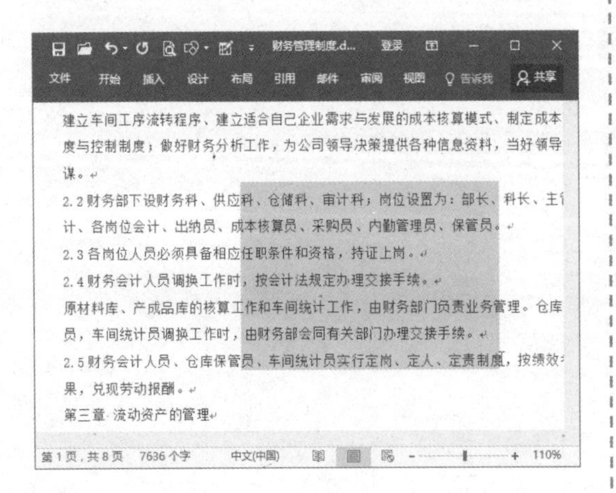

STEP 03 **选择不连续文本** 选择文本，然后按住【Ctrl】键，继续拖动鼠标选择其他文本，即可选中不连续的文本。

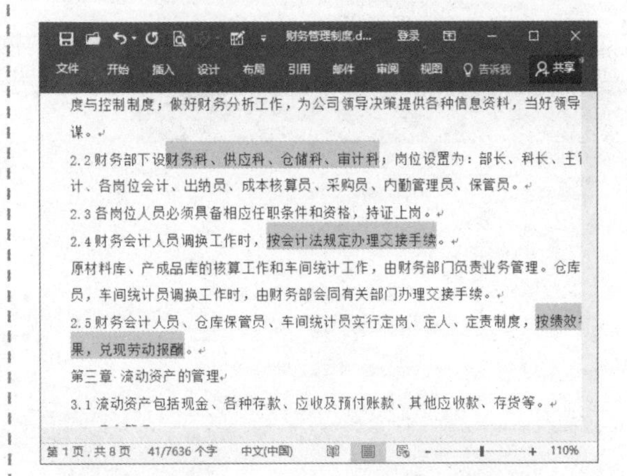

STEP 04 **选择文本行** 将鼠标指针移至某行的左端，当指针变为↗形状后单击鼠标左键，即可选中对应的整行文本，单击并即可选中多行文本。

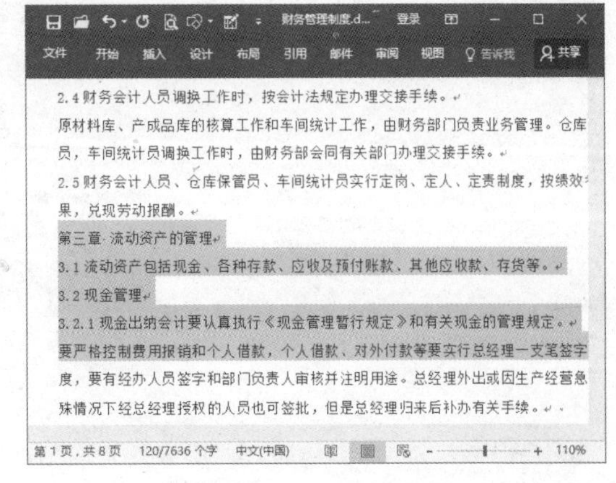

STEP 05 选择整句 若要选择以句号结尾的完整句子，则按住【Ctrl】键，单击句子内的任意字符，即可选中整句。

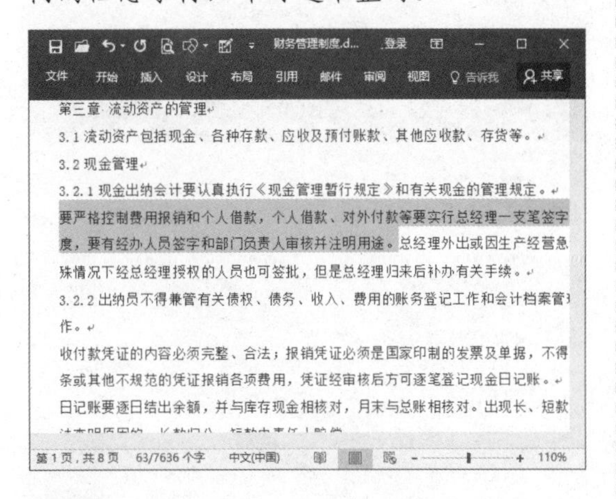

STEP 06 选择整个段落 在段落中连续3次快速单击鼠标左键，即可选中整个段落。

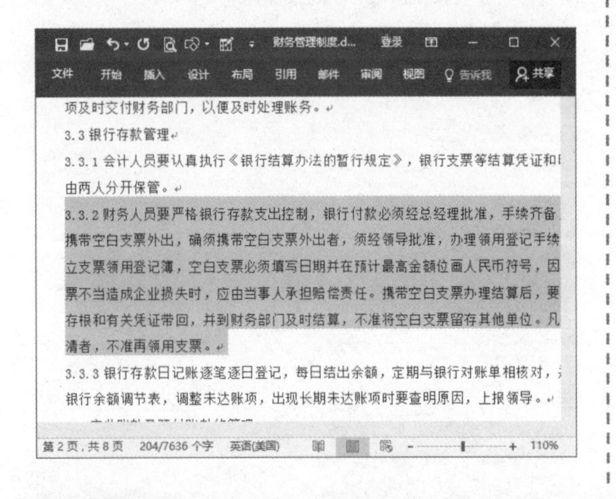

STEP 07 选择词语 在词语间双击即可选中词语，按住【Ctrl】键的同时双击词语，可继续选中其他词语。

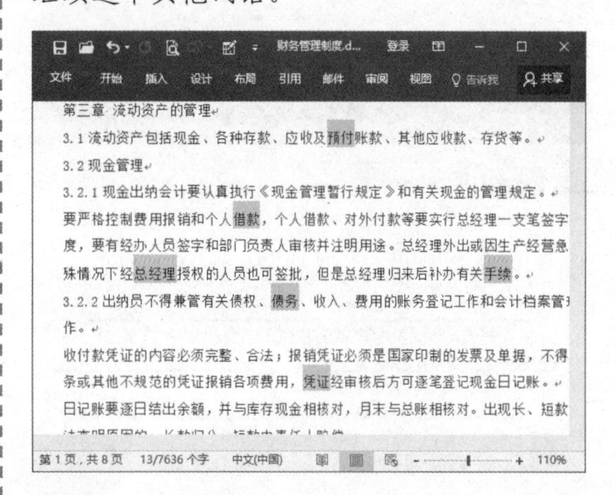

STEP 08 全选文本 在文档中按【Ctrl+A】组合键，即可全选文本。❶ 在“编辑”组中单击“选择”下拉按钮。❷ 选择“全选”选项，即可全选文本。

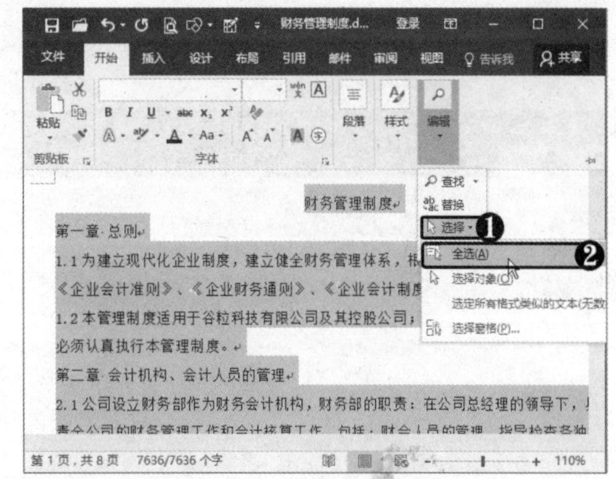

2.1.2 复制和剪切文本

复制文本的目的是对文本进行移动和重复使用，当需要输入重复的文本内容时，可以采用复制文本的方法，从而提高工作效率。剪切文本就是把文本复制到剪贴板中，同时删除原文本，然后将文本粘贴到目标位置，剪切文本常用于移动操作。复制和剪切文本的操作方法类似，其方法也有多种，下面将分别对其进行介绍。

方法一：单击功能按钮

通过单击功能区中的“复制”和“剪切”按钮可以复制或剪切文本，具体操作方法如下。

STEP 01 单击"复制"按钮 ❶ 选中要复制的文本。❷ 在"剪贴板"组中单击"复制"按钮。

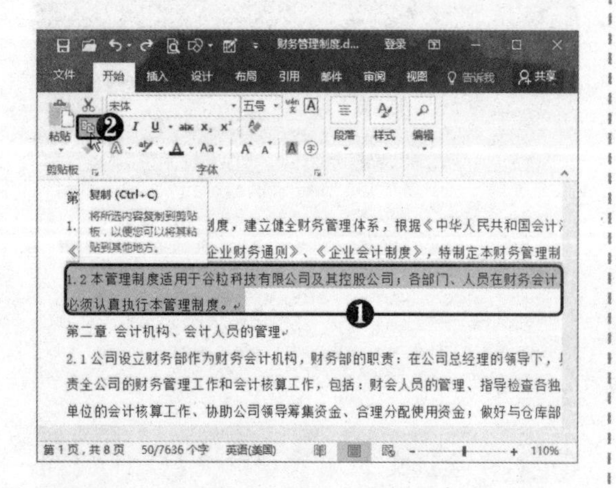

STEP 02 选择粘贴选项 将光标定位到要粘贴的位置。❶ 在"剪贴板"组中单击"粘贴"下拉按钮。❷ 选择"保留源格式"选项。

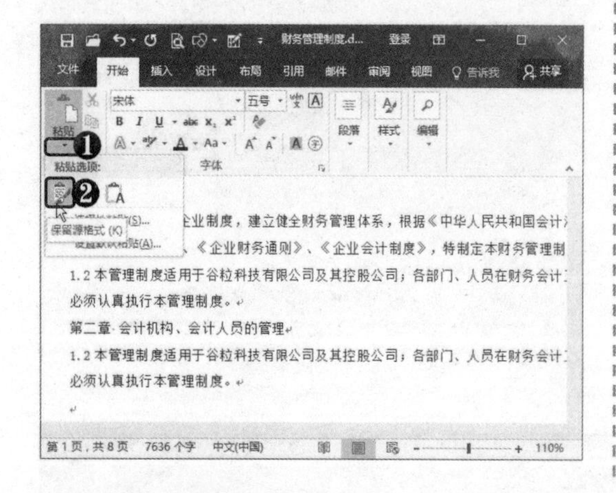

STEP 03 选择粘贴选项 此时即可粘贴文本，单击文本后的"粘贴选项"下拉按钮 (Ctrl)▾ 或按【Ctrl】键，在弹出的列表中可选择所需的粘贴选项。

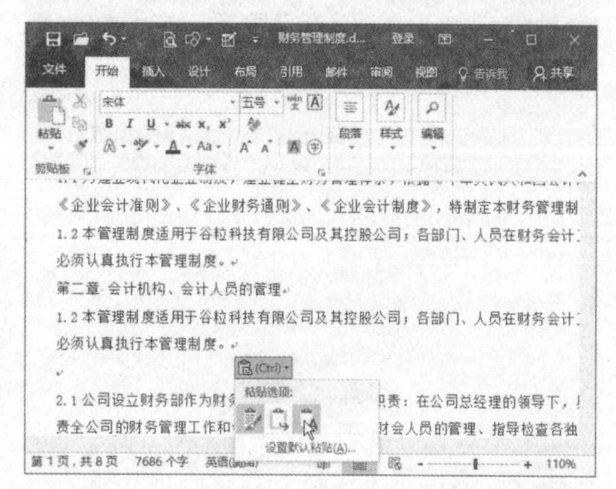

STEP 04 设置默认粘贴选项 若在"粘贴选项"列表中选择"设置默认粘贴"选项，将弹出"Word 选项"对话框。❶ 在"剪切、复制和粘贴"选项区中设置默认粘贴选项。❷ 单击"确定"按钮。

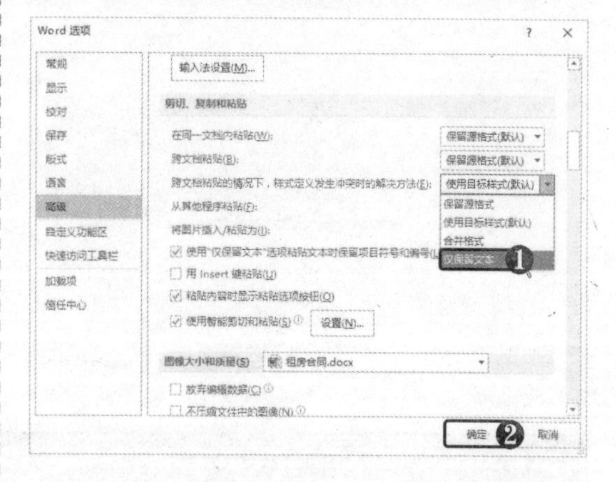

高手点拨

要在多个位置复制文本或对象，可单击"剪贴板"组右下角的扩展按钮，打开"剪贴板"窗格，然后进行复制操作，此时"剪贴板"窗格中将列出多个粘贴项目。

方法二：使用快捷命令

若当前没有处于"开始"选项卡下，可通过快捷命令快速复制或剪切文本，具体操作方法如下。

STEP 01 **选择“复制”命令** ❶ 选择要复制的文本并右击。❷ 在弹出的快捷菜单中选择“复制”命令。

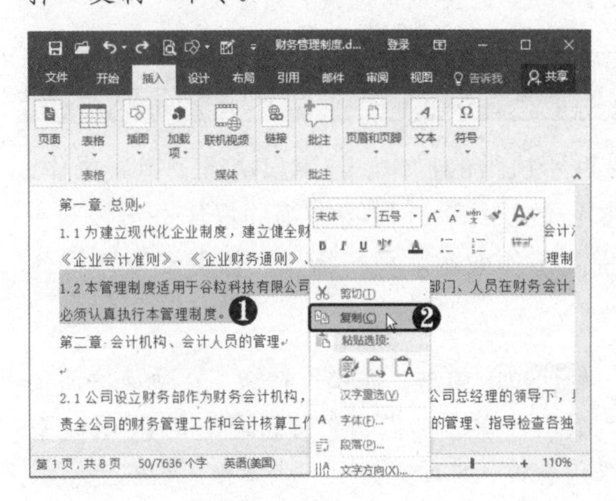

STEP 02 **选择粘贴选项** 将光标定位到要粘贴的位置并右击，在弹出的快捷菜单中选择所需的粘贴选项。

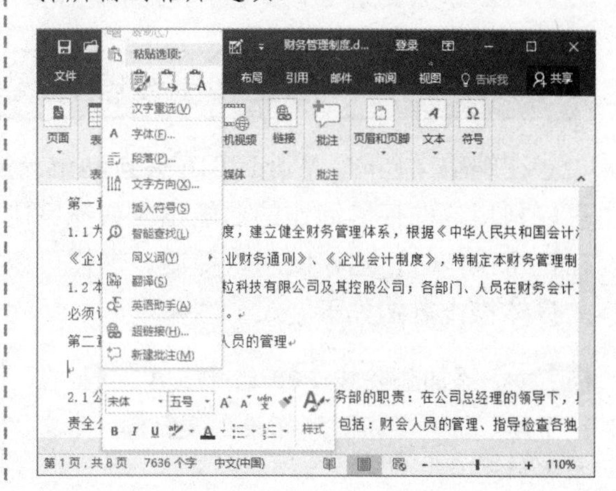

方法三：拖动鼠标

选中文本后直接拖动选中的文本，此时在程序状态栏左侧提示“移至何处？”，松开鼠标后即可移动文本的位置，如下图（左）所示。若在拖动过程中按住【Ctrl】键，则在程序状态栏的左侧提示“复制到何处？”，松开鼠标后即可复制文本，如下图（右）所示。

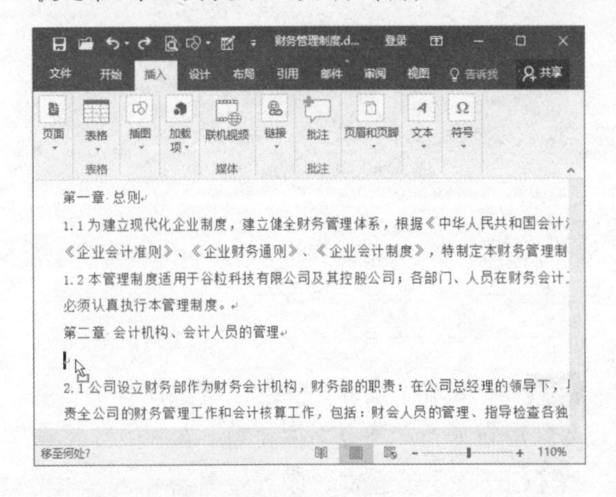

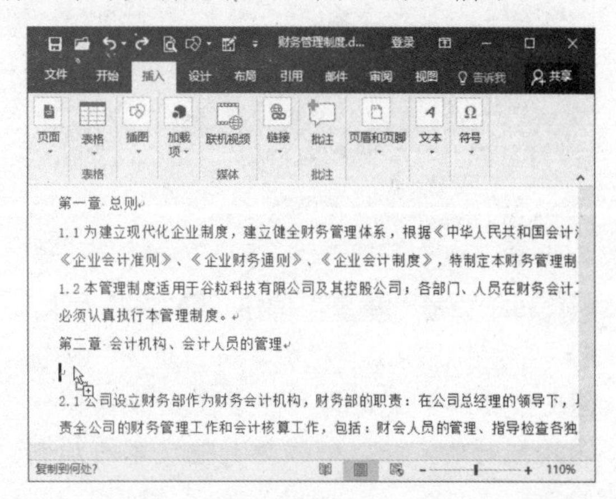

方法四：使用快捷键

选中文本后按【Ctrl+C】组合键可复制文本，按【Ctrl+X】组合键可剪切文本。将光标定位到目标位置，按【Ctrl+V】组合键即可粘贴文本。

选中文本后按【Shift+F2】组合键可复制文本，按【F2】键可剪切文本，在要粘贴文本的位置定位光标，然后按【Enter】键即可。

2.1.3 删除文本

在向文档中输入文本内容时难免会出现错误，此时可以将错误的文本删除，重新进行输入。删除文本的具体操作方法如下。

方法一：将光标移至要删除文本的前面或后面，分别按【Backspace】或【Delete】键，可以删除光标所在位置前面或后面的文本。

方法二：首先选中要删除的文本，然后按【Delete】键即可将其直接删除。

2.1.4 撤销、恢复和重复操作

在编辑文档时，Word 2016 会自动记录最近所执行的操作。若用户执行了错误操作，可以利用这种存储动作的功能重复或撤销刚执行的操作，还可将撤销的操作进行恢复。在执行操作时，建议使用快捷键，这样可以提高工作效率。执行撤销、恢复和重复操作的具体操作方法如下。

STEP 01 添加删除线 ❶ 选中文本。❷ 在“字体”组中单击“删除线”按钮，为文本添加删除线。

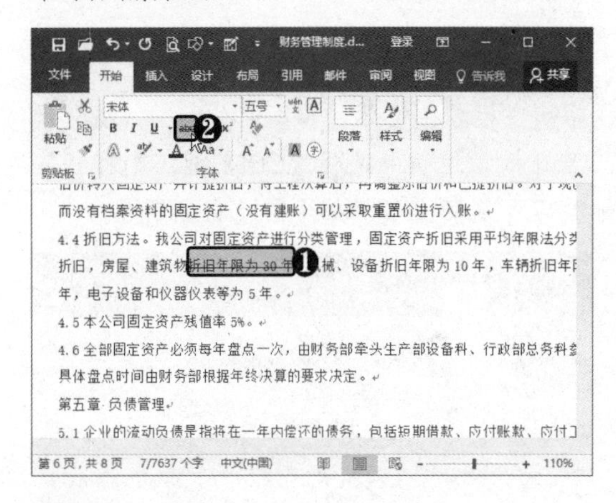

STEP 02 单击“重复”按钮 ❶ 选择文本。❷ 在快速访问工具栏中单击“重复”按钮或按【F4】键，即可重复上一步操作。采用同样的方法，继续为其他文本添加删除线。

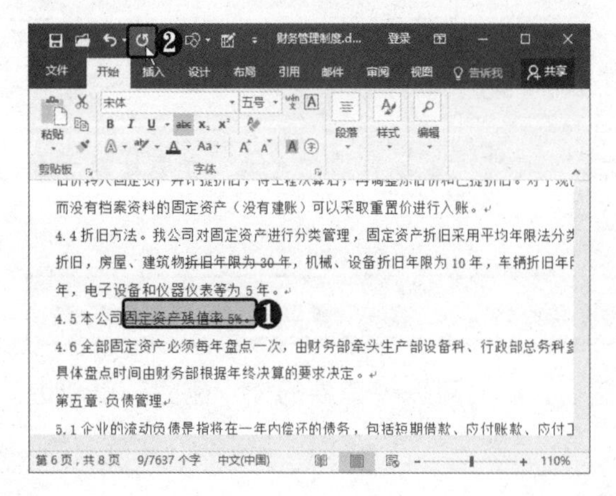

STEP 03 单击“撤销”按钮 在快速访问工具栏中单击“撤销”按钮或按【Ctrl+Z】组合键，即可撤销上一步操作。单击“撤销”按钮右侧的下拉按钮，在弹出的下拉列表中可选择撤销到哪一步。

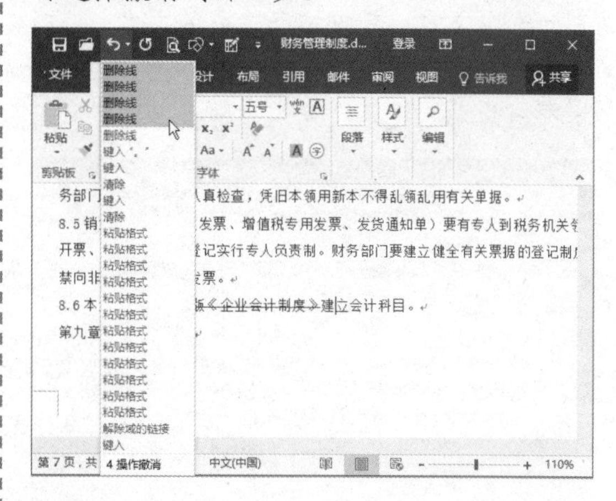

STEP 04 单击“恢复”按钮 撤销操作后“重复”按钮变为“恢复”按钮，单击该按钮或按【Ctrl+Y】组合键，即可恢复撤销的操作。

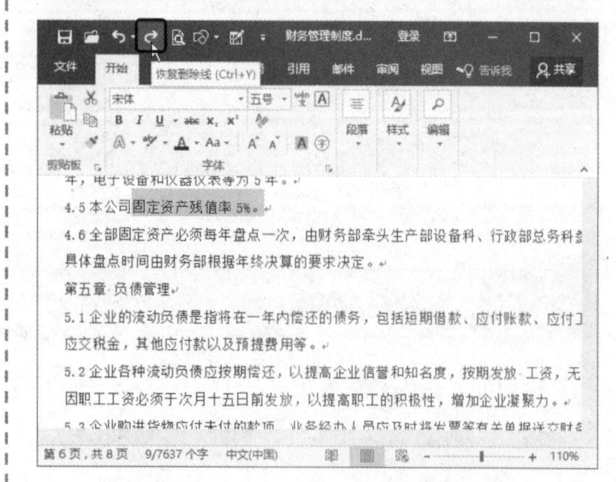

2.1.5 查找和替换文本

在编辑文档的过程中，若某个词语或句子多次输入错误，就需要在整个文档中修改这些内容。若手动查找，工作量会很大，且容易遗漏，而使用查找和替换功能则会大大提高工作效率。

1. 查找文本

使用查找功能可以在文档中快速搜索自己需要的文本，还可将搜索到的文本高亮显示出来，具体操作方法如下。

STEP 01 选中文本 在文档中选中要查找的文本。

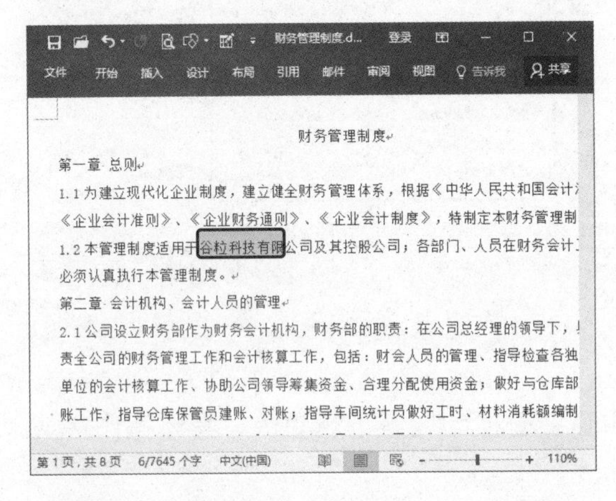

STEP 02 查找文本 按【Ctrl+F】组合键，打开"导航"窗格，即可自动显示搜索结果。在"结果"选项卡下选择所需的选项，即可转到相应的位置。

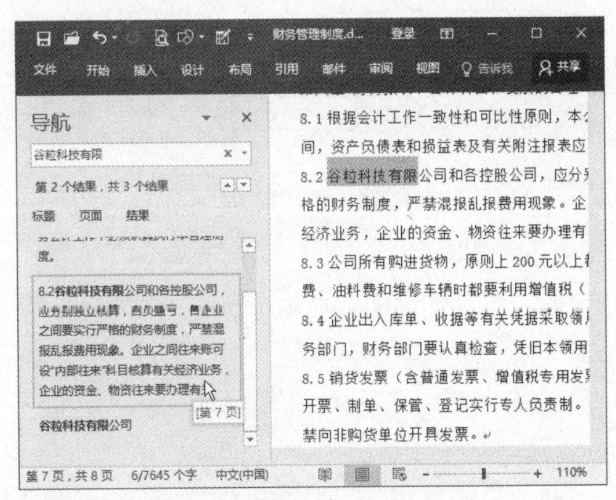

STEP 03 查看搜索页面 选择"页面"选项卡，从中可以查看搜索结果所在的页面。

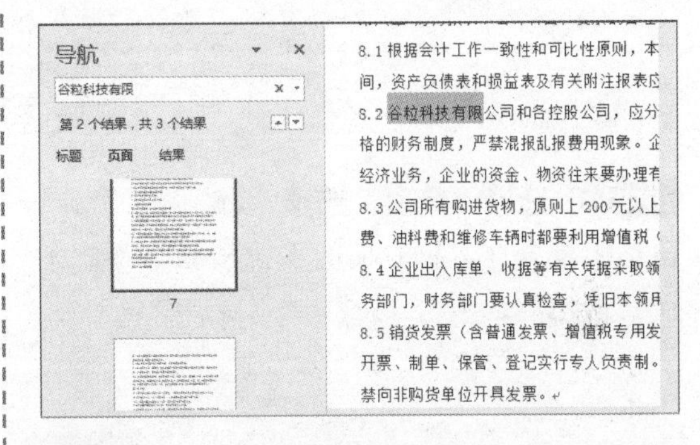

STEP 04 选择"高级查找"选项 ❶ 单击搜索框右侧的下拉按钮▾。❷ 选择"高级查找"选项。

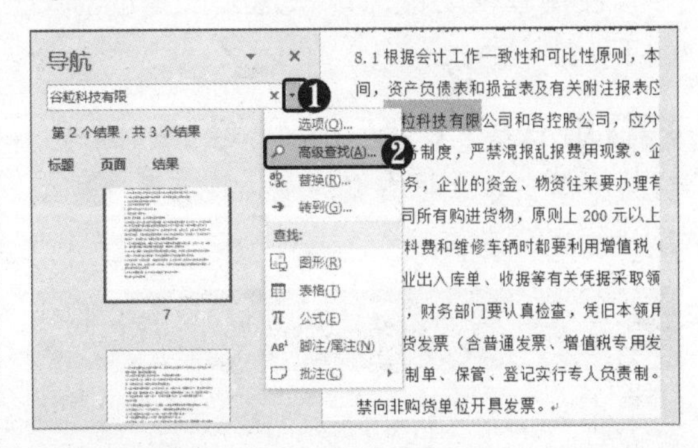

STEP 05 设置突出显示 弹出"查找和替换"对话框，❶ 单击"阅读突出显示"下拉按钮。❷ 选择"全部突出显示"选项。

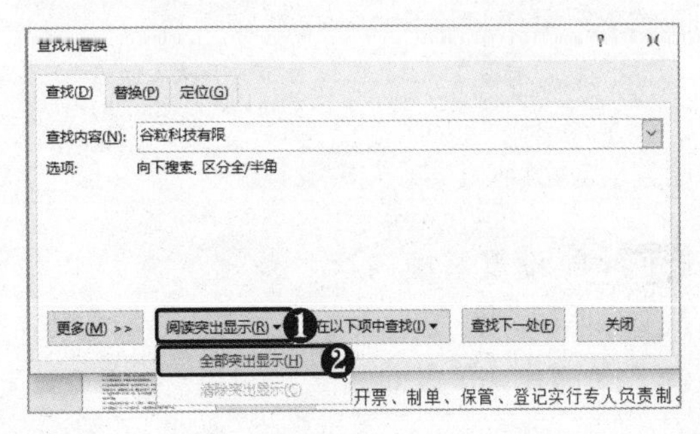

STEP 06 突出显示文本 此时即可在文档中查看搜索结果，文本以高亮显示。

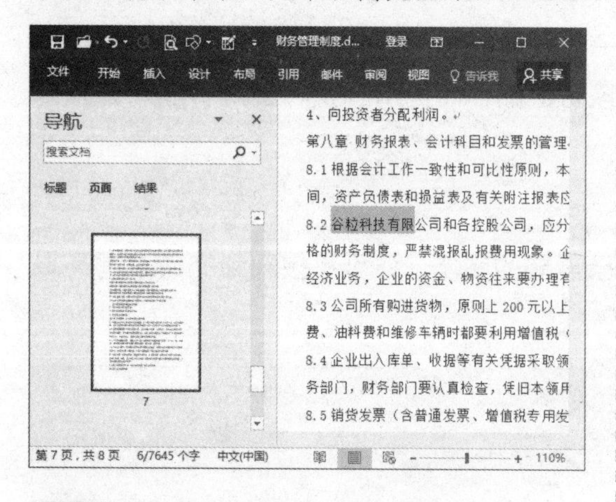

STEP 07 选择"选项"选项 ❶ 在"导航"窗格中单击搜索框右侧的下拉按钮。❷ 选择"选项"选项。

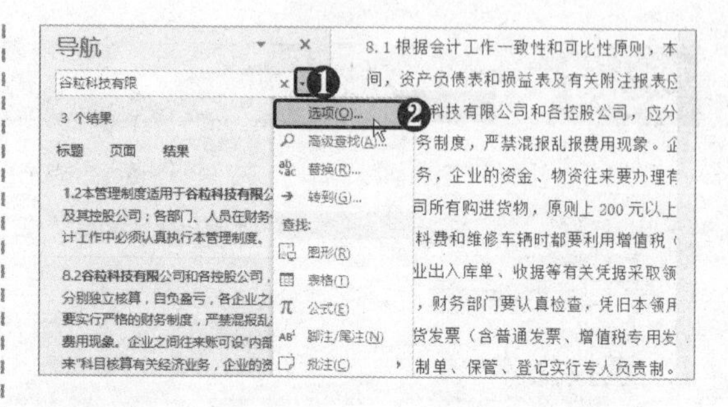

STEP 08 设置查找选项 弹出"'查找'选项"对话框，❶ 对搜索功能进行参数设置。❷ 单击"确定"按钮。

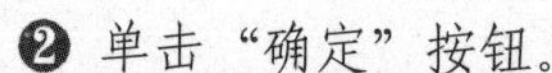

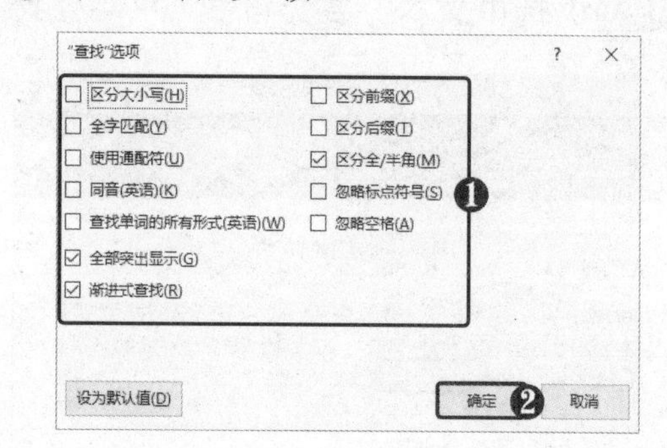

2. 替换文本

使用替换功能可以快速、批量地对文档中需要替换的内容进行更改，具体操作方法如下。

STEP 01 选择"替换"选项 ❶ 在"导航"窗格中单击搜索框右侧的下拉按钮。❷ 选择"替换"选项。

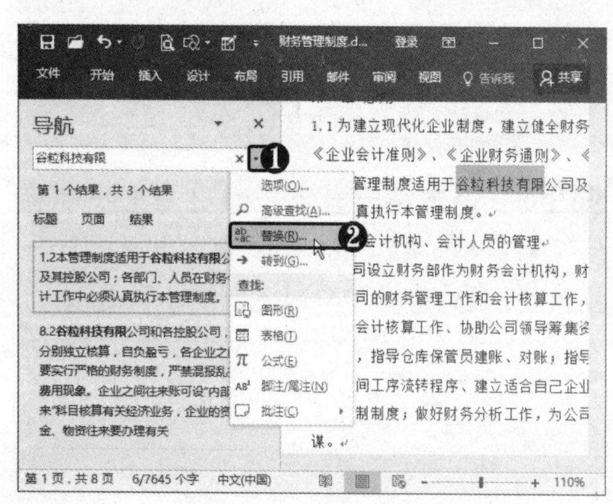

STEP 02 设置替换内容 弹出"查找和替换"对话框，❶ 输入要替换为的内容。❷ 单击"全部替换"按钮。

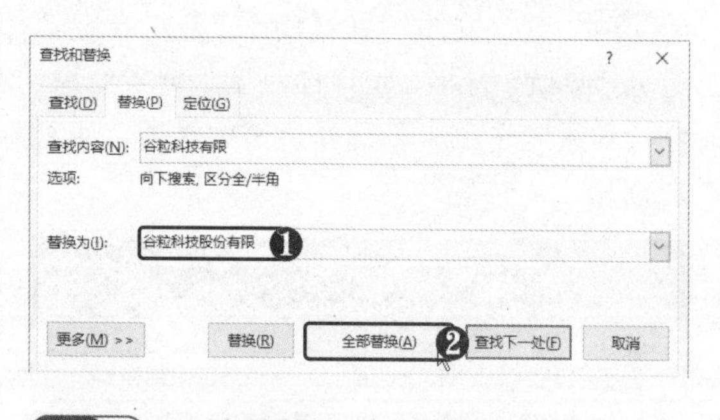

STEP 03 继续替换 此时即可从光标所在位置向下进行全部替换，弹出提示信息框，单击"是"按钮。

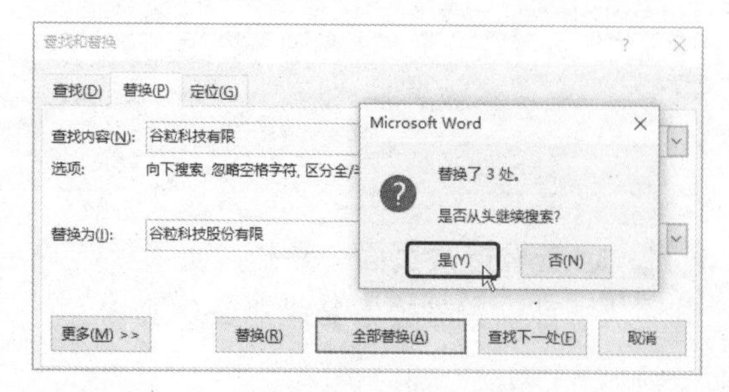

STEP 04 **替换完成** 弹出提示信息框，全部替换完成。

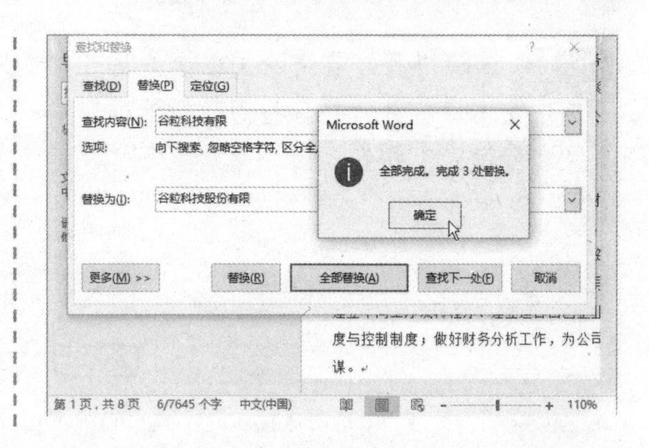

高手点拨

按【Ctrl+G】组合键，打开“查找与替换”对话框，在“定位”选项卡下可定位页、节、批注、书签、表格等项目。

2.2 输入特殊字符

在文档中除了输入常用的汉字外，有时还需要输入一些特殊的字符，比如带圈字符、汉语拼音、特殊符号、数学公式等，下面将分别对其输入方法进行介绍。

2.2.1 为汉字注音

在 Word 2016 中能够非常方便地为汉字添加拼音，还可以设置拼音的字体格式，具体操作方法如下。

STEP 01 **单击“拼音指南”按钮** ❶ 选中要添加拼音的文本。❷ 单击“字体”组中的“拼音指南”按钮。

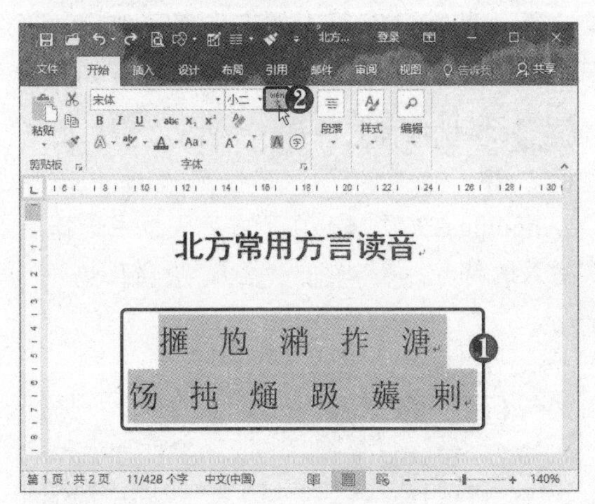

STEP 02 **设置拼音格式** 弹出“拼音指南”对话框，❶ 根据需要设置对齐方式、字体格式、偏移量、字号等。❷ 单击“确定”按钮。

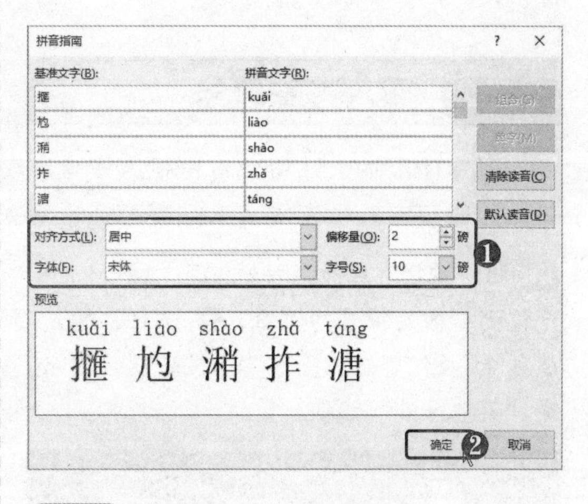

STEP 03 **查看添加拼音效果** 此时即可在文本上面添加拼音，选中文本的同时将选中拼音。

STEP 04 清除拼音 要清除文本上的拼音，可选中文本后打开“拼音指南”对话框，单击“清除读音”按钮。

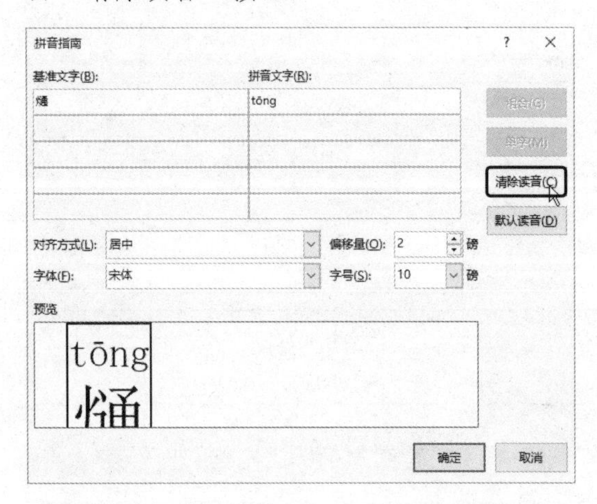

STEP 05 选择“拼音字母”选项 ❶ 单击输入法键盘图标⌨。❷ 选择“拼音字母”选项。

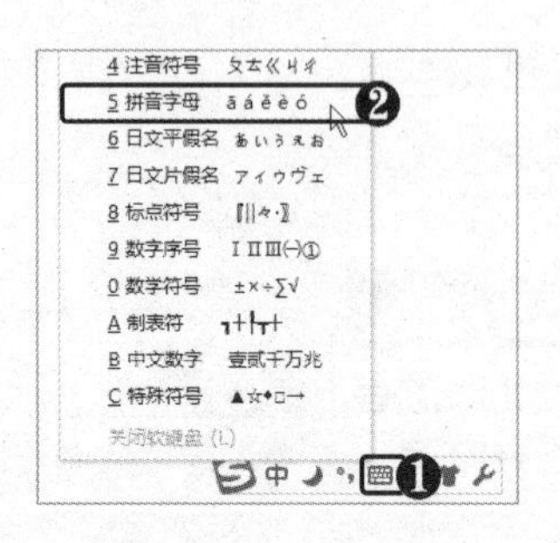

STEP 06 修改拼音 此时即可打开拼音软键盘，单击其中的按键即可修改拼音。

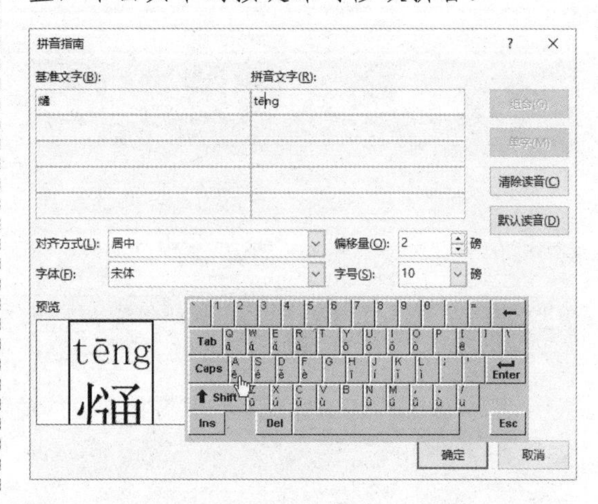

2.2.2 插入特殊符号

通常使用输入法可以直接输入汉字和英文，而一些特殊字符（如广义字符、数学符号、冷僻汉字、拉丁文等）则需要通过插入符号的方法进行输入，具体操作方法如下。

STEP 01 选择“其他符号”选项 ❶ 将光标定位到要插入符号的位置。❷ 选择“插入”选项卡。❸ 单击“符号”下拉按钮。❹ 选择“其他符号”选项。

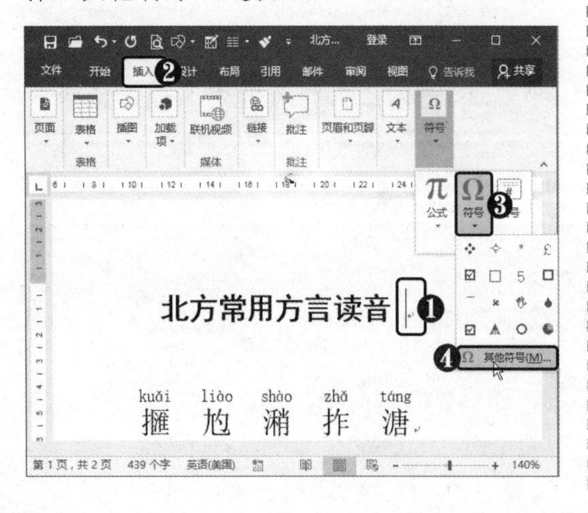

STEP 02 选择插入符号 弹出“符号”对话框，❶ 在“字体”下拉列表框中选择Wingdings选项。❷ 在下方列表框中选择要插入的符号。❸ 单击“插入”按钮。

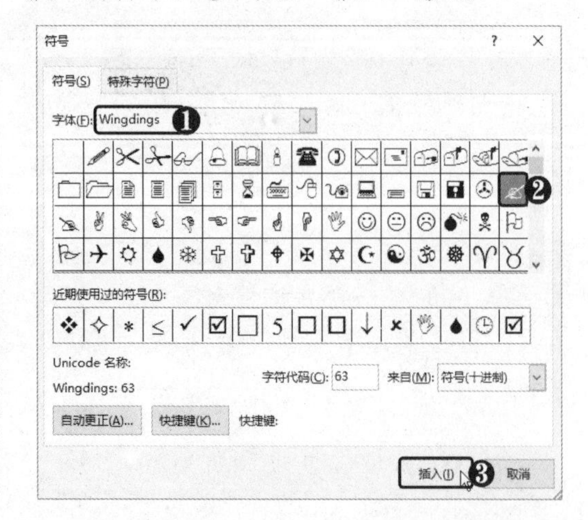

STEP 03 继续插入符号 不关闭“符号”对话框，在文档中定位位置，然后继续插入特殊符号。

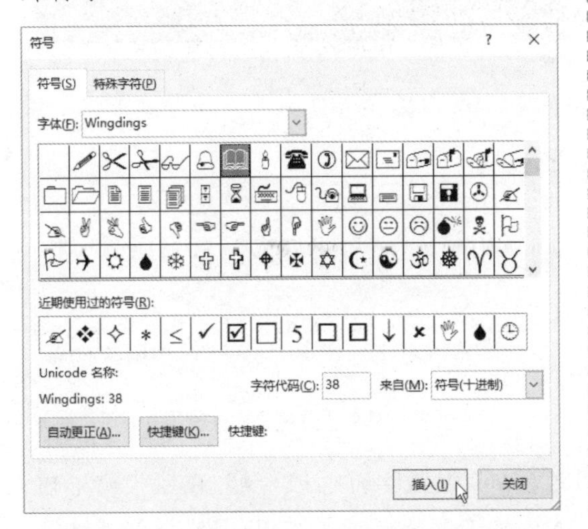

STEP 04 增大符号字号 ❶ 选中文档中插入的符号。❷ 在“字体”组中单击“增大字号”按钮。

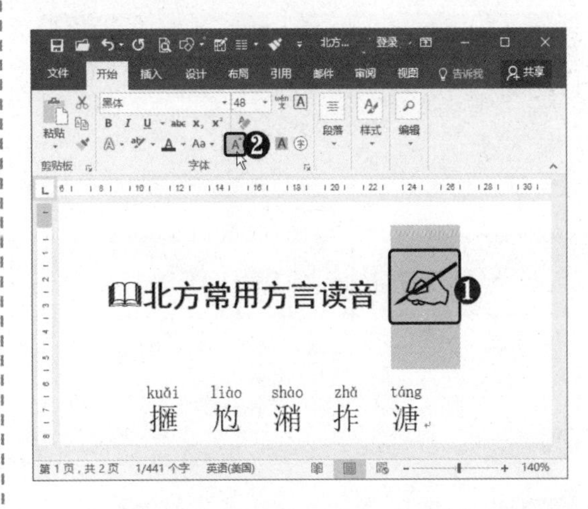

2.2.3 添加字符边框

字符边框也是一种特殊的字体格式，它是在文本周围添加黑色实心线条，经常用于一些印刷物的排版中。为文本添加字符边框的具体操作方法如下。

STEP 01 单击“字符边框”按钮 ❶ 选中要添加字符边框的文本。❷ 单击“字体”组中的“字符边框”按钮。

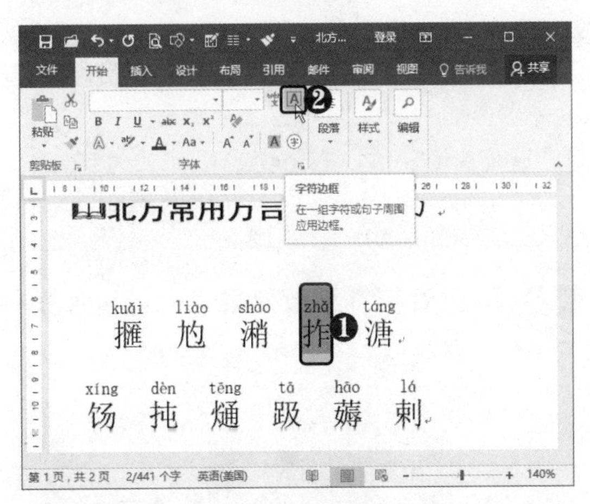

STEP 02 继续添加字符边框 采用同样的方法，继续为文字添加字符边框。

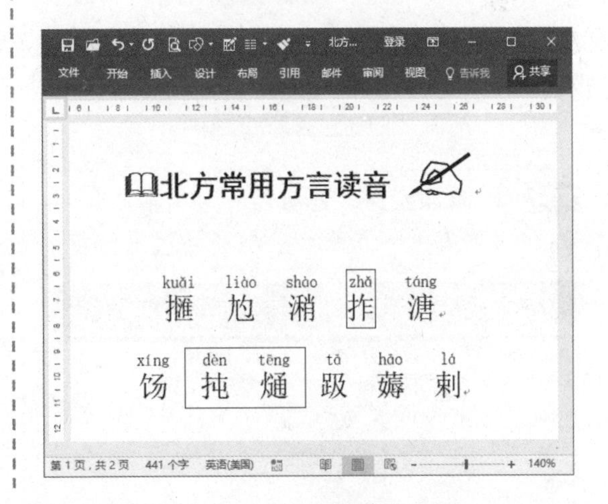

2.2.4 插入并自定义带圈字符

带圈字符是一种特殊格式的文本效果，它可以在字符周围放置圆圈、方框或自定义的符号加以强调。插入并自定义带圈字符的具体操作方法如下。

STEP 01 单击"带圈字符"按钮 ❶ 选中文本。❷ 在"开始"选项卡下"字体"组中单击"带圈字符"按钮㊫。

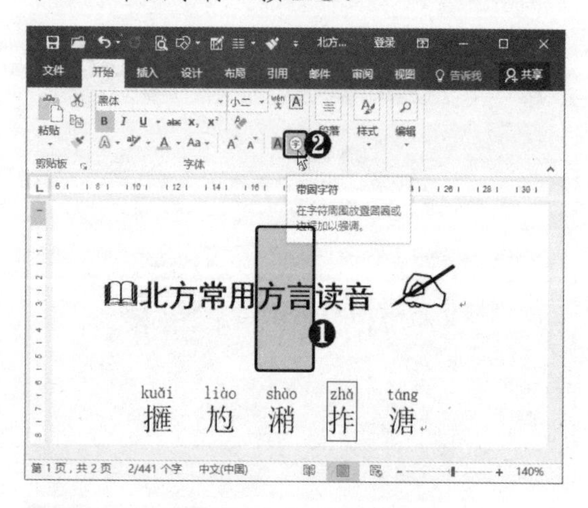

STEP 02 设置格式 弹出"带圈字符"对话框，❶ 选择圆形圈号样式。❷ 单击"增大圈号"按钮。❸ 单击"确定"按钮。

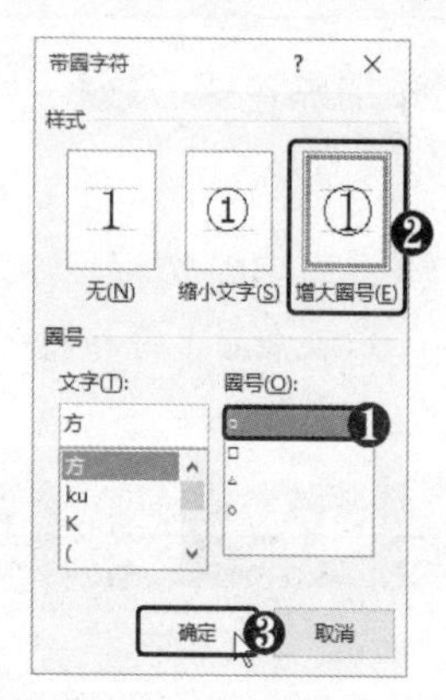

STEP 03 添加圈号 此时即可为文本添加圈号，但只能为一个字添加圈号，选中圈号字符。

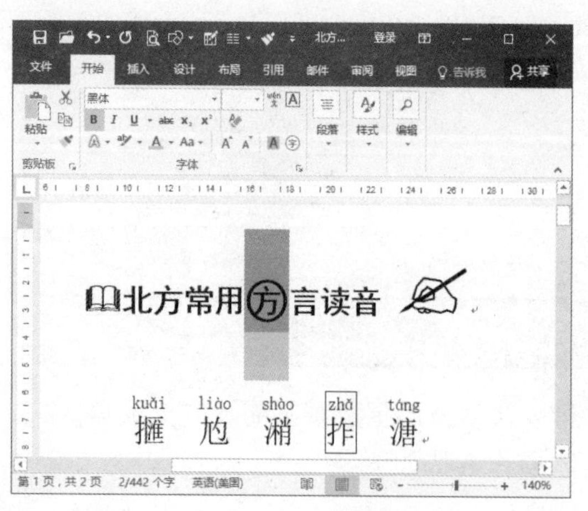

STEP 04 进入域代码编辑状态 按【Alt+F9】组合键，进入域代码编辑状态。

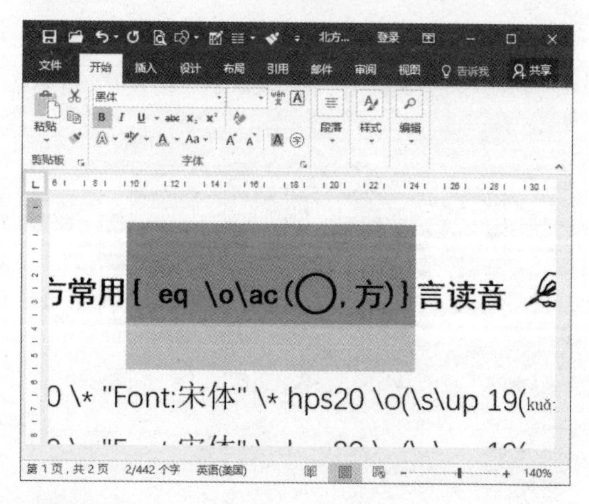

STEP 05 设置字符缩放 ❶ 在域代码中输入完整的文本并将其选中。❷ 在"段落"组中单击"中文版式"下拉按钮。❸ 选择"字符缩放"选项。❹ 选择50%选项，紧缩字符。

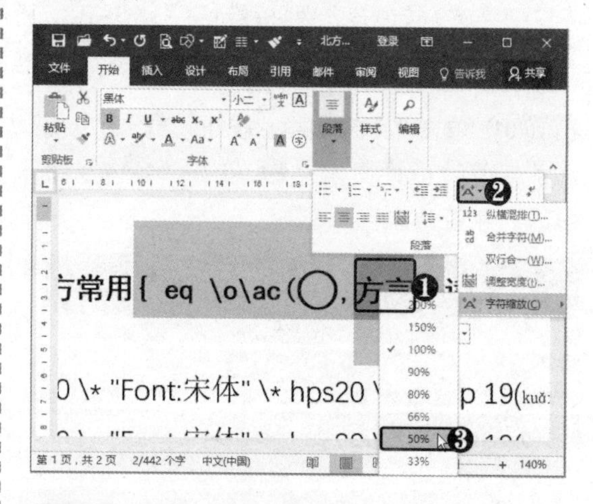

STEP 06 查看字符缩放效果 此时即可查看字符缩放后的显示效果。

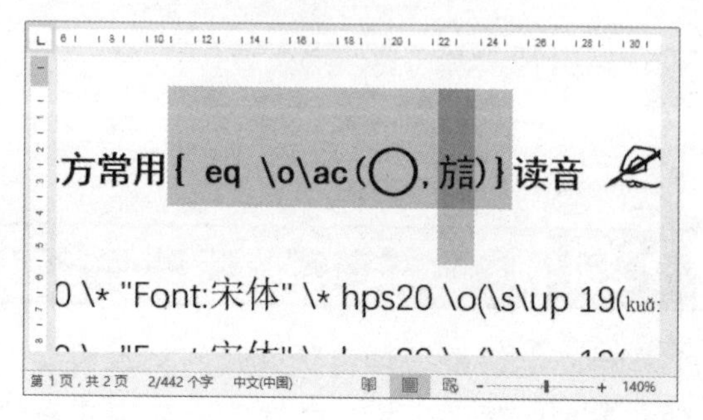

STEP 07 退出域代码编辑状态 再次按【Alt+F9】组合键，退出域代码编辑状态。

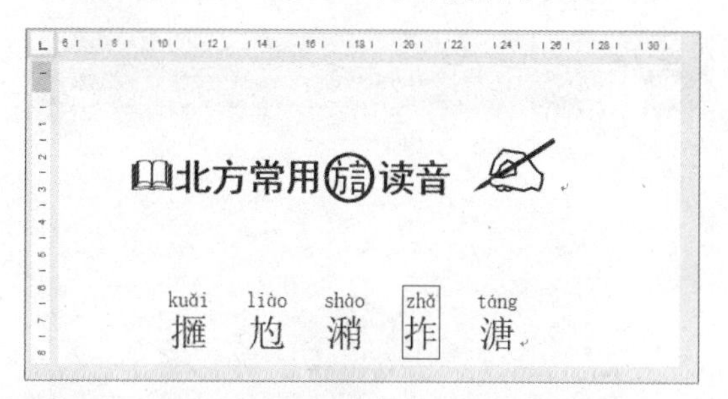

STEP 08 删除圈号样式 还可根据需要自定义圈号的样式，进入域代码编辑状态，将“方言”两字的缩放比例更改为100%，删除圈号。

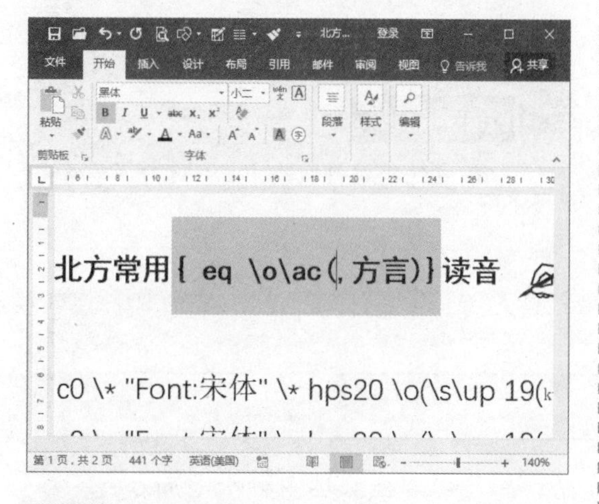

STEP 09 选择符号 ❶ 选择“插入”选项卡。❷ 在“符号”组中单击“符号”下拉按钮。❸ 选择“其他符号”选项。

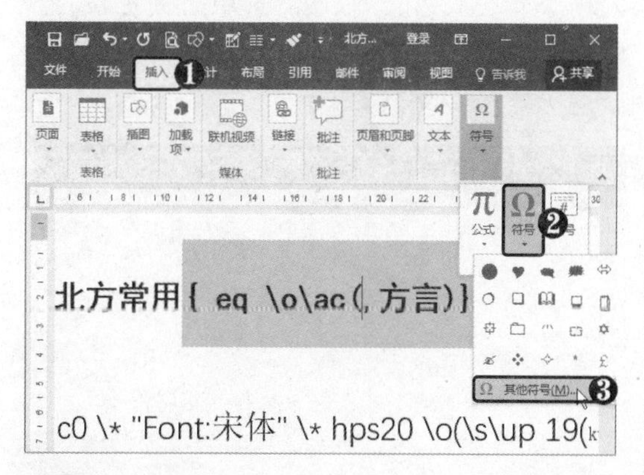

STEP 10 插入符号 弹出“符号”对话框，❶ 在“字体”下拉列表框中选择Webdings选项。❷ 选择符号。❸ 单击“插入”按钮。

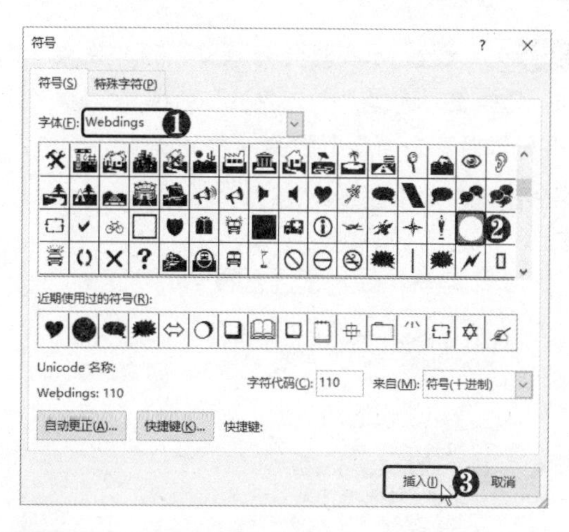

STEP 11 设置字体格式 此时即可插入符号，将“方言”两字的字体颜色设置为蓝灰色，增大符号的字号。

STEP 12 单击扩展按钮 按【Alt+F9】组合键，退出域代码编辑状态，查看带圈字符效果。❶ 将光标定位到文本中。❷ 在“段落”组中单击右下角的扩展按钮。

STEP 13 **设置文本对齐方式** 弹出“段落”对话框，❶ 选择“中文版式”选项卡。❷ 在“文本对齐方式”下拉列表框中选择“居中”选项。❸ 单击“确定”按钮。

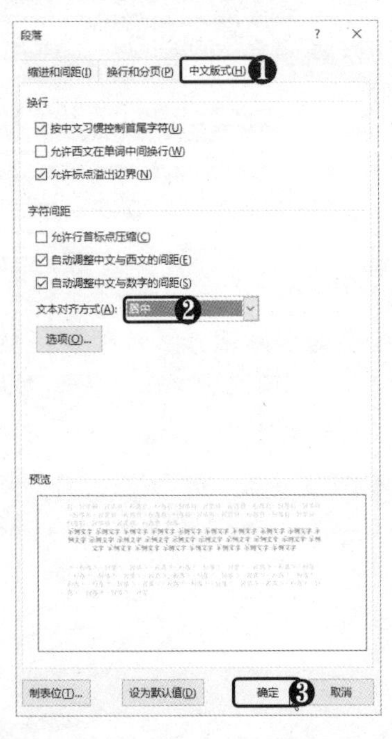

STEP 14 **查看最终效果** 此时即可查看带圈字符的最终效果。

高手点拨

在域代码编辑状态右击，选择“插入符号”命令，可快速插入符号。

2.2.5 插入数学公式

Word 2016 包括编写和编辑公式的内置支持，用户可以在文档中轻松地插入各种数学公式，具体操作方法如下。

STEP 01 **单击“公式”按钮** ❶ 在文档中要插入公式的位置定位光标。❷ 在“插入”选项卡下“符号”组中单击“公式”按钮。

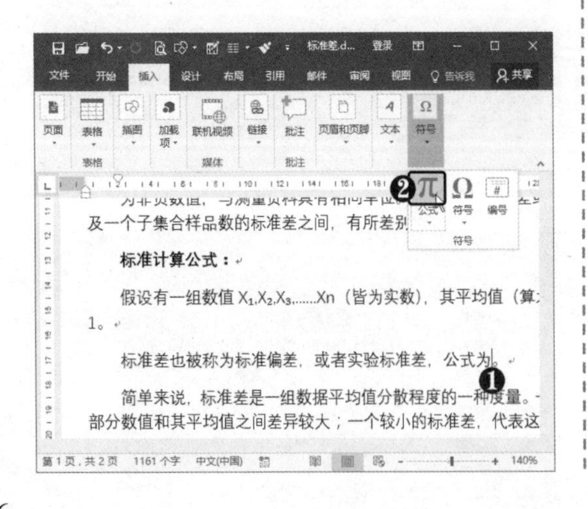

STEP 02 **增大字号** 此时即可在文档中插入一个新公式占位符。❶ 选中公式占位符。❷ 在“开始”选项卡下“字体”组中单击“增大字号”按钮A˄。

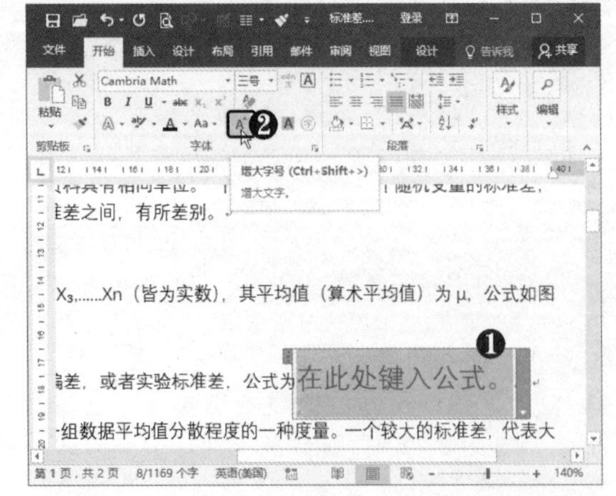

STEP 03 选择符号 ❶ 选择“设计”选项卡。❷ 在“符号”组中选择σ符号。

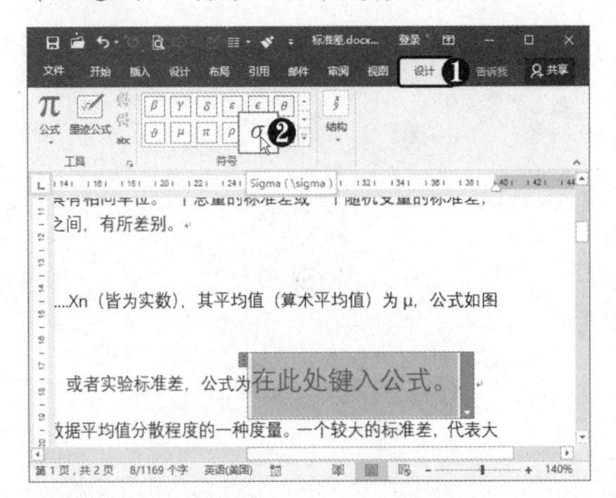

STEP 04 输入等号 此时即可将σ符号插入到公式中，输入等号。

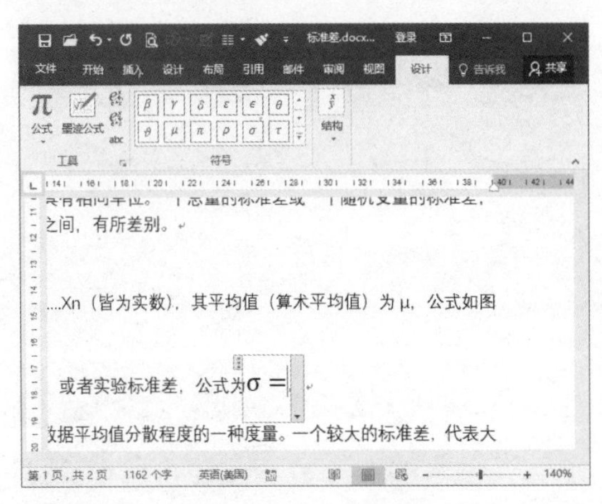

STEP 05 选择“平方根”运算符 ❶ 在“结构”组中单击“根式”下拉按钮。❷ 选择“平方根”运算符。

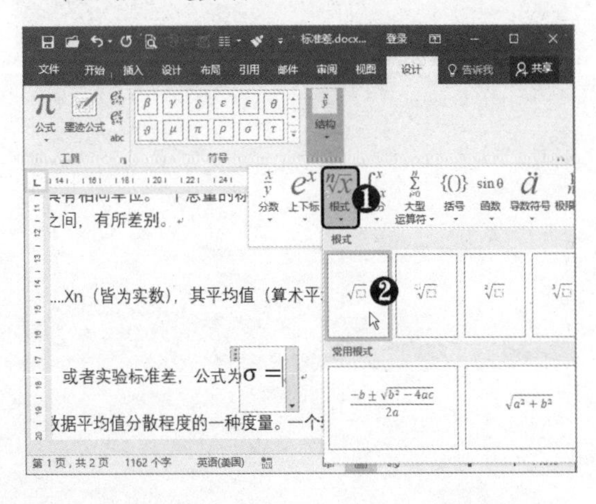

STEP 06 选择“求和”运算符 ❶ 选中平方根中的占位符。❷ 单击“大型运算符”下拉按钮。❸ 选择“求和”运算符。

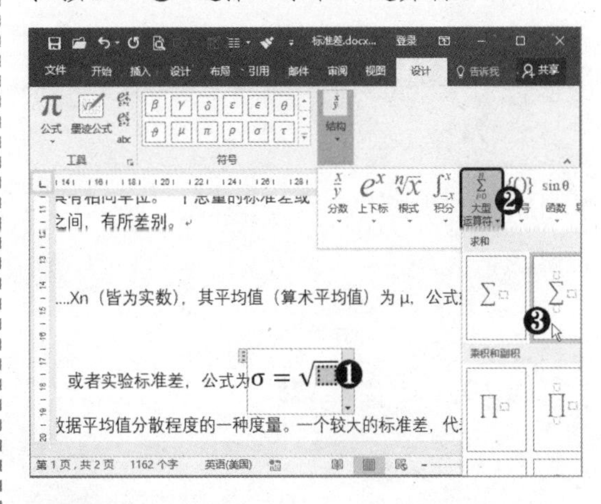

STEP 07 定位光标 此时即可在原占位符位置插入求和运算符。将光标定位在求和运算符的左侧。

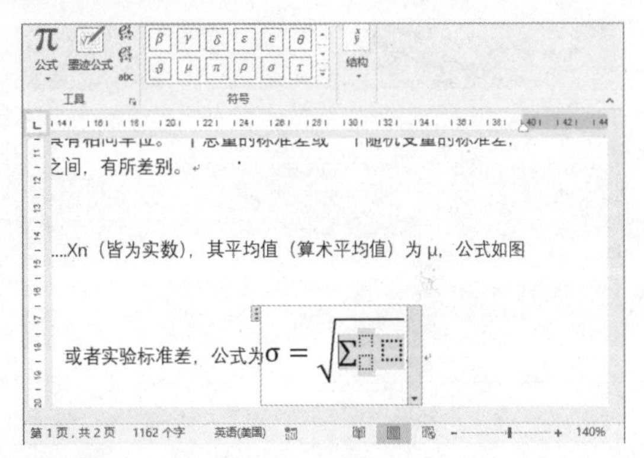

STEP 08 选择“分数”运算符 ❶ 单击“分数”下拉按钮。❷ 选择“分数（竖式）”运算符。

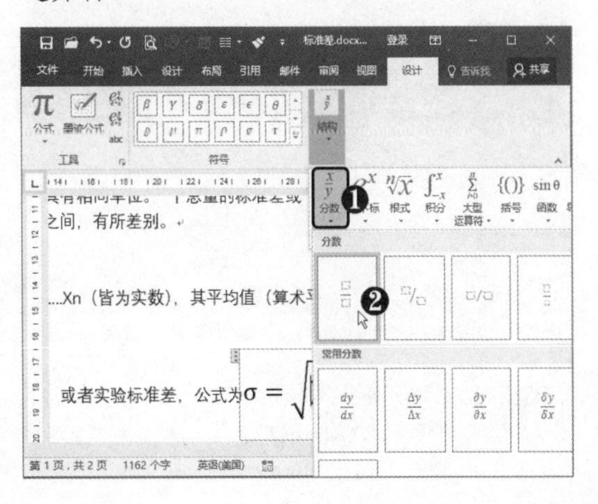

STEP 09 选择"上标"运算符 ❶ 选中求和运算符右侧的占位符。❷ 单击"上下标"下拉按钮，❸ 选择"上标"运算符。

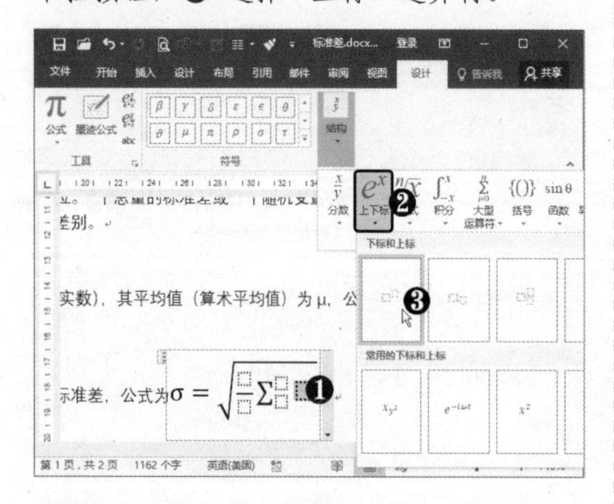

STEP 10 选择括号运算符 ❶ 选中上标运算符中的占位符。❷ 单击"括号"下拉按钮。❸ 选择所需的括号运算符。

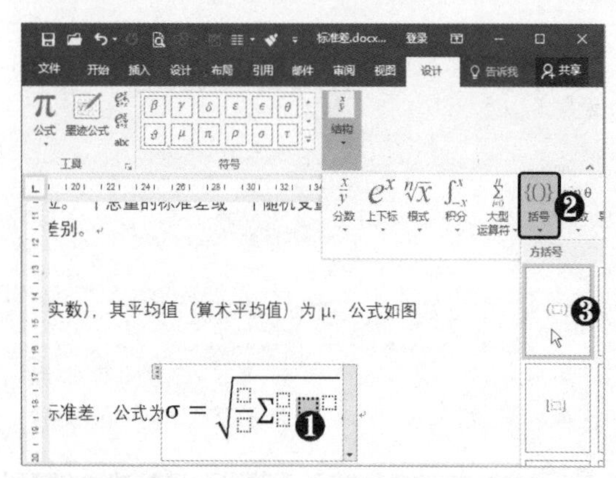

STEP 11 选择"下标"运算符 ❶ 选中括号中的占位符。❷ 单击"上下标"下拉按钮，❸ 选择"下标"运算符。

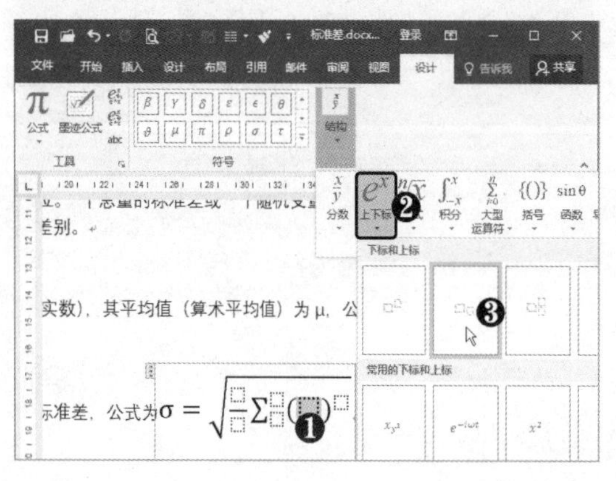

STEP 12 选择符号 ❶ 输入减号。❷ 在"符号"组中选择μ符号。

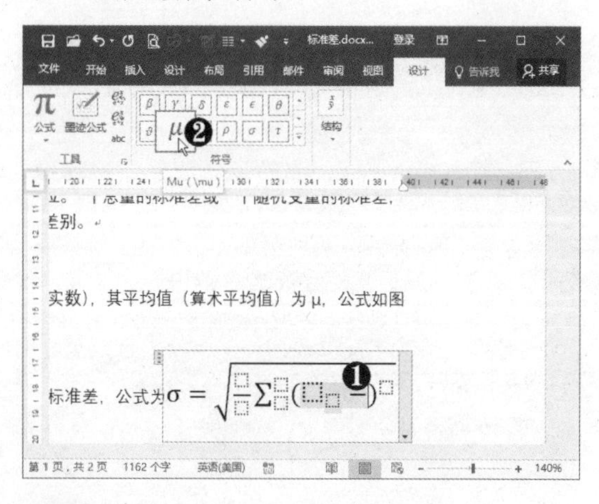

STEP 13 查看公式结构 此时在公式中所需的运算符均已输入完成。

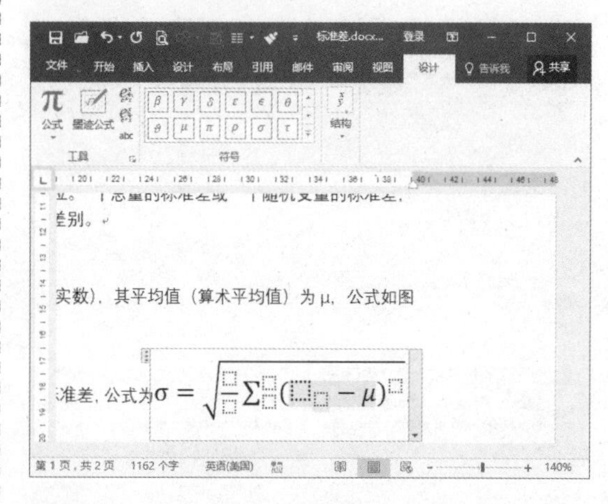

STEP 14 输入变量和数值 分别输入各运算符的占位符中的变量和数值。

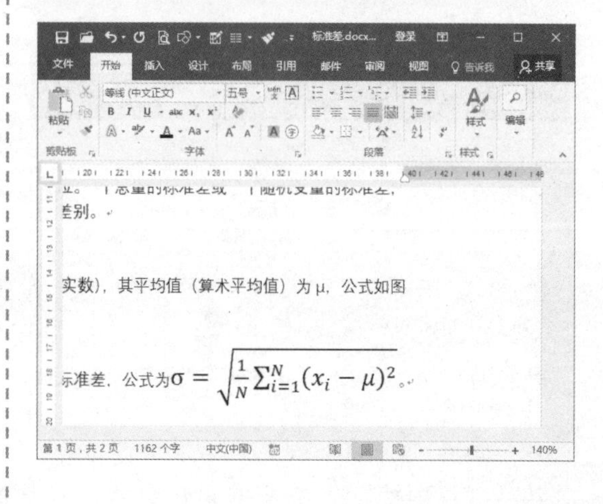

STEP 15 设置更改公式显示 ❶ 单击公式右侧的下拉按钮▾。❷ 选择"更改为'显示'"选项。

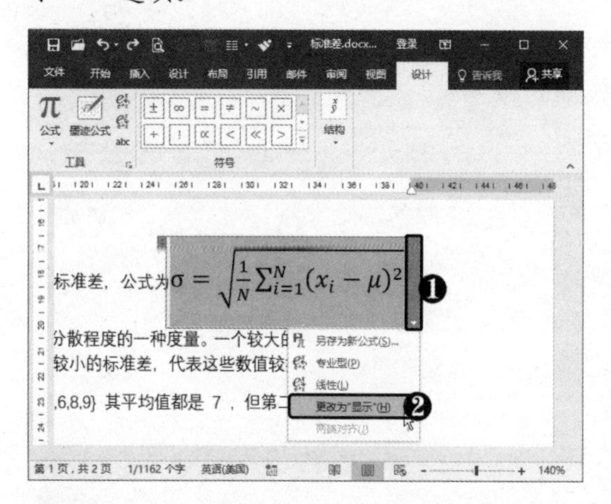

STEP 16 查看公式效果 此时即可将公式样式更改为"显示"效果。

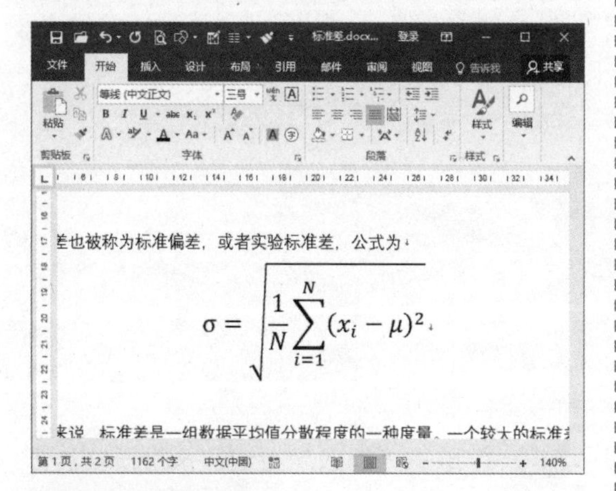

高手点拨

选中公式，按【Ctrl+C】组合键复制公式，单击"粘贴"下拉按钮，选择"选择性粘贴"选项，在弹出的对话框中选择"图片"形式，单击"确定"按钮，即可将公式粘贴为图片。

STEP 17 选择"另存为新公式"选项 ❶ 单击公式右侧的下拉按钮▾。❷ 选择"另存为新公式"选项。

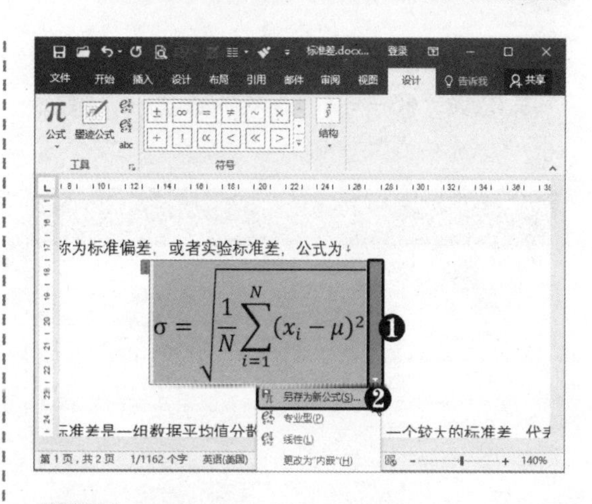

STEP 18 保存公式 弹出"新建构建基块"对话框，❶ 输入名称。❷ 单击"确定"按钮，即可保存公式。

STEP 19 查看保存的公式 在"插入"选项卡下"符号"组中单击"公式"下拉按钮，在弹出的下拉列表中即可查看保存的公式。

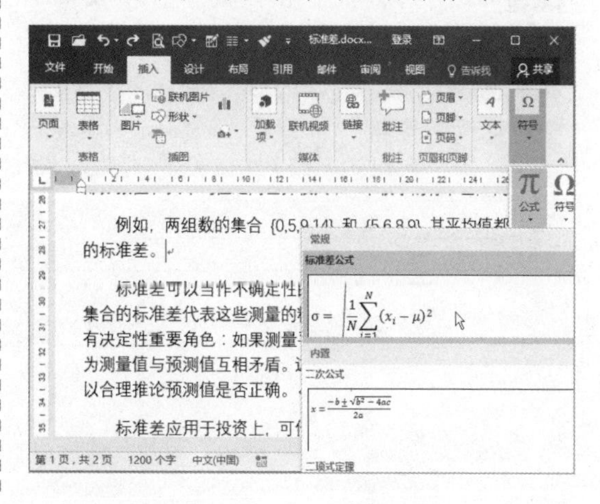

墨迹公式是 Word 2016 的新增功能，使用触摸笔或鼠标即可直接书写公式，还可在书写过程中擦除、选择或更正公式，具体操作方法如下。

STEP 01 单击“墨迹公式”按钮 在文档中插入公式，❶ 选择“设计”选项卡。❷ 单击“墨迹公式”按钮。

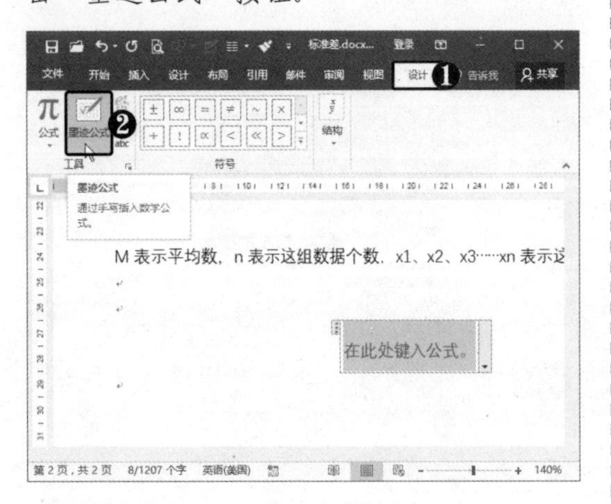

STEP 02 打开输入面板 此时会弹出“数学输入控件”面板。

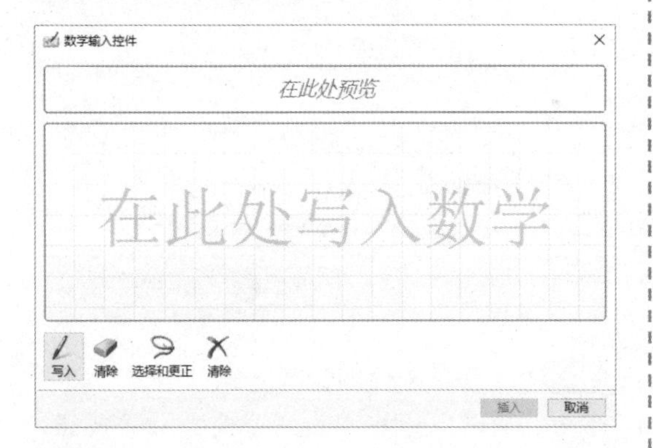

STEP 03 书写公式 在面板中拖动鼠标书写所需的公式，在上方的预览区可预览公式效果。若程序自动识别公式有误，可单击“选择和更改”按钮。

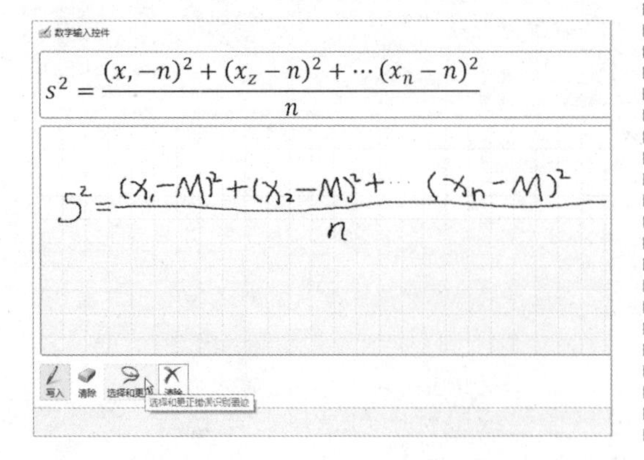

STEP 04 套选字符 拖动鼠标套选识别错误的字符。

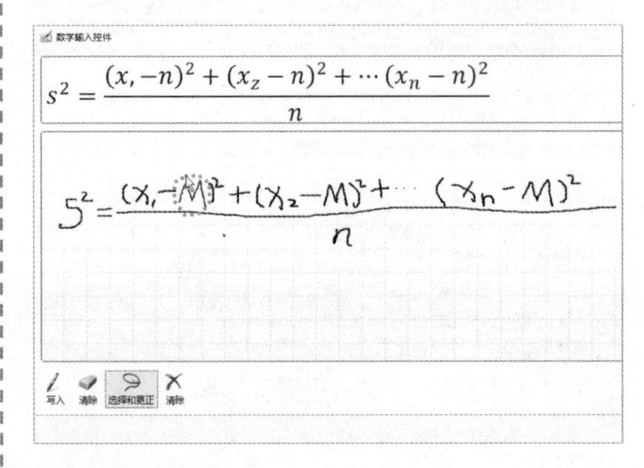

STEP 05 选择正确字符 在弹出的下拉列表中选择正确的字符。

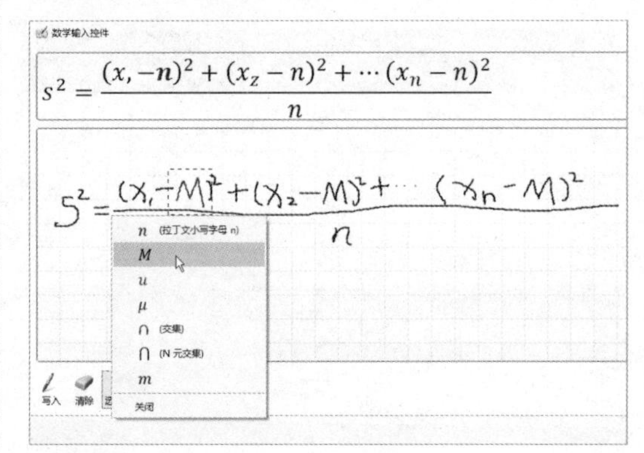

STEP 06 单击“插入”按钮 采用同样的方法继续更正公式中的其他错误，更正完成后单击“插入”按钮。

STEP 07 **插入公式** 此时即可将公式插入文档中。

高手点拨

在系统自带的附件程序中包含“数学输入面板”程序，使用它也可以很方便地编辑公式，其操作方法与“墨迹公式”基本相同。

2.3 设置文本与段落格式

有针对性地设置文本和段落的格式，可以使文档条理清晰，版面更加美观，从而增加文章的可读性。下面将介绍在 Word 2016 如何设置文本和段落格式。

2.3.1 设置文本格式

设置文本格式是格式化文档最基本的操作，主要包括设置文本字体格式、字形、字号、颜色等。在 Word 2016 中，文本格式可以通过“字体”组、浮动工具栏和“字体”对话框 3 种方式进行设置。

1. 在“字体”组中设置文本格式

选中标题文本，在“开始”选项卡下“字体”组中设置字体为“黑体”、字号为“小二”，如下图（左）所示。

2. 在浮动工具栏设置文本格式

选中小标题，松开鼠标后将自动显示浮动工具栏，从中设置字体为“黑体”、字号为“小四”，如下图（右）所示。

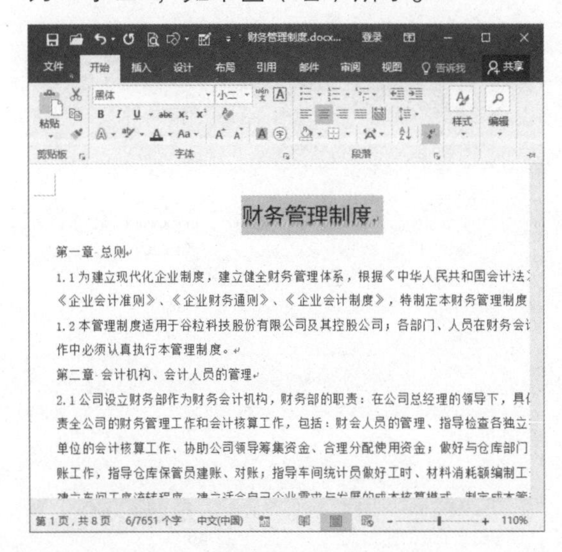

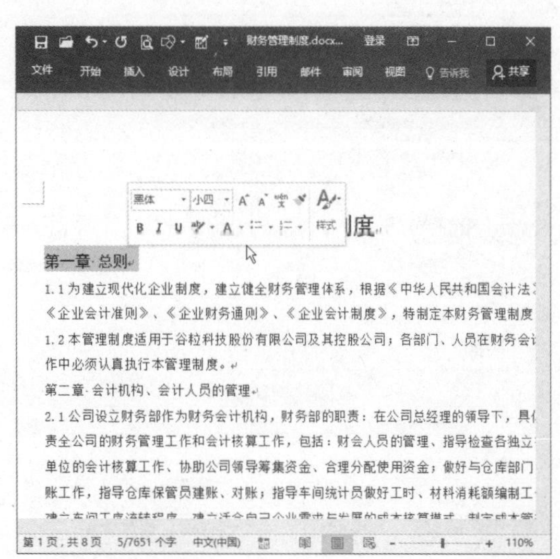

3. 在“字体”对话框中设置文本格式

要对文本字体格式进行更加详细的设置，可在“字体”对话框中进行操作，具体操作方法如下。

STEP 01 单击扩展按钮 ❶ 选中标题文本。❷ 在“字体”组中单击右下角的扩展按钮。

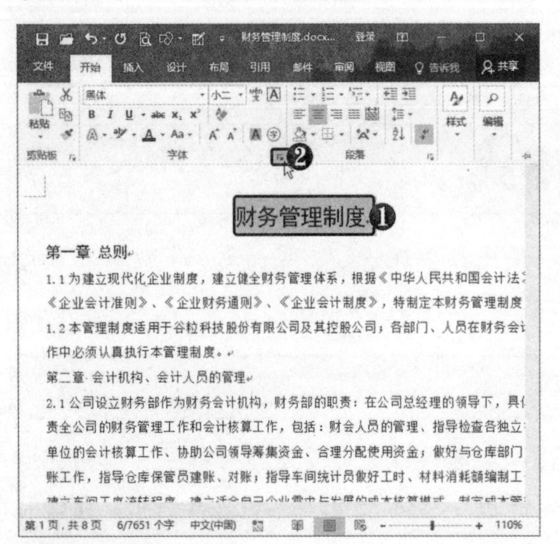

STEP 02 设置字符间距 弹出“字体”对话框，❶ 选择“高级”选项卡。❷ 在“字符间距”选项区中设置加宽字符间距1磅。❸ 单击“确定”按钮。

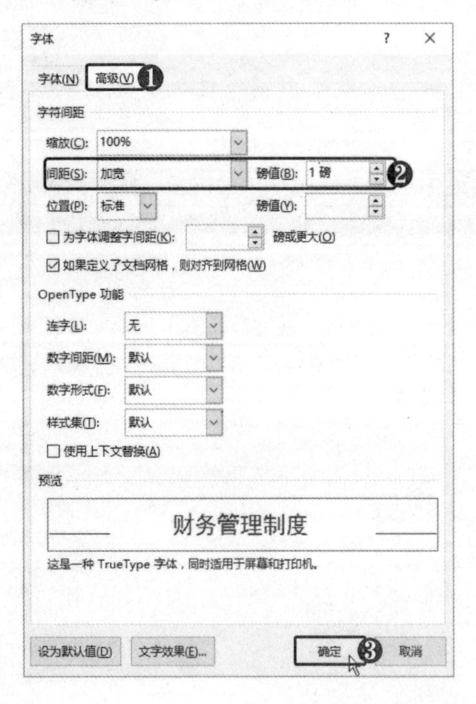

STEP 03 查看设置效果 此时即可应用设置，查看加宽字符间距后的文本效果。

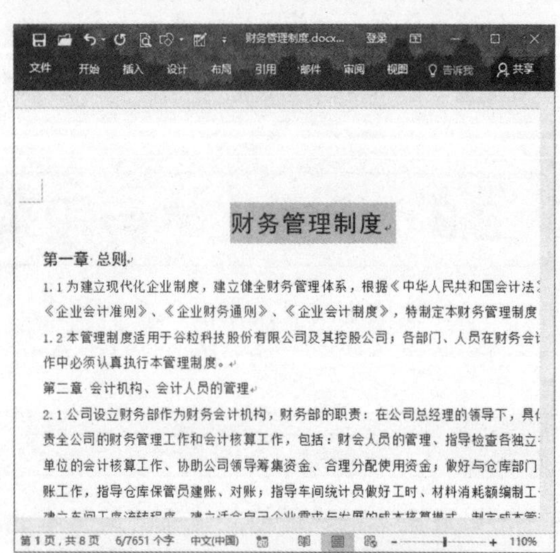

STEP 04 设置西文字体 按【Ctrl+A】组合键全选文本，按【Ctrl+D】组合键打开“字体”对话框，❶ 选择“字体”选项卡。❷ 设置“西文字体”为Times New Roman。❸ 单击“确定”按钮。

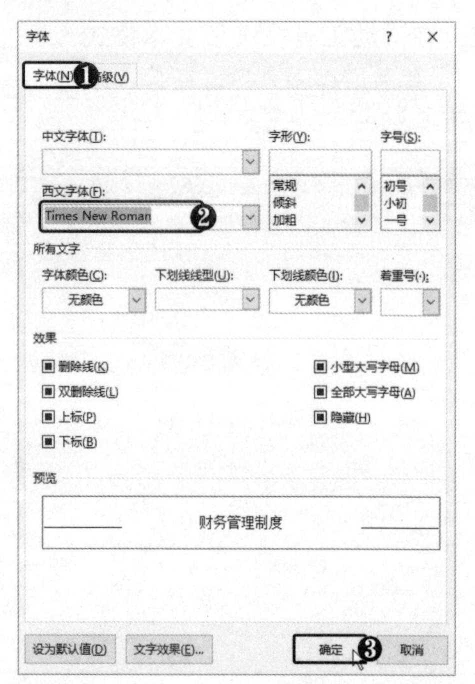

2.3.2 设置段落格式

设置段落格式指的是在一个段落的页面范围内对内容进行排版，使整个段落显得美观大方，更符合规范。设置段落格式主要包括段落对齐方式、段落缩进、段落间距等。

1. 设置段落和文本对齐方式

段落对齐方式是指段落中的文本在水平方向上以何种方式对齐，包括“居中”、“左对齐”、“右对齐”、“两端对齐”、“分散对齐”等。

设置段落对齐方式的具体操作方法如下。

STEP 01 设置居中对齐 ❶ 将光标定位到小标题段落中。❷ 在“段落”组中单击“居中”按钮，即可将段落的对齐方式设置为居中对齐。

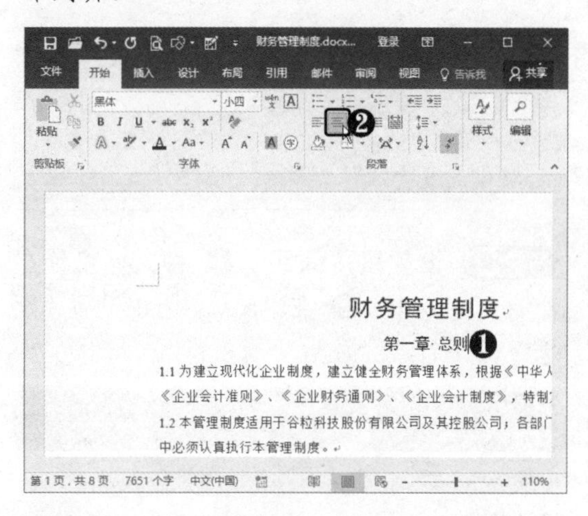

STEP 02 单击扩展按钮 ❶ 在“标题”文本后面输入“范文”并减小字号。❷ 单击“段落”组右下角的扩展按钮。

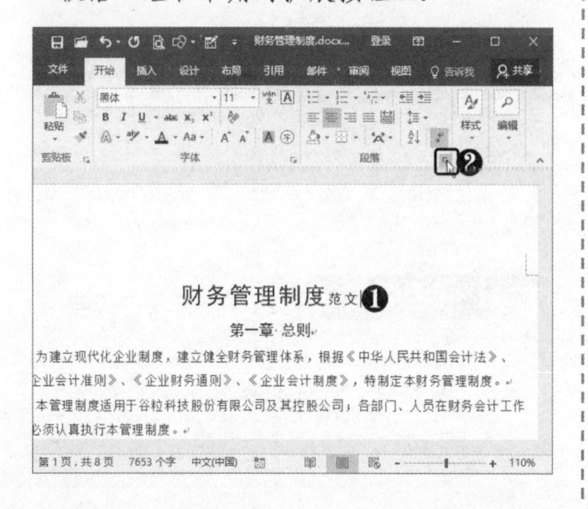

STEP 03 设置文本对齐方式 弹出“段落”对话框，❶ 选择“中文版式”选项卡。❷ 在“文本对齐方式”下拉列表中选择“顶端对齐”选项。❸ 单击“确定”按钮。

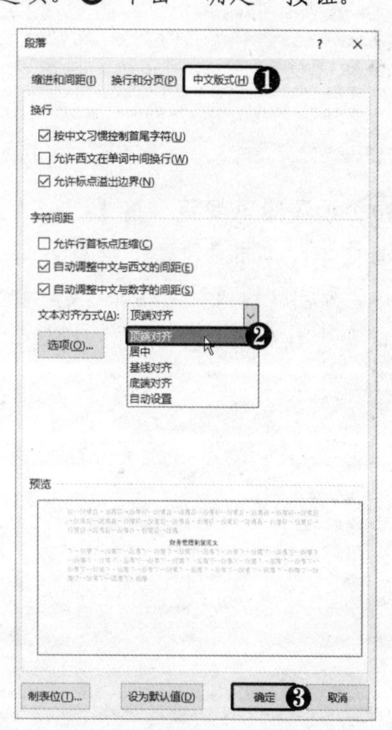

STEP 04 查看对齐效果 此时即可查看设置顶端对齐后的效果。

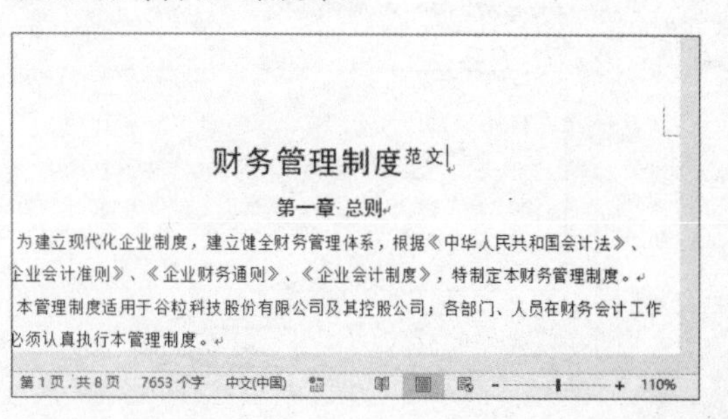

2. 设置段落间距和行距

段落间距是指相邻两个段落之间的距离，行距指行与行之间的间距。设置段落间距和行距的具体操作方法如下。

STEP 01 设置行距 按【Ctrl+A】组合键全选文本，❶ 在“段落”组中单击“行和段落间距”下拉按钮。❷ 选择 1.15 选项。

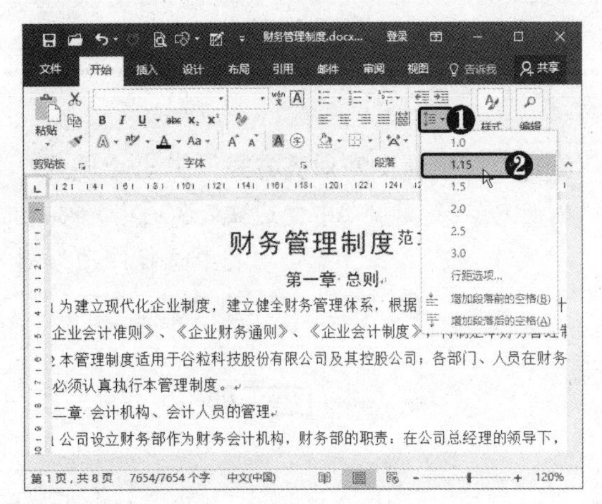

STEP 02 设置段落间距 按【Ctrl+A】组合键全选文本，单击“段落”组右下角的扩展按钮，弹出“段落”对话框。❶ 设置“段后”间距为 0.5 行。❷ 单击“确定”按钮。

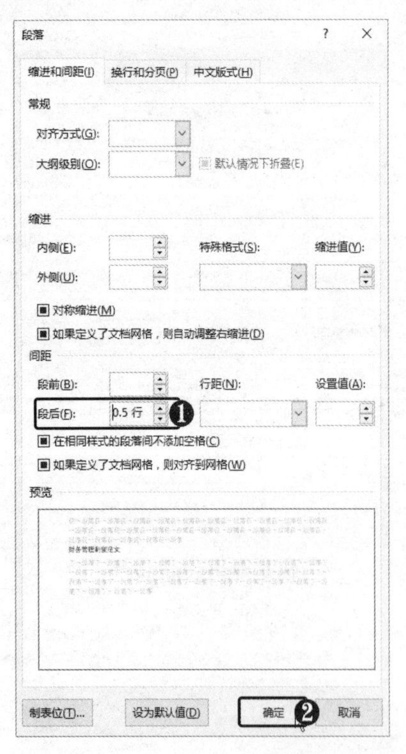

STEP 03 设置段落间距 ❶ 将光标定位在标题文本中。❷ 选择“布局”选项卡。❸ 在“段落”组中设置“段前”为 1 行、“段后”为 2 行。

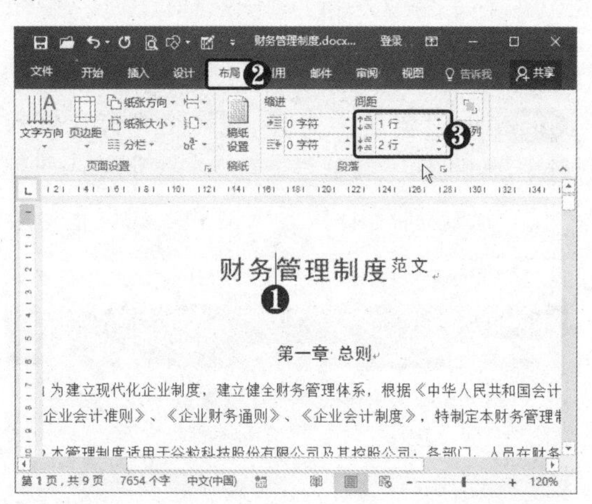

STEP 04 设置段落间距 ❶ 将光标定位在小标题文本中。❷ 在“段落”组中设置“段前”为 1 行、“段后”为 1 行。

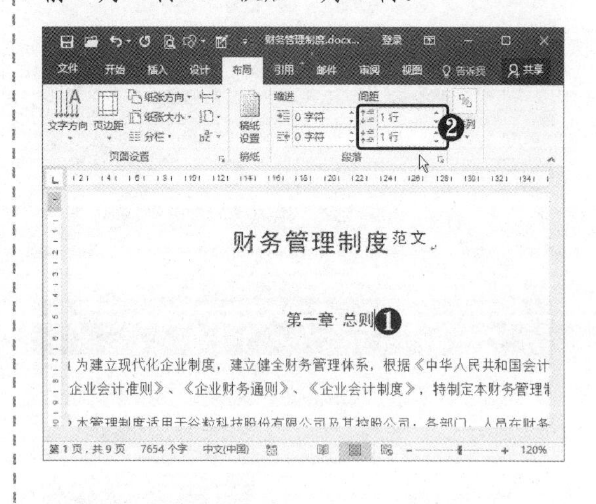

高手点拨

可将行距设置为固定值，打开“段落”对话框，在“行距”下拉列表框中选择“固定值”选项，并输入磅值即可。

3．设置段落缩进

段落缩进是指文本相对于页边距向页面内缩进一段距离，或向页面外伸展一段距离。段落缩进包括首行缩进、悬挂缩进、左缩进和右缩进几种方式。设置段落缩进的具体操作方法如下。

STEP 01 单击扩展按钮 ❶ 将光标定位在1.1所在的段落中。❷ 单击“段落”组右下角的扩展按钮。

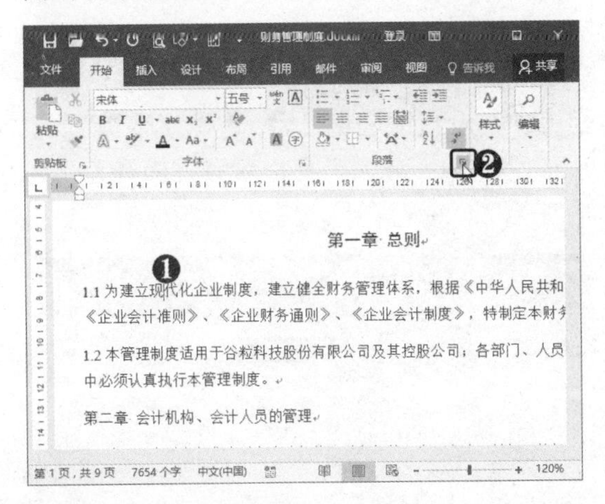

STEP 02 设置首行缩进 弹出“段落”对话框，❶ 在“特殊格式”下拉列表中选择“首行缩进”选项。❷ 单击“确定”按钮。

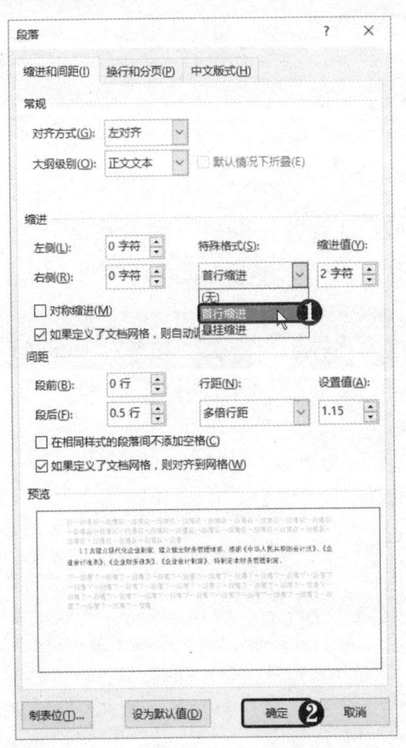

STEP 03 查看首行缩进效果 此时即可查看设置首行缩进后的段落效果。

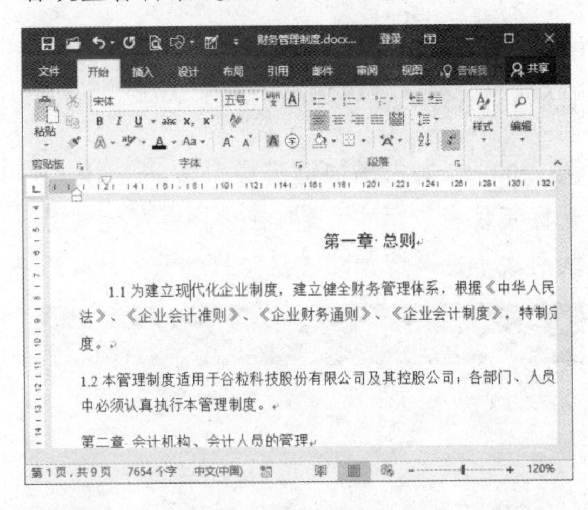

STEP 04 设置悬挂缩进 再次打开“段落”对话框，❶ 在“特殊格式”下拉列表中选择“悬挂缩进”选项。❷ 设置“缩进值”为1.5字符。❸ 单击“确定”按钮。

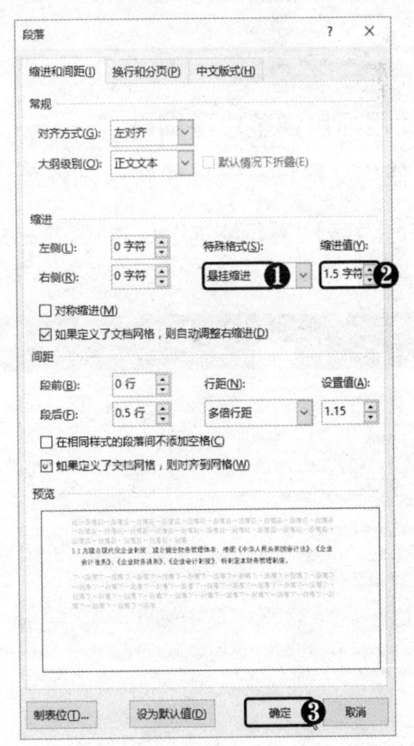

STEP 05 查看悬挂缩进效果 此时即可查看设置段落悬挂缩进后的效果。

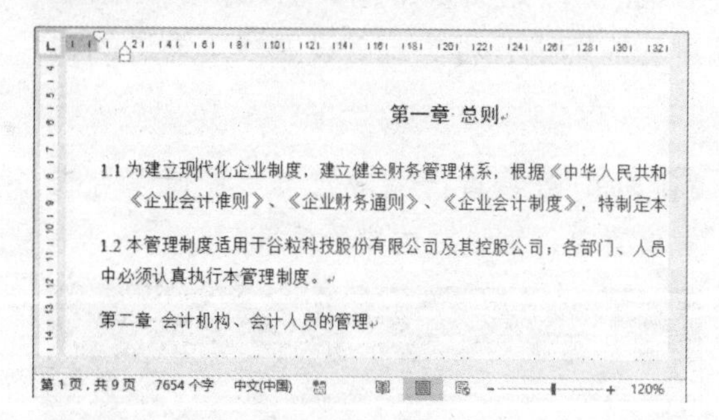

STEP 06 单击“增加缩进量”按钮 ❶ 将光标定位在段落中。❷ 在“段落”组中连续两次单击“增加缩进量”按钮。

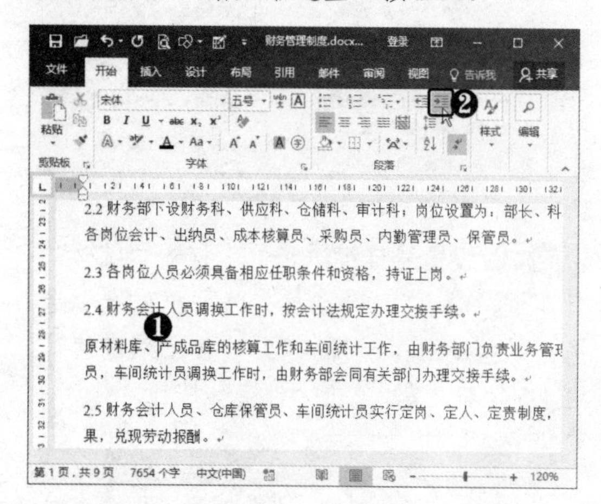

STEP 07 查看左缩进效果 此时即可设置将光标所在的段落左缩进2字符。

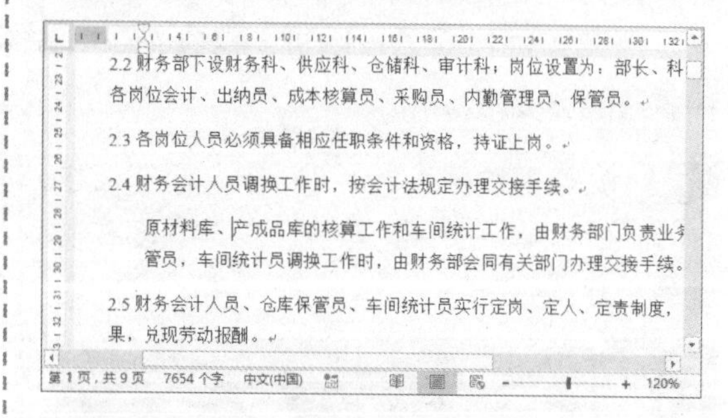

STEP 08 设置缩进量 ❶ 选择“布局”选项卡。❷ 在“段落”组中设置左缩进为1.5字符。

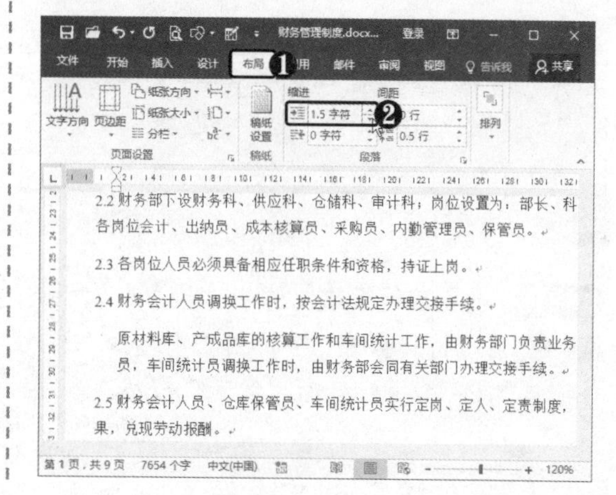

4. 使用标尺调整段落缩进

使用文档标尺可以快捷地调整段落缩进，具体操作方法如下。

STEP 01 找到“首行缩进”滑块 将光标定位到段落中，在标尺上找到“首行缩进”滑块▽。

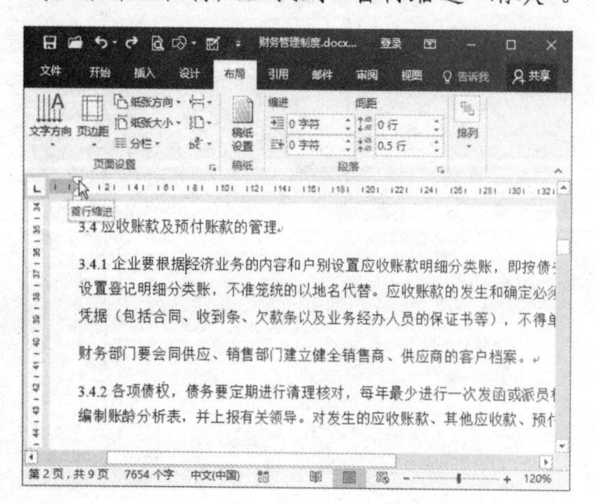

STEP 02 设置首行缩进 向右拖动“首行缩进”滑块▽即可设置段落首行缩进。

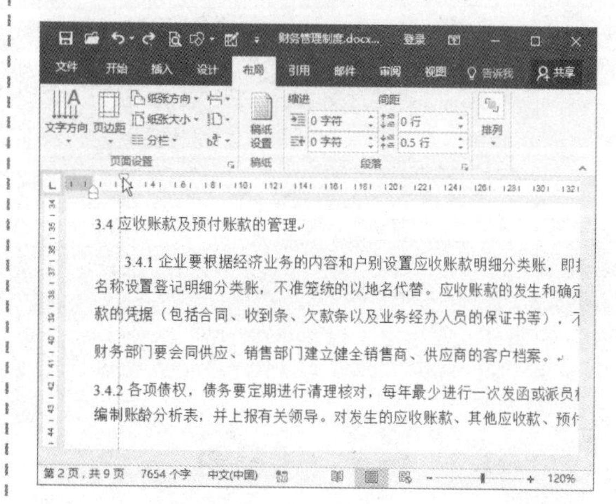

STEP 03 找到“悬挂缩进”滑块 按【Ctrl+Z】组合键撤销操作，在标尺上找到“悬挂缩进”滑块⌂。

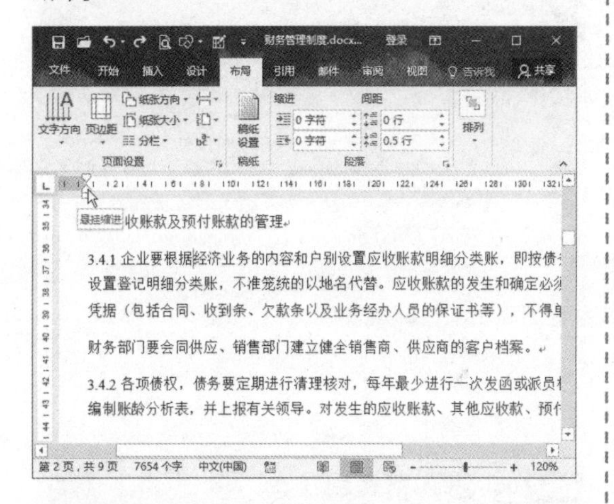

STEP 04 设置悬挂缩进 向右拖动“悬挂缩进”滑块⌂即可设置段落悬挂缩进。

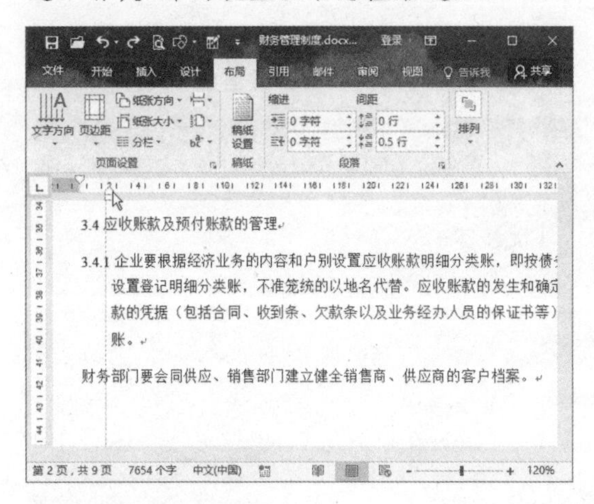

STEP 05 找到“左缩进”滑块 在段落中定位光标，在标尺上找到“左缩进”滑块□。

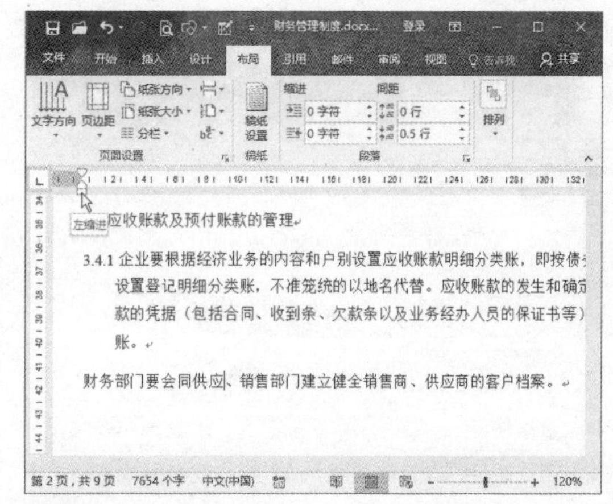

STEP 06 设置左缩进 向右拖动“左缩进”滑块□，即可设置段落左缩进。

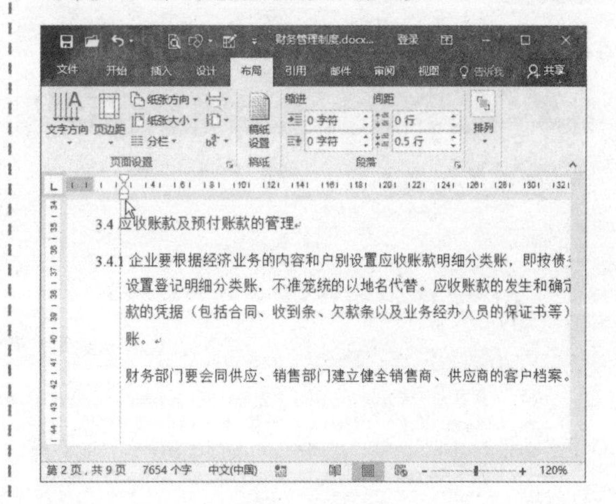

高手点拨

可以根据需要将标尺添加到快速访问工具栏，以快速设置是否在文档中显示标尺。Word中默认的制表位为 2 字符，若要进行更改，可在标尺上双击制表位，在弹出的对话框中设置默认制表位。

2.3.3 使用格式刷复制格式

使用格式刷工具可以将文本或段落格式乃至图形格式进行复制和应用，从而省去了重复设置格式的烦琐操作。使用格式刷复制格式的具体操作方法如下。

STEP 01 **单击“格式刷”按钮** ❶ 将光标定位到要复制格式的段落中。❷ 在“剪贴板”组中单击“格式刷”按钮。要复制文本格式则应选中文本，而不是定位光标。

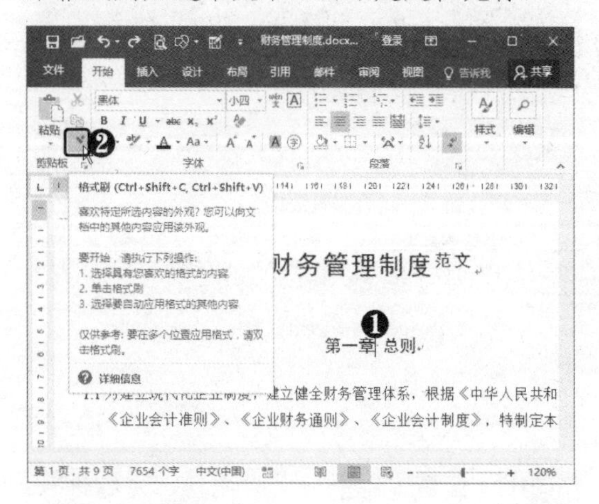

STEP 02 **拖动鼠标** 此时鼠标指针变为形状，在文本上拖动鼠标。

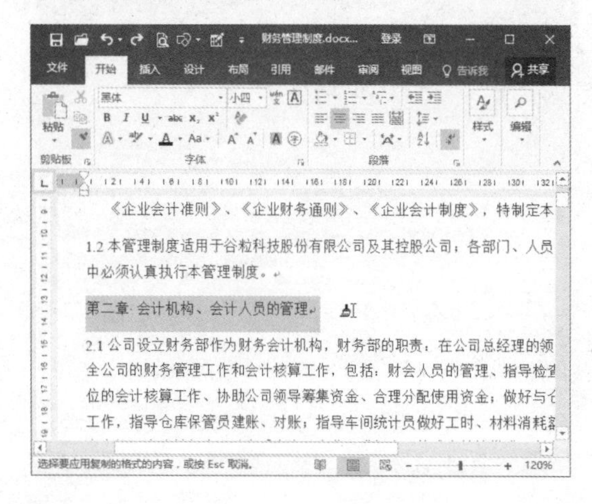

STEP 03 **查看应用段落格式效果** 松开鼠标后即可应用段落格式。

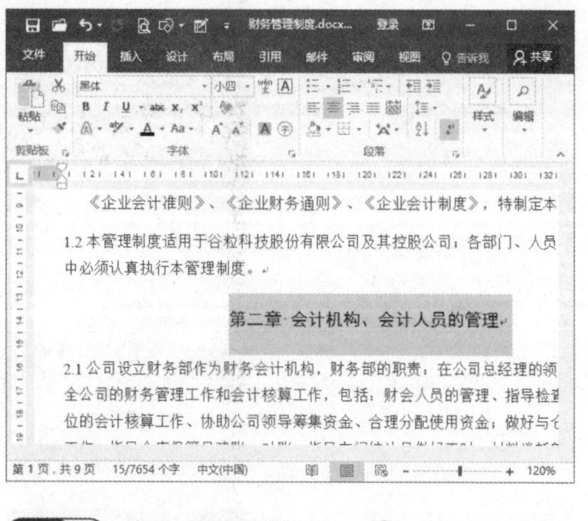

STEP 04 **进入格式刷状态** ❶ 在 1.1 所在的段落中定位光标。❷ 在“剪贴板”组中双击“格式刷”按钮，可进入格式刷状态，以连续应用格式刷。再次单击“格式刷”按钮或按【Esc】键，可退出格式刷状态。

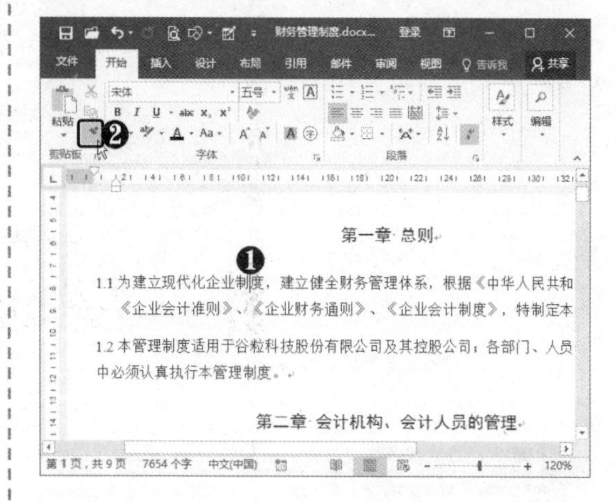

高手点拨

可以使用快捷键复制和粘贴文本格式，选中文本后按【Ctrl+Shift+C】组合键复制格式，按【Ctrl+Shift+V】组合键粘贴格式。

2.3.4 设置文本效果

在 Word 2016 中可以为文本添加边框、阴影、映像或发光效果，还可通过更改填充或轮廓来更改文本的外观，具体操作方法如下。

STEP 01 选择"发光选项"选项 选中标题文本，❶ 在"字体"组中单击"文本效果和版式"下拉按钮 。❷ 选择"发光"选项。❸ 选择"发光选项"选项。

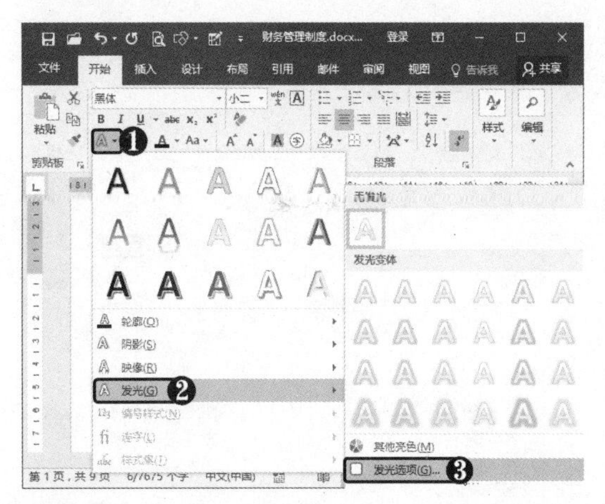

STEP 02 设置效果参数 打开"设置文本效果格式"窗格，设置"发光"效果参数。

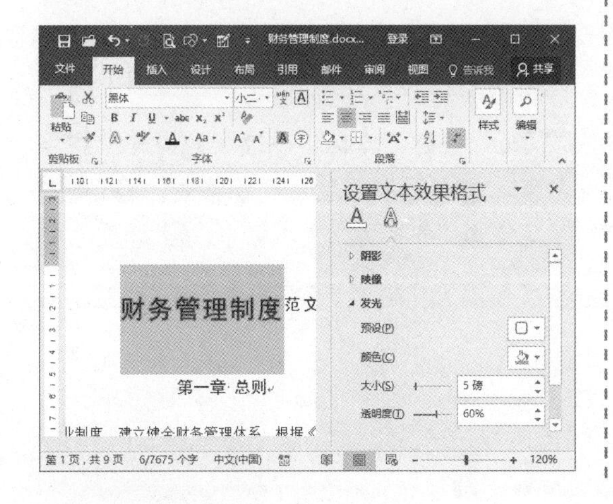

STEP 03 设置渐变填充 ❶ 选择"文本填充与轮廓"选项卡 。❷ 选中"渐变填充"单选按钮。❸ 设置各项参数。

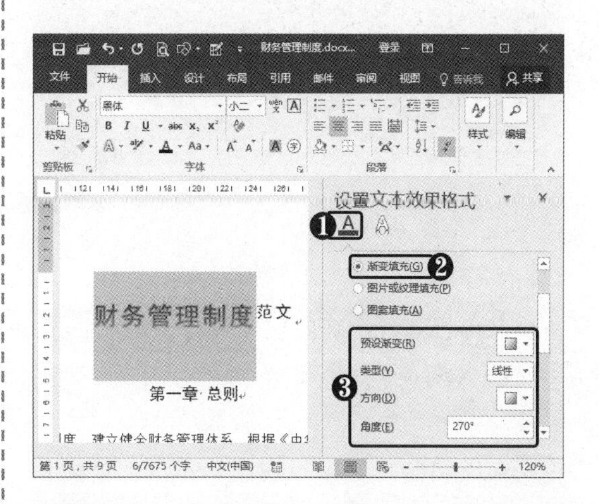

STEP 04 设置文本轮廓 ❶ 在"文本边框"选项区中选中"实线"单选按钮。❷ 设置线条颜色及宽度。

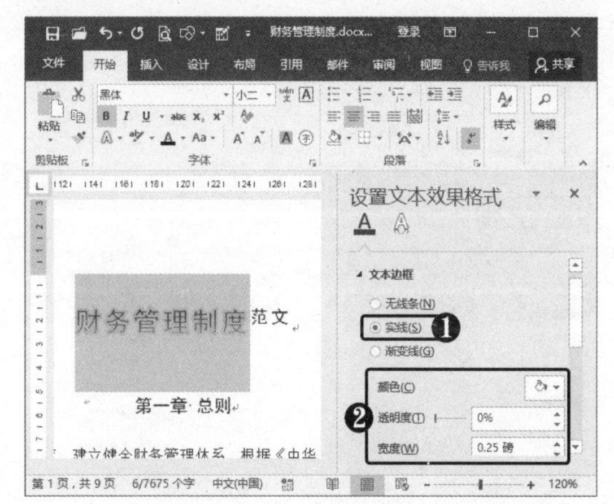

高手点拨

在"字体"对话框下方单击"文字效果"按钮，在弹出的对话框中也可对文字效果进行参数设置。在"字体"组中单击"清除所有格式"按钮 ，即可清除文字效果格式。

2.3.5 替换文本格式

通过"查找和替换"功能可以替换文档中指定的文本格式，从而避免了烦琐的设置，具体操作方法如下。

STEP 01 单击“替换”按钮 ❶ 选中除标题文本外的所有文本。❷ 在“开始”选项卡下“编辑”组中单击“替换”按钮。

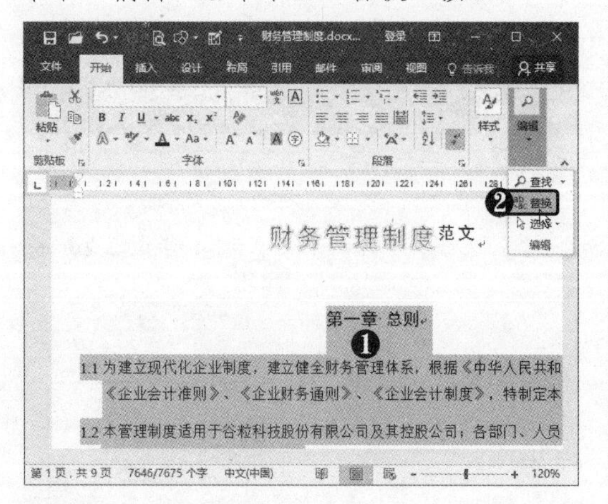

STEP 02 单击“更多”按钮 弹出“查找和替换”对话框，❶ 将光标定位到“查找内容”文本框中。❷ 单击“更多”按钮。

STEP 03 选择“字体”选项 ❶ 单击“格式”下拉按钮。❷ 选择“字体”选项。

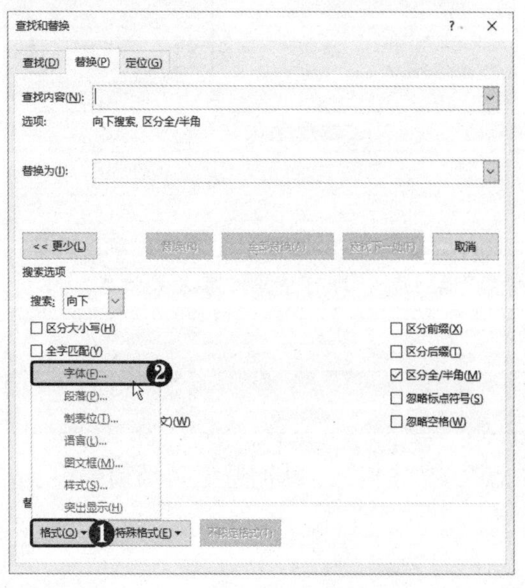

STEP 04 设置查找字体格式 弹出“查找字体”对话框，❶ 设置查找字体，在此选择“中文字体”为“黑体”、“字号”为“四号”。❷ 单击“确定”按钮。

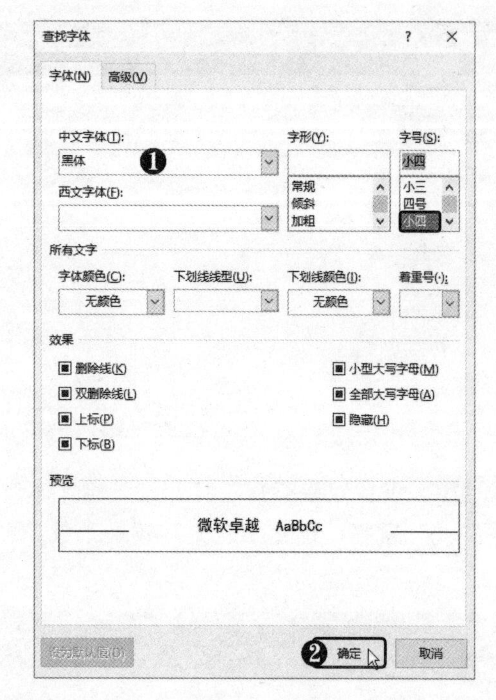

STEP 05 选择“字体”选项 此时在“查找内容”文本框下方显示文本格式。❶ 将光标定位到“替换为”文本框中。❷ 单击“格式”下拉按钮。❸ 选择“字体”选项。

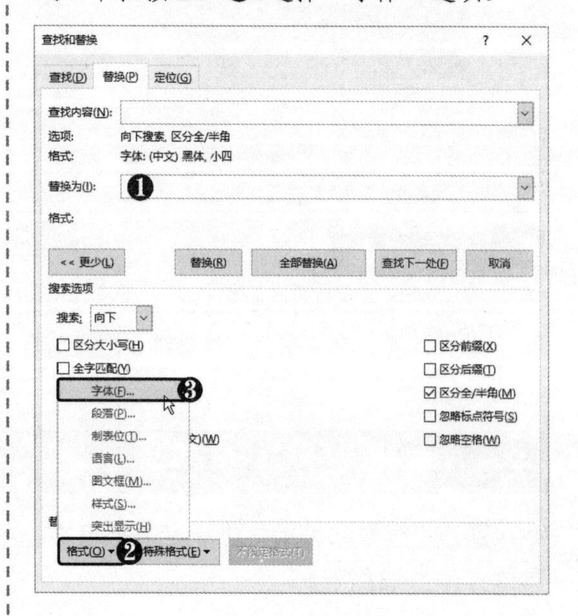

STEP 06 设置替换字体格式 弹出“替换字体”对话框，❶ 设置字体格式。❷ 单击“确定”按钮。

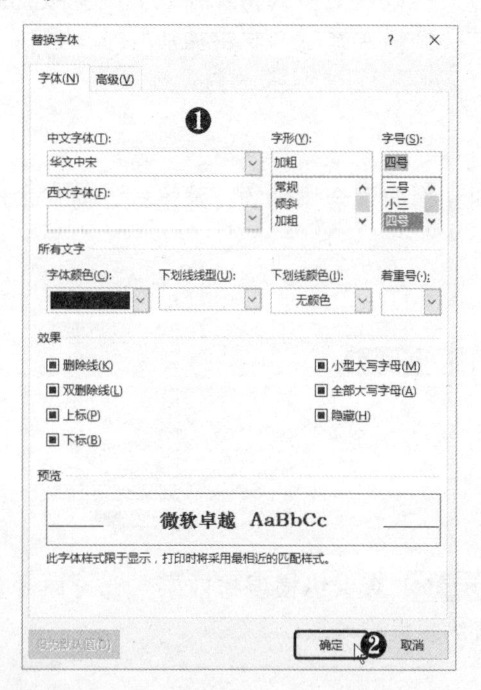

STEP 07 单击“全部替换”按钮 返回“查找和替换”对话框，❶ 单击“全部替换”按钮。❷ 替换完成，单击“否”按钮。

STEP 08 查看替换格式效果 在文档中查看替换格式后的文本效果。

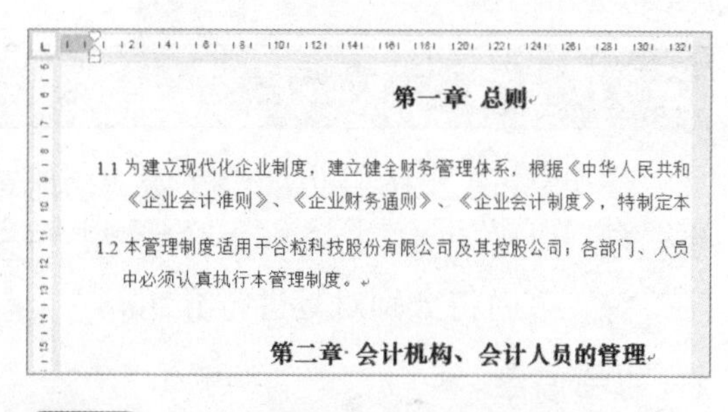
第一章 总则

1.1 为建立现代化企业制度，建立健全财务管理体系，根据《中华人民共和《企业会计准则》、《企业财务通则》、《企业会计制度》，特制定本

1.2 本管理制度适用于谷粒科技股份有限公司及其控股公司；各部门、人员中必须认真执行本管理制度。

第二章 会计机构、会计人员的管理

STEP 09 单击“不限定格式”按钮 要继续替换其他格式，需先清除当前格式。❶ 将光标定位到“替换为”文本框中。❷ 单击“不限定格式”按钮。

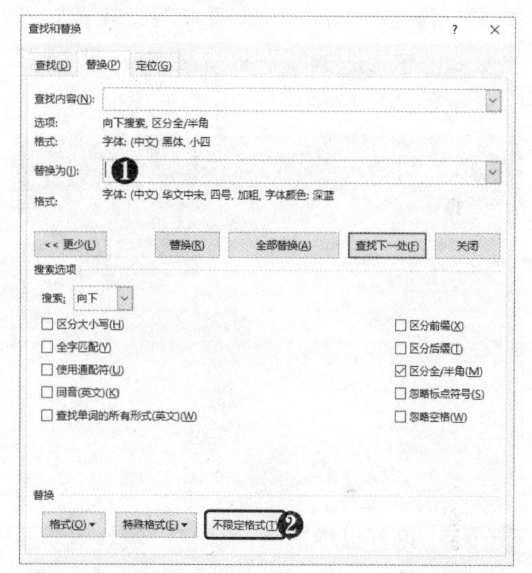

STEP 10 清除替换格式 此时即可清除“替换为”的文本格式。

2.3.6 设置中文版式

使用 Word 2016 提供的中文版式功能可以为文档设置更多的特殊格式。中文版式主要包括“纵横混排”、“合并字符”、“双行合一”、“调整宽度”、“字符缩放”及“首行下沉”等，下面将分别对其进行介绍。

1. 纵横混排

使用“纵横混排”功能可以为文本设置纵向和横向混合排列的特殊格式，使文本产生纵横交错的效果，具体操作方法如下。

STEP 01 选择“纵横混排”选项 ❶ 选中文本。❷ 在“开始”选项卡下“段落”组中单击“中文版式”下拉按钮。❸ 选择“纵横混排”选项。

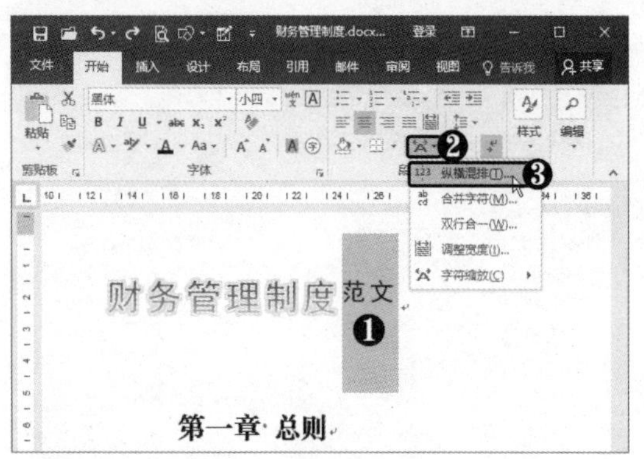

STEP 02 设置纵横混排 弹出“纵横混排”对话框，❶ 取消选择“适应行宽”复选框。❷ 单击“确定”按钮。

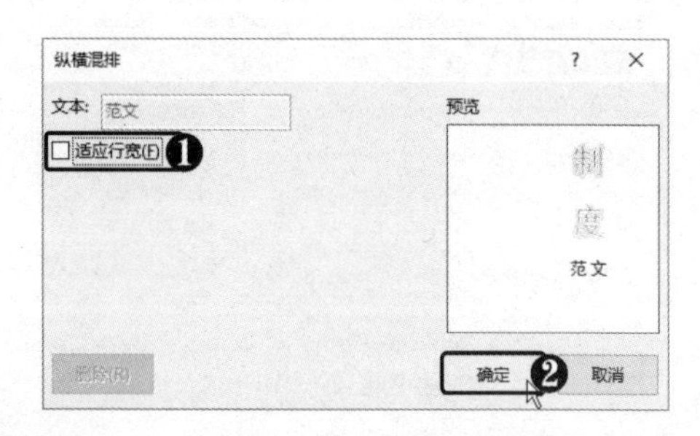

STEP 03 查看纵横混排效果 此时即可查看纵横混排效果。

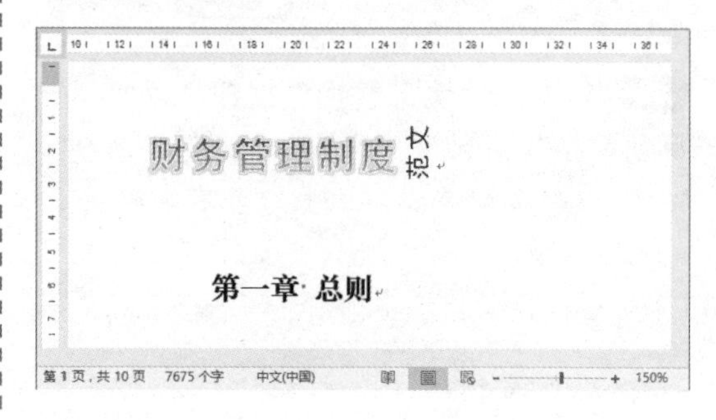

2. 合并字符

合并字符就是将选定的多个字符进行合并，占据一个字符大小的位置，这些字符将被压缩并排列为两行。也可将已经合并的字符还原为普通字符。合并字符的具体操作方法如下。

STEP 01 选择“合并字符”选项 ❶ 选中文本。❷ 在“段落”组中单击“中文版式”下拉按钮。❸ 选择“合并字符”选项。

高手点拨

合并字符后，还可以在“字体”组或“字体”对话框中对合并的字符设置字体格式。

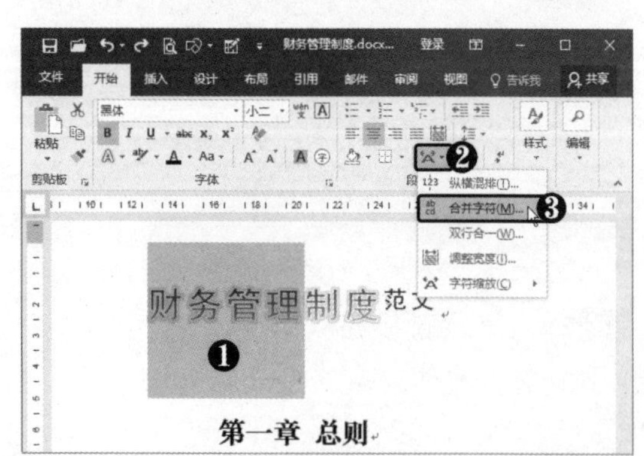

STEP 02 设置合并字符 弹出“合并字符”对话框，❶ 设置合并字符的字体和字号，默认最多只能合并六个文字。❷ 单击“确定”按钮。

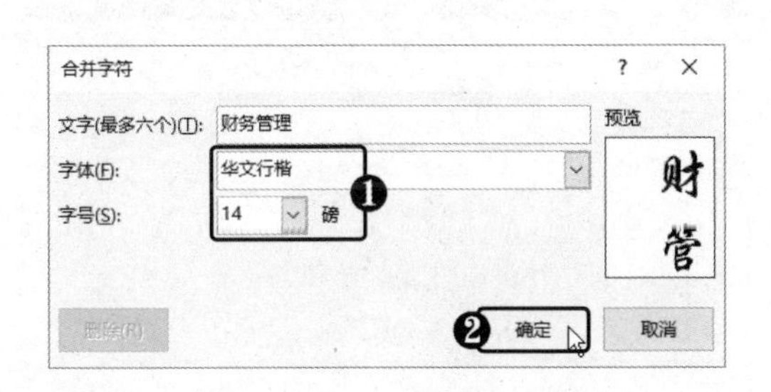

STEP 03 查看合并字符效果 此时即可查看合并字符效果，但并不是我们想要的效果。

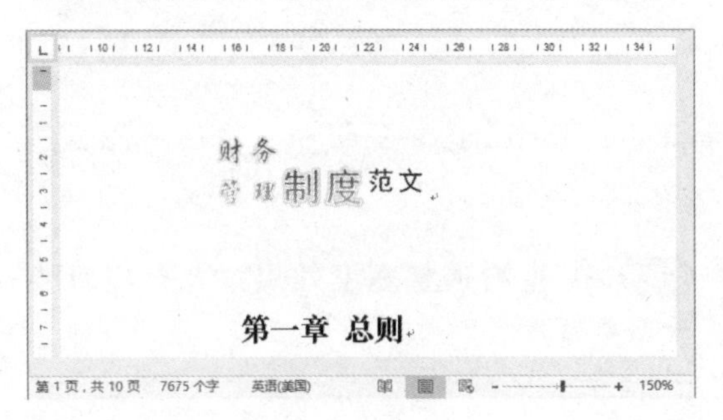

STEP 04 编辑域代码 按【Alt+F9】组合键，进入域代码编辑状态。在域代码编辑状态下可更改文本，设置离普通文本的上下距离均为10。

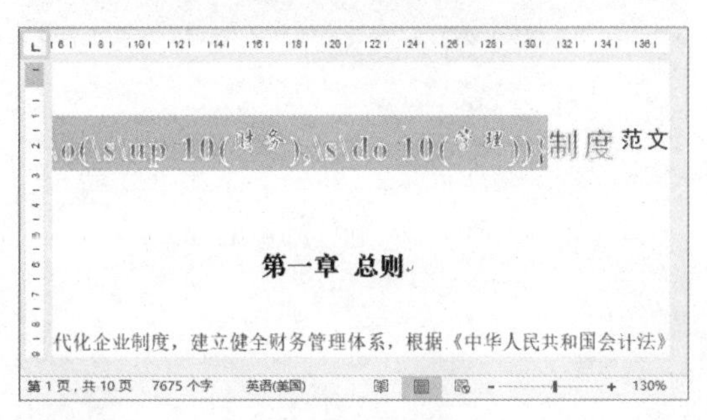

STEP 05 退出域代码编辑状态 再次按【Alt+F9】组合键，退出域代码编辑状态。

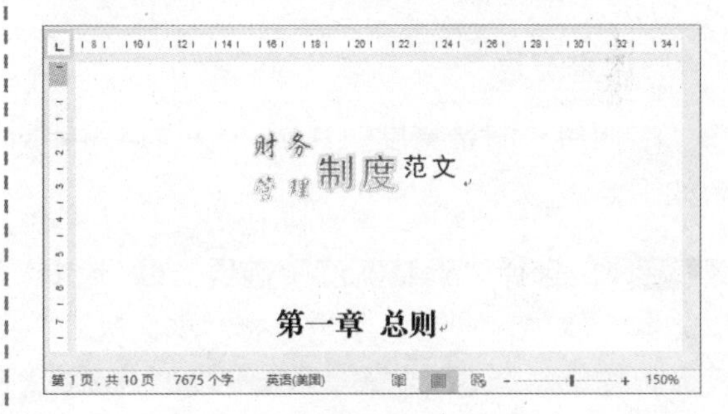

3．双行合一

“双行合一”功能与“合并字符”功能类似，两者的区别在于合并字符后的字符成为一个字符，而双行合一后的字符可以单独编辑。双行合一的具体操作方法如下。

STEP 01 选择“双行合一”选项 ❶ 选中文本。❷ 在“段落”组中单击“中文版式”下拉按钮。❸ 选择“双行合一”选项。

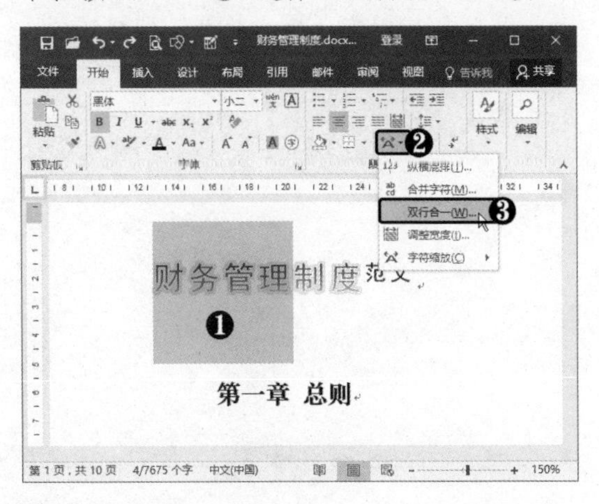

STEP 02 设置双行合一 弹出“双行合一”对话框，❶ 选中“带括号”复选框。❷ 选择括号样式。❸ 单击“确定”按钮。

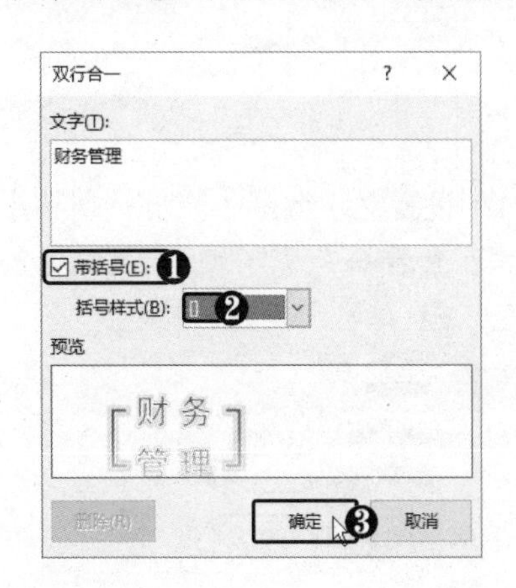

STEP 03 **查看双行合一效果** 此时即可查看双行合一后的版式效果。

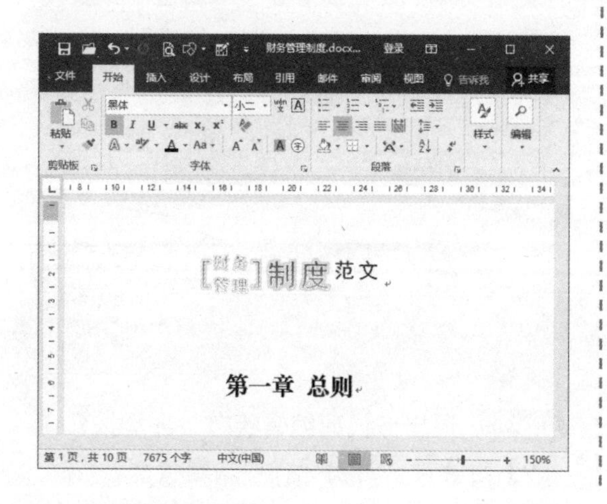

STEP 04 **增大字号** ❶ 选中文本。❷ 在“字体”组中单击“增大字号”按钮A˄，即可增大字号。

4. 调整宽度

使用“调整宽度”功能可以根据需要对字符的间距和宽度进行调整，具体操作方法如下。

STEP 01 **选择“调整宽度”选项** ❶ 选中文本。❷ 在“段落”组中单击“中文版式”下拉按钮。❸ 选择“调整宽度”选项。

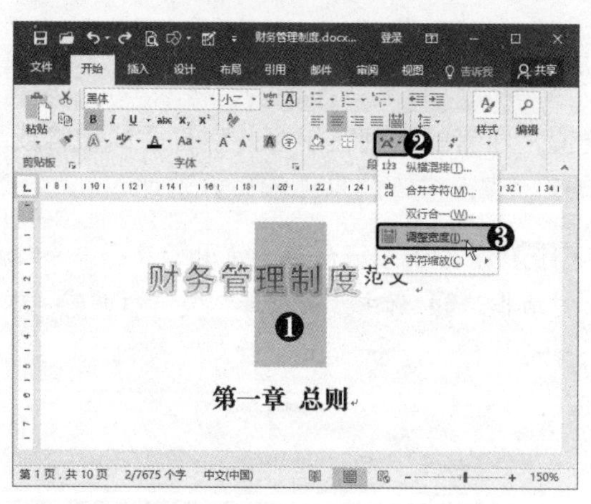

STEP 02 **设置文字宽度** 弹出“调整宽度”对话框，查看当前文字宽度，❶ 输入新文字宽度。❷ 单击“确定”按钮。

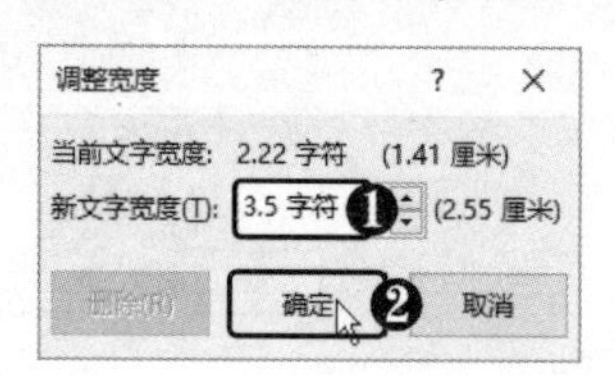

STEP 03 **查看调整宽度效果** 此时即可查看调整宽度后的文字效果。

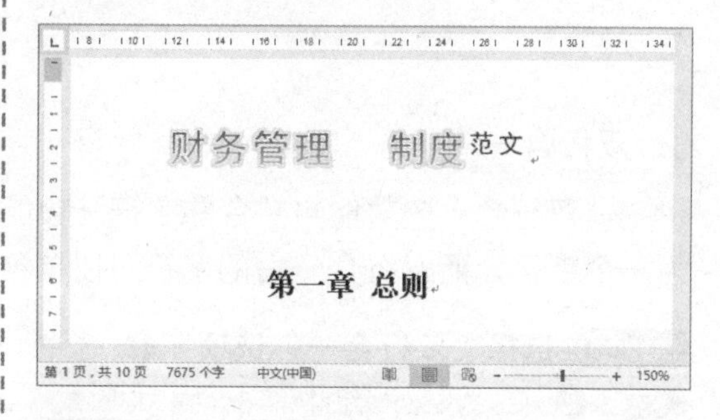

STEP 04 **删除文字宽度** 将光标定位到设置了宽度的文本中，再次打开“调整宽度”对话框，单击“删除”按钮，即可恢复文字的正常宽度。

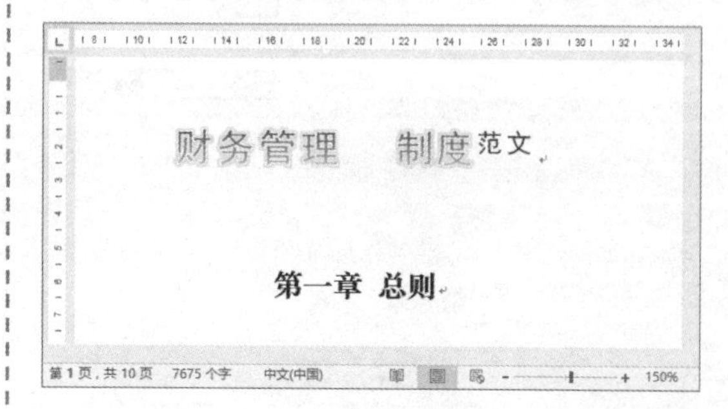

5. 字符缩放

通过调整字符缩放比可以按字符的当前尺寸百分比横向扩展或压缩文字。使用“字符缩放”功能可以根据需要对字符进行缩放调整，具体操作方法如下。

STEP 01 选择“其他”选项 ❶ 选中要设置字符缩放的文本。❷ 在“段落”组中单击“中文版式”下拉按钮。❸ 选择“字符缩放”选项。❹ 选择“其他”选项。

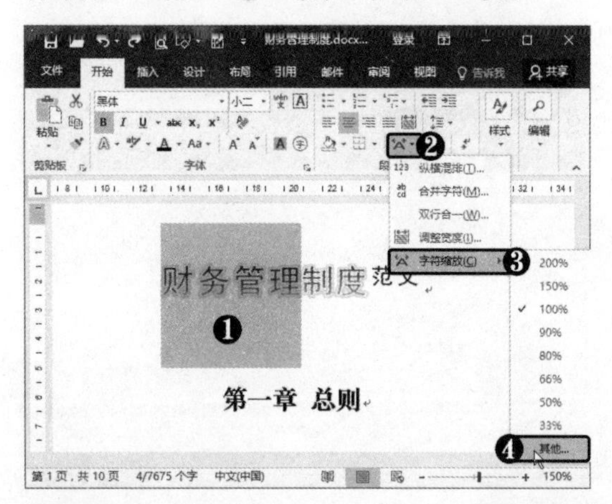

STEP 02 设置缩放比例 弹出“字体”对话框，❶ 设置缩放比例为 160%。❷ 单击“确定”按钮。

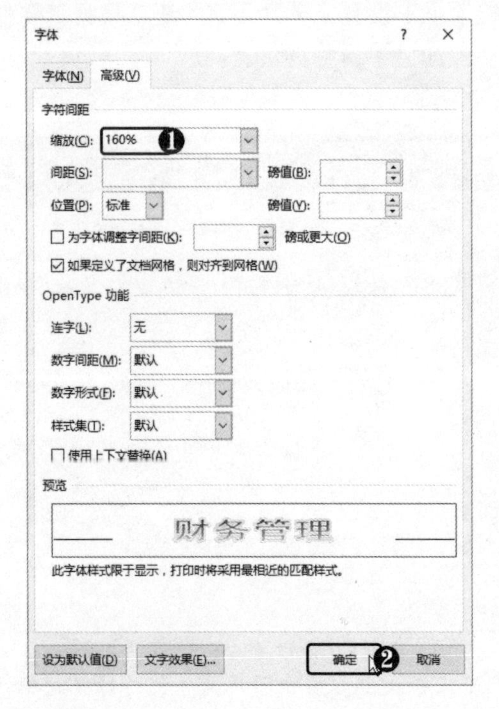

STEP 03 查看字符缩放效果 此时即可查看设置字符缩放后的文本效果。

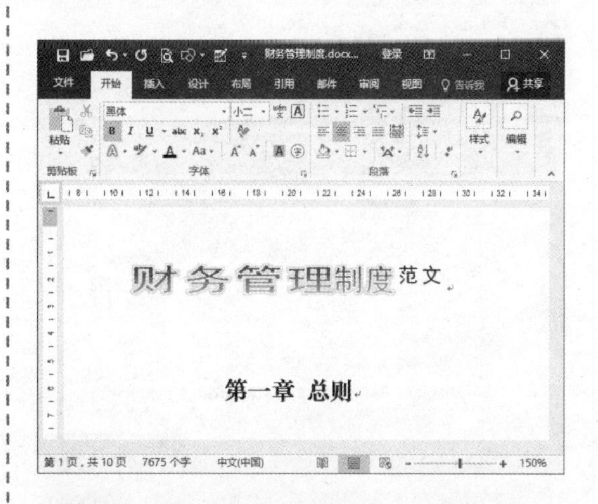

STEP 04 删除字符缩放 ❶ 选中文本。❷ 单击“中文版式”下拉按钮。❸ 选择“字符缩放”选项。❹ 选择 100%选项。

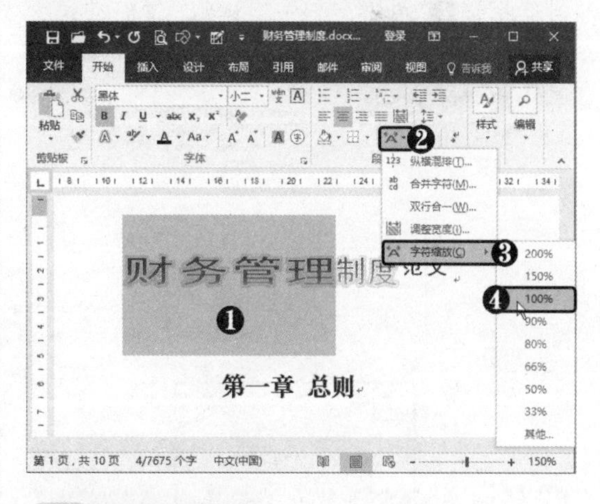

高手点拨

若要对大于特定磅值的字符进行字距调整，可选中“为字体调整字间距”复选框，然后在“磅或更大”数值框中输入磅值。

6．首字下沉

首字下沉是一种段落装饰效果，通常在图书、杂志或报纸中能够看到。首字下沉是指段落的第一个字符下沉几行或悬挂，使文档显得更漂亮。设置首字下沉的具体操作方法如下。

STEP 01 选择“首字下沉”选项 ❶ 将光标定位到段落中。❷ 选择“插入”选项卡。❸ 在“文本”组中单击“首字下沉”下拉按钮。❹ 选择“首字下沉选项”。

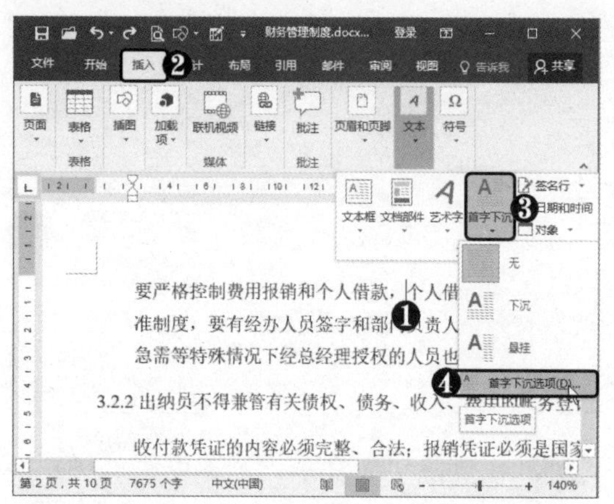

STEP 02 设置首字下沉 弹出“首字下沉”对话框，❶ 单击“下沉”图标。❷ 设置字体样式、下沉行数及距正文的距离。❸ 单击“确定”按钮。

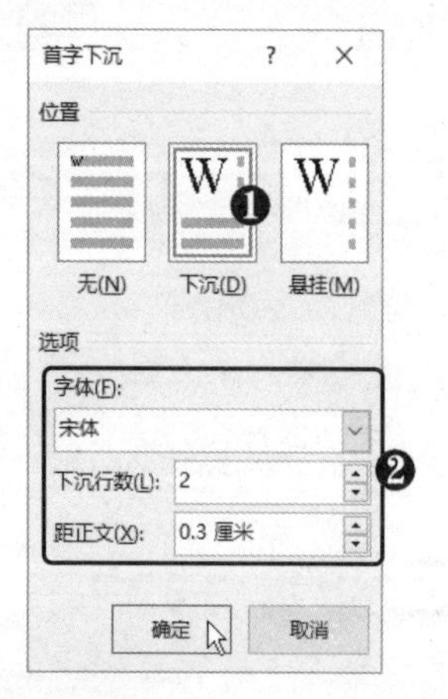

STEP 03 查看首字下沉效果 此时即可查看首字下沉后的效果。

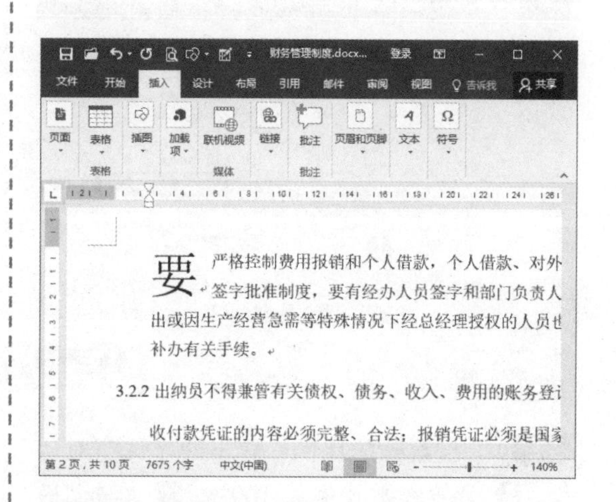

STEP 04 设置悬挂下沉 若在“首字下沉”对话框中设置了悬挂下沉，还可根据需要拖动下沉文字调整其位置。

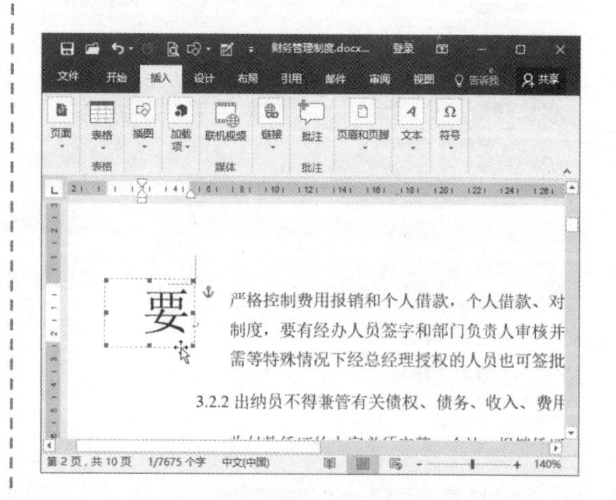

高手点拨

选中下沉文字，拖动其边角的控制点可以调整文字大小。右击下沉文字，选择“边框和底纹”命令，可为其添加边框和底纹效果。

2.4 使用项目符号和编号

在 Word 文档中有时需要用到项目符号和编号，它们可以更加明确地表达内容之间的并列或顺序关系，使这些项目的层次结构更加清晰、更有条理。Word 2016 提供了多种标准的项目符号和编号供用户选择，还可以根据需要自定义项目符号和编号。

2.4.1 添加项目符号

在一些表示并列关系的内容中添加项目符号可以使文档结构更加清晰，并起到着重提醒的功能。添加项目符号的具体操作方法如下。

STEP 01 选择"定义新项目符号"选项 ❶ 选中要添加项目符号的文本。❷ 在"段落"组中单击"项目符号"下拉按钮☰ -。❸ 选择"定义新项目符号"选项。

STEP 02 单击"符号"按钮 弹出"定义新项目符号"对话框，单击"符号"按钮。

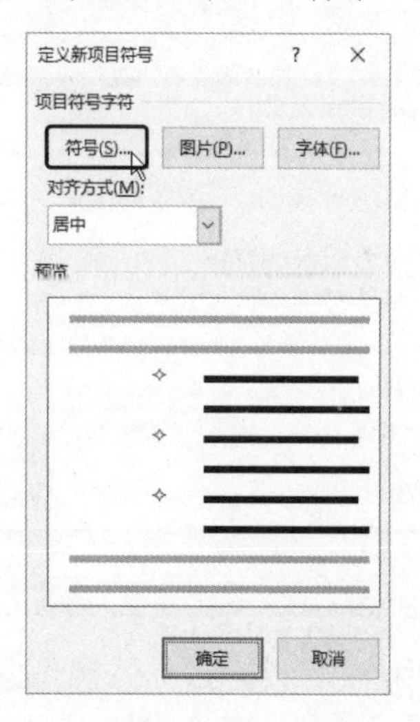

STEP 03 选择符号 ❶ 在"字体"下拉列表框中选择 Wingdings 选项。❷ 选择一种符号。❸ 单击"确定"按钮。

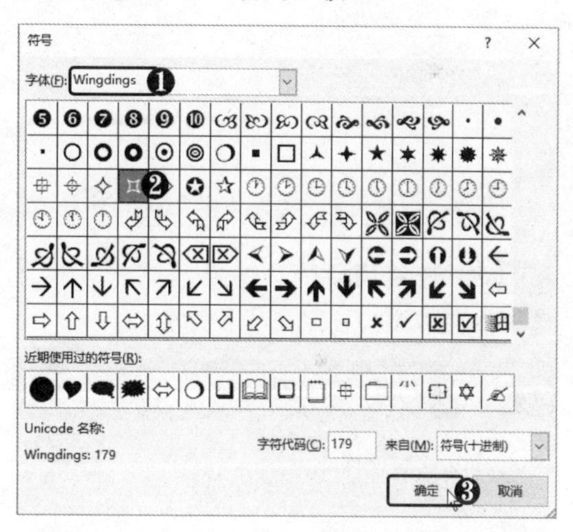

STEP 04 单击"字体"按钮 返回"定义新项目符号"对话框，单击"字体"按钮。

STEP 05 **设置字体格式** 弹出“字体”对话框，设置字体颜色和字形。依次单击“确定”按钮。

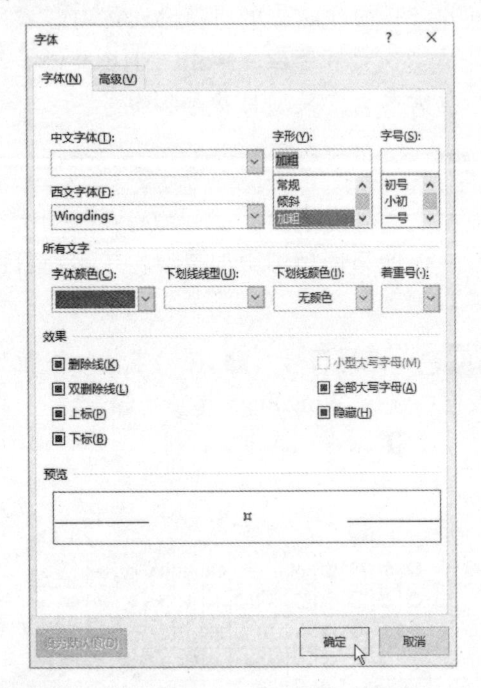

STEP 06 **查看项目符号效果** 此时即可为选中的文本添加自定义项目符号。

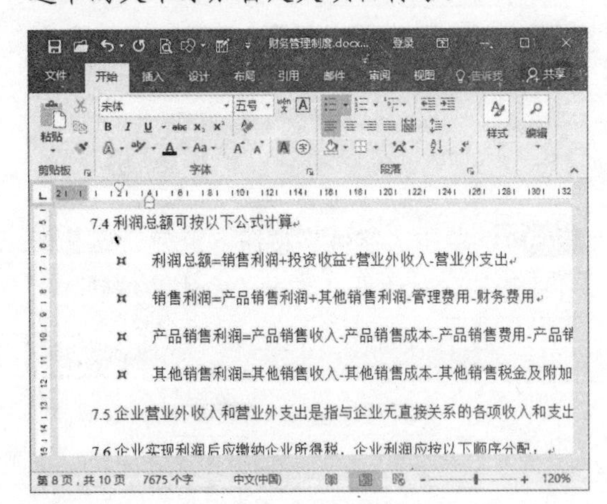

STEP 07 **选择“调整列表缩进”命令** ❶ 在项目符号文本中右击。❷ 选择“调整列表缩进”命令。

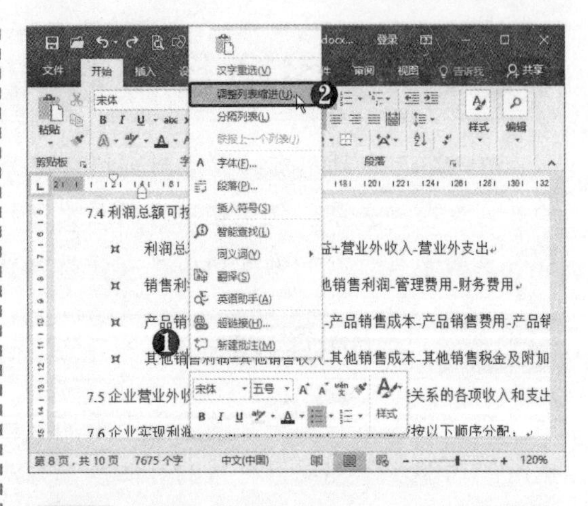

STEP 08 **调整列表缩进量** 弹出“调整列表缩进量”对话框，❶ 在“编号之后”下拉列表框中选择“空格”选项。❷ 单击“确定”按钮。

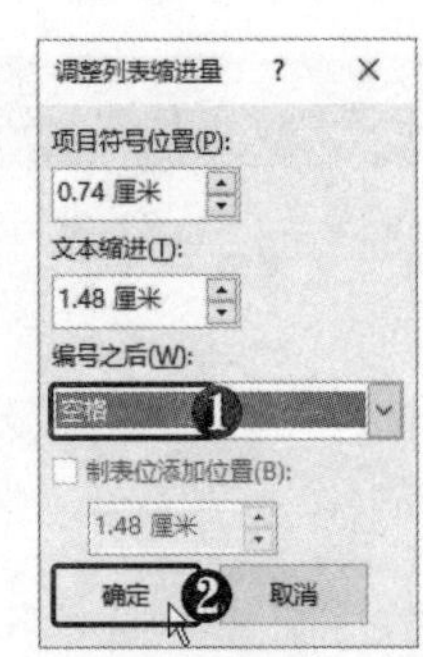

STEP 09 **查看设置效果** 此时即可查看调整列表缩进量后的项目符号效果。

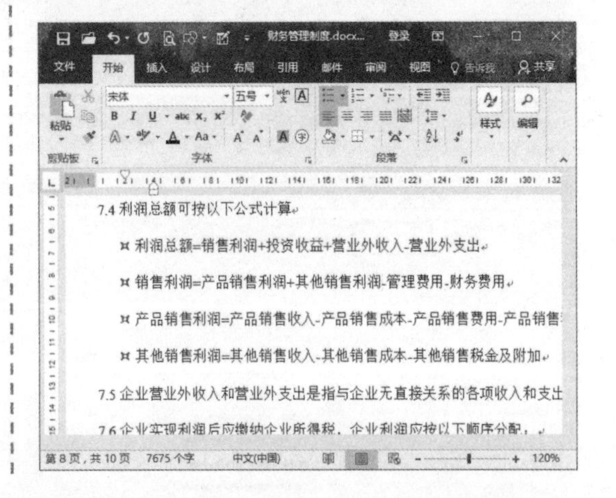

2.4.2 自定义图片项目符号

除了使用特殊字符作为项目符号外，还可以将图片用作项目符号，具体操作方法如下。

STEP 01 选择“定义新项目符号”选项 ❶ 选中文本。❷ 在“段落”组中单击“项目符号”下拉按钮 ☰ ▾。❸ 选择“定义新项目符号”选项。

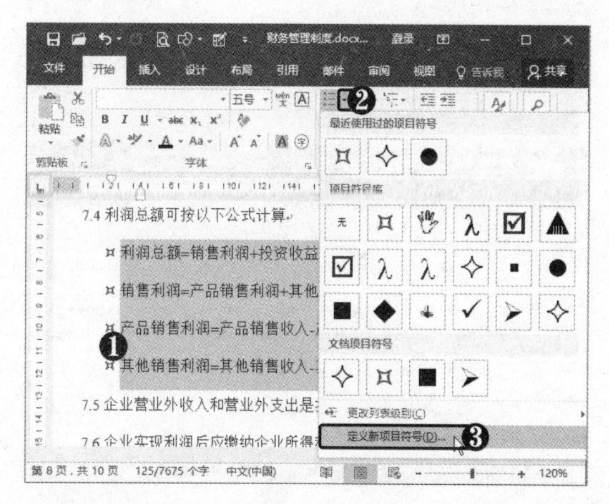

STEP 02 单击“图片”按钮 弹出“定义新项目符号”对话框，单击“图片”按钮。

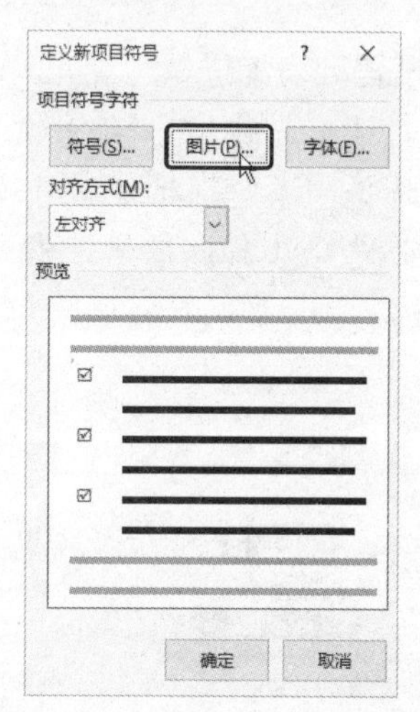

STEP 03 选择“来自文件”选项 在弹出的对话框中选择“来自文件”选项。

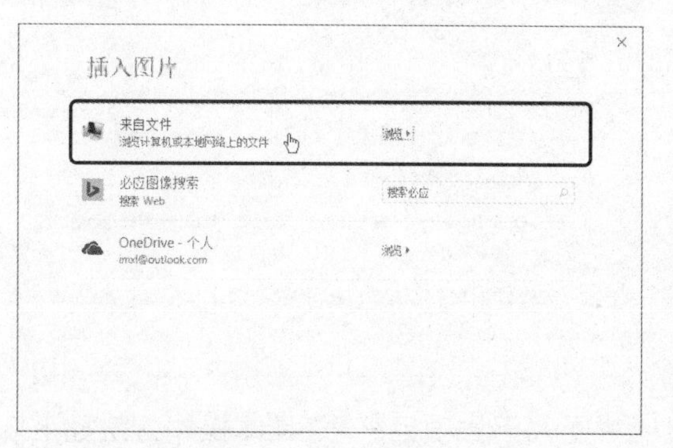

STEP 04 选择图片 弹出“插入图片”对话框，❶ 选择图片。❷ 单击“插入”按钮。

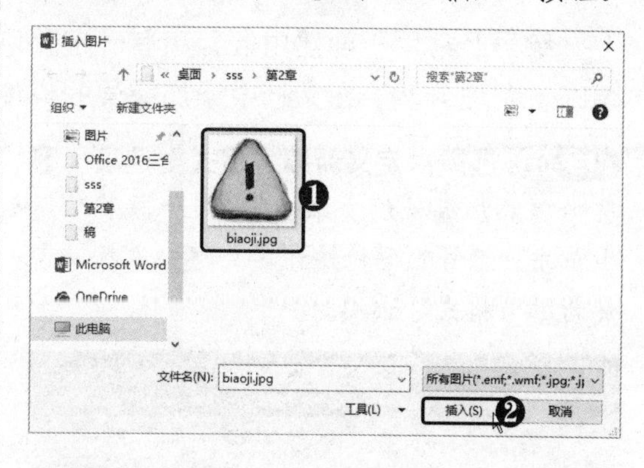

STEP 05 确认定义设置 返回“定义新项目符号”对话框，单击“确定”按钮。

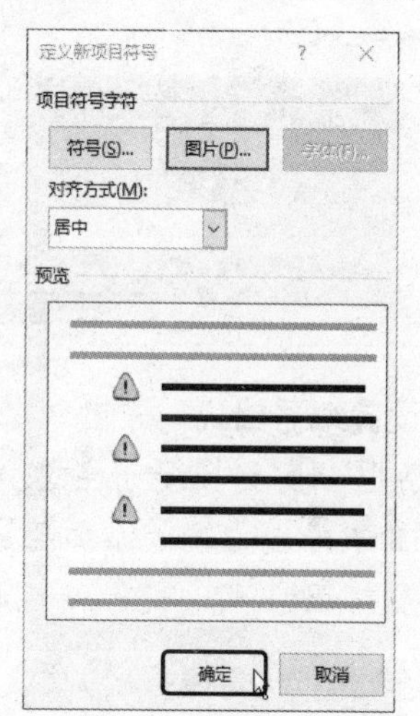

STEP 06 查看图片项目符号 此时即可为文本添加图片项目符号。

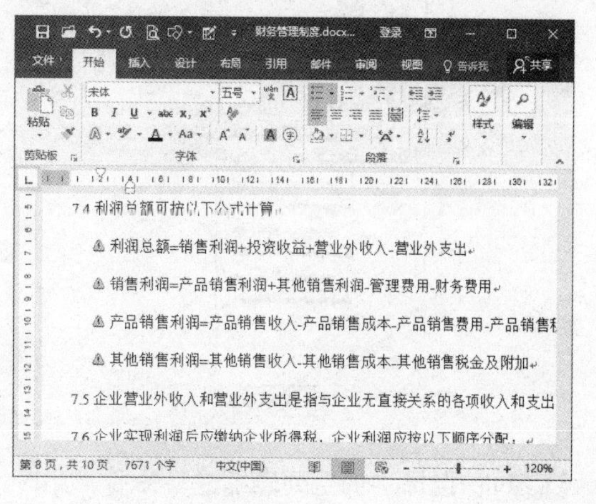

2.4.3 插入编号

编号经常用于创建由低到高有一定顺序的项目。在文档中添加编号可以使文档结构清晰，条理分明。在文档中添加编号的具体操作方法如下。

STEP 01 选择“定义新编号格式”选项 ❶ 选中要添加编号的文本。❷ 在“段落”组中单击“编号”下拉按钮。❸ 选择“定义新编号格式”选项。

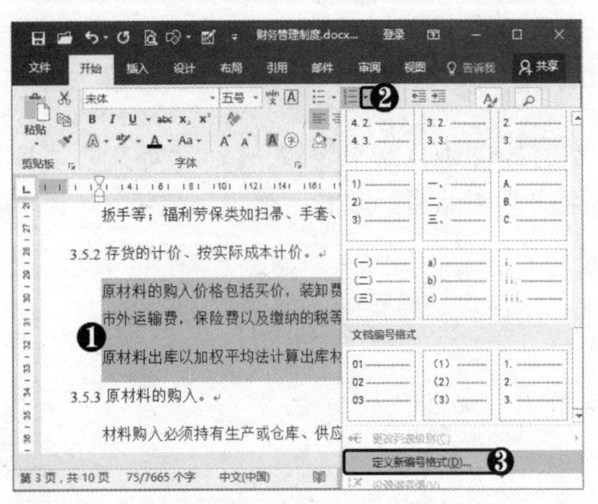

STEP 02 设置编号格式 弹出“定义新编号格式”对话框，❶ 选择编号样式。❷ 在“编号格式”文本框中为编号添加括号。❸ 单击“确定”按钮。

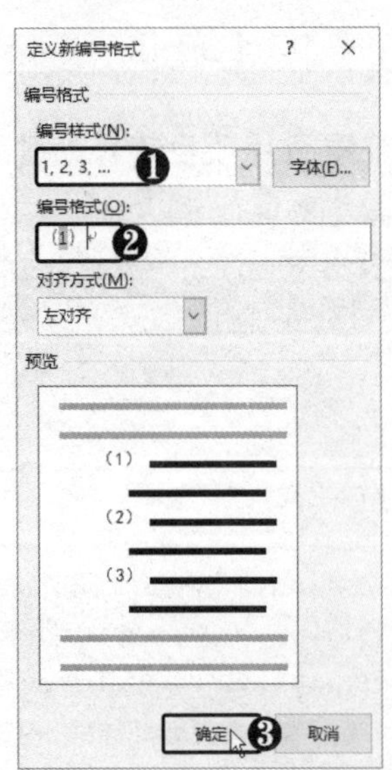

STEP 03 选择“调整列表缩进”命令 此时即可查看添加编号后的文本效果。❶ 在编号文本中右击。❷ 选择“调整列表缩进”命令。

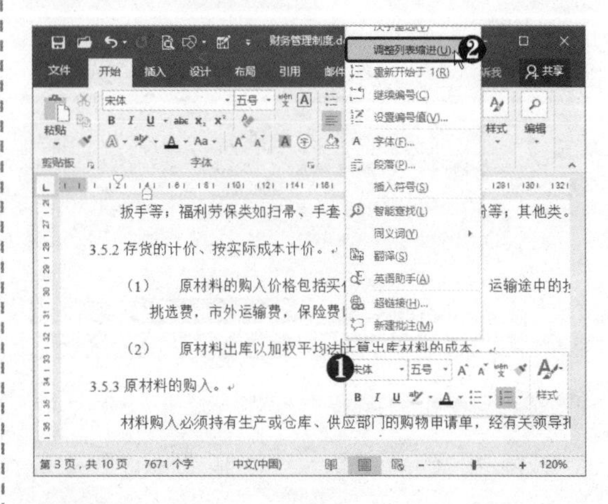

STEP 04 设置列表缩进量 弹出“调整列表缩进量”对话框，❶ 在“编号之后”下拉列表框中选择“不特别标注”选项。❷ 设置“文本缩进”为 1.64 厘米。❸ 单击“确定”按钮。

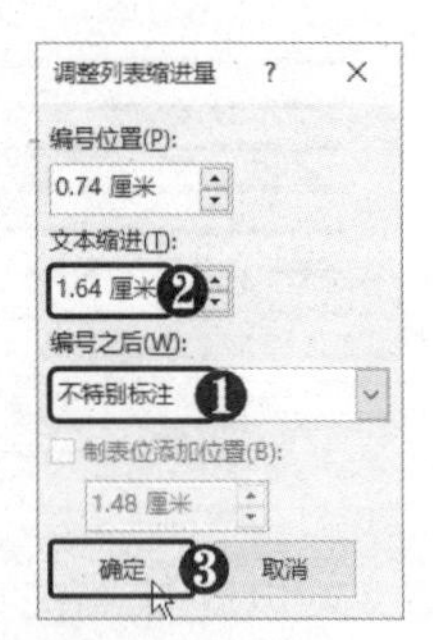

STEP 05 查看编号效果 此时即可查看段落编号效果。

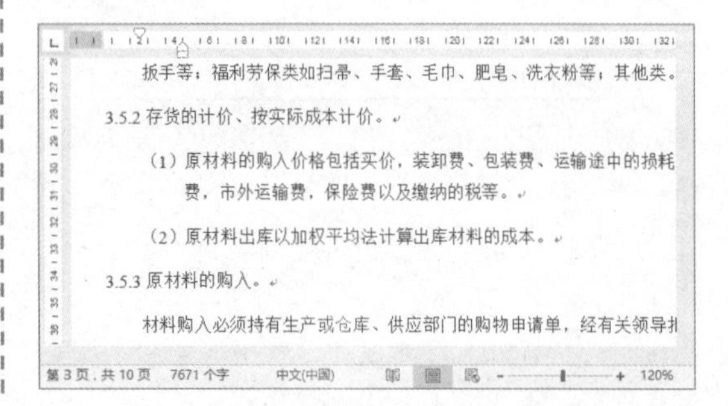

STEP 06 设置起始编号 在编号文本中右击，选择“设置编号值”命令，弹出“起始编号”对话框，❶ 设置起始编号。❷ 单击“确定”按钮。

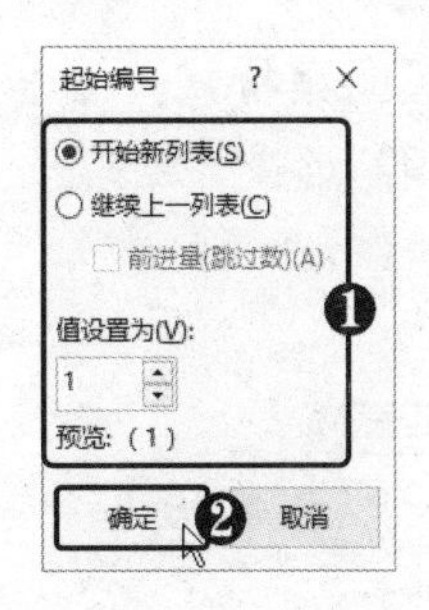

高手点拨

在“起始编号”对话框中选中“继续上一列表”单选按钮，此时可选中“前进量”复选框，调整编号值。

2.5 添加边框和底纹

用户可以根据需要为文档中的文字或段落添加边框和底纹效果，从而让文档的重点部分更为突出醒目，使文档更真实、更生动。

2.5.1 为文字添加边框和底纹

为文本添加合适的边框和底纹效果可以使文本显得更加独特、美观，下面将对其进行详细介绍。

1. 为文字添加底纹

用户可以通过多种方式为文字添加纯色或图案底纹，具体操作方法如下。

STEP 01 选择底纹颜色 ❶ 选中标题文本。❷ 在“段落”组中单击“底纹”下拉按钮。❸ 选择一种颜色。

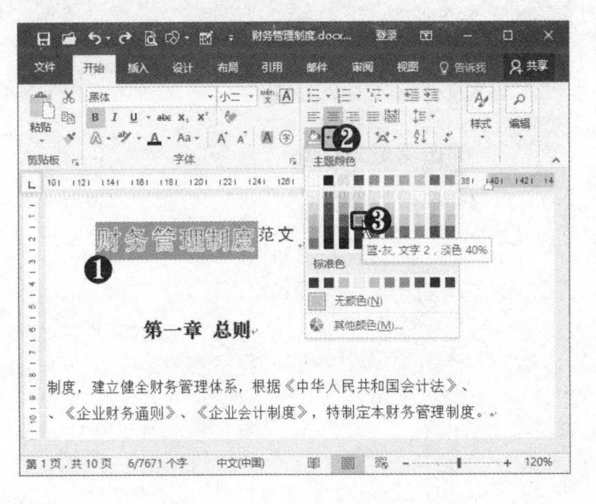

STEP 02 选择“边框和底纹”选项 ❶ 选中文本。❷ 在“段落”组中单击“边框”下拉按钮。❸ 选择“边框和底纹”选项。

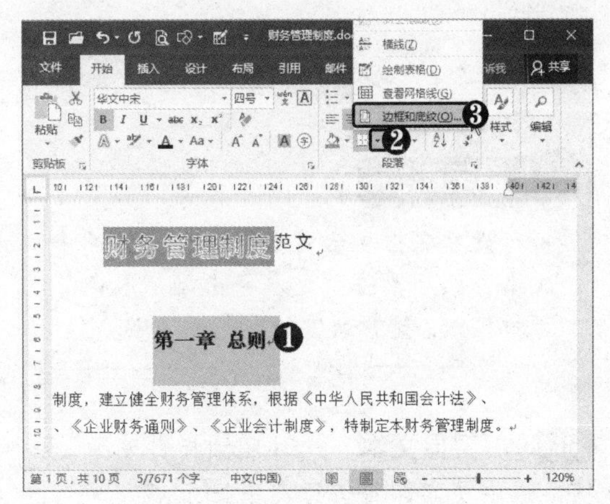

STEP 03 设置图案样式 弹出“边框和底纹”对话框，❶ 选择“底纹”选项卡。❷ 选择图案样式和颜色。❸ 单击“确定”按钮。

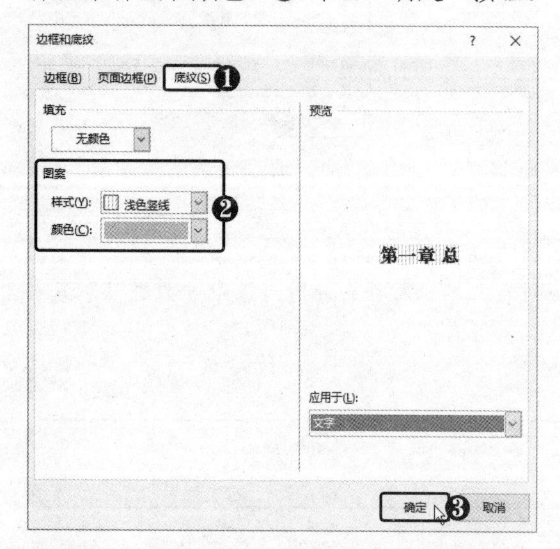

STEP 04 选择颜色 此时即可为文字添加图案底纹的显示效果。❶ 在“字体”组中单击“以不同颜色突出显示文本”下拉按钮 。❷ 选择所需的颜色。

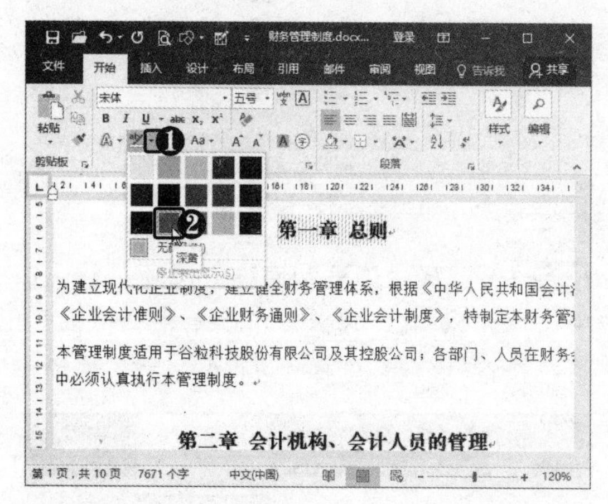

高手点拨

设置突出显示文本时，也可先选中文本，然后单击“文本突出显示颜色”下拉按钮，选择所需的颜色。

STEP 05 突显文本 此时鼠标指针变为形状，选中文字即可进行突出显示。

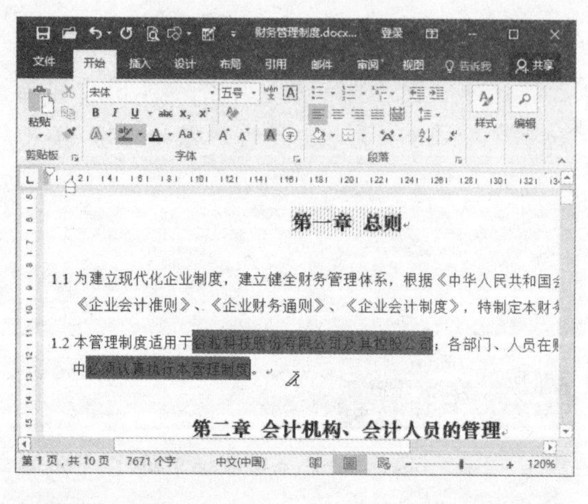

STEP 06 清除底纹 要清除纯色或图案底纹，可选中标题文字后，❶ 单击“底纹”下拉按钮 。❷ 选择“无颜色”选项。

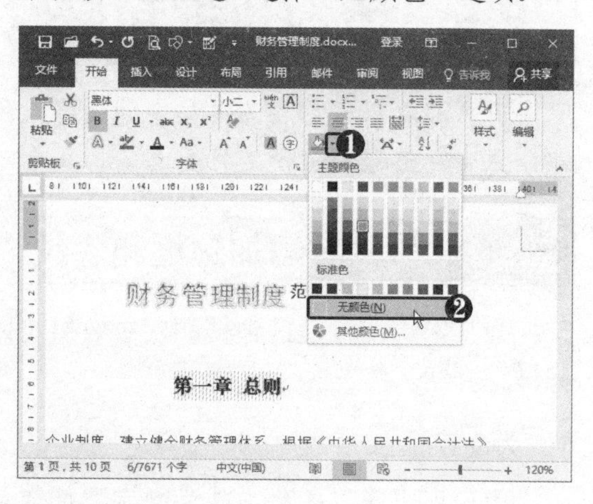

STEP 07 清除高亮颜色 选择高亮显示的文本，❶ 单击“以不同颜色突出显示文本”下拉按钮 。❷ 选择“无颜色”选项。

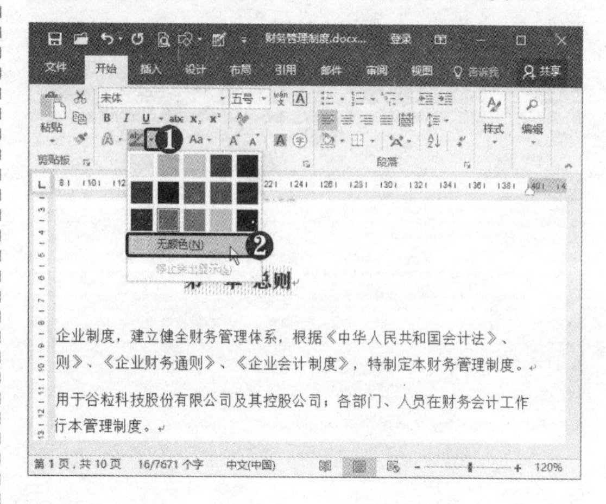

2. 添加文字边框

除了可以为文字添加单线的字符边框外，还可以自定义边框样式，具体操作方法如下。

STEP 01 选择“边框和底纹”选项 ❶ 选中文本。❷ 在“段落”组中单击“边框”下拉按钮⊞ ▾。❸ 选择“边框和底纹”选项。

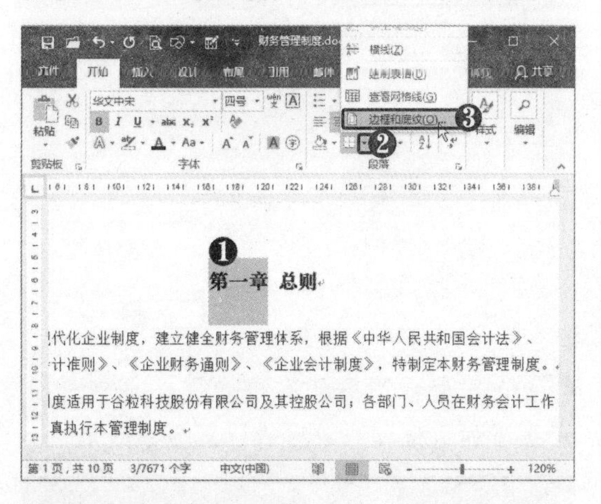

STEP 02 设置边框样式 弹出“边框和底纹”对话框，❶ 设置边框样式、颜色及宽度。❷ 单击“确定”按钮。

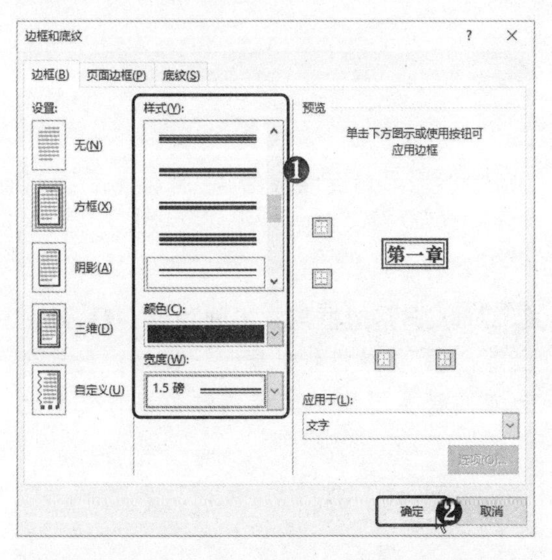

STEP 03 查看边框效果 此时即可查看为文字添加边框后的显示效果。

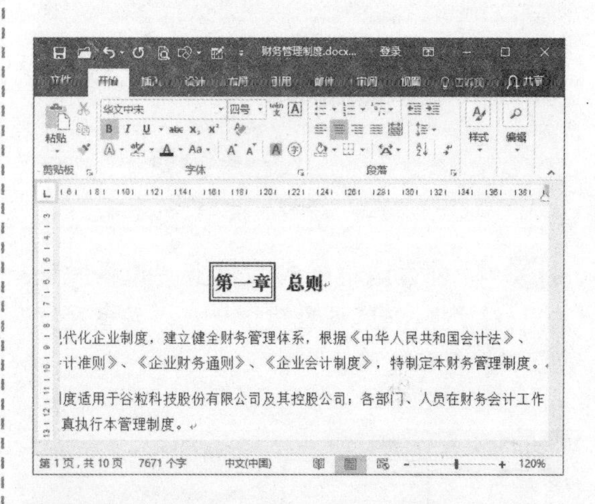

STEP 04 清除边框 选中文字，❶ 单击“边框”下拉按钮⊞ ▾。❷ 选择“无框线”选项，即可清除边框。

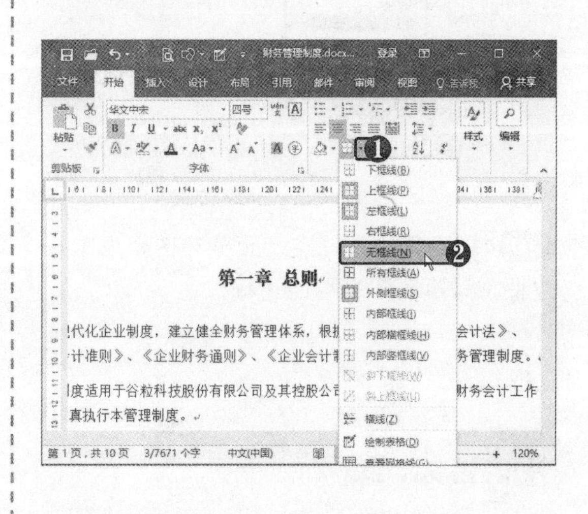

2.5.2 为段落添加边框和底纹

在 Word 2016 中可以根据需要为段落添加边框和底纹，还可设置多种边框和底纹样式，具体操作方法如下。

STEP 01 选择“边框和底纹”选项 ❶ 选中段落文本。❷ 在“段落”组中单击“边框”下拉按钮⊞ ▾。❸ 选择“边框和底纹”选项。

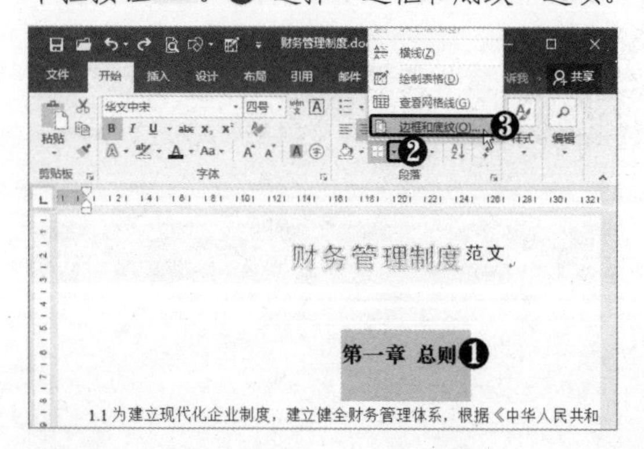

STEP 02 设置边框样式 弹出“边框和底纹”对话框，❶ 设置边框样式、颜色及宽度。❷ 单击“确定”按钮。

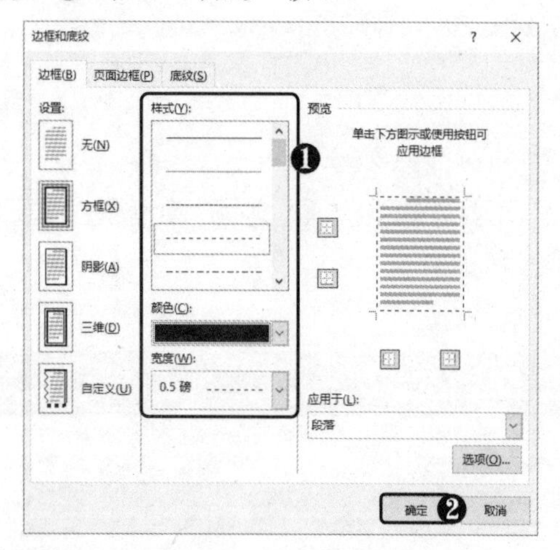

STEP 03 隐藏边框 在“预览”图示中单击边框，以隐藏不需要的边框。

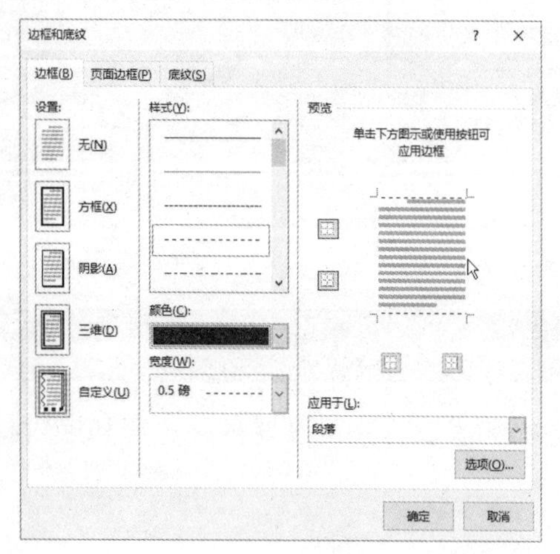

STEP 04 设置底纹效果 ❶ 选择“底纹”选项卡。❷ 在“图案”选项区中选择图案样式和颜色。❸ 单击“确定”按钮。

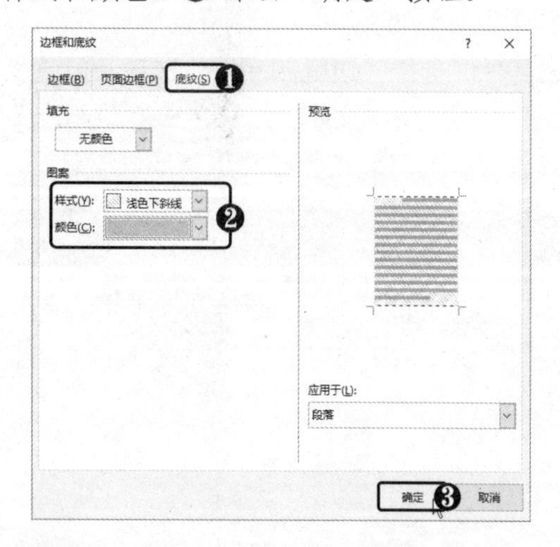

STEP 05 查看边框和底纹效果 此时即可查看添加边框和底纹后的段落显示效果。

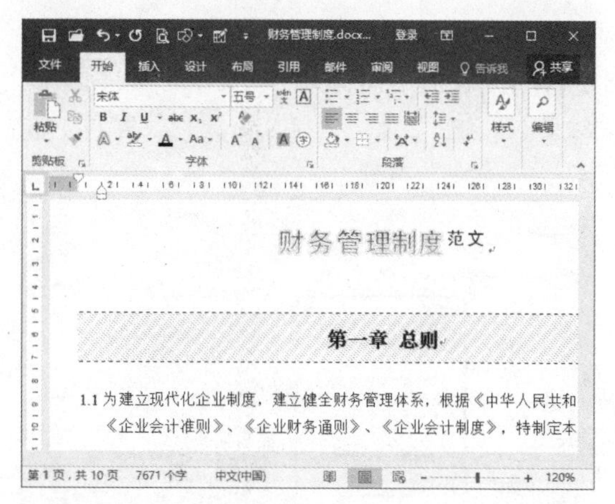

STEP 06 调整边框与文本间距离 ❶ 选中段落。❷ 将鼠标指针置于边框上，当其变为双向箭头时拖动鼠标调整边框与文本之间的距离。

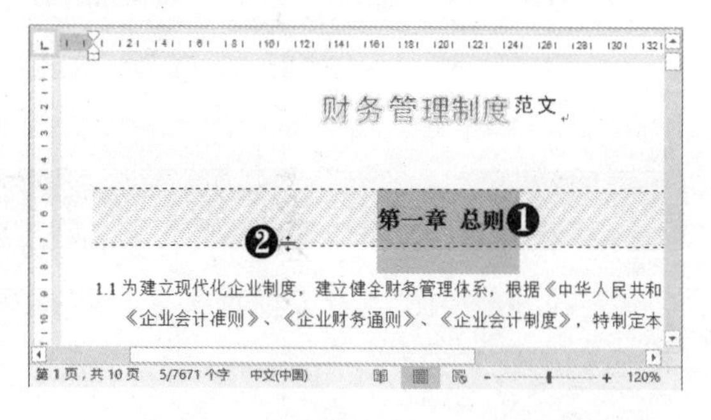

Chapter

03

制作图文并茂的 Word 文档

在文档中插入图片或图形可以更加直观地表达出需要表达的内容，让读者在阅读过程中能够更清楚地了解文档想要表达的意图。本章将详细介绍如何在 Word 2016 中插入并编辑图片、图形、SmartArt 图形及艺术字等知识。

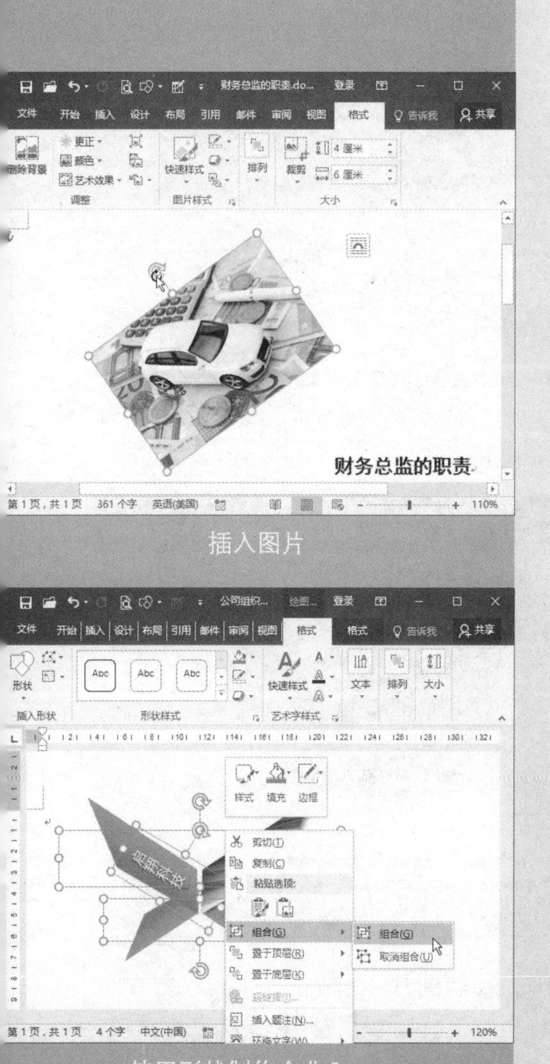

插入图片

使用形状制作企业 Logo

3.1 插入与编辑图片

在编辑 Word 文档时，可以将电脑中的图片插入到文档中。为了让图片与文档的内容完美地结合在一起，还需对图片进行编辑。Word 2016 提供了很多图片处理的功能，这使图片的处理效果更加人性化，也更加方便。

3.1.1 插入图片

Word 2016 支持 JPEG、GIF、PNG、BMP 等 10 多种格式图片的插入。在 Word 文档中插入电脑中的图片的具体操作方法如下。

STEP 01 单击“图片”按钮 ❶ 将光标定位到要插入图片的位置。❷ 选择“插入”选项卡。❸ 在“插图”组中单击“图片”按钮。

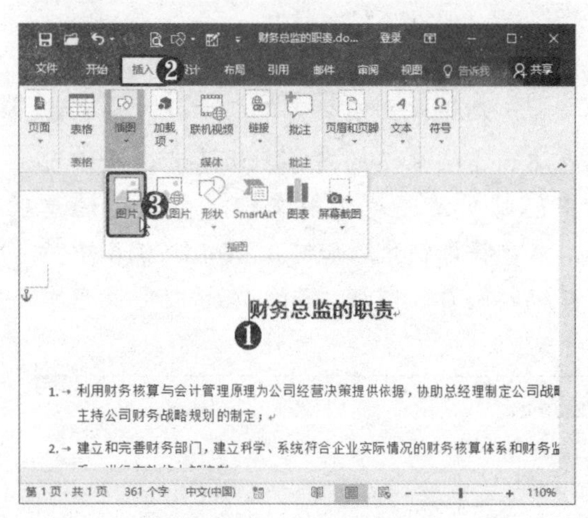

STEP 02 选择图片 弹出“插入图片”对话框，❶ 选择要插入的图片。❷ 单击“插入”按钮。

STEP 03 插入图片 此时即可将所选图片插入到 Word 文档中。

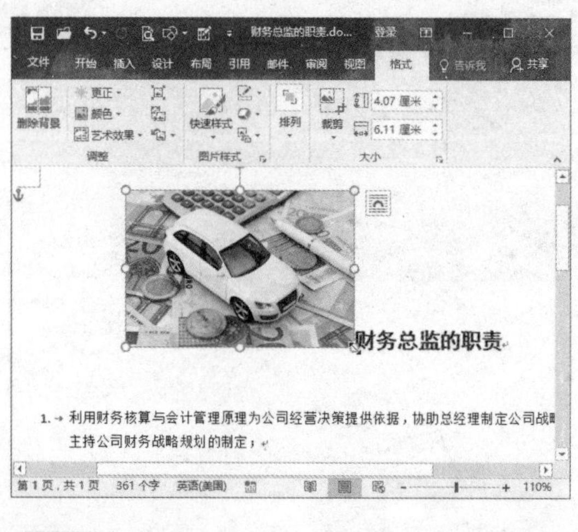

STEP 04 设置图片大小 ❶ 选中图片。❷ 选择“格式”选项卡。❸ 在“大小”组中可以设置图片大小。

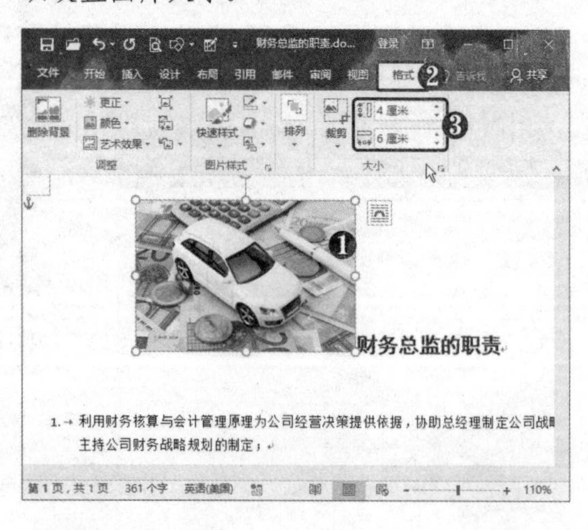

STEP 05 旋转图片 ❶ 在“排列”组中单击“旋转”下拉按钮。❷ 选择所需的选项，如“向右旋转 90°”。

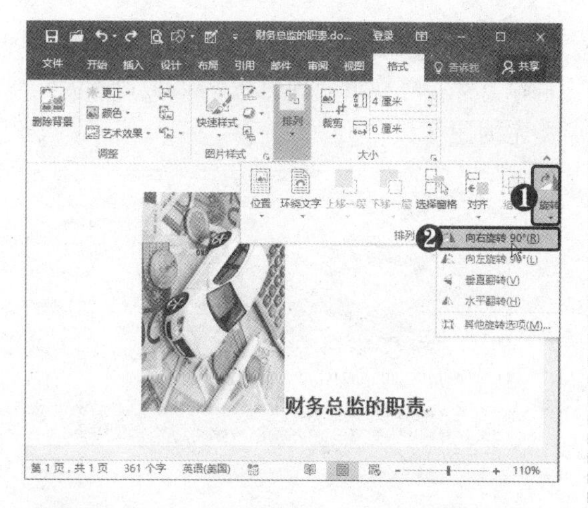

STEP 06 **手动旋转图片** 将鼠标指针置于图片的旋转柄上，按住鼠标左键并拖动旋转图片。

STEP 07 **设置旋转角度** 在"大小"组中单击右下角的扩展按钮，弹出"布局"对话框，❶ 输入准确的旋转角度。❷ 单击"确定"按钮。

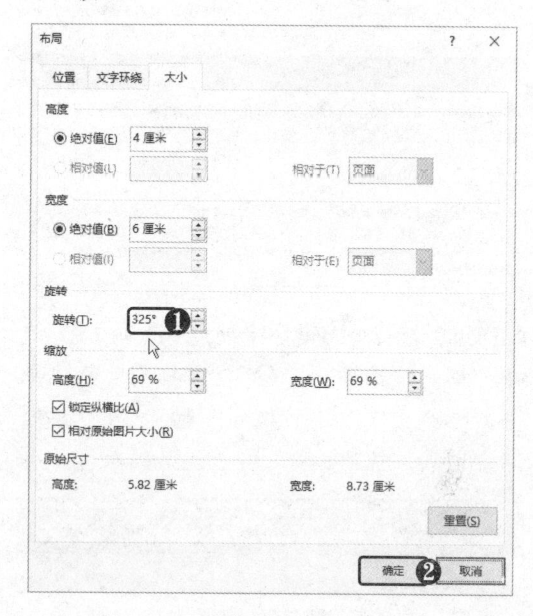

高手点拨

拖动图片边角的控制柄，也可对图片进行水平或垂直翻转操作。

3.1.2 设置图片环绕方式

将图片直接插入文档后，可能图片的位置会不太合适，从而造成图片与文档的编排不合理，使文档整体上不够美观。此时可以通过更改图片的文字环绕方式来更改图片的位置，具体操作方法如下。

STEP 01 **选择布局选项** ❶ 选中图片。❷ 单击其右上方的"布局选项"按钮或按【Ctrl】键。❸ 选择"四周型"环绕选项。

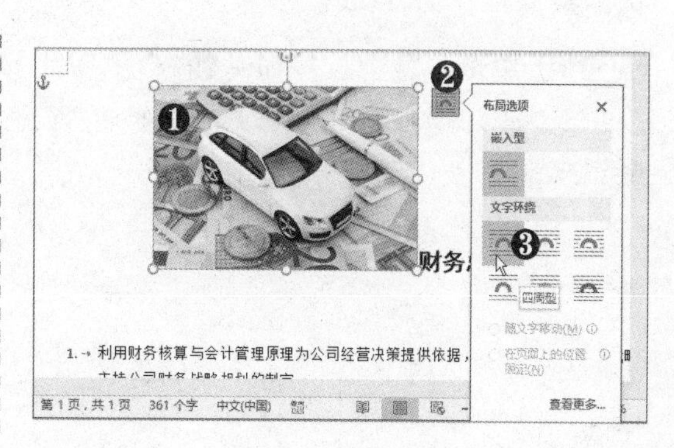

STEP 02 调整图片位置 此时即可将图片更改为“四周型”环绕方式，拖动图片至合适位置。

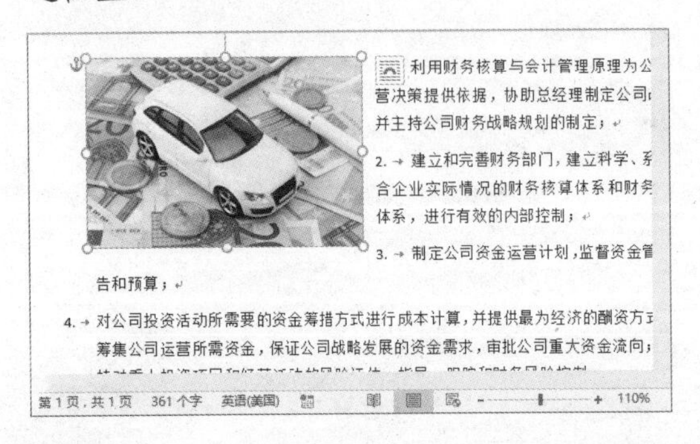

STEP 03 选择“编辑环绕顶点”选项 ❶ 选择“格式”选项卡。❷ 在“排列”组中单击“环绕文字”下拉按钮。❸ 选择“编辑环绕顶点”选项。

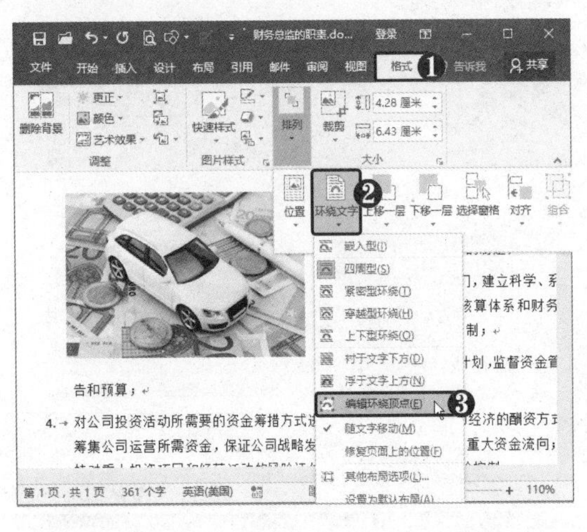

STEP 04 调整顶点 此时即可在图片上显示顶点■，调整顶点的位置，以更改图片与文字的距离。

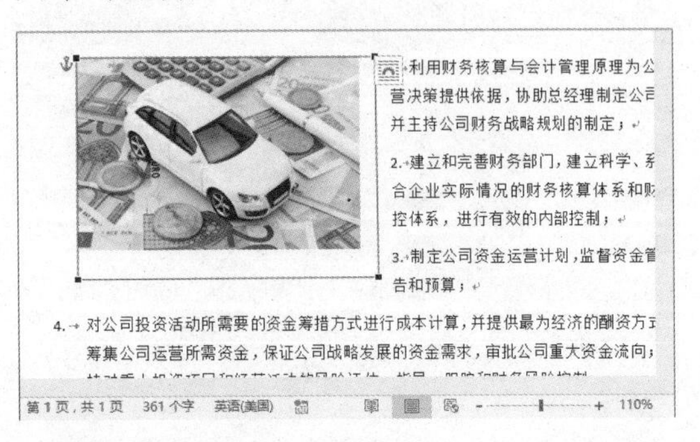

STEP 05 设置图片衬于文字下方 将图片的环绕方式设置为“衬于文字下方”，此时图片即可移到页边距以外的位置。

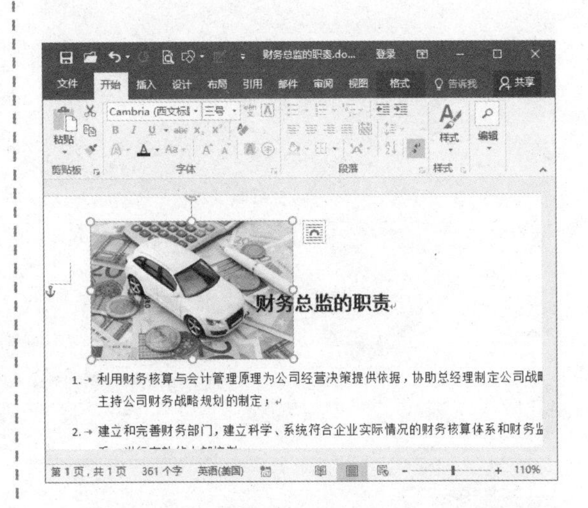

3.1.3 裁剪图片

使用裁剪工具可以有效地删除图片中不需要的部分，还可将图片裁剪成特定的形状，具体操作方法如下。

STEP 01 单击“裁剪”按钮 ❶ 选中图片并右击。❷ 在弹出的浮动工具栏中单击“裁剪”按钮。

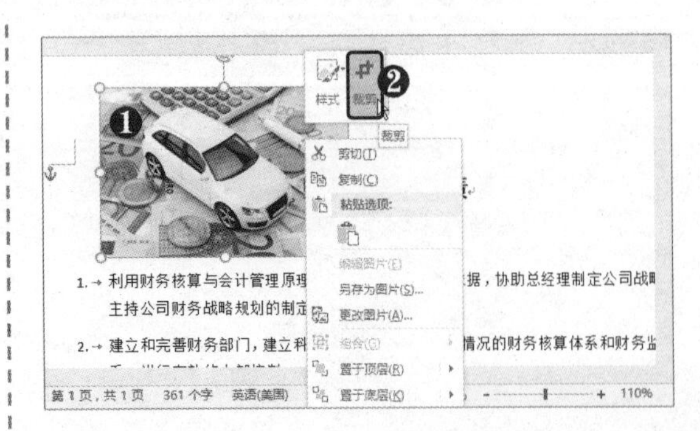

STEP 02 单击“裁剪”按钮 ❶ 选中图片。❷ 在“格式”选项卡下单击“裁剪”按钮。

STEP 03 选择形状 ❶ 在“格式”选项卡下单击“裁剪”下拉按钮。❷ 选择“裁剪为形状”选项。❸ 选择“云形”形状。

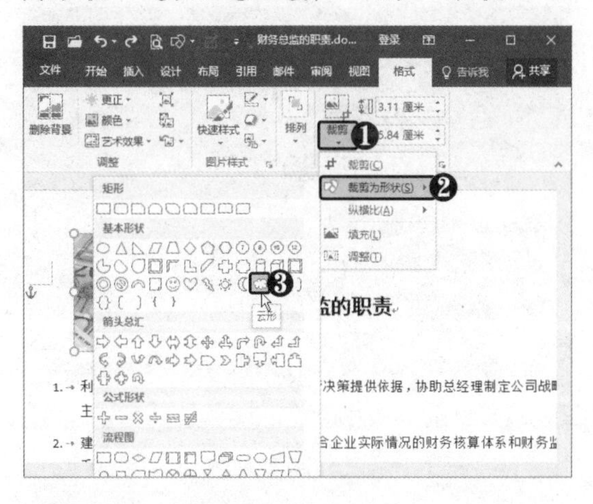

STEP 04 单击“裁剪”按钮 此时即可将图片裁剪成指定的形状样式，单击“裁剪”按钮。

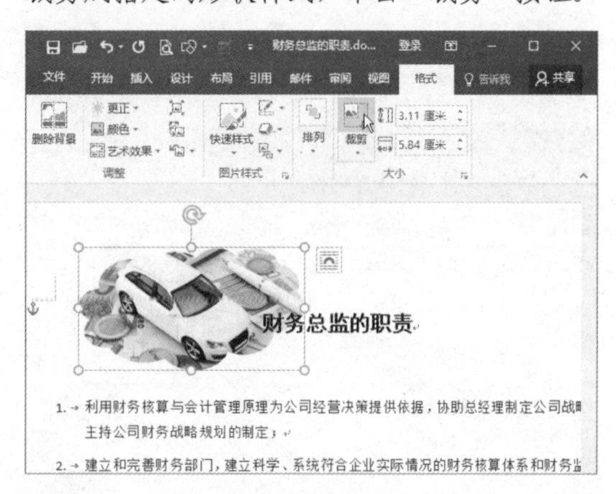

STEP 05 调整形状 进入图片裁剪状态，拖动裁剪框调整形状的大小，然后在文档中单击其他位置，即可完成图片的裁剪。

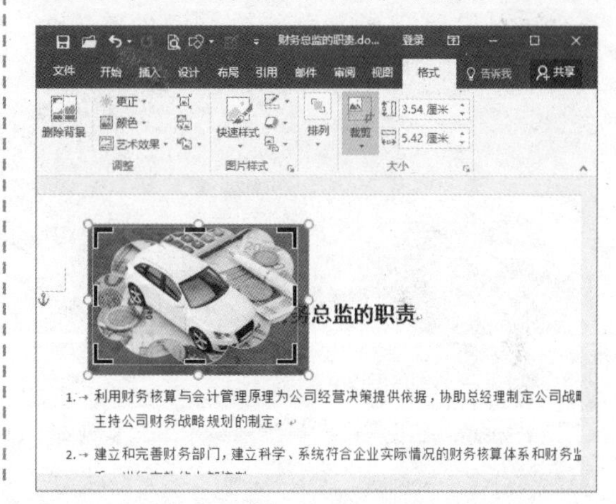

3.1.4 设置图片样式

在 Word 2016 中可以为图片添加边框、阴影、映像、发光、柔滑边缘、棱台等多种效果，还可对效果进行自定义设置，具体操作方法如下。

STEP 01 单击扩展按钮 ❶ 选中图片。❷ 选择“格式”选项卡。❸ 单击“图片样式”组右下角的扩展按钮 ⧉。

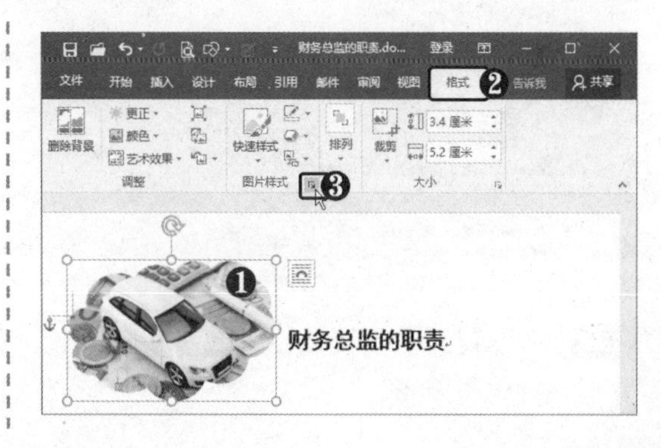

STEP 02 **选择阴影样式** 打开"设置图片格式"窗格，❶ 选择"效果"选项卡。❷ 单击"阴影"中的"预设"下拉按钮。❸ 选择一种阴影样式。

STEP 03 **设置阴影效果参数** 根据需要设置阴影颜色、透明度、角度、模糊、距离等参数。

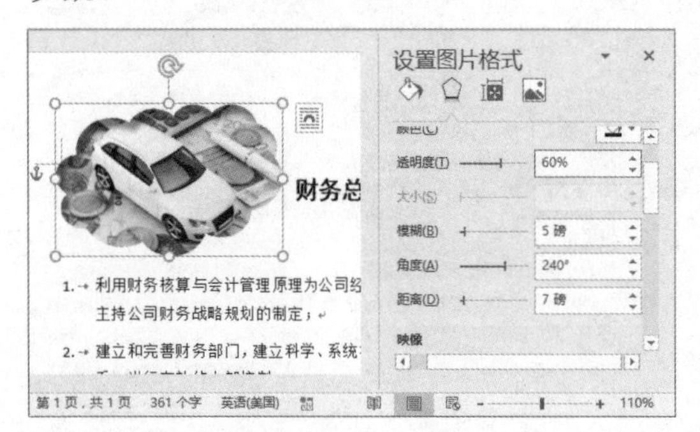

STEP 04 **应用发光效果** 采用同样的方法，在"发光"组中应用预设效果，并设置各项参数。

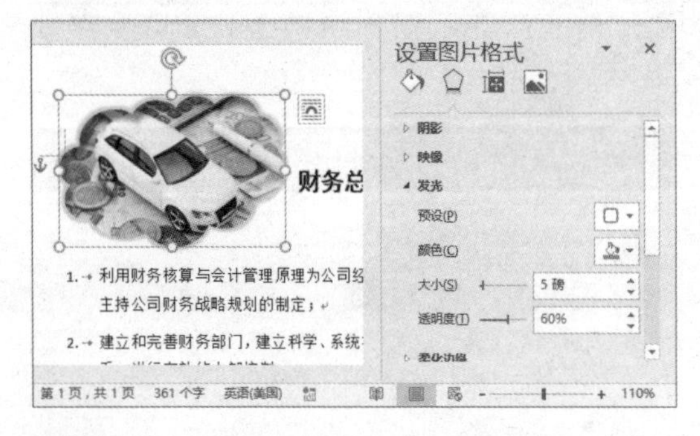

STEP 05 **设置图片位置** 在"裁剪"组中设置图片的位置参数。

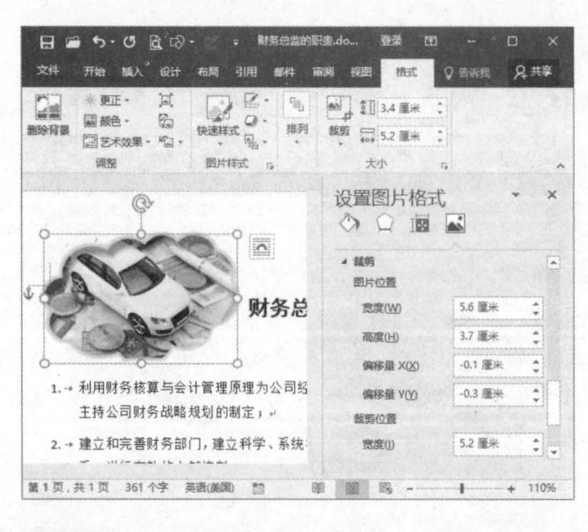

STEP 06 **选择"重设图片和大小"选项** ❶ 选中图片。❷ 在"调整"组中单击"重设图片"下拉按钮。❸ 选择"重设图片和大小"选项。

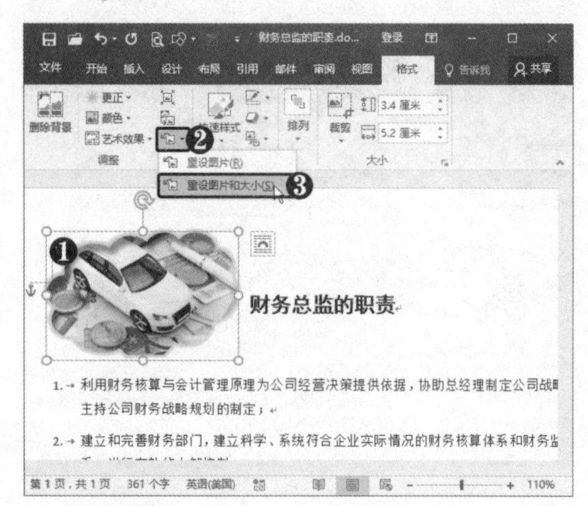

STEP 07 **恢复图片** 此时即可删除图片上添加的样式，并恢复为图片原来的大小。

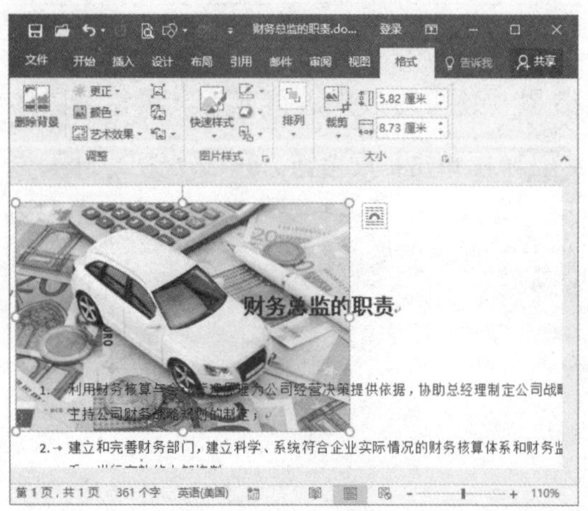

STEP 08 应用快速样式 ❶ 单击“快速样式”下拉按钮。❷ 选择所需的样式。

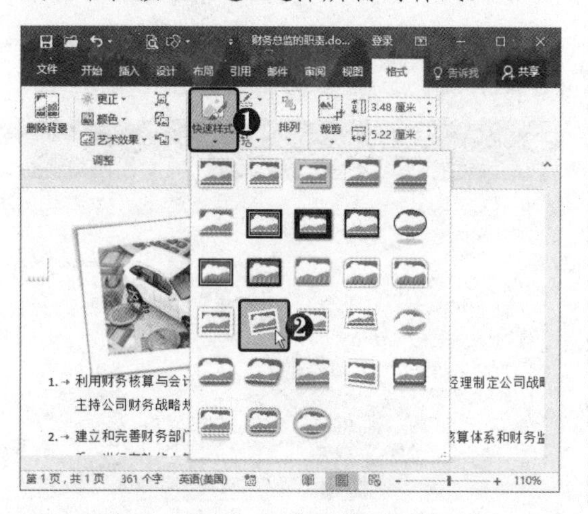

STEP 09 设置边框粗细 ❶ 单击“图片边框”下拉按钮。❷ 选择边框粗细。

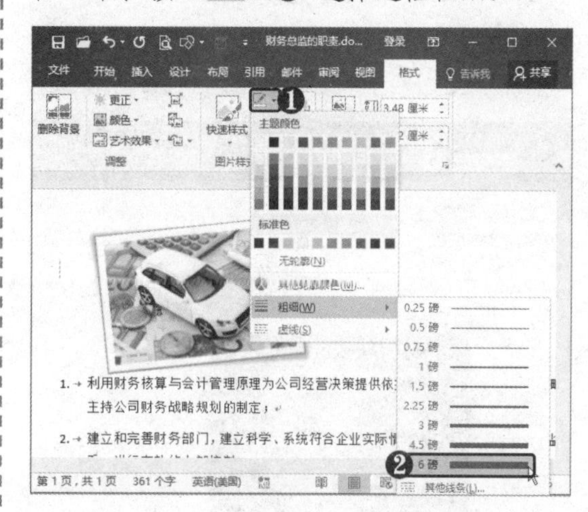

3.1.5 删除图片背景

在 Word 2016 中可以轻松地将图片主体周围的背景图像删除，具体操作方法如下。

STEP 01 单击“删除背景”按钮 在文档中插入图片并设置“穿越型环绕”，❶ 选中图片。❷ 在“格式”选项卡下单击“删除背景”按钮。

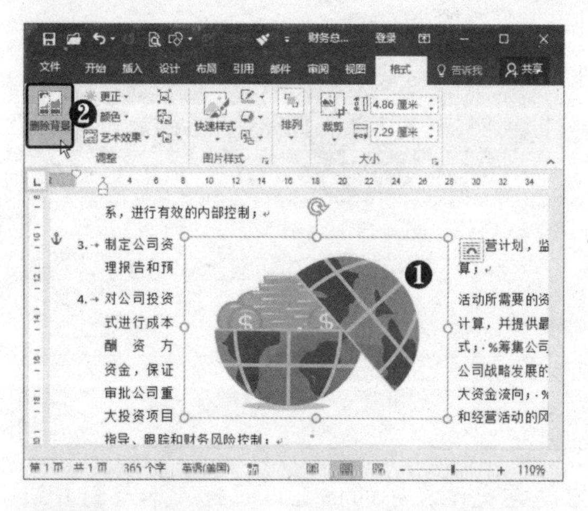

STEP 02 调整大小 此时即可进入删除背景状态下，拖动调整框设置要保留的图片大小，紫色区域为要删除的区域。

STEP 03 标记删除区域 ❶ 在功能区中单击“标记要删除的区域”按钮。❷ 在图像中通过拖动或单击标记要删除的图片部分。

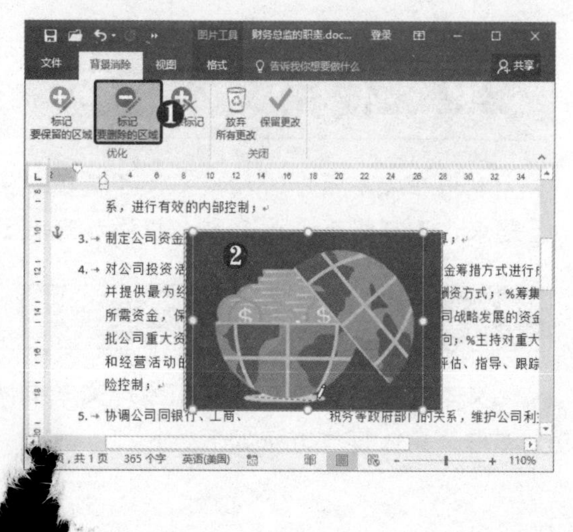

STEP 04 **单击“保留更改”按钮** 标记区域完成后，单击“保留更改”按钮。

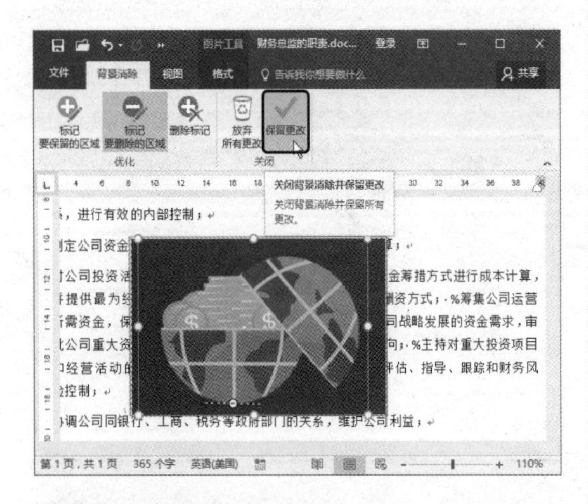

STEP 05 **查看图片效果** 此时即可查看删除图片背景后的图片效果。

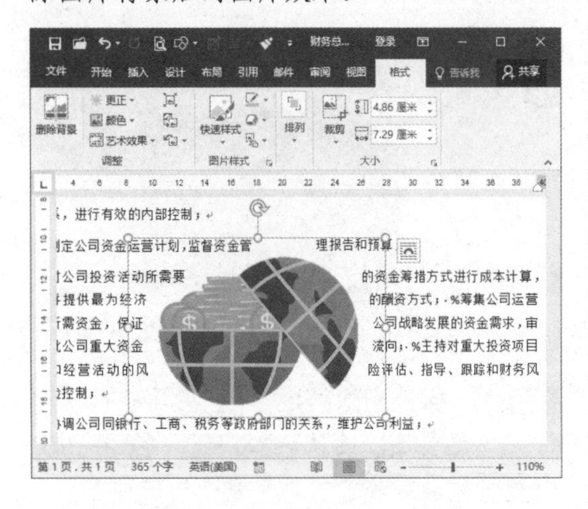

STEP 06 **选择“编辑环绕顶点”选项** ❶ 在“格式”选项卡下“排列”组中单击“环绕文字”下拉按钮。❷ 选择“编辑环绕顶点”选项。

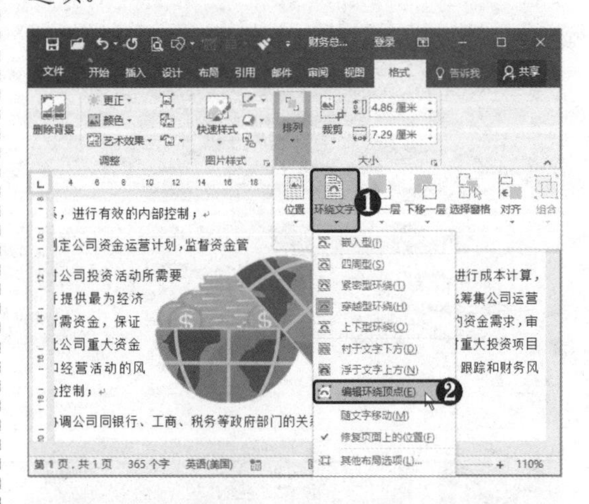

STEP 07 **调整顶点** 调整顶点的位置，以更改图片与文字的距离。

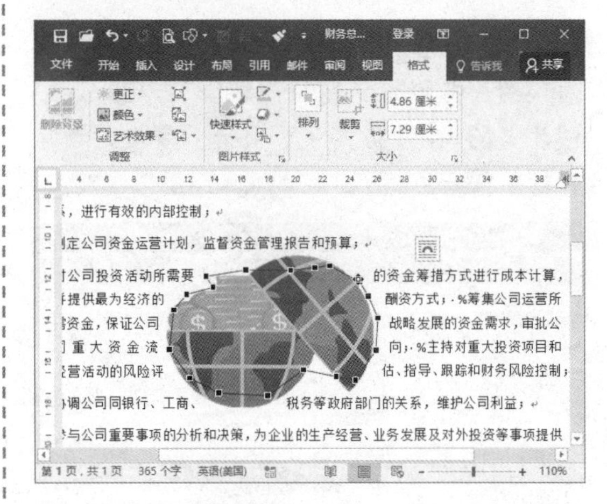

3.2 使用文本框

利用在文本框中输入文字，可以在文档中随意更改文字的位置，或将文本与图片组合起来，还可根据需要为文本框添加形状效果。

3.2.1 插入与编辑文本框

文本框分为横排文本框和竖排文本框两种形式，可以根据需要选择插入不同形式的文本框，具体操作方法如下。

STEP 01 选择"文本框"选项 ❶ 选择"插入"选项卡。❷ 在"插图"组中单击"形状"下拉按钮。❸ 选择"文本框"选项。

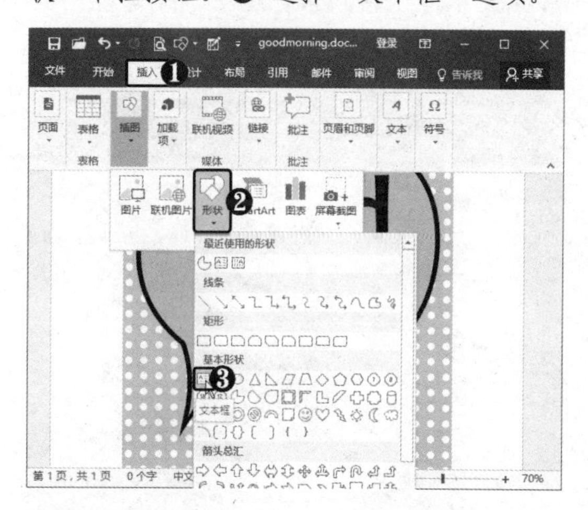

STEP 02 绘制文本框 在文档中拖动鼠标即可绘制文本框。

STEP 03 设置大小写 在文本框中输入英文单词 Morning，在"字体"组中设置字体格式。❶ 单击"更改大小写"下拉按钮 Aa▾。❷ 选择"全部小写"选项。

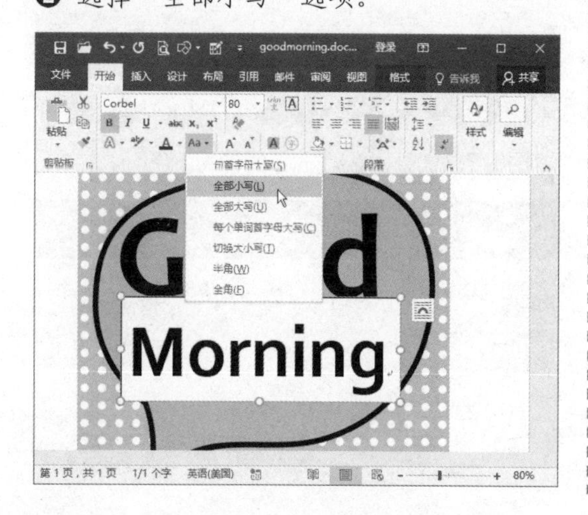

STEP 04 设置形状填充 ❶ 选择"格式"选项卡。❷ 单击"形状填充"下拉按钮。❸ 选择"无填充颜色"选项。

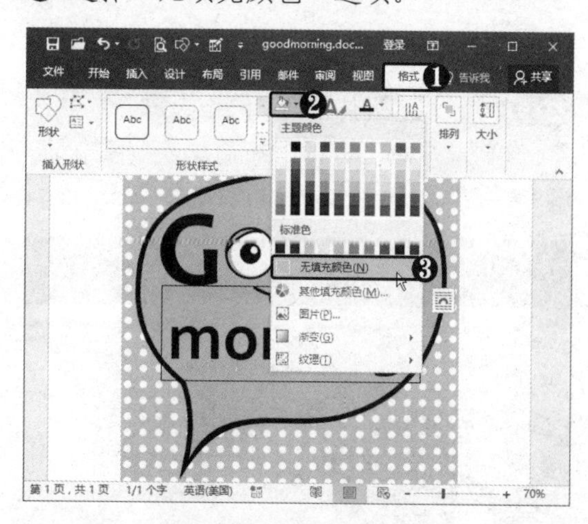

STEP 05 设置形状轮廓 ❶ 单击"形状轮廓"下拉按钮。❷ 选择"无轮廓"选项。

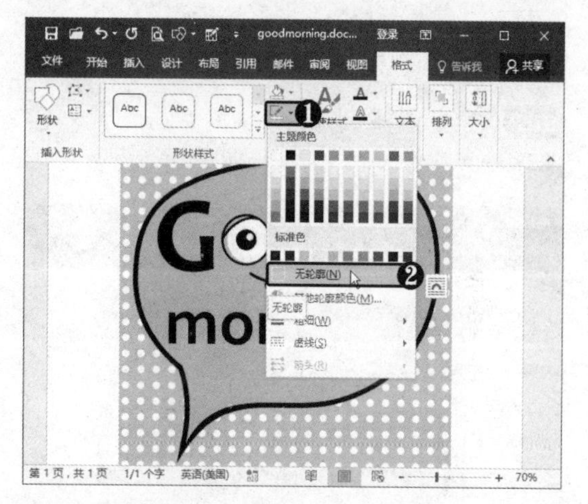

STEP 06 调整文本框位置 根据需要调整文本框的位置。

3.2.2 组合文字与图片

要想让文本框随图片一同移动，可以将图片和文本框组合起来，也可根据需要将其导出到电脑，具体操作方法如下。

STEP 01 设置图片文字环绕 ❶ 选中图片。❷ 单击右上方的“布局选项”按钮。❸ 单击“浮于文字上方”按钮。

STEP 02 设置排列顺序 ❶ 右击图片。❷ 选择“置于底层”命令。

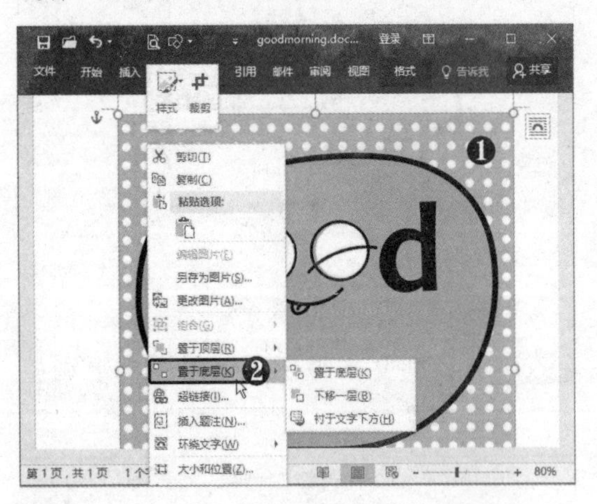

STEP 03 组合图片和文本框 ❶ 按住【Shift】键的同时单击图片和文本框，将其全部选中并右击。❷ 选择“组合”选项。❸ 选择“组合”命令。

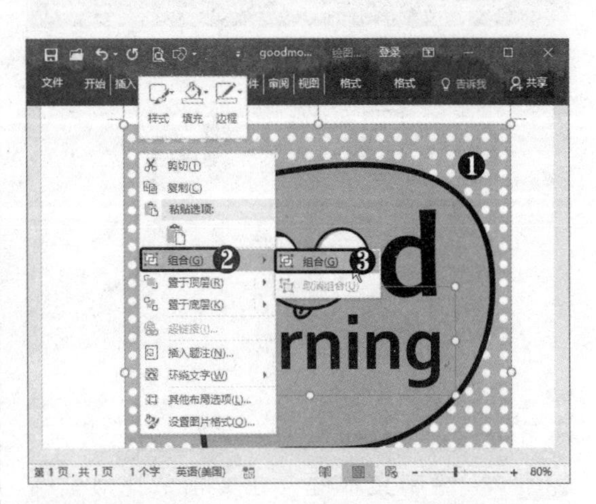

STEP 04 复制操作 此时即可将图片和文本框组合起来，按【Ctrl+C】组合键进行复制操作。

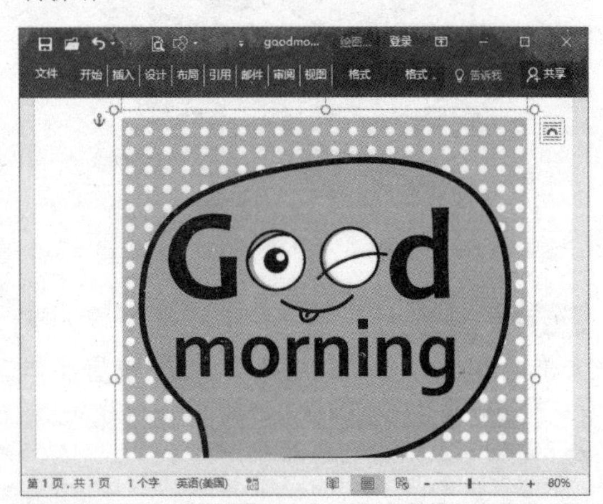

STEP 05 单击“图片”按钮 ❶ 在“开始”选项卡下单击“粘贴”下拉按钮。❷ 单击“图片”按钮。

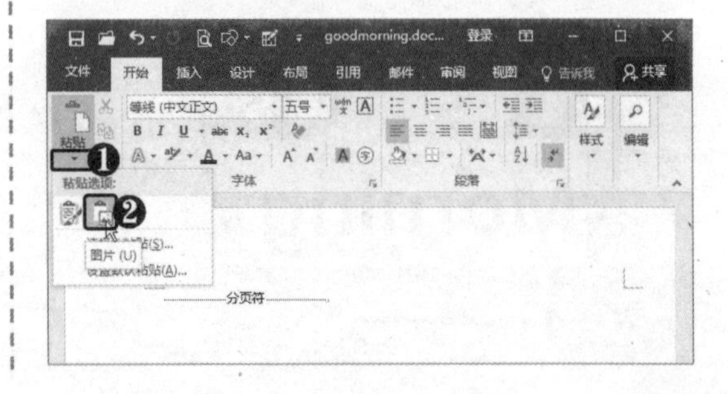

STEP 06 **选择"另存为图片"命令** 此时即可将图片和文本粘贴为图片，❶ 右击图片。❷ 选择"另存为图片"命令。

STEP 07 **另存图片** 弹出"保存文件"对话框，❶ 选择保存位置。❷ 输入文件名。❸ 单击"保存"按钮。

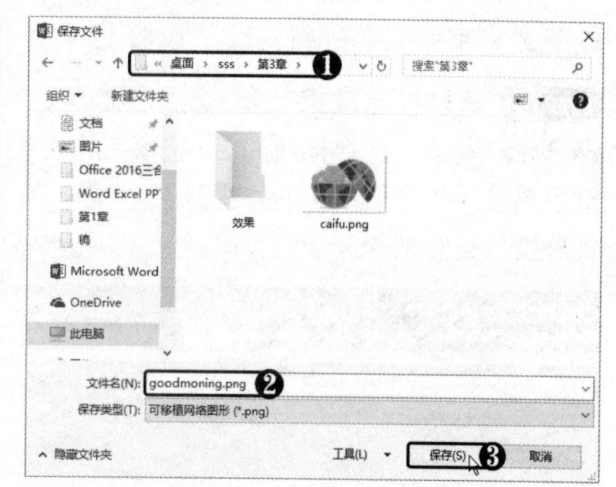

3.3 使用艺术字

与普通文字不同，艺术字其实是一种图形对象。在 Word 文档中可以创建带有阴影、扭曲、旋转和拉伸效果的艺术字。下面将介绍如何在 Word 文档中插入与更改艺术字样式。

3.3.1 插入艺术字

在编辑 Word 文档的过程中，常常需要通过添加艺术字来增加文档的吸引力。插入艺术字的具体操作方法如下。

STEP 01 **选择艺术字样式** ❶ 选择"插入"选项卡。❷ 在"文本"组中单击"艺术字"下拉按钮。❸ 选择所需的艺术字样式。

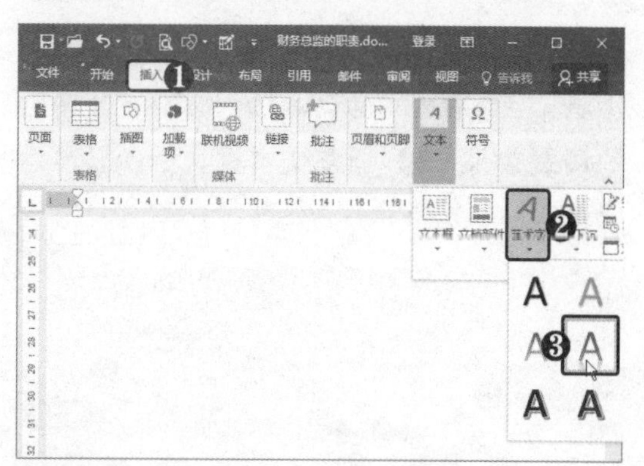

STEP 02 **输入文本并设置格式** 此时在文档编辑窗口中显示"请在此放置您的文字"文本框。在文本框中输入所需的文本，在"字体"组中设置字体格式。若要清除艺术字样式，可单击"清除所有格式"按钮。

3.3.2 更改艺术字样式

在文档中添加艺术字后，如果对效果样式不满意，还可对艺术字的样式、填充色、轮廓或文字效果等进行修改。设置艺术字效果的具体操作方法如下。

STEP 01 添加棱台效果 ❶ 选中艺术字。❷ 选择“格式”选项卡。❸ 在“艺术字样式”组中单击“文字效果”下拉按钮A ▾。❹ 选择所需的棱台效果。

STEP 02 添加三维旋转效果 ❶ 单击“文字效果”下拉按钮A ▾。❷ 选择“三维旋转”选项。❸ 选择一种棱台效果。

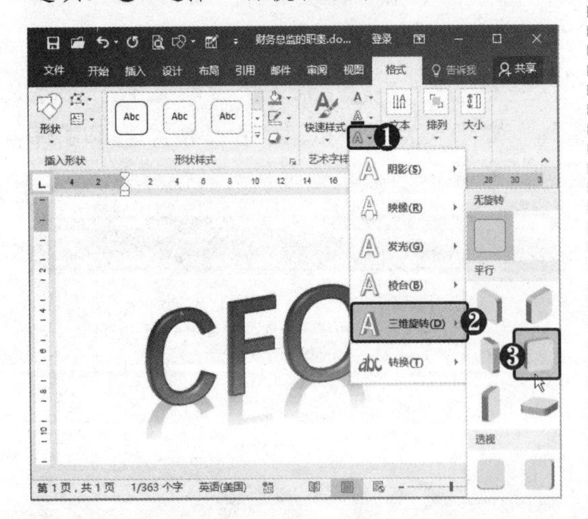

STEP 03 设置渐变填充 ❶ 单击“艺术字样式”组右下角的扩展按钮，打开“设置形状格式”窗格。❷ 选择“文本填充与轮廓”选项卡A。❸ 设置渐变填充参数。

STEP 04 设置无映像 ❶ 选择“文字效果”选项卡A。❷ 在“映像”组中单击“预设”下拉按钮□ ▾。❸ 选择“无映像”选项。

STEP 05 添加阴影效果 ❶ 在“阴影”组中单击“预设”下拉按钮□ ▾。❷ 选择所需的阴影效果。❸ 调整文本框大小，以显示完全左侧的阴影图像。

STEP 06 **设置效果参数** 根据需要设置阴影的“透明度”、“大小”、“模糊”、“角度”和“距离”等参数。

STEP 07 **应用“最浅”效果** 在“三维格式”组的“材料”下拉列表中选择“最浅”效果。

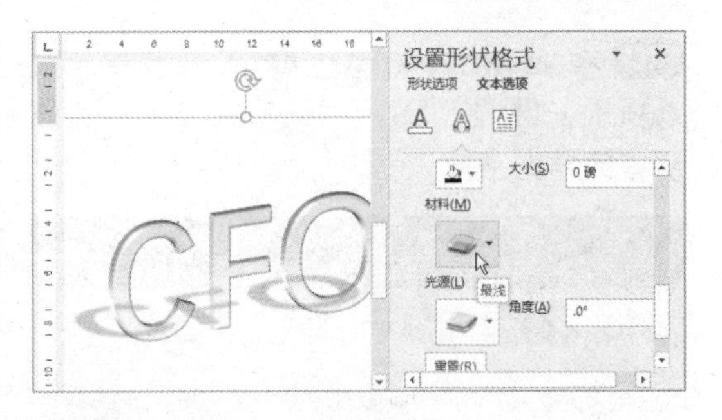

STEP 08 **应用“线框”效果** 在“材料”下拉列表中选择“线框”效果。

3.4 使用形状

在 Word 2016 中提供了一套强大的图形绘制工具，利用软件提供的各种自选图形可以轻松地绘制出美观、大方的标志图形。下面将介绍形状的应用方法。

3.4.1 插入和编辑形状

在 Word 中，自选图形主要包括线条、矩形、基本形状、公式形状、箭头总汇、流程图、星与旗帜和标注 8 大类。下面将介绍如何在文档中插入形状，具体操作方法如下。

STEP 01 **选择形状** ❶ 选择“插入”选项卡。❷ 在“插图”组中单击“形状”下拉按钮。❸ 选择“对话气泡：椭圆形”形状。

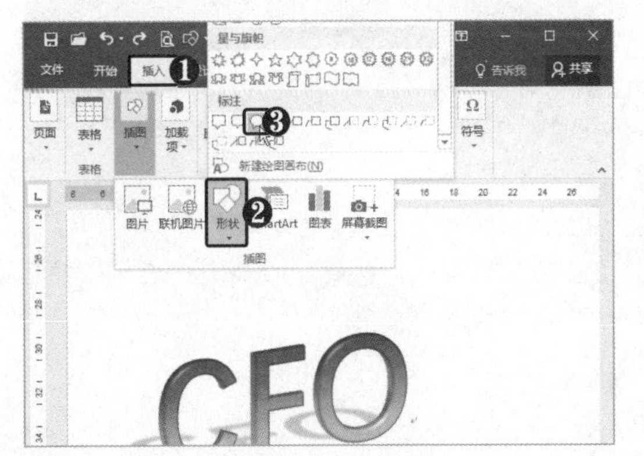

STEP 02 **绘制形状** 此时鼠标指针变为十字形状，按住鼠标左键并向右下角拖动绘制形状。拖动形状上的控制点○，调整形状样式。

STEP 03 应用形状样式 ❶ 选择“格式”选项卡。❷ 在“形状样式”列表框中选择所需的样式。

STEP 04 输入文字 在形状中直接输入所需的文字，在“字体”组中设置字体格式。

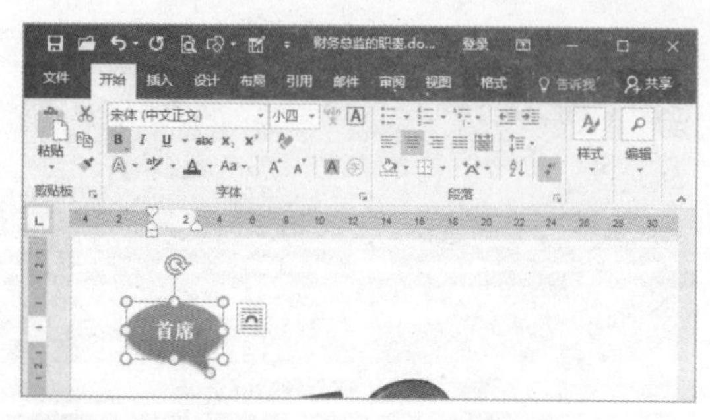

STEP 05 设置文本框边距 ❶ 单击“形状样式”组右下角的扩展按钮，打开“设置形状格式”窗格。❷ 选择“布局属性”选项卡。❸ 设置文本框边距。

3.4.2 使用形状制作企业 Logo

为了让插入的自选图形效果更加美观，可以为形状添加多种样式，如图片填充、发光、阴影、映像等。下面就以制作一个企业 Logo 标志为例介绍形状的应用方法，具体操作方法如下。

STEP 01 选择形状 ❶ 单击“形状”下拉按钮。❷ 选择“矩形”形状。

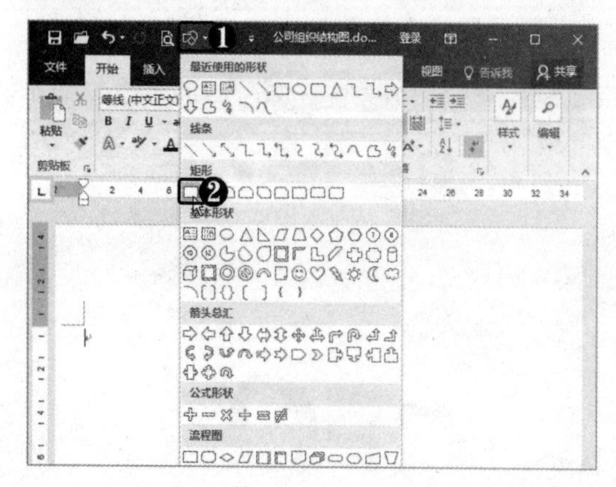

STEP 02 旋转形状 在文档中拖动鼠标绘制矩形形状，拖动形状上的旋转柄旋转形状。

STEP 03 **选择“编辑顶点”选项** ❶ 在“格式”选项卡下“插入形状”组中单击“编辑形状”下拉按钮。❷ 选择“编辑顶点”选项。

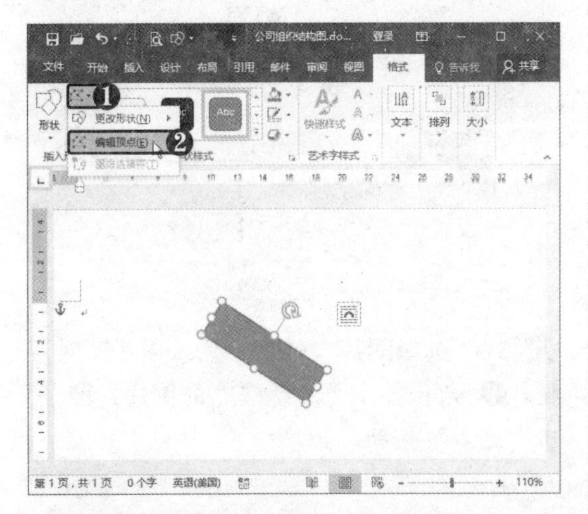

STEP 04 **调整形状样式** 调整形状上各顶点的位置，以调整形状样式，然后单击其他位置确认操作。

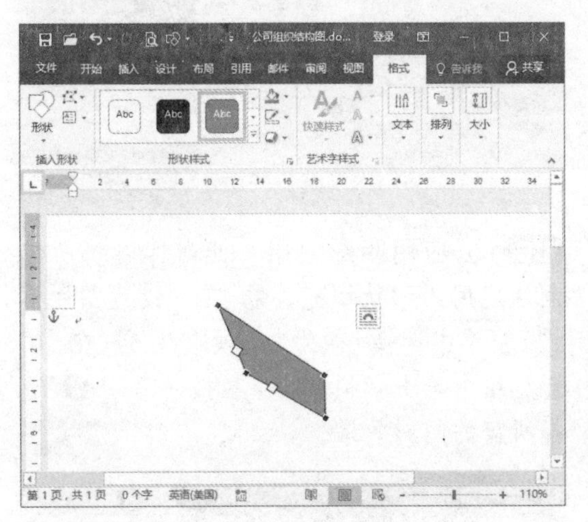

STEP 05 **复制并水平翻转形状** 按住【Ctrl】键的同时拖动形状，复制形状。❶ 在“格式”选项卡下“排列”组中单击“旋转”下拉按钮。❷ 选择“水平翻转”选项。

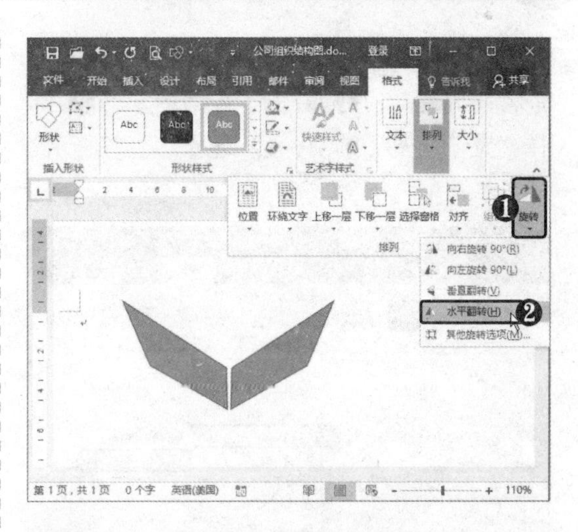

STEP 06 **组合形状** ❶ 按住【Shift】键选中两个形状并右击。❷ 选择“组合”选项。❸ 选择“组合”命令。

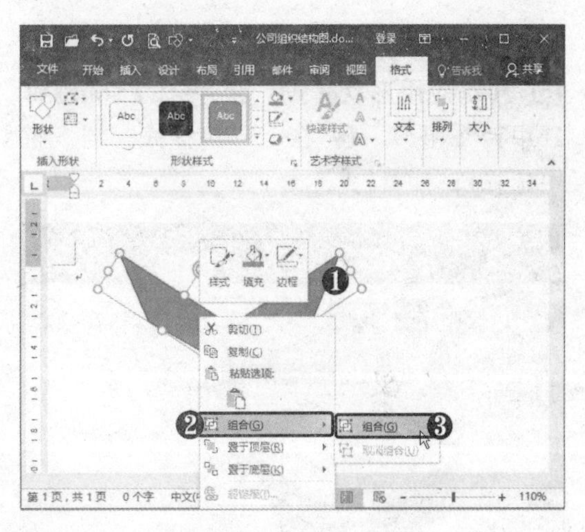

STEP 07 **复制形状** 按住【Ctrl】键的同时向下拖动形状，复制形状。

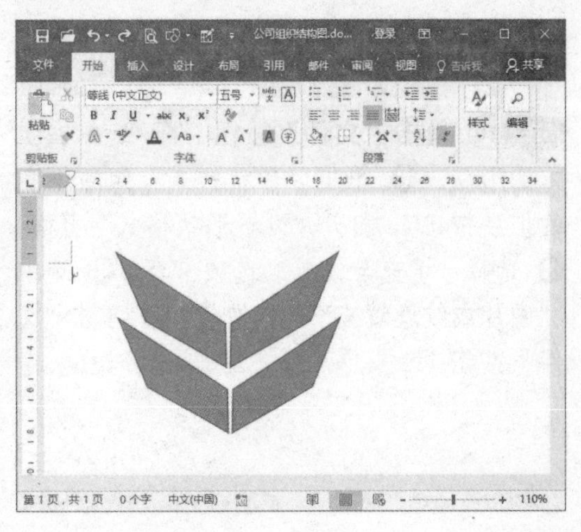

STEP 08 排列顺序 调整下方图形的大小并进行垂直翻转。❶ 右击下方的图形。❷ 选择“置于底层”选项。❸ 选择“下移一层”命令。

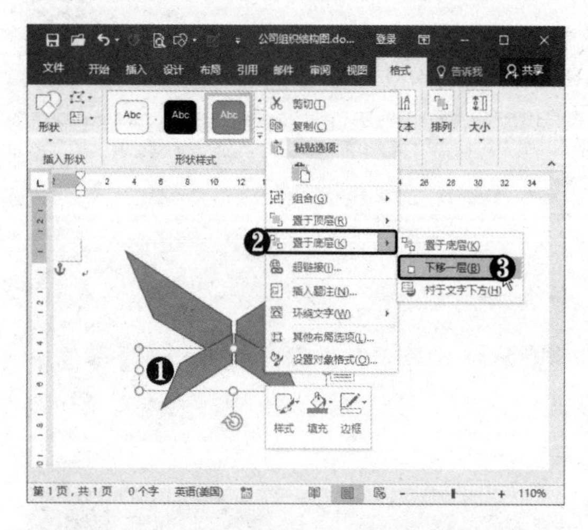

STEP 09 应用形状样式 ❶ 按住【Shift】键选中两个图形。❷ 在“形状样式”列表框中选择所需的样式。

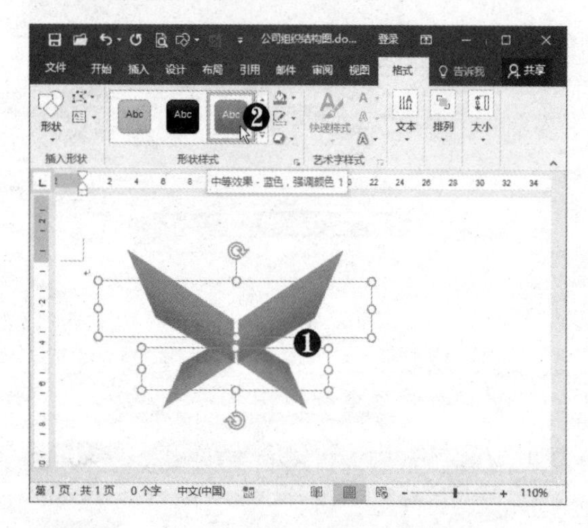

STEP 10 单击“文件”按钮 ❶ 选中右上方的形状。❷ 单击“形状样式”组右下角的扩展按钮，打开“设置形状格式”窗格。❸ 选择“填充与线条”选项卡。❹ 选中“图片或纹理填充”单选按钮。❺ 单击“文件”按钮。

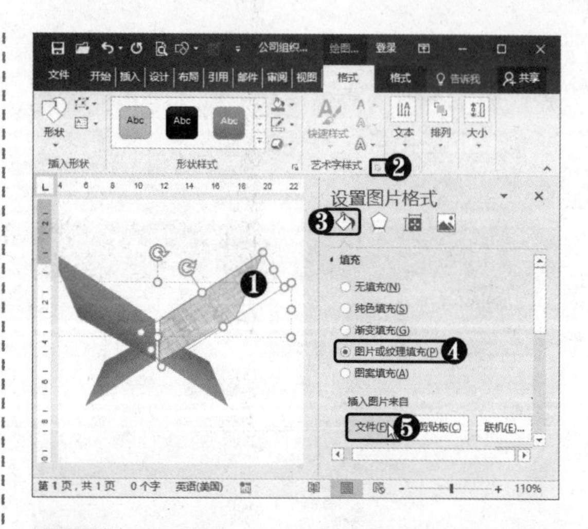

STEP 11 选择图片 弹出“插入图片”对话框，❶ 选择要作为形状填充的图片。❷ 单击“插入”按钮。

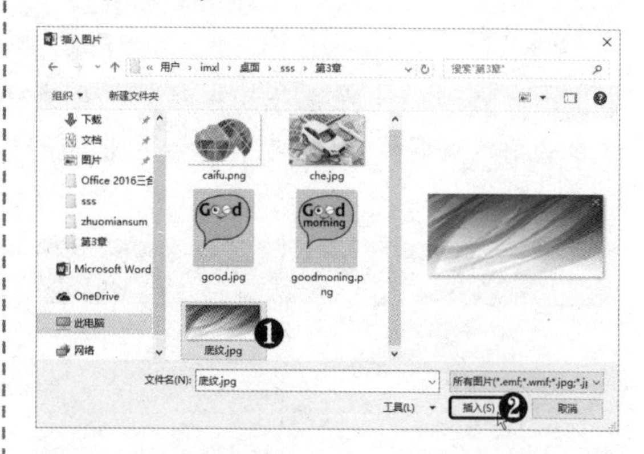

STEP 12 应用阴影效果 此时即可将所选图片应用为形状填充。❶ 在“设置图片格式”窗格中选择“效果”选项卡。❷ 在“阴影”组中单击“预设”下拉按钮。❸ 选择所需的阴影效果。

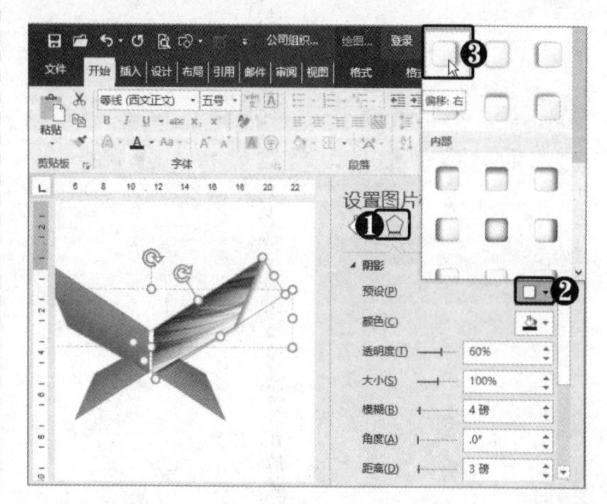

STEP 13 插入文本框 在文档中插入文本框并进行旋转操作。

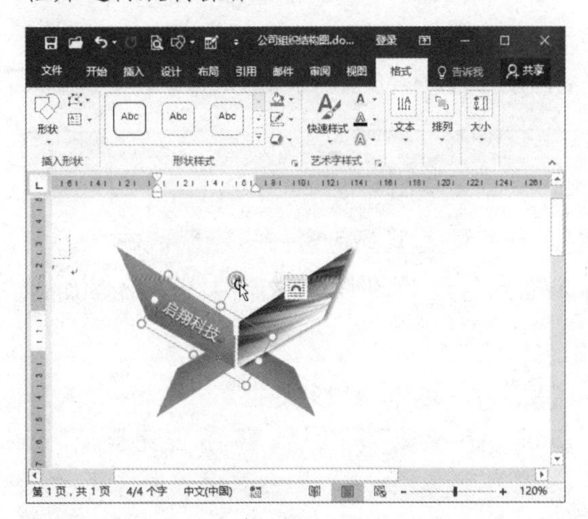

STEP 14 设置文字方向 ❶ 在"格式"选项卡下"文本"组中单击"文字方向"下拉按钮。❷ 选择"将中文字符旋转 270°"选项。

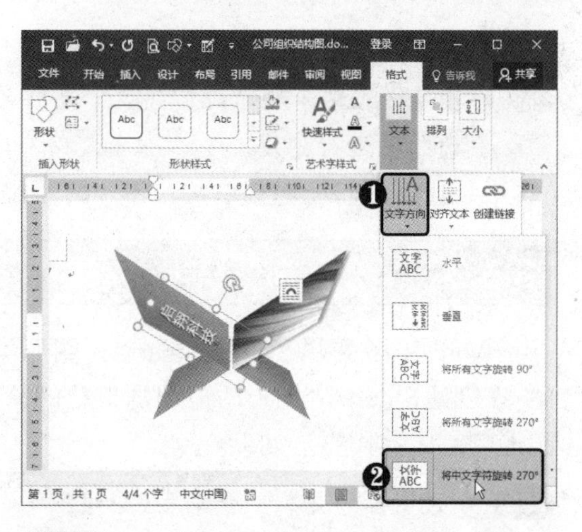

STEP 15 组合图形 ❶ 按住【Shift】键的同时单击形状，将其全部选中并右击。❷ 选择"组合"选项。❸ 选择"组合"命令。

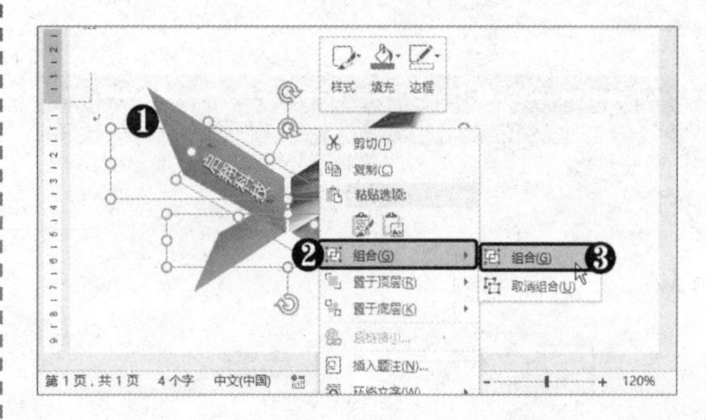

3.5 使用 SmartArt 图形

Word 2016 提供了 SmartArt 图形功能，可以帮助用户在文档中轻松地绘制出列表、流程、循环及层次结构等相关联的图形对象，使文档更加形象、生动，并容易理解。

3.5.1 认识 SmartArt 图形

Word 2016 中预设的 SmartArt 图形有列表、流程、循环、层次结构、关系、矩阵、棱锥图和图片 8 种类型，每种类型的图形有其各自的作用。

- 列表：用于显示非有序信息块，或分组的多个信息块或列表的内容。
- 流程：用于显示组成一个总工作流程的路径，或一个步骤中的几个阶段。
- 循环：用于以循环流程表示阶段、任务或事件的过程，也可用于显示循环行径与中心点的关系。
- 层次结构：用于显示组织中各层的关系或上下级关系。
- 关系：用于比较或显示若干个观点之间的关系，有对立关系、延伸关系或促进关系等。

- 矩阵：用于显示部分与整体的关系。
- 棱锥图：用于显示比例关系、互联关系或层次关系，按照从高到低或从低到高的顺序进行排列。
- 图片：包括一些可以插入图片的SmartArt图形，图形的布局包括以上7种类型。

3.5.2 插入SmartArt图形

Word 2016提供了多种SmartArt图形类型，且每种类型都包含许多不同的布局。因此，在创建SmartArt图形时应根据自己的需要来插入合适的图形。在文档中插入SmartArt图形的具体操作方法如下。

STEP 01 设置标题文本 新建“公司组织结构图”文档，插入文本框并输入标题文字。❶ 在“字体”组中设置字体格式。❷ 单击“文本效果和版式”下拉按钮。❸ 选择一种文本效果。

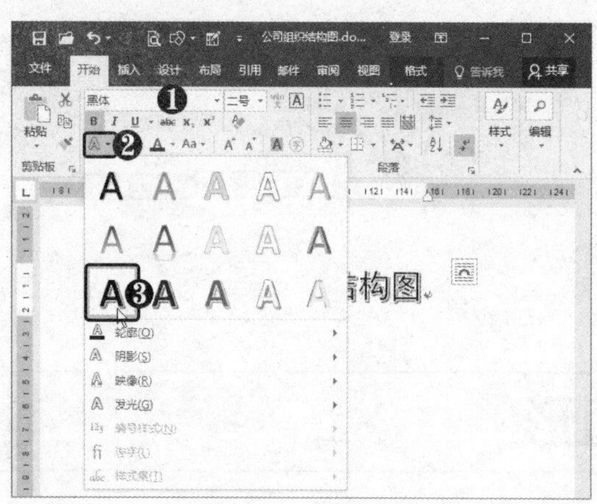

STEP 02 单击SmartArt按钮 ❶ 选择“插入”选项卡。❷ 单击“插图”组中的SmartArt按钮。

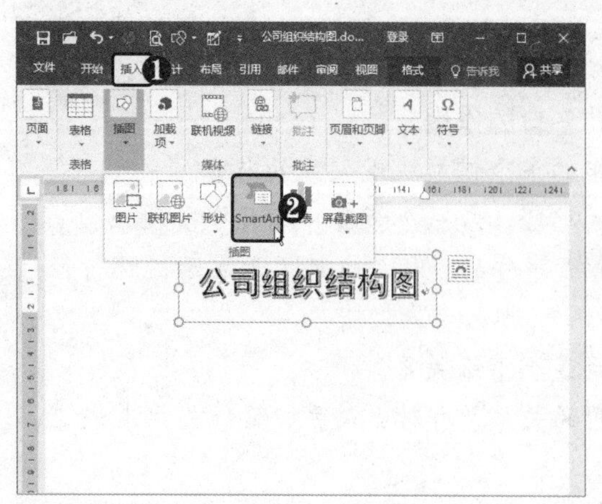

STEP 03 选择图形类型 弹出“选择SmartArt图形”对话框，❶ 在左侧选择“层次结构”选项。❷ 在右侧列表中选择“层次结构”图形类型。❸ 单击“确定”按钮。

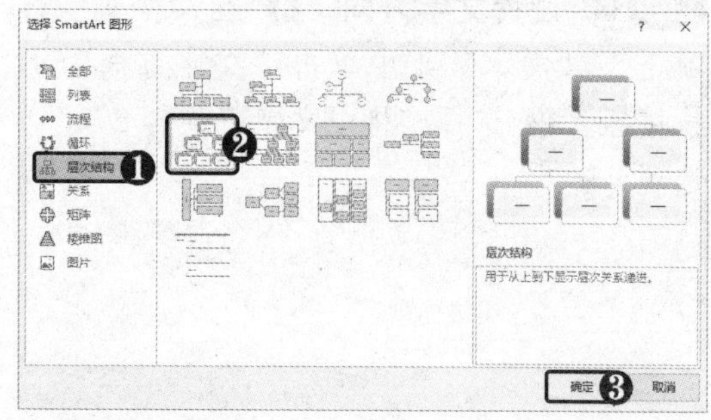

STEP 04 设置文字环绕 此时即可在文档窗口中插入层次结构类型的SmartArt图形。❶ 单击左上方的“布局选项”按钮。❷ 单击“四周型环绕”按钮。

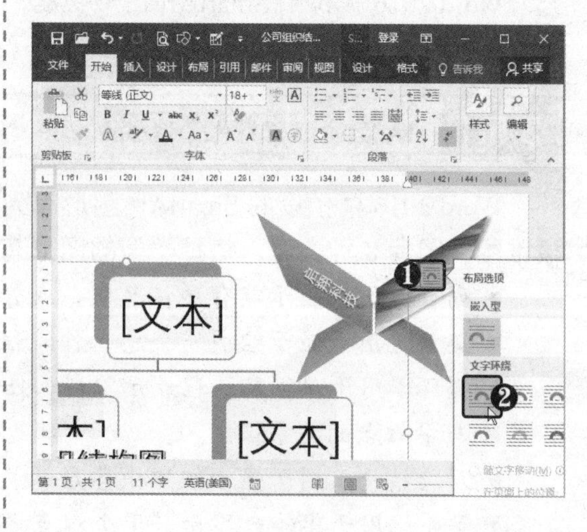

STEP 05 输入文本 调整SmartArt图形的位置，并在各文本占位符中输入所需的文本。

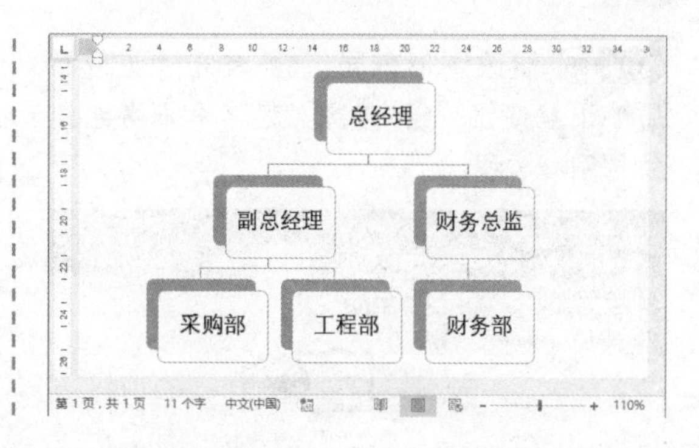

高手点拨

要修改 SmartArt 图形中文本的字体格式，可以打开"文本窗格"，然后从中选择文本，在浮动工具栏中进行更改。

3.5.3 更改 SmartArt 图形布局

创建的 SmartArt 图形都采用默认的布局结构，可根据需要对其布局结构进行修改和调整，如添加形状、升降级项目、调整项目顺序等，具体操作方法如下。

STEP 01 选择"在后面添加形状"选项 ❶ 选中"工程部"图形。❷ 选择"设计"选项卡。❸ 在"创建图形"组中单击"添加形状"下拉按钮。❹ 选择"在后面添加形状"选项。

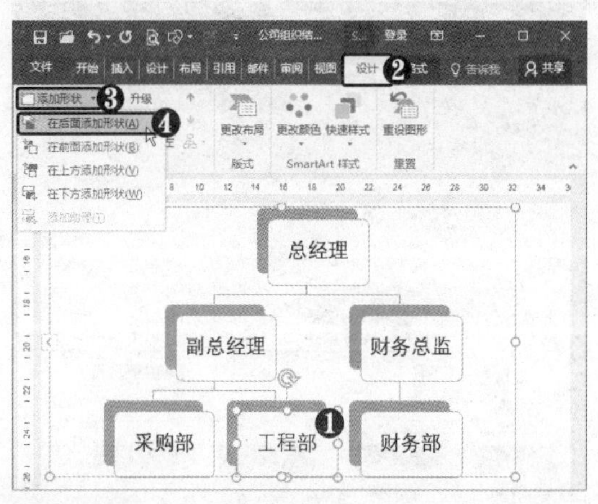

STEP 02 使用快捷菜单添加形状 此时即可在右侧添加同一级别的图形。❶ 右击添加的形状。❷ 选择"在后面添加形状"命令。

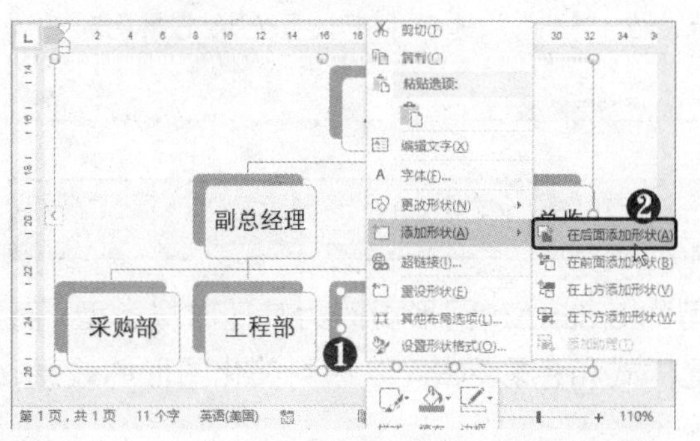

STEP 03 单击"下移所选内容"按钮 在添加的图形中输入所需的文本，❶ 选中"办公室"图形。❷ 单击"下移所选内容"按钮↓。

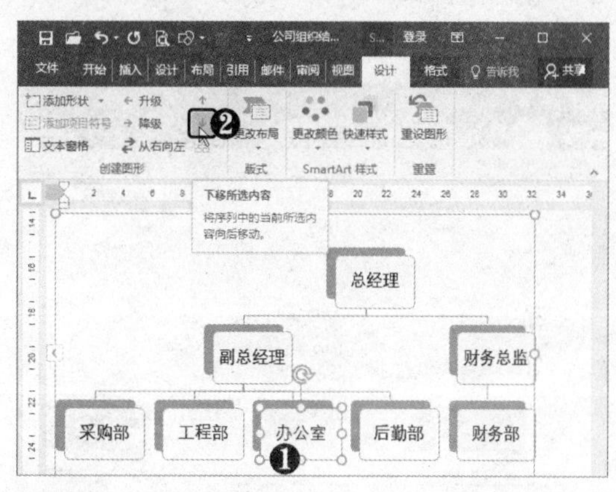

STEP 04 下移图形 此时即可将所选图形向后移动。若单击"升级"或"降级"按钮，还可调整图形的级别。

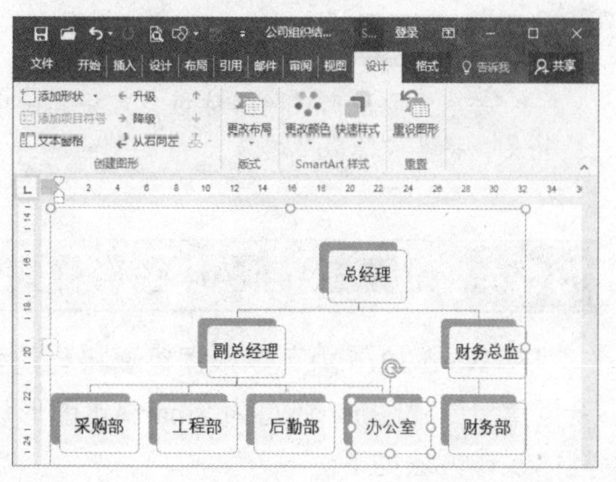

STEP 05 更改图形布局 ❶ 单击"更改布局"下拉按钮。❷ 选择"姓名和职务组织结构图"类型。

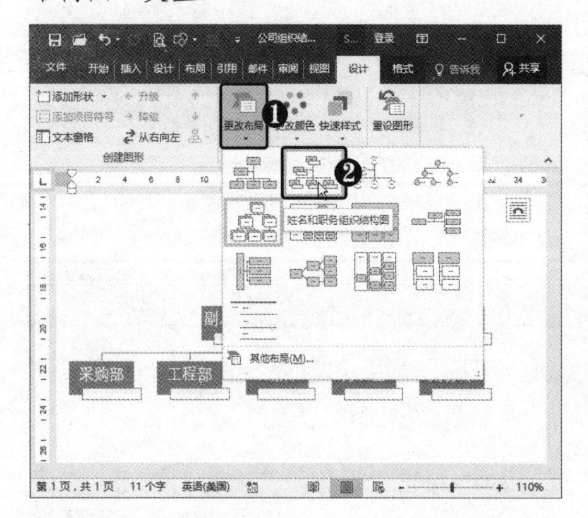

STEP 06 输入姓名 此时即可更改图形类型，在"总经理"图形中的文本框中输入姓名，并设置字体格式。

STEP 07 选择"添加助理"选项 ❶ 在"创建图形"组中单击"添加形状"下拉按钮。❷ 选择"添加助理"选项。

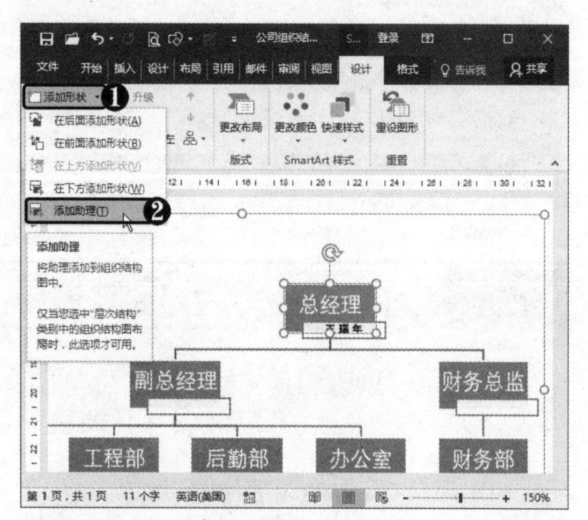

STEP 08 添加助理图形 此时即可添加助理图形，输入所需的文字。

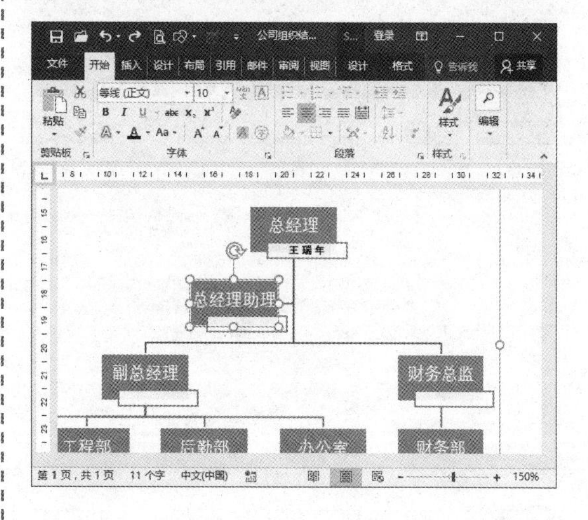

高手点拨

若不需要图形中的名称框，可将其选中后，在"格式"选项卡下设置无填充颜色和无轮廓，将其"隐藏"起来。

3.5.4 设置 SmartArt 图形样式

在 Word 2016 中可以根据需要将当前类型的 SmartArt 图形更改为其他布局类型，而无需重新创建图形，还可为 SmartArt 图形设置样式和色彩风格，以达到美化图形的效果，具体操作方法如下。

STEP 01 选择颜色样式 ❶ 在“SmartArt样式”组中单击“更改颜色”下拉按钮。❷ 选择所需的颜色样式。

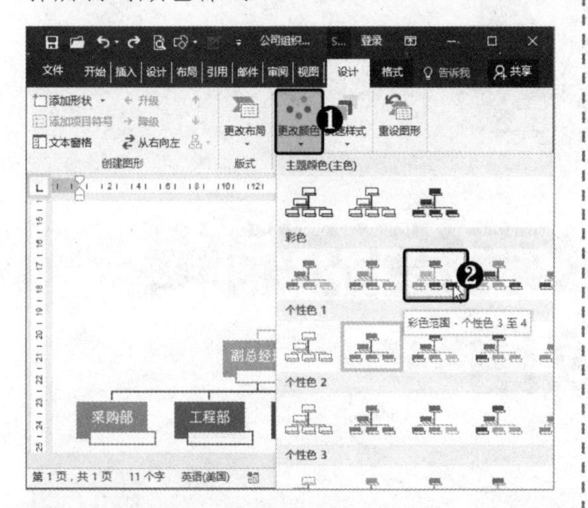

STEP 02 应用快速样式 ❶ 单击“快速样式”下拉按钮。❷ 在弹出的列表中选择所需的图形样式。

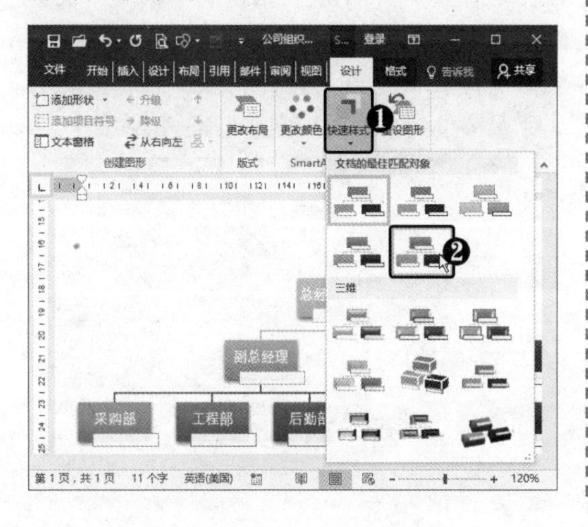

STEP 03 更改形状 ❶ 选中最下层的矩形并右击。❷ 选择“更改形状”命令。❸ 选择“矩形：同侧圆角”形状。

STEP 04 更改其他形状 采用相同的方法更改其他形状，查看最终效果。

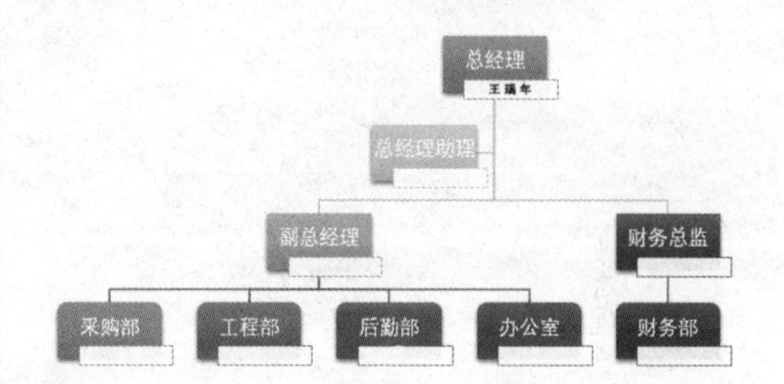

Chapter

04

办公表格的编辑与应用

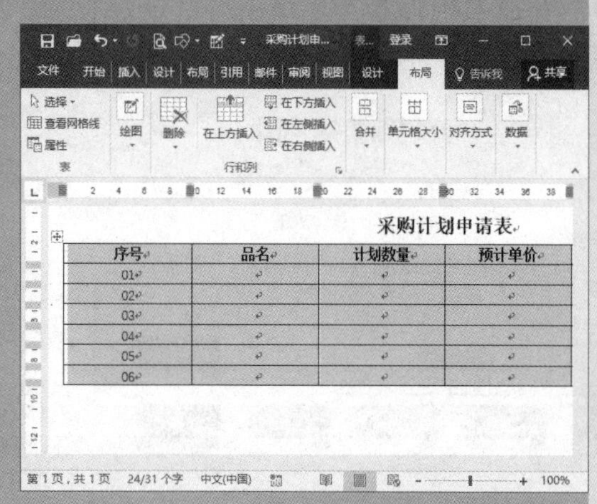

序号	品名	计划数量	预计单价
01			
02			
03			
04			
05			
06			

设置表格和单元格对齐方式

申请日期：

计划数量	预计单价	审批数量	合计
5	280	5	1400
1	600	1	600
20	25	24	600
4	45	4	180
5	40	4	160
60	1.5	60	90

排序数据

利用表格可以将各种复杂的信息简明扼要地表达出来。在 Word 2016 中不仅可以快速创建各种各样的表格，还可以很方便地编辑单元格、表格布局及美化表格。此外，还可以对表格中的内容进行计算、排序等操作。

4.1 创建表格

表格由水平的行和垂直的列组成，行与列交叉形成的方框称为单元格。Word 2016 提供了多种创建表格的方法，用户可以从一组预先设置好格式的表格中选择，或通过设置需要的行数和列数来插入表格，还可拖动鼠标绘制表格，下面将分别对其进行介绍。

4.1.1 快速创建表格

使用网格可以快速创建表格，具体操作方法如下。

STEP 01 选择网格 ❶ 选择“插入”选项卡。❷ 单击“表格”下拉按钮。❸ 在弹出的下拉列表的网格中拖动鼠标选择 3×5 的表格。

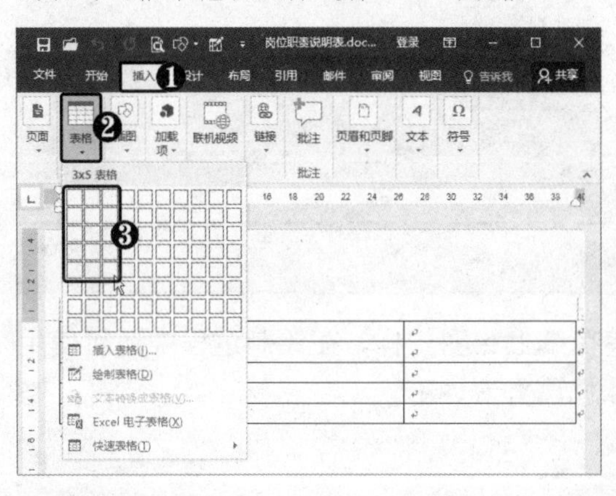

STEP 02 插入表格 选择好网格后单击鼠标左键，确定选择操作，即可在文档中插入 3 列 5 行的表格。将光标置于表格右下角的控制柄上，当其变为双向箭头时拖动鼠标即可调整表格的宽度和高度。

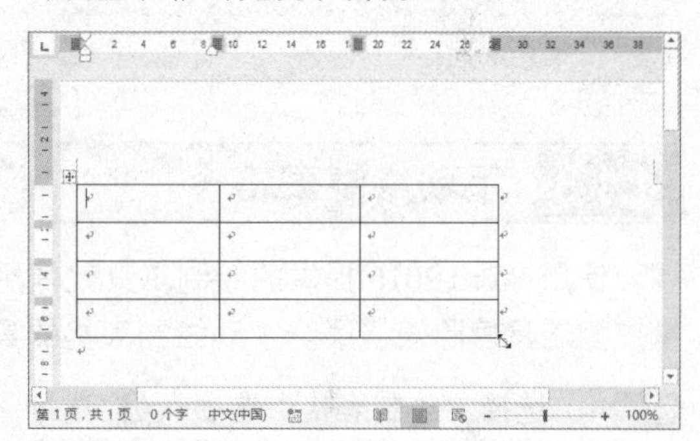

4.1.2 使用“插入表格”对话框创建表格

使用“插入表格”对话框创建表格的具体操作方法如下。

STEP 01 选择“插入表格”选项 ❶ 选择“插入”选项卡。❷ 单击“表格”下拉按钮。❸ 在弹出的下拉列表中选择“插入表格”选项。

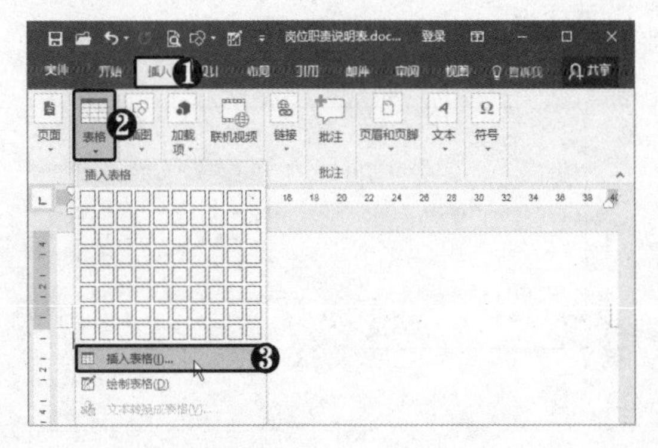

STEP 02 设置表格选项 弹出“插入表格”对话框，❶ 设置表格的列数和行数。❷ 选中“根据窗口调整表格”单选按钮。❸ 单击“确定”按钮。

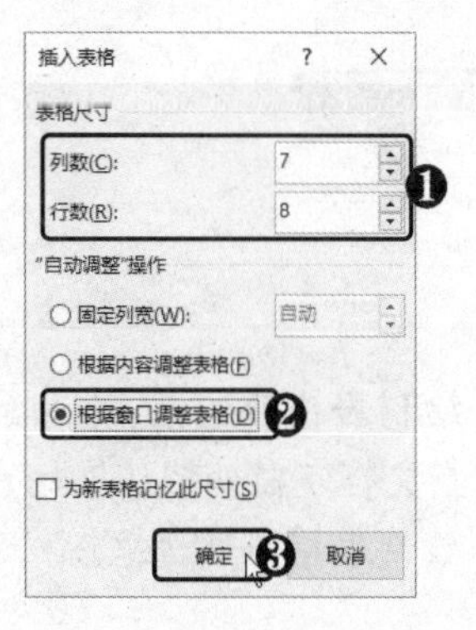

STEP 03 选择“根据内容自动调整表格”选项 此时，即可将表格插入到文档中。❶ 选择“布局”选项卡。❷ 在“单元格大小”组中单击“自动调整”下拉按钮。❸ 选择“根据内容自动调整表格”选项。

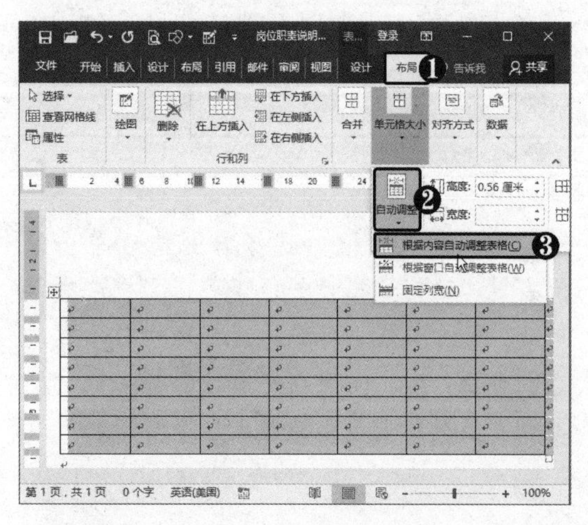

STEP 04 自动调整表格大小 此时即可根据单元格中的内容自动调整表格的尺寸。

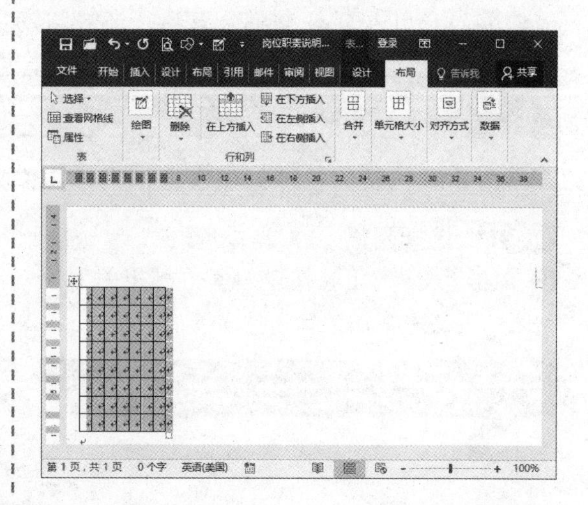

4.1.3 手动绘制表格

使用 Word 2016 提供的绘制工具就像用笔在纸上绘图一样，在绘制过程中还可使用橡皮擦工具擦除表格线。手动绘制表格的具体操作方法如下。

STEP 01 选择“绘制表格”选项 ❶ 选择“插入”选项卡。❷ 单击“表格”下拉按钮。❸ 选择“绘制表格”选项。

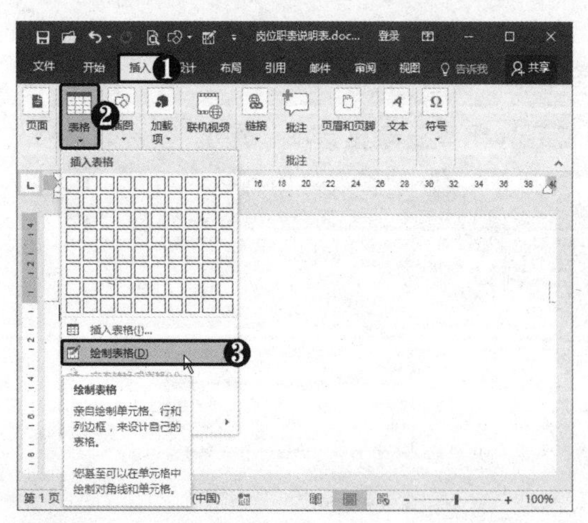

STEP 02 绘制表格外边框 此时鼠标指针呈✎形状，在文档空白处按住鼠标左键向右下方拖动，绘制表格的外边框。

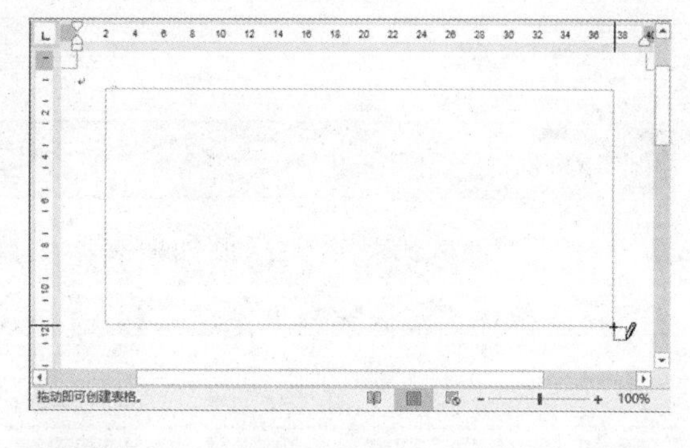

STEP 03 生成表格外框线 松开鼠标，虚线即可变成实线。

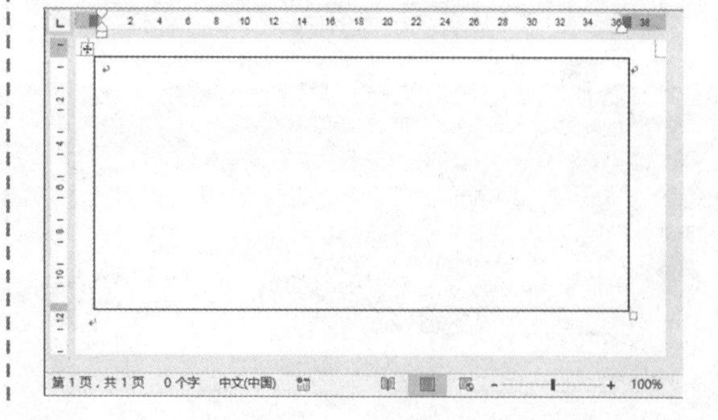

STEP 04 绘制内部框线 移动鼠标指针到表格的左边框，按住鼠标左键并向右拖动，当屏幕上出现水平虚线时松开鼠标，即可绘制表格的内部框线。

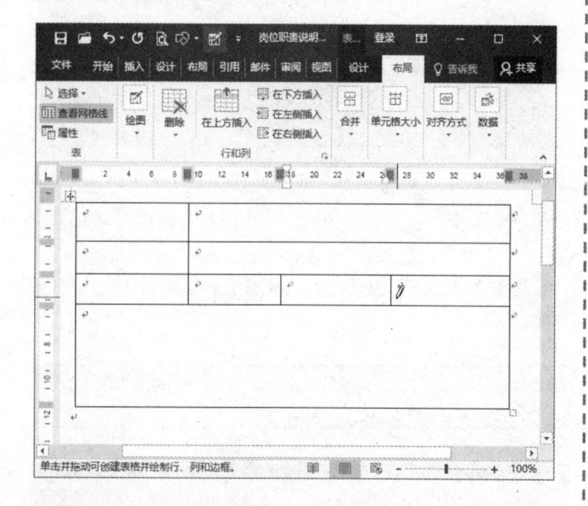

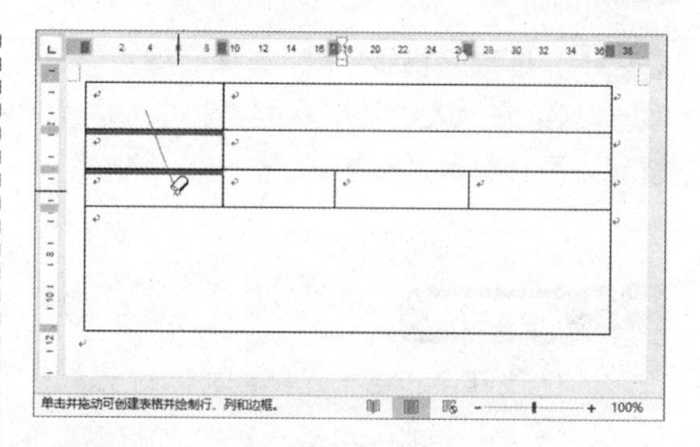

STEP 05 擦除表格线 若要擦除不需要的表格框线，可按住【Shift】键，此时即可转换为橡皮擦工具，鼠标指针变为形状，拖动鼠标即可擦除表格线。

STEP 06 合并单元格 通过擦除表格线可以达到合并单元格的效果。

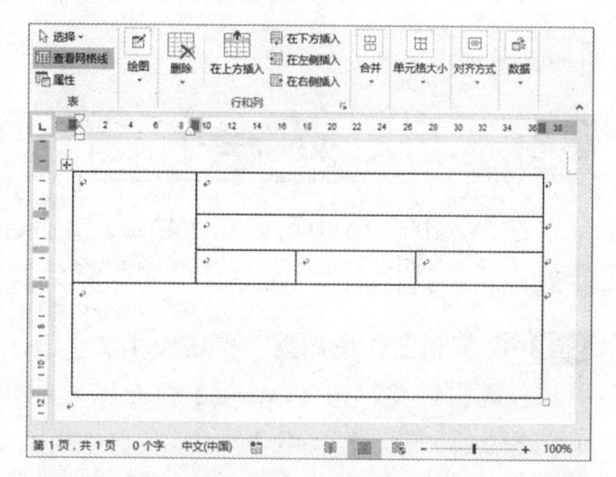

4.1.4 插入内置表格

在 Word 2016 中内置了一些快速表格，以方便用户使用，插入内置表格的具体操作方法如下。

STEP 01 选择表格样式 ❶ 单击“表格”下拉按钮。❷ 选择“快速表格”选项。❸ 选择所需的表格样式。

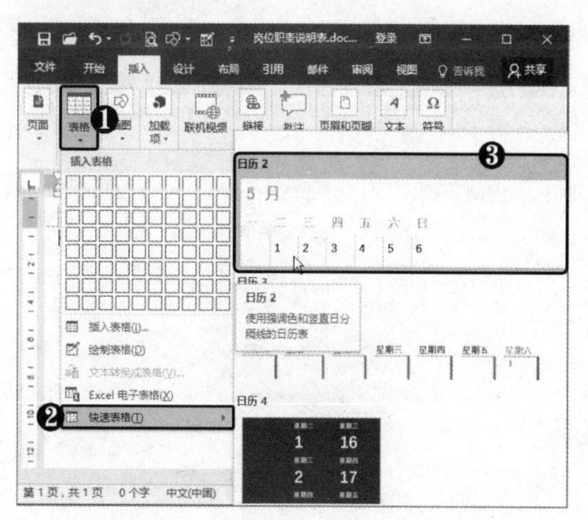

STEP 02 插入表格 此时所选表格已经添加到文档中，可以根据需要进行编辑和进一步调整。

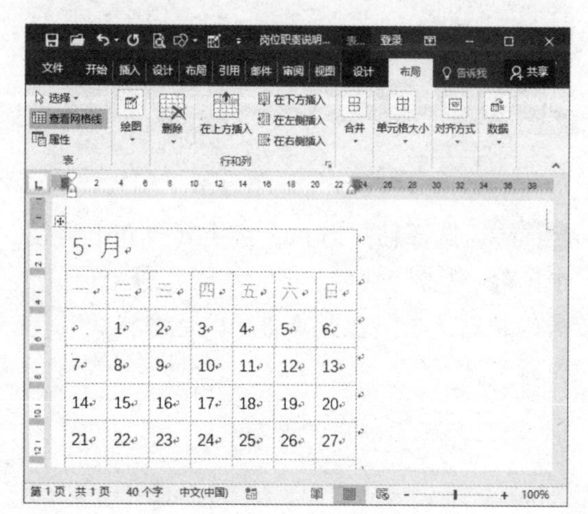

STEP 03 隐藏网格线 ❶ 选择“布局”选项卡。❷ 在“表”组中单击“查看网格线”按钮，可以隐藏网格虚线。

高手点拨

在表格中右击，在弹出的浮动工具栏中单击“边框”下拉按钮，选择“查看网格线”选项，也可显示表格网格线。

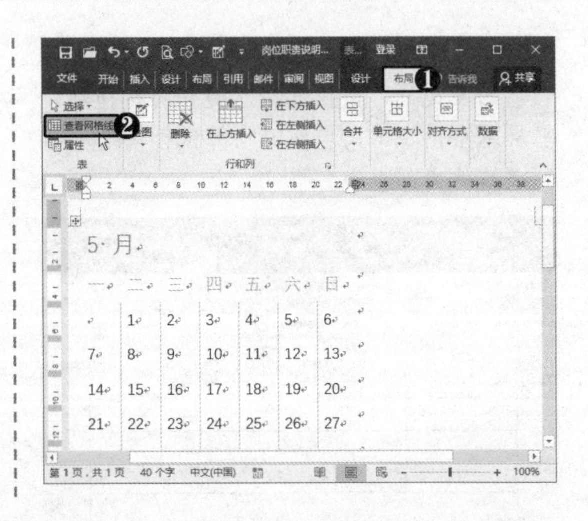

4.1.5 插入 Excel 电子表格

在 Word 2016 中可以插入并编辑 Excel 电子表格，建议先在 Excel 程序中将表格编辑好，再将其插入到 Word 文档中，具体操作方法如下。

STEP 01 复制工作表数据 在 Excel 工作表中选择数据区域，按【Ctrl+C】组合键复制工作表数据。

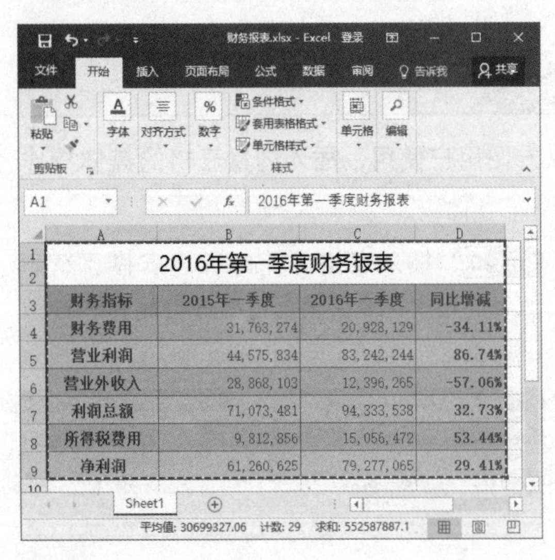

2016年第一季度财务报表

财务指标	2015年一季度	2016年一季度	同比增减
财务费用	31,763,274	20,928,129	-34.11%
营业利润	44,575,834	83,242,244	86.74%
营业外收入	28,868,103	12,396,265	-57.06%
利润总额	71,073,481	94,333,538	32.73%
所得税费用	9,812,856	15,056,472	53.44%
净利润	61,260,625	79,277,065	29.41%

STEP 02 选择粘贴方式 切换到 Word 文档中，❶ 单击“粘贴”下拉按钮。❷ 选择所需的粘贴选项，在此单击“保留源格式”按钮。

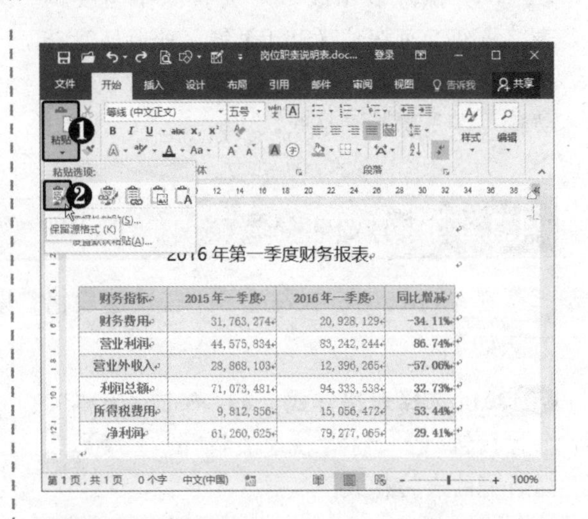

STEP 03 插入表格 此时即可将 Excel 工作表数据插入到 Word 文档中，可根据需要对数据进行编辑。

STEP 04 **选择粘贴形式** 若在粘贴选项中选择“选择性粘贴”选项，将弹出“选择性粘贴”对话框，❶ 选择“Microsoft Excel 工作表 对象”选项。❷ 单击“确定”按钮。

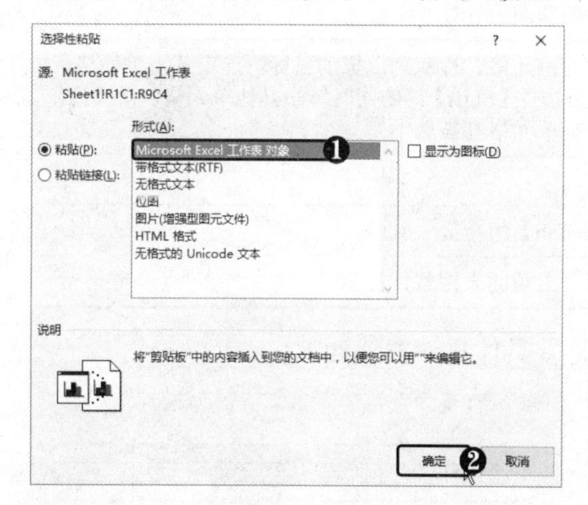

STEP 05 **双击对象** 此时即可将复制的单元格数据以 Excel 工作表对象的方式插入到 Word 文档中。要编辑数据，可双击该对象。

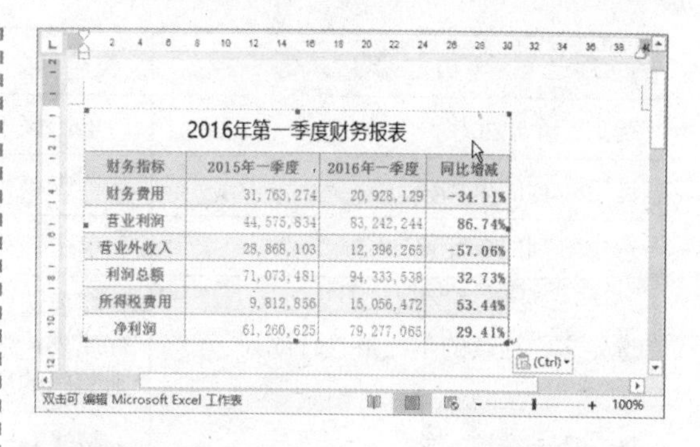

STEP 06 **编辑电子表格** 此时即可进入Excel电子表格编辑状态，根据需要编辑表格数据，编辑完成后单击文档其他位置即可。

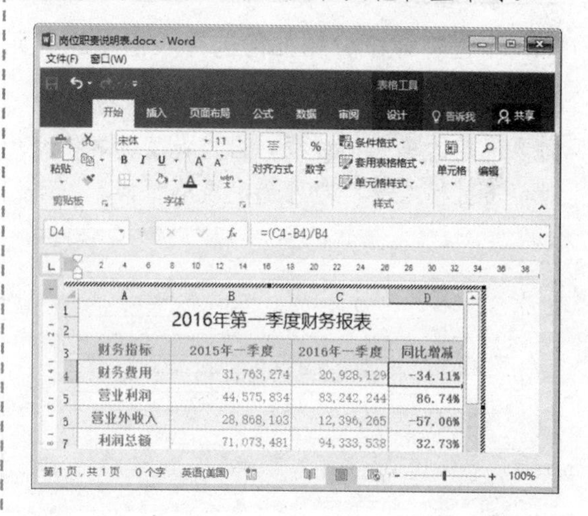

4.2 编辑表格单元格

要真正完成一个表格，还需在表格中输入内容。在表格中处理文本的方法与在普通文档中处理文本略有不同，这是因为在表格中每一个单元格都是一个独立的单位，在输入过程中 Word 2016 会根据内容的多少自动调整单元格的大小。为了让表格与文本相互匹配，可对单元格进行文本格式、边距、对齐方式、高度及宽度等设置。

4.2.1 选择单元格

在对 Word 文档进行格式设置时，应先将需要设置格式的对象选中，然后进行相关的操作。对表格对象的操作也不例外，也要先将需要改动的内容选中，这就涉及选中单元格操作。

选中单元格的方法很多，如单独选中一个单元格、一行单元格或一列单元格，而选中操作可以由鼠标来完成，也可以由键盘来完成，详见下表。

目　的	操　作
选定一个单元格	单击该单元格的左边界
选定一行的单元格	单击该行的左侧
选定一列的单元格	单击该列的顶端边界处
选定多个连续的单元格、行或列	在要选定的单元格、行或列上拖动鼠标，选定某一单元格、行或列，然后按住【Shift】键的同时单击其他单元格、行或列，则其间的所有单元格都被选中
选定下一个单元格	按【Tab】键
选定前一个单元格	按【Shift+Tab】组合键
选定整个表格	单击表格左上角的表格整体标志

下面将详细介绍如何选择表格中的单元格，具体操作方法如下。

STEP 01 选择一个单元格　将鼠标指针指向要选定的单元格边框，当指针变为↗形状时单击鼠标左键，即可选定该单元格。

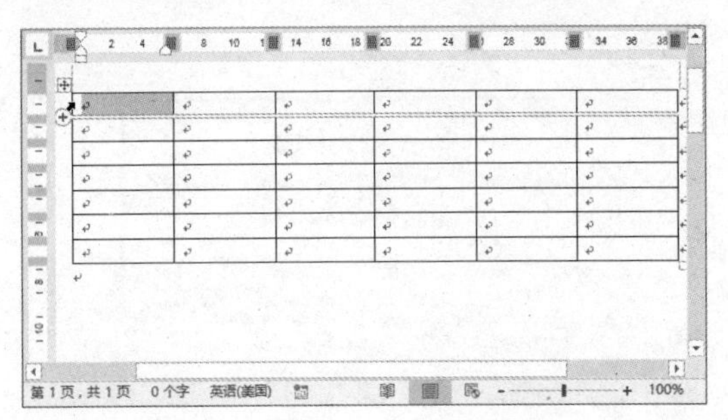

STEP 02 选择行　将鼠标指针指向需要选定行的边框，当指针变为↗形状时单击鼠标左键，即可选中整行。

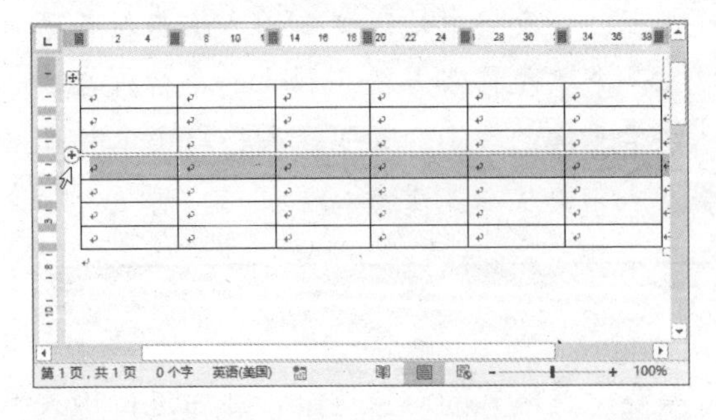

STEP 03 选择列　将鼠标指针指向需要选定的列的边框，当指针变为↓形状时单击鼠标左键，即可选定整列。

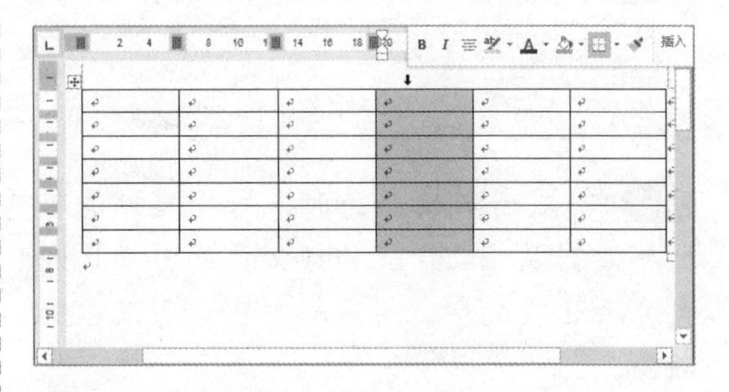

STEP 04 选择整个表格　单击表格左上方的⊞图标，即可选定整个表格。

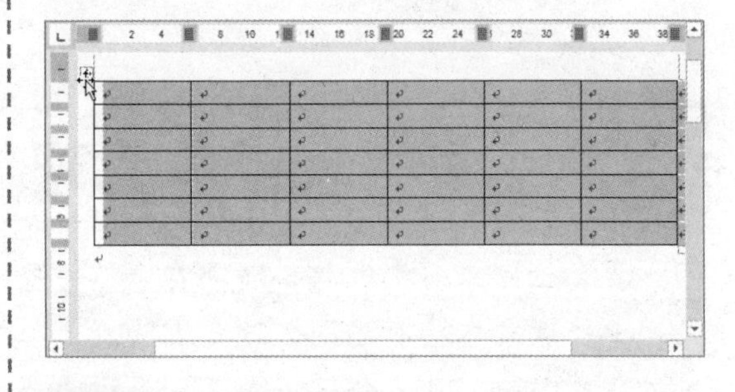

STEP 05 选择连续单元格　将鼠标指针定位到要选择单元格区域的起始单元格中，然后按住鼠标左键向右下方拖动，即可选择鼠标经过的单元格区域。

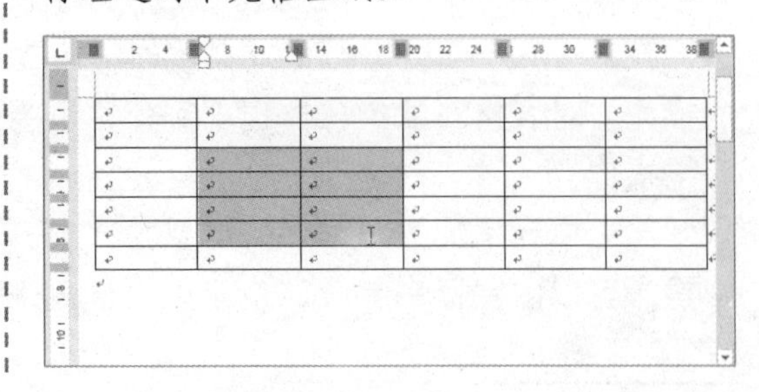

STEP 06 选择不连续单元格 选中要选择的第 1 个单元格，在按住【Ctrl】键的同时选择其他单元格。

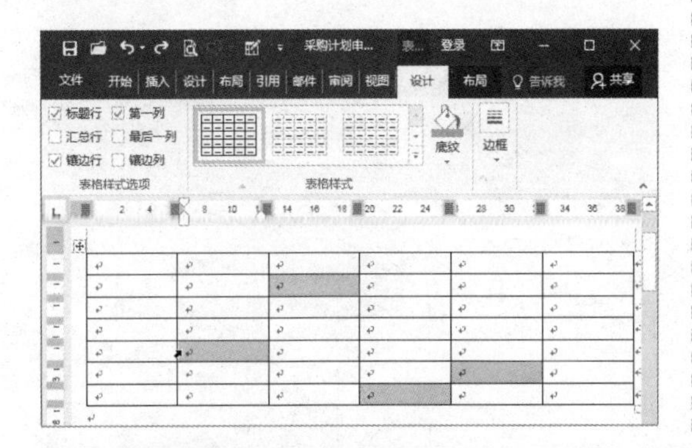

STEP 07 使用选择命令 ❶ 将光标定位到单元格中。❷ 选择“布局”选项卡。❸ 在“表”组中单击“选择”下拉按钮。❹ 选择所需的选项。

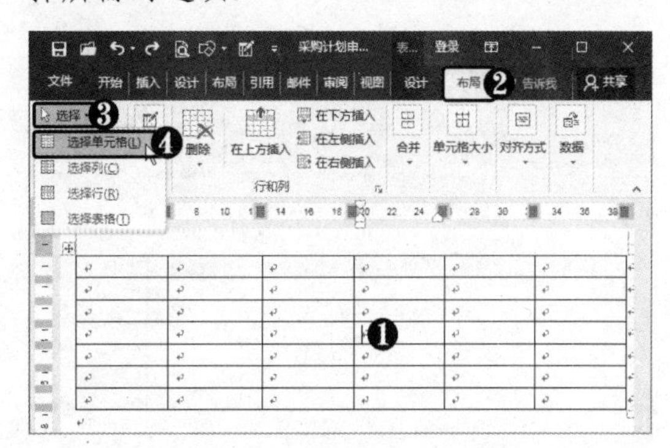

4.2.2 输入文本并设置格式

在表格中输入文本的方法与在文档中输入正文的方法相似，应先将光标定位到要输入文本的单元格中，然后输入文本内容。通常情况下，Word 2016 能自动按照单元格中最高的字符串高度设置每行的高度。当输入的文本到达单元格的右边线时，Word 2016 能自动换行并增加行高，以容纳更多的内容。按【Enter】键，可以在单元格中另起一段。因为单元格中可以包含多个段落，所以它也能包含多个段落样式。可以将每个单元格视为一个小文档，可以对其进行文档的各种编辑和排版。

定位光标可以用鼠标，也可以用键盘。当用鼠标时，只需在某个单元格中单击即可；当用键盘时，则可以使用【↑】、【↓】、【←】、【→】4 个方向键将光标在各个表格单元之间移动。键盘具体操作详见下表。

目　的	操　作
移至下一个单元格	按【Tab】键（插入点位于表格一行的最后一个单元格时，按【Tab】键插入点将移至下一行的第一个单元格）
移到前一个单元格	按【Shift+Tab】组合键
移至上一行	按向上箭头键
移至下一行	按向下箭头键
移至本行的第一个单元格	按【Alt+Home】组合键
移至本行的最后单元格	按【Alt+End】组合键
移至本列的第一个单元格	按【Alt+Page Up】组合键
移至本列的最后单元格	按【Alt+Page Down】组合键
在本单元格开始一个新段落	按【Enter】键
在表格末添加一行	在末行的最后一个单元格后按【Tab】键
在位于文档开头的表格前添加文本	光标移到第一行的第一个单元格前按【Enter】键

STEP 01 设置字体格式 在表格第1行的单元格中分别输入表头文本，选中第1行，在弹出的浮动工具栏中设置字体格式。

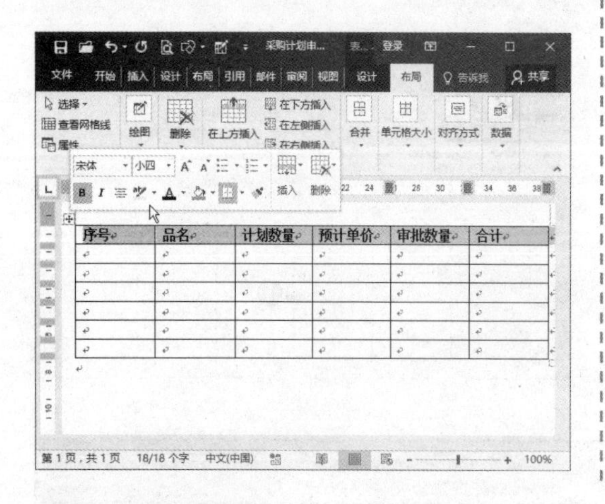

STEP 02 输入表格标题 单击表格左上方的⊞图标全选表格，按【Ctrl+Shift+Enter】组合键，即可在表格上方插入一个空行。输入标题文本，在“字体”组中设置字体格式。

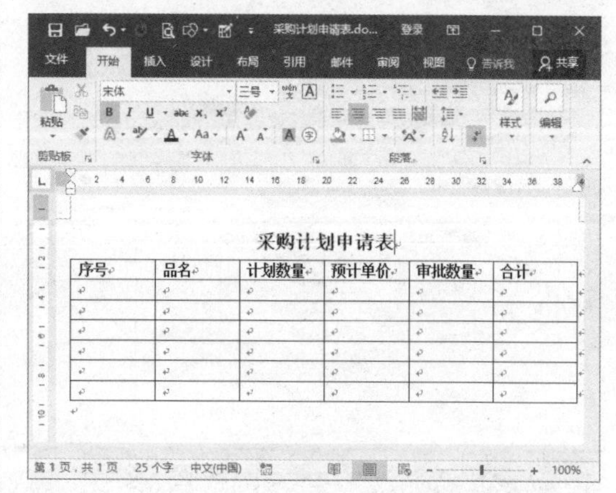

高手点拨

可以先为表格单元格设置格式，然后输入所需的文本，文本将自动应用单元格格式。在表格右下角的控制点上单击，也可选中整个表格。

4.2.3 在单元格中填充自动编号

在表格中输入数据时，有时需要在单元格中输入连续的数字编号，此时可以使用插入编号功能来快速添加编号，具体操作方法如下。

STEP 01 选择“定义新编号格式”选项 ❶选择要添加编号的单元格。❷在“段落”组中单击“编号”下拉按钮。❸选择“定义新编号格式”选项。

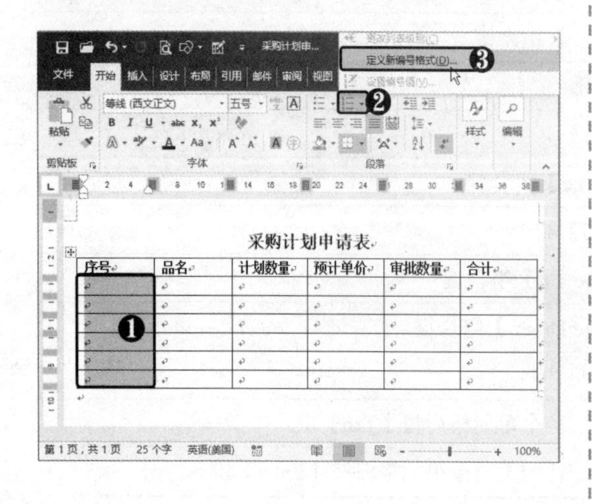

STEP 02 设置编号格式 弹出“定义新编号格式”对话框，❶选择编号样式。❷在“编号格式”文本框中的编号前添加0。❸单击“确定”按钮。

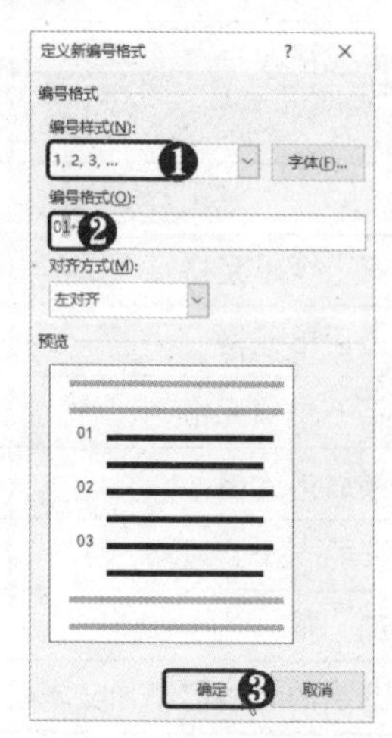

STEP 03 选择"调整列表缩进"命令 此时即可为所选单元格自动填充编号。❶ 在编号中右击。❷ 选择"调整列表缩进"命令。

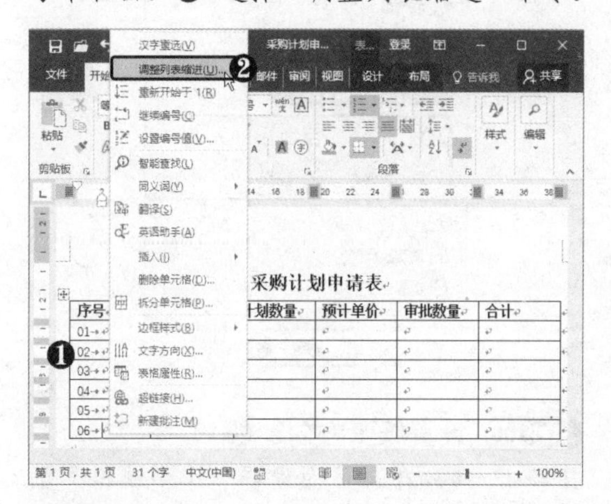

STEP 04 调整列表缩进 弹出"调整列表缩进量"对话框，❶ 在"编号之后"下拉列表框中选择"不特别标注"选项。❷ 单击"确定"按钮。

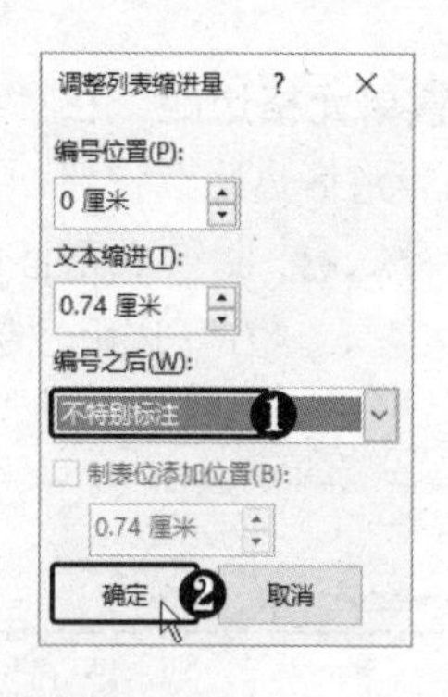

STEP 05 查看编号效果 查看单元格中自动填充的编号效果。

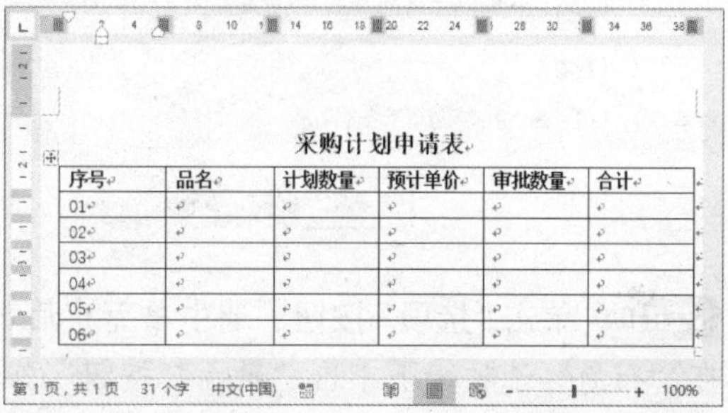

4.2.4 设置表格和单元格对齐方式

在 Word 2016 中既可以设置表格的对齐方式，也可以设置表格中文本的对齐方式，即单元格的对齐方式。在设置时可根据需要设置单元格的边距大小或文字方向，具体操作方法如下。

STEP 01 设置单元格对齐方式 ❶ 单击表格左上方的⊞图标全选表格。❷ 选择"布局"选项卡。❸ 在"对齐方式"组中单击"水平居中"按钮。

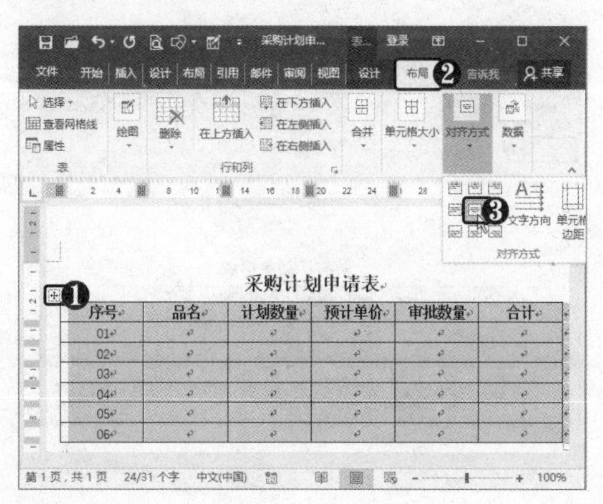

STEP 02 设置文字方向 ❶ 将光标定位到单元格中。❷ 在"对齐方式"组中单击"文字方向"按钮，即可设置竖排文字。

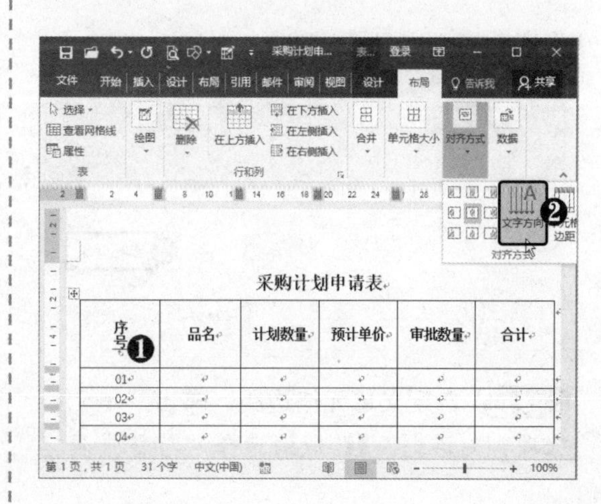

STEP 03 设置单元格边距 在“对齐方式”组中单击“单元格边距”按钮，弹出“表格选项”对话框，❶ 设置单元格的“上”、“下”、“左”、“右”边距。❷ 单击“确定”按钮。

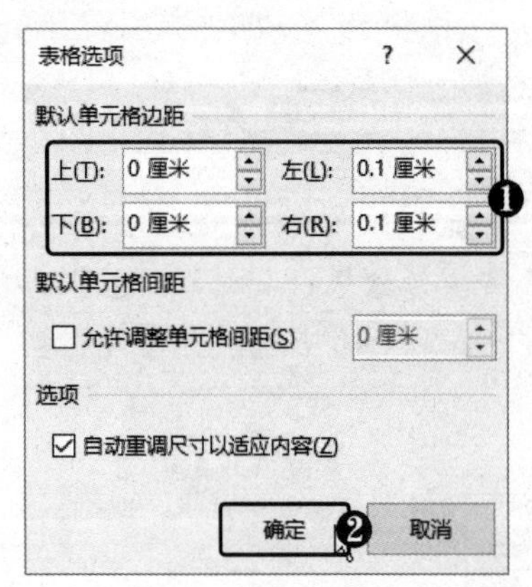

STEP 04 单击“选项”按钮 选中单元格后，在“布局”选项卡下单击“属性”按钮，弹出“表格属性”对话框，❶ 选择“单元格”选项卡。❷ 单击“选项”按钮。

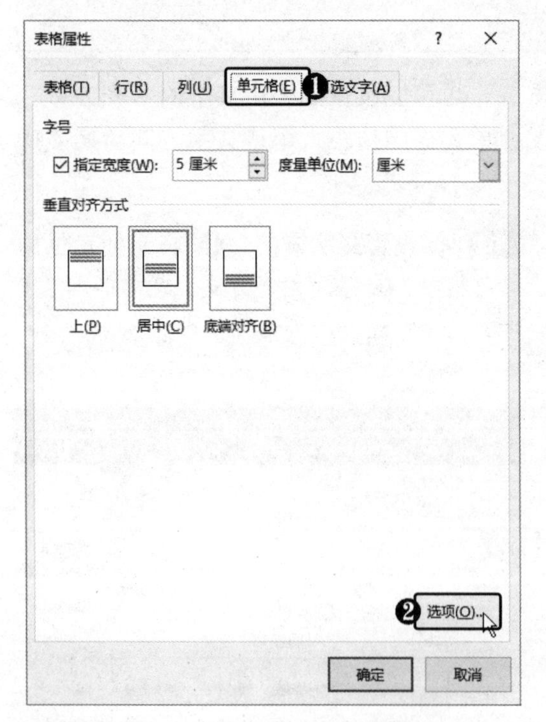

STEP 05 自定义单元格边距 弹出“单元格选项”对话框，❶ 取消选择“与整张表格相同”复选框。❷ 设置单元格边距。❸ 单击“确定”按钮。

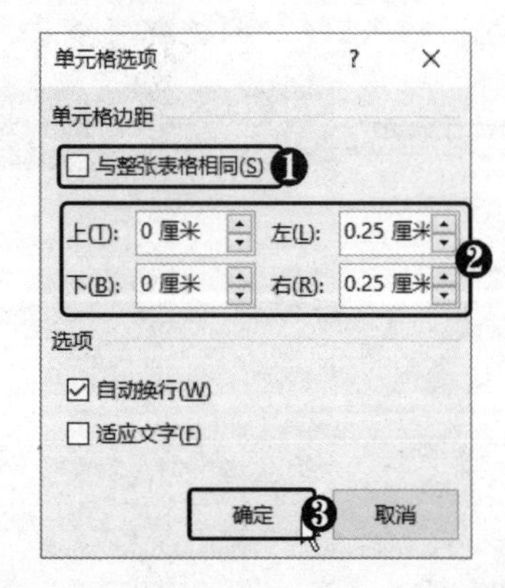

STEP 06 设置纸张方向 ❶ 选择“布局”选项卡。❷ 在“页面设置”组中单击“纸张方向”下拉按钮。❸ 选择“横向”选项。

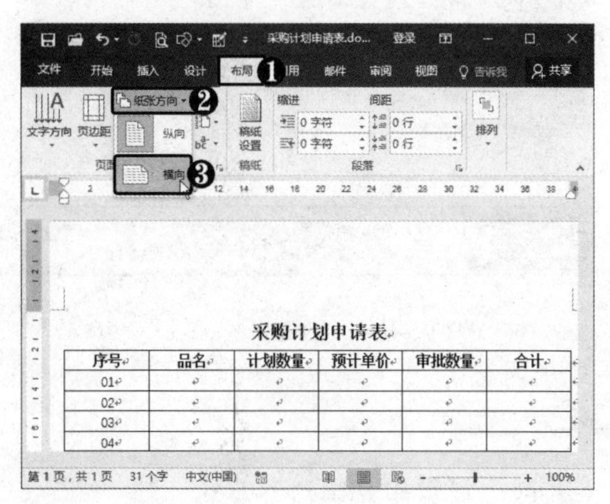

STEP 07 单击“属性”按钮 全选表格或将光标定位到表格中，❶ 选择“布局”选项卡。❷ 单击“属性”按钮。

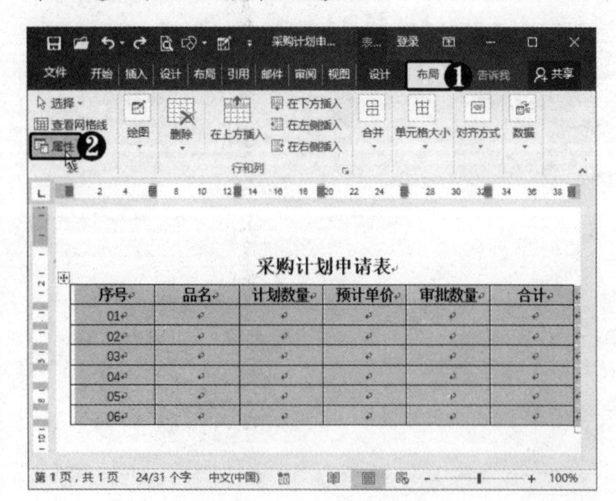

STEP 08 设置表格对齐方式 弹出“表格属性”对话框，❶ 选择表格对齐方式，如“居中”。❷ 单击“确定”按钮。

STEP 09 查看对齐效果 此时即可设置表格在页面中居中对齐。此外，全选表格后在“段落”组中也可以设置表格的对齐方式。

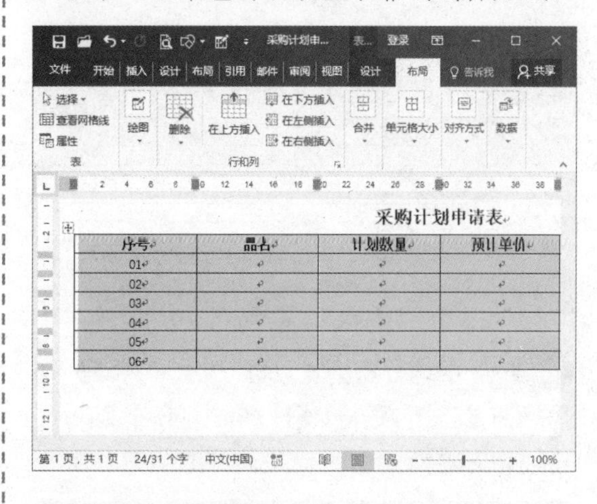

高手点拨

若文本无法左对齐，则要查看文本前是否包含空格，或是否对文本所在段落设置了缩进。

4.2.5 设置单元格行高和列宽

一般情况下，Word 2016 会自动调整行高以适应输入内容的多少，也可以自定义表格的行高和列宽。调整单元格行高和列宽的方法有多种，具体操作方法如下。

STEP 01 拖动表格线 将鼠标指针置于列的表格线上，当其变为双向箭头⫲时拖动鼠标即可调整列宽。

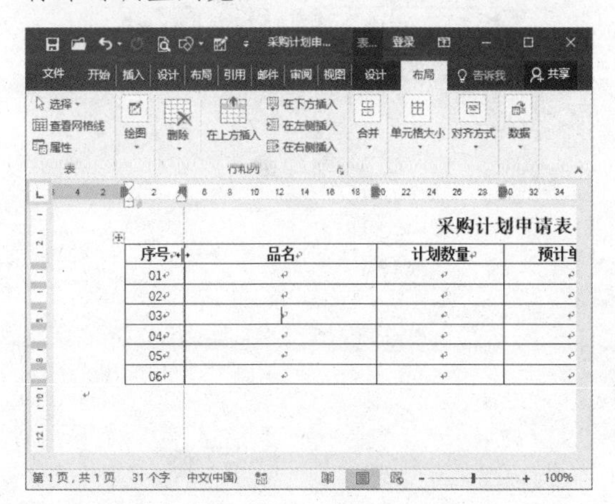

STEP 02 通过标尺调整 要保持其他单元格的大小不变，只调整本列的列宽，可在标尺上拖动列对应的▦标记即可。

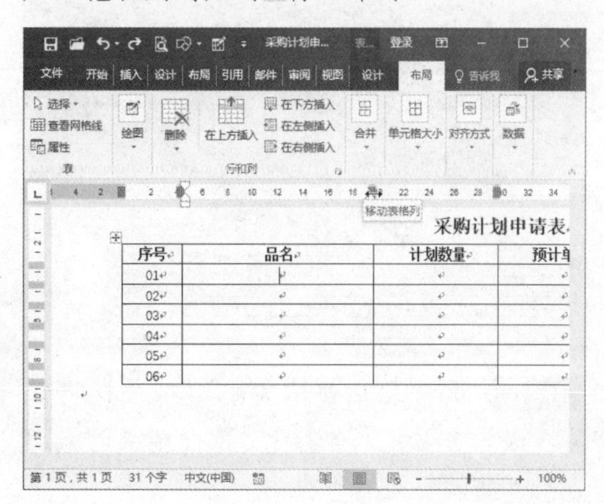

STEP 03 **自动调整列宽** 将鼠标指针置于列的表格线上，当其变为双向箭头时双击鼠标左键，即可自动调整列宽。

STEP 04 **平均分布列宽** ❶ 选中多列。❷ 选择“布局”选项卡。❸ 单击“分布列”按钮，即可在所选列之间平均分布宽度。

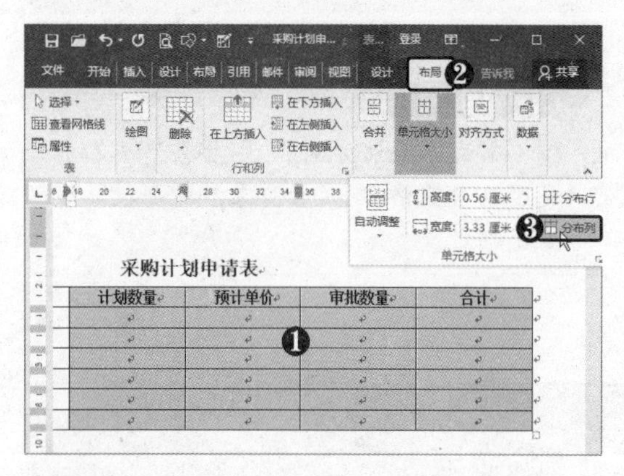

STEP 05 **自定义列宽** ❶ 选中多列。❷ 在“单元格大小”组中输入列宽值，即可精确调整列宽。

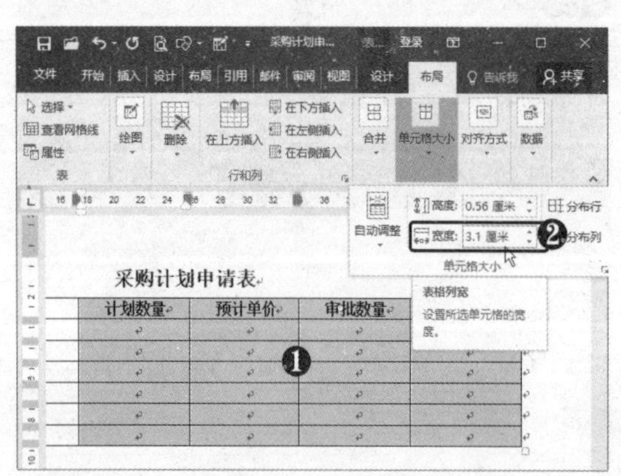

STEP 06 **调整表格整体大小** 将鼠标指针置于表格右下角，当其变为双向箭头时拖动鼠标即可调整表格大小。

STEP 07 **设置固定行高** 选择行或列后在“布局”选项卡下单击“属性”按钮，弹出“表格属性”对话框。❶ 选择“行”选项卡。❷ 选中“指定高度”复选框。❸ 在“行高值是”下拉列表框中选择“固定值”选项。❹ 输入数值。

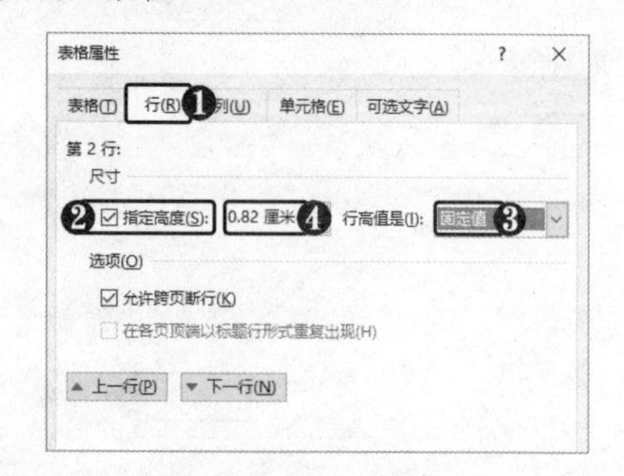

STEP 08 **指定列宽** ❶ 选择“列”选项卡。❷ 选中“指定宽度”复选框。❸ 在“度量单位”下拉列表框中选择“百分比”选项。❹ 输入该列占表格总宽度的百分比。❺ 单击“确定”按钮。

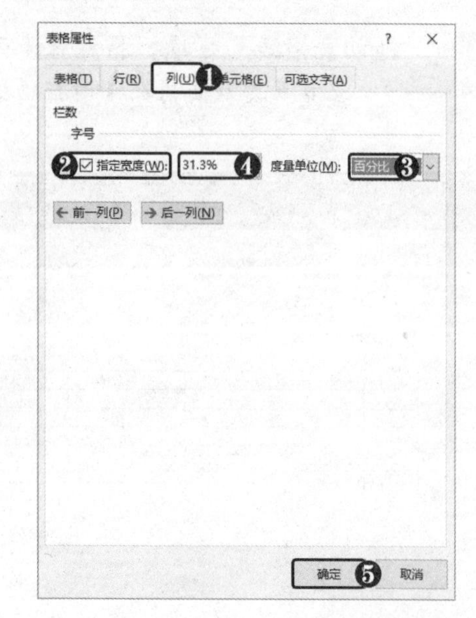

4.3 编辑表格布局

在实际工作中，有时需要设计一些比较复杂的表格，这时可以通过对表格进行更多的编辑操作，如插入要删除行列、合并及拆分单元格、制作斜线表头等来制作出符合要求的表格。

4.3.1 插入行、列与单元格

在编辑表格的过程中，有时会发现已创建的表格中缺少了某些数据内容，需要插入新的行或列。Word 2016 为这一操作提供了相应的命令，具体操作方法如下。

STEP 01 快速插入行 将鼠标指针置于行线左侧，此时出现⊕图标，单击即可快速插入一行。

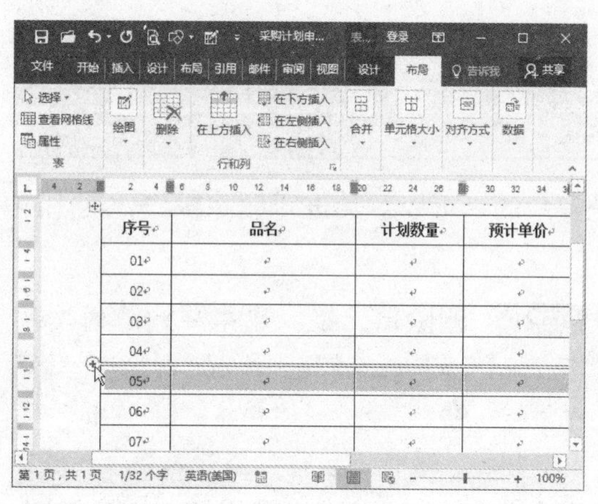

STEP 02 按【Enter】键插入行 将鼠标指针定位到行后的段落标记中，按【Enter】键即可插入一行。

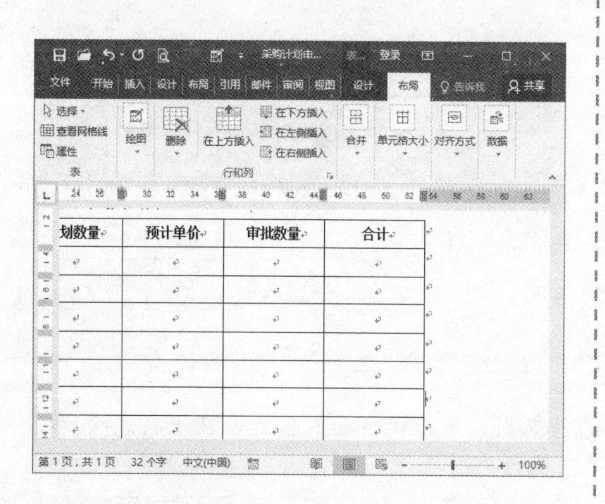

STEP 03 快速插入列 将鼠标指针移至该列上端，单击⊕图标即可在其右侧快速插入列。

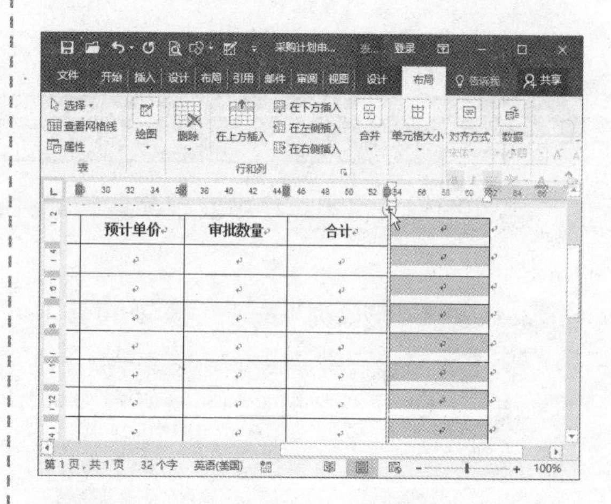

STEP 04 单击命令按钮 ❶ 将光标定位到单元格中。❷ 选择“布局”选项卡。❸ 在“行和列”组中单击相应的按钮，即可插入行或列。

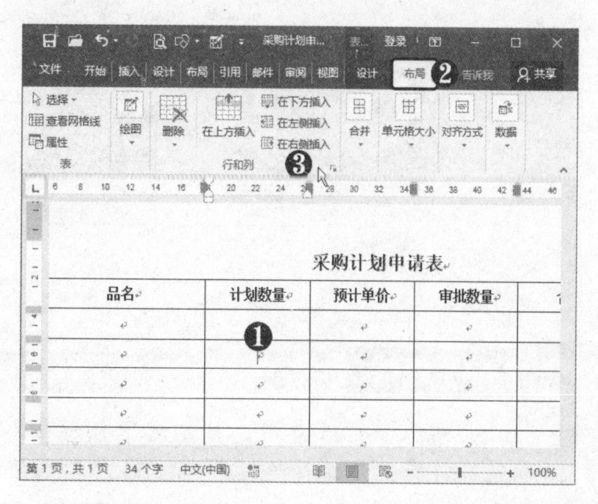

STEP 05 **通过浮动工具栏插入** ❶ 选中单元格或单元格中的文本。❷ 在弹出的浮动工具栏中单击“插入”按钮。❸ 选择要进行的操作。

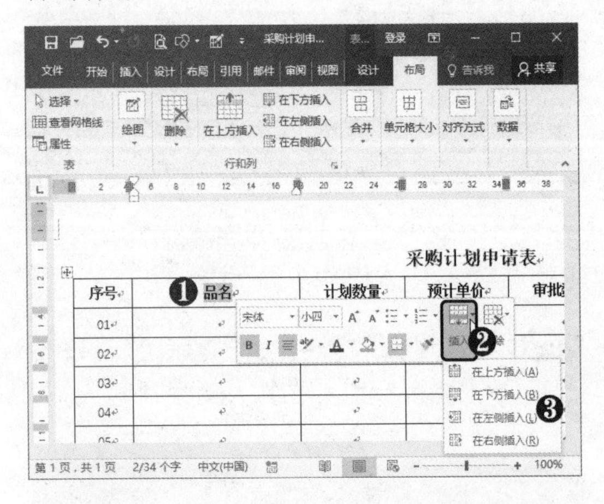

STEP 06 **通过快捷命令插入** ❶ 右击单元格。❷ 选择“插入”命令。❸ 选择插入行、列的操作。

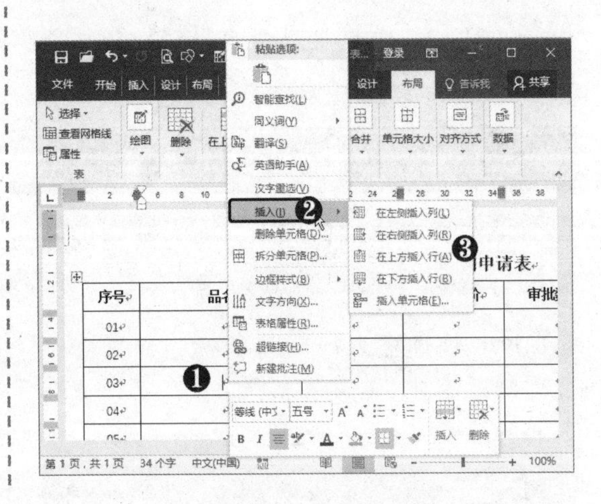

4.3.2 删除行、列与单元格

若在编辑表格的过程中发现某些行或列是多余的，可以对其进行删除操作，具体操作方法如下。

STEP 01 **选择“删除列”选项** ❶ 选中第1列。❷ 在弹出的浮动工具栏中单击“删除”下拉按钮。❸ 选择“删除列”选项，即可删除该列。

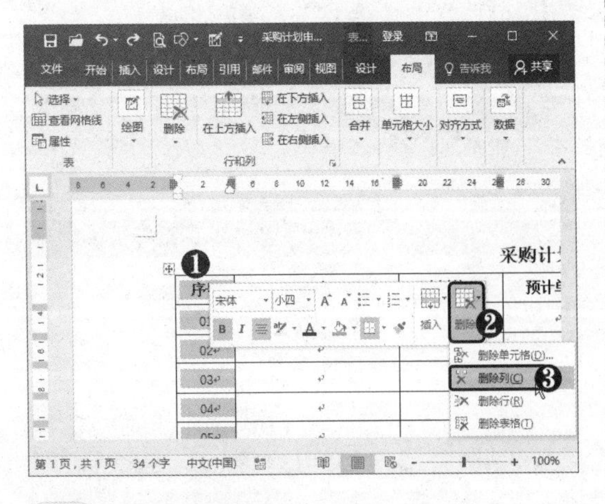

STEP 02 **删除单元格** 选中要删除的单元格。按【Backspace】键，弹出“删除单元格”对话框，❶ 选择所需的操作。❷ 单击“确定”按钮。若选中整行、整列或整个表格，按【Backspace】键即可直接将其删除。

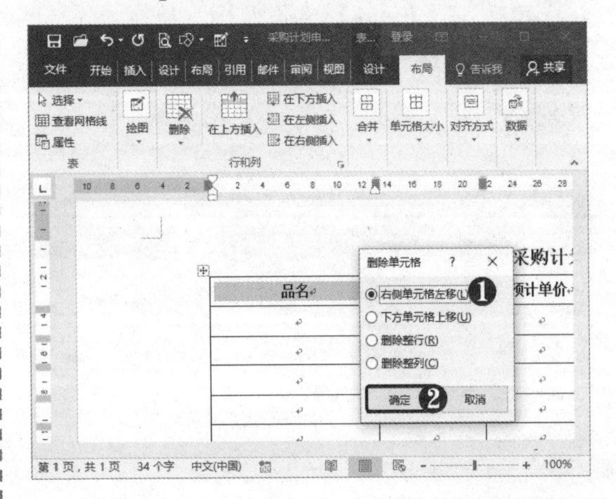

高手点拨

要插入多行或多列，可先选中相应输入的行或列，然后执行插入操作。在进行删除行或列操作时，应选择连续的单元格，否则将无法执行删除操作。

4.3.3 使用绘制表格功能插入行、列与单元格

通过绘制表格功能也可以在表格中插入行、列或单元格，具体操作方法如下。

STEP 01 单击“绘制表格”按钮 ❶ 将光标定位到单元格中。❷ 选中“布局”选项卡。❸ 在“绘图”组中单击“绘制表格”按钮。

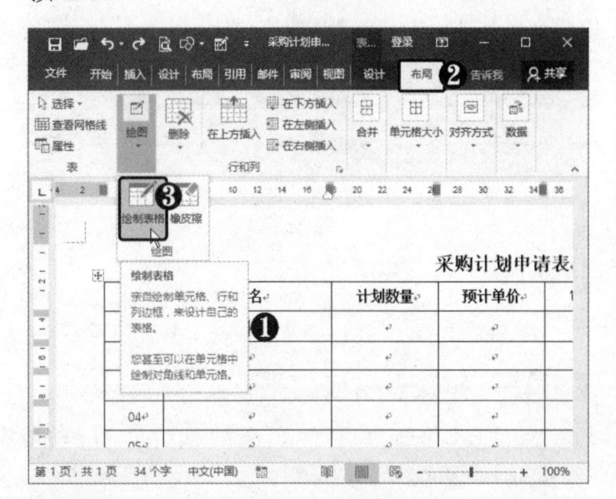

STEP 02 绘制表格 此时鼠标指针变为✎形状，在表格上方拖动绘制表格，与下方的表格相连。

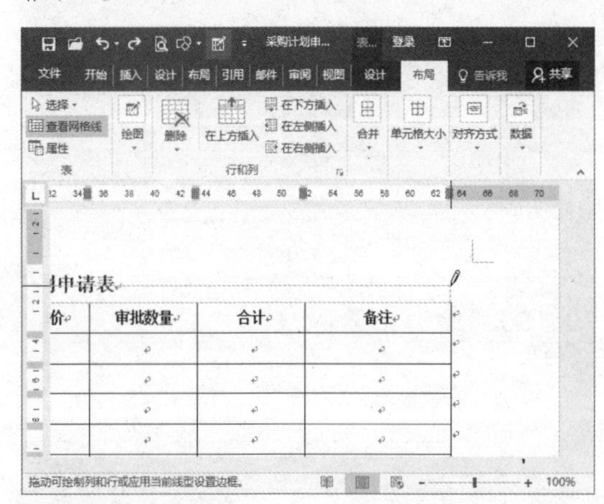

STEP 03 查看效果 完成表格绘制后松开鼠标左键，即可在表格上方插入一行。

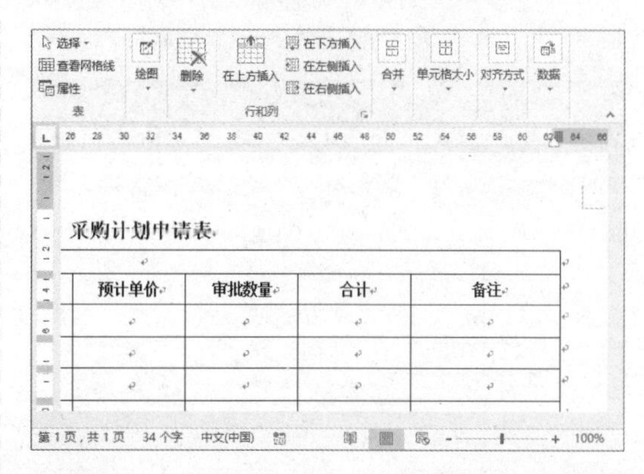

STEP 04 继续绘制 在单元格中拖动绘制表格线，以拆分单元格。绘制完成后按【Esc】键，退出绘制表格状态。

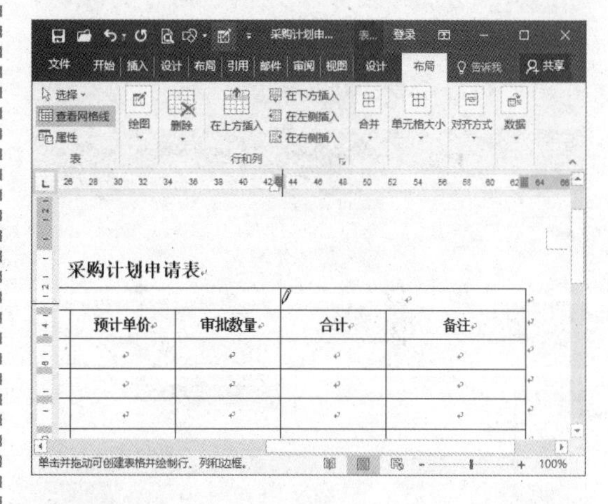

STEP 05 输入并设置文本 在单元格中输入文本，并设置“靠下两端对齐”对齐方式。

采购计划申请表

申请部门：					申请日期：	
序号	品名	计划数量	预计单价	审批数量	合计	备注
01						
02						
03						
04						
05						
06						
07						

4.3.4 合并单元格

若要将多个单元格合并为一个单元格，可以使用橡皮擦工具来擦除线条，也可使用“合并单元格”命令进行合并，具体操作方法如下。

STEP 01 单击“合并单元格”按钮 ❶ 选中要合并的单元格。❷ 选择“布局”选项卡。❸ 在“合并”组中单击“合并单元格”按钮，即可将所选单元格合并为一个单元格。

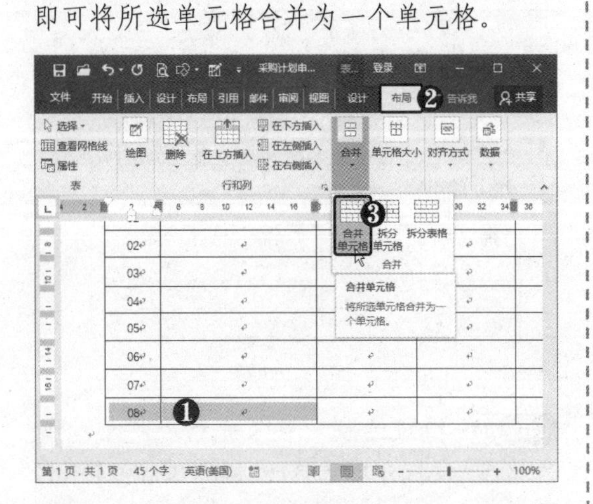

STEP 02 选择“合并单元格”命令 ❶ 选中要合并的多个单元格并右击。❷ 选择“合并单元格”命令。

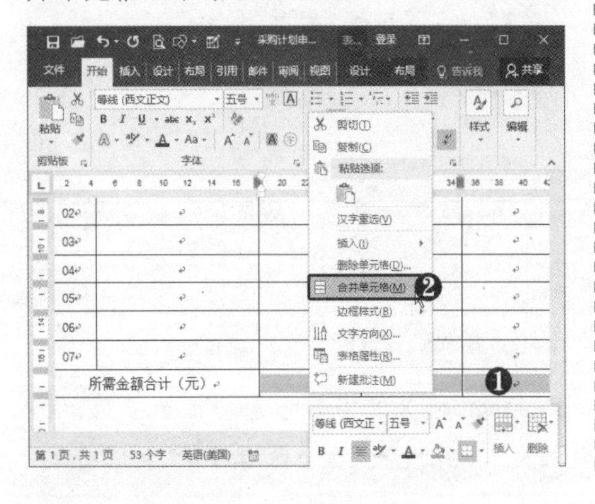

STEP 03 单击“橡皮擦”按钮 在“绘图”组中单击“橡皮擦”按钮。

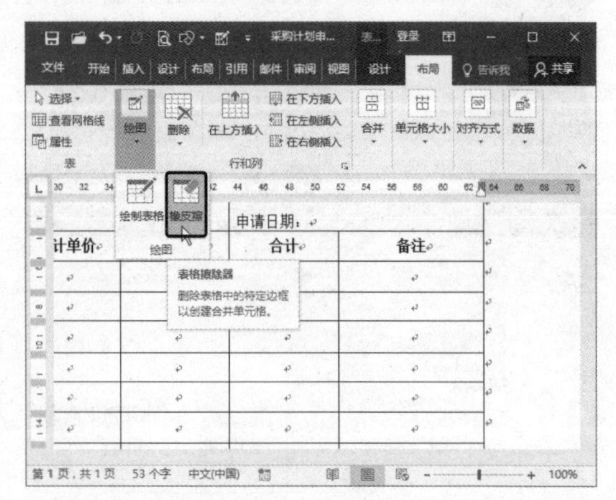

STEP 04 擦除表格线 此时鼠标指针变为◇形状，在表格线上单击或拖动鼠标即可擦除表格线，以合并单元格。

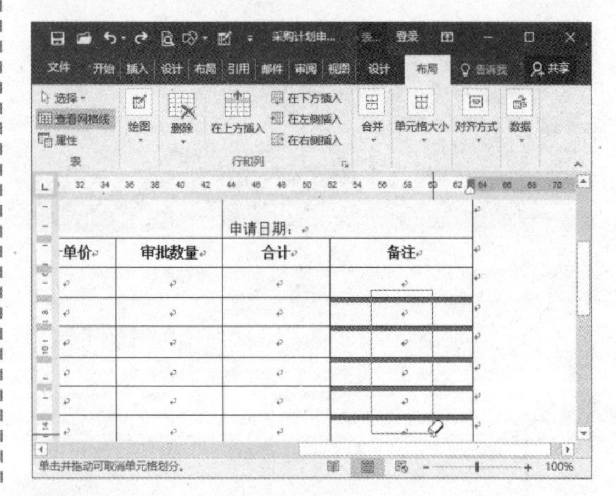

高手点拨

在选中多个拆分单元格时，有时会提示“所选内容含有合并单元格，Word 无法将其拆分”，此时需要先将所选的单元格进行合并，再进行拆分。

4.3.5 拆分单元格

拆分单元格是指将一个单元格拆分成多个单元格，可以通过“拆分单元格”命令或绘制表格边框线来拆分单元格，具体操作方法如下。

STEP 01 单击"拆分单元格"按钮 ❶ 将光标定位到要拆分的单元格中。❷ 在"合并"组中单击"拆分单元格"按钮。

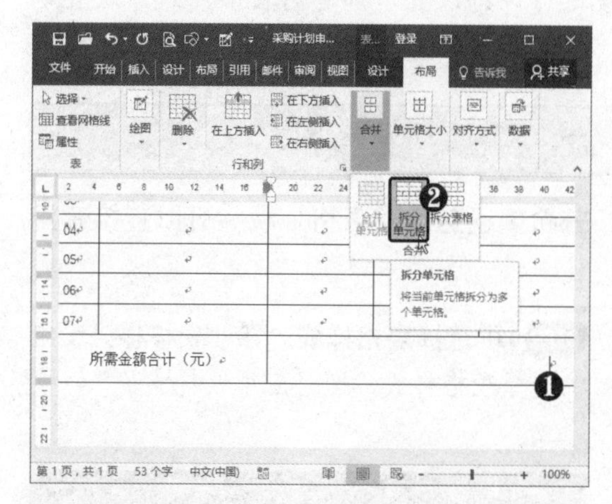

STEP 02 设置拆分单元格选项 弹出"拆分单元格"对话框，❶ 设置行数和列数。❷ 单击"确定"按钮。

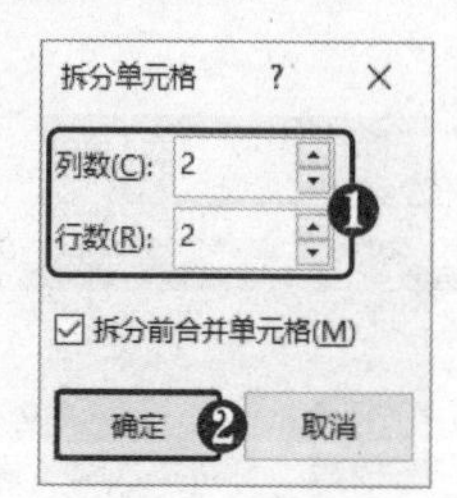

STEP 03 单击"拆分单元格"按钮 此时即可将所选单元格拆分为相应的行数和列数。❶ 选中单元格。❷ 单击"拆分单元格"按钮。

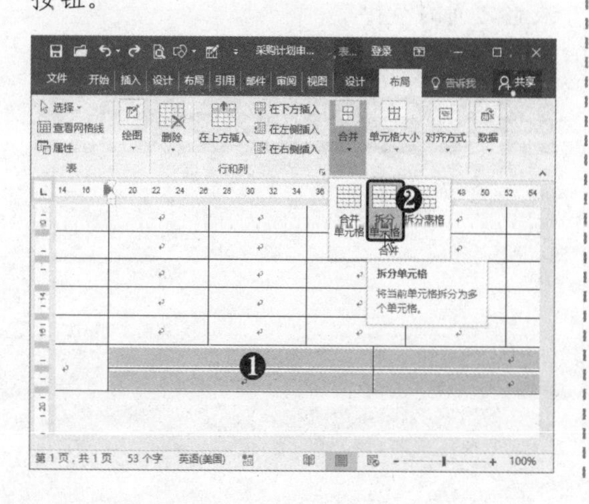

STEP 04 设置拆分单元格 弹出"拆分单元格"对话框，❶ 取消选择"拆分前合并单元格"复选框。❷ 设置列数为 2。❸ 单击"确定"按钮。

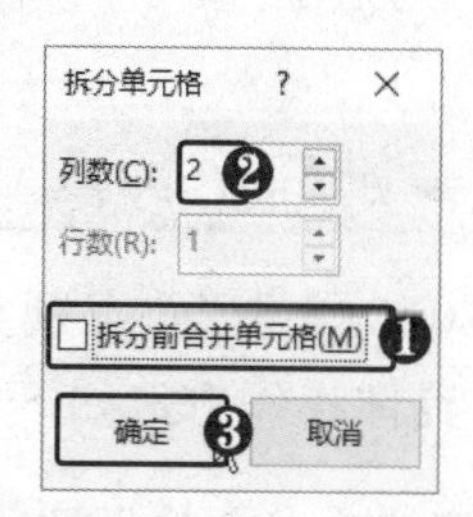

STEP 05 查看拆分效果 此时即可将所选的每个单元格进行相应的拆分操作。

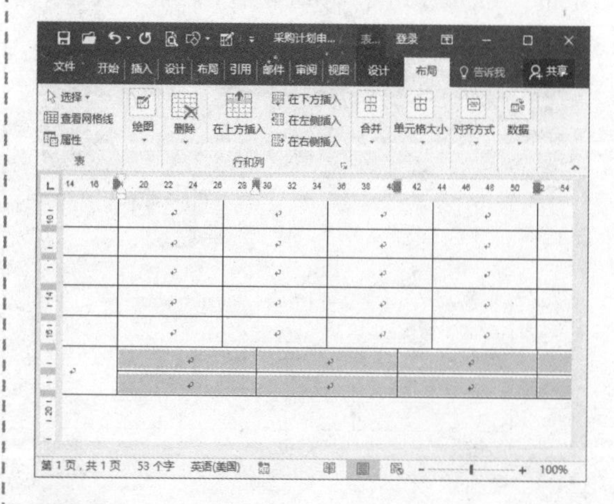

STEP 06 绘制斜线 还可使用绘制表格功能来拆分单元格，在"布局"选项卡下单击"绘制表格"按钮，在单元格的对角线方向拖动，可以绘制斜线。

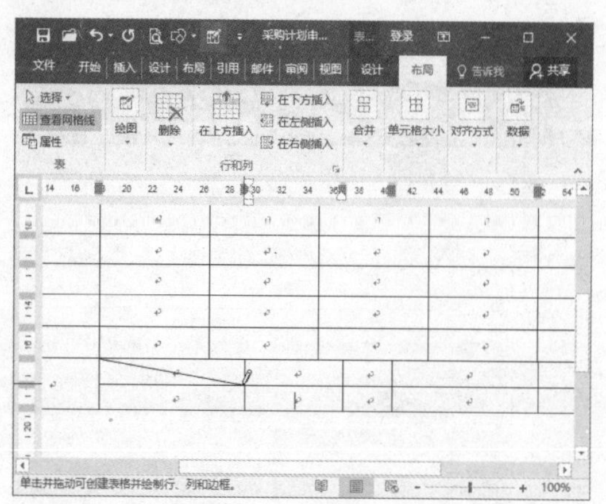

4.4 美化表格

为了使表格更加美观，还可对表格的外观进行详细设置，如套用表格样式、设置单元格边框和底纹样式等。

4.4.1 套用表格样式

Word 2016 提供了许多精美的表格样式，若希望迅速改变表格外观，可以直接套用表格样式，具体操作方法如下。

STEP 01 单击“拆分表格”按钮 ❶ 将光标定位到第 1 行中。❷ 在“布局”选项卡下的“合并”组中单击“拆分表格”按钮。

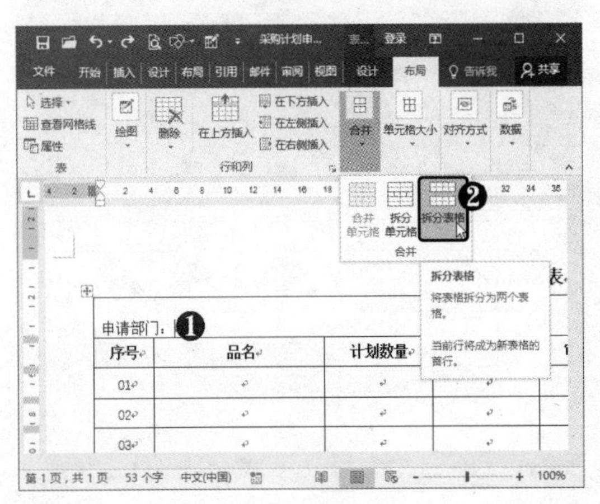

STEP 02 设置表格样式选项 此时即可将表格拆分为两个表，❶ 将光标定位到下方的表中或选中下方的表格。❷ 选择“设计”选项卡。❸ 在“表格样式选项”组中选中“标题行”、“汇总行”和“镶边行”复选框。

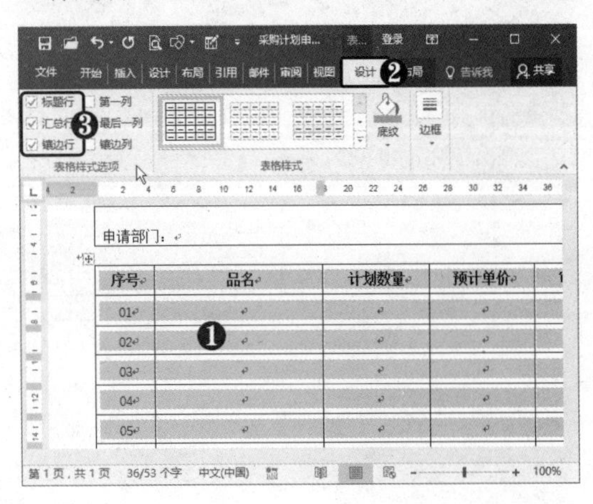

STEP 03 选择表格样式 在“表格样式”组中选择表格样式，即可应用该样式。

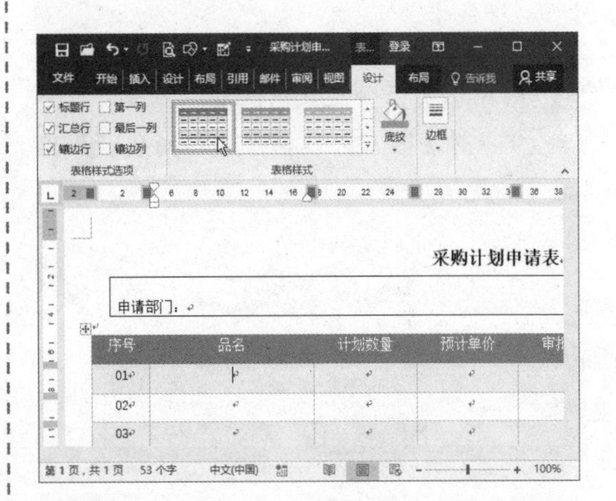

STEP 04 应用样式 采用同样的方法，为上方的表格应用表格样式。将光标定位到两个表格间的空格中，按【Delete】键删除两个表格之间的空行。

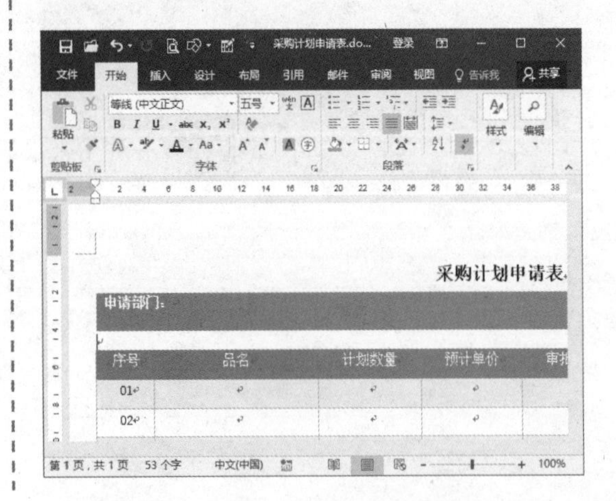

STEP 05 应用网格样式 若要将表格还原为之前的样式，可为表格应用“网格型”表格样式。

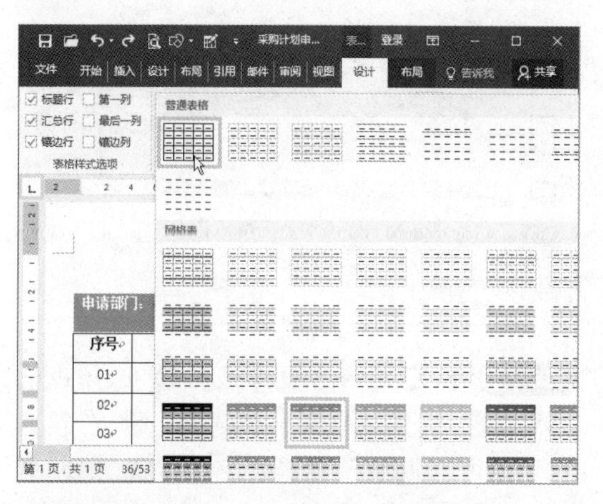

STEP 06 应用并保持格式 若在应用表格样式时保持目前的表格样式，❶ 可右击表格样式。❷ 选择“应用并保持格式”命令。

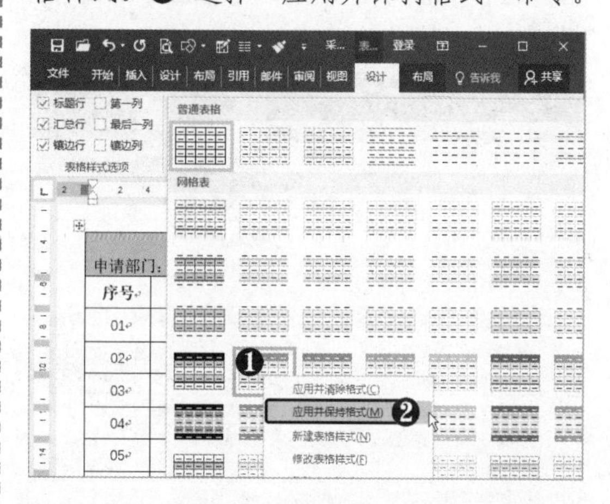

4.4.2 设置单元格边框样式

为表格和单元格设置边框与底纹可以使表格更加美观，表格中的内容更加突出。创建表格时，Word 2016 会以默认的 0.5 磅单实线绘制表格的边框，用户可以根据需要对表格的边框进行任意粗细、线型的设置，具体操作方法如下。

STEP 01 选中行 选中表格的第 1 行。

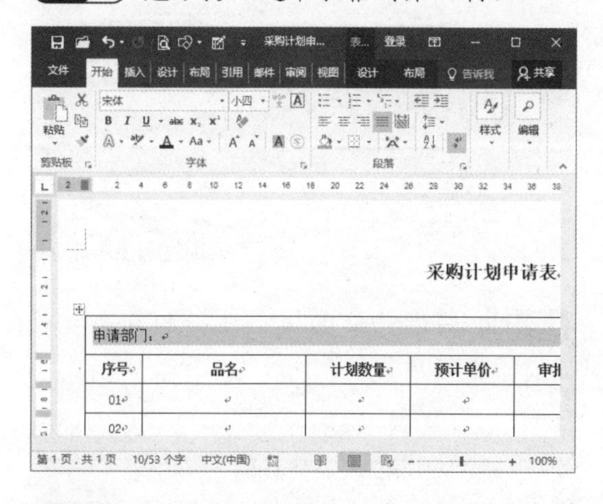

STEP 02 清除框线 ❶ 在“段落”组中单击“边框”下拉按钮。❷ 选择“无框线”选项。

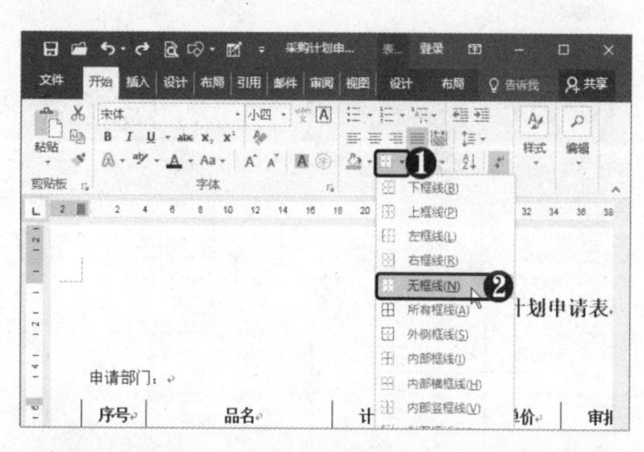

STEP 03 应用下框线 ❶ 在“段落”组中单击“边框”下拉按钮。❷ 选择“下框线”选项。

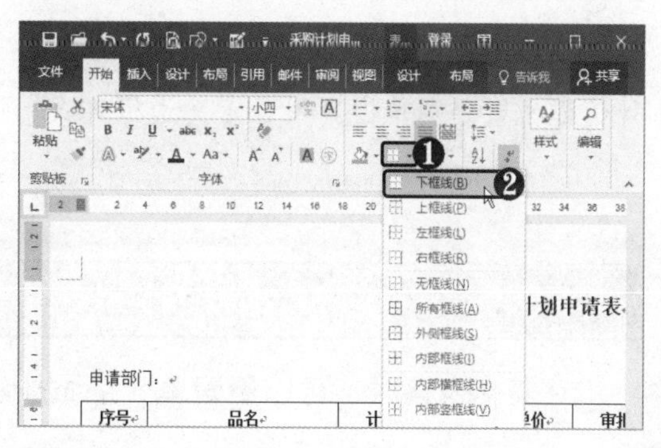

STEP 04 选择"边框和底纹"选项 ❶ 单击表格左上方的⊞图标全选表格。❷ 在"段落"组中单击"边框"下拉按钮。❸ 选择"边框和底纹"选项。

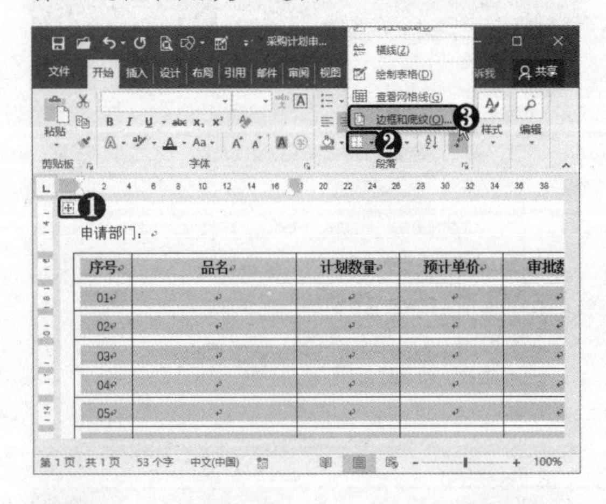

STEP 05 设置边框样式 弹出"边框和底纹"对话框，❶ 在左侧单击"自定义"按钮。❷ 选择边框样式。❸ 设置边框颜色和宽度。

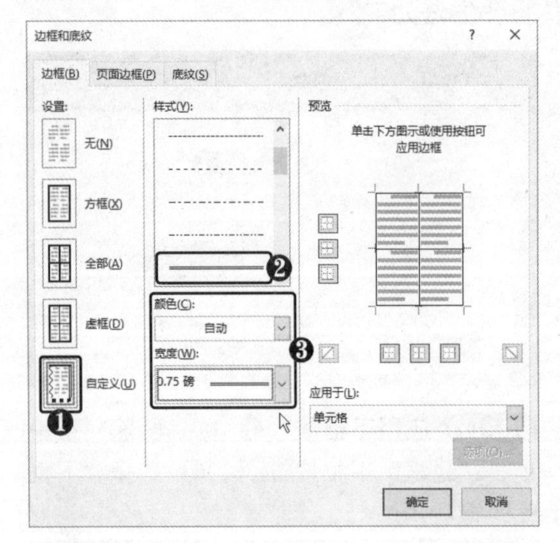

STEP 06 应用外边框样式 在预览图示的外边框位置分别单击应用自定义边框样式。

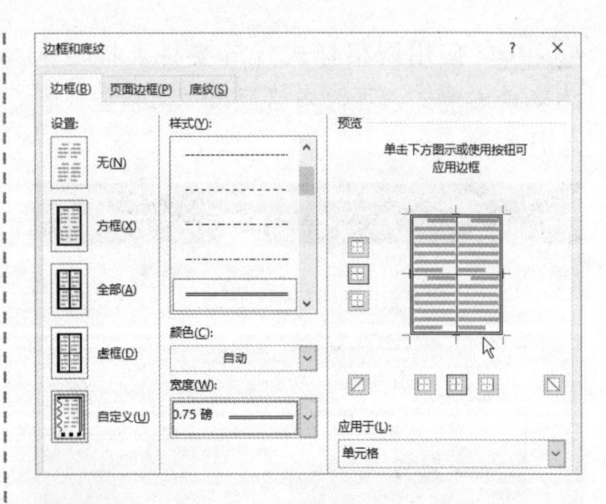

STEP 07 自定义内边框样式 ❶ 选择边框样式。❷ 设置边框颜色和宽度。❸ 在预览图示的内部框线位置单击应用样式。❹ 单击"确定"按钮。

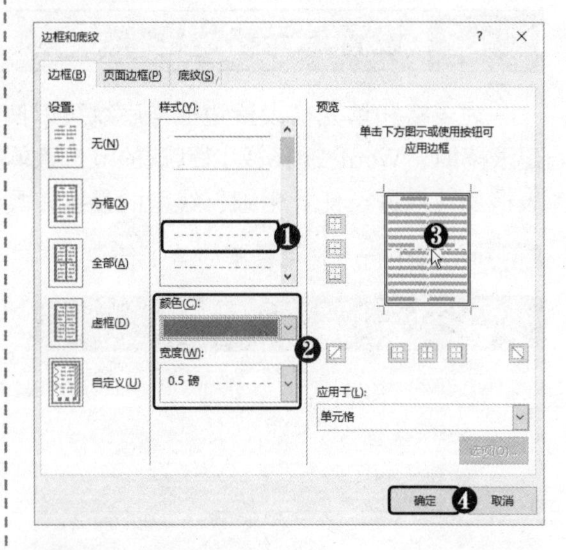

STEP 08 查看边框效果 此时即可查看自定义边框效果。

序号	品名	计划数量	预计单价	审批
01				
02				
03				
04				
05				

4.4.3 设置单元格底纹样式

在美化表格时，可以不同单元格添加底纹，以突出显示效果，具体操作方法如下。

STEP 01 设置底纹颜色 ❶ 选中第 2 行。❷ 在“段落”组中单击“底纹”下拉按钮。❸ 选中底纹颜色。

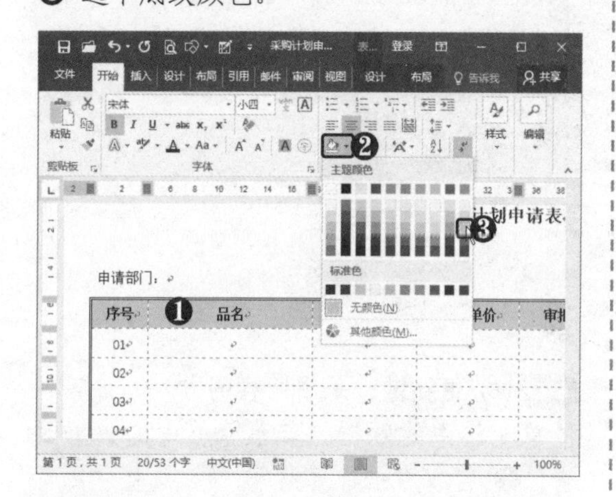

STEP 02 选择“边框和底纹”选项 ❶ 选中第 1 行。❷ 在“段落”组中单击“边框”下拉按钮。❸ 选择“边框和底纹”选项。

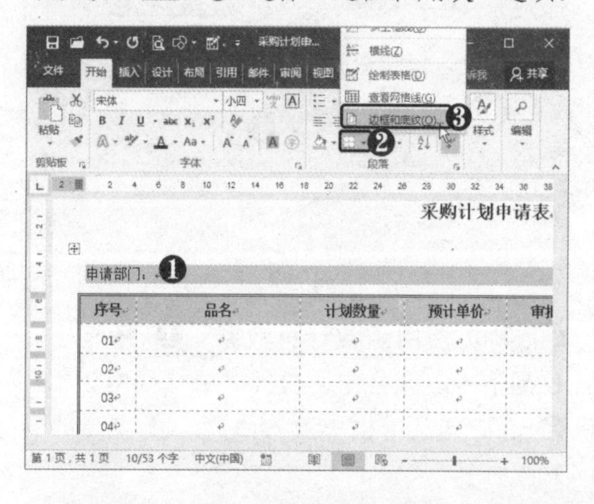

STEP 03 设置图案底纹 弹出“边框和底纹”对话框，❶ 选择“底纹”选项卡。❷ 设置图案样式和颜色。❸ 单击“确定”按钮。

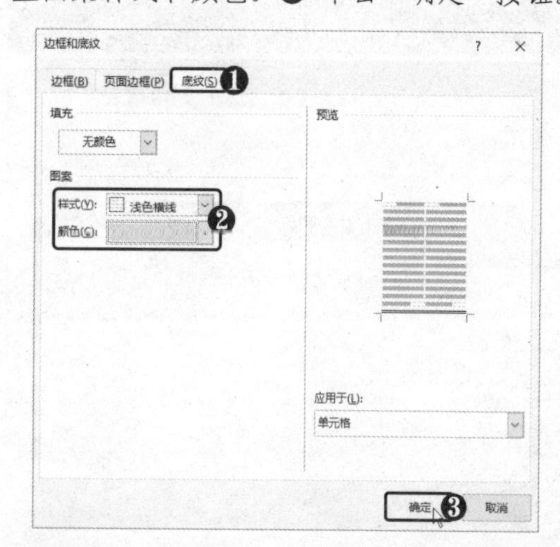

STEP 04 查看底纹效果 此时即可查看为第 1 行应用图案底纹后的表格效果。

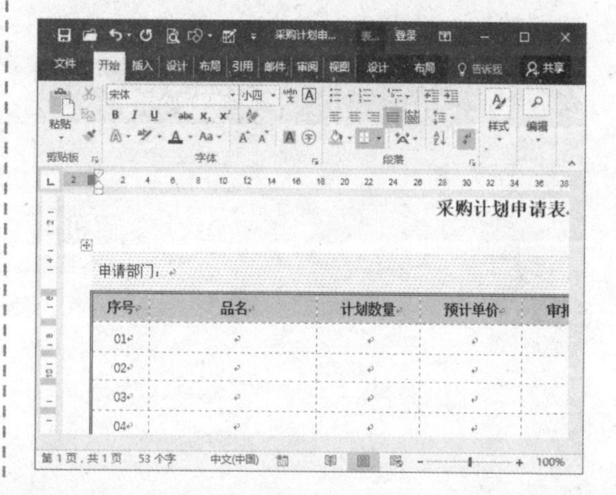

4.5 计算与排序表格数据

除了前面介绍的常用表格操作外，在 Word 表格中还可以计算表格数据、排序表格数据、重复标题行、设置表格与文本相互转换等操作，下面将分别对其进行详细介绍。

4.5.1 计算数据

在 Word 2016 中可以对表格中的数据进行一些简单的运算，如求和、求平均值等，具体操作方法如下。

STEP 01 输入数据 在表格中根据需要输入数据，注意数字后不要添加单位。

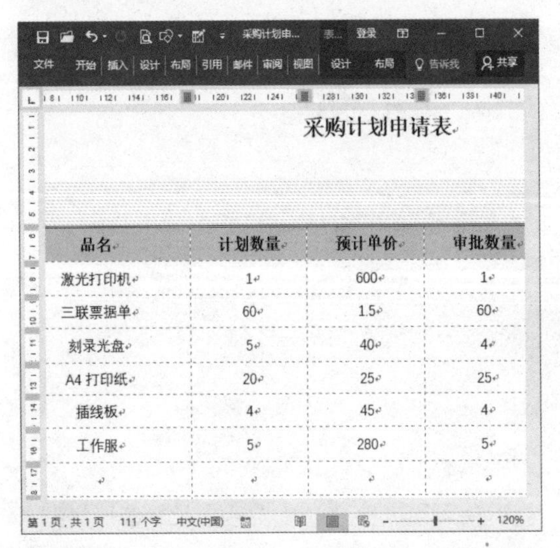

STEP 02 单击“公式”按钮 ❶ 将光标定位到单元格中。❷ 选择“布局”选项卡。❸ 在“数据”组中单击“公式”按钮。

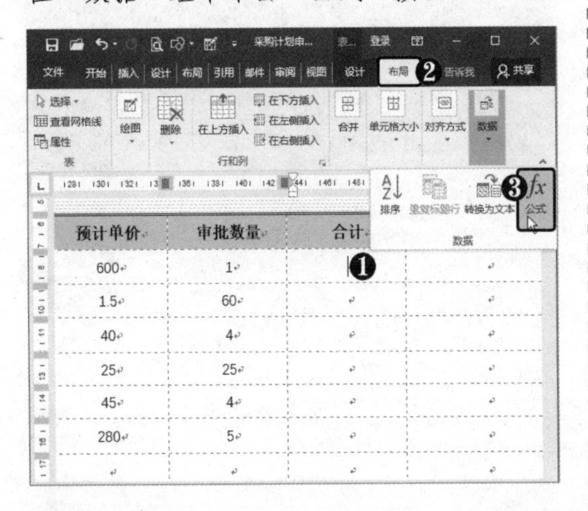

STEP 03 输入公式 弹出“公式”对话框，❶在“公式”文本框中输入公式（以 A、B、C……表示列数，以 1、2、3……表示行数）。❷ 单击“确定”按钮。

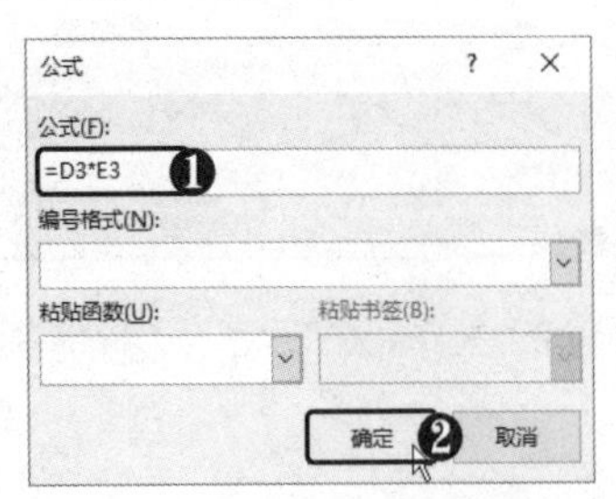

STEP 04 查看计算结果 此时即可计算出相应的结果。

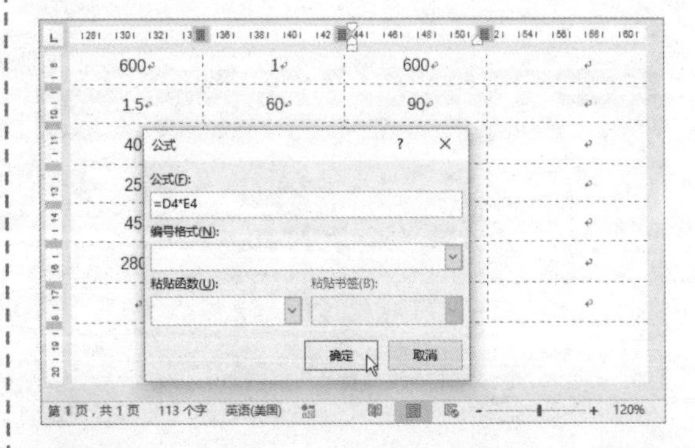

STEP 05 更新域 采用同样的方法，计算其他单元格中的数据。若单元格中的数据改变，❶ 可以右击计算结果。❷ 选择“更新域”命令，更新计算结果。

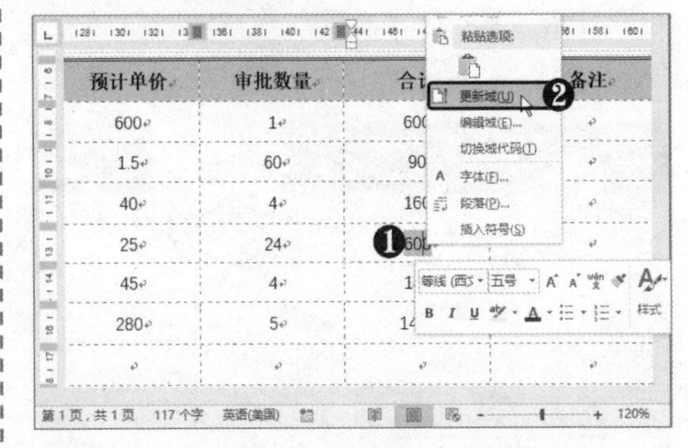

STEP 06 使用函数计算数据 ❶ 将光标定位到下方单元格中。打开“公式”对话框，❷ 在公式文本框中输入函数。❸ 单击“确定”按钮。

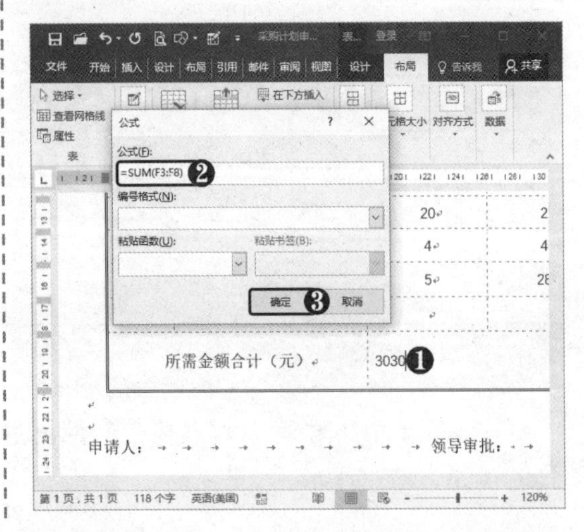

4.5.2 排序数据

在 Word 2016 中可以按照递增或递减的顺序把表格内容按笔画、数字、拼音或日期进行排序。在进行复杂的排序时，Word 2016 会根据一定的排序规则进行排序，其中：

- 文字：Word 首先排序以标点或符号开头的项目（如!、#、$、%、&等），随后是以数字开头的项目，最后是以字母开头的项目。
- 数字：Word 忽略数字以外的其他所有字符，数字可以位于段落中的任何位置。
- 日期：Word 将连字符、斜线（/）、逗号和句号字符识别为有效的日期分隔符，同时 Word 将冒号（:）识别为有效的时间分隔符。若 Word 无法识别一个日期或时间，会将该项目放置在列表的开头或结尾（依照升序或降序的排列方式）。
- 特定的语言：Word 可根据语言的排序规则进行排序，某些特定的语言有不同的排序规则可供选择。
- 以相同字符开头的两个或更多的项目：Word 将比较各项目中的后续字符，以决定排列次序。
- 域结果：Word 将按指定的排序选项对域的结果进行排序，若两个项目中的某个域（如姓氏）完全相同，Word 将比较下一个域（如名字）。

排序表格数据的具体操作方法如下。

STEP 01 单击"排序"按钮 ❶ 选中要进行排序的单元格。❷ 在"数据"组中单击"排序"按钮。

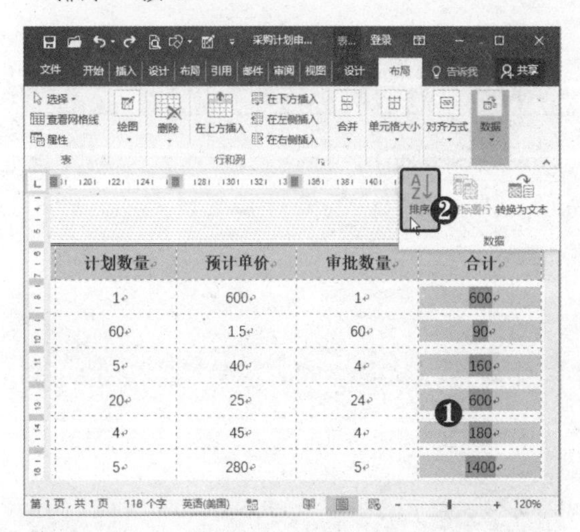

STEP 02 设置排序选项 弹出"排序"对话框，❶ 选中"升序"单选按钮。❷ 单击"确定"按钮。

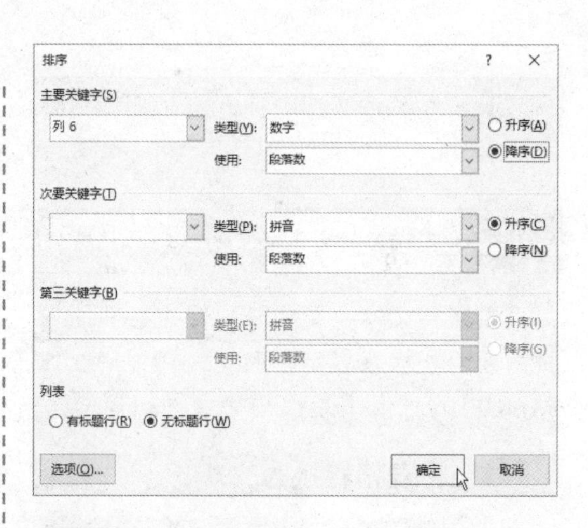

STEP 03 查看排序结果 此时即可按降序来排列所选列中的数据。

申请日期：

计划数量	预计单价	审批数量	合计
5	280	5	1400
1	600	1	600
20	25	24	600
4	45	4	180
5	40	4	160
60	1.5	60	90

4.5.3 设置重复标题行

在 Word 2016 中处理多页的表格时，表格会在分页处自动分割，分割后的表格除第 1 页外均没有标题行。通过设置重复标题行可让后续页中也自动显示标题行，具体操作方法如下。

STEP 01 **设置标题行** ❶ 在表格中选中要设置为标题行的单元格。❷ 选择“布局”选项卡。❸ 在“数据”组中单击“重复标题行”按钮。

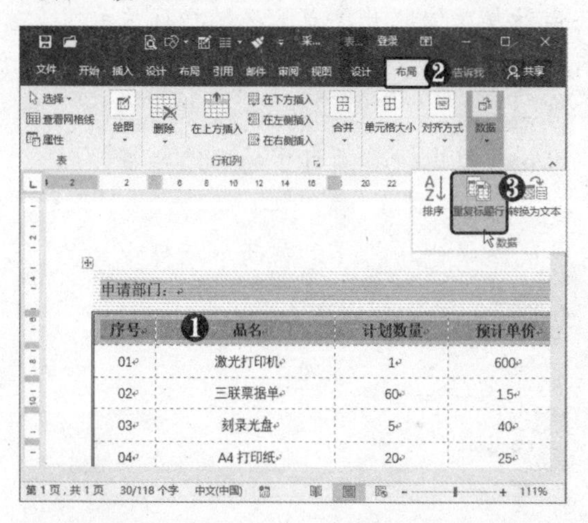

STEP 02 **查看标题行** 在表格中插入多行，到第 2 页时将自动出现标题行。

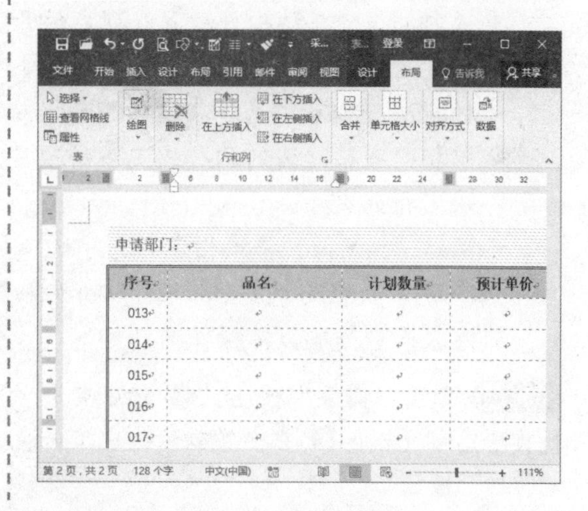

4.5.4 表格与文本相互转换

表格和文本各有所长，但也各有所短，其应用范围也有所不同。对于同一内容，有时需要用表格来表示，而有时需要用文本来表示。为了使数据的处理和编辑更加方便，Word 2016 提供了表格和文本之间互相转换的功能。

1. 将表格转换为文本

在 Word 2016 中，使用“表格转换为文本”命令可以将表格的内容转换为普通的段落文本，并将各单元格中的内容转换后用段落标记、逗号、制表符或指定的字符隔开，具体操作方法如下。

STEP 01 **单击“转换为文本”按钮** ❶ 选择“布局”选项卡。❷ 在“数据”组中单击“转换为文本”按钮。

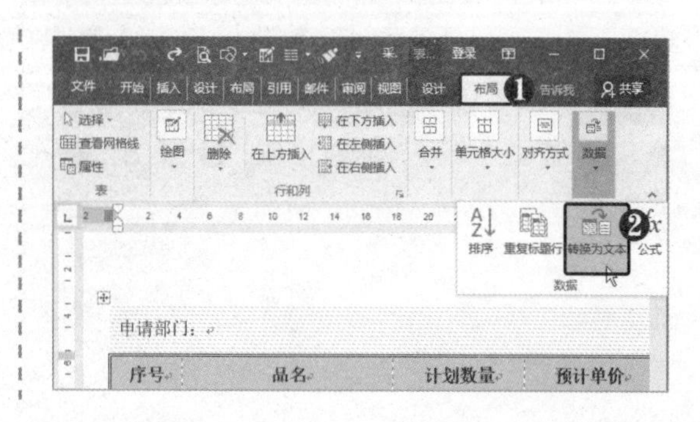

STEP 02 选择文字分隔符 ❶ 选中"其他字符"单选按钮。❷ 输入分号。❸ 单击"确定"按钮。

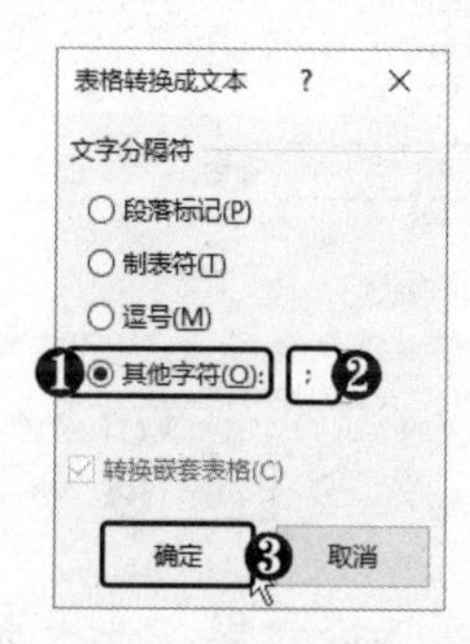

STEP 03 查看转换效果 此时即可将表格数据转换为普通文本，并以逗号隔开每列内容。

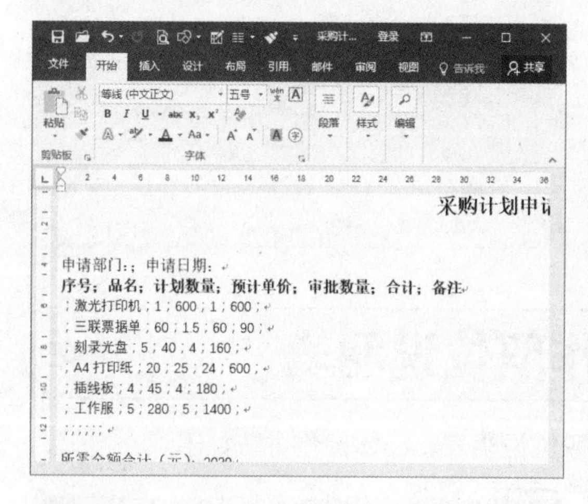

STEP 04 复制数据 在表格中选中行，按【Ctrl+C】组合键复制数据。

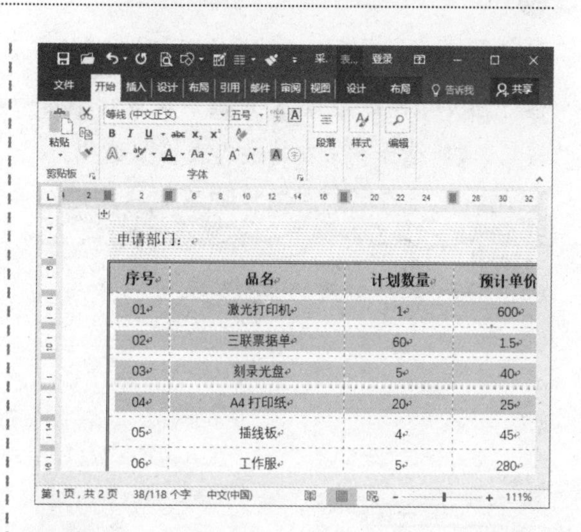

STEP 05 粘贴为文本 也可全选表格并进行复制操作，然后单击"粘贴"下拉按钮，在弹出的下拉列表中单击"只保留文本"按钮。

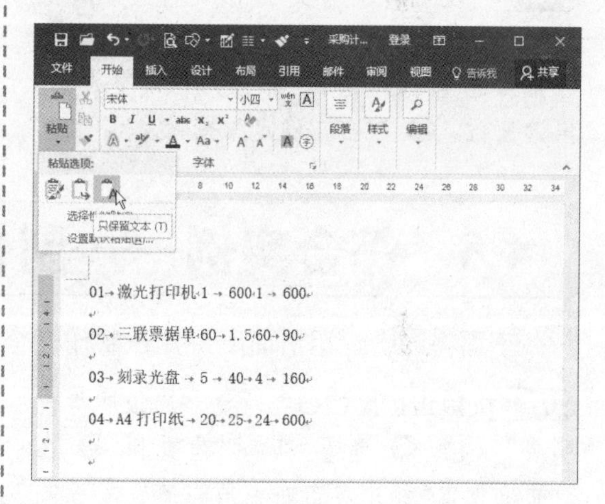

2. 将文本转换为表格

与将表格转换为文本不同，将文本转换为表格前必须对要转换的文本进行格式化，文本中的每一行之间都要用段落标记符隔开，每一列之间都要用分隔符隔开，列之间的分隔符可以是逗号、空格、制表符等。将文本转换为表格的方法很简单，具体操作方法如下。

STEP 01 选中文本 在文档中输入文本，每个字段之间以逗号进行分隔，选中输入的文本。

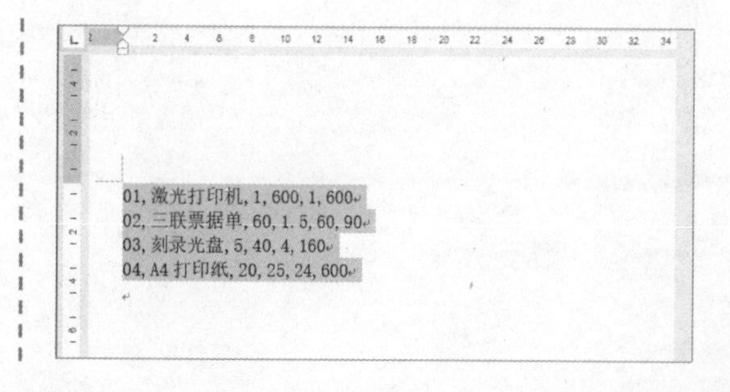

STEP 02 选择"文本转换成表格"选项 ❶ 选择"插入"选项卡。❷ 单击"表格"下拉按钮。❸ 选择"文本转换成表格"选项。

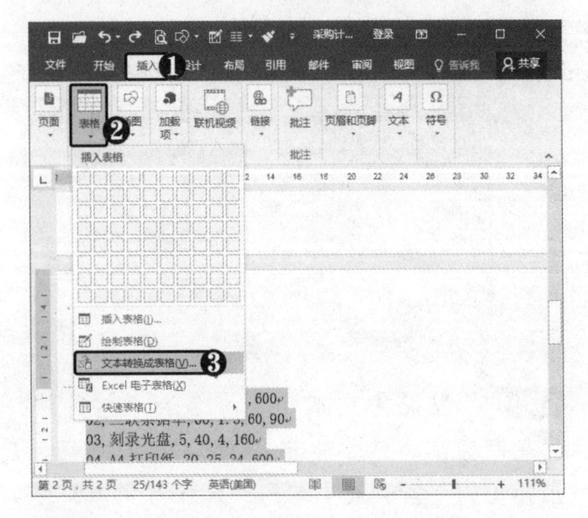

STEP 03 设置转换选项 弹出"将文字转换成表格"对话框，Word 将自动识别为分隔位置为逗号，❶ 选中"根据内容调整表格"单选按钮。❷ 单击"确定"按钮。

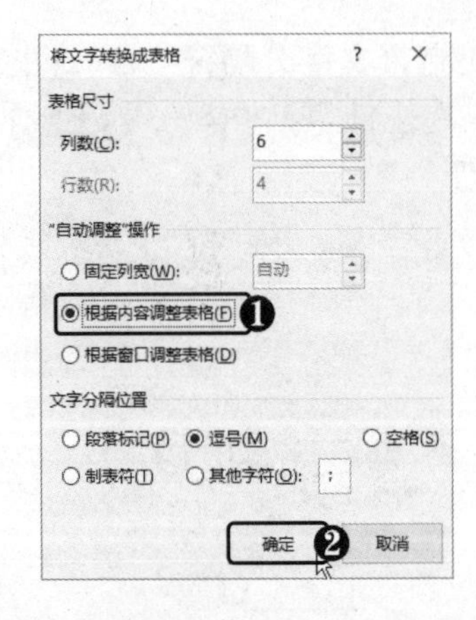

STEP 04 查看转换效果 此时即可将所选文本转换为表格。

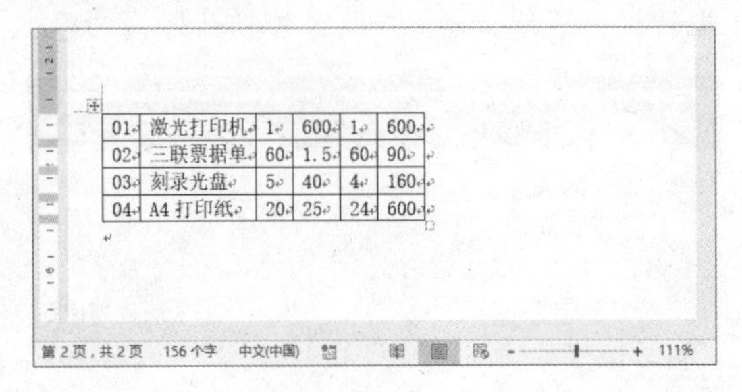

01	激光打印机	1	600	1	600
02	三联票据单	60	1.5	60	90
03	刻录光盘	5	40	4	160
04	A4 打印纸	20	25	24	600

4.6 综合实例——制作职位说明表

下面将综合运用前面所讲知识制作一个职位说明表，具体操作方法如下。

STEP 01 单击扩展按钮 新建"岗位职责说明表"文档，❶ 选择"布局"选项卡。❷ 在"页面设置"组中单击右下角的扩展按钮。

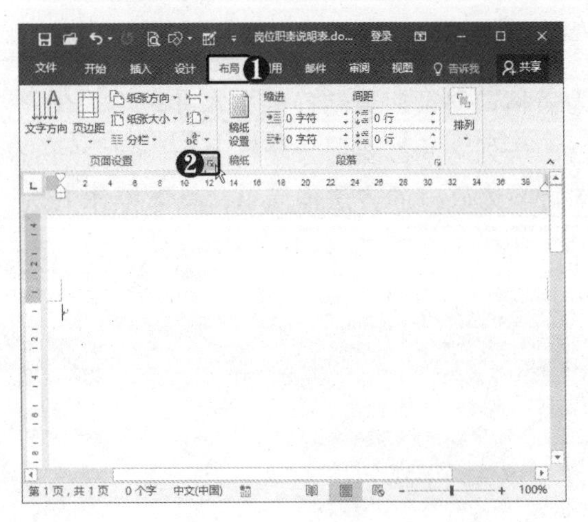

STEP 02 设置页边距 弹出"页面设置"对话框，❶ 设置页边距。❷ 单击"确定"按钮。

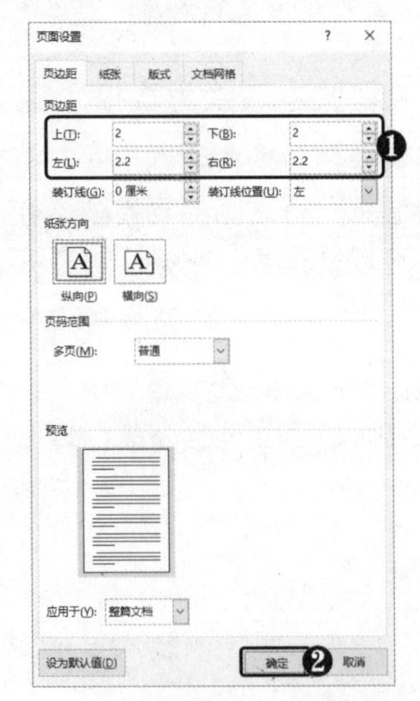

STEP 03 **插入表格** ❶ 选择“插入”选项卡。❷ 单击“表格”下拉按钮。❸ 选择 2×4 的表格。

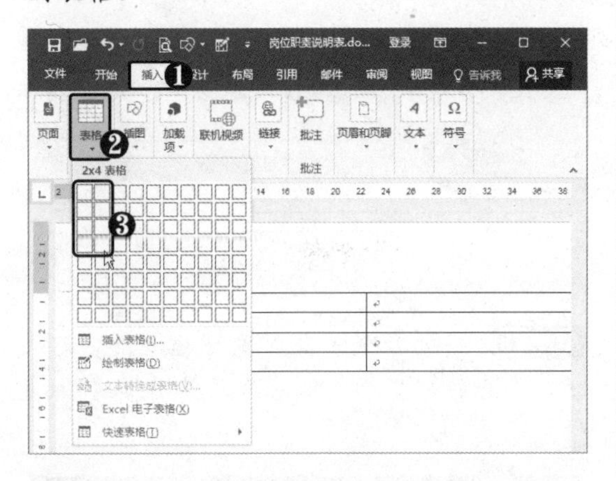

STEP 04 **合并单元格** ❶ 选中要合并的单元格并右击。❷ 选择“合并单元格”命令。

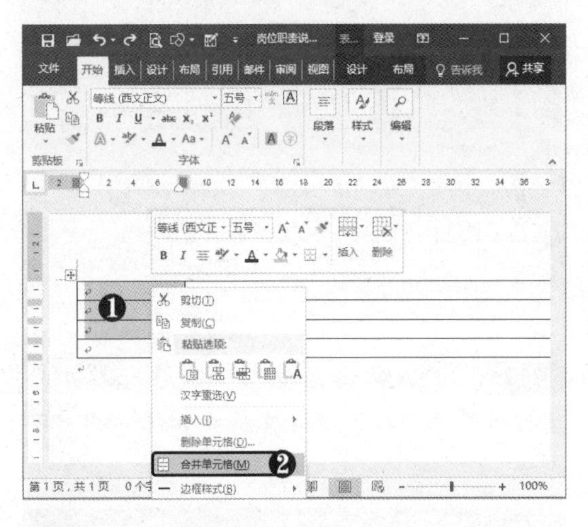

STEP 05 **继续合并单元格** ❶ 选中要合并的单元格并右击。❷ 选择“合并单元格”命令。

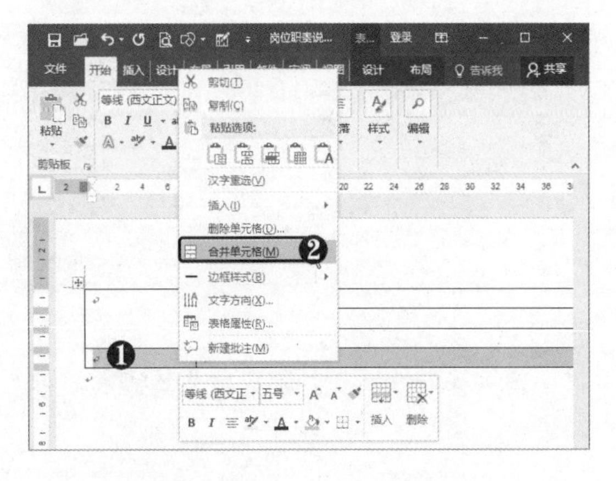

STEP 06 **单击“单元格边距”按钮** ❶ 单击表格左上方的⊞图标全选表格。❷ 选择“布局”选项卡。❸ 在“对齐方式”组中单击“单元格边距”按钮。

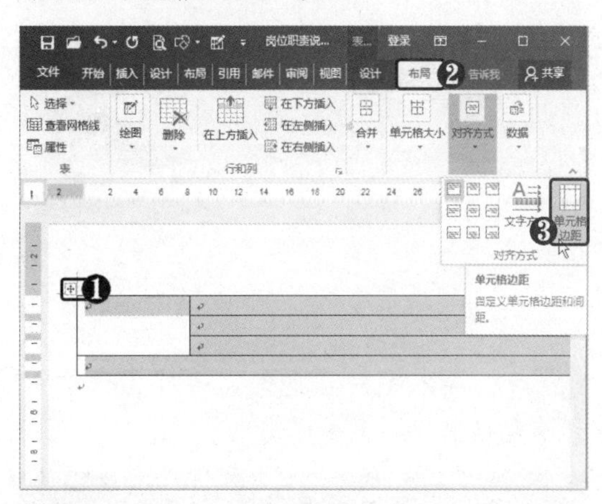

STEP 07 **设置单元格边距** 弹出“表格选项”对话框，❶ 设置单元格的左、右边距均为 0.1 厘米。❷ 单击“确定”按钮。

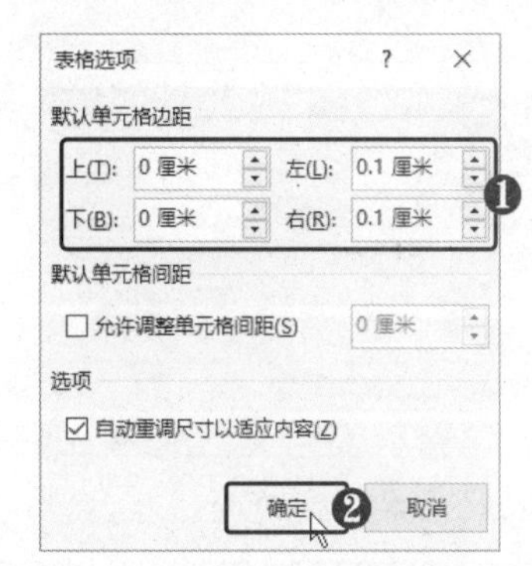

STEP 08 **单击“图片”按钮** ❶ 在单元格中定位光标。❷ 在“插入”选项卡下“插图”组中单击“图片”按钮。

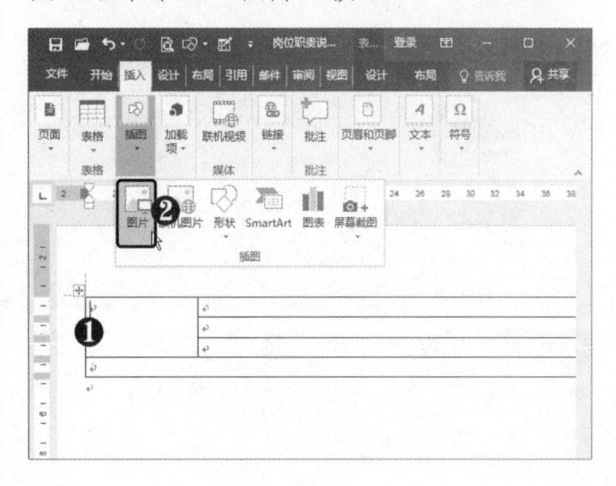

STEP 09 **选择图片** 弹出“插入图片”对话框，❶ 选择图片。❷ 单击“插入”按钮。

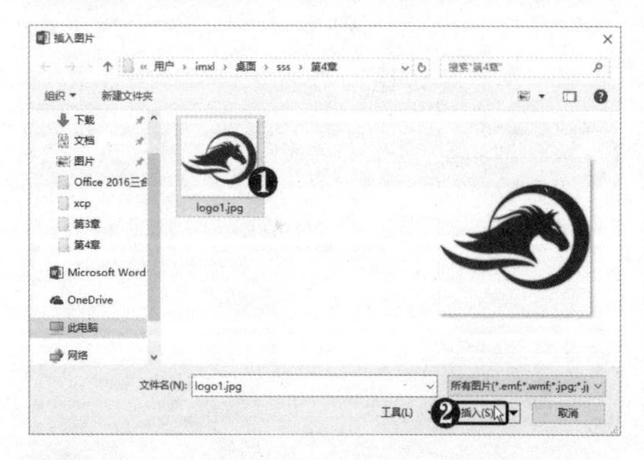

STEP 10 **插入图片** 此时即可将图片插入到单元格中，调整图片的大小。

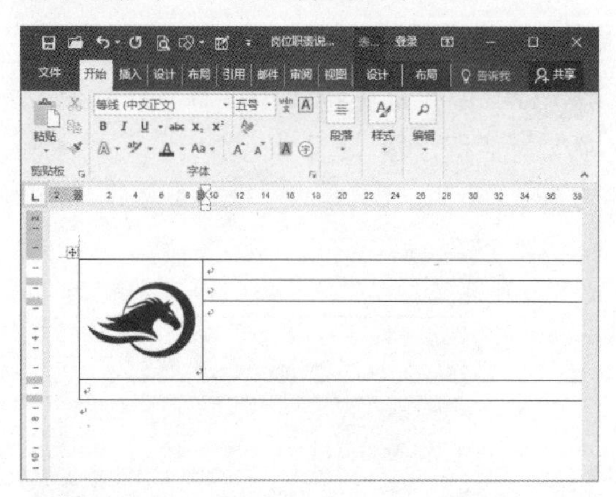

STEP 11 **调整行高** 通过拖动左侧标尺上的▬标记调整单元格行高。

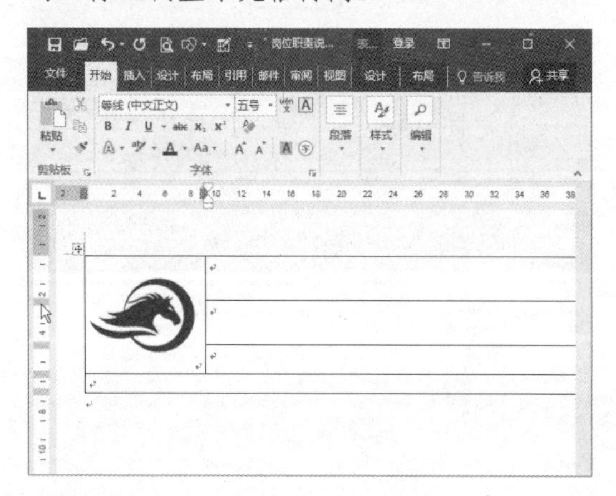

STEP 12 **设置笔样式** ❶ 选择“设计”选项卡。❷ 在“边框”组中设置笔样式、粗细、颜色等。

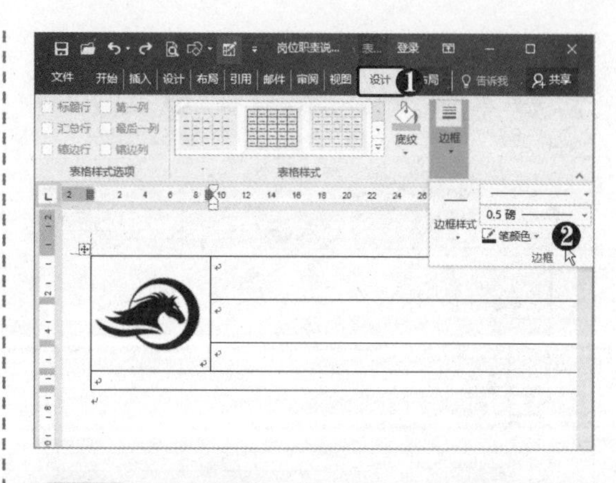

STEP 13 **绘制表格** 此时鼠标指针变为✎形状，在表格中拖动绘制表格，然后按【Esc】键退出绘制状态。

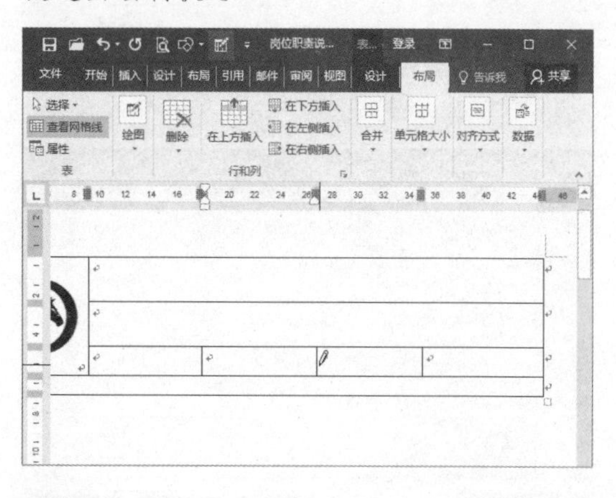

STEP 14 **输入并设置文本** 在单元格中分别输入文本，并设置字体格式和单元格对齐方式。

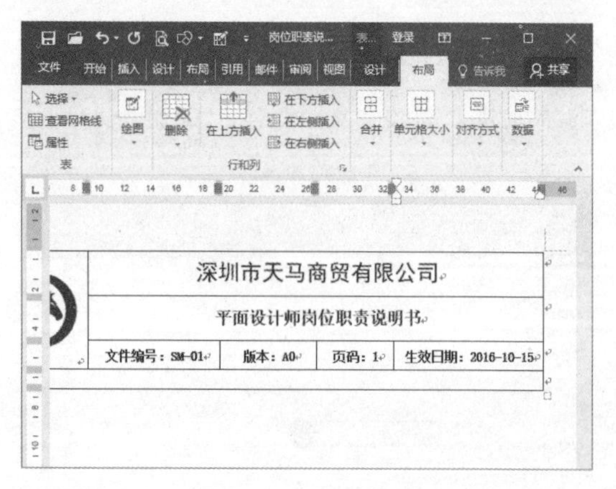

STEP 15 **输入并设置文本** 在下方的单元格中输入多行文本，并设置字体格式和段落缩进。

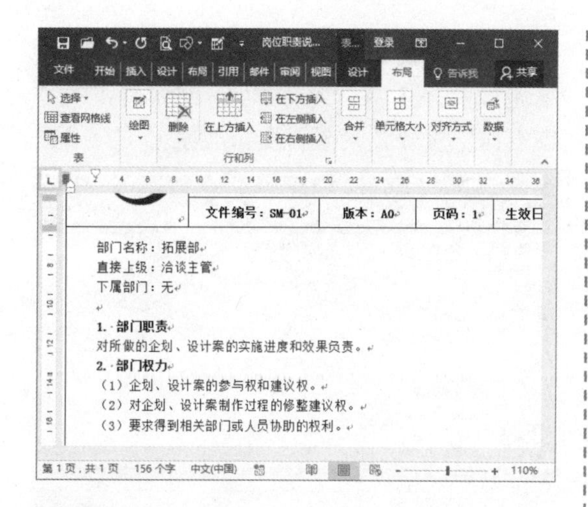

STEP 16 插入表格 ❶ 选择“插入”选项卡。❷ 单击“表格”下拉按钮。❸ 拖动鼠标选择 2×5 的表格。

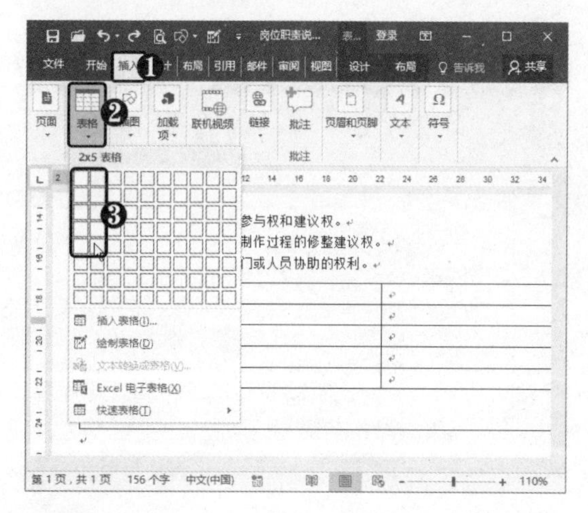

STEP 17 单击“拆分单元格”按钮 ❶ 在左侧列中分别输入文本并设置字体格式。❷ 在单元格中定位光标。❸ 在“布局”选项卡下“合并”组中单击“拆分单元格”按钮。

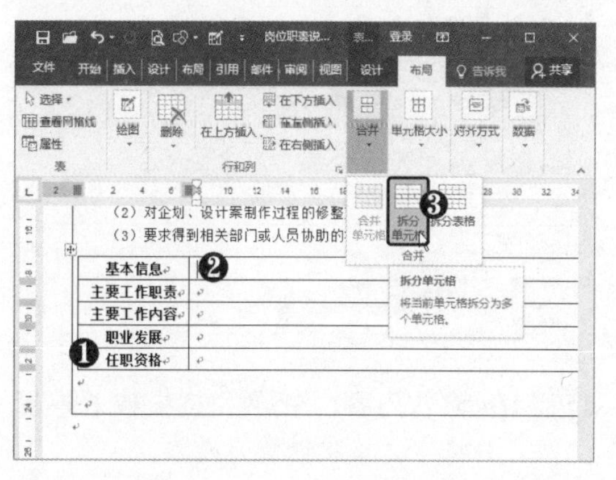

STEP 18 设置拆分单元格 弹出“拆分单元格”对话框，❶ 设置列数和行数。❷ 单击“确定”按钮。

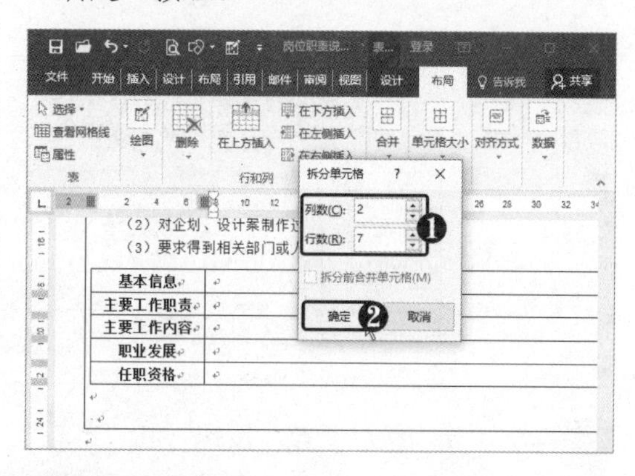

STEP 19 查看拆分效果 此时即可将单元格拆分为 2 列 7 行。

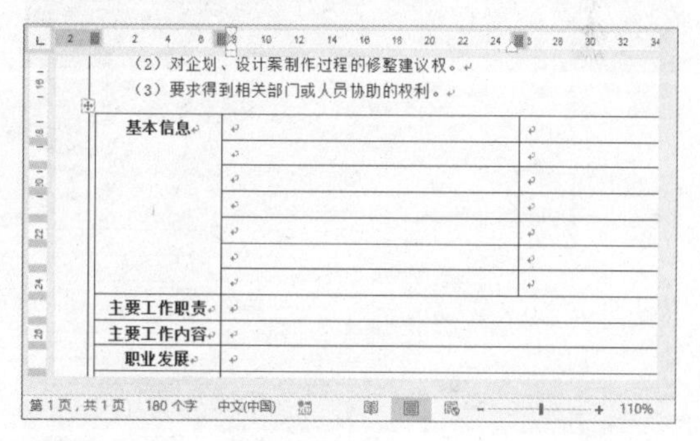

STEP 20 继续拆分单元格 采用同样的方法拆分其他单元格，并调整列宽。

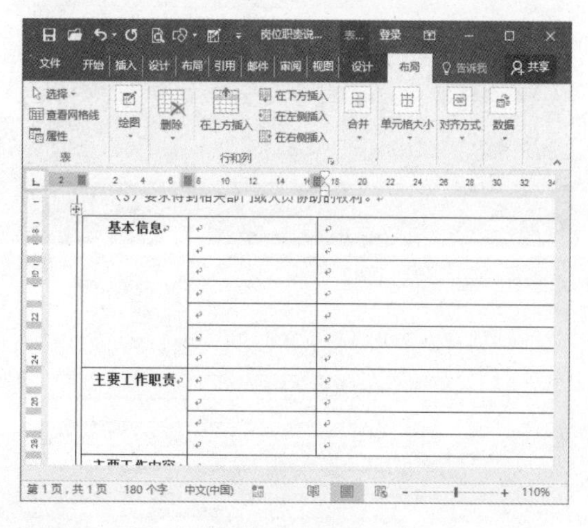

STEP 21 合并单元格 ❶ 在单元格中输入文本并设置字体格式。❷ 选中单元格并右击。❸ 选择“合并单元格”命令。

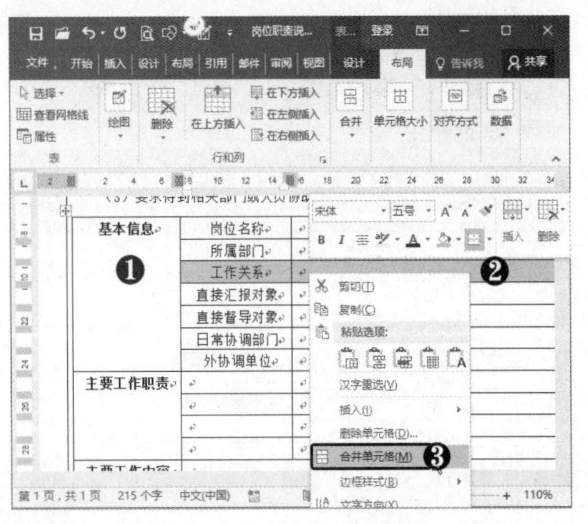

STEP 22 单击"绘制表格"按钮 在"布局"选项卡下"绘图"组中单击"绘制表格"按钮。

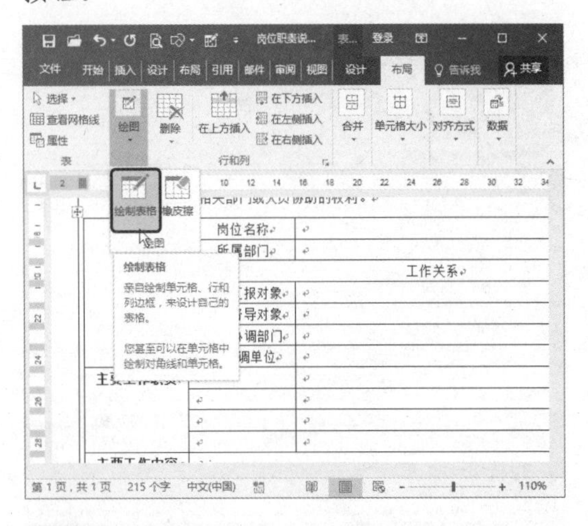

STEP 23 绘制表格 根据需要绘制表格，在绘制过程中若要合并单元格，可按住【Shift】键后擦除表格线。

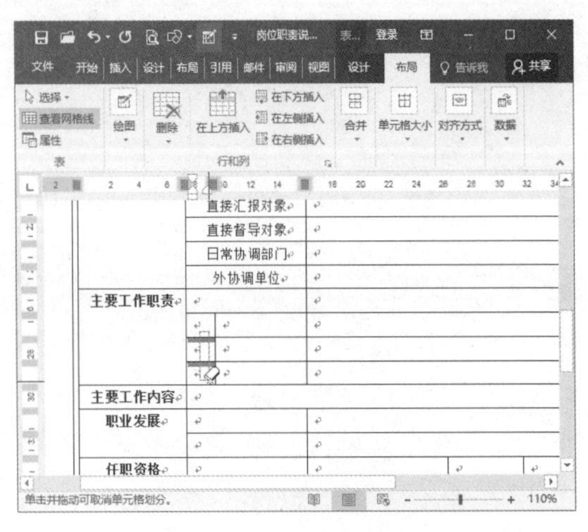

STEP 24 设置文字方向 ❶ 将光标定位到单元格中。❷ 在"对齐方式"组中单击"文字方向"按钮，设置为竖排文字。

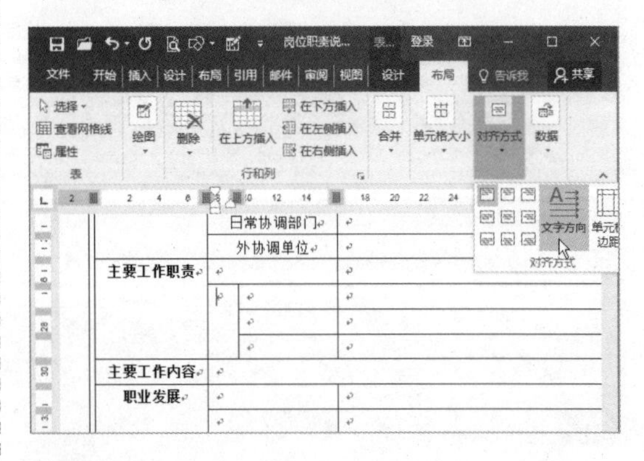

STEP 25 自定义行高 ❶ 选中单元格。❷ 在"单元格大小"组中自定义高度。

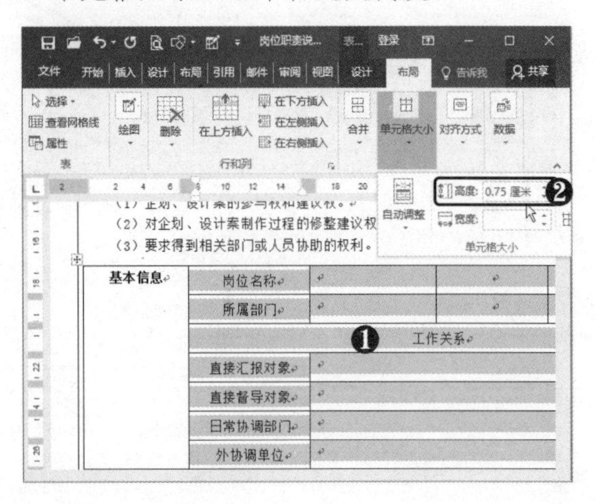

STEP 26 输入名称 在单元格中输入项目名称，并设置字体格式。

基本信息		岗位名称		岗位编号	
		所属部门		工作地点	
		工作关系			
		直接汇报对象			
		直接督导对象			
		日常协调部门			
		外协调单位			
主要工作职责		工作目标			
	主要职位	部门规划			
		业务类			
		费用审批			
主要工作内容					
职业发展		可晋升岗位			
		可轮岗岗位			
任职资格		文化程度		经验	

STEP 27 输入内容 在单元格中输入内容文本，并将字体格式设置为楷体。

<table>
<tr><td rowspan="7">基本信息</td><td colspan="2">岗位名称</td><td>平面设计师</td><td>岗位编号</td><td>TM.TZ523</td></tr>
<tr><td colspan="2">所属部门</td><td>拓展部</td><td>工作地点</td><td>办公室</td></tr>
<tr><td colspan="5">工作关系</td></tr>
<tr><td colspan="2">直接汇报对象</td><td colspan="3">洽谈主管 副总经理 总经理</td></tr>
<tr><td colspan="2">直接督导对象</td><td colspan="3">各部门</td></tr>
<tr><td colspan="2">日常协调部门</td><td colspan="3">所有部门</td></tr>
<tr><td colspan="2">外协调单位</td><td colspan="3">公众媒体、市场经销商关系为主，兼顾其他各方面公共关系</td></tr>
<tr><td rowspan="4">主要工作职责</td><td colspan="2">工作目标</td><td colspan="3">VIS系统管理维护与形象推广</td></tr>
<tr><td rowspan="3">主要职位</td><td>部门规划</td><td colspan="3">逐步建立企业VI系统</td></tr>
<tr><td>业务类</td><td colspan="3">企划类</td></tr>
<tr><td>费用审批</td><td colspan="3">副总经理 总经理</td></tr>
<tr><td>主要工作内容</td><td colspan="5">（1）设计宣传单页、海报等与平面相关的工作内容。
（2）对公司的总体形象和品牌的设计和宣传效果制作。
（3）负责公司各类广告、宣传等方面的设计与制作。
（4）门店宣传及产品宣传的单页等设计与制作及产品拍照和照片处理
（5）网站促销图设计与制作。
（6）精通印刷流程及基本知识，并能独立相关工作。
（7）其他相关工作。</td></tr>
<tr><td rowspan="2">职业发展</td><td colspan="2">可晋升岗位</td><td colspan="3">企划经理</td></tr>
<tr><td colspan="2">可轮岗岗位</td><td colspan="3">洽谈文员</td></tr>
<tr><td>任职资格</td><td colspan="2">文化程度</td><td>本科及以上学历</td><td>经 验</td><td>2年以上相关工作经验</td></tr>
</table>

STEP 28 设置底纹颜色 将光标定位到单元格中，❶ 在“段落”组中单击“底纹”下拉按钮。❷ 选择底纹颜色。采用同样的方法，设置其他单元格底纹。

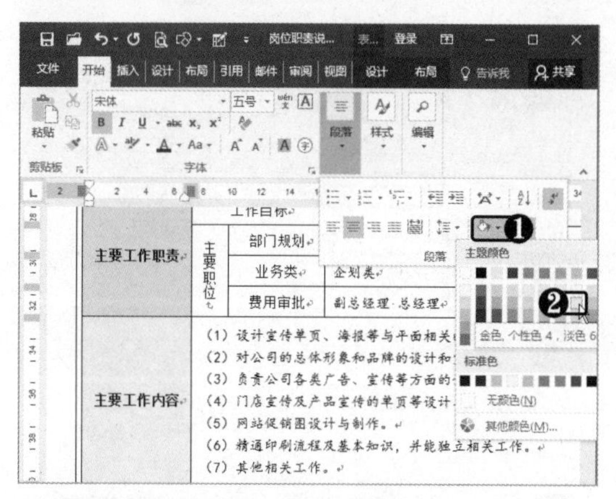

STEP 29 设置边框样式 ❶ 选择“设计”选项卡。❷ 在“边框”组中设置笔样式、粗细、颜色等。

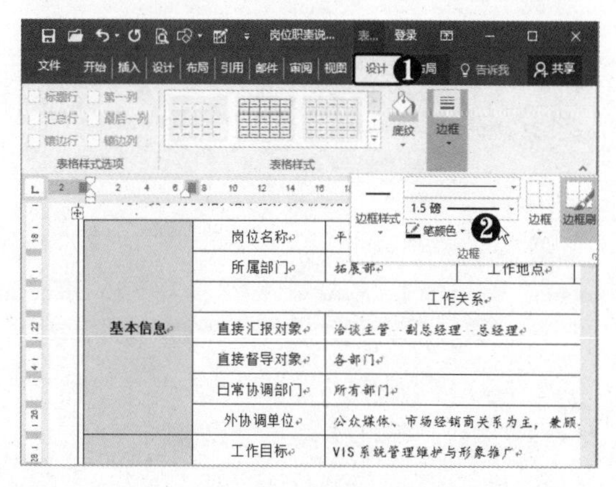

STEP 30 设置表格外边框样式 此时鼠标指针变为形状，在表格的外边框上拖动鼠标应用边框样式。

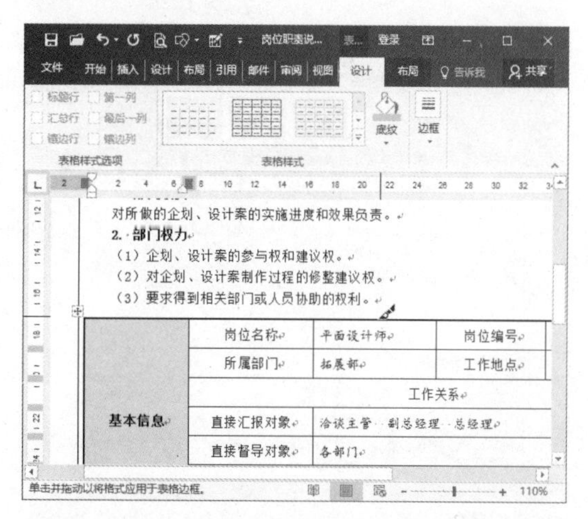

STEP 31 设置边框样式 在“设计”选项卡下“边框”组中设置笔样式、粗细、颜色等。

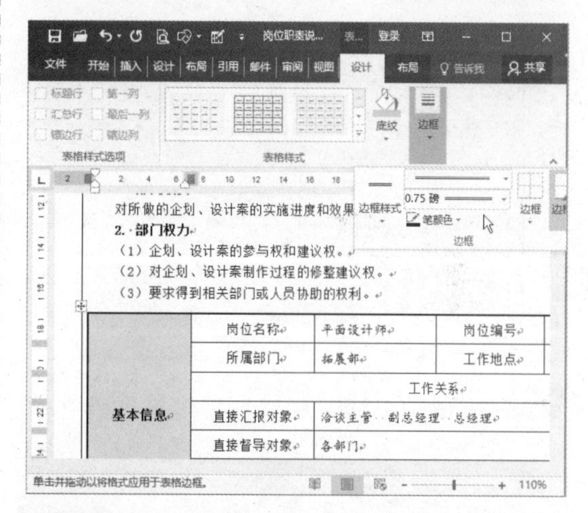

STEP 32 应用边框样式 此时鼠标指针变为形状，在表格边框上拖动鼠标应用边框样式。

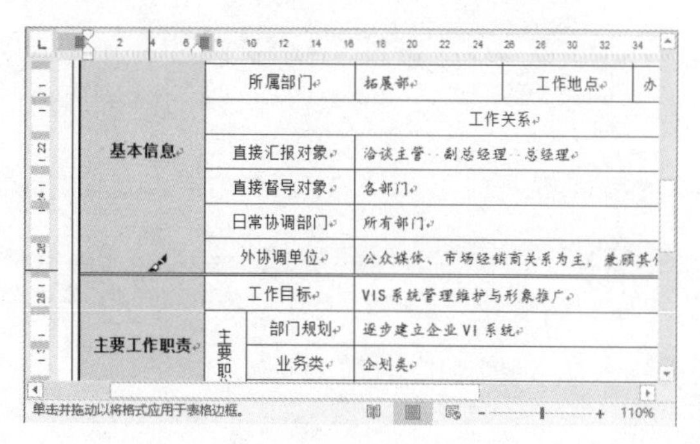

STEP 33 **选择“边框取样器”选项** ❶ 在“边框”组中单击“边框样式”下拉按钮。❷ 选择“边框取样器”选项。

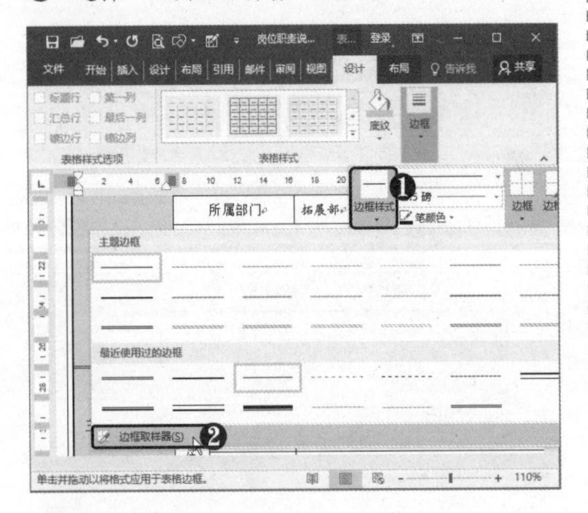

STEP 34 **取样边框样式** 此时鼠标指针变为✐形状，在要取样的边框上单击鼠标左键。

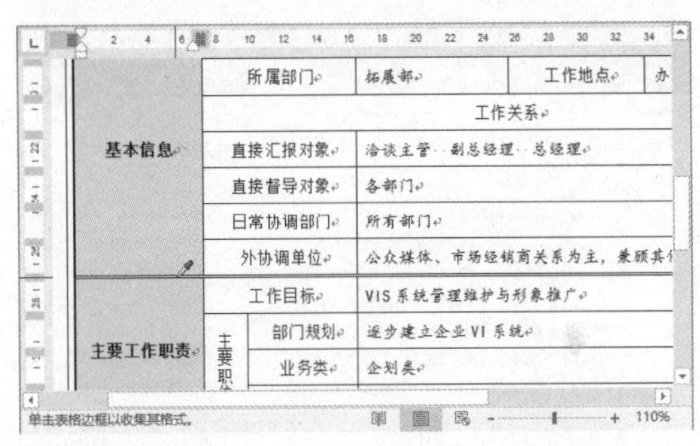

STEP 35 **拖动鼠标** 此时鼠标指针变为✐形状，在要应用样式的边框上拖动鼠标。

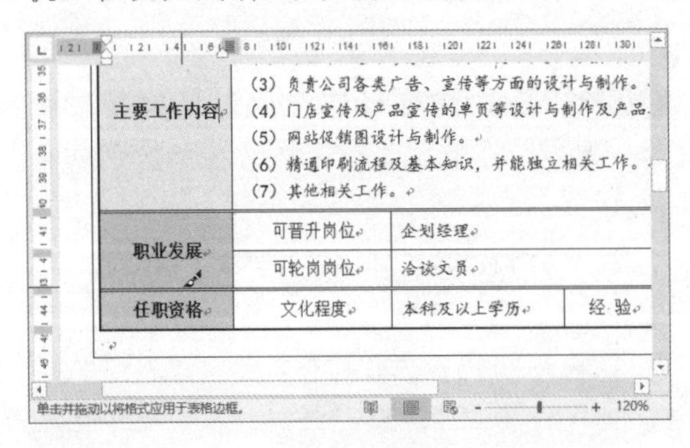

STEP 36 **选择“边框和底纹”选项** ❶ 全选外侧的表格。❷ 单击“边框”下拉按钮。❸ 选择“边框和底纹”选项。

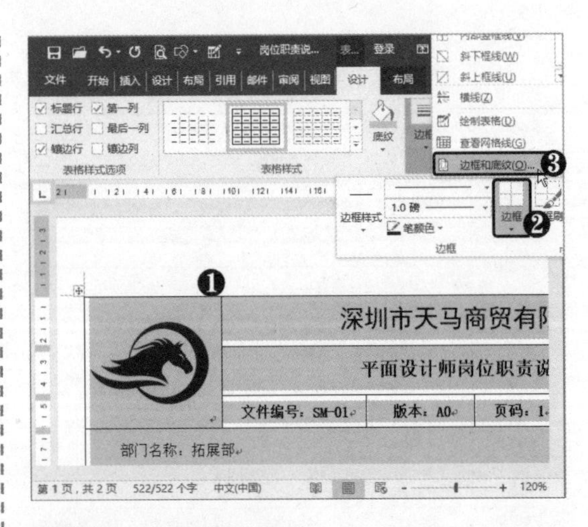

STEP 37 **设置边框样式** 弹出“边框和底纹”对话框，❶ 在左侧单击“自定义”按钮。❷ 选择边框样式。❸ 设置边框颜色和宽度。

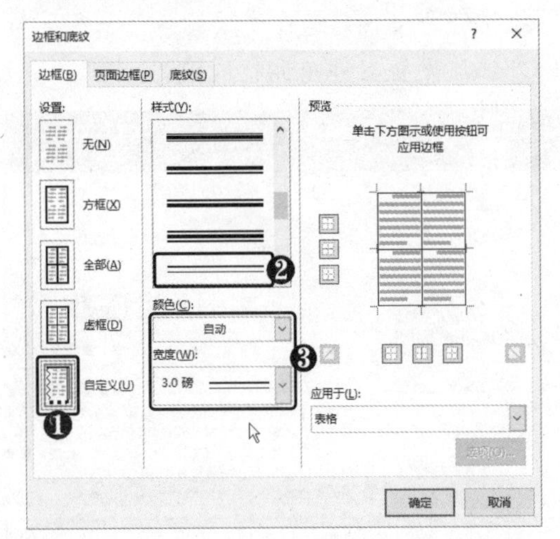

STEP 38 **应用边框样式** 在预览图示的上边框和左边框上单击应用自定义样式。

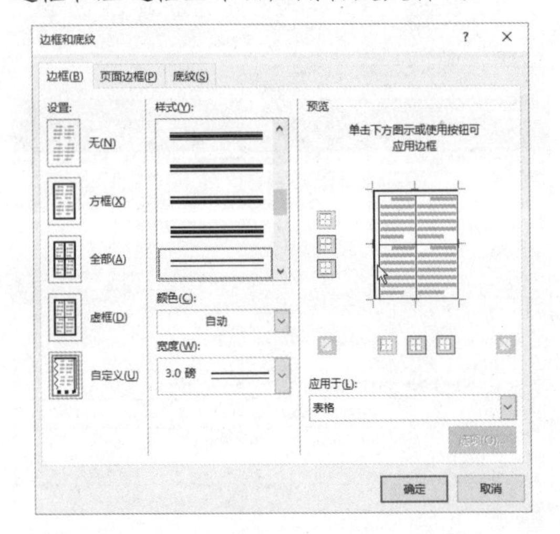

STEP 39 自定义边框样式 ❶ 选择边框样式。❷ 设置边框颜色和宽度。❸ 在预览图示的下边框和右边框上单击应用自定义样式。

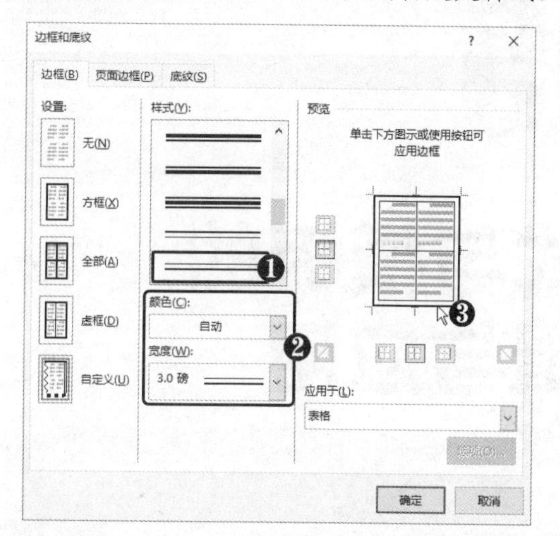

STEP 40 自定义边框样式 ❶ 选择边框样式。❷ 设置边框颜色和宽度。❸ 在预览图示的内侧框线上单击应用自定义样式。❹ 单击“确定”按钮。

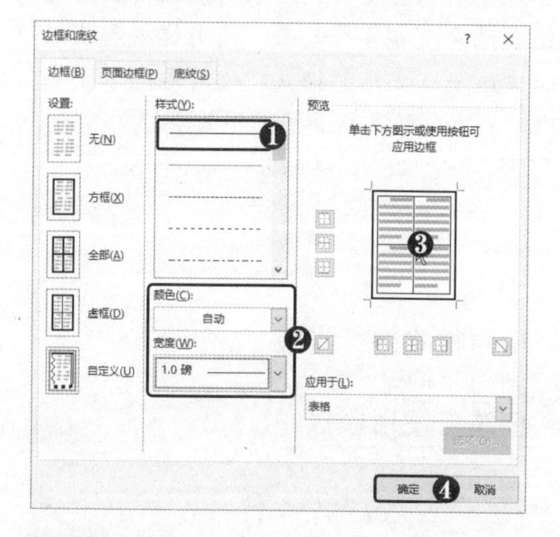

STEP 41 查看边框效果 此时即可查看设置边框样式后的表格效果。

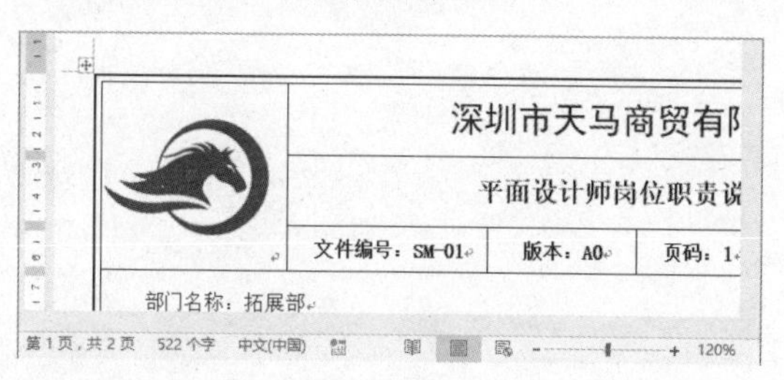

STEP 42 单击“单元格边距”按钮 ❶ 将光标定位到外侧表格最下方的单元格中。❷ 在“布局”选项卡下“对齐方式”组中单击“单元格边距”按钮。

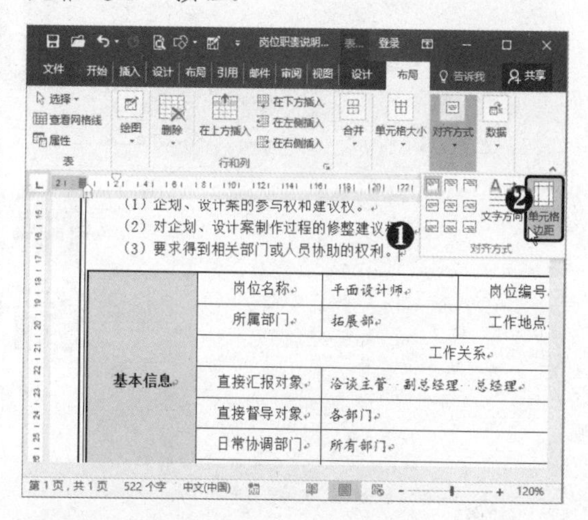

STEP 43 设置单元格边距 弹出“表格选项”对话框，❶ 自定义设置“左”、“右”、“下”边距大小。❷ 单击“确定”按钮。

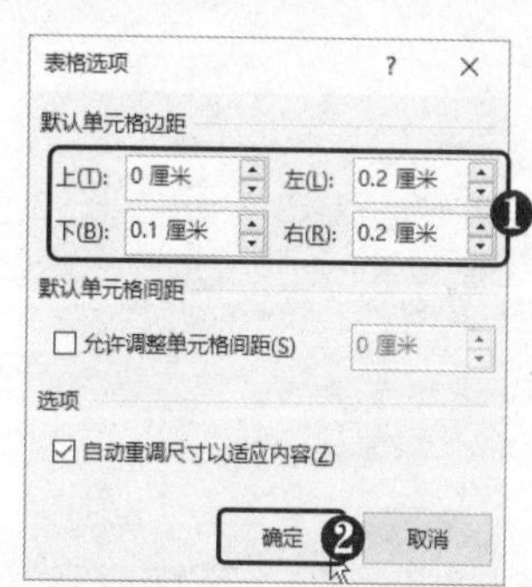

STEP 44 查看设置单元格边距效果 此时即可使表格与内嵌的表格之间保持一定的间距。

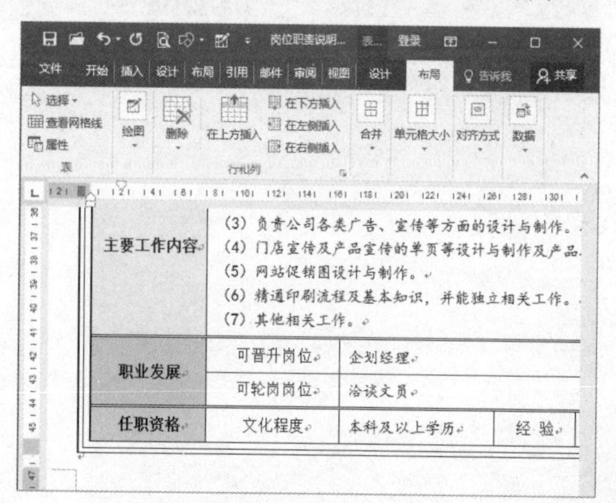

Chapter

05

样式与模板的编辑与应用

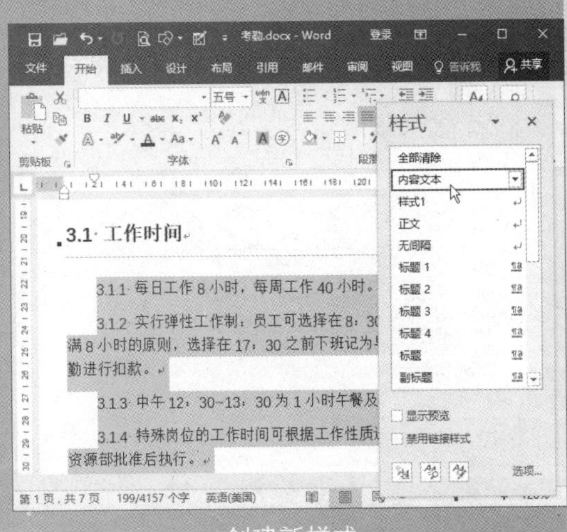

创建新样式

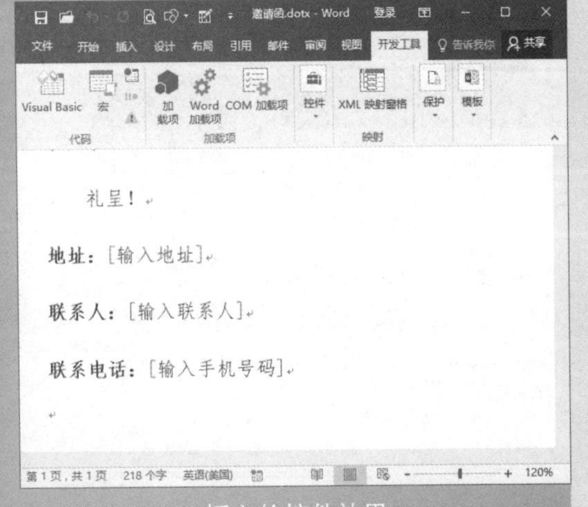

插入的控件效果

在日常使用 Word 办公时，除了基本的输入工作，大部分时间都用在了文档的修饰上。考虑到文档的全局性，还需对文档页面的各类组成元素设置各种效果。使用样式和模板可以快速统一文档的格式，使其看起来整齐美观，更重要的是提高了工作效率。

5.1 使用样式进行排版

在 Word 2016 中，使用样式可以帮助用户准确、迅速地统一文档格式。用户可以套用预设样式或创建新样式，还可对样式进行修改、删除与复制操作等，下面将进行详细介绍。

5.1.1 认识样式

样式是格式的集合，包括字体格式、段落格式、边框格式、图文框、语言与编号等，最终应用到文字上，表现为“某种特定身份的文字”（如大标题、小标题、正文、列表、页眉和目录等）。

样式在长篇文档的排版中非常有用，它可以系统化管理页面元素、快速同步与修改同级标题的格式、方便修改样式、建立文档目录等。

在 Word 中，根据作用的对象不同，样式可以分为段落样式、字符样式、链接段落和字符样式、表格样式、列表样式 5 种类型。单击“样式”窗格下方的“新建样式”按钮，如下图（左）所示。在弹出的对话框中可以查看样式类型，如下图（右）所示。

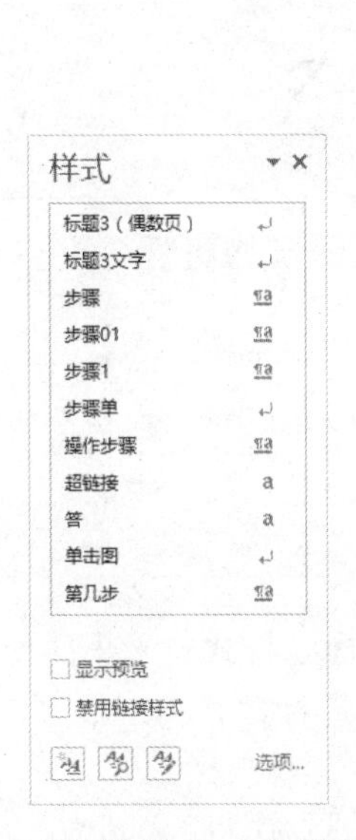

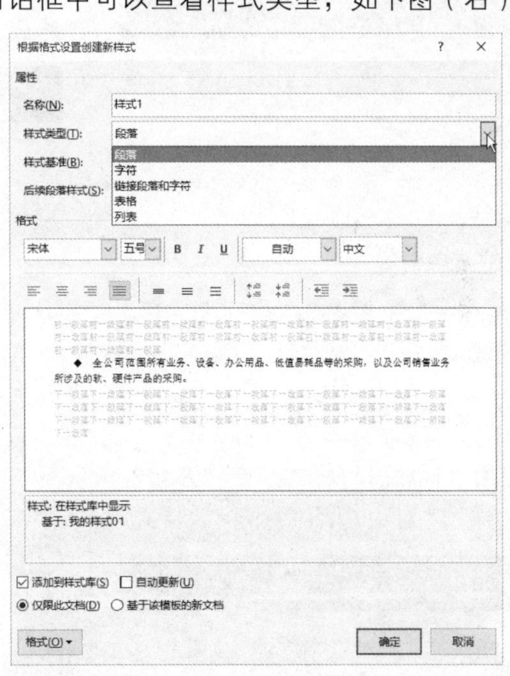

其中，段落样式、字符样式、链接段落和字符样式为最常用的样式类型。在“样式”窗格中以不同的符号来表示样式类型，详见下表。

符　号	样 式 类 型
↵	段落样式决定文本在文档中段落级别的外观。若为文本应用段落样式，将把该段落样式应用于整个段落。段落样式通常用于控制大量文本的整体格式，如新闻稿或传单的正文。段落样式中可以包括字符样式包含的所有格式定义。它还控制段落外观的所有方面，如文本对齐方式、制表位、行距和边框等。

（续表）

符　号	样 式 类 型
a	字符样式也决定文本在文档中的外观，但是在字符级别。字符样式通常控制少量文本的格式，例如，要突出显示段落中的一个单词。字符样式包含格式特征，如字体名称、字号、颜色、加粗、斜体、下划线、边框、底纹等。字符样式不包括会影响段落特征的格式，如行距、文本对齐方式、缩进和制表位。
¶a	以¶a为标志的为链接段落和字符样式，当光标位于段落中时，链接段落和字符样式对整个段落有效。当选中段落中的部分文字时，其只对选定的文字有效。

5.1.2 应用内置样式

为了提高编辑文档效率，在 Word 2016 中内置了多种快速样式，如正文、标题 1、标题 2、标题 3 等，通过这些样式可以很方便地格式化文档内容。

应用内置样式的具体操作方法如下。

STEP 01 定位光标 将光标定位到要应用样式的段落中。

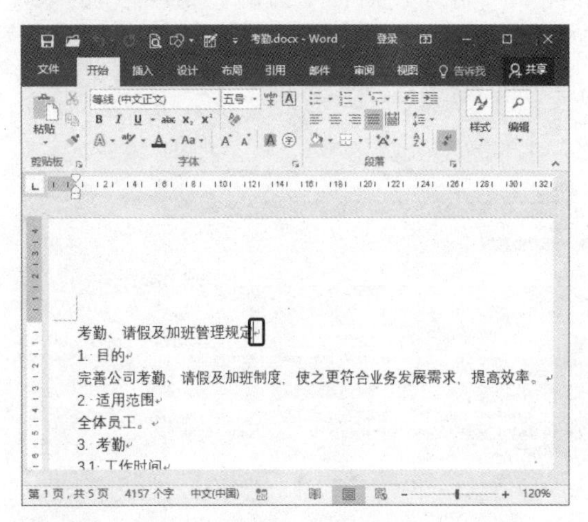

STEP 02 应用“标题 1”样式 在“开始”选项卡下“样式”组中选择“标题 1”样式。

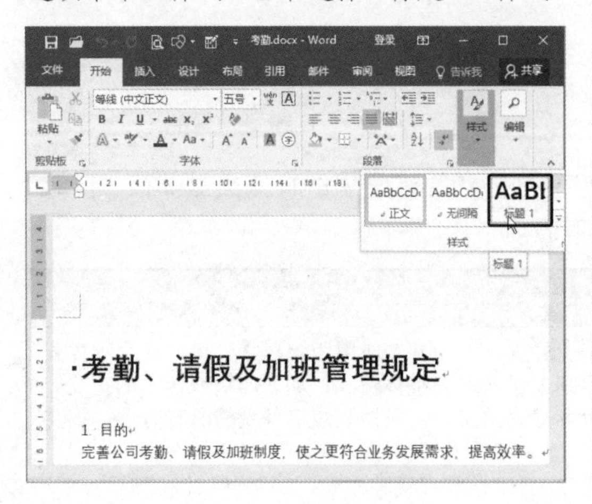

STEP 03 应用“标题 2”样式 在“样式”组中单击右下角的扩展按钮，打开“样式”窗格。❶ 将光标定位到段落中。❷ 选择“标题 2”样式。

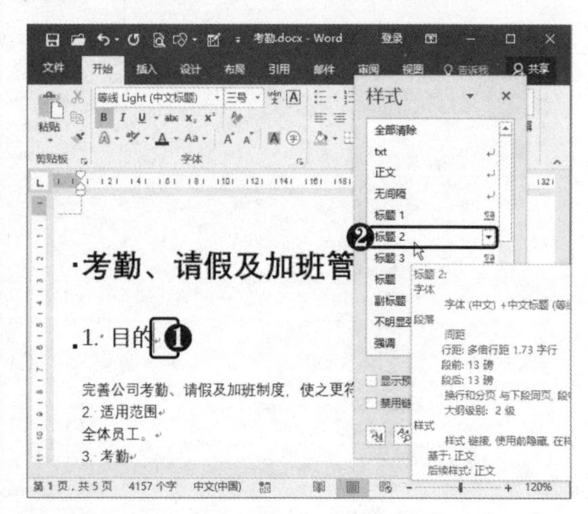

STEP 04 应用标题样式 采用同样的方法，为其他文本应用标题样式。

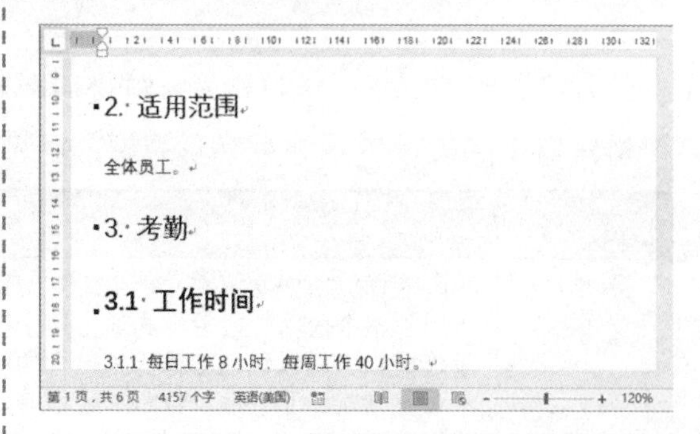

5.1.3 修改样式格式

若内置样式的格式不能满足需求，可以对样式进行格式修改。用户可以对样式的字体、段落、制表位、边框、语言、图文框、编号、快捷键、文字效果等进行修改，具体操作方法如下。

STEP 01 选择“修改”命令 ❶ 在“样式”组中右击“正文”样式。❷ 选择“修改”命令。

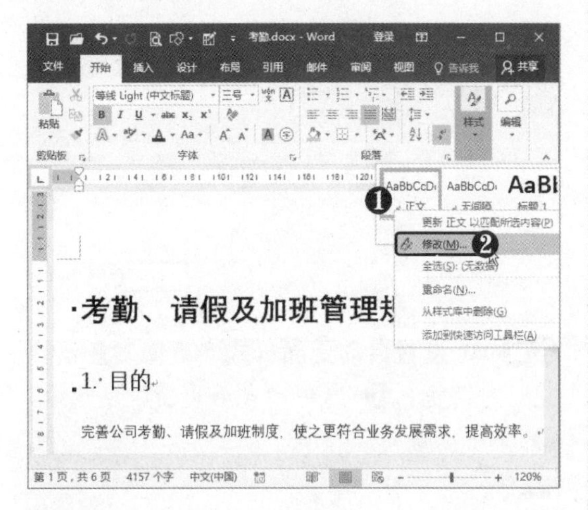

STEP 02 修改字体格式 弹出“修改样式”对话框，❶ 将字体格式修改为“宋体”。❷ 单击“确定”按钮。

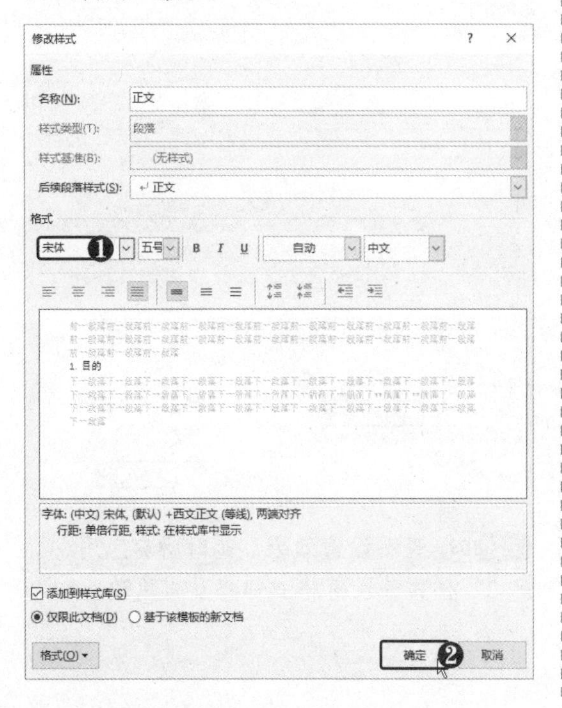

STEP 03 查看设置效果 此时所有基于正文样式的字体均更改为宋体。

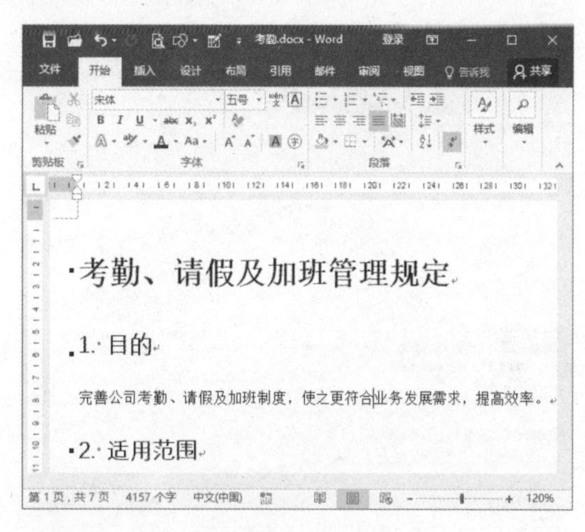

STEP 04 选择“修改”命令 打开“样式”窗格，❶ 右击“标题 2”样式。❷ 选择“修改”命令。

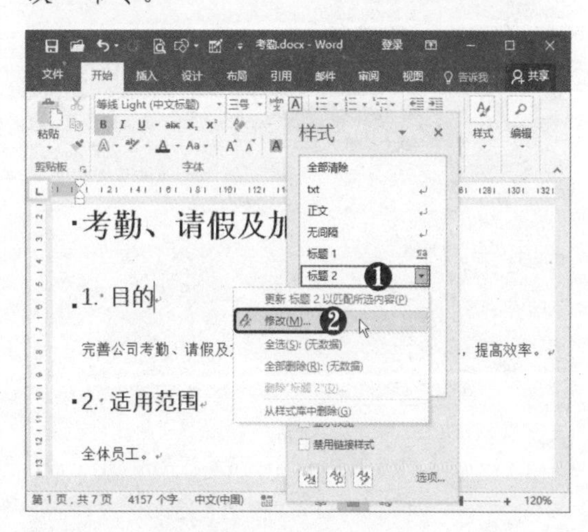

高手点拨

在创建或应用样式时，可选中文本，在弹出的浮动工具栏中单击“样式”下拉按钮，然后选择所需的操作。

STEP 05 **设置格式** 弹出“修改样式”对话框，在“格式”选项区中设置字体格式、段落行距、间距等。

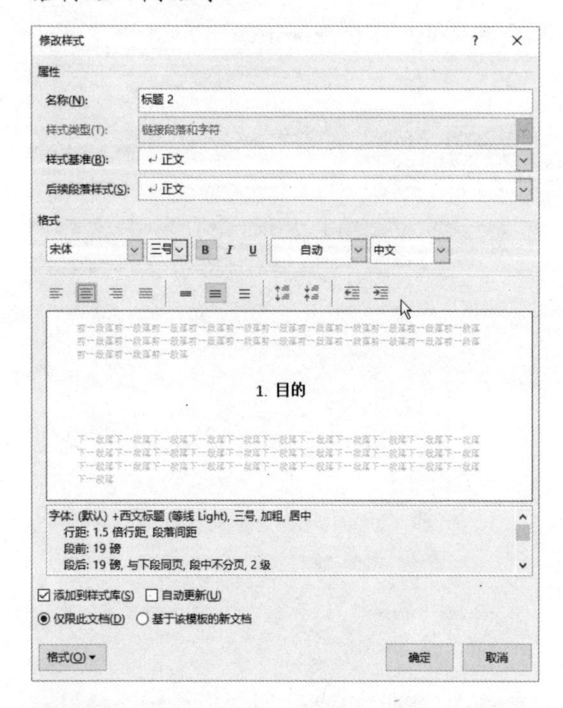

STEP 06 **选择“边框”选项** ❶ 在左下角单击“格式”下拉按钮。❷ 选择“边框”选项。

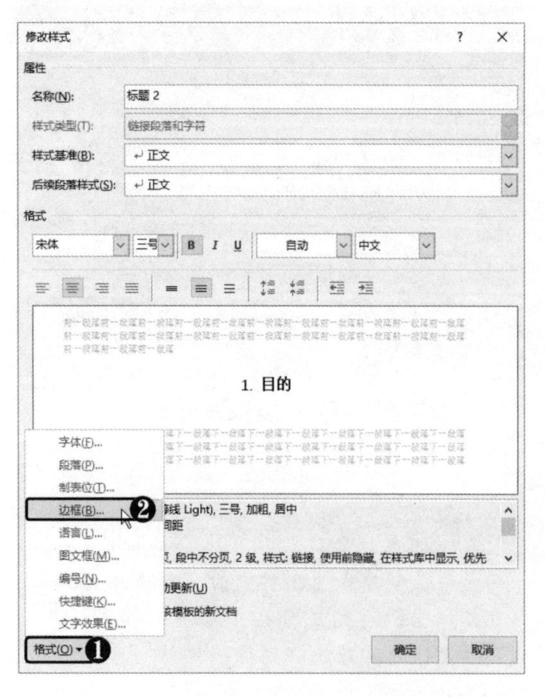

STEP 07 **设置底纹颜色** 弹出“边框和底纹”对话框，❶ 选择“底纹”选项卡。❷ 选择填充颜色。❸ 单击“确定”按钮。

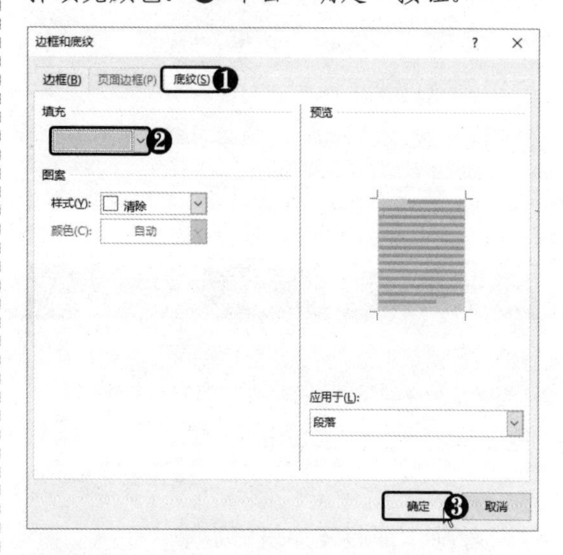

STEP 08 **设置自动更新样式** 返回“修改样式”对话框，❶ 选中“自动更新”复选框。❷ 单击“确定”按钮。

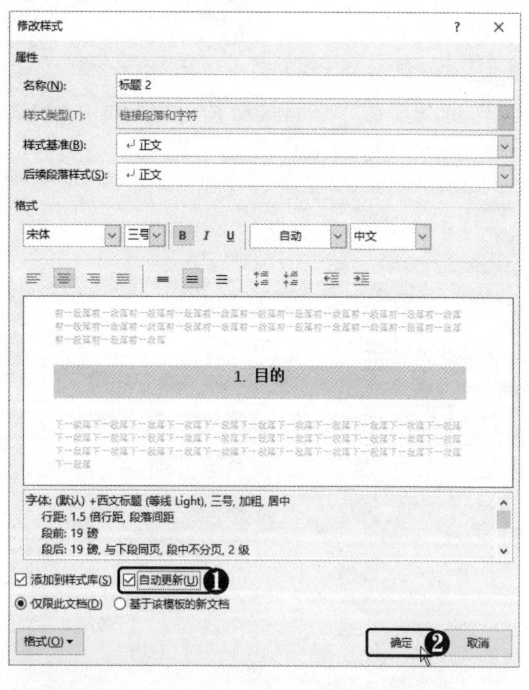

STEP 09 **查看设置效果** 此时所有应用“标题 2”样式的段落格式都将发生更改。

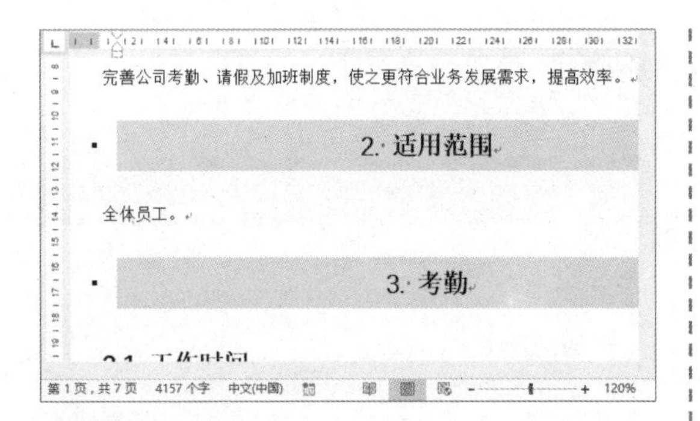

STEP 10 选择“修改”命令 打开“样式”窗格，❶ 右击“标题 3”样式。❷ 选择“修改”命令。

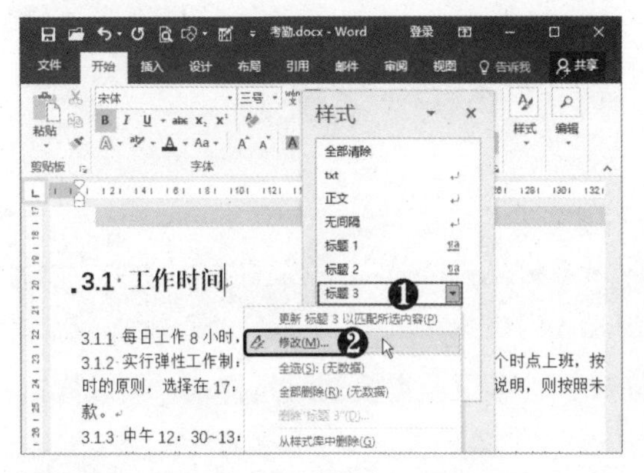

STEP 11 设置格式 弹出“修改样式”对话框，在“格式”选项区中设置字体格式、段落行距、间距等。

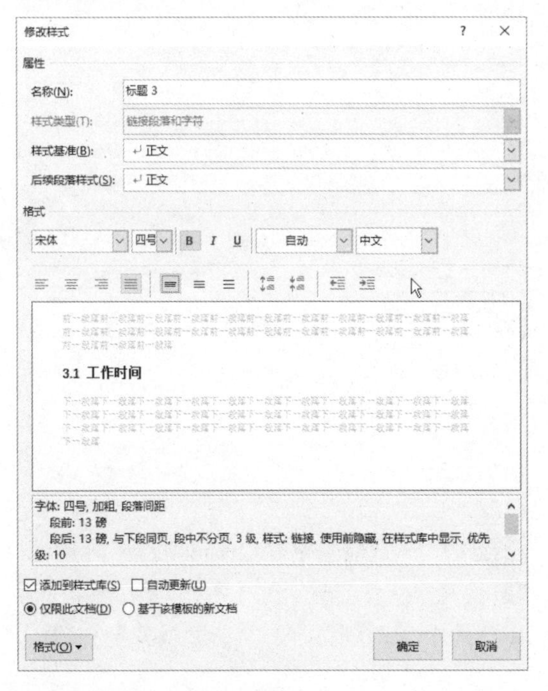

STEP 12 选择“边框”选项 ❶ 在左下角单击“格式”下拉按钮。❷ 选择“边框”选项。

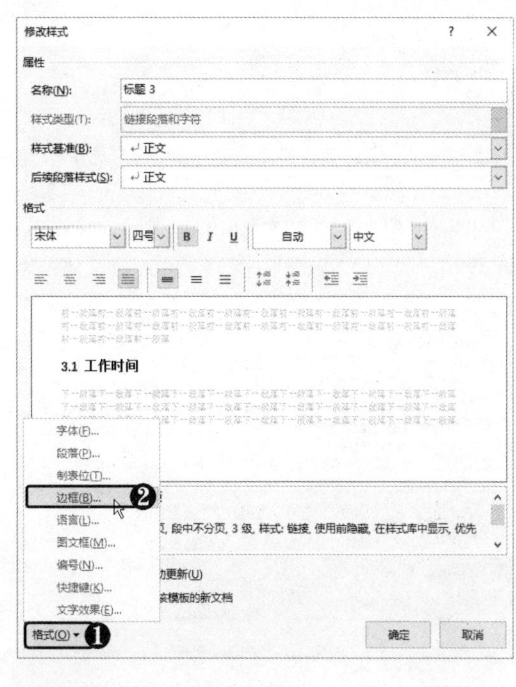

STEP 13 自定义边框样式 弹出“边框和底纹”对话框，❶ 在左侧单击“自定义”按钮。❷ 选择边框样式。❸ 设置边框颜色和宽度。❹ 在“预览”图示的下方单击自定义边框样式。❺ 单击“确定”按钮。

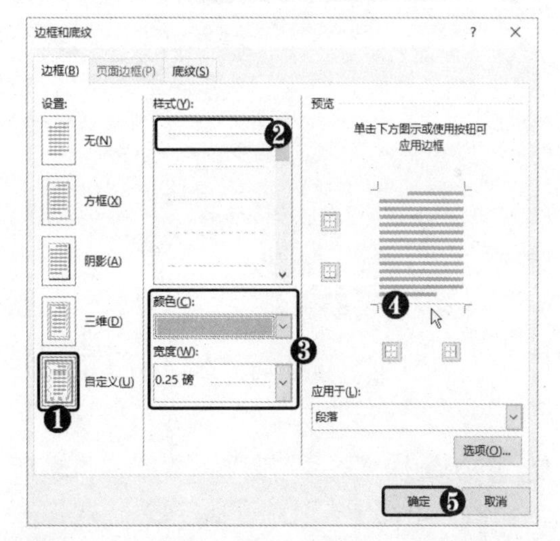

STEP 14 设置自动更新样式 返回“修改样式”对话框，❶ 选中“自动更新”复选框。❷ 单击“确定”按钮。

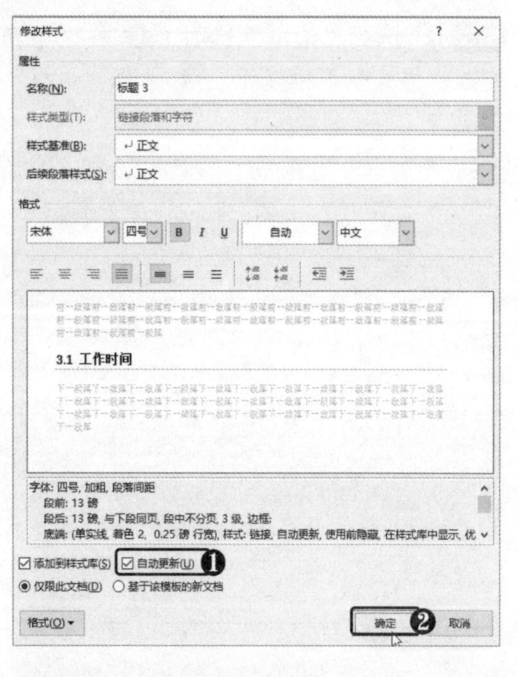

STEP 15 查看设置效果 此时所有应用“标题 3”样式的段落格式都将发生更改。

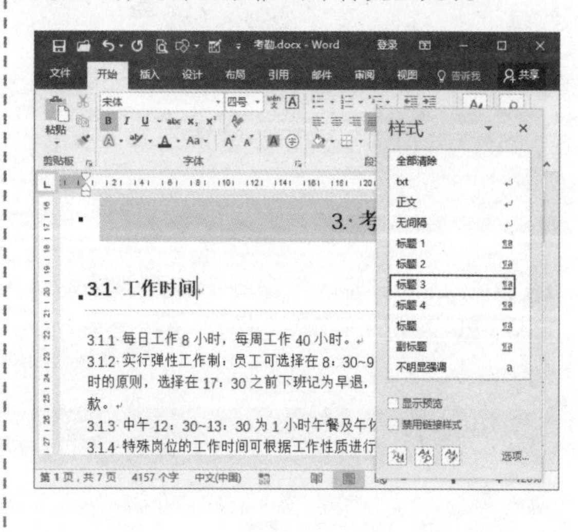

5.1.4 创建新样式

在编辑文档时，不仅可以使用系统内置样式，还可根据需要创建新样式，具体操作方法如下。

STEP 01 单击“新建样式”按钮 打开“样式”窗格，在下方单击“新建样式”按钮。

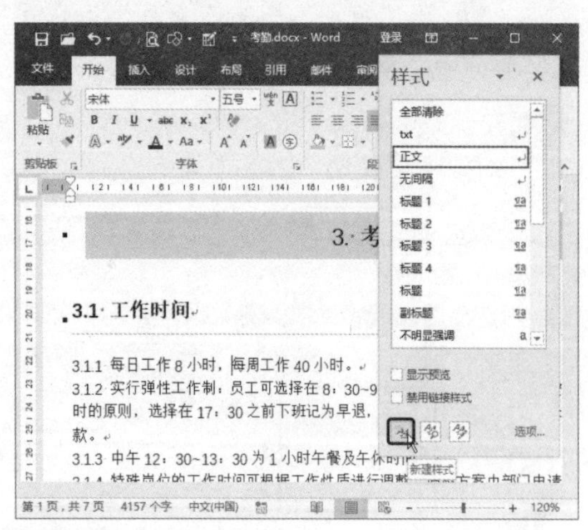

STEP 02 选择“段落”选项 弹出“根据格式设置创建新样式”对话框，❶ 输入样式名称。❷ 设置“样式类型”、“样式基准”及“后续段落样式”。❸ 单击“格式”下拉按钮。❹ 选择“段落”选项。

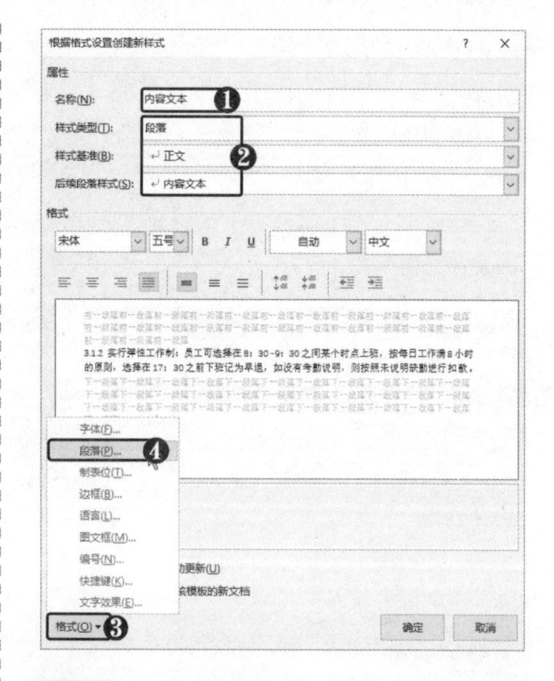

STEP 03 设置段落格式 弹出“段落”对话框，❶ 设置“首行缩进”为 2 字符。❷ 设置“段后”间距为 0.5 行。❸ 单击“确定”按钮。

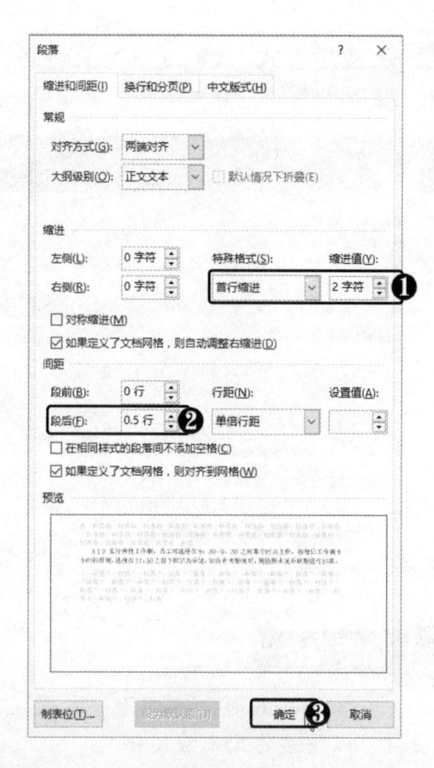

STEP 04 确认格式设置 返回“根据格式设置创建新样式”对话框，在“预览”区域查看当前格式效果，单击“确定”按钮。

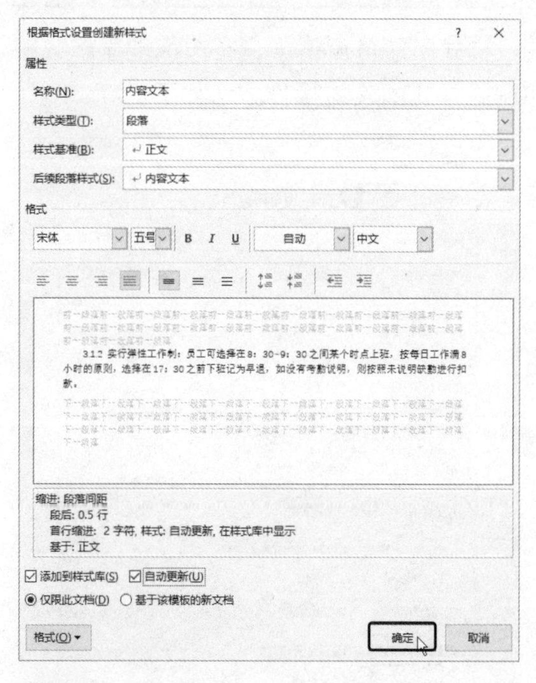

STEP 05 应用新样式 此时即可创建新样式，❶ 选中要应用样式的文本。❷ 在“样式”窗格中选择新建的样式。

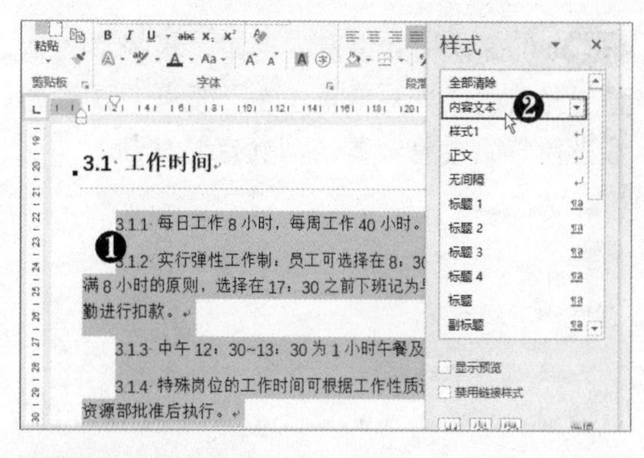

STEP 06 选择“编号”选项 打开“根据格式设置创建新样式”对话框，❶ 输入样式名称。❷ 设置“样式基准”为“正文”。❸ 单击“格式”下拉按钮。❹ 选择“编号”选项。

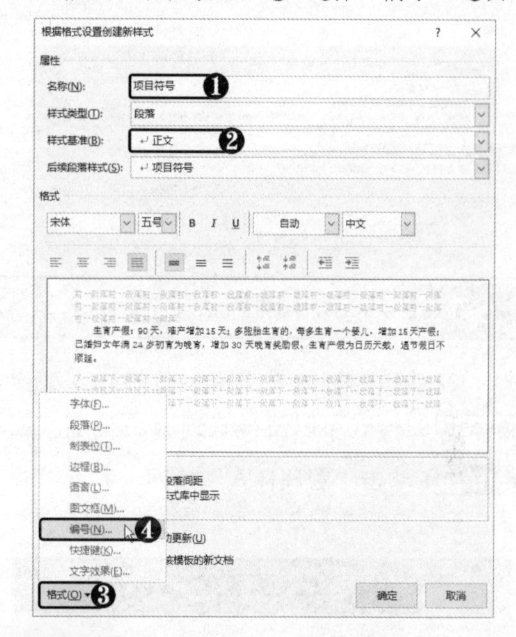

STEP 07 选择项目符号 弹出“编号和项目符号”对话框，❶ 选择“项目符号”选项卡。❷ 选择项目符号。❸ 单击“确定”按钮。

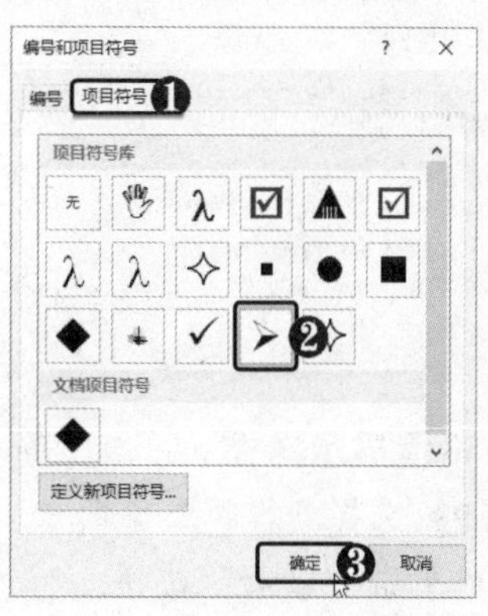

STEP 08 确认格式设置 返回“根据格式设置创建新样式”对话框，在“预览”区域查看当前格式效果，单击“确定”按钮。

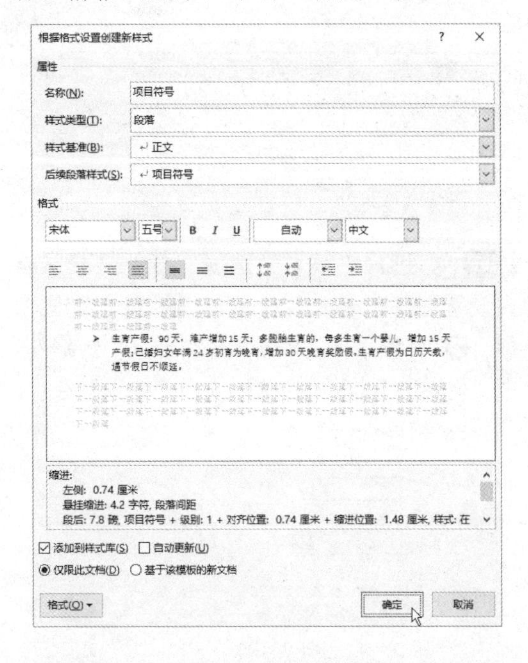

STEP 09 应用样式 ❶ 选中要应用样式的文本。❷ 在“样式”窗格中选择新建的样式。

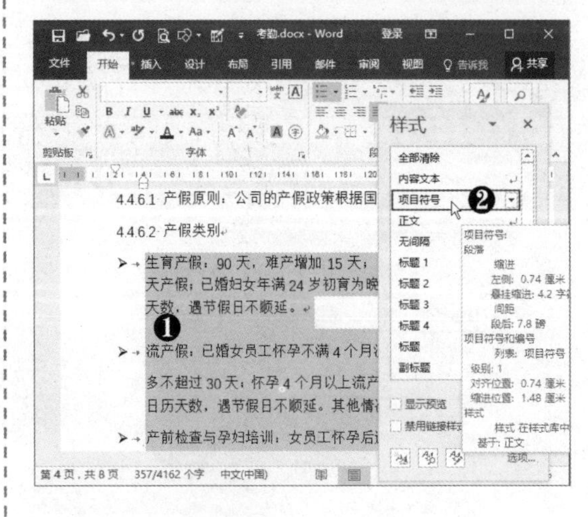

高手点拨

在修改样式时，可以为样式设置快捷键，以快速为文本应用样式。

5.1.5 显示和删除样式

在编辑文档时不需将所有的样式都显示在“样式”任务窗格中，有选择地显示或删除没用的样式可以使样式列表更整洁。显示和删除样式的具体操作方法如下。

STEP 01 单击“管理样式”按钮 打开“样式”窗格，单击下方的“管理样式”按钮。

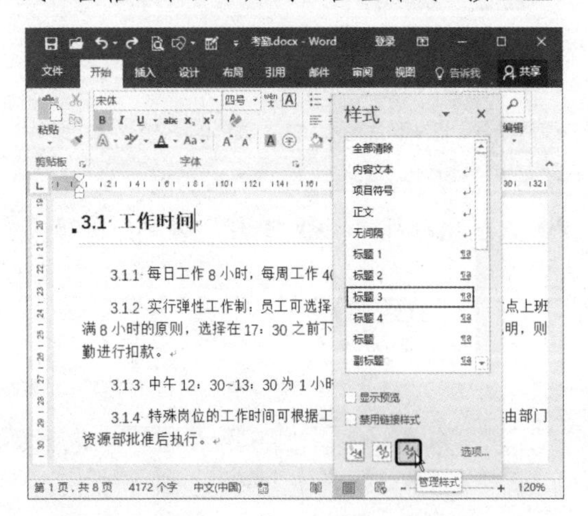

STEP 02 设置显示样式 弹出“管理样式”对话框，❶ 选择“推荐”选项卡。❷ 选择样式。❸ 单击“显示”按钮。

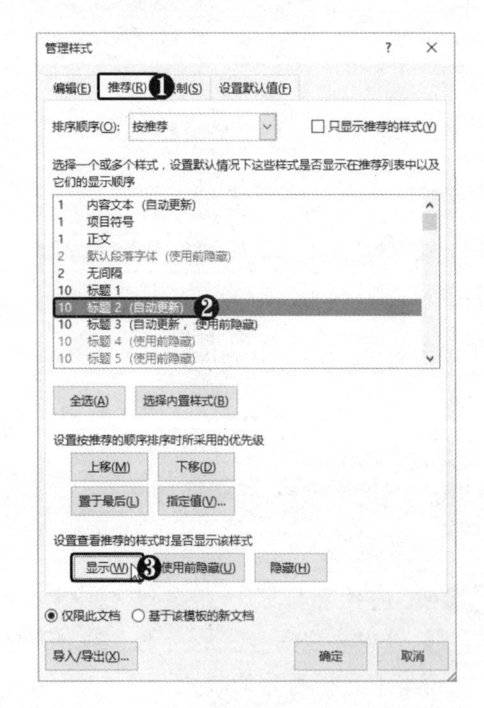

STEP 03 调整显示顺序 ❶ 选择样式。❷ 单击“上移”按钮，调整该样式在“样式”列表中的显示顺序。❸ 单击“确定”按钮。

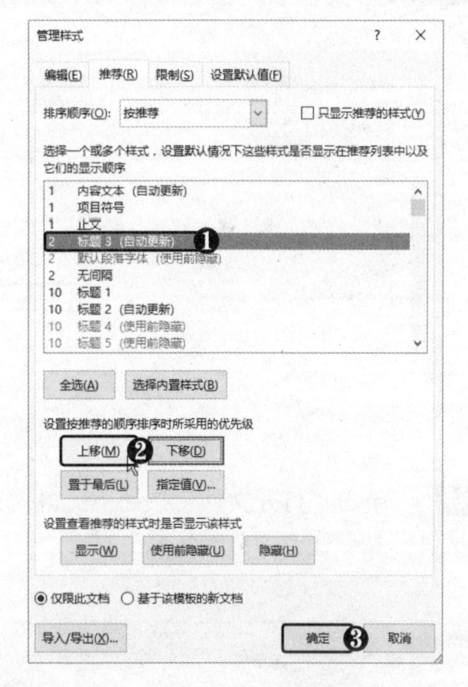

STEP 04 单击“选项”超链接 在“样式”窗格右下角单击“选项”超链接。

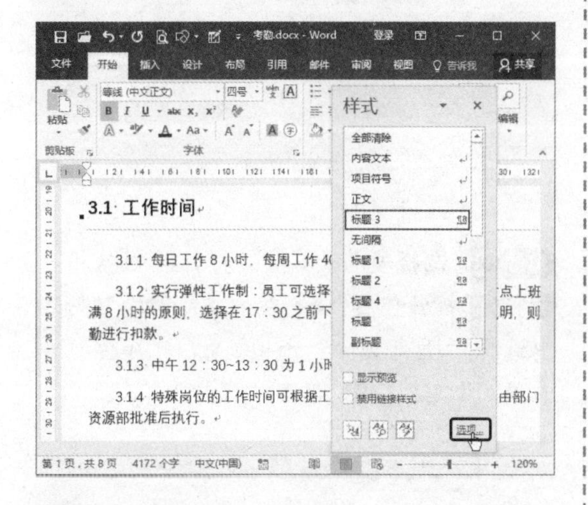

STEP 05 设置要显示的样式 弹出“样式窗格选项”对话框，❶ 在“选择要显示的样式”下拉列表框中选择“正在使用的格式”选项。❷ 单击“确定”按钮。

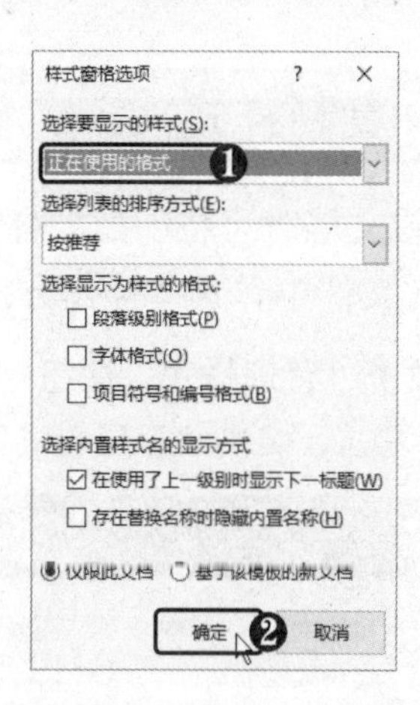

STEP 06 查看显示样式 此时即可在“样式”窗格中只显示正在使用的格式。

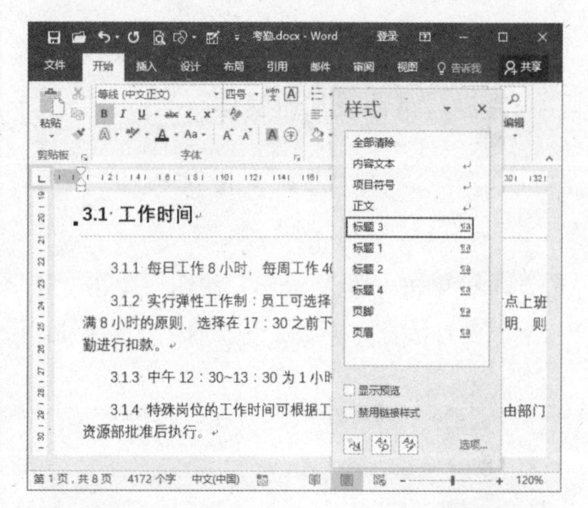

STEP 07 删除样式 若要删除不需要的样式，可单击样式右侧的下拉按钮，选择相应的删除选项即可。

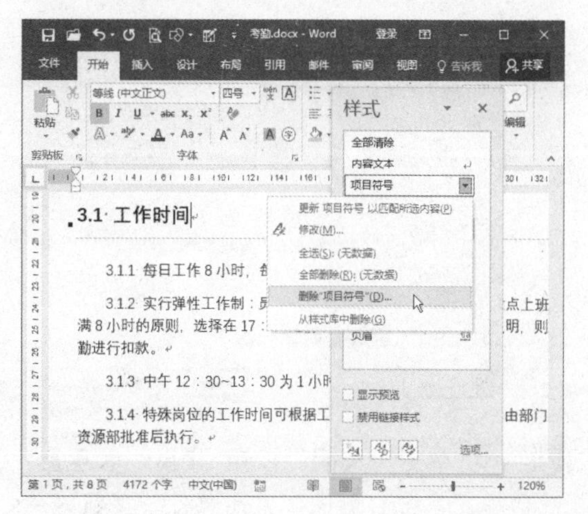

5.1.6 复制样式

在编辑文档时可将创建的样式复制到某个 Word 模板文件中，也可将样式复制到指定的 Word 文件中，具体操作方法如下。

STEP 01 单击“管理样式”按钮 打开“样式”窗格，单击下方的“管理样式”按钮。

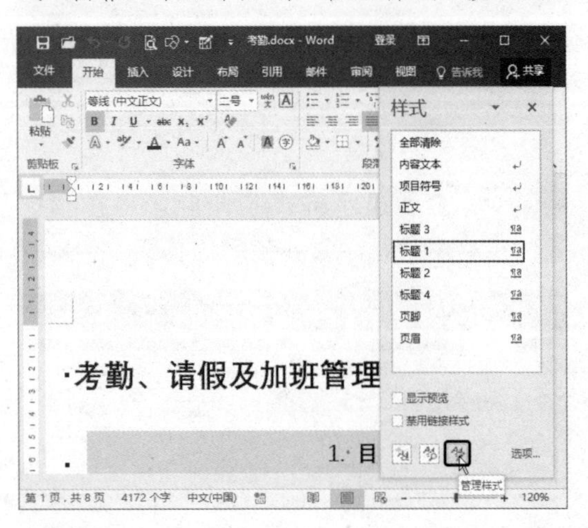

STEP 02 单击“导入/导出”按钮 弹出“管理样式”对话框，单击左下方的“导入/导出”按钮。

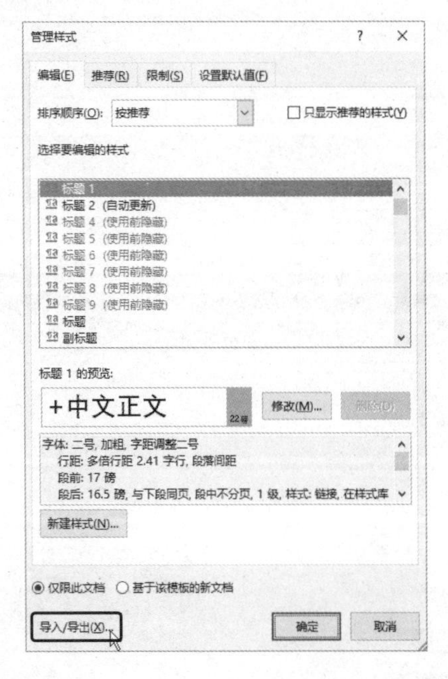

STEP 03 单击“关闭”按钮 弹出“管理器”对话框，单击右侧的“关闭文件”按钮，关闭 Normal.dotm 模板文件。

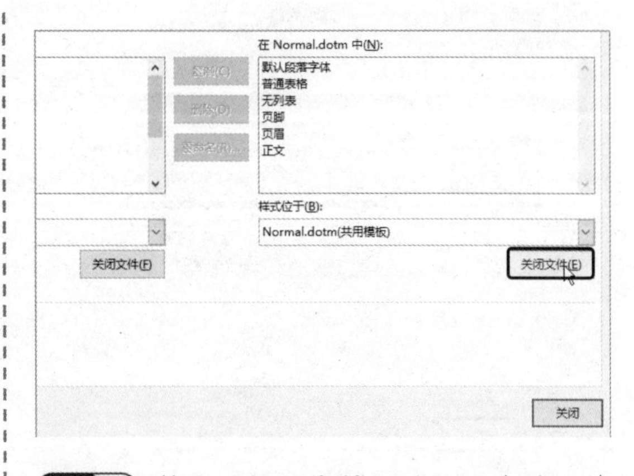

STEP 04 单击“打开文件”按钮 此时“关闭文件”按钮变为“打开文件”按钮，单击该按钮。

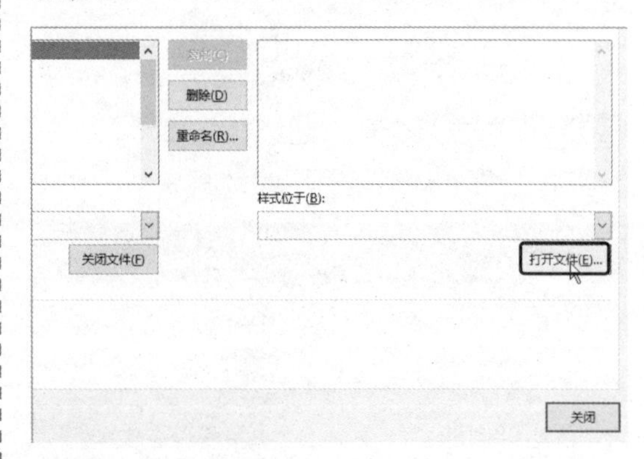

STEP 05 选择文件 弹出“打开”对话框，❶ 选择打开位置。❷ 在“文件类型”列表中选择“所有文件”选项。❸ 选择要打开的 Word 文档。❹ 单击“打开”按钮。

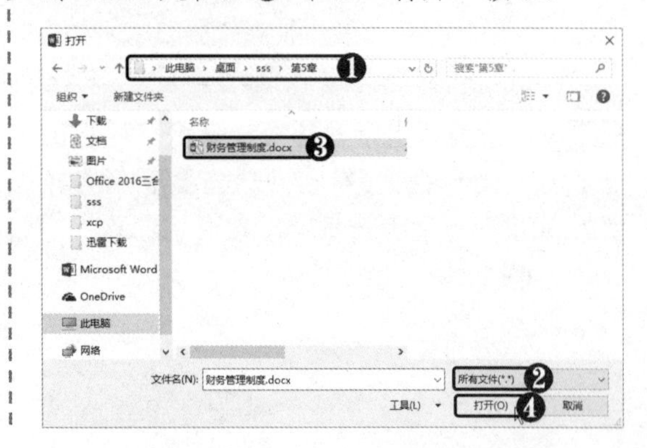

STEP 06 复制样式 返回“管理器”对话框，❶ 在左侧选择样式。❷ 单击“复制”按钮。

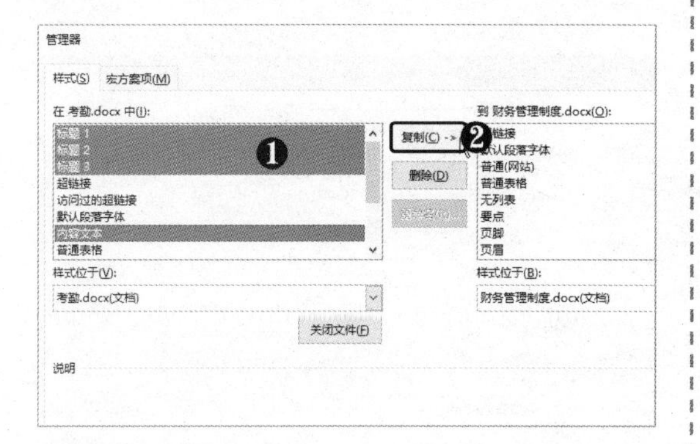

STEP 07 单击“关闭”按钮 此时即可将该样式复制到右侧的 Word 文档中，单击“关闭”按钮。

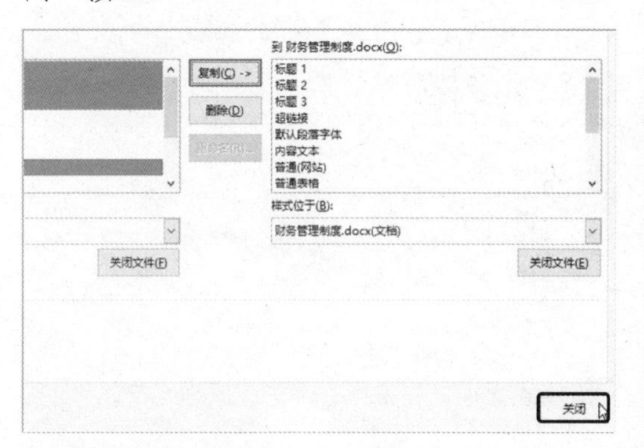

STEP 08 单击“保存”按钮 弹出提示信息框，单击“保存”按钮保存文档。

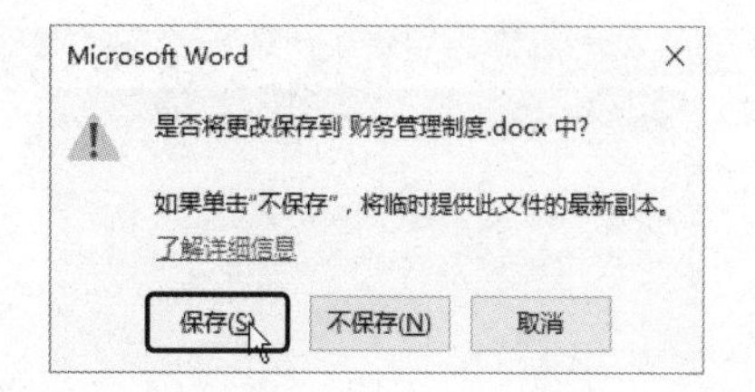

STEP 09 查看样式 打开复制了样式的 Word 文档，打开“样式”窗格，从中可以看到复制的样式，根据需要可将该样式应用到文档中。

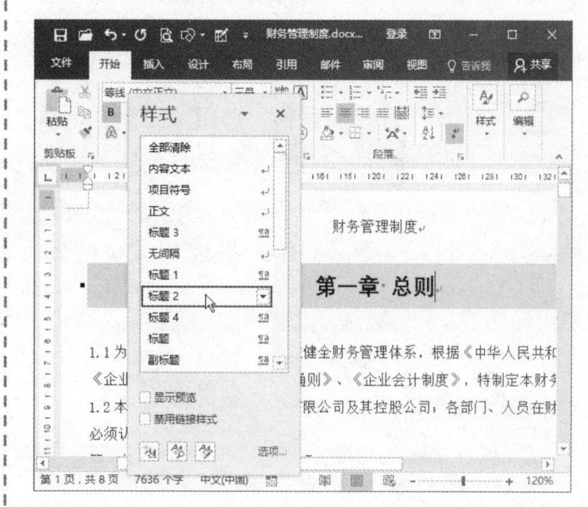

高手点拨

在“样式”窗格下方单击“样式检查器”按钮，打开“样式检查器”窗格，单击下方的“显示格式”按钮，打开“显示格式”窗格，从中即可查看当前所选文本的格式。

5.2 创建与使用模板

Word 2016 提供了很多模板文档，通过这些模板可以快速创建特殊文档。通过使用 Word 模板创建文档可以省去多次重新创建基本内容和版式信息的工作。用户还可以自己创建 Word 模板，下面将介绍如何创建与使用 Word 模板。

5.2.1 将文档保存为模板

若经常需要创建某种特定类型的文档，如每月报表、销售预测或演示文稿等，可以将创建好的文档保存为模板，并以此为起点创建新的文档。

将文档保存为模板的具体操作方法如下。

STEP 01 **编辑文档**　打开素材文件“邀请函.docx”，并进行所需的编辑操作。

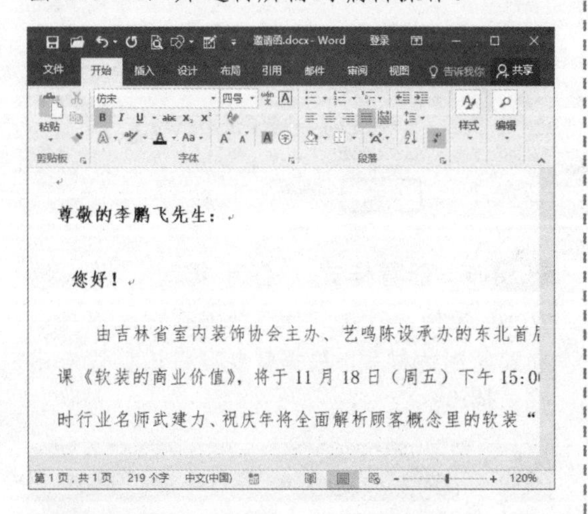

STEP 02 **保存为模板文件**　按【F12】键，弹出“另存为”对话框，在“保存类型”下拉列表中选择“Word模板(*.dotx)”选项，此时将自动转到“自定义Office模板”保存位置。

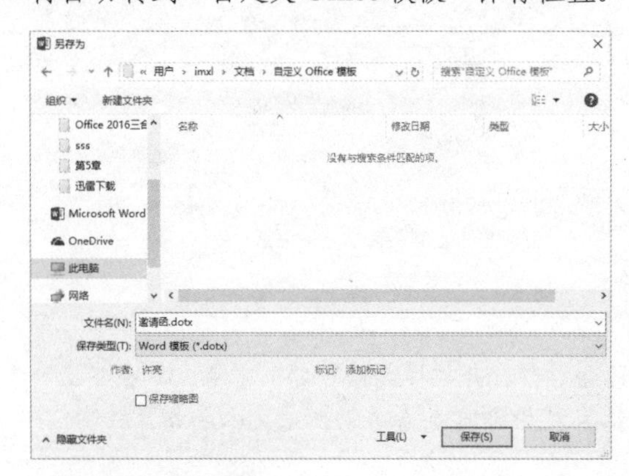

STEP 03 **选择保存位置**　❶ 选择保存位置。❷ 单击“保存”按钮。

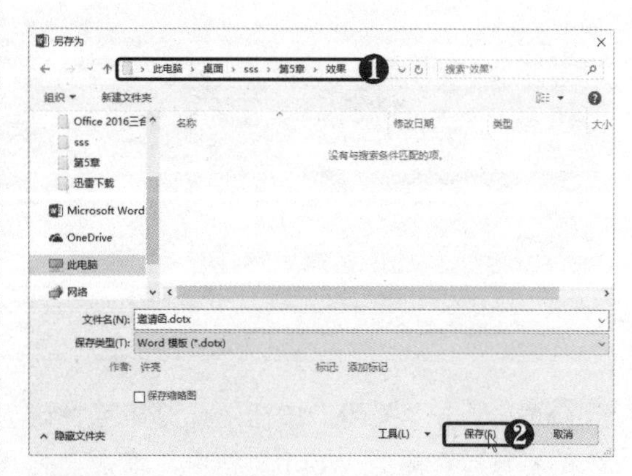

STEP 04 **查看模板文件**　找到保存位置，查看保存的Word模板文件，可以看到其图标与Word文档图标有所不同。

高手点拨

Word的默认模板Normal.dotm位于“C:\用户\你的系统名\AppData\Roaming\Microsoft\Templates”目录（需设置显示隐藏的文件，才能看到AppData文件夹）。

5.2.2 使用控件制作模板

通常在模板文件中需要添加一些内容控件，这样在以后的应用中只需改动部分较少的内容即可完成制作。内容控件可为用户提供说明性文本，还可将控件设置为在用户输入自己的文本时消失。

下面将介绍如何使用内容控件制作模板文档，具体操作方法如下。

STEP 01 单击“新建样式”按钮 ❶ 选中文本。❷ 打开“样式”窗格，在下方单击“新建样式”按钮。

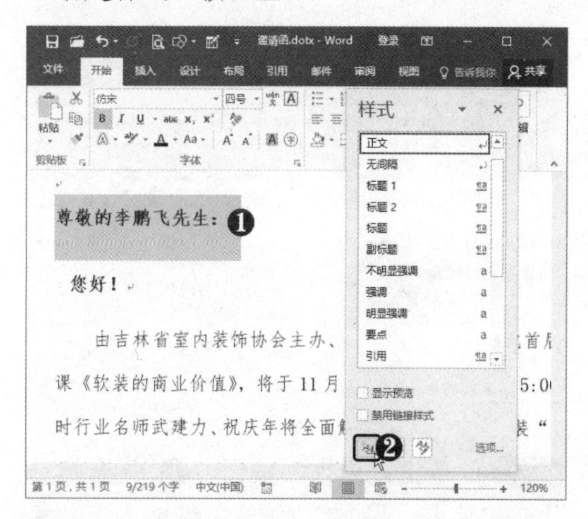

STEP 02 输入样式名称 弹出“根据格式设置创建新样式”对话框，❶ 输入样式名称。❷ 单击“确定”按钮。

根据格式设置创建新样式
属性
名称(N): 加粗文本
样式类型(T): 段落
样式基准(B): 正文
后续段落样式(S):
格式
仿宋 四号 自动 中文
尊敬的李鹏飞先生：
字体: (中文) 仿宋, (默认) 仿宋, 四号, 加粗
行距: 1.5 倍行距, 段落间距
段后: 1 行, 样式: 在样式库中显示
基于: 正文
添加到样式库(S) 自动更新(U)
仅限此文档(D) 基于该模板的新文档
格式(O) 确定 取消

STEP 03 单击“新建样式”按钮 ❶ 选中文本。❷ 打开“样式”窗格，在下方单击“新建样式”按钮。

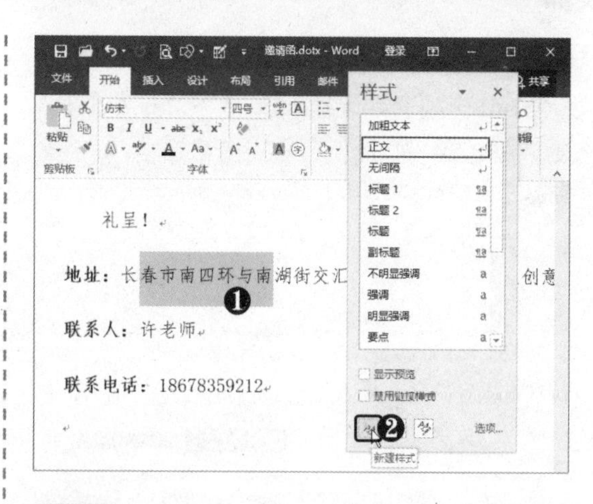

STEP 04 选择“段落”选项 弹出“根据格式设置创建新样式”对话框，❶ 输入样式名称。❷ 设置样式类型与样式基准。❸ 单击“确定”按钮。

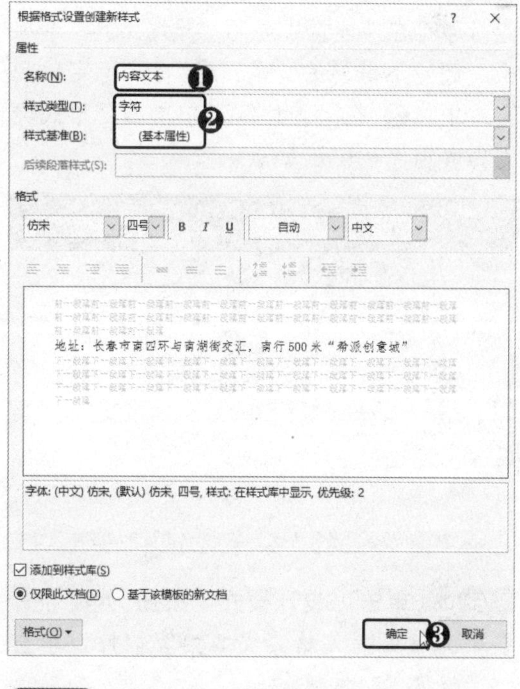

STEP 05 选择“自定义功能区”命令 ❶ 右击“开始”选项卡。❷ 选择“自定义功能区”命令。

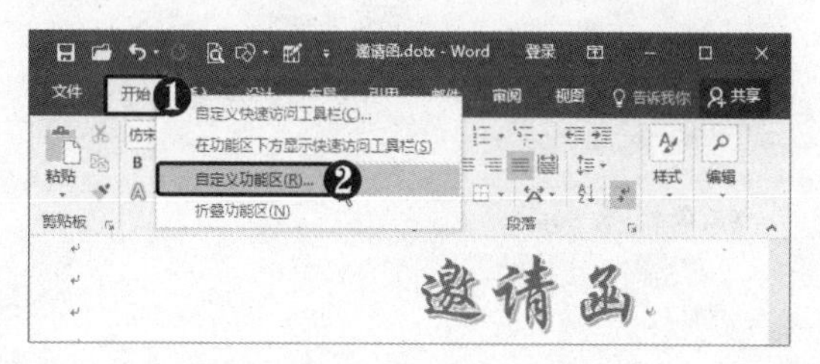

STEP 06 选中"开发工具"复选框 弹出"Word 选项"对话框，❶ 选中"开发工具"复选框。❷ 单击"确定"按钮。

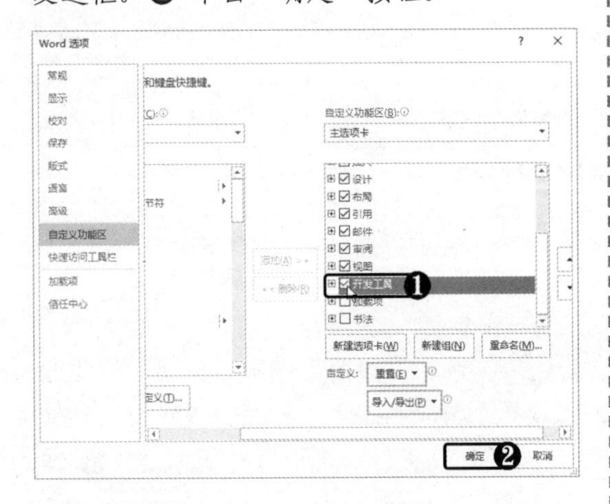

STEP 07 单击"格式文本内容控件"按钮 此时即可在功能区中显示"开发工具"选项卡，删除不需要的文本。❶ 将光标定位到文本中。❷ 在"控件"组中单击"格式文本内容控件"按钮Aa。

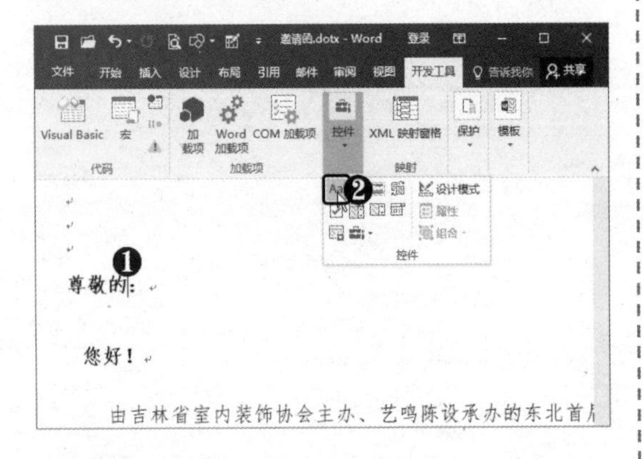

STEP 08 单击"设计模式"按钮 此时即可在单元格中插入格式文本内容控件，单击"设计模式"按钮。

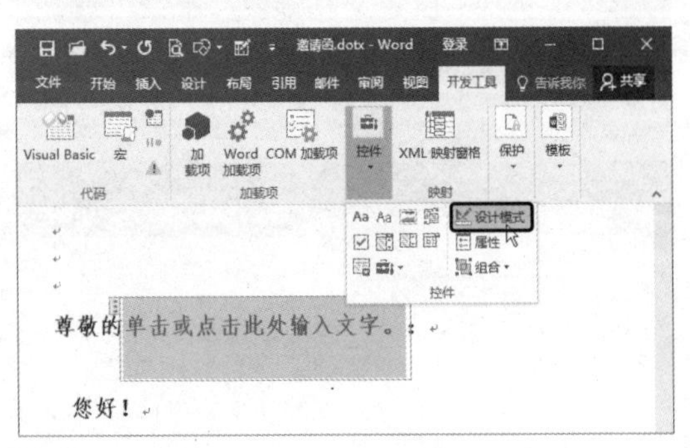

STEP 09 应用样式 进入设计模式，删除原有文本。❶ 输入并选中文本。❷ 在"样式"组中选择样式，如"加粗文本"。

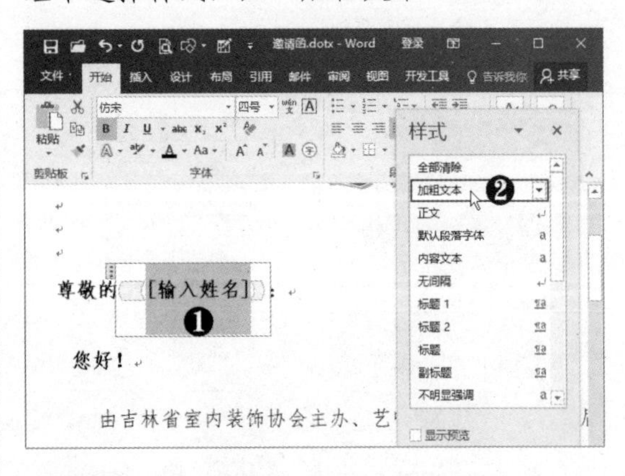

STEP 10 单击"属性"按钮 ❶ 将光标定位到控件中。❷ 在"控件"组中单击"属性"按钮。

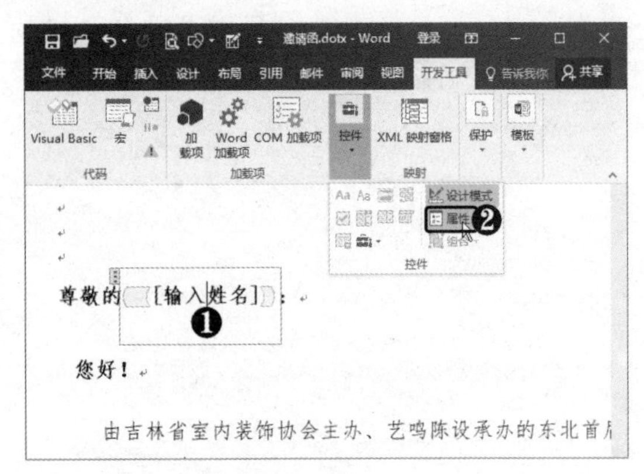

STEP 11 设置控件属性 弹出"内容控件属性"对话框，❶ 选中"内容被编辑后删除内容控件"复选框。❷ 单击"确定"按钮。

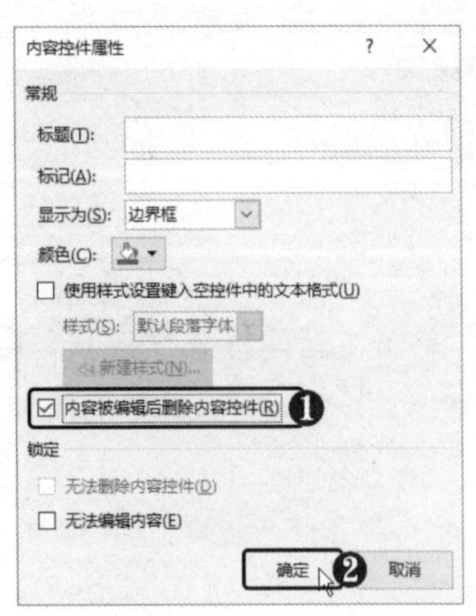

STEP 12 **单击“下拉列表内容控件”按钮** ❶ 将光标定位到控件后。❷ 在“控件”组中单击“下拉列表内容控件”按钮。

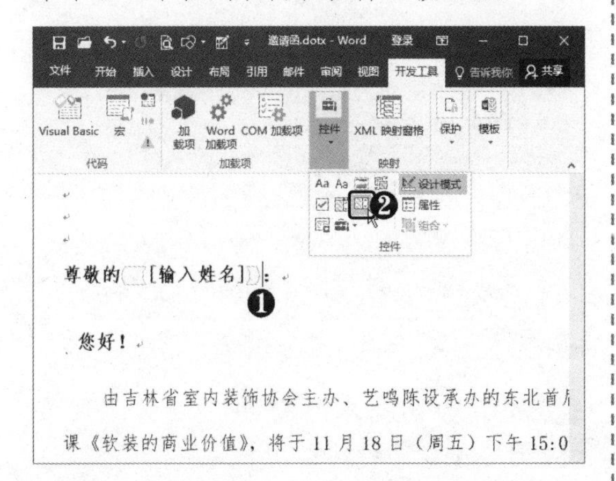

STEP 13 **应用样式** ❶ 重新编辑控件文本并选中文本。❷ 在“样式”组中选择样式，如“加粗文本”。

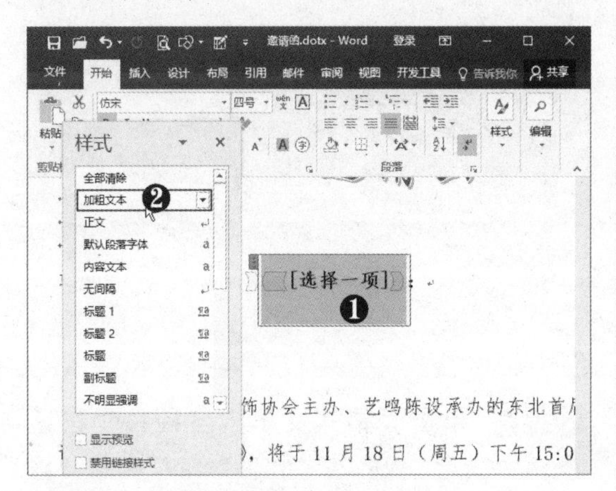

STEP 14 **单击“属性”按钮** ❶ 选中控件。❷ 单击“属性”按钮。

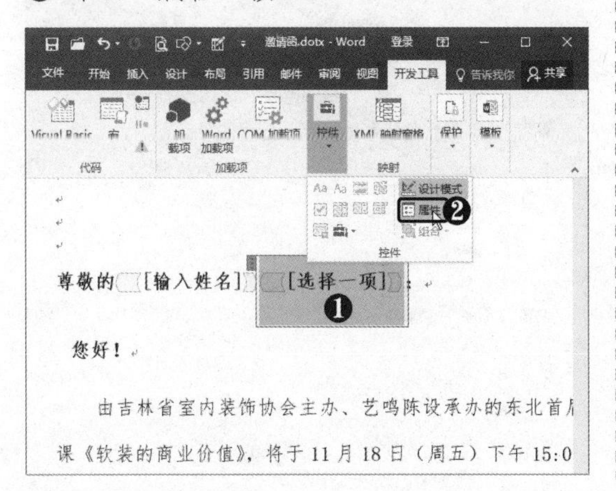

STEP 15 **删除列表项** 弹出“内容控件属性”对话框，❶ 选择“选择一项”选项。❷ 单击“删除”按钮。

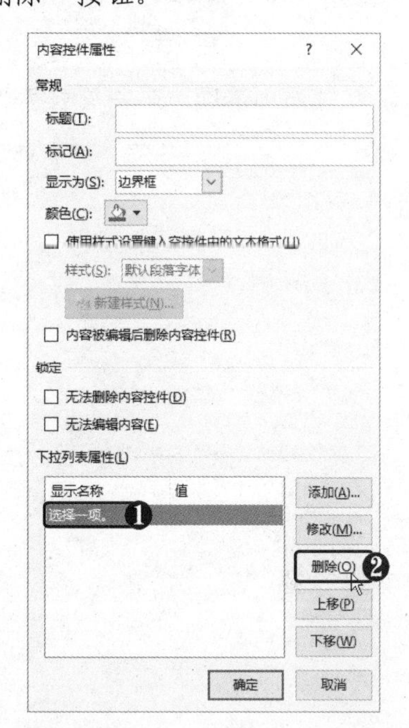

STEP 16 **单击“添加”按钮** 此时即可将所选列表项删除，单击“添加”按钮。

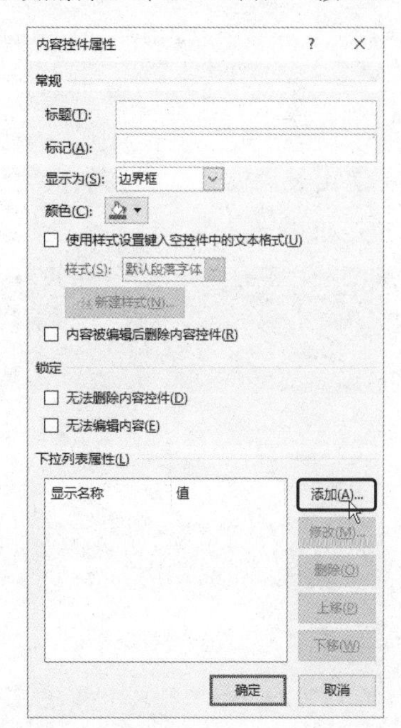

STEP 17 **添加选项** 弹出“添加选项”对话框，❶ 输入显示名称，如“先生”。❷ 单击“确定”按钮。

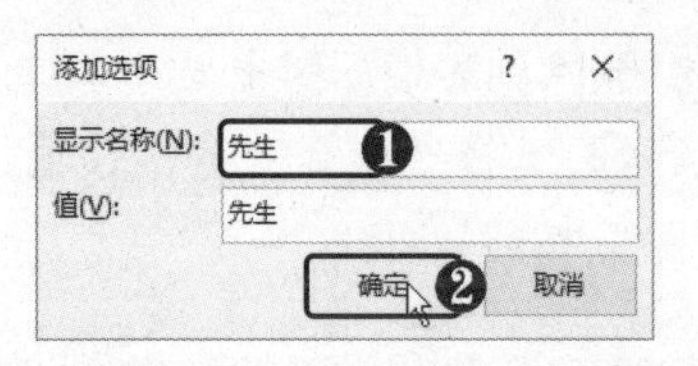

STEP 18 继续添加选项 采用同样的方法，❶ 再添加一个列表项“女士”。❷ 单击“确定”按钮。

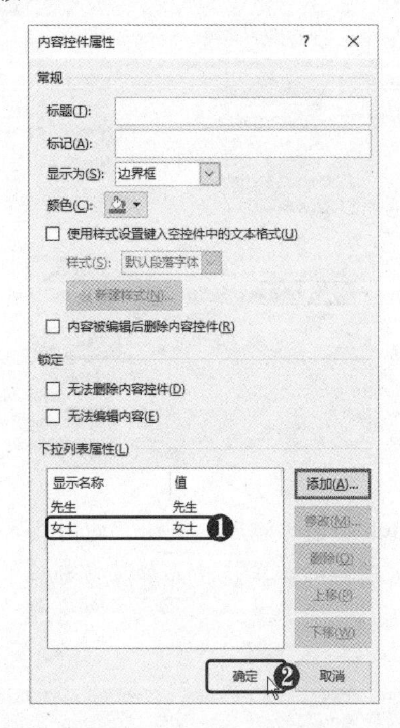

STEP 19 退出设计模式 再次单击“设计模式”按钮，退出设计模式。

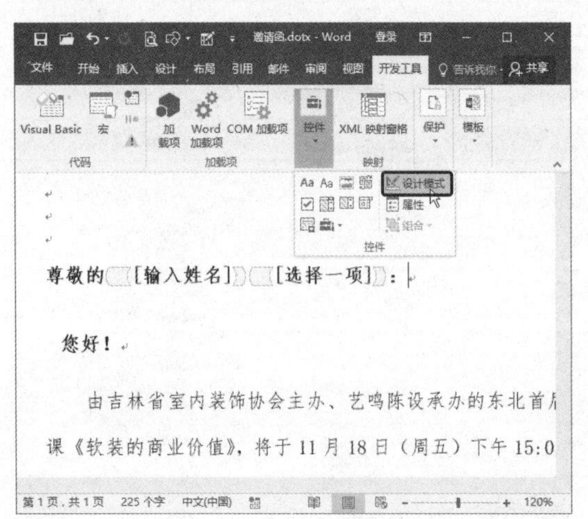

STEP 20 查看控件效果 此时即可查看下拉列表控件效果。

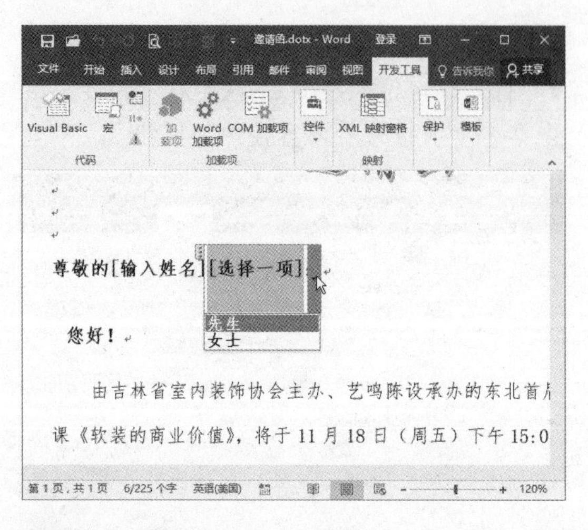

STEP 21 剪切文本 选中主题文本，按【Ctrl+X】组合键剪切文本。

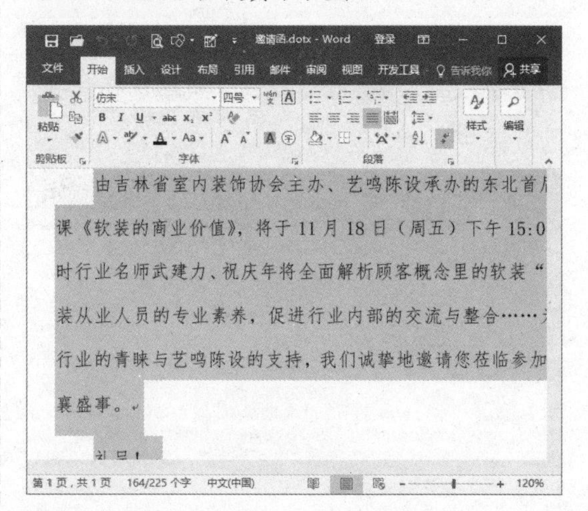

STEP 22 单击“格式文本内容控件”按钮 ❶ 定位光标。❷ 在“控件”组中单击“格式文本内容控件”按钮Aa。

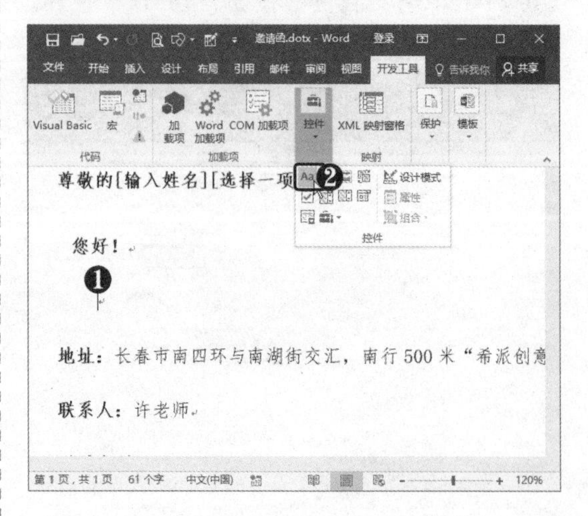

STEP 23 **单击“属性”按钮** 重新编辑控件中的文本，将剪切的文本粘贴到控件中，单击“属性”按钮。

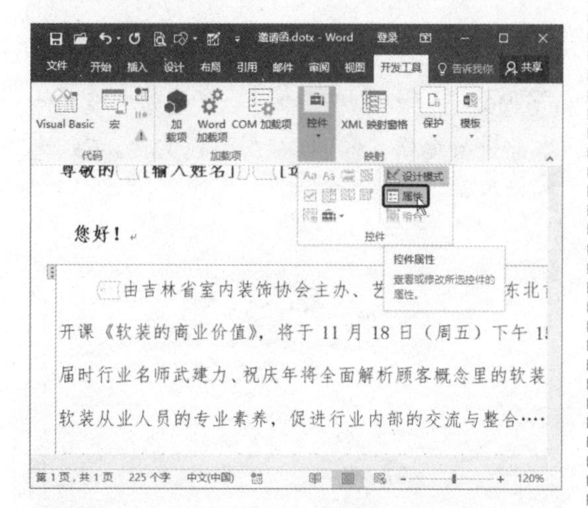

STEP 24 **输入控件标题** 弹出“内容控件属性”对话框，❶ 输入标题文本。❷ 单击“确定”按钮。

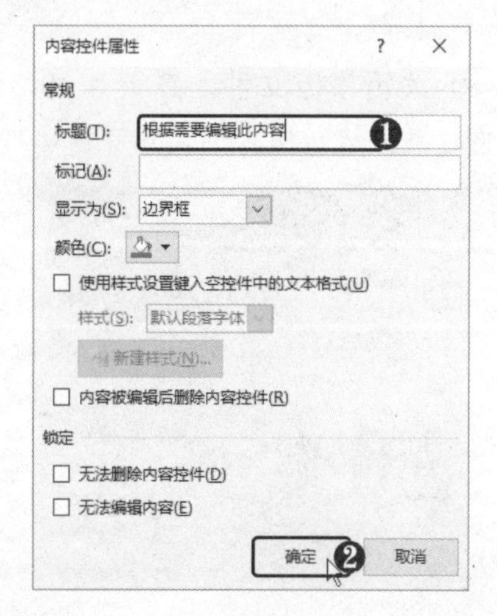

STEP 25 **查看控件标题** 在控件上单击即可在左上方看到设置的标题。

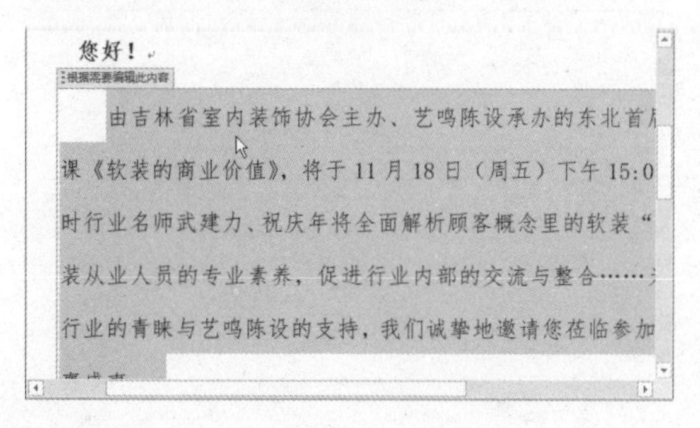

STEP 26 **继续插入控件** 采用同样的方法，在“地址”行中插入“格式文本内容控件”，并为控件应用样式。

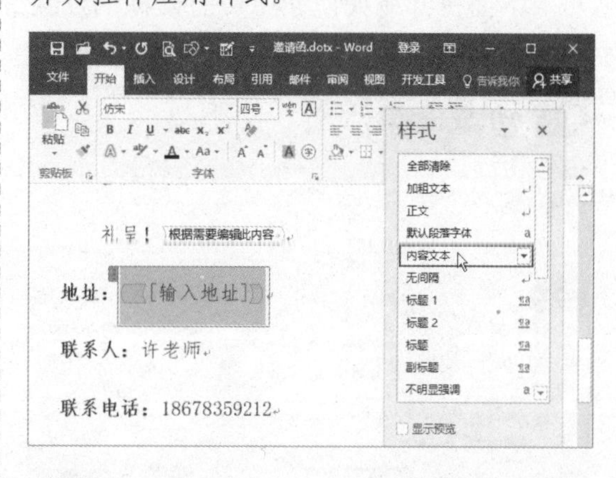

STEP 27 **复制控件** 分别将“格式文本内容控件”复制到下方两行中，并编辑控件文本。

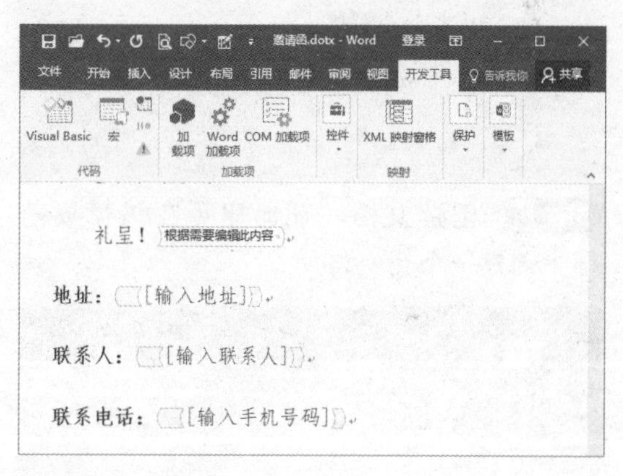

STEP 28 **查看插入控件效果** 单击“设计模式”按钮，退出设计模式，查看插入的控件效果。

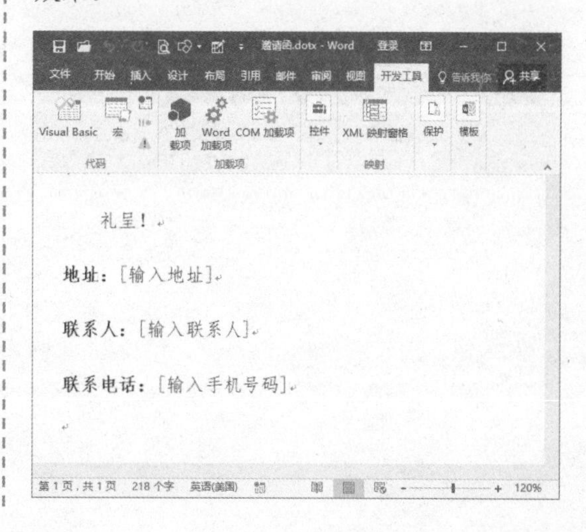

5.2.3 模板的应用

下面将介绍如何使用功能模板创建新文档，以及如何对模板文件进行编辑，具体操作方法如下。

STEP 01 双击模板文件 找到模板文件，双击其图标。

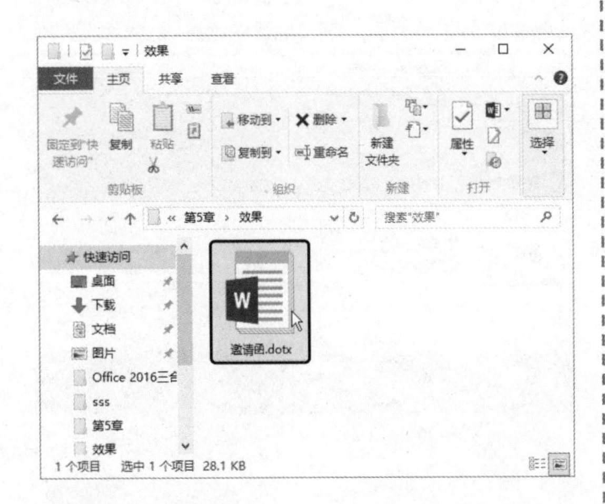

STEP 02 创建文档 此时即可在该模板基础上创建一个新文档。

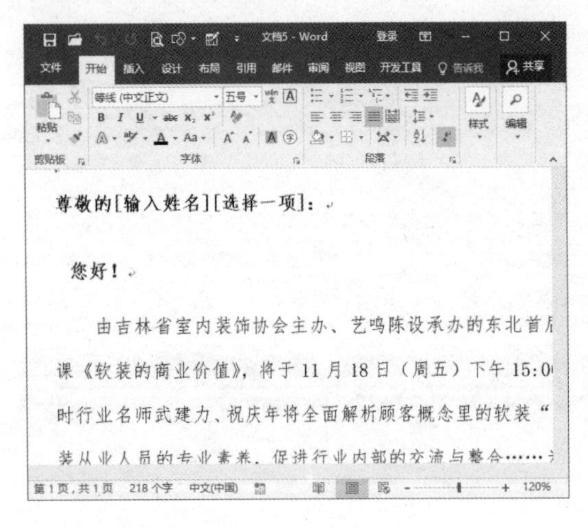

STEP 03 选择"打开"命令 若要对模板文件本身进行编辑，❶ 可右击模板文件。❷ 选择"打开"命令。

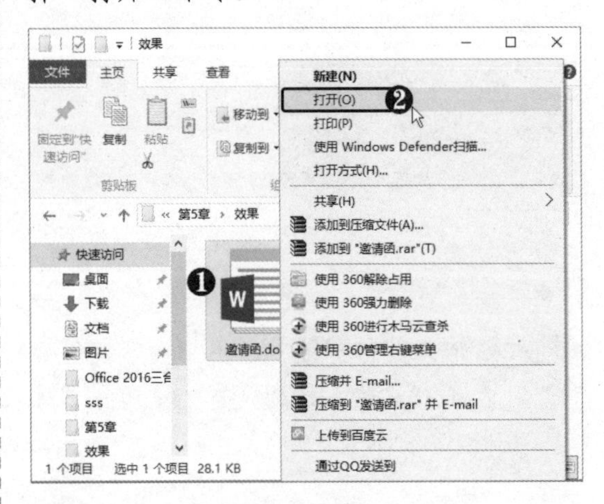

STEP 04 编辑模板文件 此时即可打开模板文件，对其进行所需的编辑操作即可。

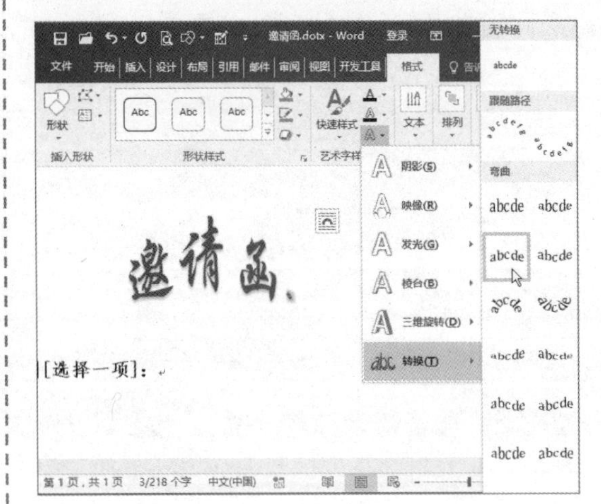

Chapter

06

文档页面设置与打印

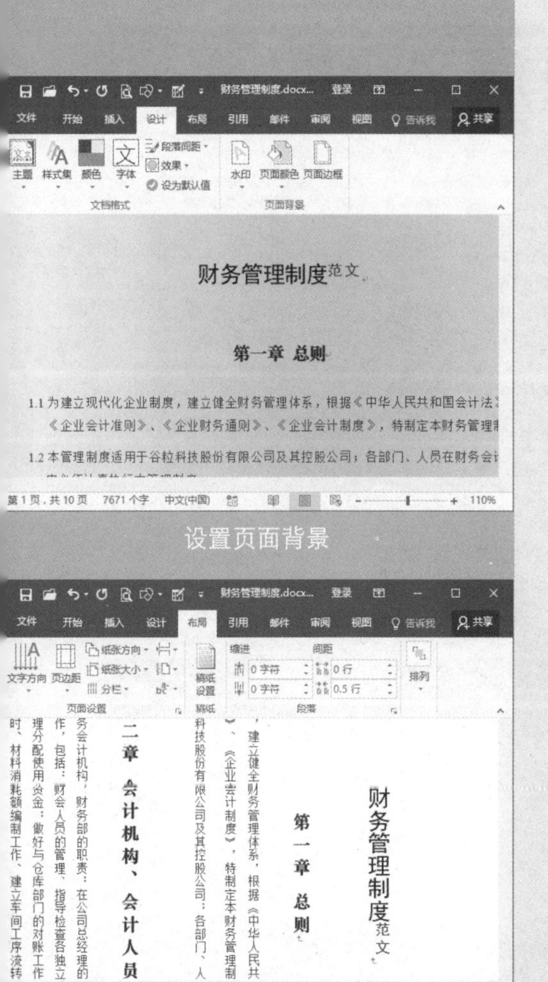

设置页面背景

为段落添加边框和底纹

在编辑办公文档的过程中，用户可以通过添加水印、设置页面背景、添加页面边框等来美化文档页面，通过对设置页边距、纸张大小、添加页眉和页脚等来满足打印需求，在打印输出文档时还应根据需要进行必要的打印设置。本章将介绍文档页面设置与打印方面的知识。

6.1 美化文档页面

Word 2016 提供了多种美化文档页面的功能，如添加水印效果、设置页面背景、添加页面边框等，下面将分别对其进行介绍。

6.1.1 添加水印

水印效果类似于一种页面背景，其内容多是文档所有者名称等信息。Word 2016 提供了图片与文字两种水印，用户可以自定义水印效果，具体操作方法如下。

STEP 01 选择“自定义水印”选项 ❶ 选择“设计”选项卡。❷ 在“页面背景”组中单击“水印”下拉按钮。❸ 选择“自定义水印”选项。

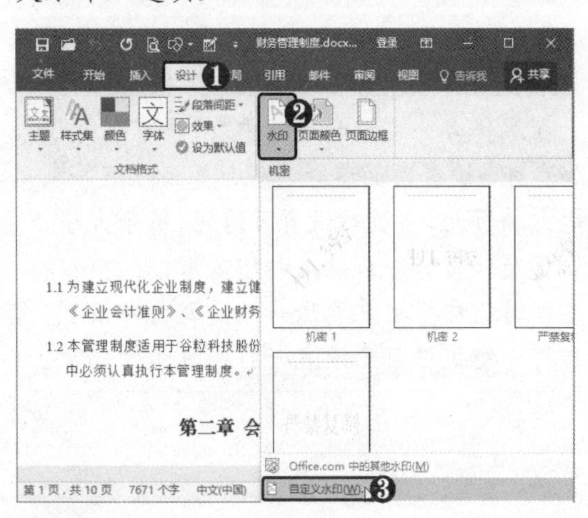

STEP 02 自定义文字水印 弹出“水印”对话框，❶ 选中“文字水印”单选按钮。❷ 设置文字水印的格式。❸ 取消选择“半透明”复选框。❹ 单击“应用”按钮。

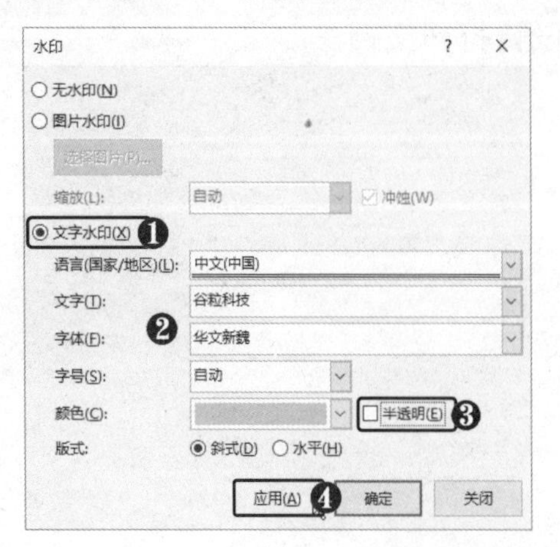

STEP 03 查看水印效果 此时即可在文档中查看自定义的文字水印效果。

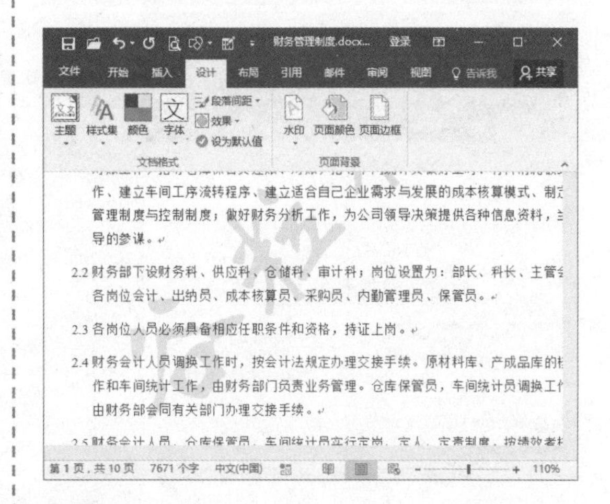

STEP 04 双击鼠标 在页面的页眉位置双击鼠标左键。

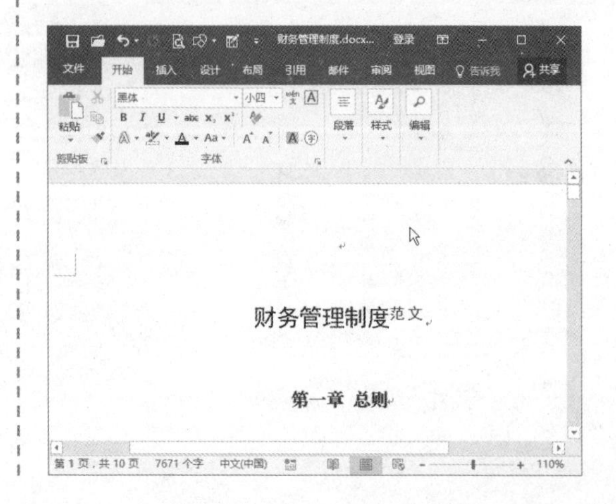

STEP 05 调整文字水印 进入页眉和页脚编辑状态，选中水印，根据需要调整其位置或进行旋转，完成后双击正文位置。

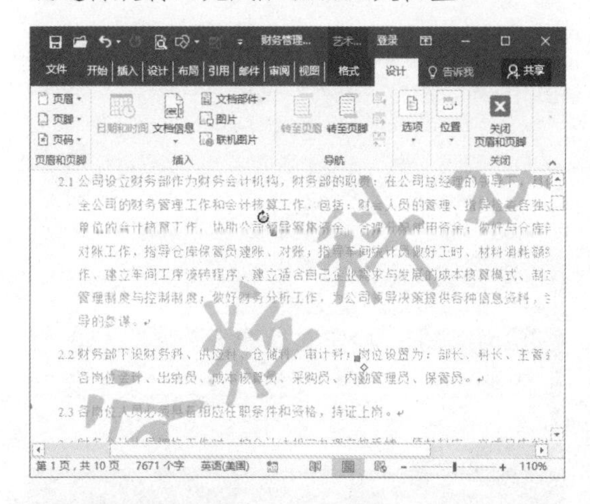

STEP 06 删除水印 ❶ 单击“水印”下拉按钮。❷ 选择“删除水印”选项，即可删除文档中的水印。

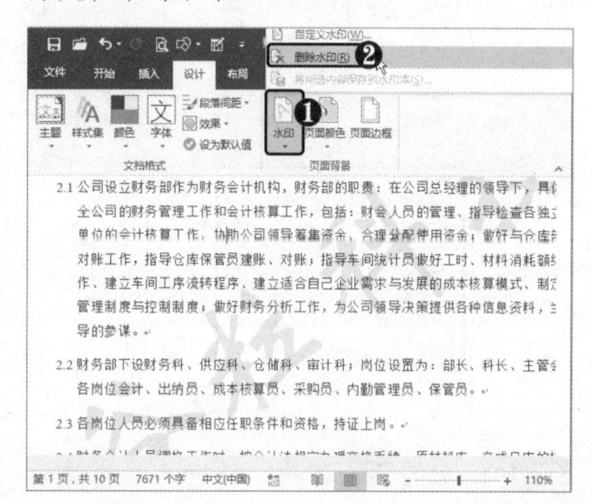

6.1.2 设置页面背景

背景显示在页面底层，默认为白色背景，用户可以根据需要更改页面背景颜色，还可将纹理、图案或图片设置为页面背景。通过设置页面背景可以制作出许多色彩亮丽的文档，使文档活泼、明快。设置页面背景的具体操作方法如下。

STEP 01 选择颜色 ❶ 选择“设计”选项卡。❷ 在“页眉背景”组中单击“页面颜色”下拉按钮。❸ 选择所需的颜色，即可在文档中实时预览纯色背景效果。

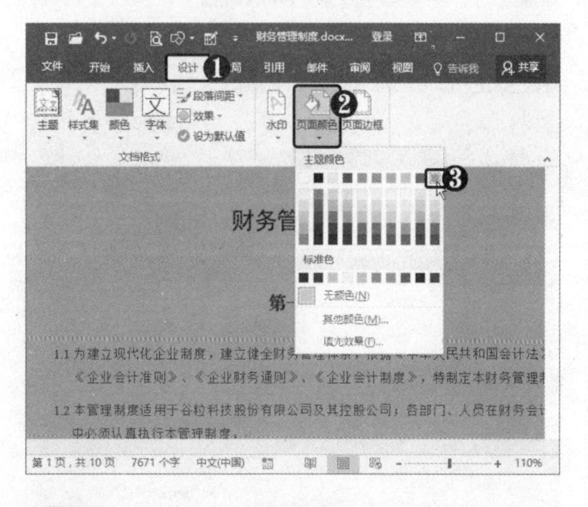

STEP 02 选择“填充效果”选项 ❶ 单击“页面颜色”下拉按钮。❷ 选择“填充效果”选项。

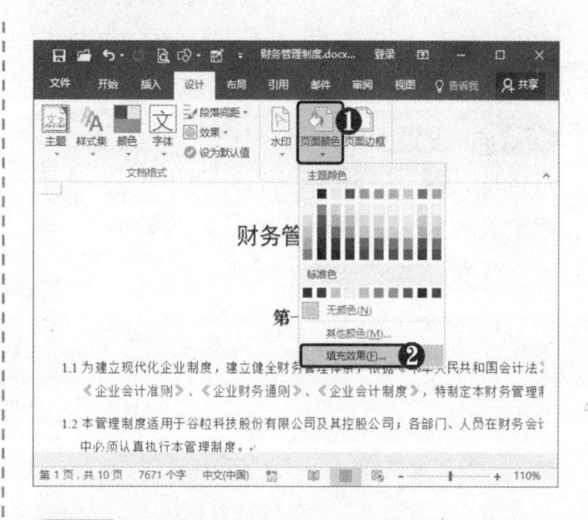

STEP 03 设置渐变填充 弹出“填充效果”对话框，❶ 选择“渐变”选项卡。❷ 选中“双色”单选按钮。❸ 选择“颜色 1”和“颜色 2”的颜色。❹ 设置底纹样式和变形样式。❺ 单击“确定”按钮。

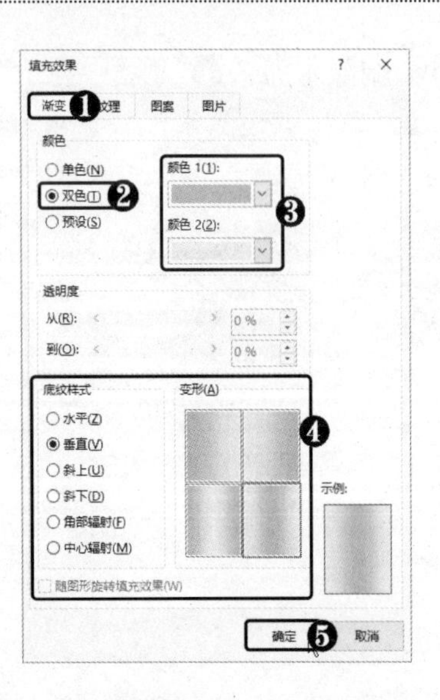

STEP 04 **查看页面效果**　此时即可查看应用了渐变颜色的文档页面效果。

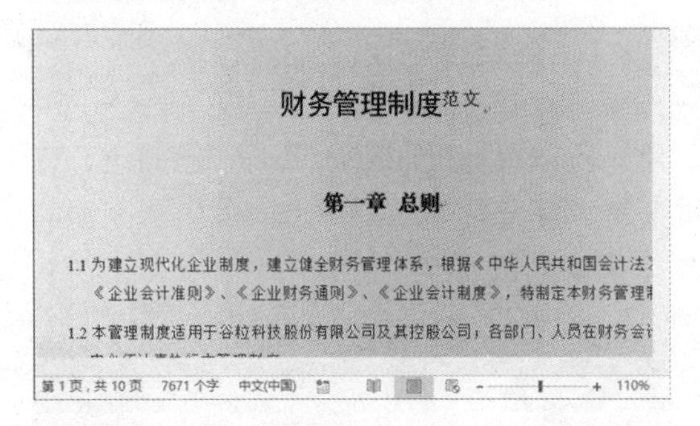

STEP 05 **设置图案效果**　打开“填充效果”对话框，❶ 选择“图案”选项卡。❷ 设置前景色和背景色。❸ 选择图案。❹ 单击“确定”按钮。

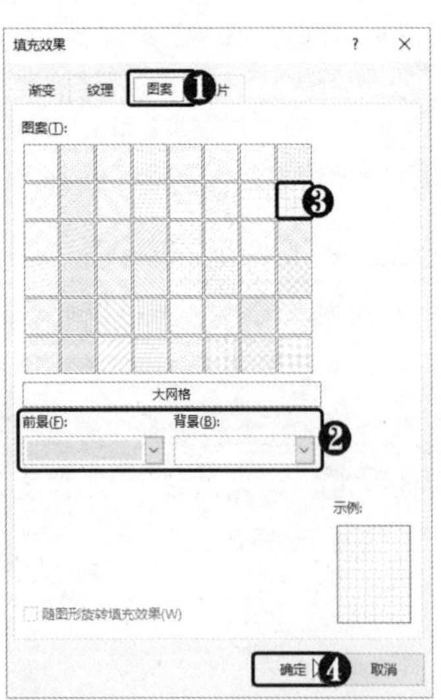

STEP 06 **查看图案背景效果**　此时即可查看应用了图案背景的页面效果。

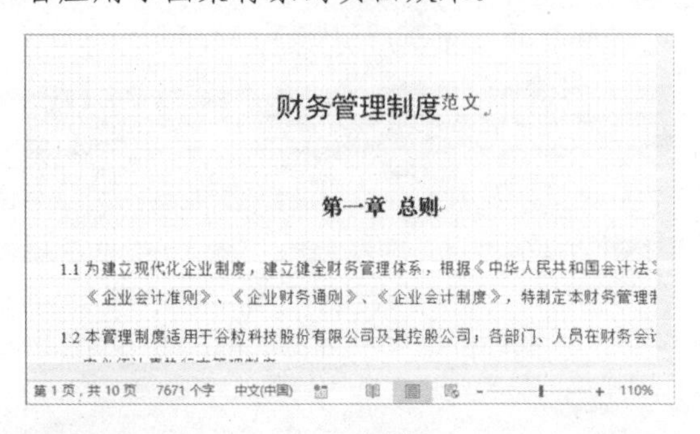

STEP 07 **选择“自定义功能区”命令**　❶ 右击任意选项卡。❷ 选择“自定义功能区”命令。

STEP 08 **设置打印文档背景**　弹出“Word选项”对话框，❶ 在左侧选择“显示”选项。❷ 在右侧“打印选项”选项区中选中“打印背景色和图像”复选框。❸ 单击“确定”按钮。

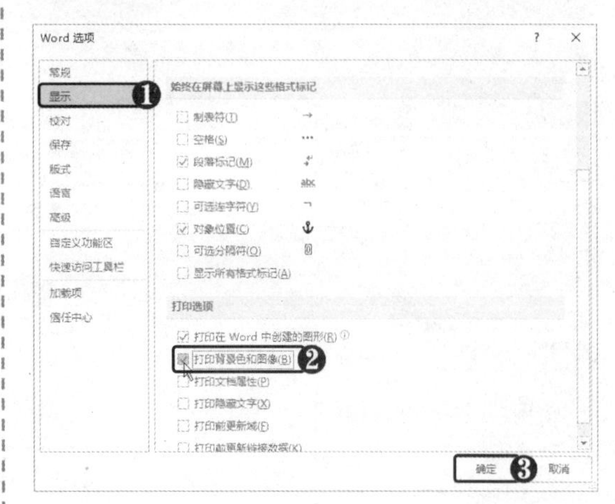

6.1.3 添加页面边框

对于文档中特殊的页面，可以根据需要在其周围添加边框，还可以自定义页面边框样式，具体操作方法如下。

STEP 01 单击“页面边框”按钮 ❶ 选择“设计”选项卡。❷ 在“页面背景”组中单击“页面边框”按钮。

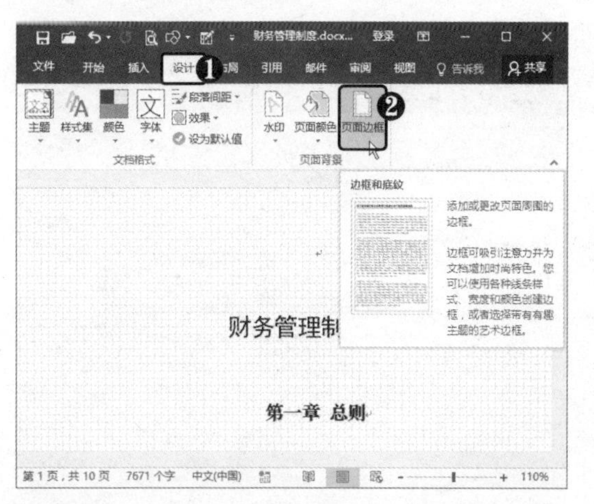

STEP 02 设置页面边框样式 弹出“边框和底纹”对话框，❶ 在“艺术型”下拉列表框中选择边框类型。❷ 设置“宽度”为 10 磅。❸ 单击“选项”按钮。

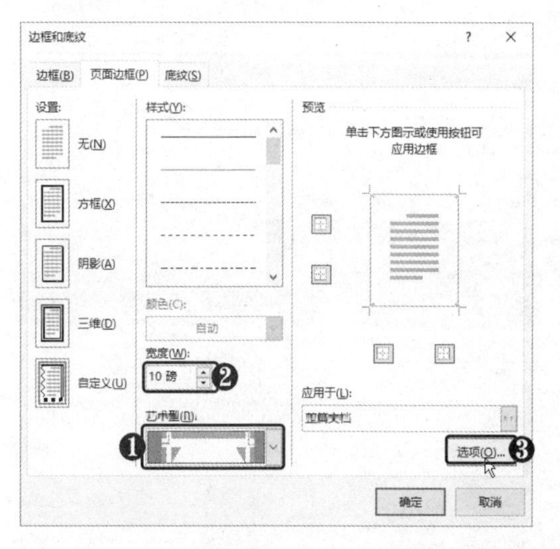

STEP 03 设置边距 弹出“边框和底纹选项”对话框，❶ 设置页面边框距页边的距离。❷ 依次单击“确定”按钮。

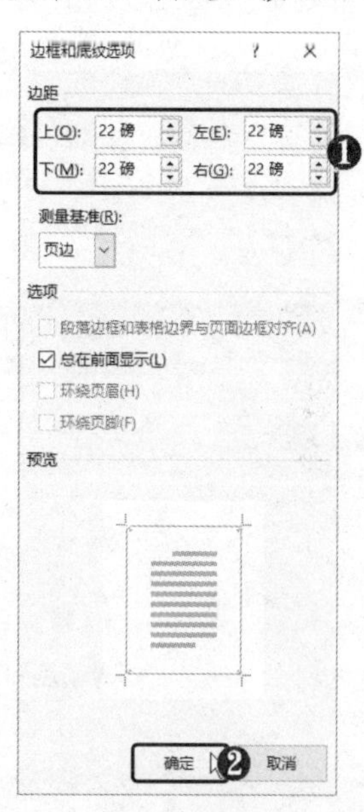

STEP 04 查看页面边框效果 此时即可查看为文档添加艺术型边框后的页面效果。

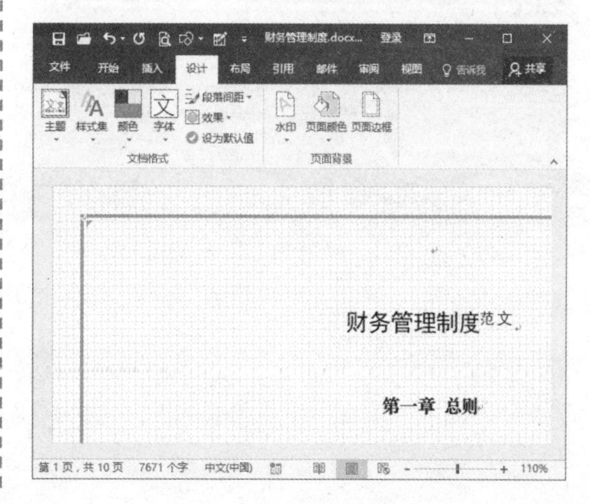

6.2 文档页面设置

页面实际上就是文档的一个版面，文档内容编辑得再好，若没有进行恰当的页面设

置和页面排版，打印出来的文档也会逊色不少。要使打印效果令人满意，就应根据实际需要来设置页面的页边距、纸张大小、方向、页眉和页脚等。

6.2.1 设置页边距

页边距是指页面内容和页面边缘之间的区域，通常可以在页边距内部的可打印区域编辑正文内容，也可将某些项目放置在页边距区域中，如页眉、页脚和页码等。设置文档页边距的具体操作方法如下。

STEP 01 选择页边距 ❶ 在“页面设置”组中单击“页边距”下拉按钮。❷ 选择“适中”选项，即将文档的页边距设置上、下为2.54厘米，设置左、右为1.91厘米。

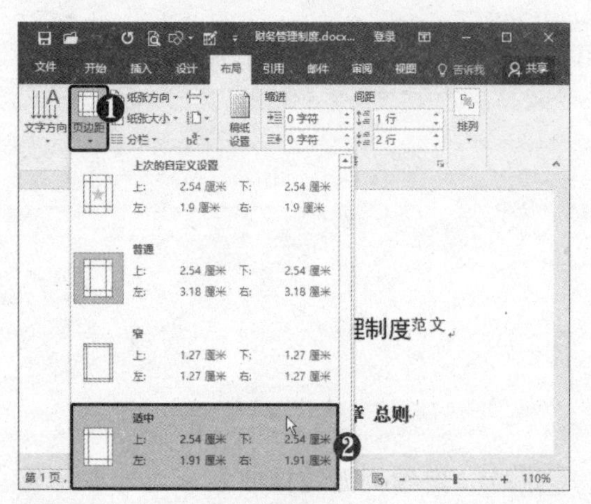

STEP 02 单击扩展按钮 单击“页面设置”组右下角的扩展按钮。

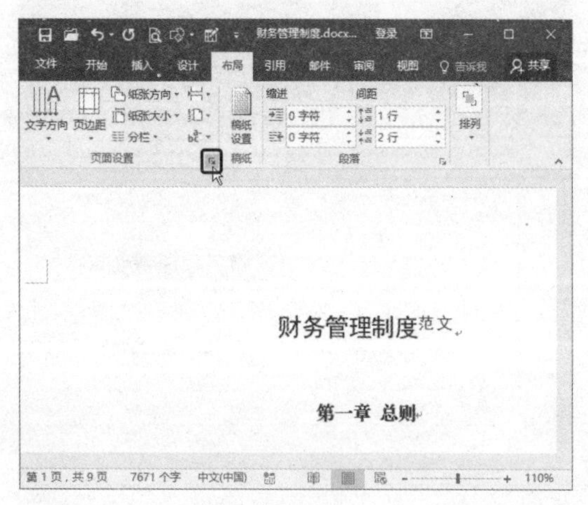

STEP 03 设置页边距 弹出“页面设置”对话框，❶ 在“页边距”选项区中分别输入页边距大小。❷ 设置装订线位置即边距。❸ 单击“确定”按钮。

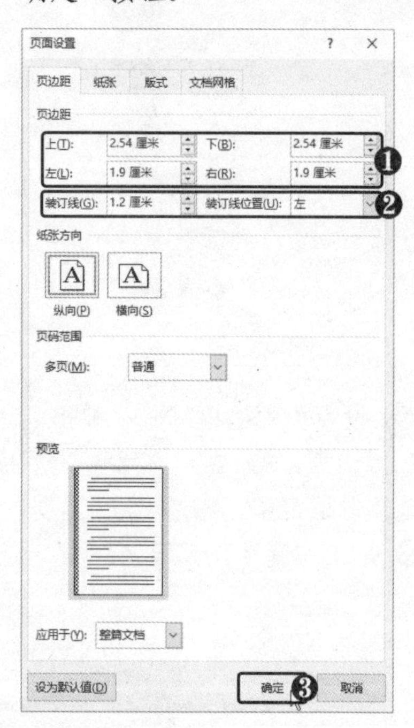

STEP 04 查看设置效果 此时即可查看更改页边距后的文档效果。

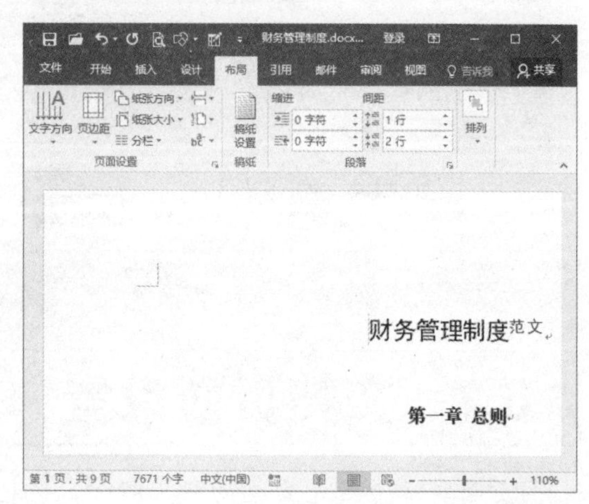

6.2.2 设置纸张与文字方向

默认情况下，Word 纵向使用纸张，文字呈横向排列，用户可以根据需要更改文字方向与纸张方向，具体操作方法如下。

STEP 01 **选择文字方向** ❶ 选择“布局”选项卡。❷ 单击“文字方向”下拉按钮。❸ 选择“将中文字符旋转 270° ”选项。

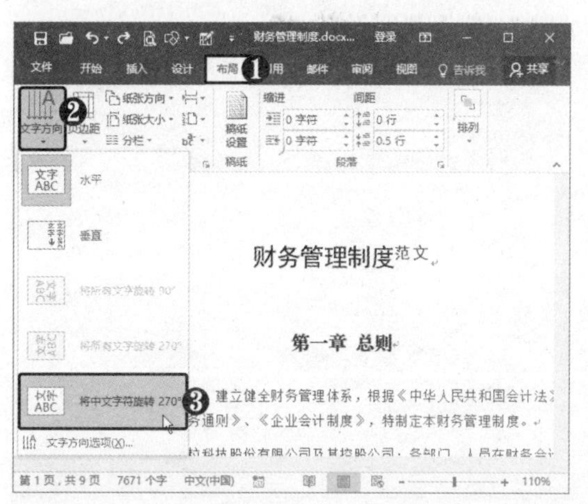

STEP 02 **查看文字旋转效果** 此时即可查看文字旋转 270° 后的页面显示效果。

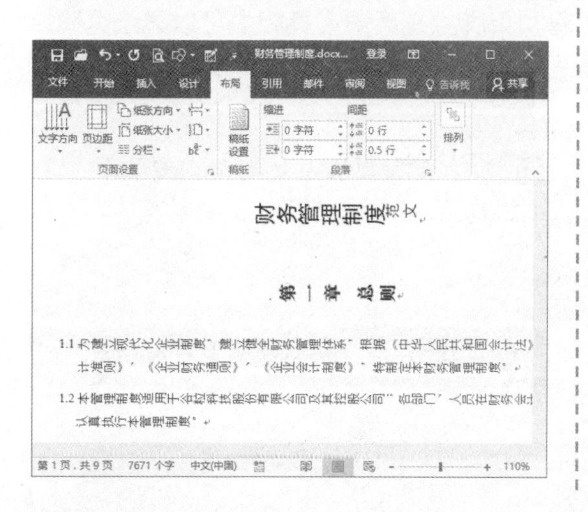

STEP 03 **更改文字方向** 采用同样的方法，将文字方向设置为“垂直”，此时纸张方向将自动更改为“横向”。

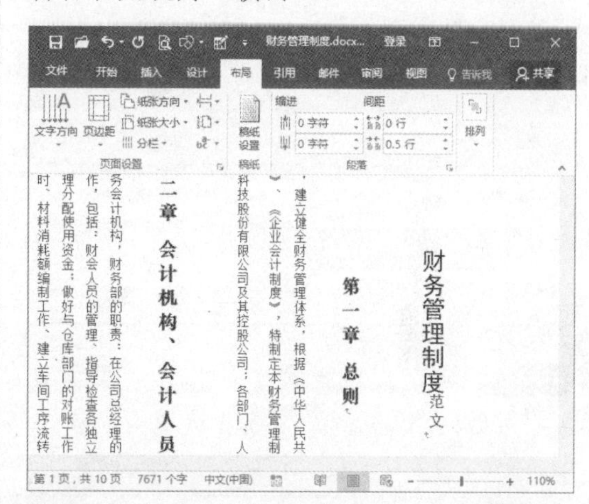

STEP 04 **更改纸张方向** ❶ 单击“纸张方向”下拉按钮。❷ 选择“纵向”选项，即可更改纸张方向。

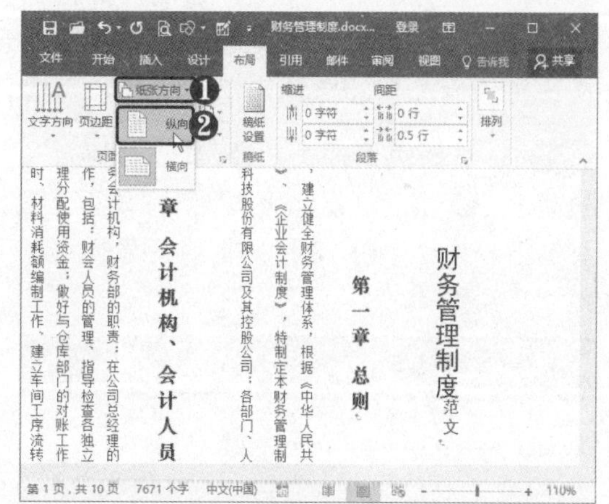

6.2.3 设置纸张大小

默认情况下，Word 2016 中的纸型标准是 A4 纸，即宽度为 21 厘米、高度为 29.7 厘米。用户可以根据需要自定义纸张大小，具体操作方法如下。

STEP 01 选择纸张大小 ❶ 选择“布局”选项卡。❷ 单击“页面设置”组中的“纸张大小”下拉按钮。❸ 选择需要的纸型，如“16 开”。

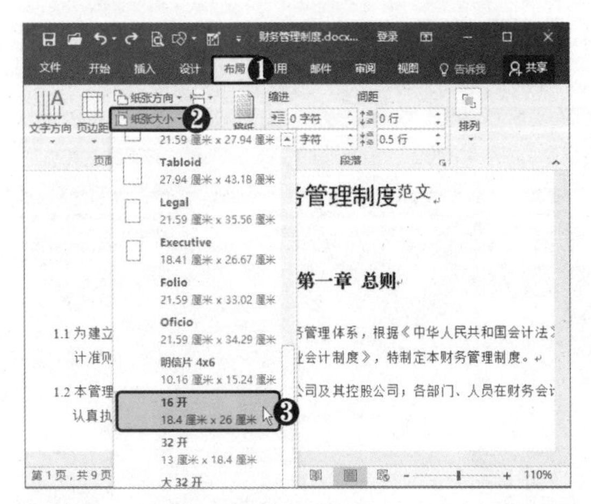

STEP 02 自定义纸张大小 打开“页面设置”对话框，❶ 选择“纸张”选项卡。❷ 在“宽度”和“高度”数值框中分别输入数值。❸单击“确定”按钮。

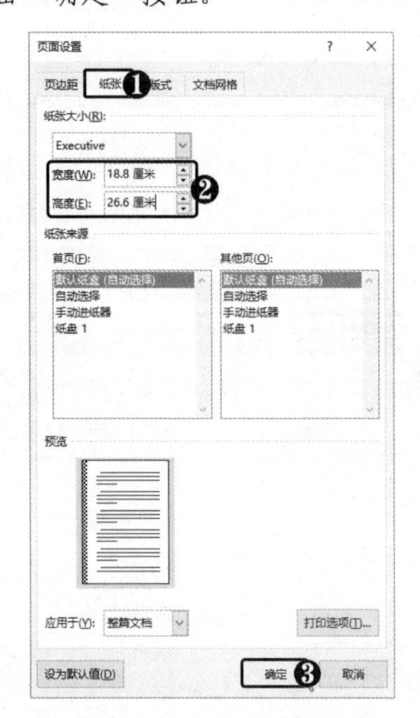

6.2.4 插入页眉和页脚

在大多数书籍或杂志中，其页面顶部或底部都会有一些特定的信息，如页码、书名、章名、出版信息等，一般称它们为文档的页眉和页脚。在页眉或页脚中可以显示页码、章节题目、作者名字或其他信息，还可显示一些特殊的效果，如文档中的水印等。下面将详细介绍如何在文档中插入页眉和页脚。

STEP 01 选择页眉样式 ❶ 选择“插入”选项卡。❷ 在“页眉和页脚”组中单击“页眉”下拉按钮。❸ 选择所需的页眉样式，如“边线型”。

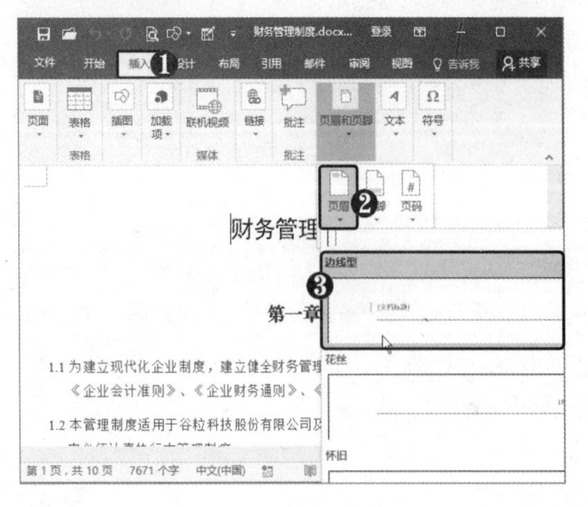

STEP 02 查看页眉 此时进入页面和页脚编辑状态，页眉中显示所选的样式。

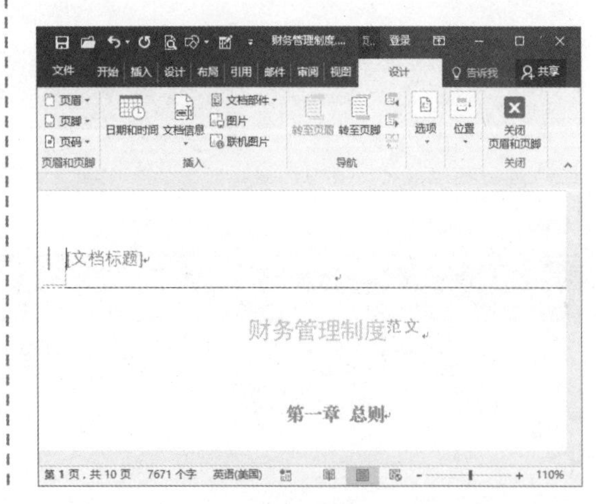

STEP 03 单击“图片”按钮 ❶ 在页眉占位符中输入所需的文字。❷ 在“设计”选项卡下单击“图片”按钮。

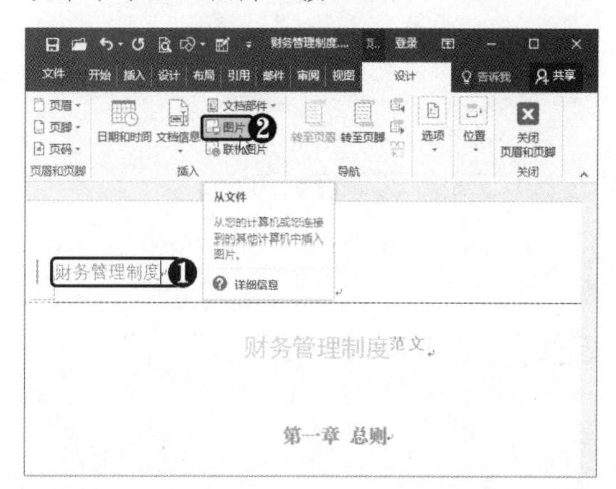

STEP 04 选择图片 弹出“插入图片”对话框，❶ 选择图片。❷ 单击“插入”按钮。

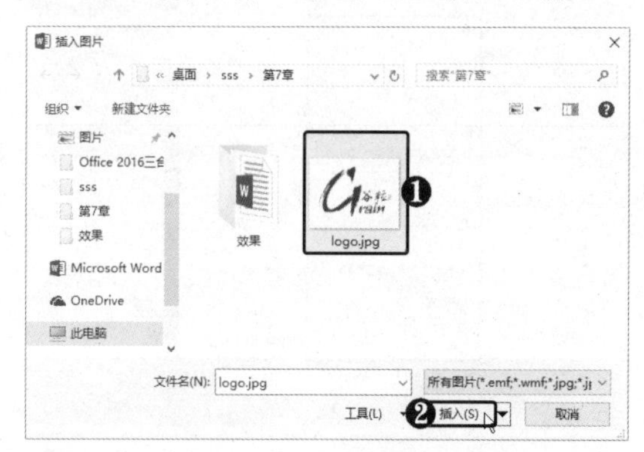

STEP 05 设置图片环绕方式 此时即可在页眉中插入图片，❶ 选中图片。❷ 单击图片右上方的“布局选项”按钮。❸ 选择“衬于文字下方”选项。

STEP 06 调整图片 调整图片的大小和位置。

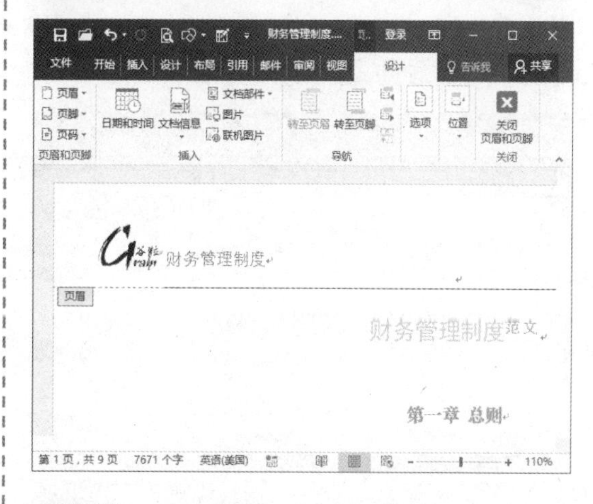

STEP 07 设置距离 在“位置”组中设置“页眉顶端距离”为 1.7 厘米。

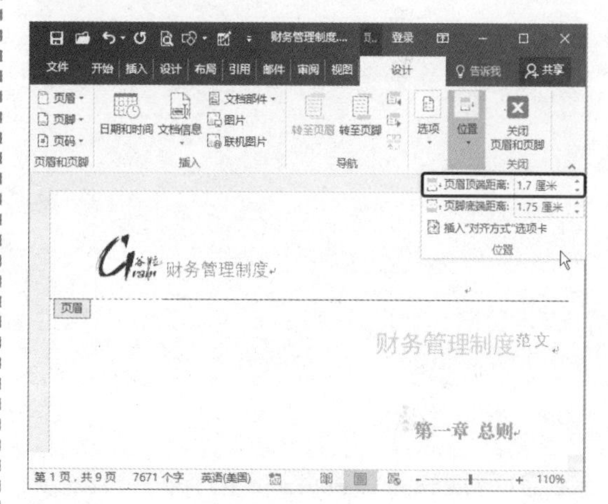

STEP 08 设置奇偶页不同 在“设计”选项卡下“选项”组中选中“奇偶页不同”复选框。

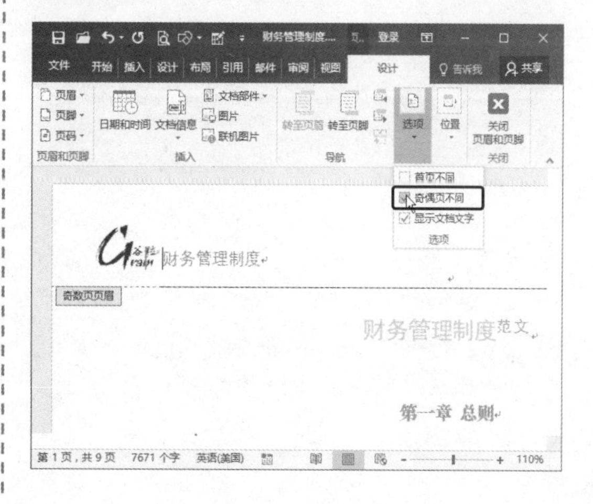

STEP 09 **选择页眉样式** 切换到偶数页页眉位置，❶ 单击“页眉”下拉按钮。❷ 选择所需的页眉样式。

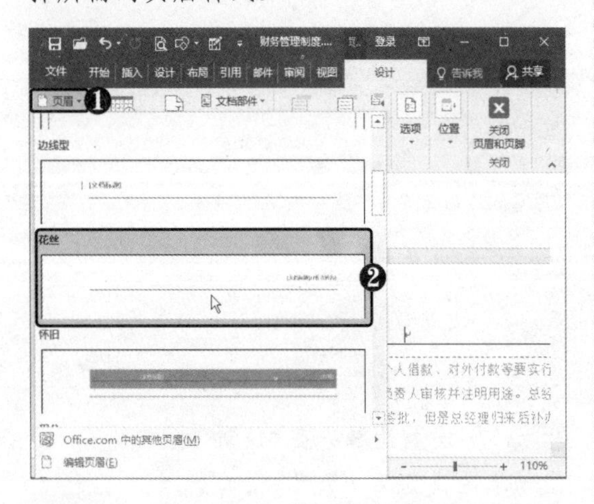

STEP 10 **编辑偶数页页眉** 插入偶数页页眉，根据需要编辑页眉文字。

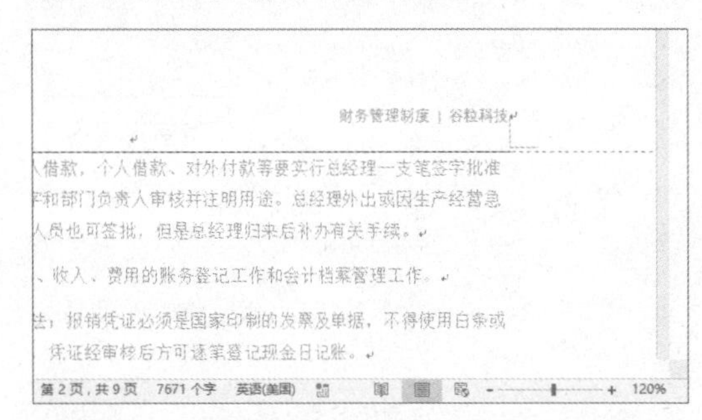

STEP 11 **编辑奇数页页脚** 切换到奇数页页脚位置，输入所需的文字，并设置居中对齐。

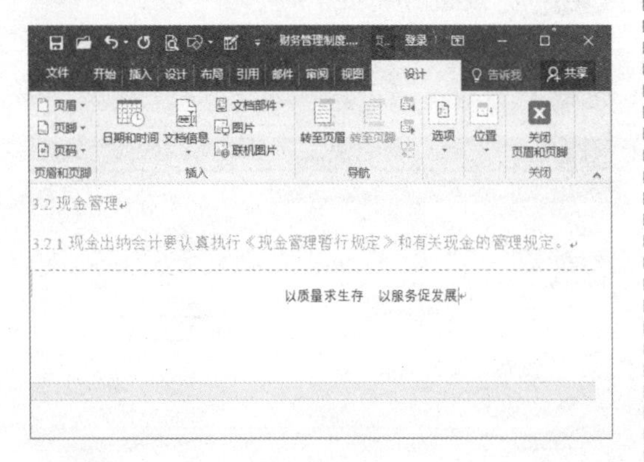

STEP 12 **选择“边框和底纹”选项** ❶ 选中页脚文本。❷ 在“段落”组中单击“边框”下拉按钮。❸ 选择“边框和底纹”选项。

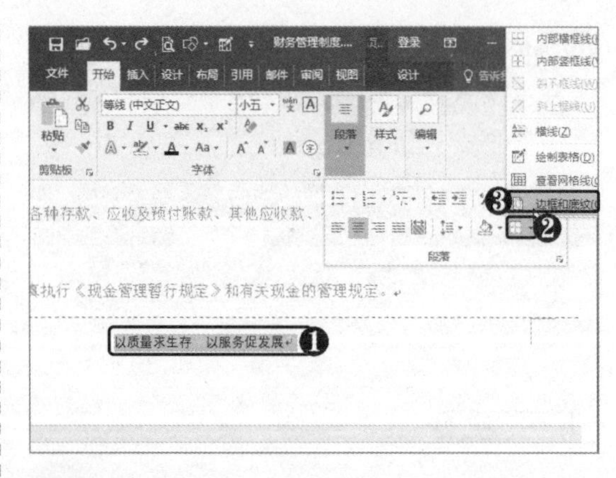

STEP 13 **设置边框样式** 弹出“边框和底纹”对话框，❶ 设置边框样式、颜色及宽度。❷ 在“预览”区域的上边框位置单击鼠标左键。

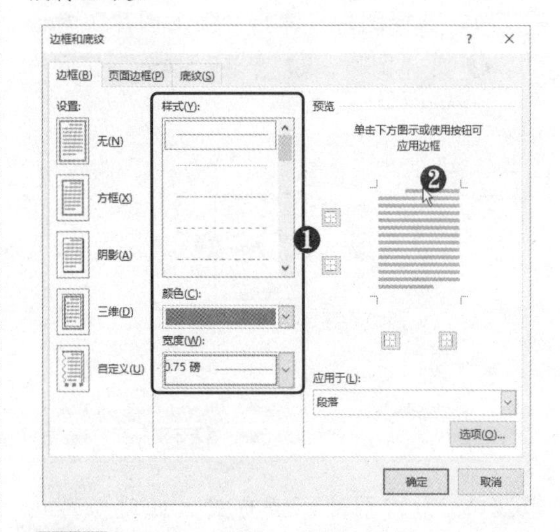

STEP 14 **单击“选项”按钮** 此时即可应用边框样式，单击“选项”按钮。

STEP 15 设置正文间距 弹出“边框和底纹选项”对话框，❶ 设置“上”间距为 4 磅。❷ 依次单击“确定”按钮。

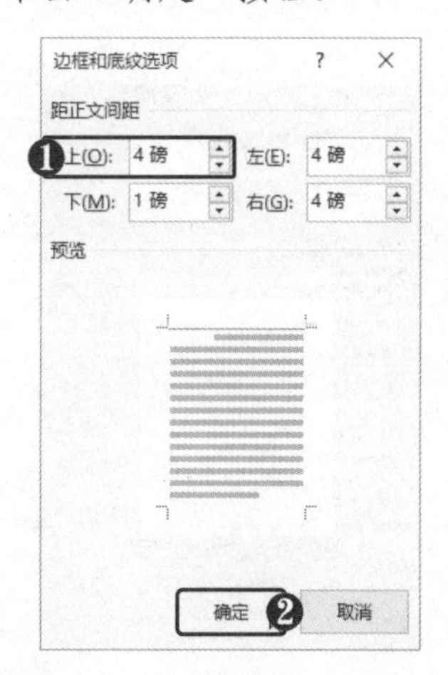

STEP 16 查看边框样式 此时即可查看为页脚添加边框后的样式。

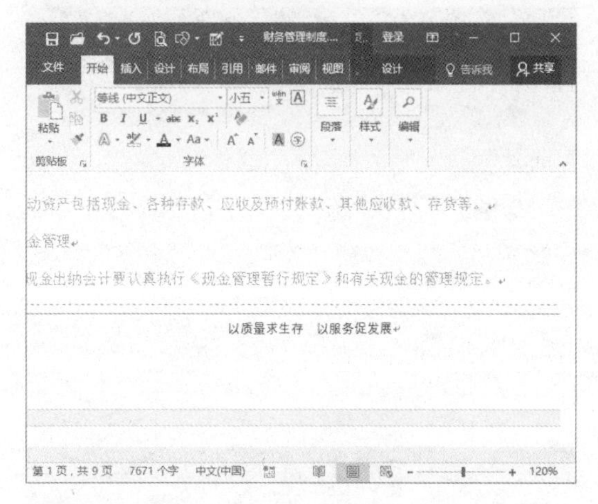

STEP 17 添加上框线 切换到偶数页页脚，输入页脚文字并选中。❶ 在“段落”组中单击“边框”下拉按钮 。❷ 选择“上框线”选项。

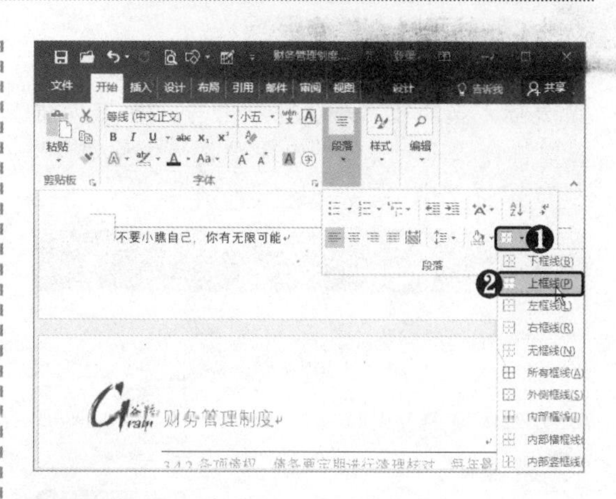

STEP 18 调整距离 将鼠标指针置于框线上，当其变为双向箭头时向上拖动，调整其与页脚文字之间的距离。

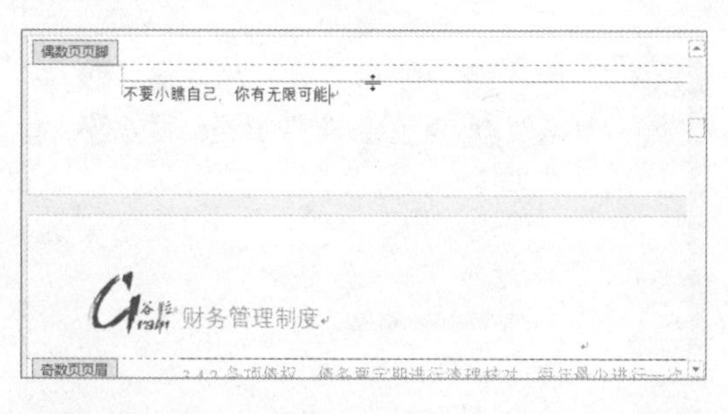

STEP 19 设置无框线 ❶ 选中页眉中的段落标记。❷ 单击“边框”下拉按钮 。❸ 选择“无框线”选项。

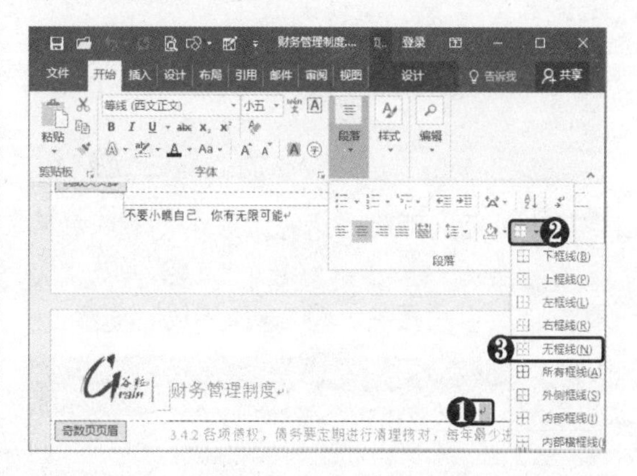

6.2.5 插入页码

使用 Word 2016 提供的页码库可以轻松地在文档的页眉或页脚位置插入页码，其操作方法与插入页眉页脚类似，在此不再赘述。若要在已经存在页脚信息的位置插入页码，则该操作可能会覆盖页脚。此时可以通过插入域的方式来添加文档页码，具体操作方法如下。

STEP 01 选择“域”选项 在第1页的页脚位置插入文本框，并设置无轮廓，❶ 在“插入”选项卡下“文本”组中单击“文档部件”下拉按钮。❷ 选择“域”选项。

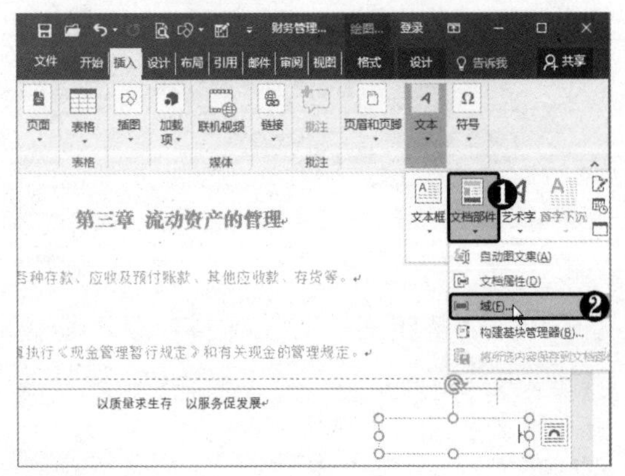

STEP 02 选择域 弹出“域”对话框，❶ 在左侧“域名”列表框中选择Page域。❷ 单击“确定”按钮。

STEP 03 插入页码 此时即可在文本框中插入当前页码。❶ 输入符号“/”。❷ 单击“文档部件”下拉按钮。❸ 选择“域”选项。

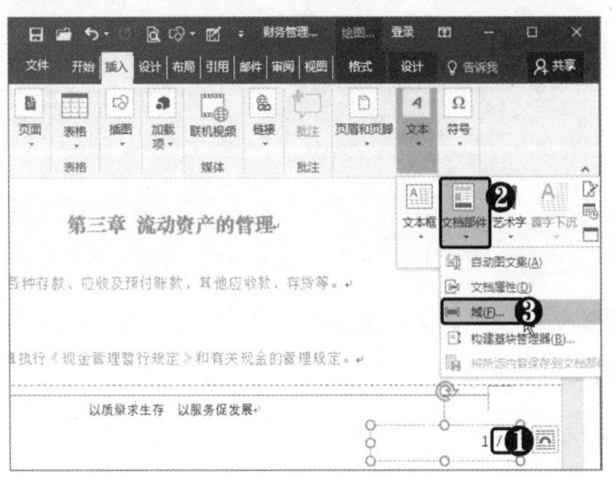

STEP 04 选择域 弹出“域”对话框，❶ 在左侧“域名”列表框中选择NumPages域。❷ 单击“确定”按钮。

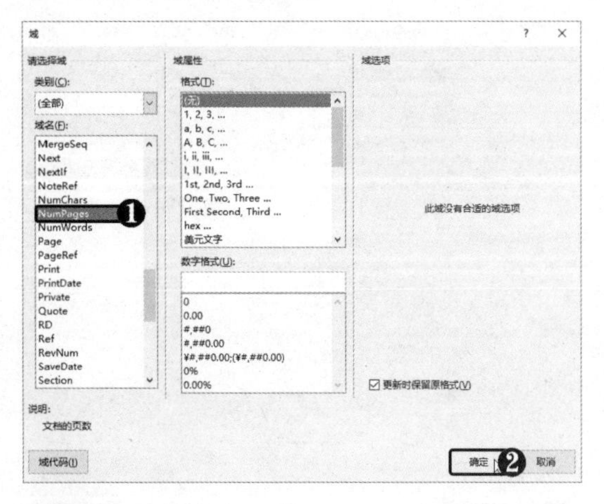

STEP 05 插入总页码 此时即可在文本框中插入总页码。

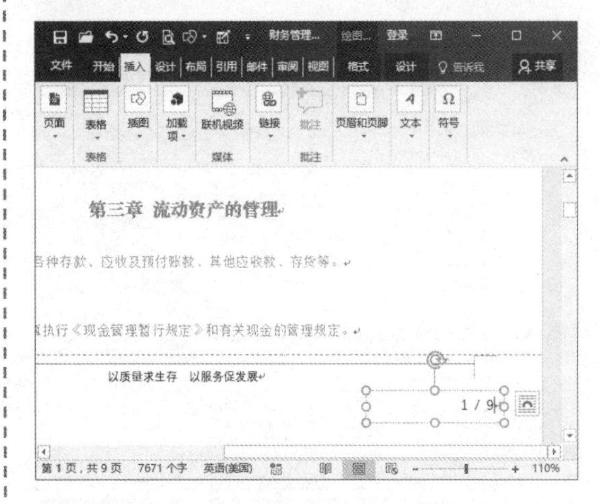

STEP 06 单击扩展按钮 ❶ 选中文本框。❷ 选择“格式”选项卡。❸ 单击“大小”组右下角的扩展按钮。

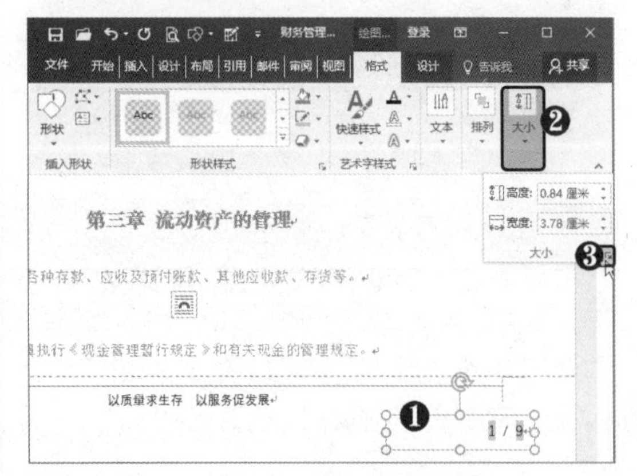

STEP 07 查看文本框位置 弹出“布局”对话框，选择“位置”选项卡，从中查看当前文本框的位置。

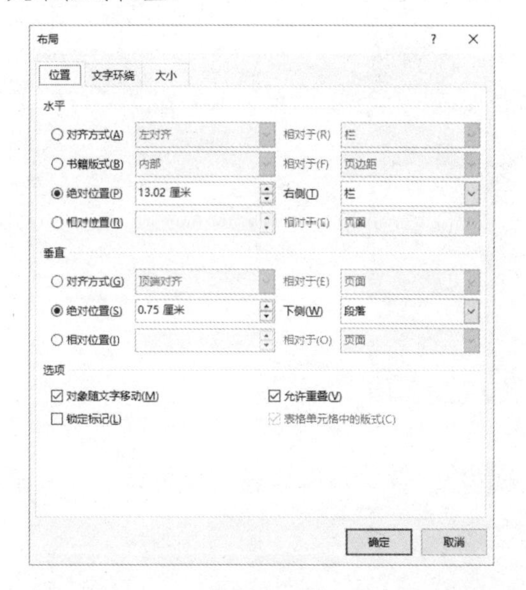

STEP 08 复制文本框 将文本框复制到偶数页页脚位置，然后打开“布局”选项卡，从中设置文本框位置与奇数页页脚相同。

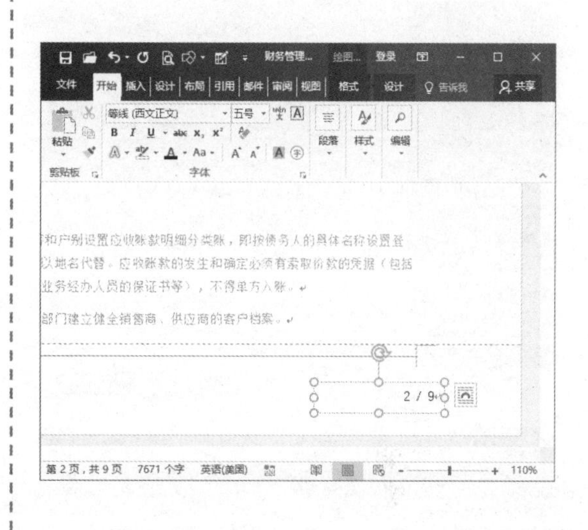

6.3 设置打印文档

当将一篇文档编辑完成后便可以通过打印操作将其输出到纸上，以供传阅或出版。要打印文档，电脑上需要先安装上打印机，并进行必要的打印设置。下面将详细介绍如何打印办公文档。

6.3.1 连接打印机

要在电脑上连接打印机，只需将打印机的数据线连接到电脑的 USB 接口上，然后在电脑中安装打印机驱动程序即可。若要连接局域网中共享的打印机设备，则需要添加网络打印机。下面将介绍如何安装打印机驱动和添加网络打印机，具体操作方法如下。

STEP 01 双击安装程序 从网上下载与打印机型号所对应的驱动程序，双击打印机驱动安装程序。

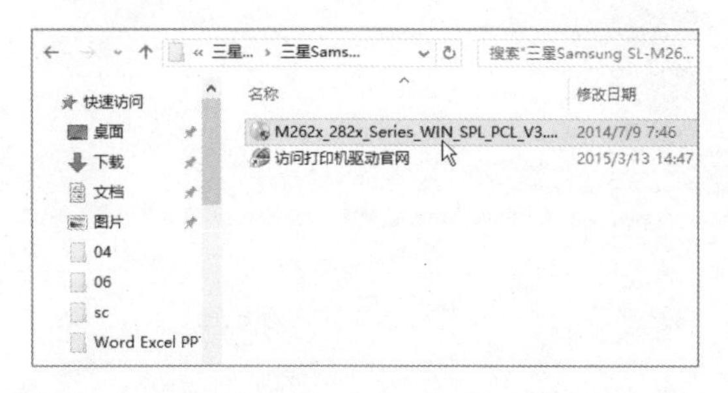

STEP 02 选择安装 ❶ 选中“安装”单选按钮。❷ 单击 OK 按钮。

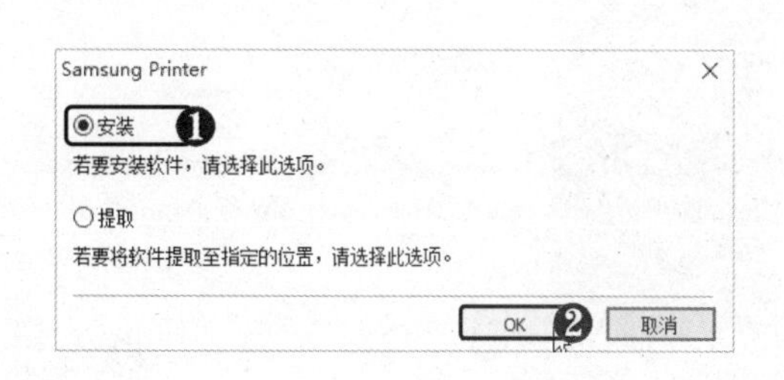

STEP 03 **接受安装协议** ❶ 选中“我已看过并接受安装协议”复选框。❷ 单击“下一步”按钮。

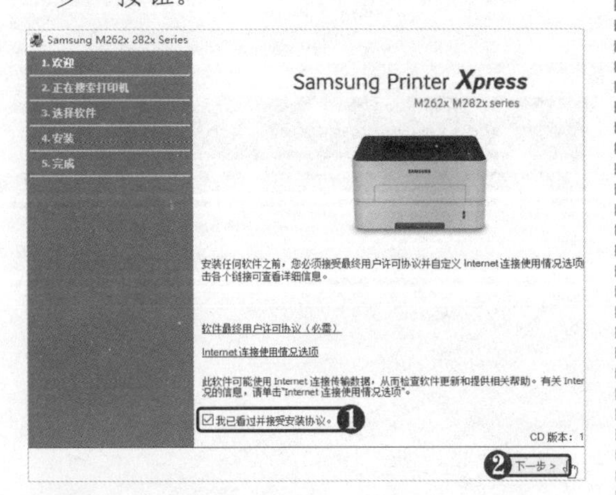

STEP 04 **选择连接类型** 若打印机没有连接在自己的电脑上，❶ 选中下方的复选框。❷ 单击“下一步”按钮。

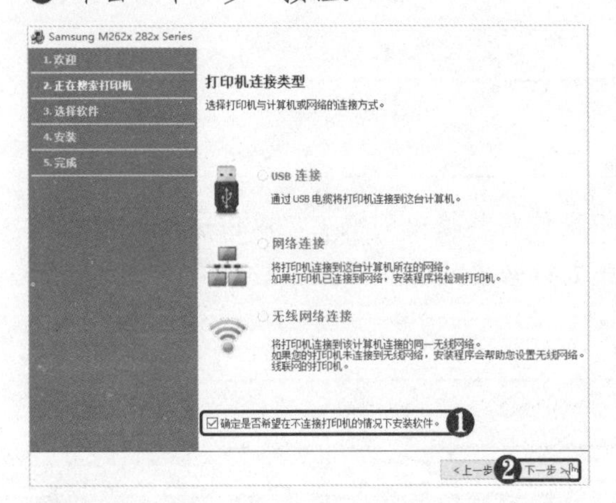

STEP 05 **选择安装类型** ❶ 选择安装类型。❷ 单击“下一步”按钮。

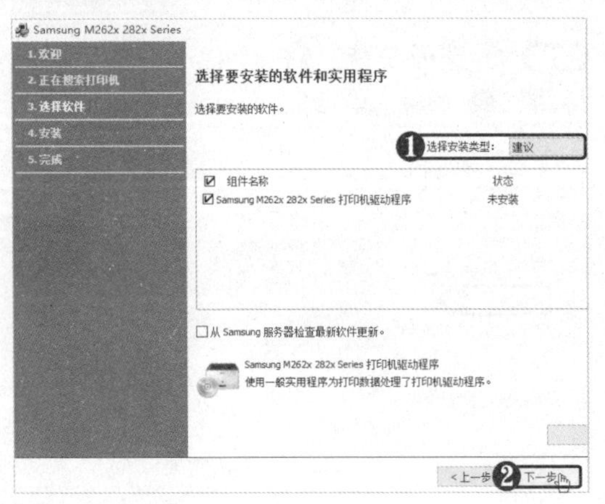

STEP 06 **开始安装驱动程序** 此时即可开始向电脑中安装打印机驱动程序，等待安装完成。

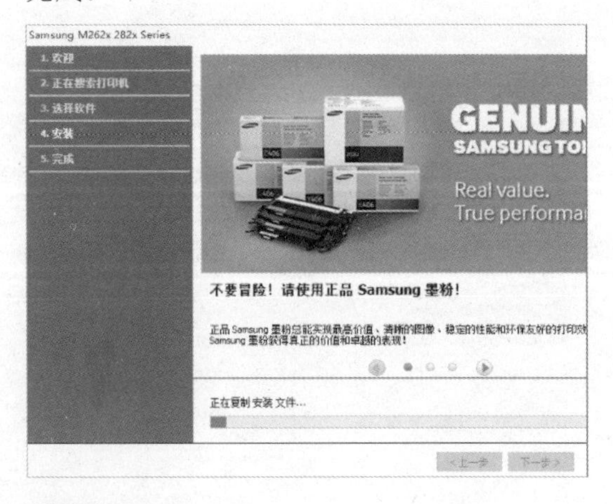

STEP 07 **提示完成安装** 提示驱动安装完成，单击“下一步”按钮。

STEP 08 **驱动安装完成** 单击“完成”按钮。

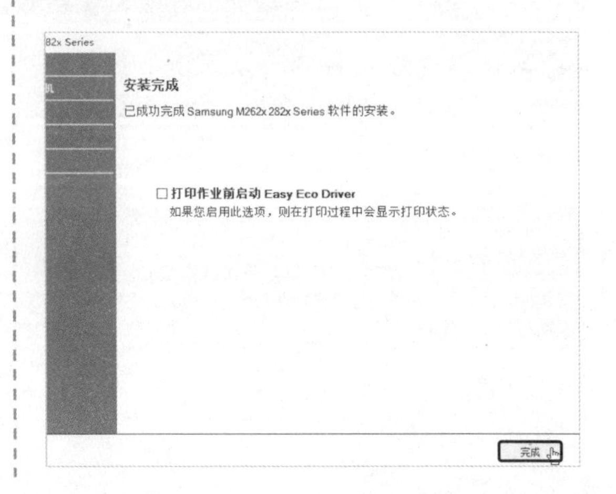

STEP 09 运行命令 按【Windows+R】组合键，打开“运行”对话框，❶ 输入“\\+计算机名（共享打印机的局域网电脑名）”。❷ 单击“确定”按钮。

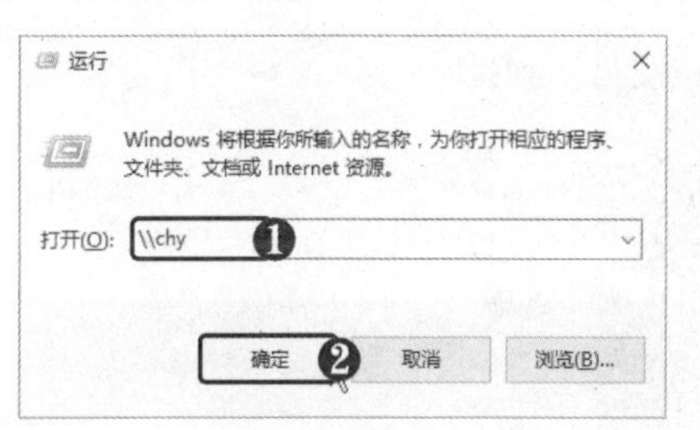

STEP 10 双击打印机图标 此时即可访问局域网电脑，双击打印机图标。

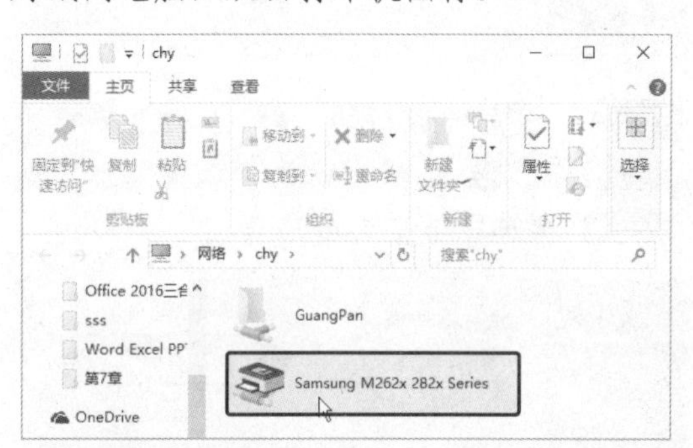

STEP 11 连接打印机 开始安装网络打印机，等待安装完成。

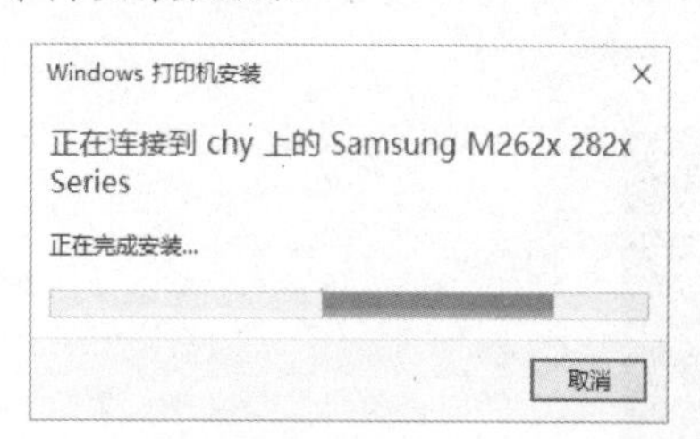

STEP 12 设置默认打印机 局域网打印机安装完成后，在弹出的窗口中选择“打印机”|“设置为默认打印机”命令。

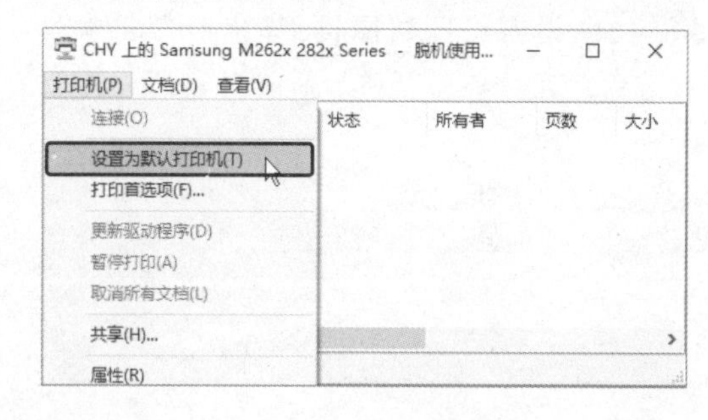

6.3.2 打印设置

在打印文档前，需对打印机、打印范围、打印份数等进行一些必要的设置，具体操作方法如下。

STEP 01 打印预览 选择“文件”选项卡，在左侧选择“打印”选项，在右侧可以进行打印设置，查看打印预览效果。

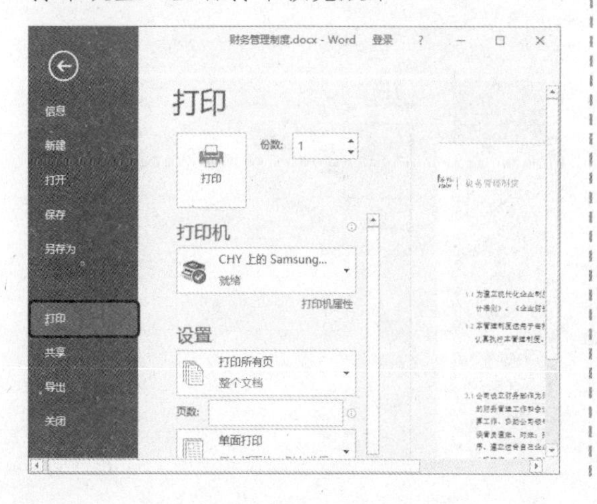

STEP 02 选择打印机 ❶ 单击“打印机”下拉按钮。❷ 选择要使用的打印机。

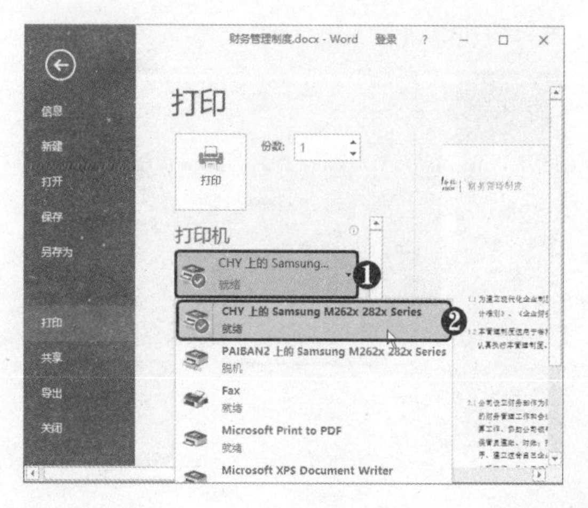

STEP 03 **单击“打印机属性”超链接** 若要对打印机参数进行设置，可单击“打印机属性”超链接。

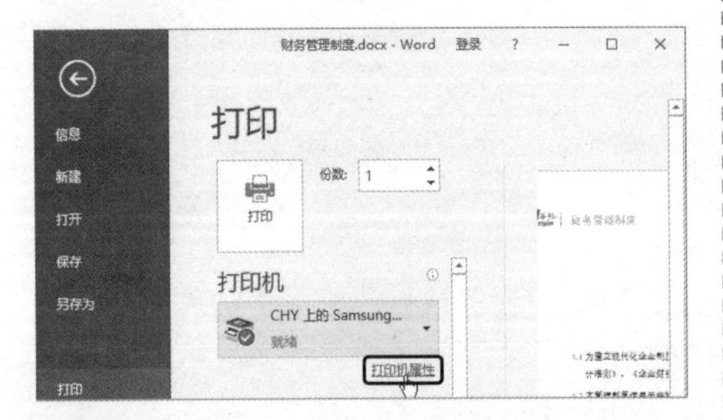

STEP 04 **设置打印机属性** 弹出打印机属性对话框，可对打印纸张、质量等进行自定义设置。

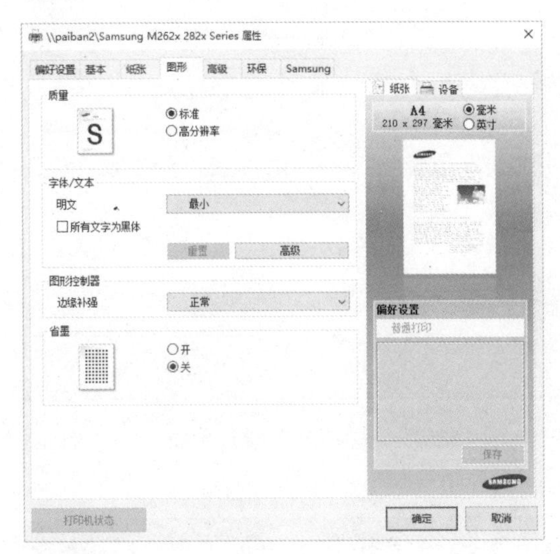

STEP 05 **选择打印范围** ❶ 单击打印范围下拉按钮。❷ 选择所需的范围选项，默认为打印所有页。

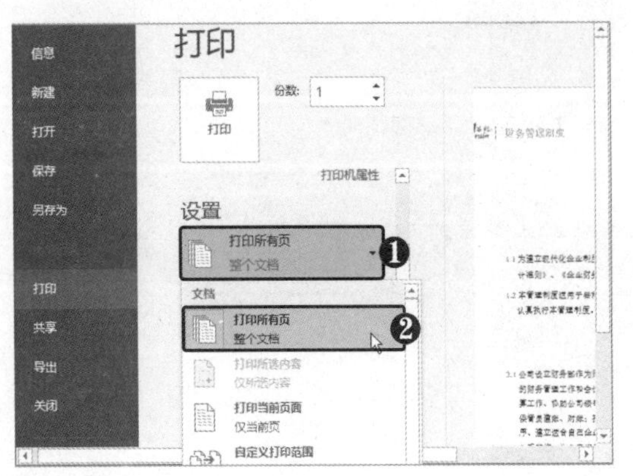

STEP 06 **自定义打印范围** 若要自定义打印范围，可在“页数”文本框中输入要打印的页数或范围。将鼠标指针置于ⓘ图标上，将显示关于自定义打印范围的帮助信息。

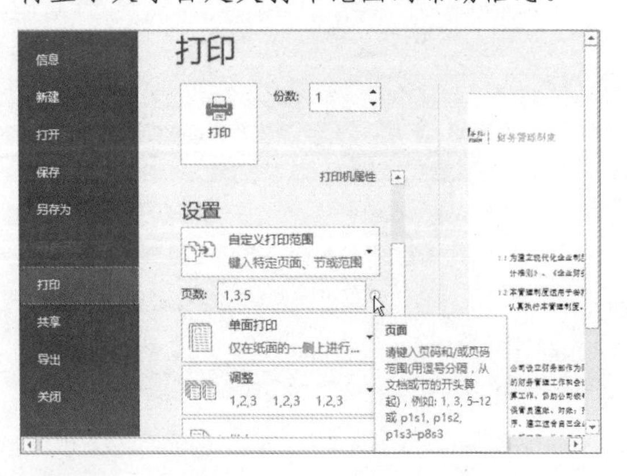

STEP 07 **设置缩放打印** ❶ 单击缩放打印下拉按钮。❷ 选择“缩放至纸张大小”选项。❸ 再选择纸张大小。

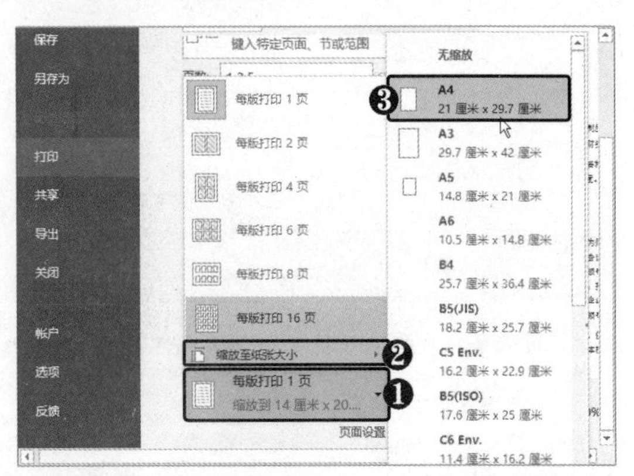

STEP 08 **打印文档** 完成打印设置后，❶ 输入打印的份数。❷ 单击“打印”按钮，即可打印文档。

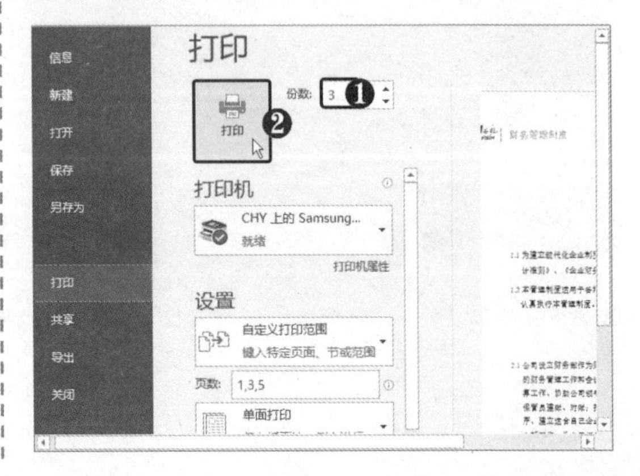

Chapter

07

Word 2016 高级办公操作

本章将详细介绍 Word 2016 高级办公操作，其中包括使用分隔符，使用邮件合并、添加文档目录，使用书签，添加脚注与尾注，审阅文档，以及如何对文档进行保护等知识。

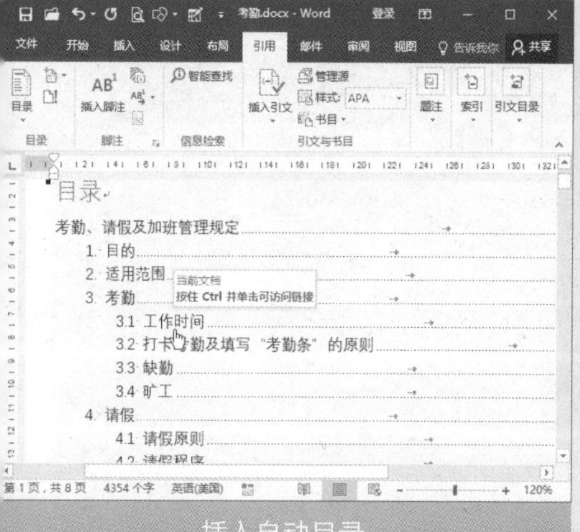

插入自动目录

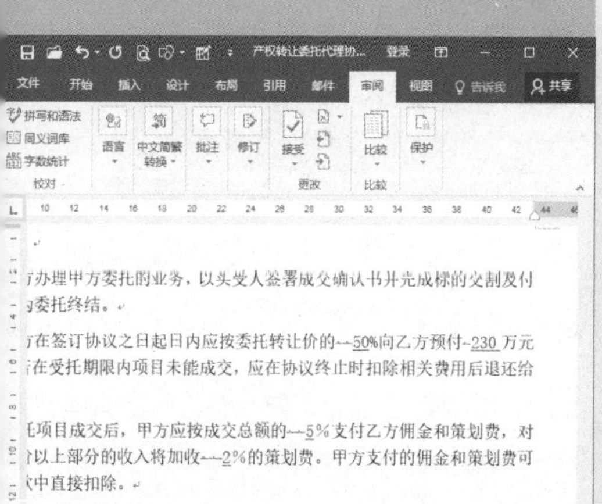

修订文档

7.1 使用分隔符

分隔符包括分页符和分节符。在 Word 2016 中编排文档时，当文字或图形填满一页时，Word 会插入一个自动分页符，并转到新的一页。如果有特定的需要，可以插入分页符对文档强制分页。分节符就是将整篇文档分成若干节，各节可以设置成不同的格式。分节符可以满足格式要求比较复杂的文档的排版需求。

7.1.1 插入分页符

如果需要在文档页面中预留一些空白位置用于放置图形，可以插入分页符。插入分页符有多种方法，具体操作方法如下。

STEP 01 定位光标 在要插入分页符的位置定位光标。

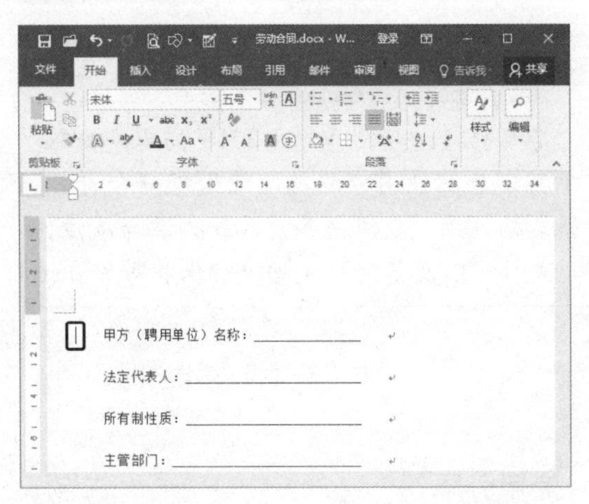

STEP 02 插入分页符 按【Ctrl+Enter】组合键，即可插入分页符。在“段落”组中单击“显示/隐藏编辑标记”按钮，即可查看分页符标记。

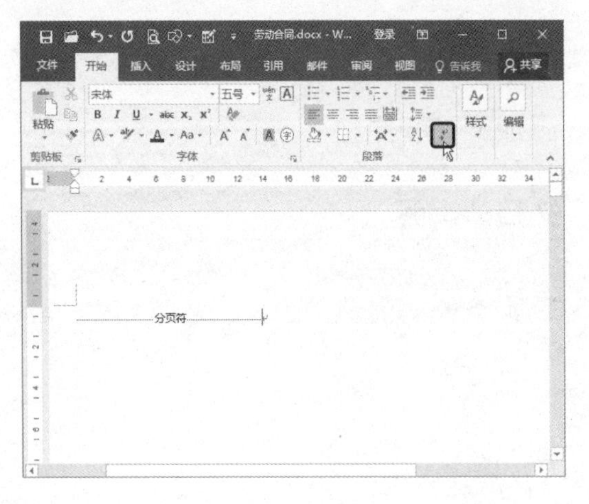

STEP 03 选择“分页符”选项 ❶ 选择“布局”选项卡。❷ 在“页面设置”组中单击“分隔符”下拉按钮。❸ 选择“分页符”选项，即可插入分页符。

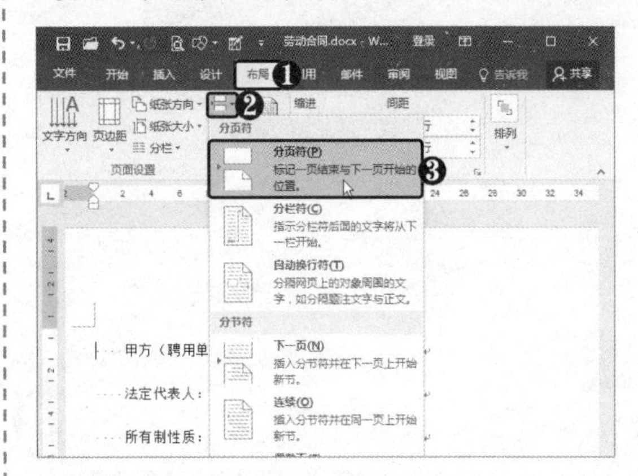

STEP 04 单击“分页”按钮 ❶ 选择“插入”选项卡。❷ 在“页面”组中单击“分页”按钮，也可插入分页符。

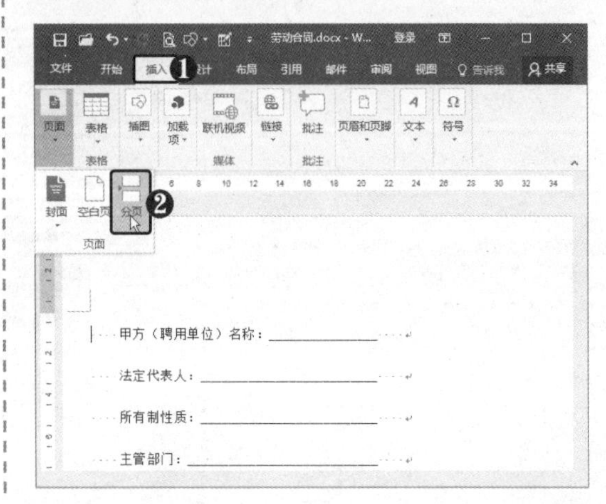

7.1.2 插入分节符

使用分节符可以为整个文档设置不同的格式，可以根据需要在文档中插入多种类型的分节符。下面将介绍如何通过在文档中插入“下一页”分节符来进行不同的页面设置，具体操作方法如下。

STEP 01 选择“下一页”选项 ❶ 在文档中要插入分节符的位置定位光标。❷ 选择“布局”选项卡。❸ 在“页面设置”组中单击“分隔符”下拉按钮。❹ 选择“下一页”选项。

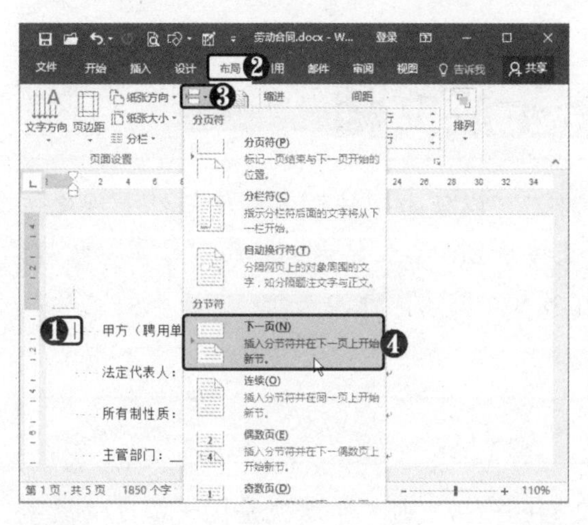

STEP 02 设置纸张方向 此时即可在光标后插入分节符，分节符后的内容自动移至下一页。❶ 在“页面设置”组中单击“纸张方向”下拉按钮。❷ 选择“横向”选项。

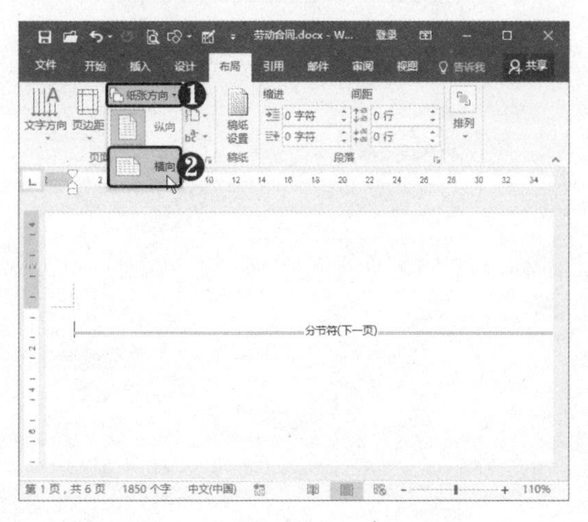

STEP 03 查看效果 此时即可更改本节的纸张方向，其他页面则不会发生更改。

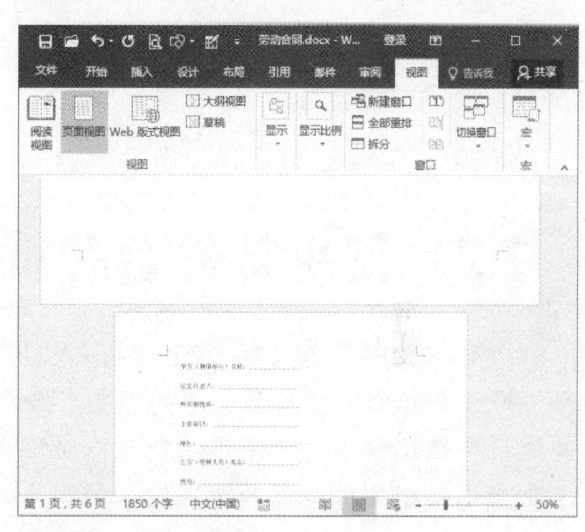

STEP 04 单击“页面边框”按钮 在页面中输入所需文本并设置格式。❶ 选择“设计”选项卡。❷ 在“页面背景”组中单击“页面边框”按钮。

STEP 05 设置页面边框 弹出“边框和底纹”对话框，❶ 设置艺术型边框。❷ 在“应用于”下拉列表框中选择“本节”选项。❸ 单击“确定”按钮。

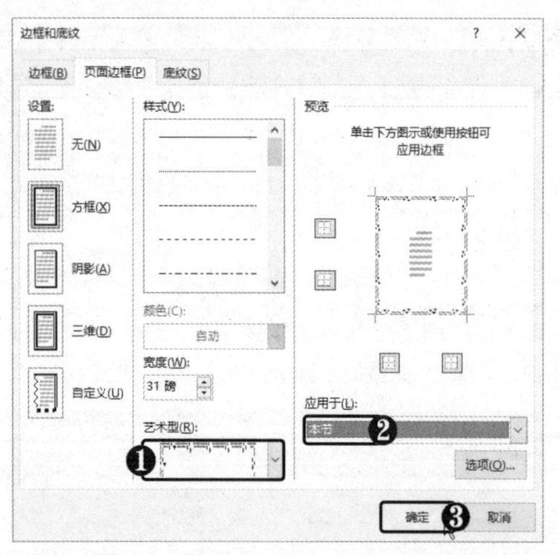

STEP 06 **添加页面边框** 此时即可为本节添加页面边框。

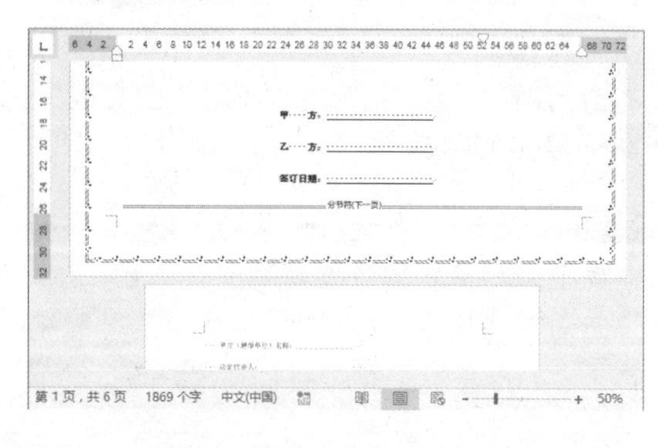

7.2 使用邮件合并批量生成文档

当有批量邮件发送给邮件列表上的用户时，可以使用邮件合并创建一批个性化信函，将产生每个字母具有相同的布局、格式、文本和图形，仅特定部分的字母各不相同，并进行个性化设置。使用该功能可以批准制作名片、邀请函等。下面以批量制作“座位卡”为例介绍邮件合并的方法。

7.2.1 创建主文档和邮件列表

主文档中包含文本或图形，为每个合并文档的模板。邮件列表则是用于填充信息字母中的数据源。下面将介绍如何制作座位卡及列表，具体操作方法如下。

STEP 01 **双击标尺** 新建“座位卡”文档，在文档标尺的灰色区域双击。

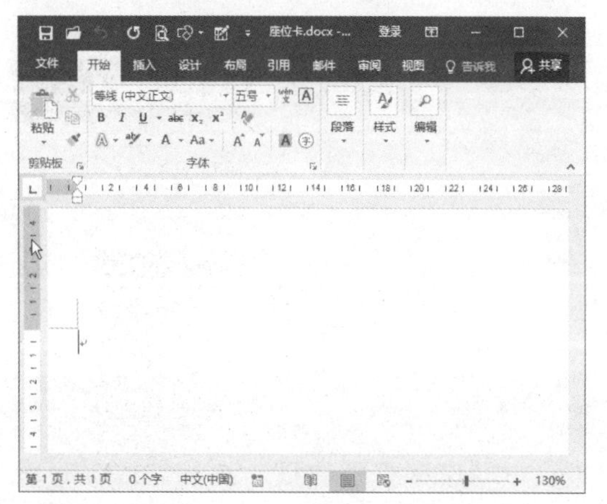

STEP 02 **设置页边距** 弹出“页面设置”对话框，❶ 选择“页边距”选项卡。❷ 设置页边距均为 0.5 厘米。

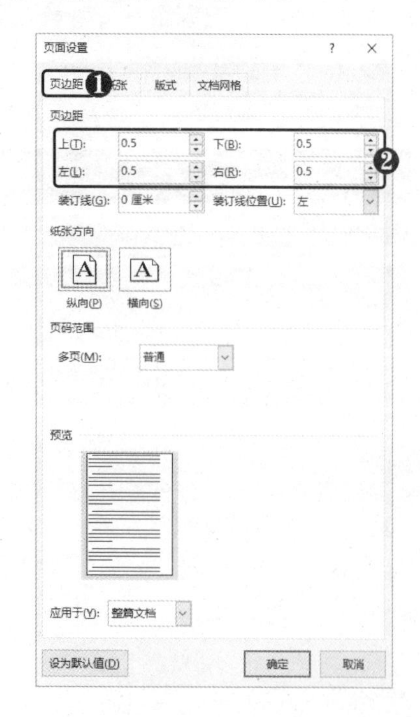

STEP 03 设置纸张大小 ❶ 选择“纸张”选项卡，❷ 将“宽度”设置为8.5厘米，将“高度”设置为5厘米。❸ 单击“确定”按钮。

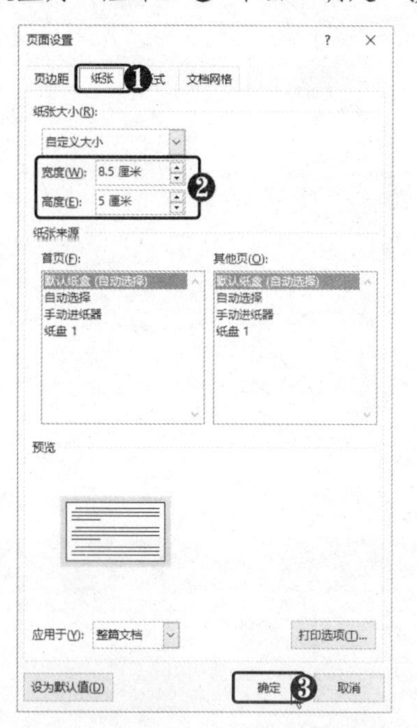

STEP 04 查看页面效果 此时即可查看设置页面后的文档效果。

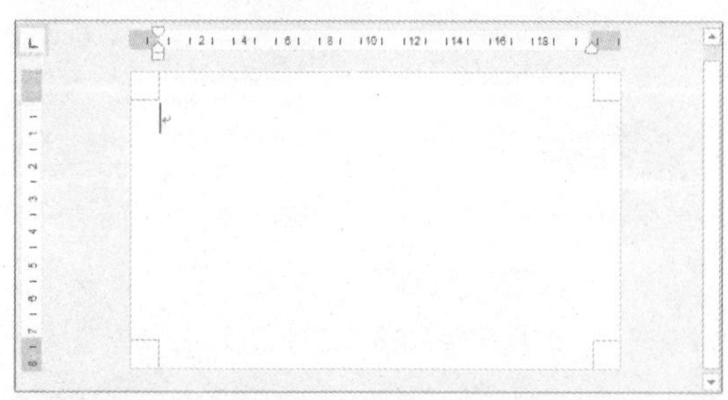

STEP 05 单击“图片”按钮 ❶ 选择“插入”选项卡。❷ 在“插图”组中单击“图片”按钮。

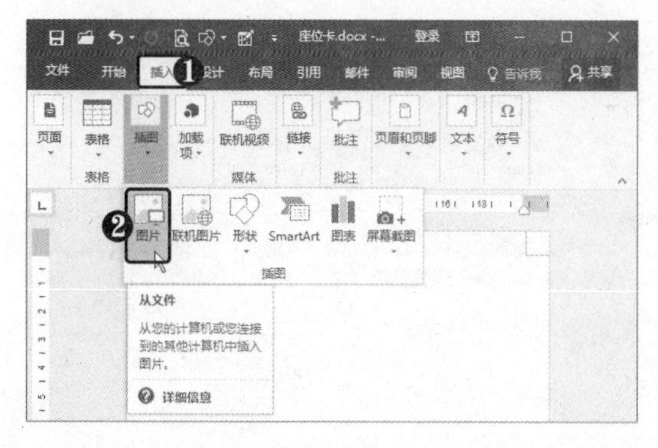

STEP 06 选择图片 弹出“插入图片”对话框，❶ 选择要插入的图片。❷ 单击“插入”按钮。

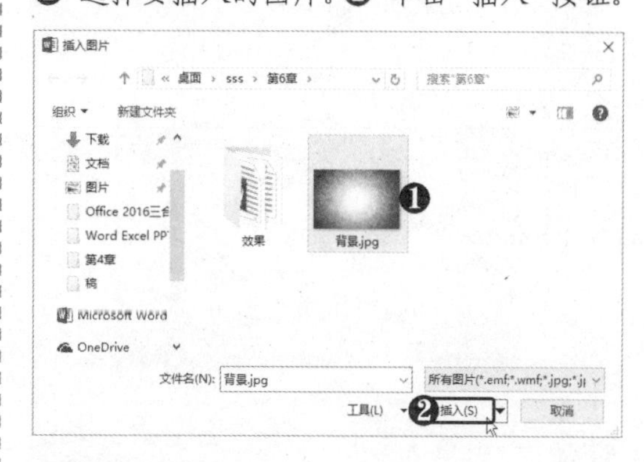

STEP 07 单击“浮于文字上方”按钮 ❶ 选中图片。❷ 单击右上方的“布局选项”按钮。❸ 单击“浮于文字上方”按钮。

STEP 08 调整图片大小 根据需要调整图片的宽度和高度，使其覆盖整个文档。

STEP 09 选择形状 ❶ 单击形状下拉按钮。❷ 选择“矩形”形状。

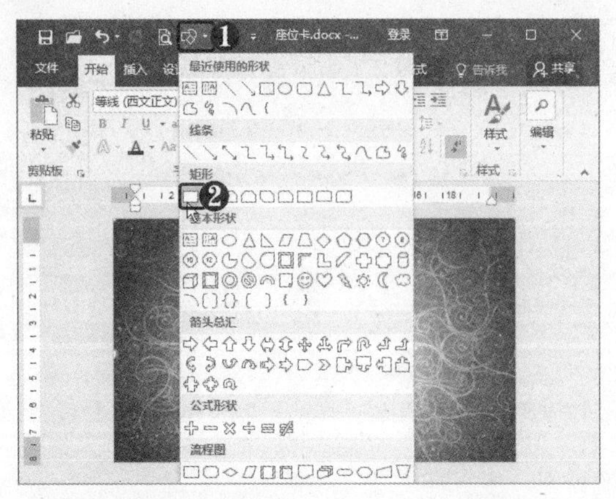

STEP 10 设置无轮廓 在文档中绘制矩形形状。❶ 选择“格式”选项卡。❷ 在“形状样式”组中单击“形状轮廓”下拉按钮。❸ 选择“无轮廓”选项。

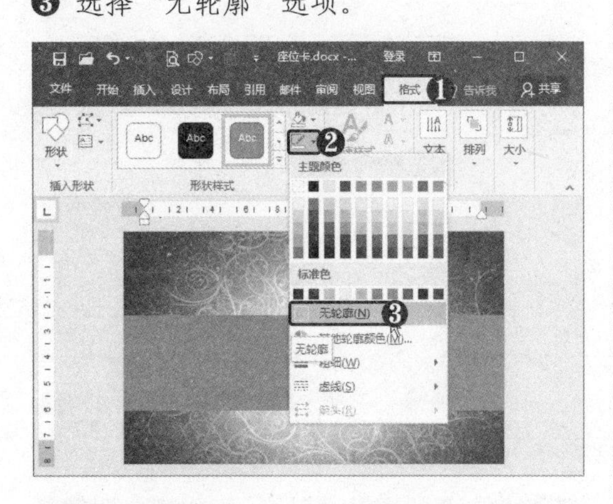

STEP 11 选中“图片或纹理填充”单选按钮 ❶ 单击“形状样式”组右下角的扩展按钮，打开“设置图片格式”窗格。❷ 选择“填充与线条”选项卡。❸ 选中“图片或纹理填充”单选按钮。

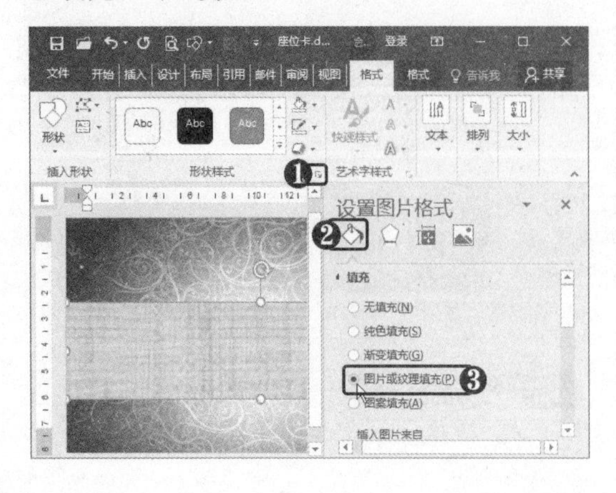

STEP 12 选择纹理图案 ❶ 单击“纹理”下拉按钮。❷ 选择所需的纹理图案。

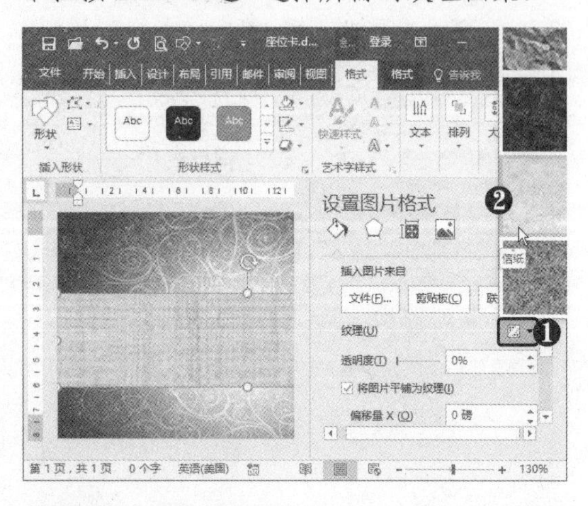

STEP 13 调整透明度 设置透明度为40%。

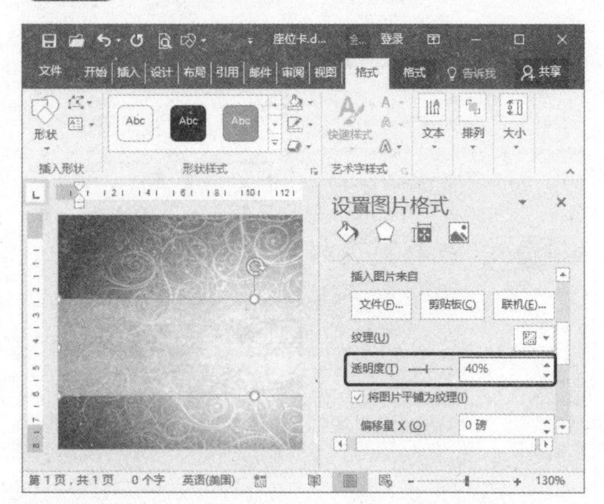

STEP 14 选择“文本框”选项 ❶ 单击“形状”下拉按钮。❷ 选择“文本框”选项。

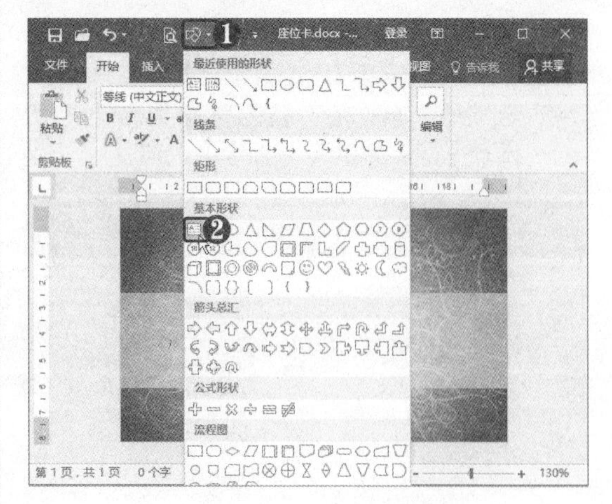

STEP 15 绘制文本框 在文档中拖动鼠标绘制文本框。

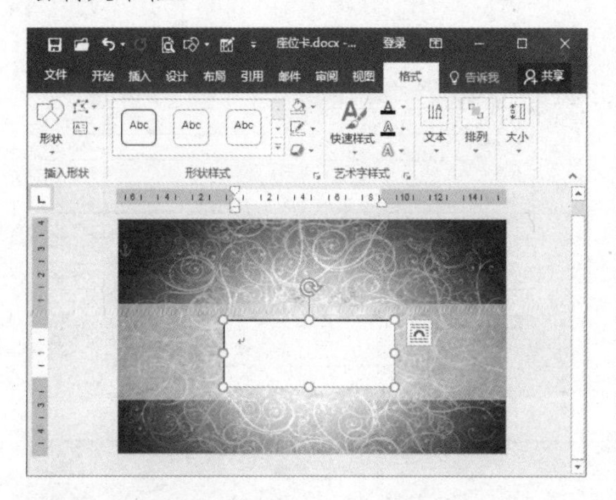

STEP 16 设置字体格式 在文本框中输入所需的文字，设置居中对齐，在“字体”组中设置字体格式。

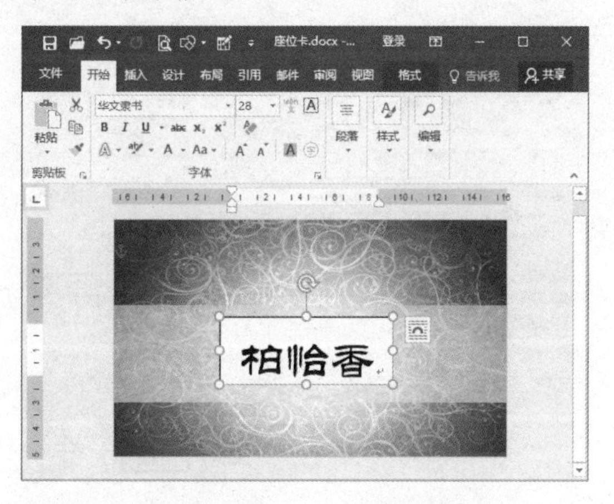

STEP 17 应用形状样式 ❶ 选择“格式”选项卡。❷ 在“形状样式”列表中选择所需的样式。

STEP 18 继续操作 采用同样的方法继续插入文本框并设置格式。

STEP 19 输入信息 新建“人员表”文档，输入各项目，并以制表符分开（输入一项后按【Tab】键即可），选中输入的文本。

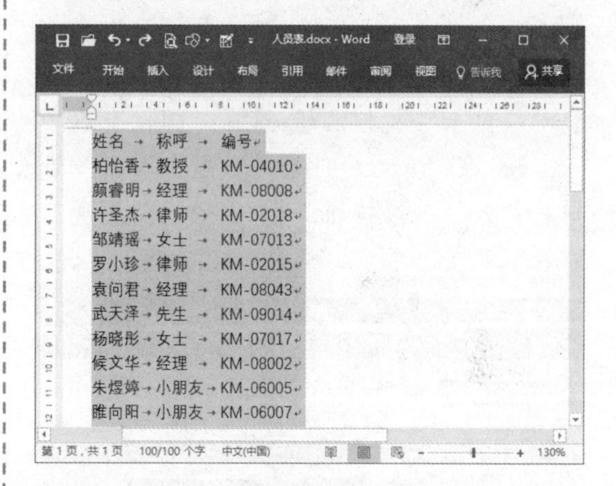

STEP 20 选择“插入表格”选项 ❶ 选择“插入”选项卡。❷ 单击“表格”下拉按钮。❸ 选择“插入表格”选项。

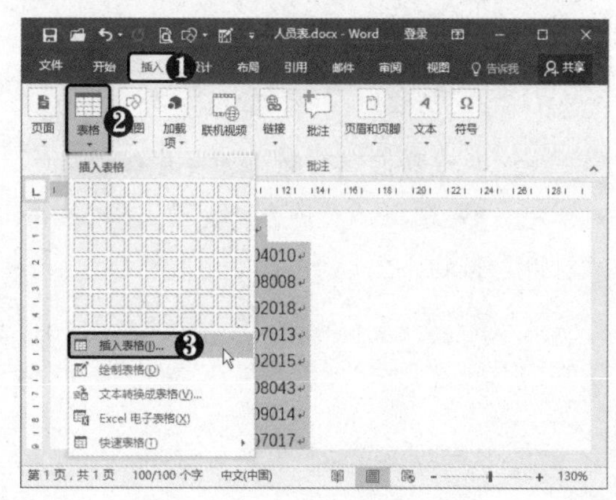

STEP 21 **转换表格** 此时即可将输入的文本转换为表格。

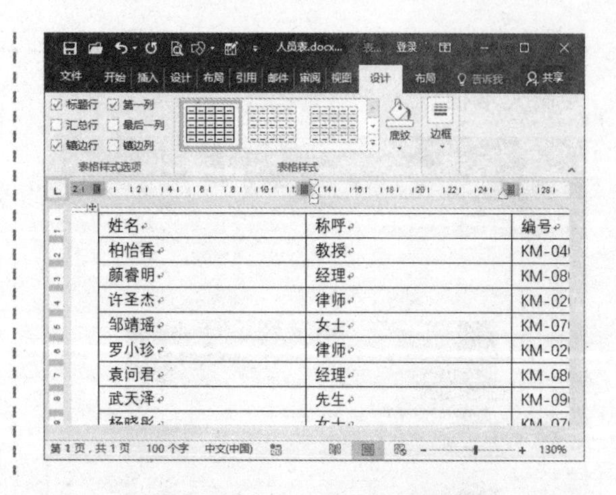

高手点拨

若要转换为表格的文本中包含多种分隔符号，则需要在"表格"下拉列表中选择"文本转换为表格"选项，在弹出的对话框中设置分隔符号。

7.2.2 插入合并域

当设置电子邮件合并并将文档连接到邮件列表时，需要添加邮件合并域，以对内容进行个性化设置。合并字段来自邮寄列表中的列标题。插入合并域的具体操作方法如下。

STEP 01 **选择"使用现有列表"选项** 切换到"座位卡"文档，❶ 选择"邮件"选项卡。❷ 在"开始邮件合并"组中单击"选择收件人"下拉按钮。❸ 选择"使用现有列表"选项。

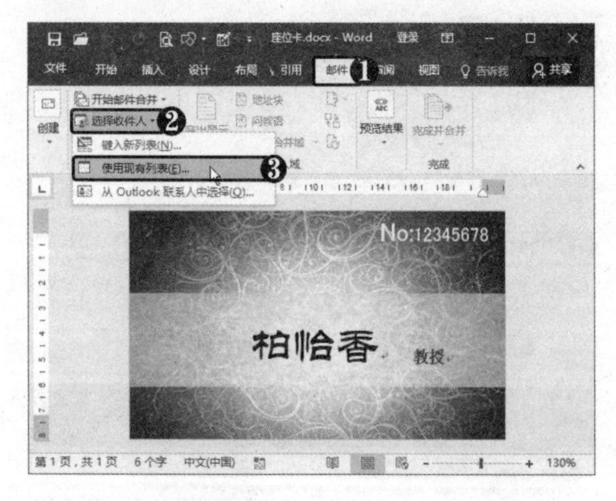

STEP 02 **选择数据源** 弹出"选择数据源"对话框，❶ 选择"人员表"文档。❷ 单击"打开"按钮。

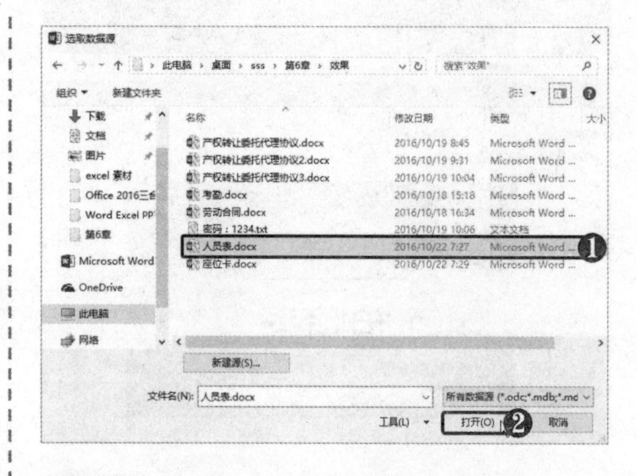

STEP 03 **插入"姓名"域** ❶ 选中姓名文本。❷ 在"编写和插入域"组中单击"插入合并域"下拉按钮。❸ 选择"姓名"选项。

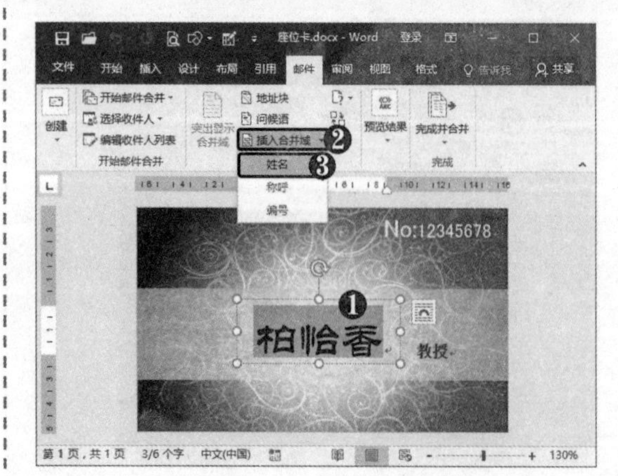

STEP 04 插入姓名域 此时即可插入姓名域。

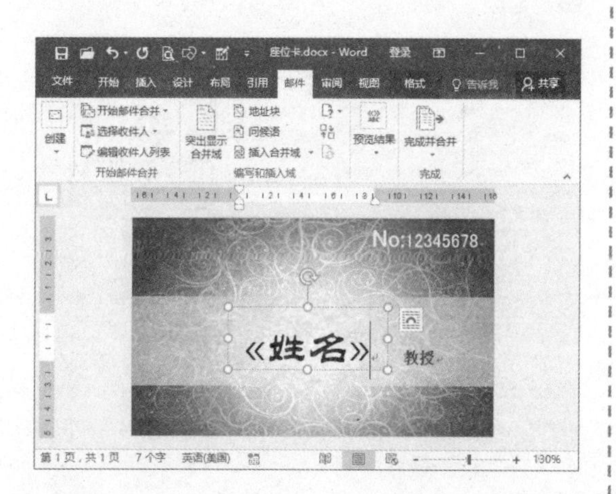

STEP 05 插入"称呼"域 ❶ 选中称呼文本。❷ 在"编写和插入域"组中单击"插入合并域"下拉按钮。❸ 选择"称呼"选项。

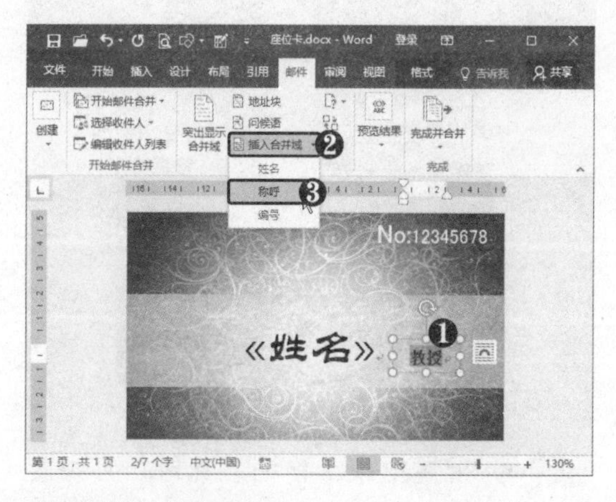

STEP 06 插入"编号"域 ❶ 选中编号文本。❷ 在"编写和插入域"组中单击"插入合并域"下拉按钮。❸ 选择"编号"选项。

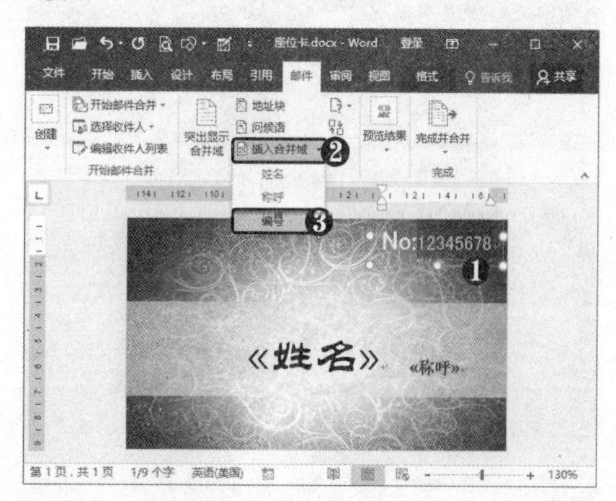

STEP 07 查看插入合并域效果 此时即可查看在文档中插入合并域后的效果。

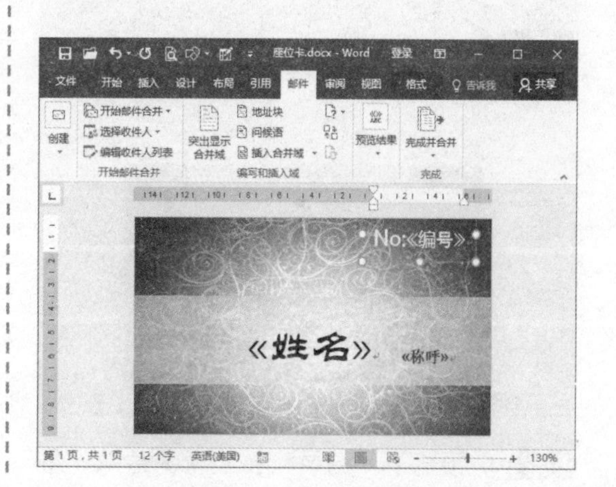

高手点拨

单击"突出显示合并域"按钮，可以在文档中对合并域进行突显。在"预览结果"组中单击"检查错误"按钮，可以设置模拟合并，同时报告错误。

7.2.3 批量生成文档

插入域后，通过合并功能可以批量生成一个信函文档，该文档是主文档和邮寄列表的组合。系统会从邮件列表中抽取信息，并将其放在主文档中，为每个人员得到一个个性化的卡片，具体操作方法如下。

STEP 01 **单击"预览结果"按钮** 在"预览结果"组中单击"预览结果"按钮。

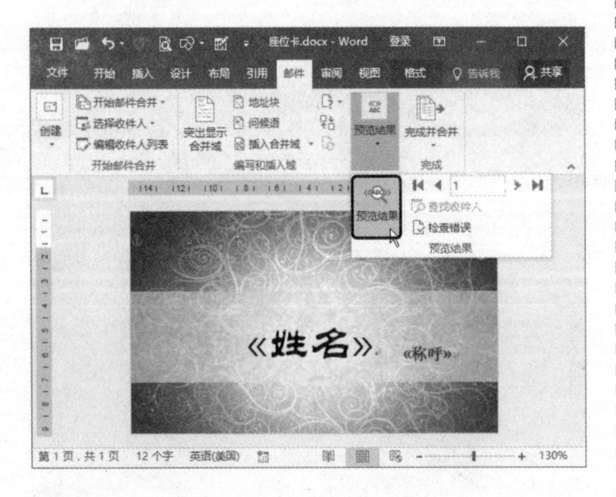

STEP 02 **查看文档效果** 此时即可在文档中查看文档效果。

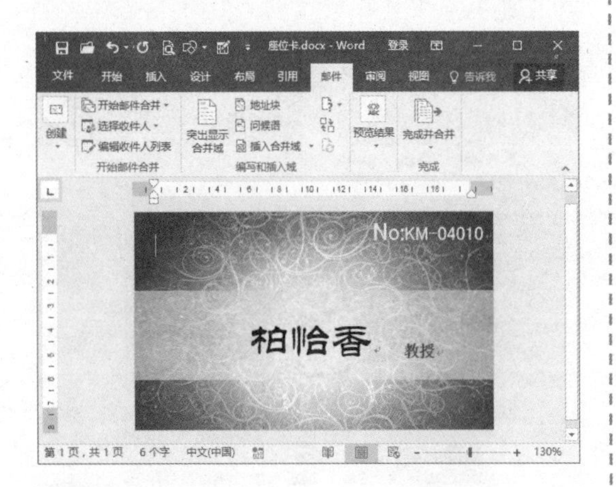

STEP 03 **预览下一记录** 在"预览结果"组中单击"下一记录"按钮▶，预览下一记录。

STEP 04 **选择"编辑单个文档"选项** ❶ 在"完成"组中单击"完成并合并"下拉按钮。❷ 选择"编辑单个文档"选项。

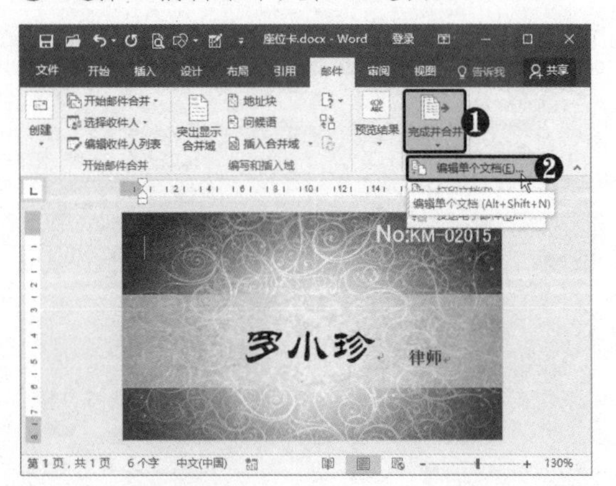

STEP 05 **设置合并记录** 弹出"合并到新文档"对话框，❶ 选中"全部"单选按钮。❷ 单击"确定"按钮。

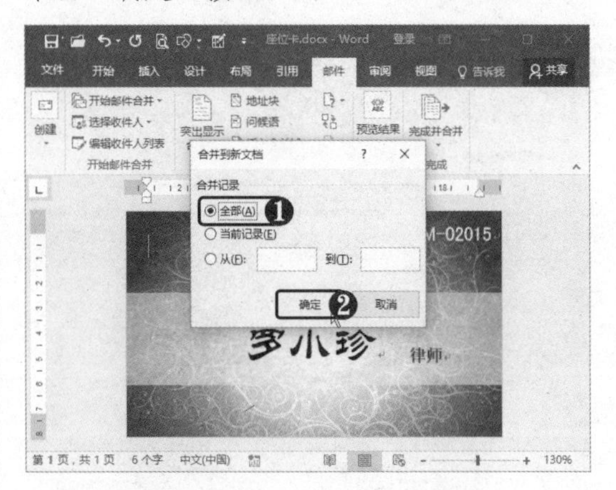

STEP 06 **批量生成工作证** 此时即可批量生成卡片，在"视图"选项卡下单击"多页"按钮，即可查看多页文档。

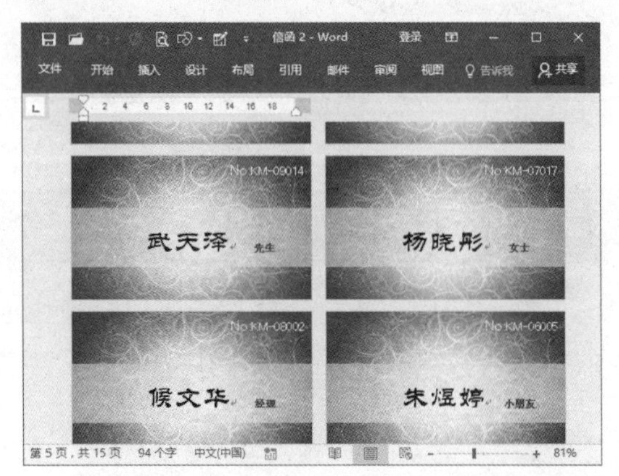

7.3 插入文档目录

目录是文档中标题的列表，它的作用主要有两个：一是单击目录可以快速定位到文档相应的具体位置；二是可以使用户快速了解文档的整体结构。下面将详细介绍如何在文档中添加目录。

7.3.1 插入自动目录

要在文档中插入目录，要先对文档中的标题文本设置标题级别，即一级标题、二级标题、三级标题等。前面已经介绍了如何设置标题样式，在此不再赘述。下面将介绍如何在设置了标题样式的文档中插入自动目录，具体操作方法如下。

STEP 01 选择“自动目录 1”选项 将光标定位到标题文本前。❶ 选择“引用”选项卡。❷ 单击“目录”下拉按钮。❸ 选择“自动目录 1”选项。

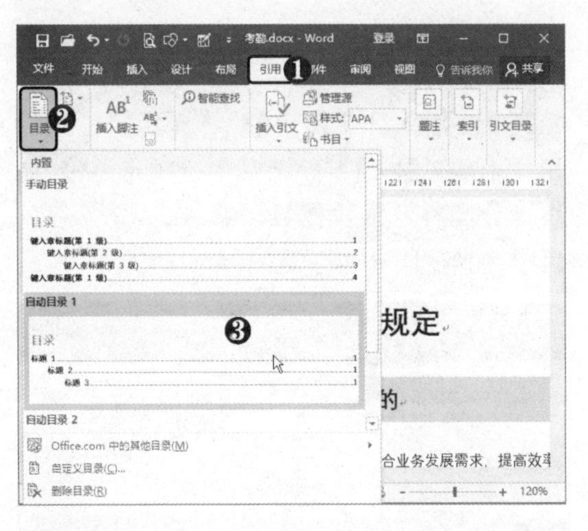

STEP 02 插入自动目录 此时即可在文档中插入自动目录。按住【Ctrl】键的同时单击目录，即可快速跳转到文档中的相应位置。

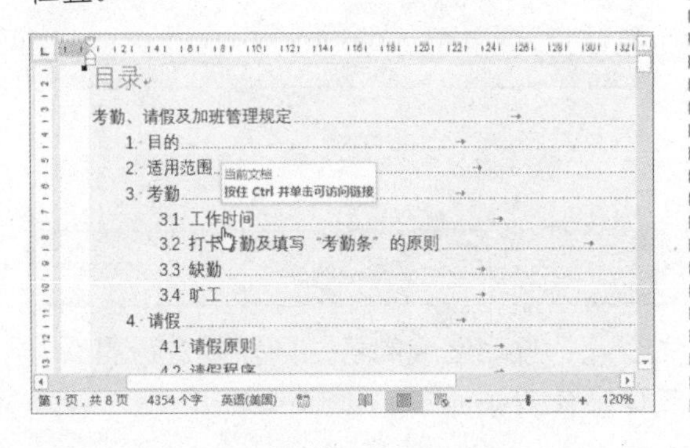

STEP 03 设置目录格式 还可对目录的字体或段落格式进行设置，如选中目录文本，❶ 在“段落”组中单击“行和段落间距”下拉按钮。❷ 选中 1.15 选项。

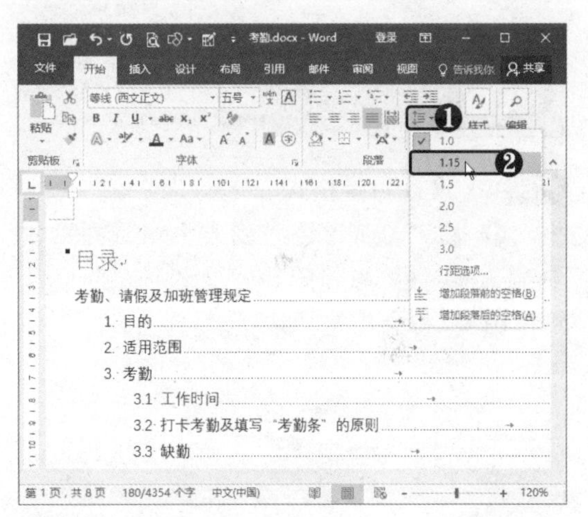

STEP 04 删除目录 ❶ 在目录左上方单击“目录”下拉按钮。❷ 选择“删除目录”选项，即可删除该目录。

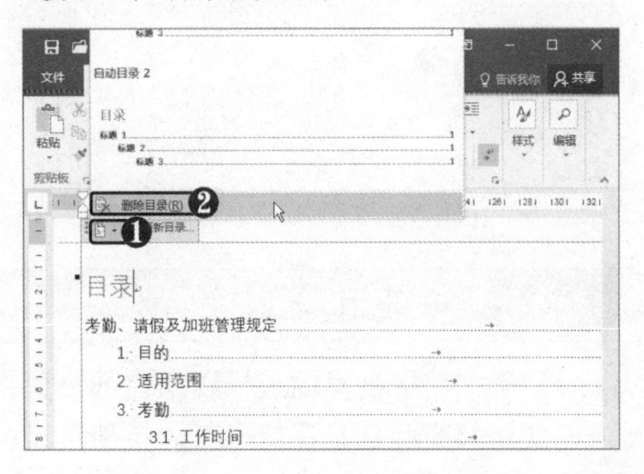

7.3.2 自定义目录格式

创建目录之后，可以自定义其显示方式。例如，可以选择要显示的标题级别数，以及是否在条目和页码之间显示虚线，具体操作方法如下。

STEP 01 选择“自定义目录”选项 将光标定位到标题文本前。❶ 选择“引用”选项卡。❷ 单击“目录”下拉按钮。❸ 选择“自定义目录”选项。

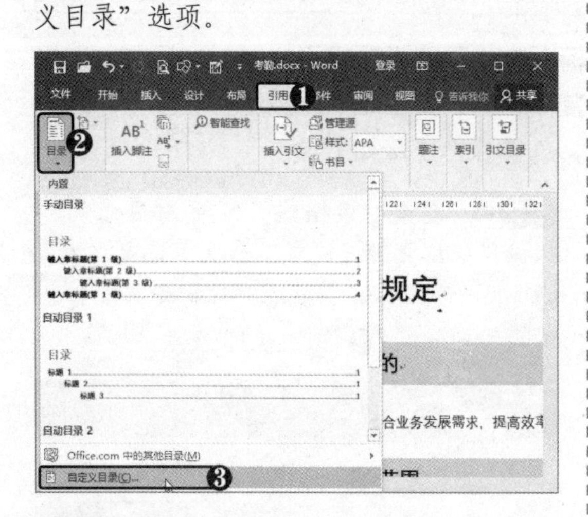

STEP 02 设置目录格式 弹出“目录”对话框，❶ 在“格式”下拉列表框中选择“古典”选项。❷ 取消选择“显示页码”复选框。❸ 单击“确定”按钮。

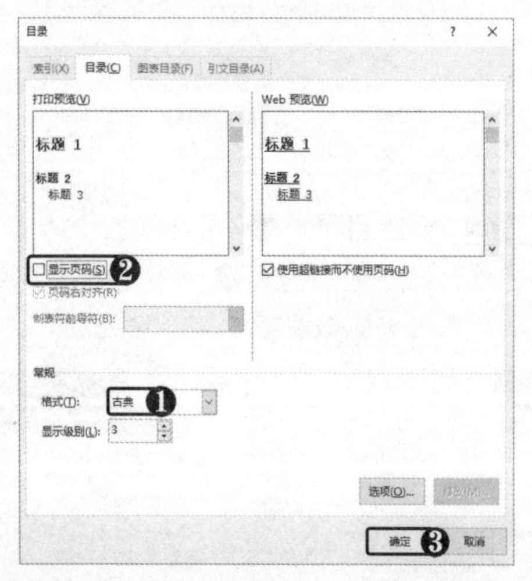

STEP 03 插入自定义目录 此时即可在文档中插入自定义目录。

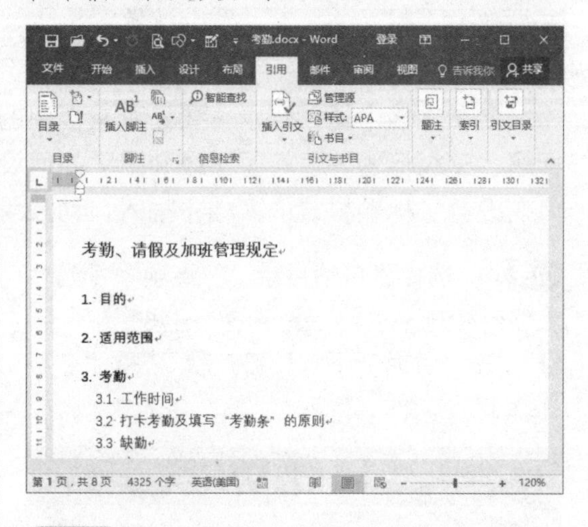

STEP 04 插入分节符 ❶ 将光标定位到标题文本前。❷ 选择“布局”选项卡。❸ 单击“分隔符”下拉按钮。❹ 在“分节符”组中选择“下一页”选项。

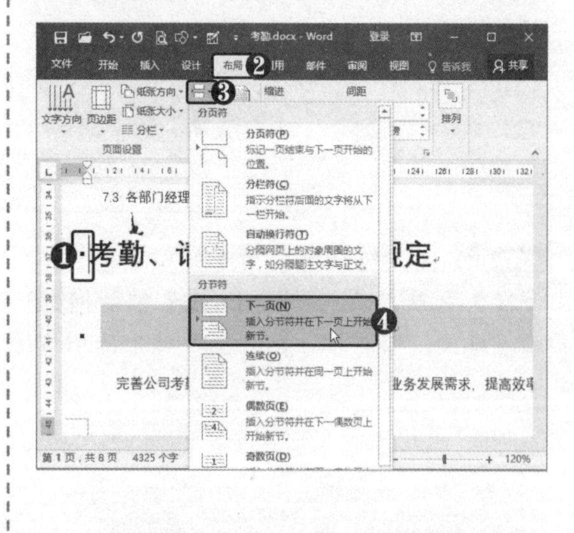

7.3.3 更新目录

如果文档中的标题或标题所在的页码发生变化，自动生成的目录则需要进行更新，以与文档的实际目录保持一致。更新目录的具体操作方法如下。

STEP 01 **修改标题** 根据需要在文档中修改标题文本。

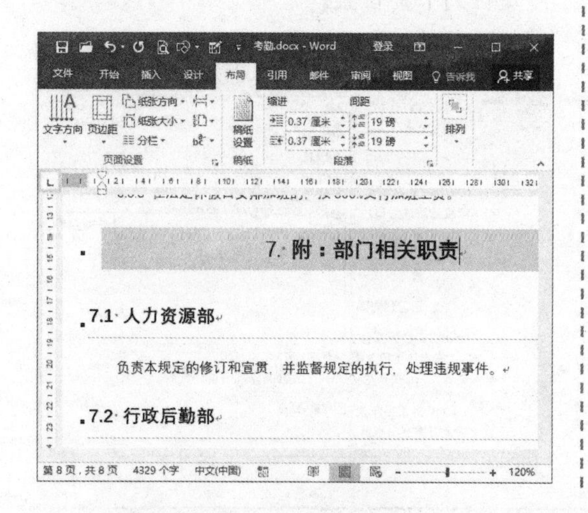

STEP 02 **更新目录** 将光标定位到目录中，在“引用”选项卡下单击“更新目录”按钮或按【F9】键即可更新目录。

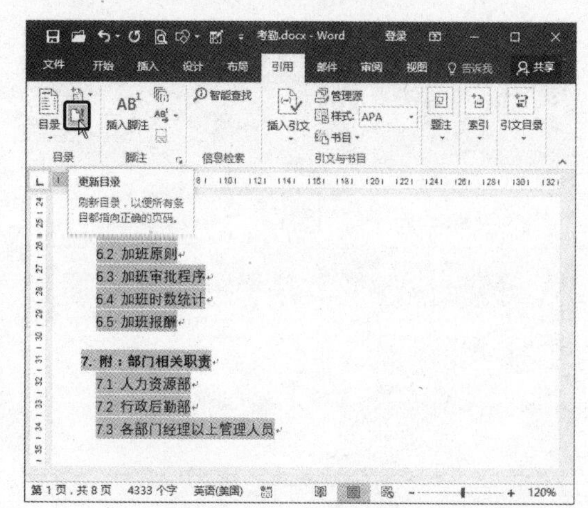

7.4 使用书签

书签用于在文档中标记位置或特定的词语，以便轻松找到。例如，对于长篇的文档，可以在特定的位置插入书签，以便下次阅读时能够快速跳转到该位置。

7.4.1 插入和定位书签

插入书签，即为文档中指定位置或选中的文本、数据、图形等添加一个特定标记。在文档中插入书签的具体操作方法如下。

STEP 01 **单击“书签”按钮** ❶ 选中文本。❷ 选择“插入”选项卡。❸ 在“链接”组中单击“书签”按钮。

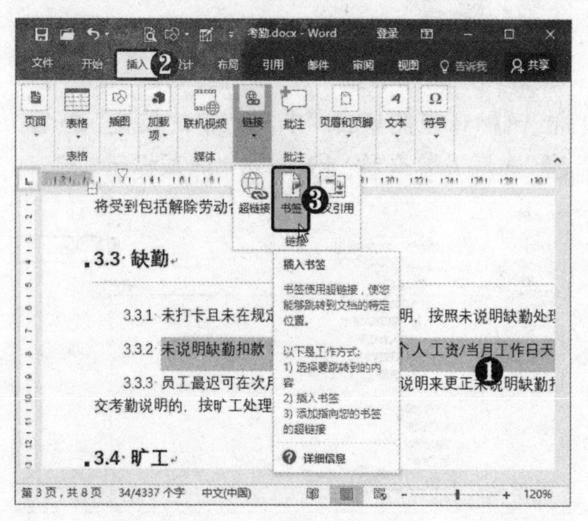

STEP 02 **添加书签** 弹出“书签”对话框，❶ 输入书签名。❷ 单击“添加”按钮，即可添加书签。

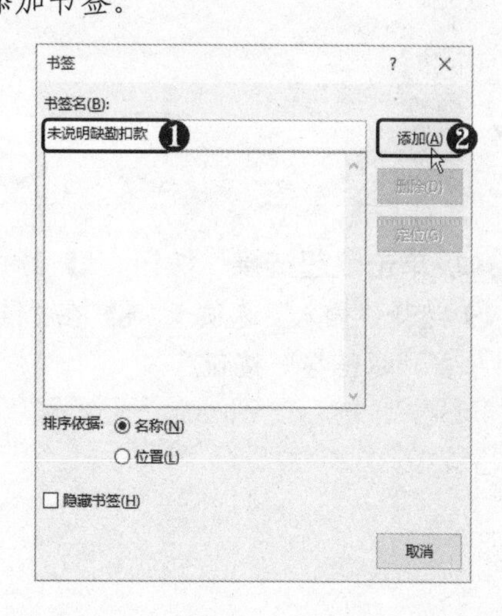

STEP 03 单击“书签”按钮 采用同样的方法在其他位置插入书签，在“链接”组中单击“书签”按钮。

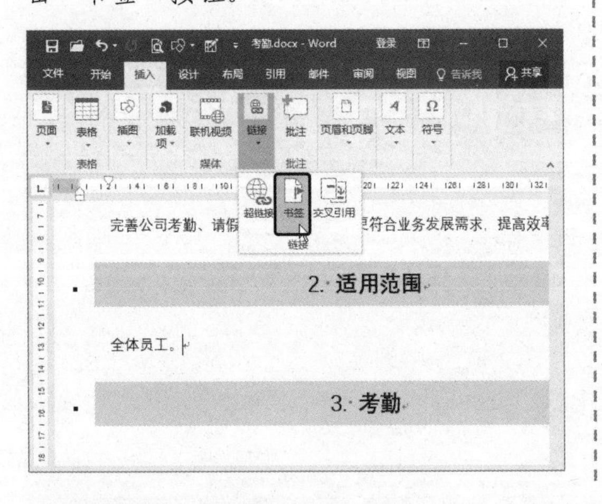

STEP 04 定位书签 打开“书签”对话框，❶ 选择书签名。❷ 单击“定位”按钮，即可定位到书签位置。

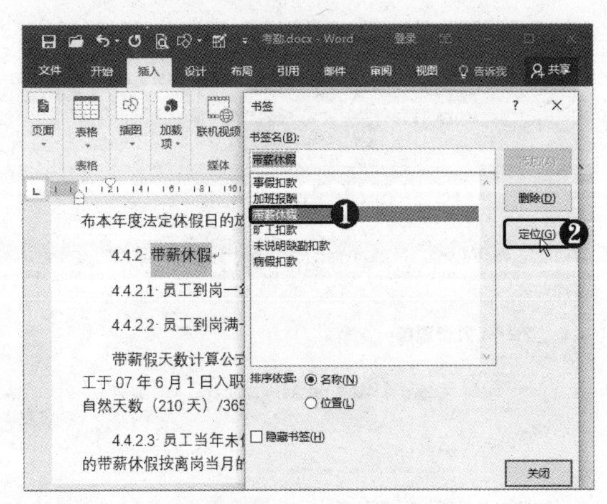

7.4.2 使用超链接定位书签

在文档中添加书签后，便可以在文档中创建超链接并指向书签的位置进行导航，具体操作方法如下。

STEP 01 输入文本 在目录下方输入“关注条目”内容。

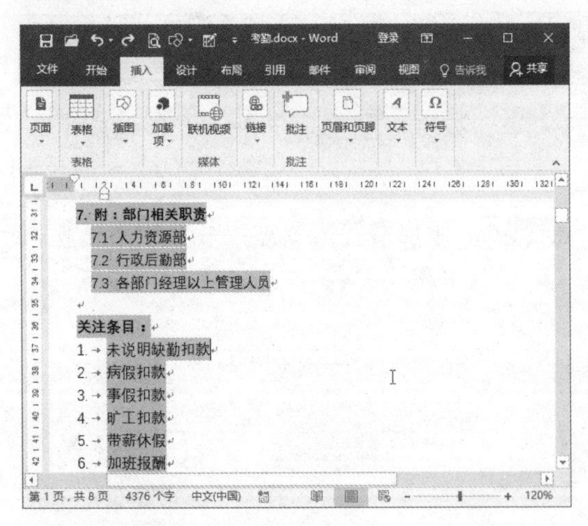

STEP 02 单击“超链接”按钮 ❶ 选中文本。❷ 选择“插入”选项卡。❸ 在“链接”组中单击“超链接”按钮。

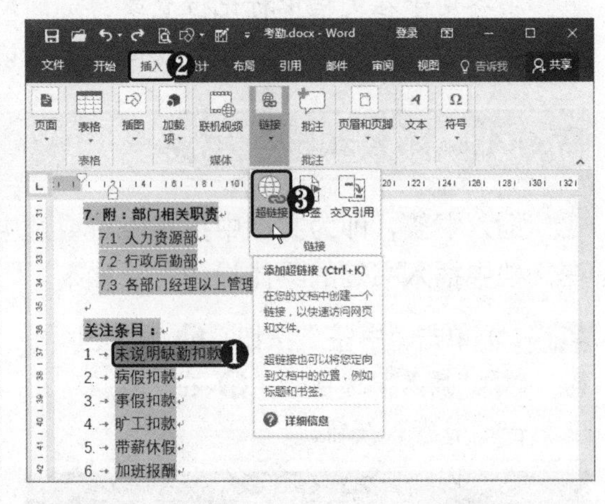

STEP 03 选择书签 弹出“插入超链接”对话框，❶ 在左侧单击“本文档中的位置”按钮。❷ 选择书签名称。❸ 单击“屏幕提示”按钮。

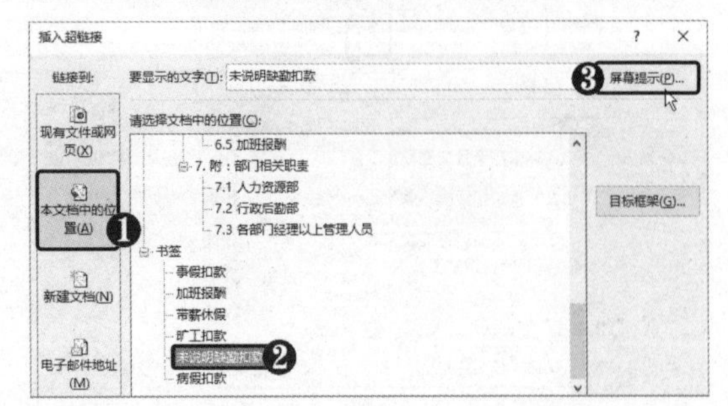

STEP 04 设置超链接屏幕提示 弹出“设置超链接屏幕提示”对话框，❶ 输入屏幕提示文字。❷ 单击“确定”按钮。

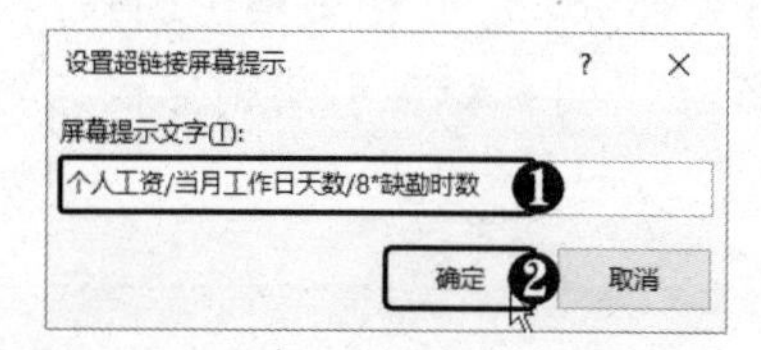

STEP 05 确认插入超链接 返回“插入超链接”对话框，单击“确定”按钮。

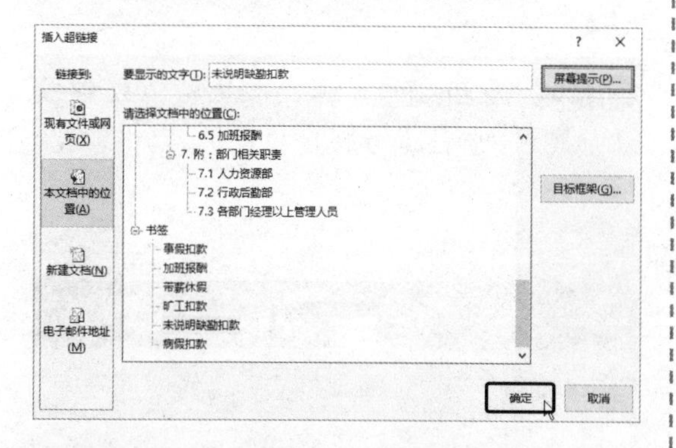

STEP 06 插入超链接 ❶ 选中文本，按【Ctrl+K】组合键，弹出“插入超链接”对话框。❷ 选择书签。❸ 单击“确定”按钮。采用同样的方法，继续为其他文本插入超链接。

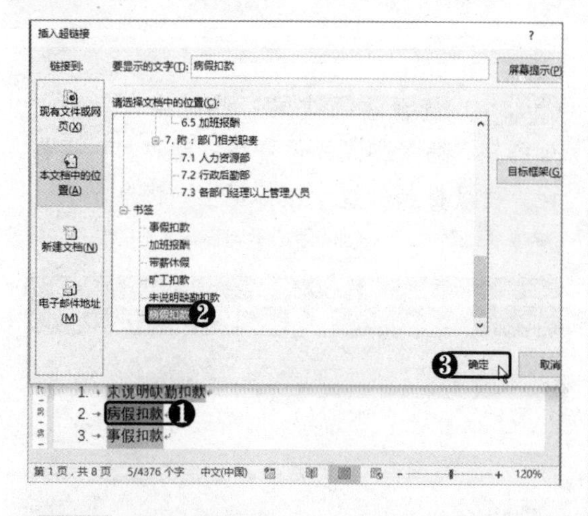

STEP 07 单击超链接 将鼠标指针置于超链接上即可显示提示文字，按住【Ctrl】键的同时单击超链接。

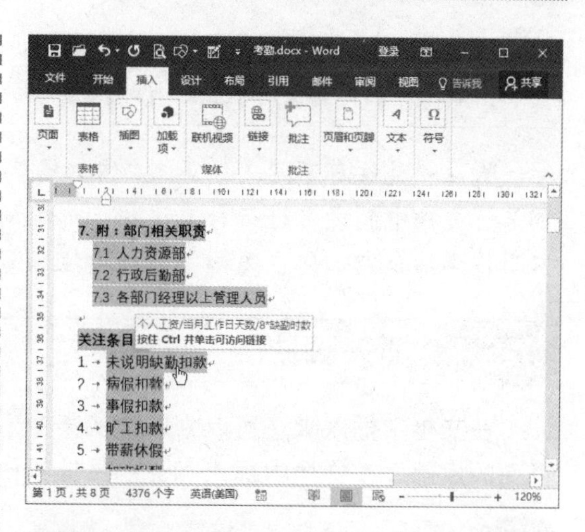

STEP 08 查看超链接效果 此时即可跳转到书签位置。

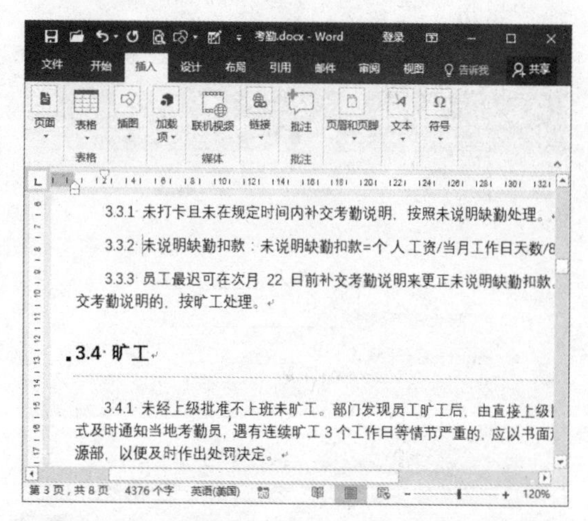

STEP 09 取消超链接 对于正文中的文本，在添加超链接后文本颜色将变为蓝色并带有下划线。要取消超链接，❶ 右击超链接文本。❷ 选择“取消超链接”命令。

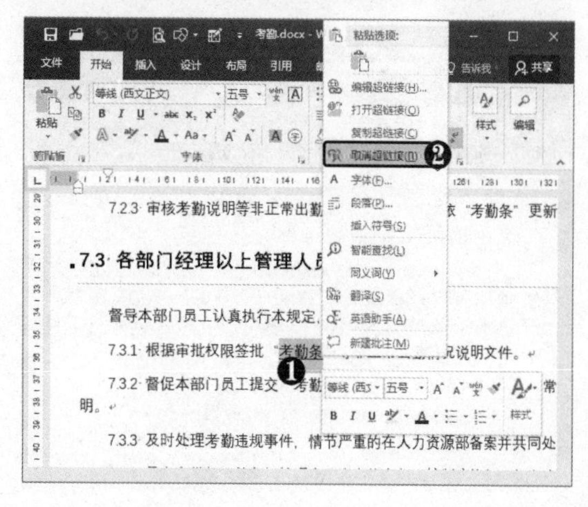

7.5 添加脚注和尾注

脚注和尾注都不是文档正文，但仍然是文档的组成部分。它们在文档中的作用相同，都是对文档中的文本进行补充说明，如单词解释、备注说明或标注引用内容的来源等。下面将详细介绍如何在文档中添加脚注和尾注。

7.5.1 插入脚注

在文档中插入脚注可以为所述的某个事项提供解释、批注或参考，脚注显示在当前页面的底部。在文档中插入脚注的具体操作方法如下。

STEP 01 单击“插入脚注”按钮 ❶ 选中文本或将光标定位到要插入脚注的位置。❷ 选择“引用”选项卡。❸ 在“脚注”组中单击“插入脚注”按钮。

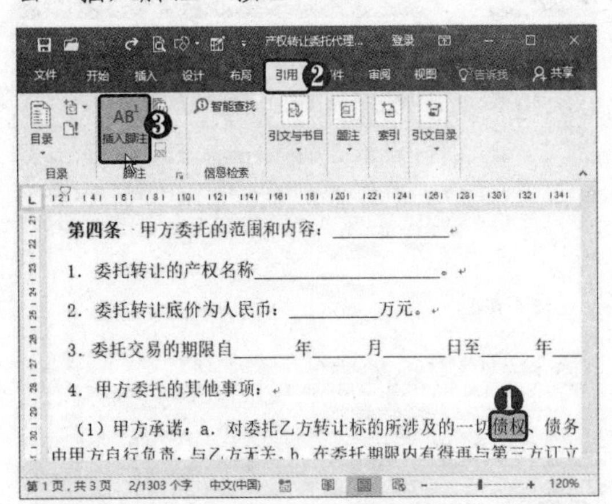

STEP 02 输入脚注内容 此时将自动转到当前页面下方并自动添加脚注编号，根据需要输入脚注内容。

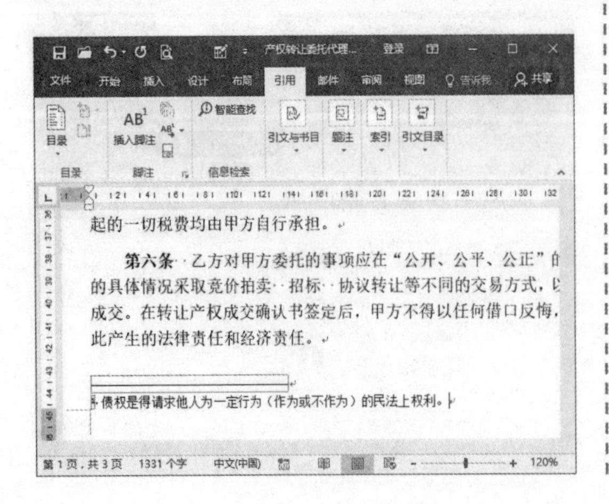

STEP 03 双击编号 采用相同的方法继续添加脚注，脚注编号将自动更新。双击编号。

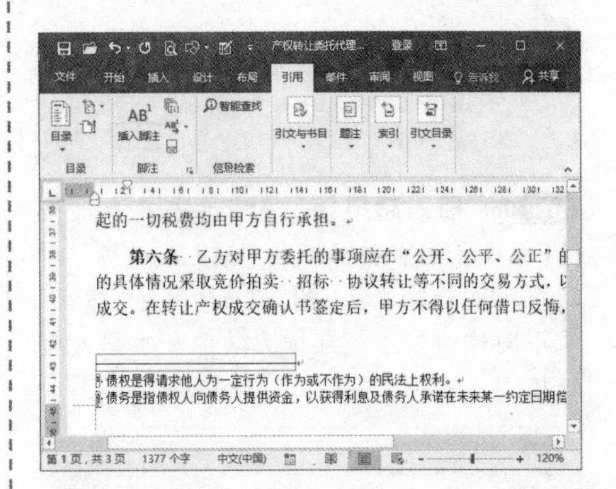

STEP 04 查看注释效果 此时将自动跳转到脚注，插入脚注的位置将自动添加引用标记。将鼠标指针置于该标记上，将自动显示脚注内容。

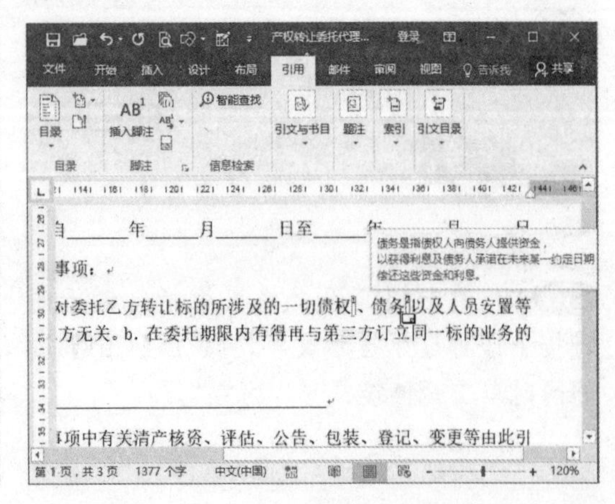

7.5.2 插入尾注

尾注显示在文档或小节的末尾，文档中的尾注都是依次排序放置在文档的最后部分。插入尾注的具体操作方法如下。

STEP 01 单击“插入尾注”按钮 ❶ 选中文本。❷ 在“脚注”组中单击“插入尾注”按钮。

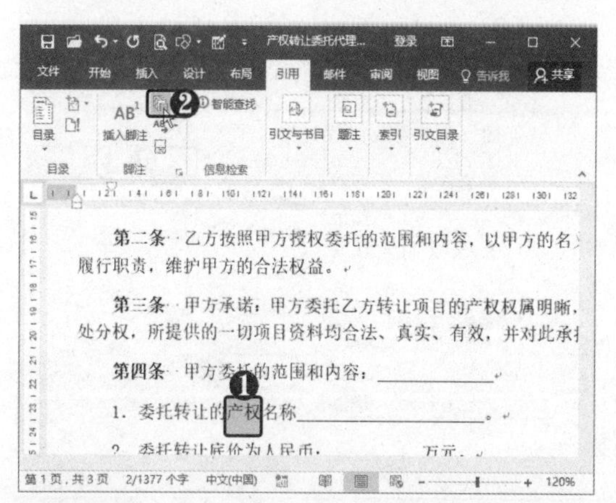

STEP 02 输入尾注内容 此时会自动跳转到文档的末尾位置，根据需要输入尾注内容。

STEP 03 双击编号 采用同样的方法继续添加尾注，尾注的编号将根据尾注位置进行排序。双击编号。

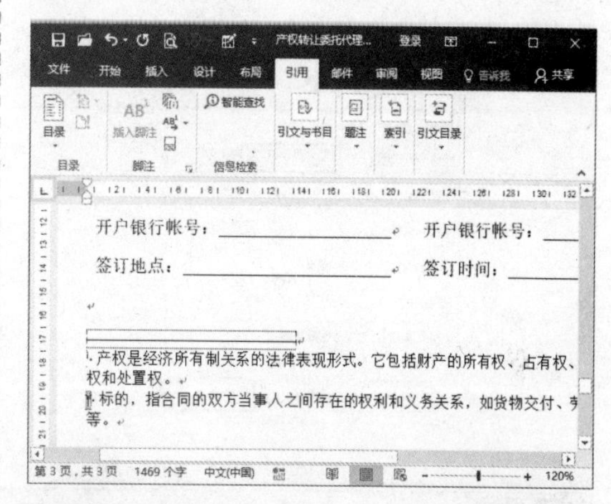

STEP 04 查看注释效果 在插入尾注的位置同样会自动添加引用标记，将鼠标指针置于该标记上将自动显示尾注内容。

7.5.3 更改脚注与尾注编号格式

插入脚注或尾注后，可以根据需要更改编号格式，还可使用自定义的标记插入脚注和尾注。下面以更改脚注格式为例进行介绍，具体操作方法如下。

STEP 01 单击扩展按钮 ❶ 将光标定位在脚注中。❷ 选择“引用”选项卡。❸ 在“脚注”组中单击右下角的扩展按钮。

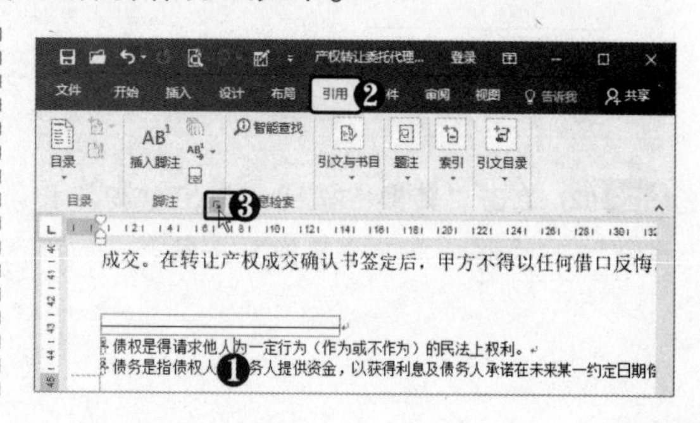

STEP 02 **选择格式** 弹出“脚注和尾注”对话框，❶ 在“编号格式”下拉列表框中选择所需的样式。❷ 单击“应用”按钮，即可更改脚注编号格式。

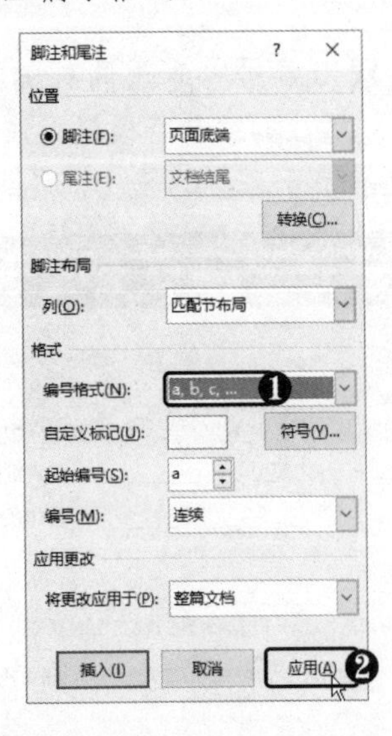

STEP 03 **自定义编号格式** ❶ 在“自定义标记”文本框中插入符号。❷ 单击“插入”按钮，即可插入自定义符号的脚注。

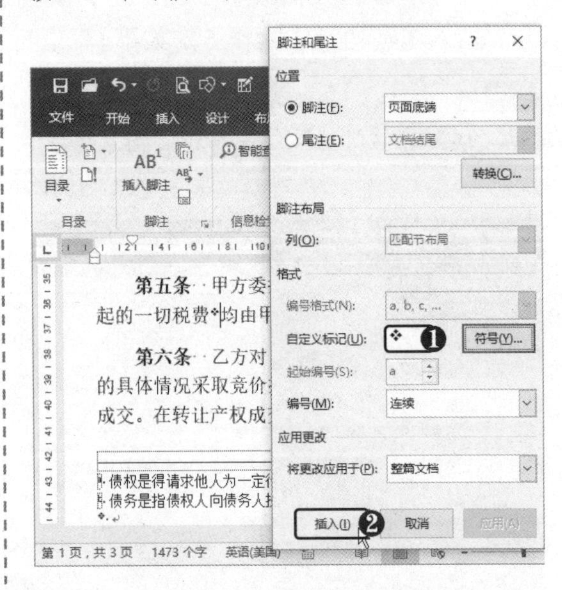

7.5.4 转换脚注与尾注

脚注和尾注之间可以相互转换，以快速调整注释的格式类型，具体操作方法如下。

STEP 01 **单击扩展按钮** ❶ 选择“引用”选项卡。❷ 在“脚注”组中单击右下角的扩展按钮。

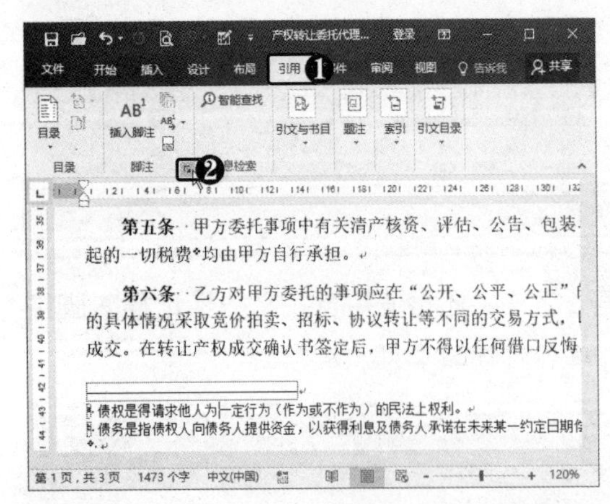

STEP 02 **单击“转换”按钮** 弹出“脚注和尾注”对话框，单击“转换”按钮。

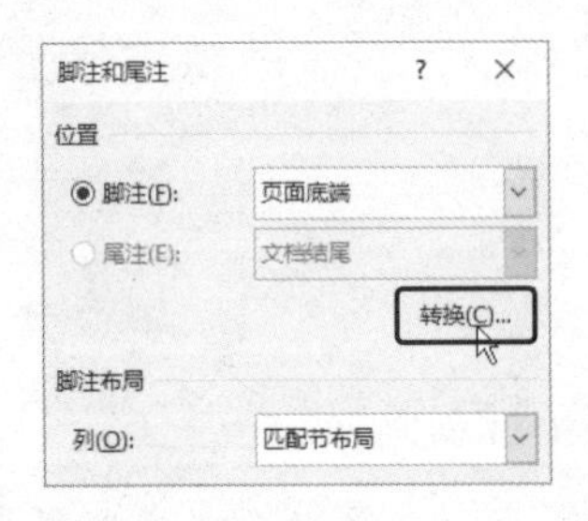

STEP 03 **设置转换尾注** 弹出“转换注释”对话框，❶ 选中“尾注全部转换成脚注”单选按钮。❷ 单击“确定”按钮。

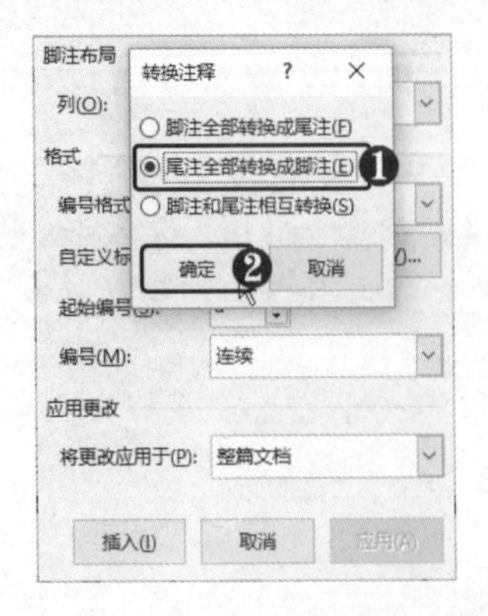

STEP 04 转换完成 此时即可将尾注转换为脚注。

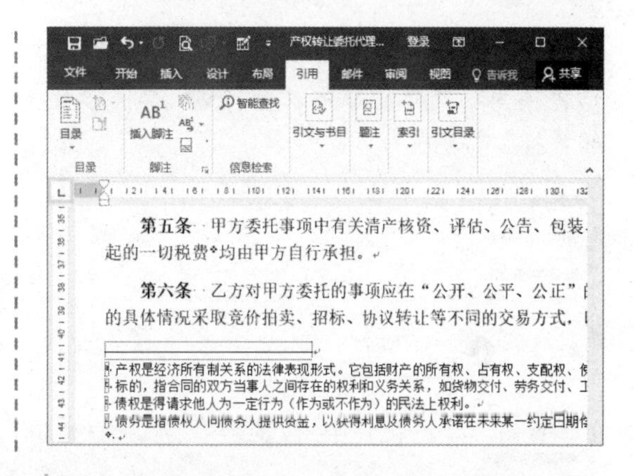

高手点拨

在脚注文本中右击，选择“转换至尾注”命令，即可将脚注转换为尾注。采用同样的操作，也可以将尾注转换为脚注。

7.5.5 删除脚注或尾注

若不再需要某些脚注或尾注，可将其删除，具体操作方法如下。

STEP 01 删除脚注标记 在文档中选中脚注标记，按【Delete】键即可直接将其删除。

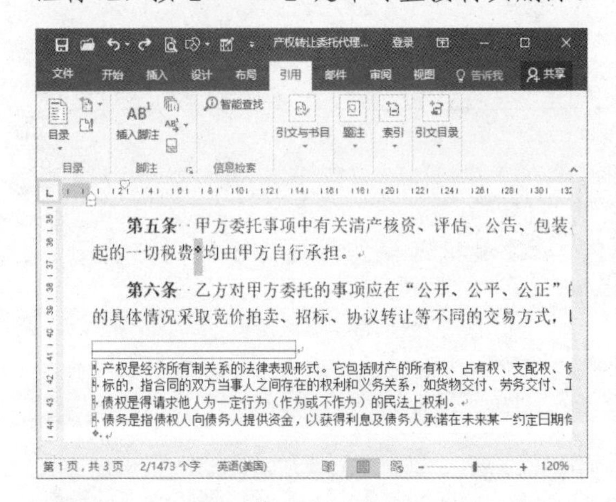

STEP 02 查看删除脚注效果 转到该页脚注位置，可以看到脚注内容一同被删除。

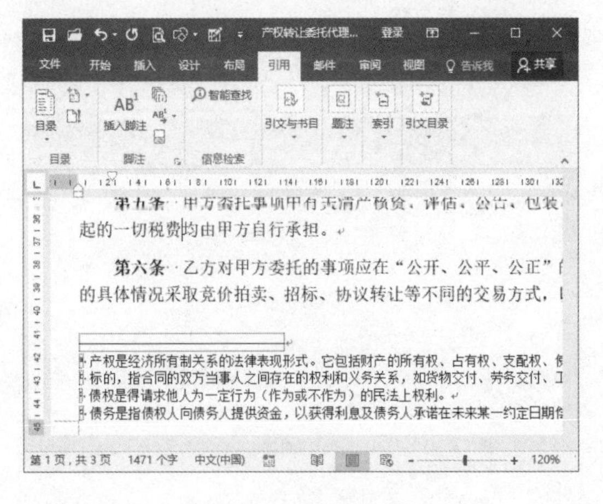

STEP 03 单击“更多”按钮 按【Ctrl+G】组合键，弹出“查找和替换”对话框，❶ 选择“替换”选项卡。❷ 单击“更多”按钮。

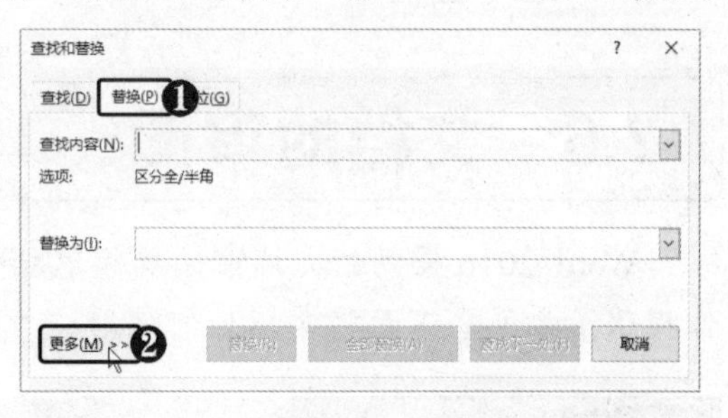

STEP 04 选择“脚注标记”选项 ❶ 单击“特殊格式”下拉按钮。❷ 选择“脚注标记”选项。

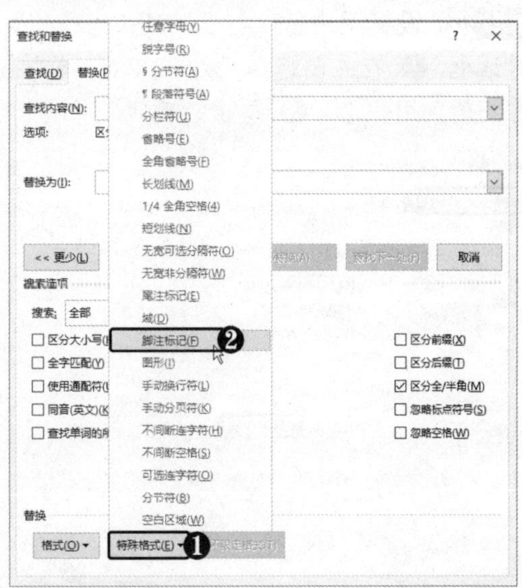

STEP 05 单击“全部替换”按钮 ❶ 删除“替换为”文本框中的文本。❷ 单击“全部替换”按钮。

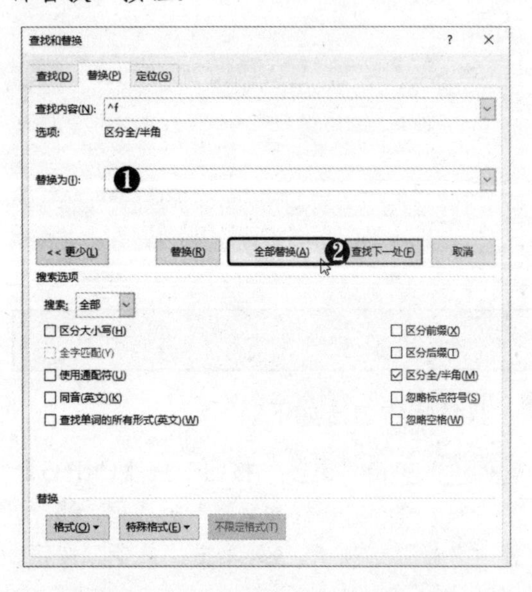

STEP 06 删除全部脚注 弹出提示信息框，单击“确定”按钮，即可删除文档中的全部脚注。

7.6 文档的审阅

Word 2016提供的文档审阅功能包括修订、批注和标记操作，这为不同用户共同协作提供了方便。下面将介绍如何使用文档的审阅功能。

7.6.1 添加文档批注

通过添加批注可以对浏览过的内容进行标记或注释，具体操作方法如下。

STEP 01 设置用户名 打开“Word 选项”对话框，❶ 在左侧选择“常规”选项。❷ 在右侧输入用户名。❸ 单击“确定”按钮。

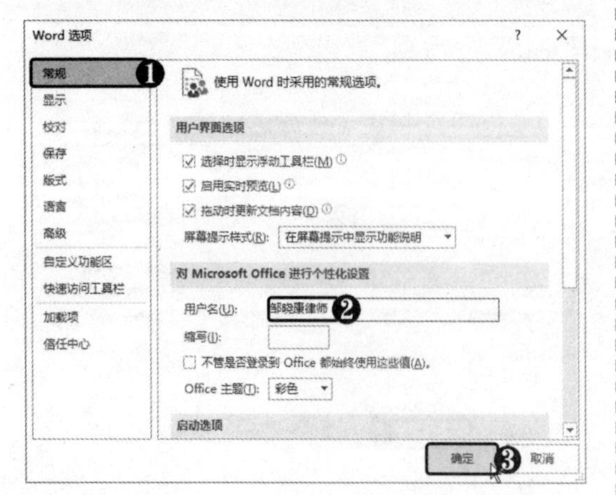

STEP 02 单击“新建批注”按钮 ❶ 选中要添加批注的文本或将光标定位到要添加批注的位置。❷ 选择“审阅”选项卡。❸ 在“批注”组中单击“新建批注”按钮。

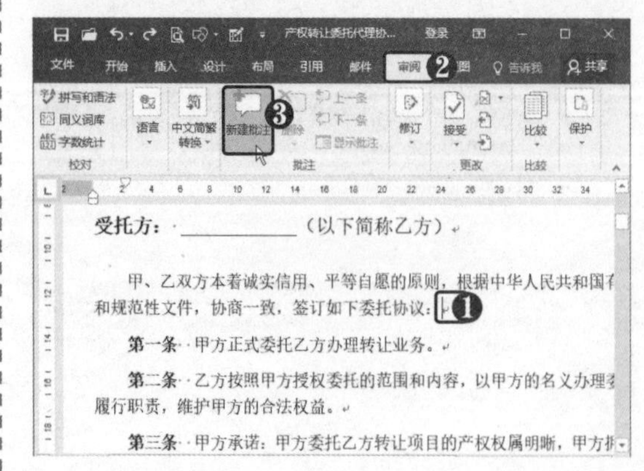

STEP 03 输入批注内容 此时即可在文档右侧打开批注框，根据需要输入批注内容。单击“答复”按钮可答复批注，单击“解决”按钮可将批注设置为“完成”状态。

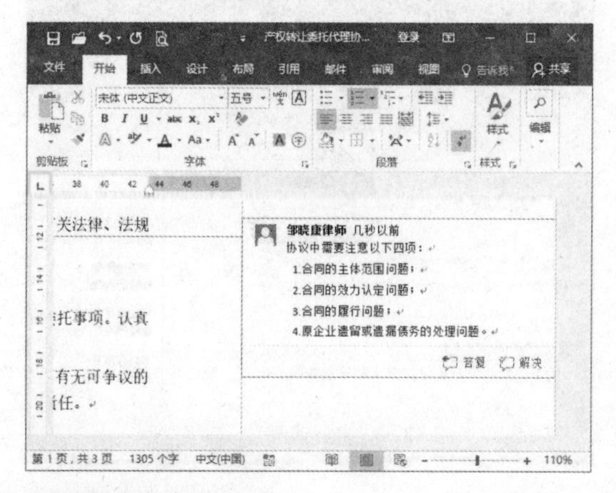

STEP 04 删除批注 ❶ 将光标定位在批注中，在“批注”组中单击“删除”下拉按钮。❷ 选择“删除”选项，即可删除批注。

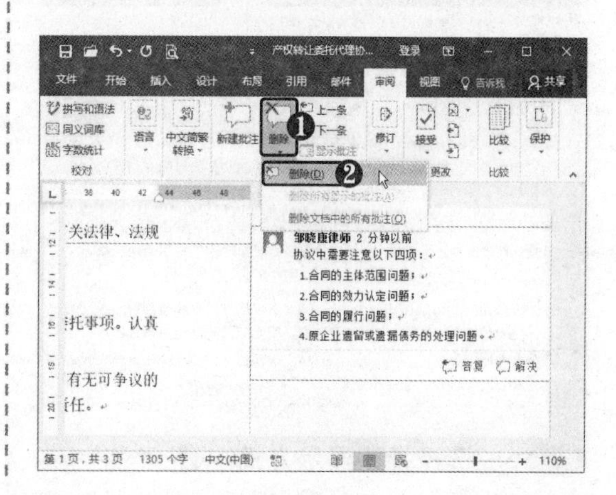

高手点拨

要在文档中隐藏批注，可在“修订”组中单击“显示标记”下拉按钮，在弹出的列表中选中“批注”选项，取消其前面的复选框标记即可。若要查看文档中所有的批注，可在“修订”组中单击“审阅窗格”按钮，打开“修订”窗格。

7.6.2 修订文档

使用修订功能可以在保留文档原有格式或内容的同时在页面中对文档内容进行修订，可用于协同工作。一个用户对文档进行修订后，其他人还可设置拒绝或接受修订。修订文档的具体操作方法如下。

STEP 01 单击“修订”按钮 ❶ 选择“审阅”选项卡。❷ 在“修订”组中单击“修订”按钮，即可进入修订状态，“修订”按钮呈按下状态。

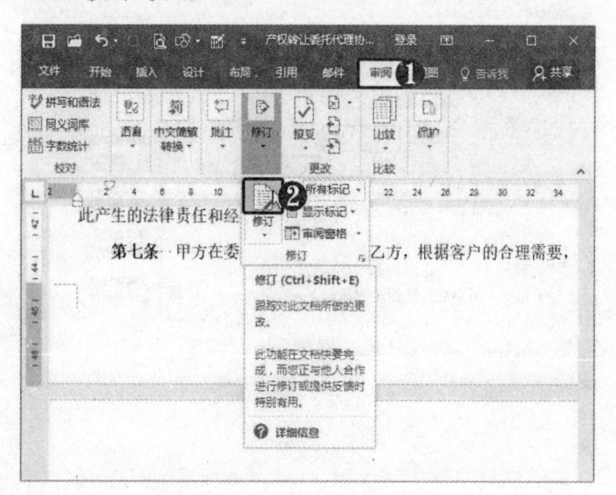

STEP 02 选择“所有标记”选项 ❶ 单击“显示以供审阅”下拉按钮。❷ 选择“所有标记”选项。

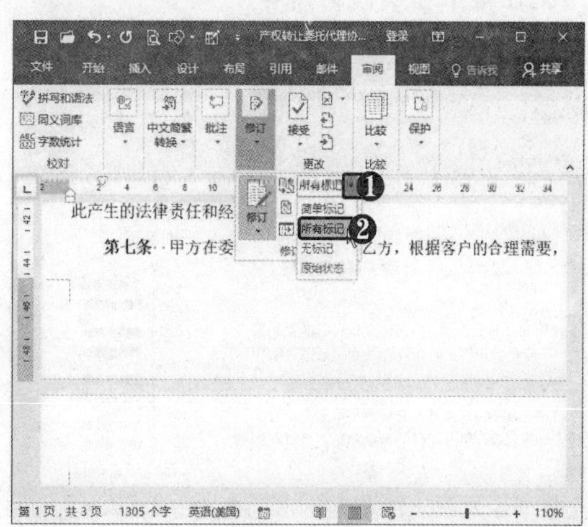

STEP 03 **修订文档** 在文档中对内容进行修改，此时在页面中显示修订标记。

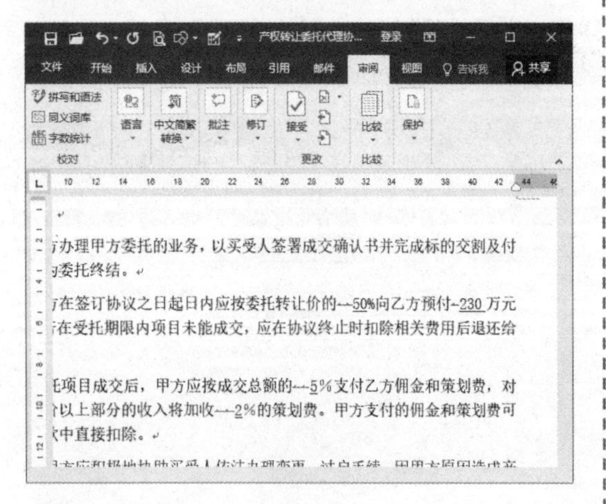

STEP 04 **选择批注显示方式** ❶ 单击“显示标记”下拉按钮。❷ 选择“批注框”选项。❸ 选择“在批注框中显示修订”选项。

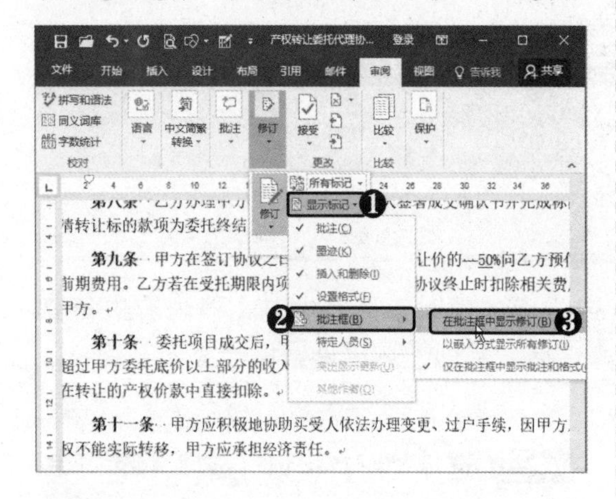

STEP 05 **查看显示效果** 此时在页面右侧的批注框中显示修订内容。

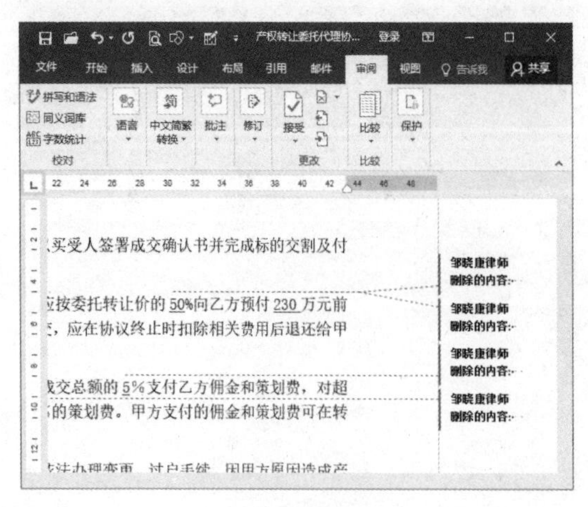

STEP 06 **选择“锁定修订”选项** ❶ 单击“修订”下拉按钮。❷ 选择“锁定修订”选项。

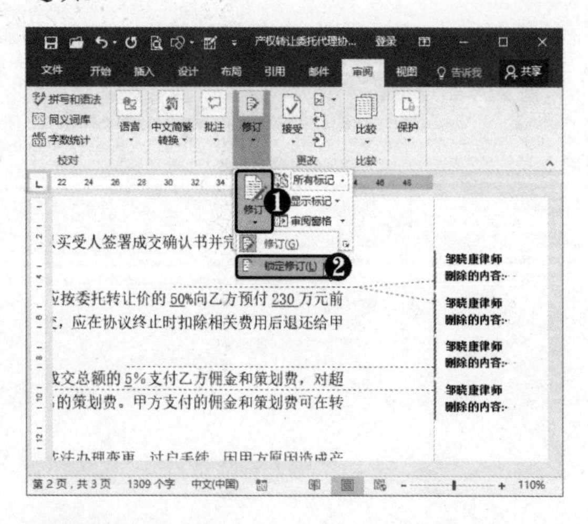

STEP 07 **设置密码** 弹出“锁定跟踪”对话框，❶ 设置密码。❷ 单击“确定”按钮，即可防止其他人关闭修订。

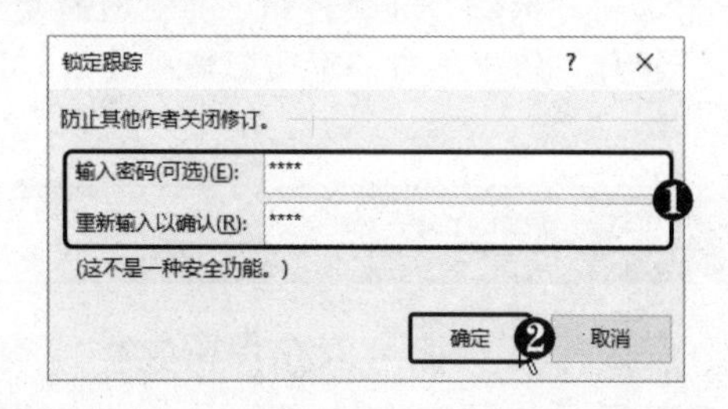

STEP 08 **解除锁定跟踪** 再次选择“锁定修订”选项，弹出“接触锁定跟踪”对话框，❶ 输入密码。❷ 单击“确定”按钮。

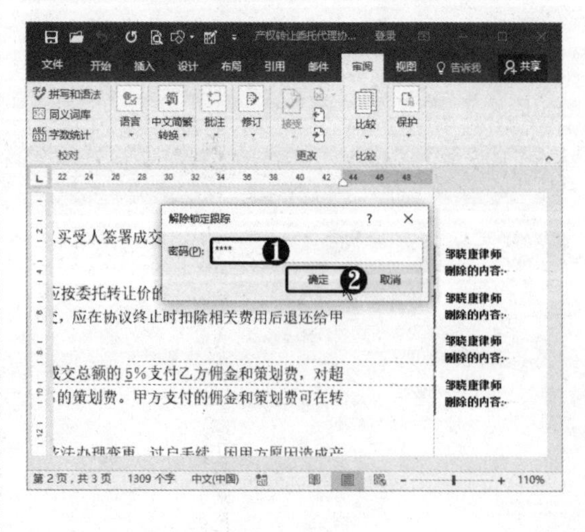

STEP 09 接受修订 ❶ 在“更改”组中单击“接受”下拉按钮。❷ 选择“接受所有修订”选项。

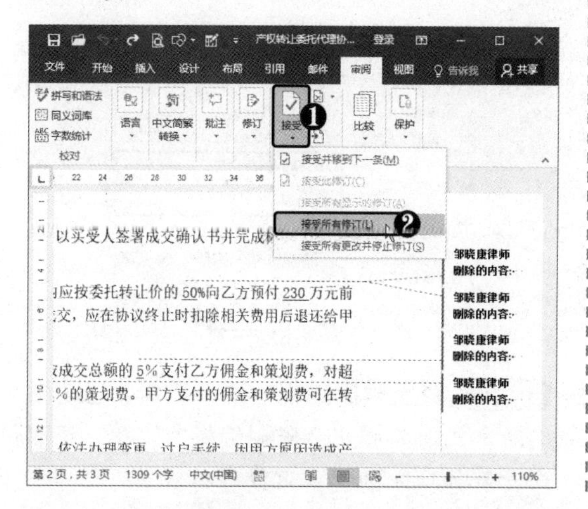

STEP 10 完成修订 接受修订后将自动取消修订标记，再次单击“修订”按钮退出修订状态。

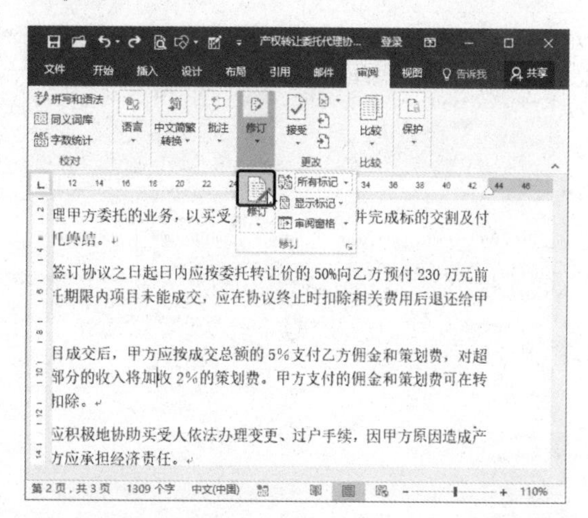

7.7 保护文档

对于一些重要的文档，为了防止别人对文档进行更改，或不允许别人随便查看，可以对文档进行保护。保护文档的类别主要包括限制编辑与添加密码保护两种，下面将分别对其进行详细介绍。

7.7.1 限制文档编辑

为了防止文档的阅读者随便对文档进行修改，可以对文档进行限制编辑的操作。在限制时，可以根据需要设置限制编辑格式或不允许对任何内容进行编辑，具体操作方法如下。

STEP 01 单击“限制编辑”按钮 ❶ 选择“审阅”选项卡。❷ 在“保护”组中单击“限制编辑”按钮。

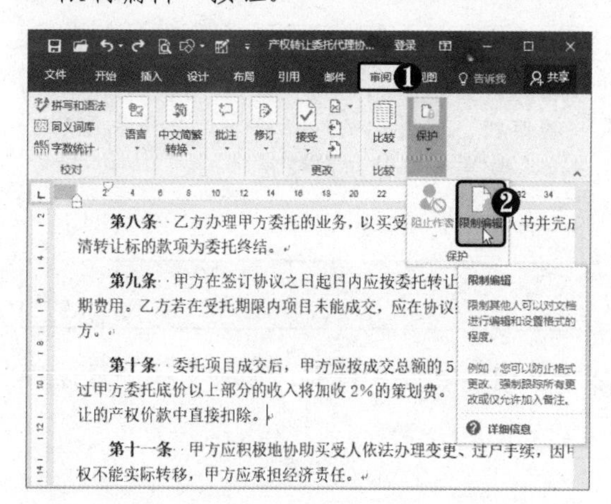

STEP 02 选择编辑限制选项 打开“限制编辑”窗格，❶ 在“2.编辑限制”区域内选中“仅允许在文档中进行此类型的编辑”复选框。❷ 选择“不允许任何更改（只读）”选项。

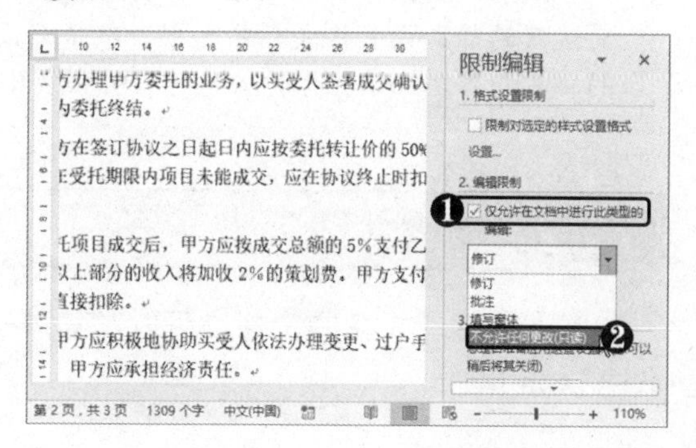

STEP 03 **设置例外项** ❶ 选中要设置为可编辑的文本。❷ 在“例外项”选项区中选中“每个人”复选框。

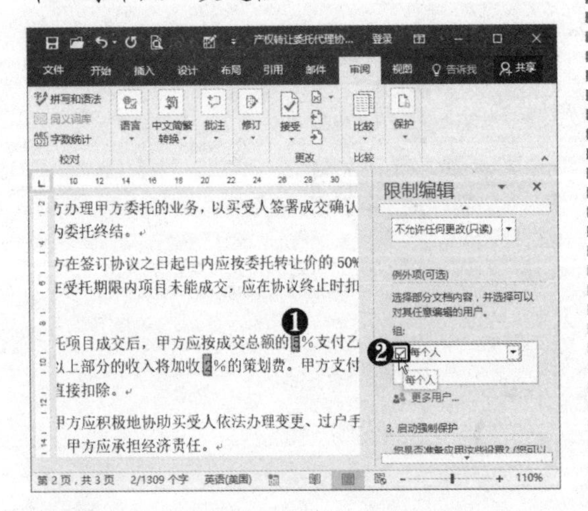

STEP 04 **启动强制保护** 在“限制编辑”窗格下方单击“是，启动强制保护”按钮。

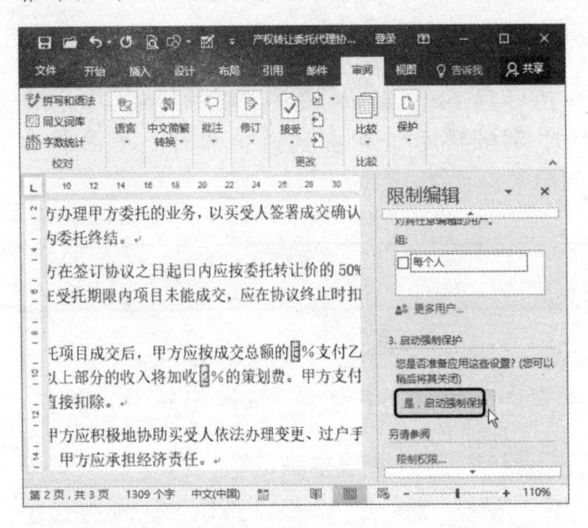

STEP 05 **设置保护密码** 弹出“启动强制保护”对话框，❶ 输入保护密码。❷ 单击“确定”按钮。

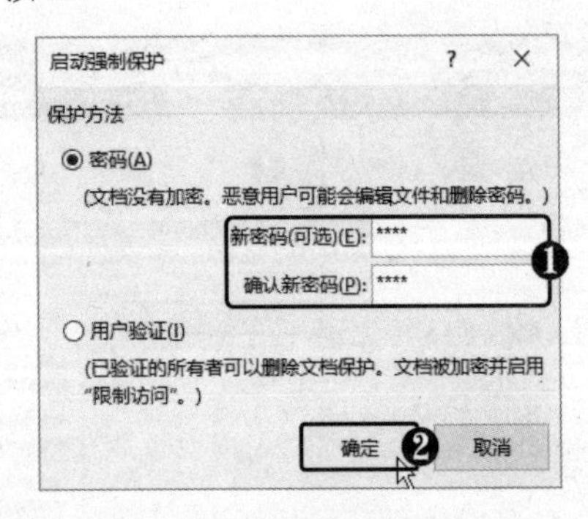

STEP 06 **查看限制编辑效果** 此时，当尝试编辑文档时将弹出“限制编辑”窗格，设置为“例外项”的文本可以进行修改。

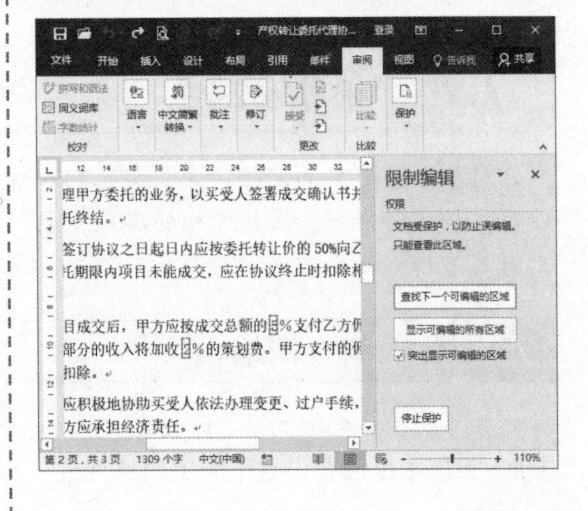

高手点拨

使用限制编辑功能还可限制对文档格式进行更改，在“限制编辑”窗格中选中“限制对选定的样式设置格式”复选框，单击“设置”超链接，在弹出的对话框中选择限制编辑的样式即可。在设置保护密码时，可由大小写字母、数字和符号组成强密码。

7.7.2 加密文档

对于敏感或机密的文档，可以对其进行加密，以防其他人查看。加密文档的具体操作方法如下。

STEP 01 选择“用密码进行加密”选项 选择“文件”选项卡，❶ 在左侧选择“信息”选项。❷ 单击“保护文档”下拉按钮。❸ 选择“用密码进行加密”选项。

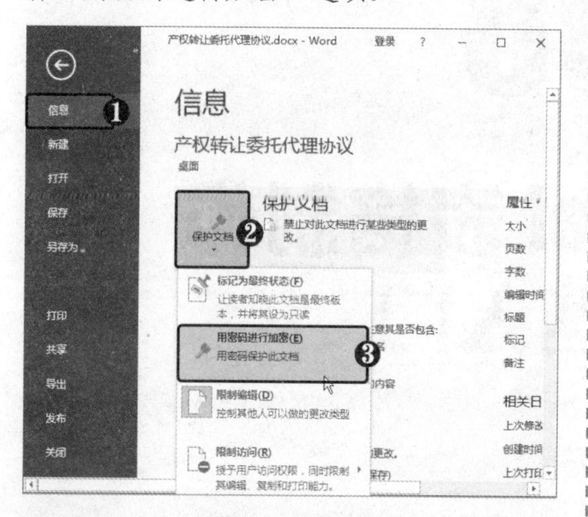

STEP 02 输入密码 弹出“加密文档”对话框，❶ 输入密码。❷ 单击“确定”按钮。

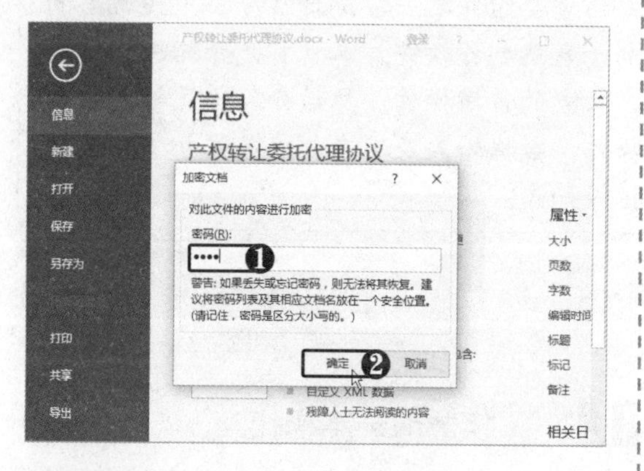

STEP 03 重新输入密码 ❶ 重新输入密码。❷ 单击“确定”按钮。

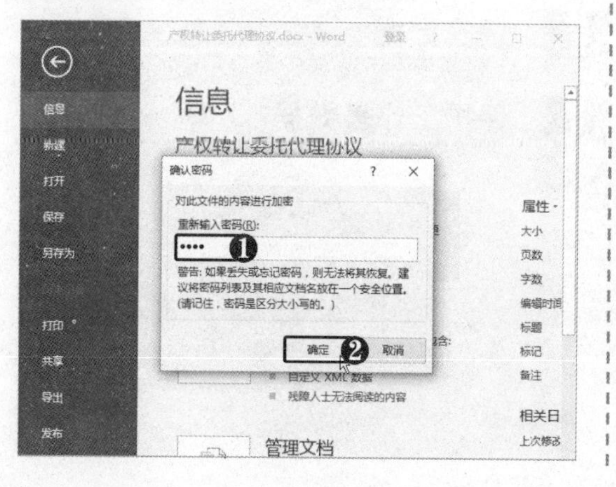

STEP 04 完成加密文档 此时即可完成加密文档的操作，显示信息“必须提供密码才能打开此文档”。

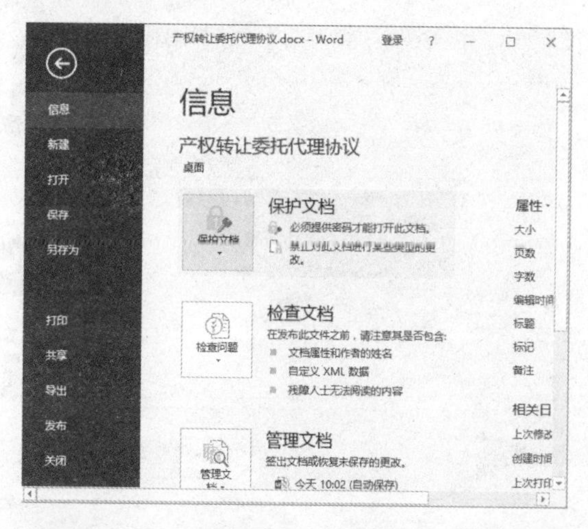

STEP 05 查看设置效果 重新打开文档，将弹出“密码”对话框，❶ 输入正确的密码。❷ 单击“确定”按钮，才能打开文档。

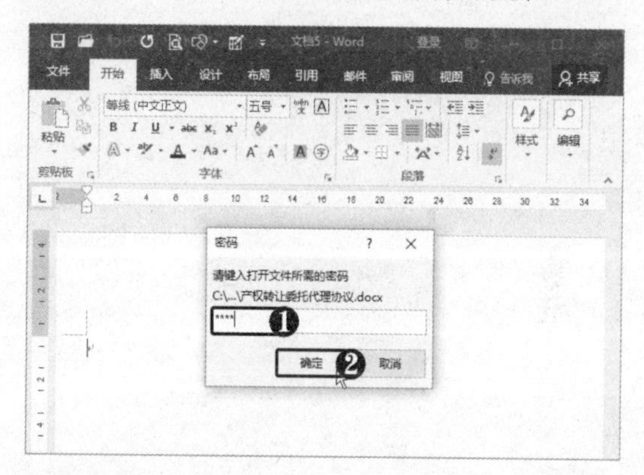

STEP 06 删除文档密码 打开“加密文档”对话框，❶ 删除密码。❷ 单击“确定”按钮。

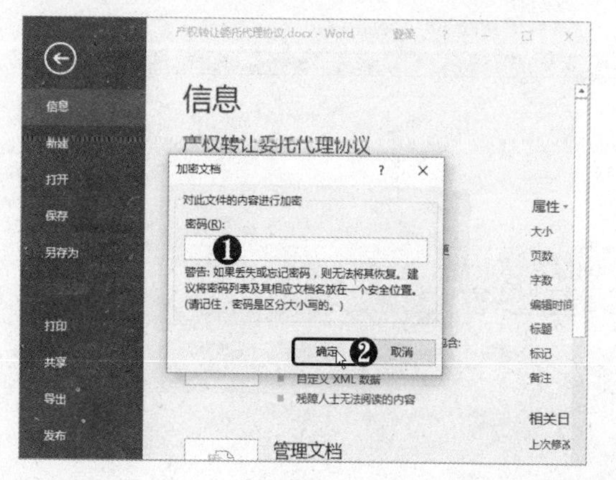

Chapter

08

Excel 表格制作快速入门

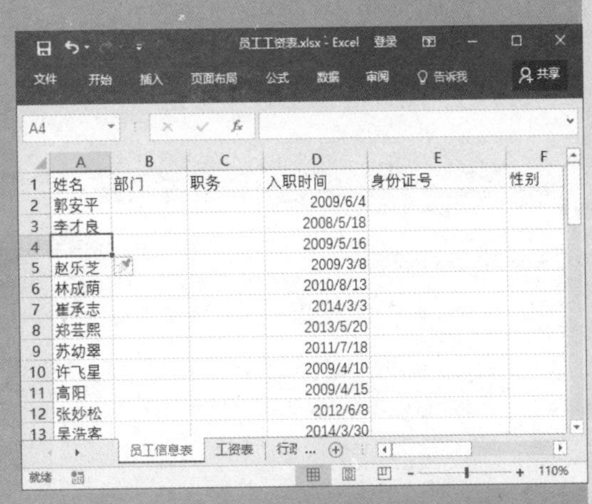

插入单元格

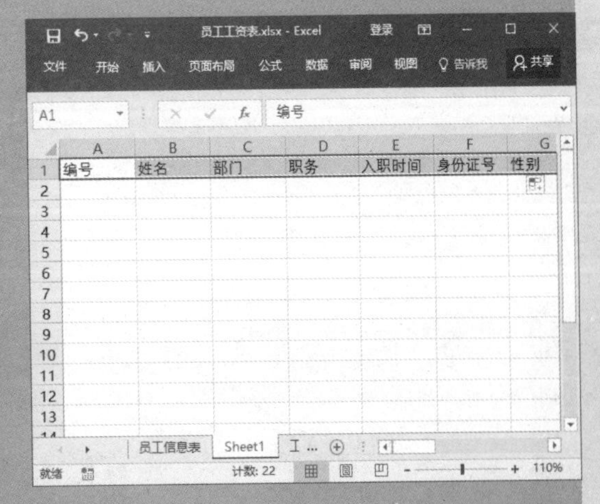

填充自定义序列

Excel 2016 是 Office 2016 套装办公软件中的重要组件之一，是日常办公中最常用的电子表格制作软件。本章首先介绍工作簿和工作表的常用操作，然后介绍单元格的基本操作，数据输入及填充，以及保护工作表数据等知识。

8.1 工作簿的基本操作

工作簿是 Excel 的主要数据存储单位，一个工作簿即一个硬盘文件。在默认情况下，工作簿中包含一张 Sheet1 工作表，用户可以在工作表中编辑数据。下面将详细介绍工作簿的基本操作。

8.1.1 Excel 中的基本概念

工作簿、工作表和单元格是 Excel 中的基本操作对象，因此若要熟练使用 Excel，首先要了解这些操作对象的基本概念。

1. 工作簿和工作表

启动 Excel 2016 后，系统会自动创建一个名为“工作簿 1”的文档，该文档就是工作簿。在默认情况下，工作簿中包含一张 Sheet1 工作表，可以在工作簿中创建新工作表，默认新工作表会以 Sheet2、Sheet3 等命名，如右图所示。

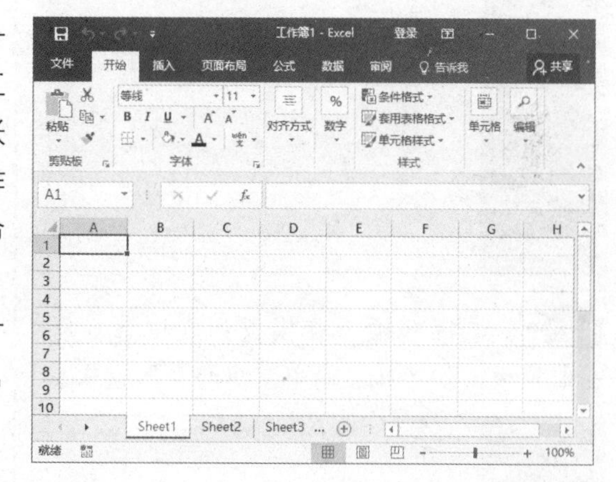

其实工作簿与工作表的关系就像是一本书与书中每一页的关系。工作簿是“书”，而每个工作表则相当于书中的每一页。

2. 单元格

行与列的交叉即称之为单元格，单元格位于编辑区中。每张工作表都包含许多单元格，它是 Excel 中最基本的存储和处理数据的单位，也就是说，所有对表格数据的处理操作均在单元格中进行。

任何一个单元格均由列标和行号组合确定。列标由 A、B、C 等字母来表示，行号由 1、2、3 等数字来表示。例如，C8 表示第 C 列、第 8 行的单元格，如下图（左）所示。

若要表示一个连续的单元格区域，可用该区域左上角和右下角的单元格来表示，中间用冒号“:”分隔。例如，B4:D11 表示从单元格 B4 到单元格 D11 的区域，如下图（右）所示。

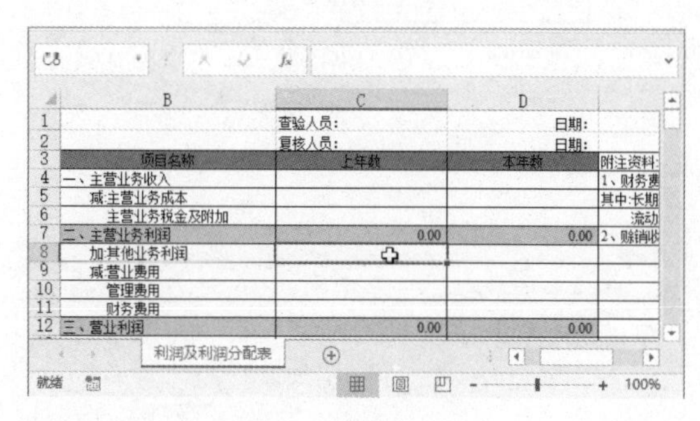

8.1.2 新建与保存工作簿

用户可以直接创建空白工作簿，也可根据提供的模板新建带有格式和内容的工作簿，以提高工作效率，具体操作方法如下。

STEP 01 选择模板类型 选择“文件”选项卡，❶ 在左侧选择“新建”选项。❷ 在右侧选择模板类型，在此单击“预算”超链接。

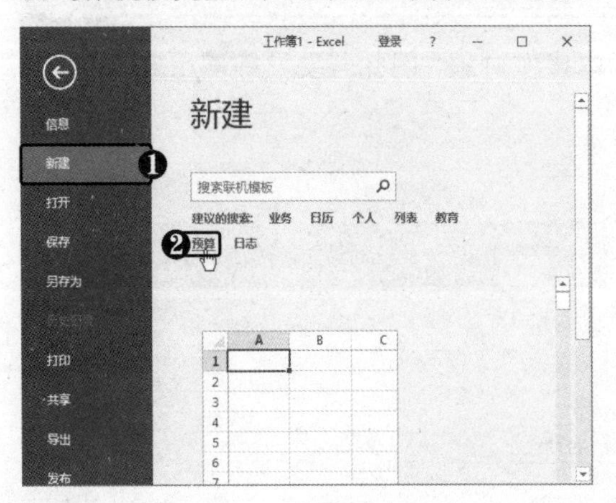

STEP 02 选择模板 在模板列表中选择所需的模板，如选择“简单支出预算”模板。

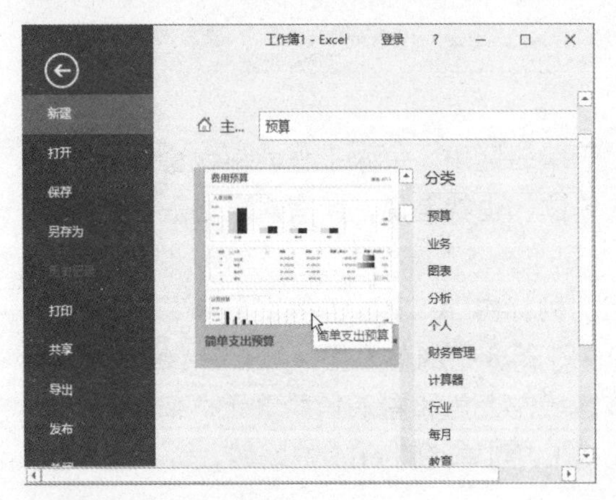

高手点拨

在模板上右击，可以设置将其固定到列表或从列表中取消。

STEP 03 单击“创建”按钮 弹出该模板的说明和预览界面，若确认使用该模板，则单击“创建”按钮。

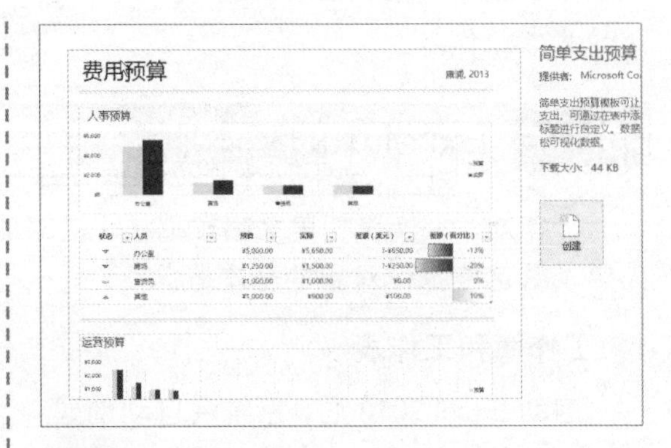

STEP 04 创建工作簿 开始从网上下载所选模板文件，下载完成后将自动创建一个基于该模板的工作簿。

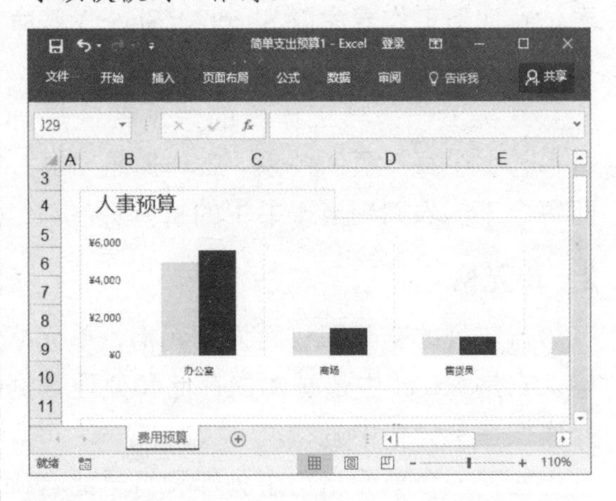

STEP 05 选择保存位置 按【F12】键，弹出“另存为”对话框，❶ 选择保存位置。❷ 单击“保存”按钮，即可保存新建的工作簿。

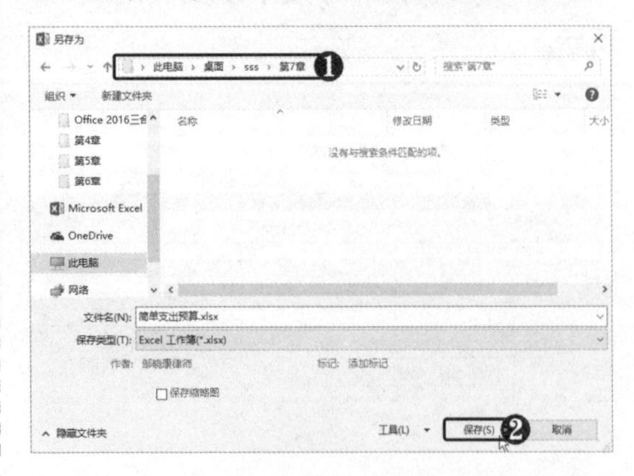

8.1.3 重命名工作表

为方便对工作表的管理，可对工作表进行重命名或更改标签颜色，具体操作方法如下。

STEP 01 双击工作表标签 在工作表标签上双击鼠标左键，此时工作表标签名称处于可编辑状态。

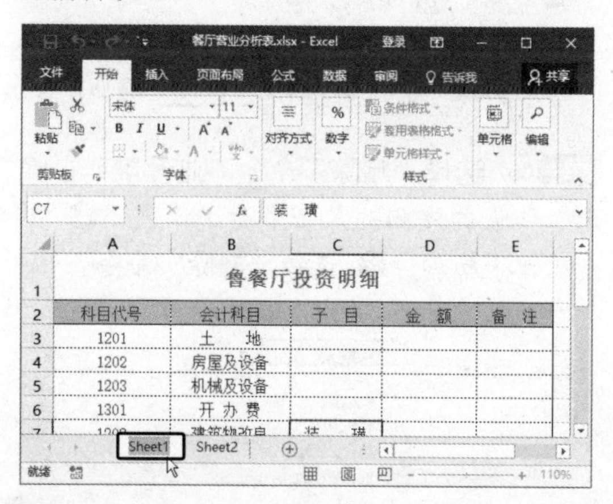

STEP 02 重命名工作表 输入新名称，并按【Enter】键确认。

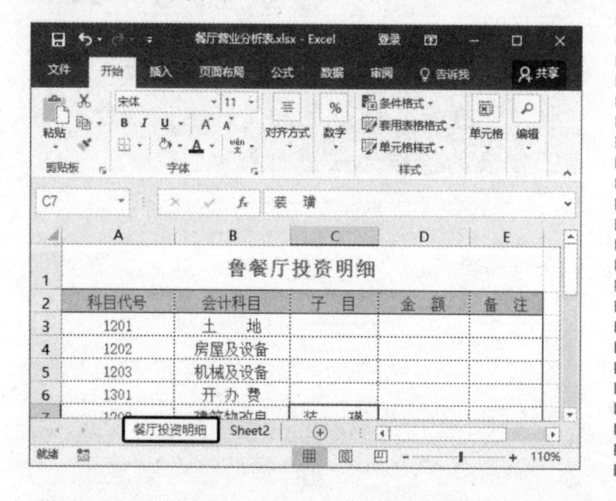

STEP 03 设置工作表标签颜色 ❶ 右击工作表标签。❷ 选择“工作表标签颜色”命令。❸ 选择所需的颜色。

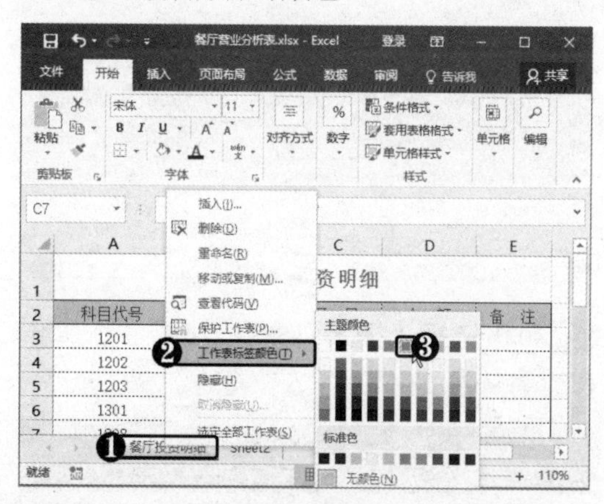

STEP 04 查看工作表标签颜色 切换到其他工作表，即可查看工作表标签颜色效果。

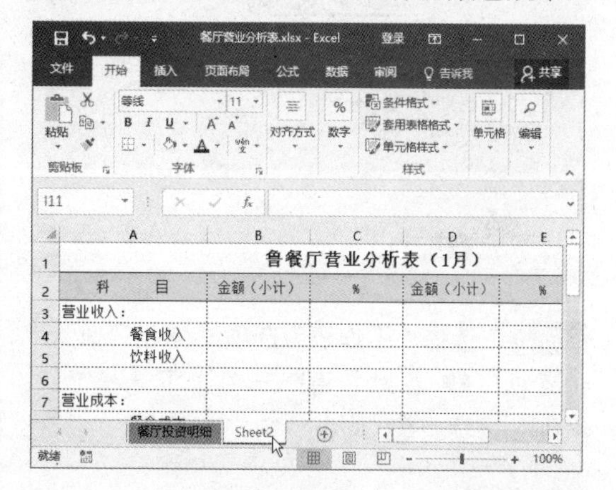

8.1.4 插入与删除工作表

在一个工作薄中可以插入多个工作表，以编辑不同类别的数据。若不再需要某个工作表，还可将其删除。插入与删除工作表的具体操作方法如下。

STEP 01 单击“新工作表”按钮 单击工作表标签右侧的“新工作表”按钮⊕。

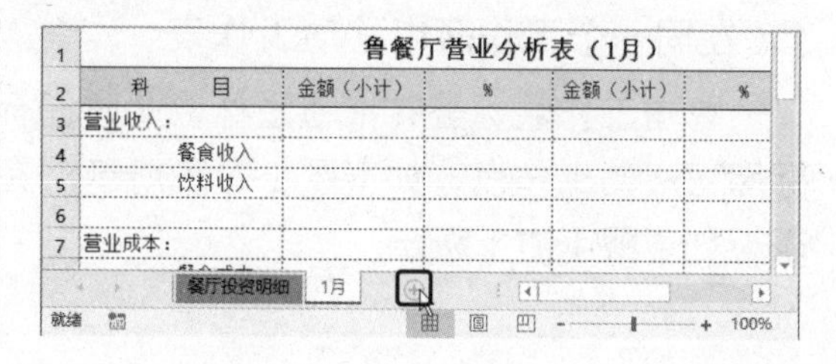

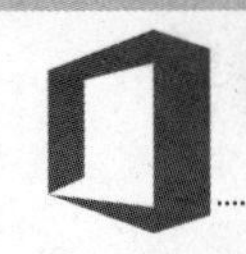

STEP 02 **插入工作表** 此时即可在当前所选的工作表右侧插入一个新的工作表。

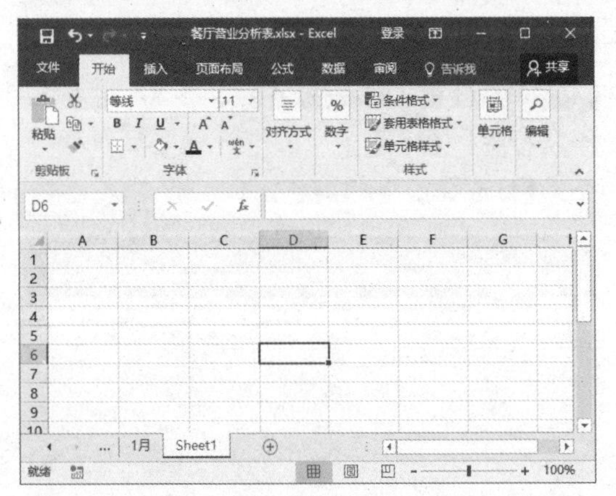

STEP 03 **选择"插入"命令** ❶ 右击工作表标签。❷ 选择"插入"命令。

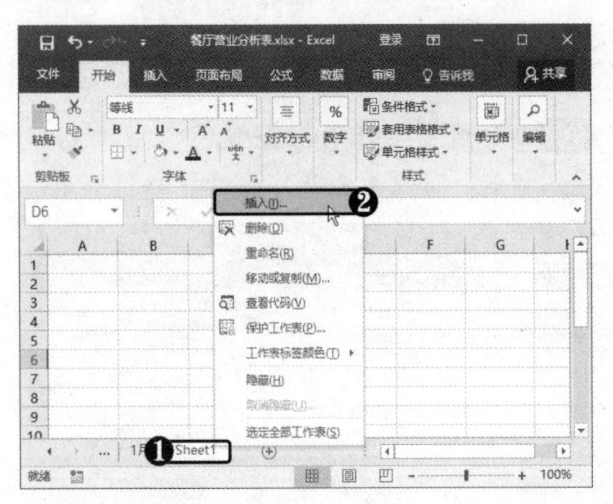

STEP 04 **选择"工作表"选项** 弹出"插入"对话框。❶ 在"常用"选项卡下选择"工作表"选项。❷ 单击"确定"按钮。

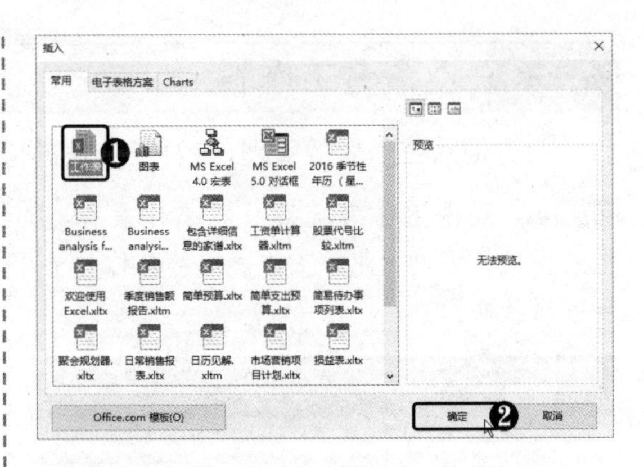

STEP 05 **选择"删除"命令** 此时即可在所选工作表的左侧插入一个新工作表。❶ 右击工作表标签。❷ 选择"删除"命令。

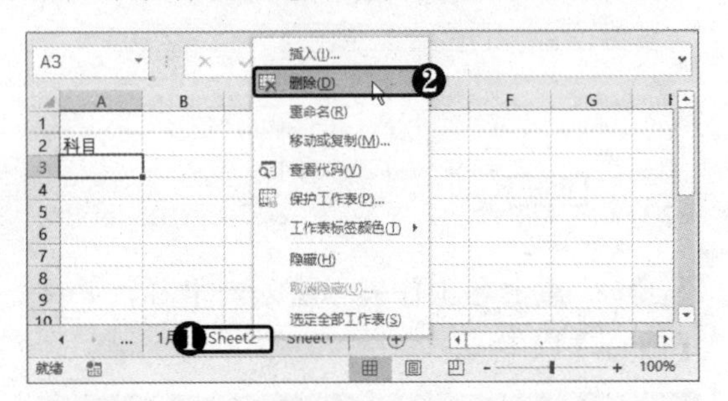

STEP 06 **确认删除** 弹出提示信息框，单击"确定"按钮，即可删除工作表。注意，删除工作表的操作无法进行撤销。

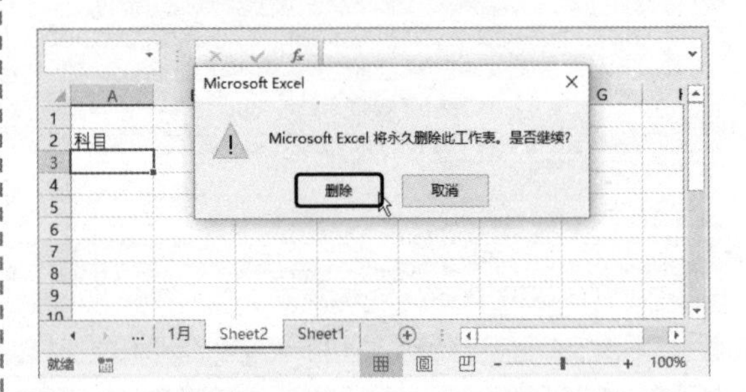

8.1.5 移动或复制工作表

用户可以在相同或不同的工作簿中移动或复制工作表，下面将介绍其操作方法。

1. 在同一个工作簿内移动工作表

单击工作表标签并拖动鼠标，此时鼠标指针变为形状，移动到目标位置后松开鼠标即可移动工作表，如下图（左）所示。在移动的过程中按住【Ctrl】键即可复制工作表，如下图（右）所示。

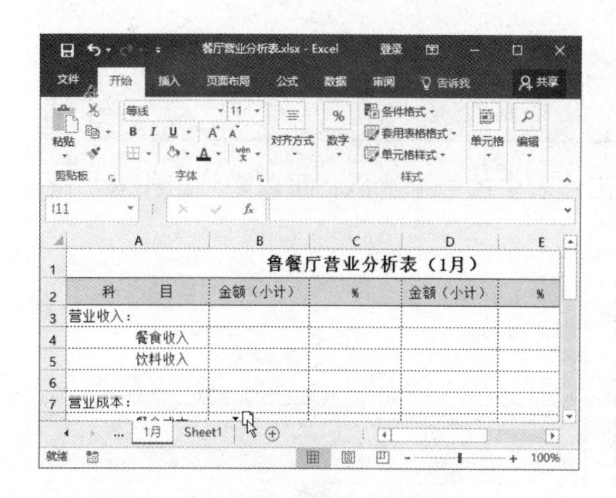

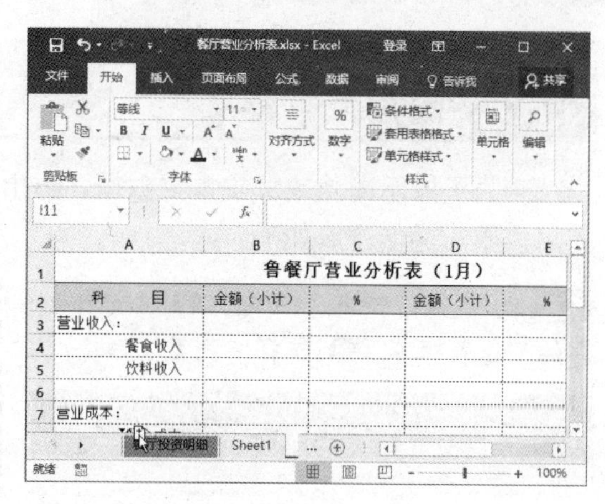

2. 在不同工作簿内移动工作表

若要将工作表中的数据移到其他工作簿中，不需复制数据，只需设置移动工作表即可。要移动或复制工作表，需先打开目标工作簿，具体操作方法如下。

STEP 01 选择“移动或复制”命令 ❶ 右击需要移动的工作表标签。❷ 选择“移动或复制”命令。

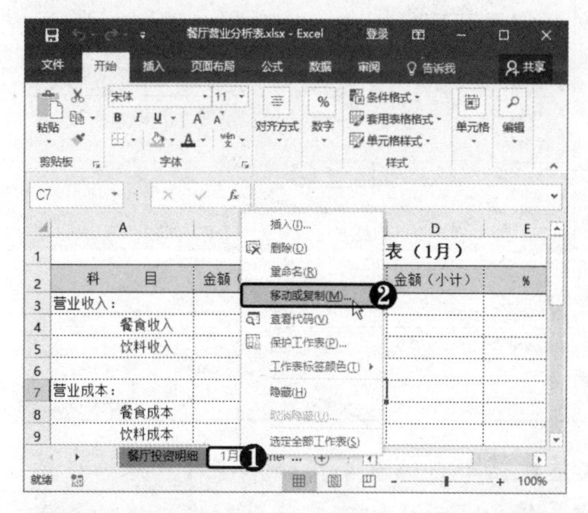

STEP 02 选择工作簿 弹出“移动或复制工作表”对话框，在“工作簿”下拉列表中选择要移入的工作簿。

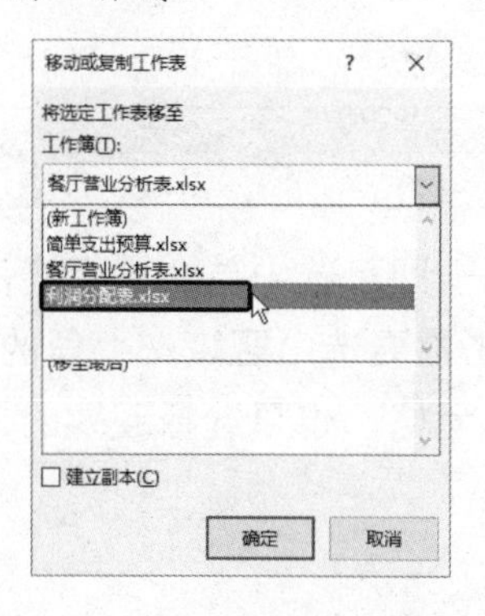

STEP 03 选择移动位置 ❶ 选择移动位置。❷ 若要在本工作簿中保留该工作表，则选中“建立副本”复选框。❸ 单击“确定”按钮。

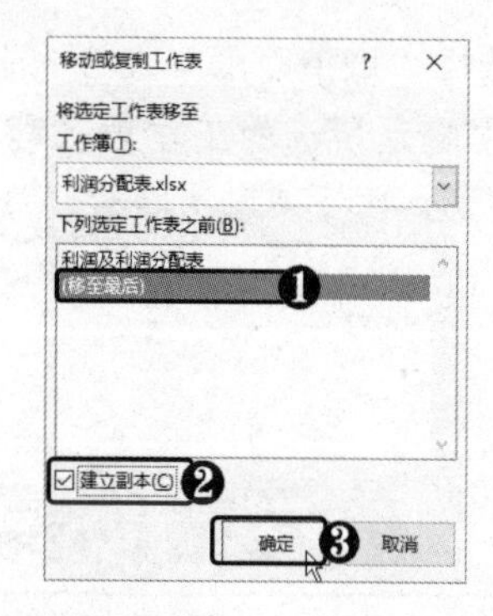

STEP 04 移动工作表 此时即可将工作表移到所选的工作簿中。

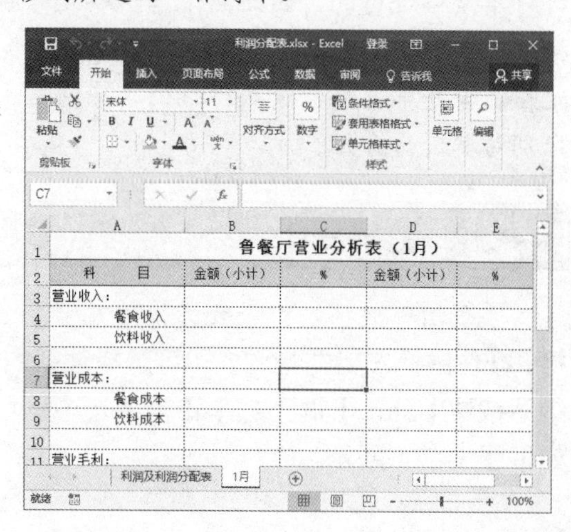

8.1.6 隐藏工作表

若为了显示简洁或保护重要数据，防止工作表中的数据泄露，可以隐藏工作表。隐藏工作表的操作方法如下。

STEP 01 选择“隐藏”命令 ❶ 右击要隐藏的工作表标签。❷ 选择“隐藏”命令。

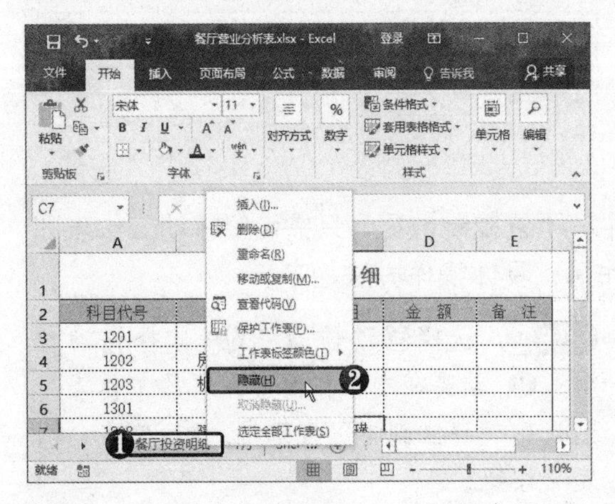

STEP 02 选择“取消隐藏”命令 此时即可在工作簿中隐藏所选的工作表。❶ 右击工作表标签。❷ 选择“取消隐藏”命令。

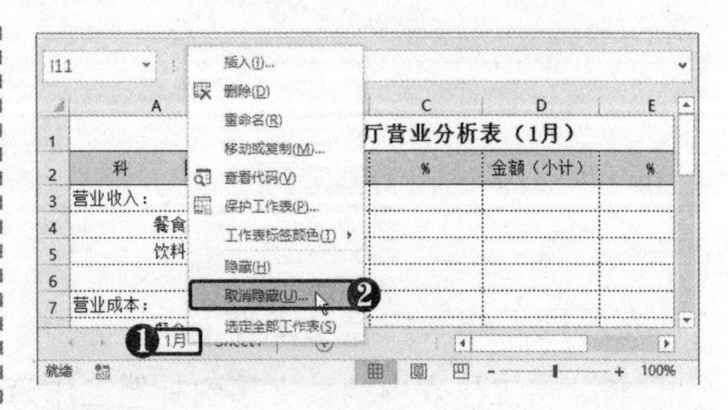

STEP 03 取消隐藏工作表 弹出“取消隐藏”对话框，❶ 选择要显示的工作表。❷ 单击“确定”按钮。

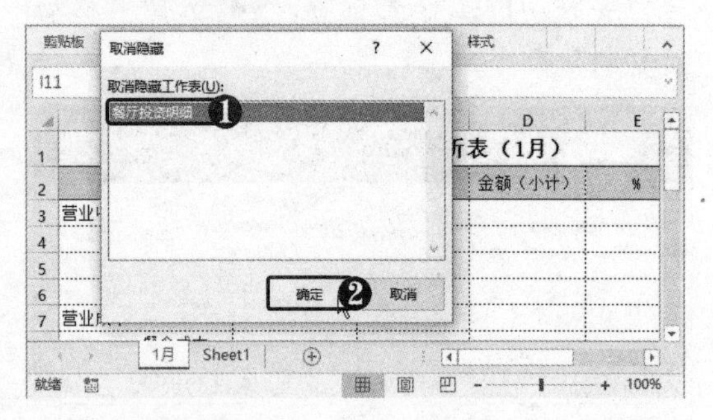

8.2 单元格的操作

单元格是 Excel 存储数据的最小单元，大量数据都存储在单元格中，许多操作也是针对单元格进行的，因此熟练掌握单元格操作是使用 Excel 的重要基础。单元格的基本操作主要包括单元格的选择、调整行高和列宽、移动和复制单元格数据、插入与删除单元格、合并单元格、隐藏行或列、冻结单元格，以及为单元格区域设置密码等，下面将分别对其进行介绍。

8.2.1 选择单元格

要编辑单元格，首先要选择单元格。在单元格内单击即可选中单个单元格，打开表格，按住鼠标左键并拖动，即可选择连续的单元格。单击需要选中区域左上角的单元格，然后按住【Shift】键不放单击需要选中区域右下角的单元格，也可选择连续的单元格，如下图（左）所示。

按住【Ctrl】键的同时逐个单击或拖动鼠标，可以选择不连续的单元格，如下图（右）所示。此外，单击行号可选中整行，单击列标可选中整列。

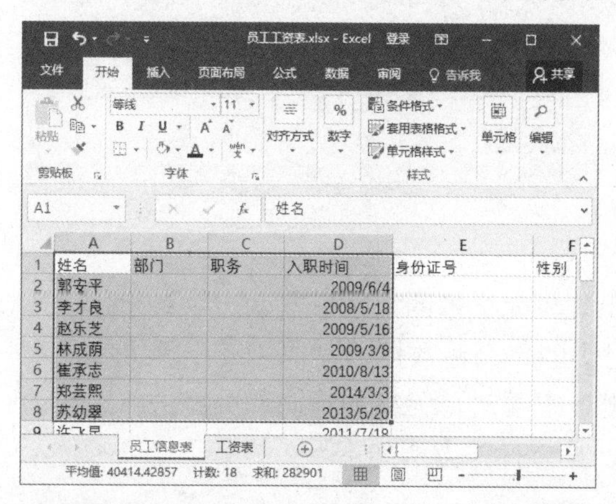

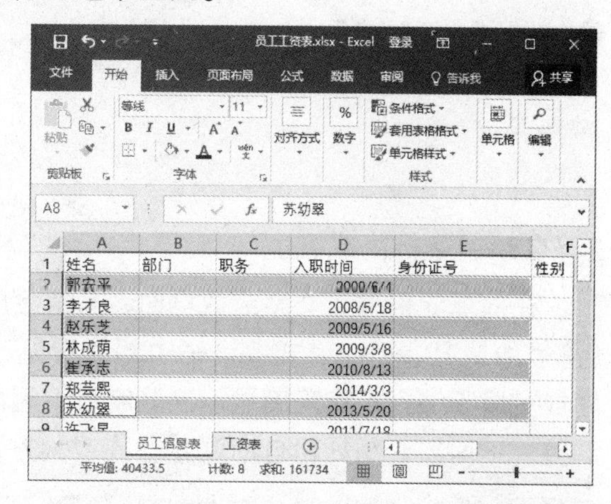

8.2.2 调整行高和列宽

当系统默认的行高和列宽不能满足表格制作需求时，可以根据需要通过多种方法来调整行高或列宽。

1. 自定义行高或列宽

用户可以根据需要将行高或列宽调整到所需的大小，下面以调整行高为例进行介绍，具体操作方法如下。

STEP 01 **拖动鼠标** 选中要调整行高的行，将鼠标 移 行 下 ，当 双 状时 下 动鼠标。

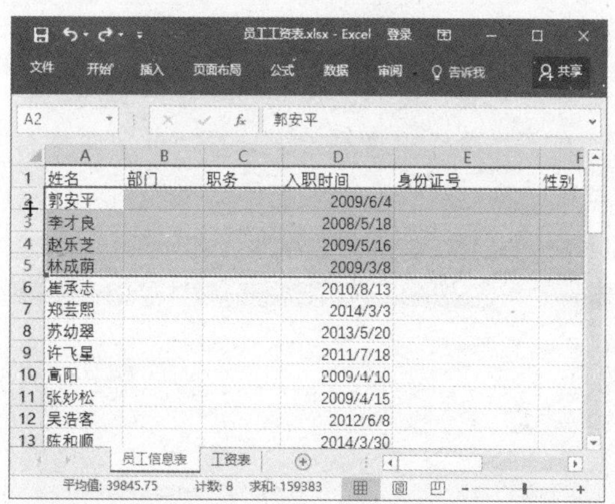

STEP 02 **调整行高** 位置 鼠标，即可调整所选行的行高。

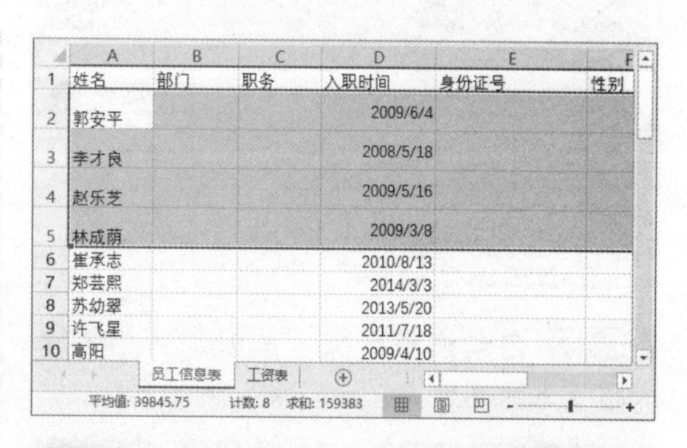

STEP 03 **选择"行高"命令** ❶ 选中要调整行高的行并右击。❷ 选择"行高"命令。

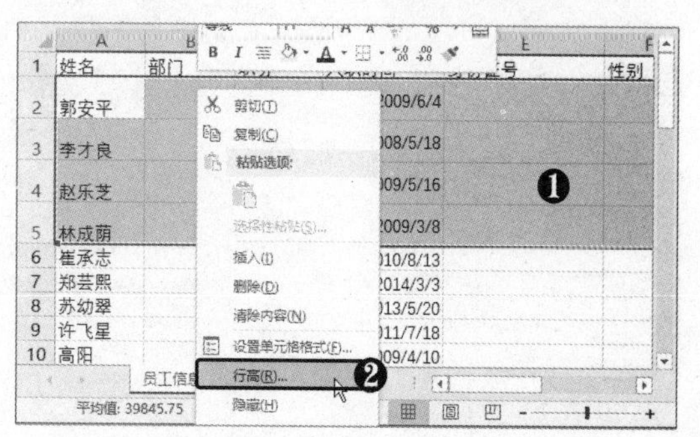

STEP 04 精确设置行高 弹出“行高”对话框，显示当前行高，❶ 输入“行高” 。❷ 单击“确定”按钮。

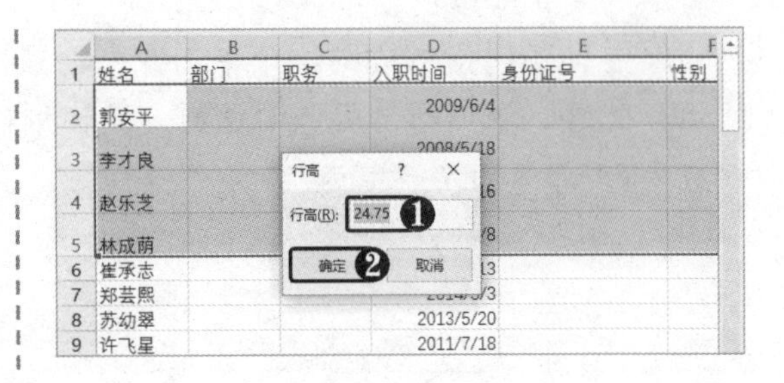

2. 自动调整行高或列宽

在向单元格输入文字或数据时，常常会出现单元格中的文字只显示一半或显示一串#符号的情况，而在公式编辑栏中却能看见对应的单元格数据，其原因在于单元格的高度或宽度不够，不能正确显示这些字符。因此，需要对单元格的行高和列宽进行适当的调整。下面将介绍如何自动调整行高或列宽，具体操作方法如下。

STEP 01 选择“自动调整行高”选项 ❶ 选中要调整行高的单元格区域。❷ 在“单元格”组中单击“格式”下拉按钮。❸ 选择“自动调整行高”选项。

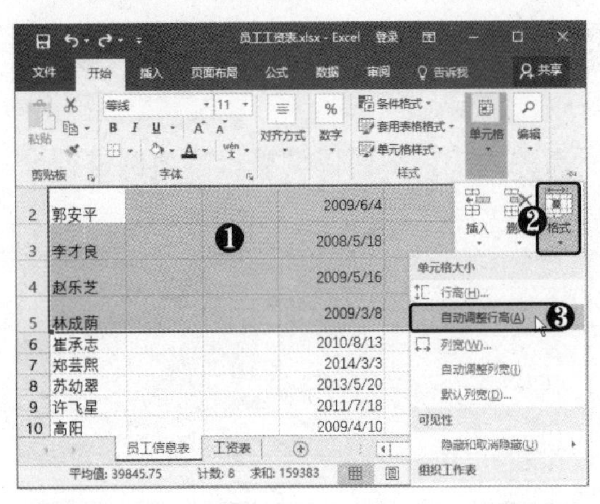

STEP 02 自动调整行高 此时即可根据单元格文本的高度来自动调整行高。

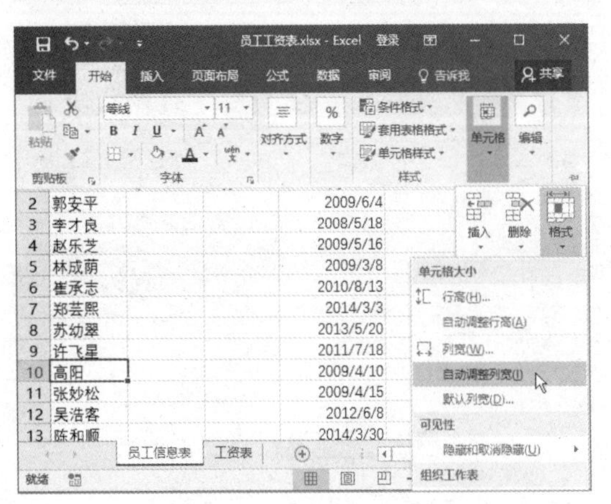

STEP 03 双击分割线 在列标与列标间的分割线上双击鼠标左键。

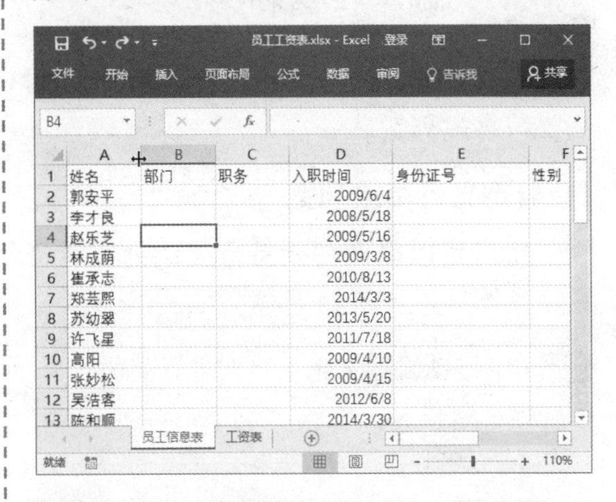

STEP 04 自动调整列宽 此时即可根据列宽自动调整，使其适应列内文字的长度。也可在选择单元格区域后，选择“自动调整列宽”选项。

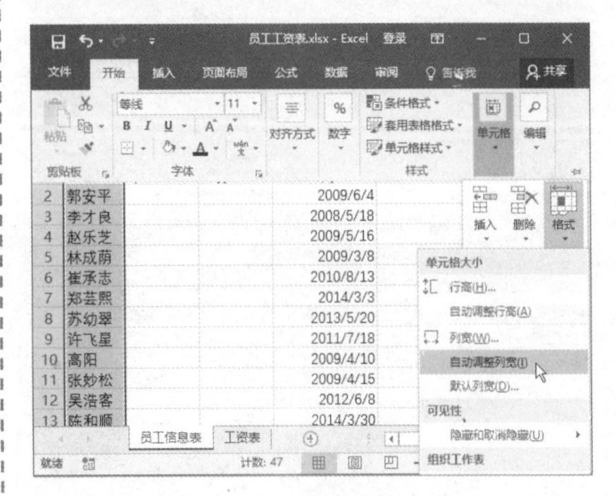

8.2.3 移动与复制单元格数据

在处理工作表数据的过程中，经常需要对单元格中的数据进行移动或复制，具体操作方法如下。

STEP 01 复制数据 选择要复制数据的单元格区域，按【Ctrl+C】组合键进行复制操作，此时将显示动态显示剪切或复制的单元格周围的边框。若要取消操作，可按【Esc】键。

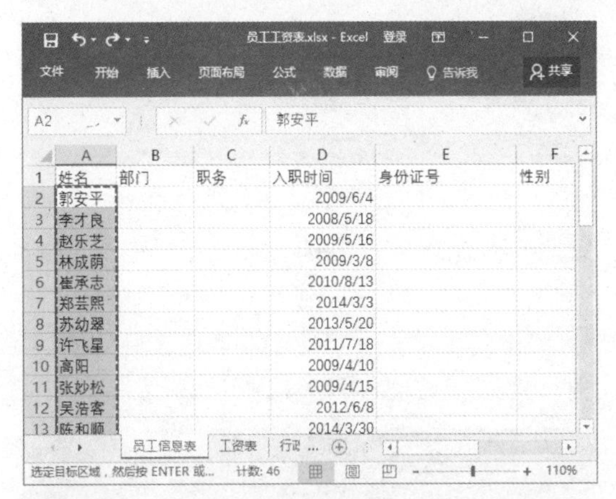

STEP 02 选择粘贴位置 ❶ 选择“工资表”工作表。❷ 选择粘贴位置。

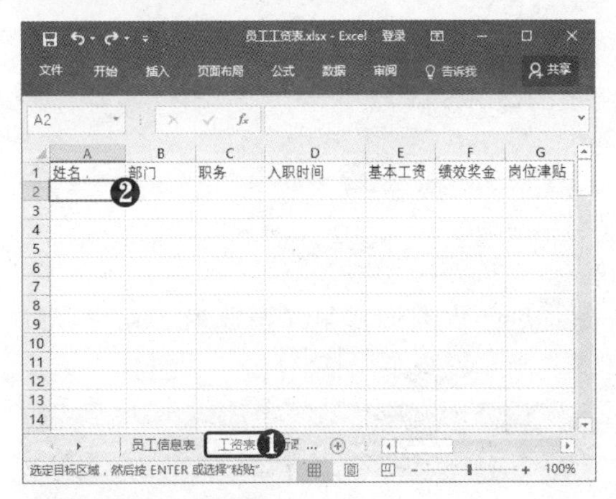

STEP 03 粘贴数据 按【Enter】键，即可粘贴数据。

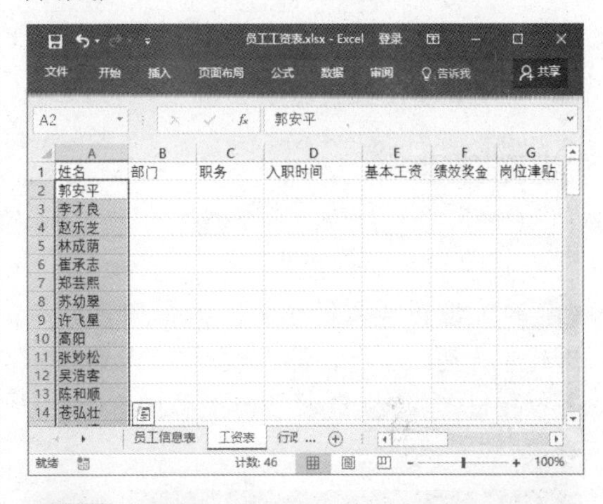

STEP 04 移动数据 要在工作表内移动数据，也可选择数据后将鼠标指针置于所选区域的边框位置，当指针变为✥形状时拖动至目标位置即可。

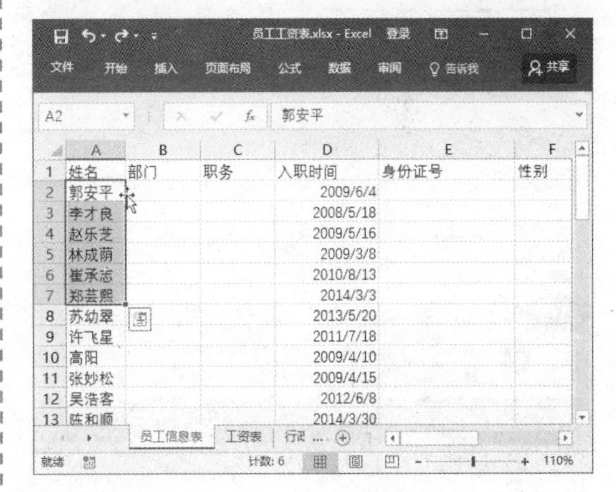

高手点拨

复制单元格数据后，按【Ctrl+Alt+V】组合键可弹出“选择性粘贴”对话框，从中选择所需的粘贴类型。若选中“转置”复选框，可转置所复制数据的行与列。

8.2.4 插入与删除单元格、行与列

在工作表中可以插入一个单元格，也可插入一行或一列，具体操作方法如下。

STEP 01 **选择“插入”命令** ❶ 选中行并右击。❷ 选择“插入”命令。

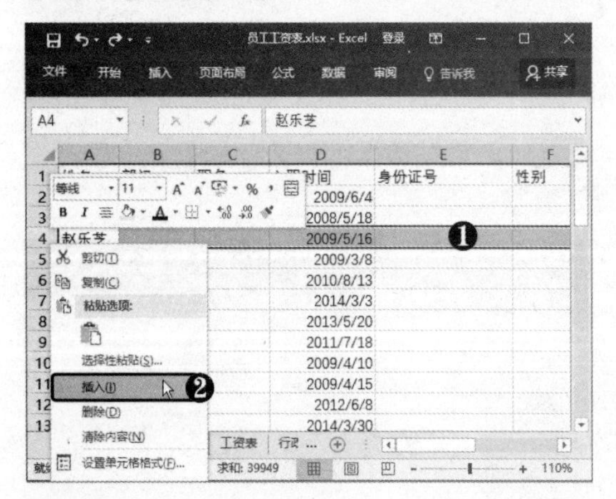

STEP 02 **设置插入行格式** 此时即可在所选行上方插入一行，❶ 单击“插入选项”下拉按钮。❷ 选择“与上面格式相同”选项。

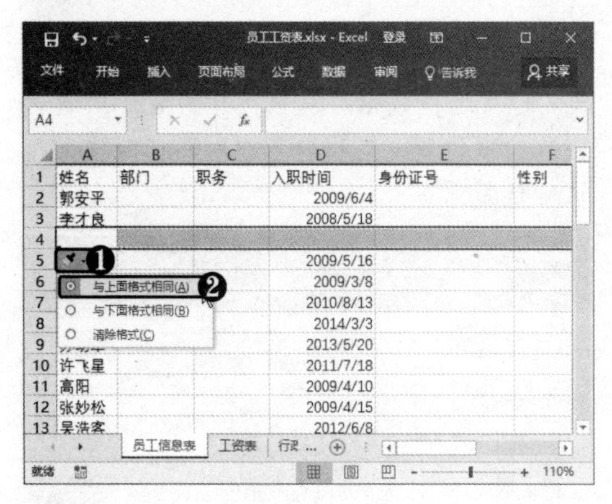

STEP 03 **选择“删除”命令** ❶ 右击单元格。❷ 选择“删除”命令。

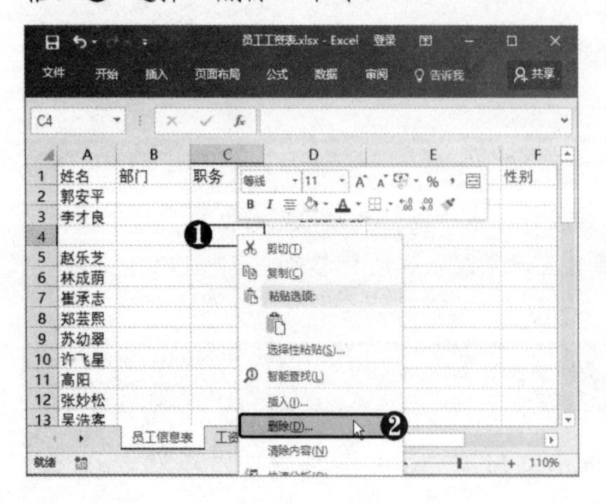

STEP 04 **删除行** 弹出“删除”对话框，❶ 选中“整行”单选按钮。❷ 单击“确定”按钮，即可删除单元格所在的行。

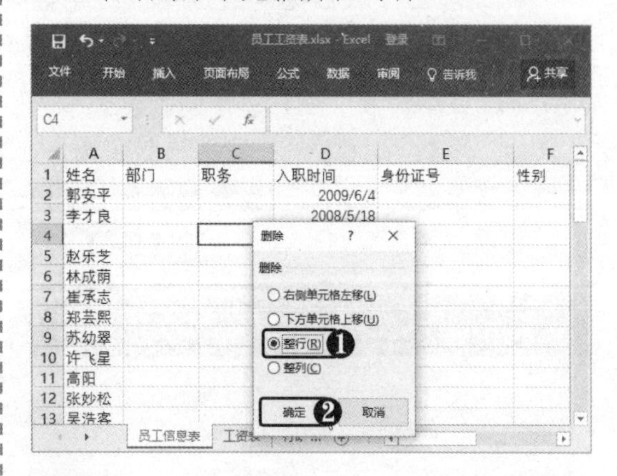

STEP 05 **设置插入选项** 若右击A4单元格，选择“插入”命令，弹出“插入”对话框，❶ 选中“活动单元格下移”单选按钮。❷ 单击“确定”按钮。

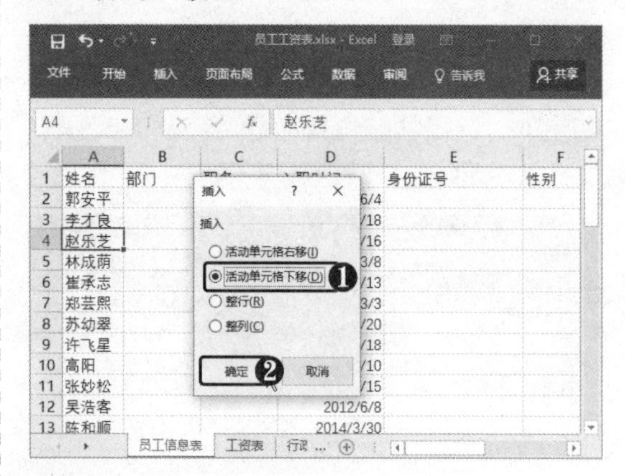

STEP 06 **查看插入单元格效果** 此时即可插入一个空白单元格。

8.2.5 合并单元格

合并单元格就是将相邻的单元格合并为一个单元格，合并后只保留所选区域左上角单元格中的数据内容，具体操作方法如下。

STEP 01 选择“合并后居中”选项 ❶ 选择要合并的单元格区域。❷ 在“对齐方式”组中单击“合并后居中”下拉按钮。❸ 选择“合并后居中”选项。

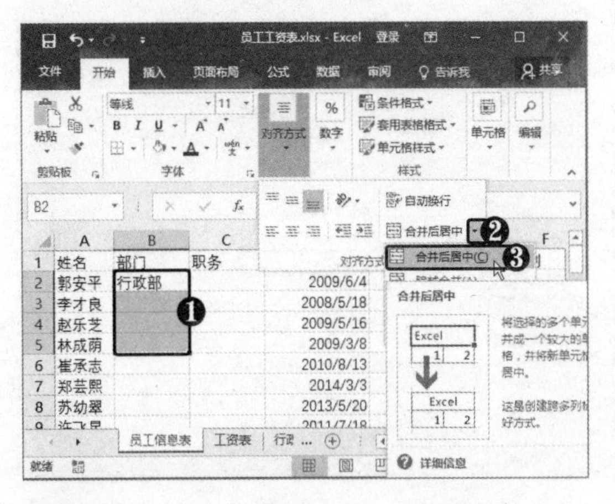

STEP 02 合并单元格 此时即可将所选单元格合并为一个单元格。单击“合并后居中”按钮，可取消合并。

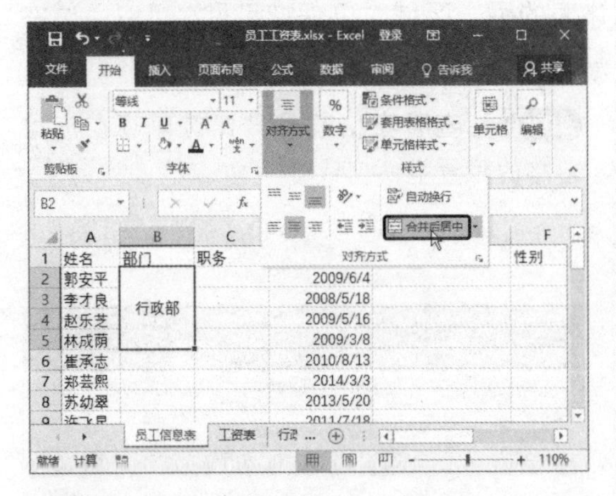

STEP 03 选择“跨越合并”选项 按【Ctrl+Z】组合键撤销操作，❶ 选择单元格区域。❷ 单击“合并后居中”下拉按钮。❸ 选择“跨越合并”选项。

STEP 04 确认操作 弹出提示信息框，提示“合并单元格时，仅保留左上角的值，而放弃其他值”，单击“确定”按钮。

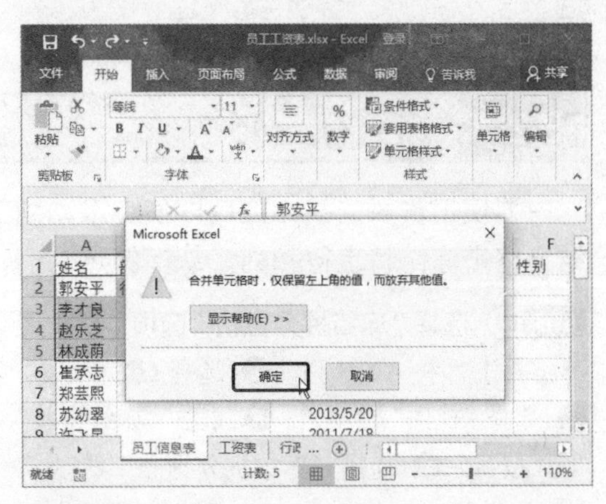

STEP 05 查看跨越合并效果 此时即可合并每行的单元格，而行之间则不进行合并。

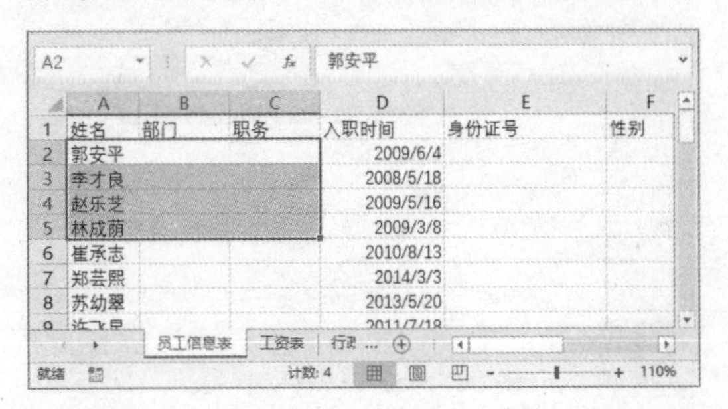

8.2.6 隐藏行或列

在工作表中，对于不需要显示的行或列数据，可以将其进行隐藏。下面以隐藏行为例进行介绍，具体操作方法如下。

STEP 01 设置隐藏行 ❶ 选中要隐藏的行并右击。❷ 选择“隐藏”命令。

STEP 02 设置取消隐藏行 此时即可隐藏所选的行。❶ 选中隐藏的行上方或下方的行并右击。❷ 选择“取消隐藏”命令，即可取消隐藏行。

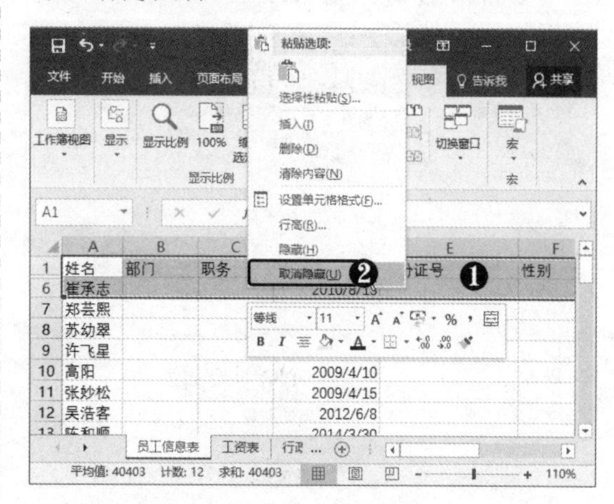

8.2.7 冻结行、列

要使工作表的某一区域即使在滚动到工作表的另一区域时仍保持可见，可以通过冻结窗格来冻结特定行和列，从而锁定它们，具体操作方法如下。

STEP 01 选择“冻结拆分窗格”选项 要设置冻结第1行和A、B列，❶ 选择C2单元格。❷ 选择“视图”选项卡。❸ 单击“冻结窗格”下拉按钮。❹ 选择“冻结拆分窗格”选项。

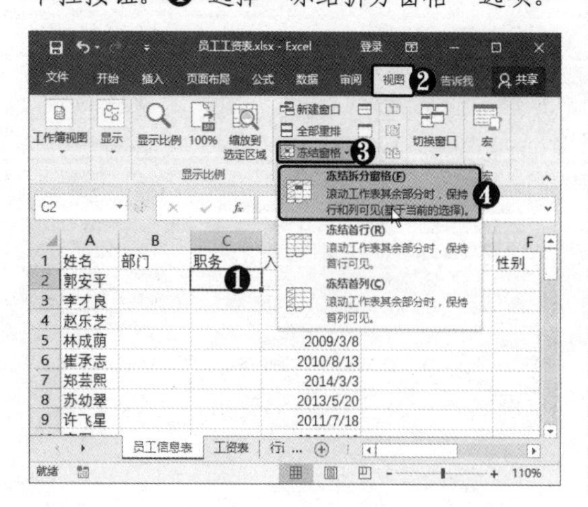

STEP 02 查看窗格效果 此时即可在冻结窗格的位置显示实线。

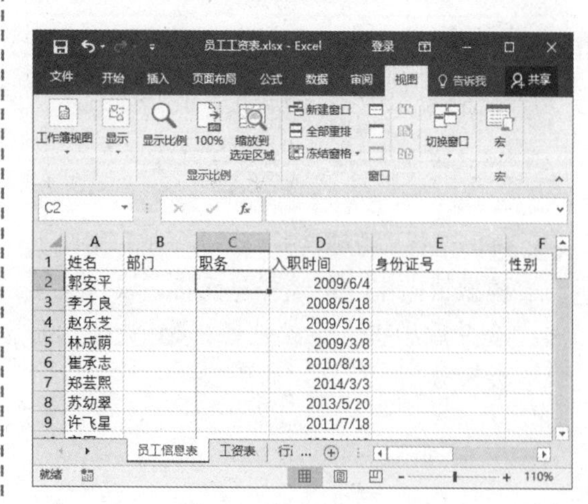

STEP 03 查看冻结效果 向下滚动多行或向右拖动水平滚动条，可以看到第1行和A、B列依然可见。

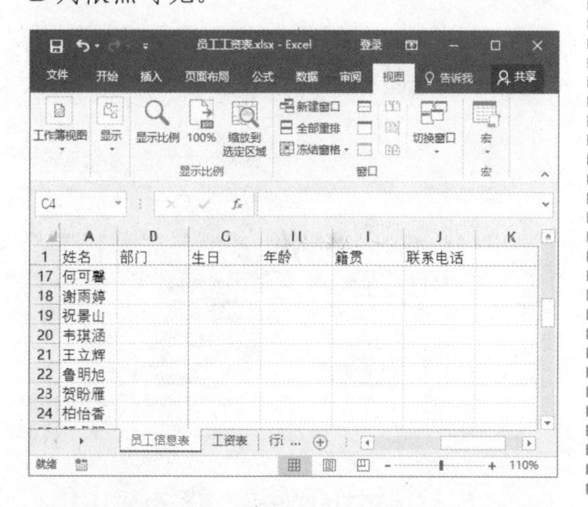

STEP 04 取消冻结窗格 ❶ 单击"冻结窗格"下拉按钮。❷ 选择"取消冻结窗格"选项，即可取消冻结。

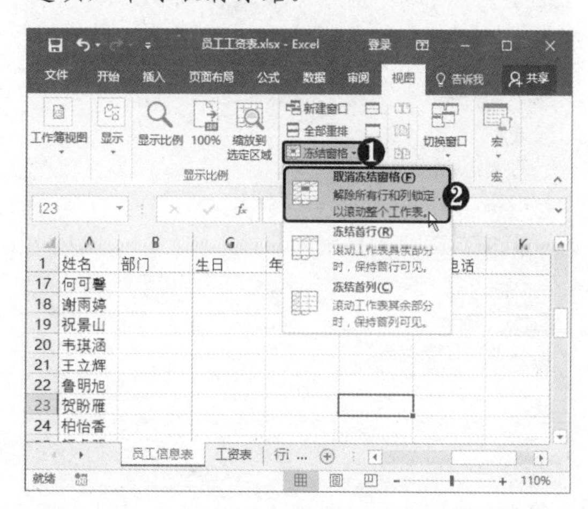

8.3 填充数据

填充数据是指在单元格中填充相同或有规律的一系列数据，以提高工作效率。用户可以通过多种方法来进行数据的填充，下面将进行详细介绍。

8.3.1 成组工作表填充数据

通过同时选中多个工作表以构成工作表组，即可快速填充相同的数据，具体操作方法如下。

STEP 01 组合工作表 在"员工信息表"工作表中按住【Ctrl】键的同时单击"工资表"工作表标签，此时标题栏中会显示"工作组"字样。

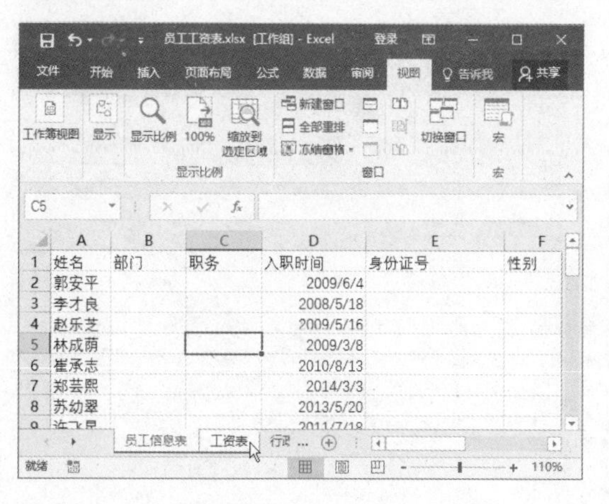

STEP 02 插入行 ❶ 选中第1行并右击。❷ 选中"插入"命令，即可在上方插入一行。

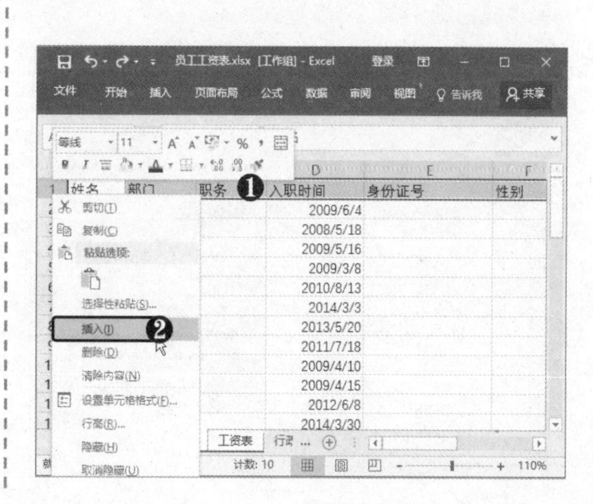

STEP 03 插入列 ❶ 选择A列并右击。❷ 选择“插入”命令，即可在左侧插入一列。

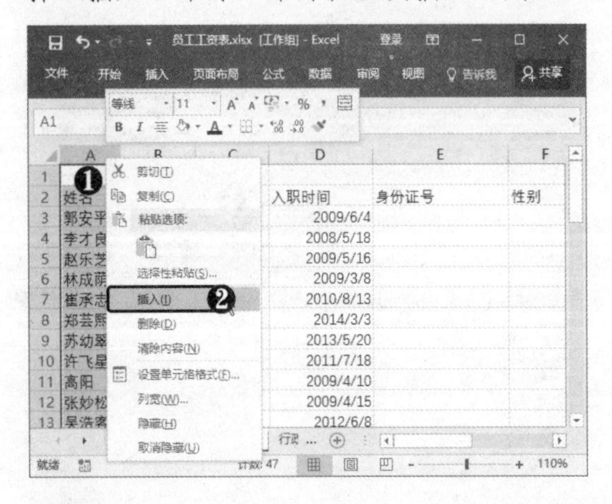

STEP 04 输入文本 在A2单元格中输入“编号”。

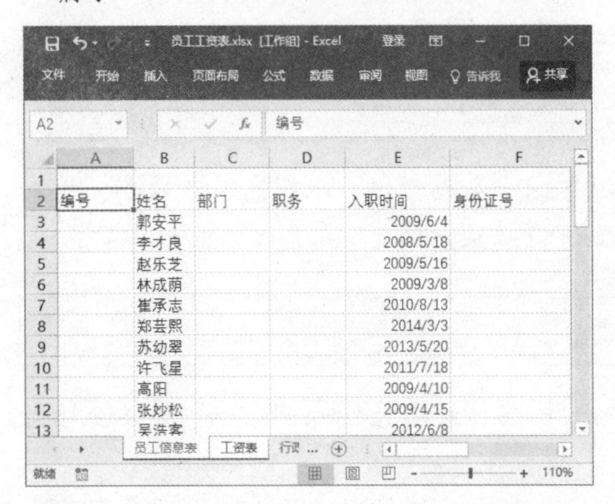

STEP 05 选择“成组工作表”选项 ❶ 选择“入职时间”列中的数据单元格区域。❷ 在“编辑”组中单击“填充”下拉按钮。❸ 选择“成组工作表”选项。

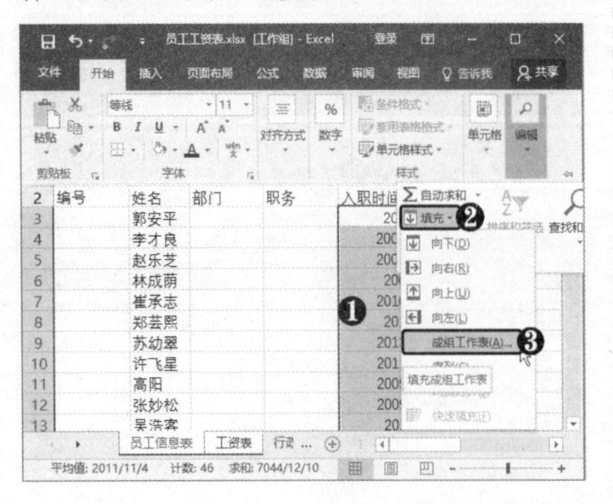

STEP 06 设置填充选项 弹出“填充成组工作表”对话框，❶ 选中“全部”单选按钮。❷ 单击“确定”按钮。

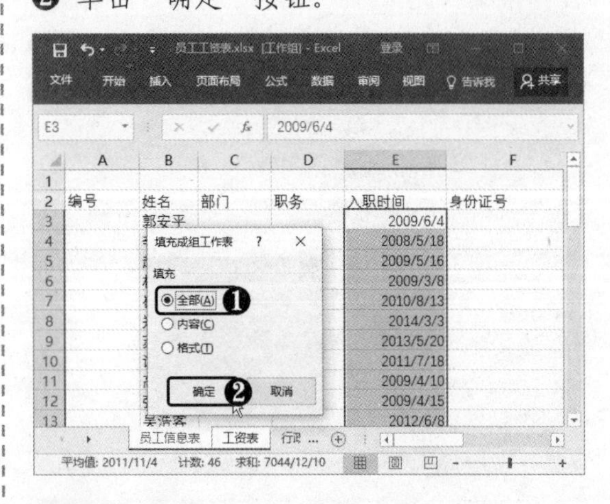

STEP 07 取消组合工作表 ❶ 右击工作表标签。❷ 选择“取消组合工作表”命令。

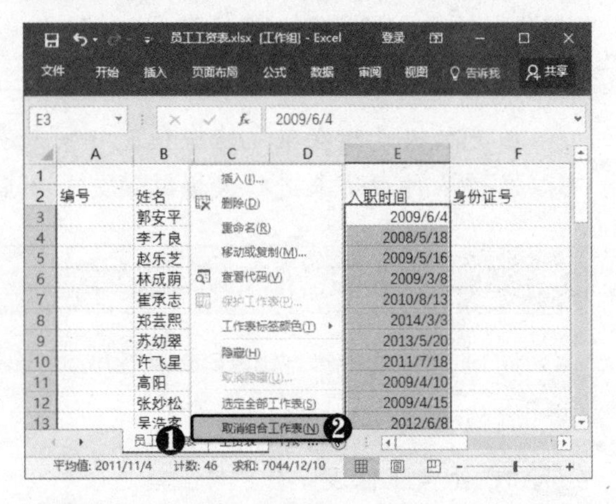

STEP 08 查看填充效果 切换到“工资表”工作表中，可以看到以上在“员工信息表”中进行的操作、输入及填充的数据均已完成。

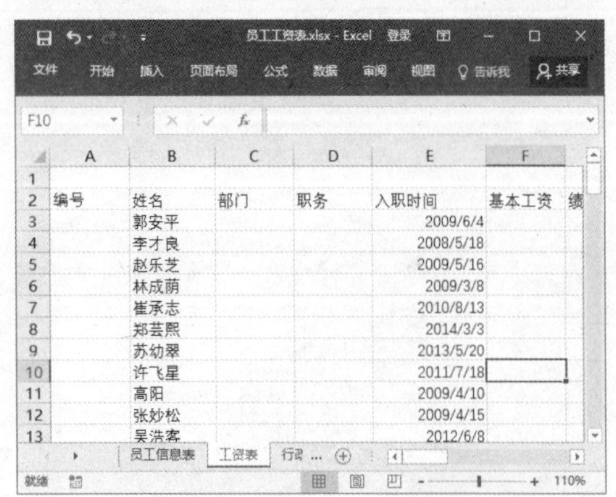

8.3.2 快速填充相同数据

若要在工作表中需要输入部分相同的数据，可以通过使用快捷键进行快速填充，具体操作方法如下。

STEP 01 输入数据 选择要填充数据的单元格或单元格区域，输入要填充的数据。

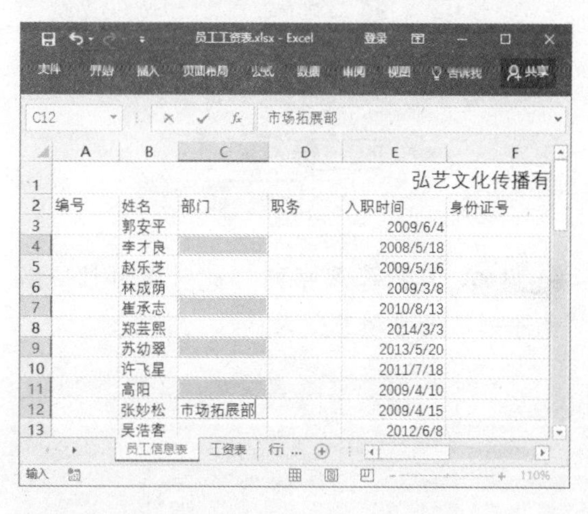

STEP 02 填充数据 按【Ctrl+Enter】组合键，即可在所选单元格中填充相同的数据。

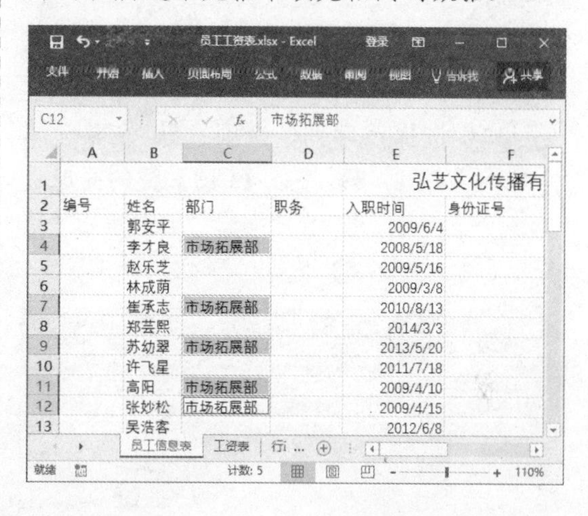

8.3.3 填充序列

填充序列是指填充一系列有规律的数据。使用填充柄可以快速填充一行或一列数据，具体操作方法如下。

STEP 01 定位指针 选择A3单元格，将鼠标指针移至单元格右下角，此时指针变为填充柄样式+。

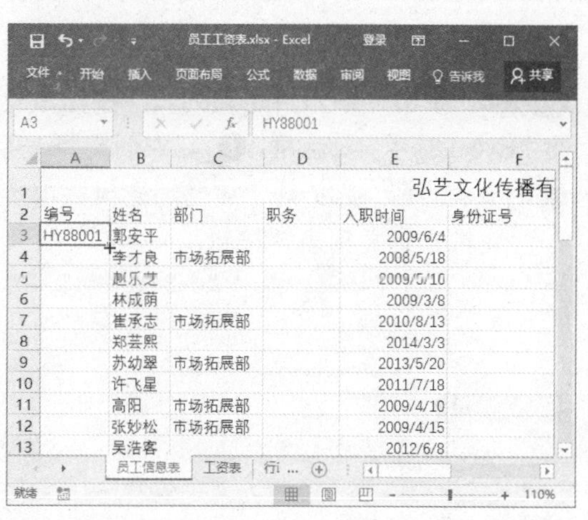

STEP 02 自动填充序列 按住鼠标左键并向下拖动填充柄，拖到需要填充的单元格后松开鼠标，即可填充数据序列。

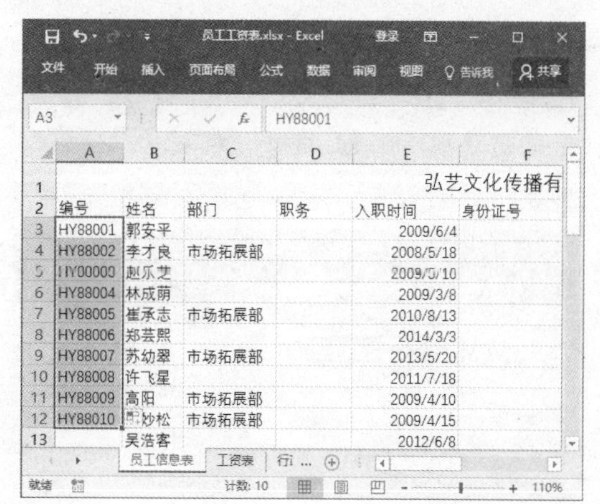

STEP 03 选择填充方式 单击“自动填充选项”下拉按钮，选择所需的填充选项。

STEP 04 选择“序列”选项 ❶ 在单元格中输入数据1。❷ 按住【Ctrl】键的同时选择多个单元格。❸ 在“编辑”组中单击“填充”下拉按钮。❹ 选择“序列”选项。

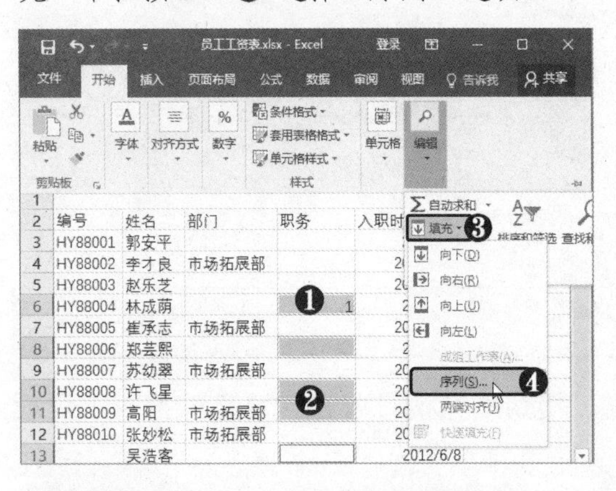

STEP 05 设置序列参数 弹出“序列”对话框，❶ 选中“列”单选按钮。❷ 选中“等差序列”单选按钮。❸ 设置“步长值”为4。❹ 单击“确定”按钮。

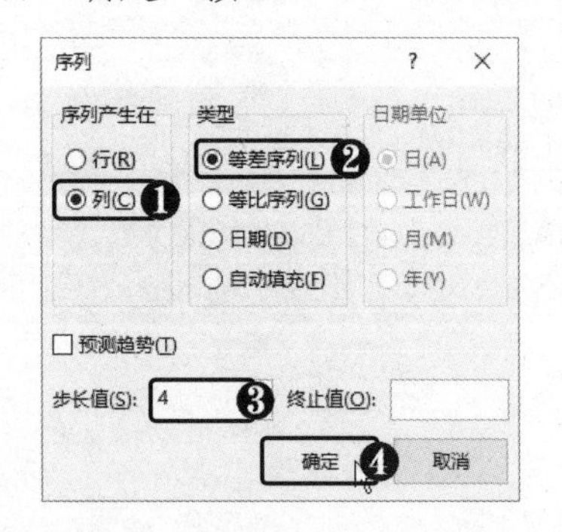

STEP 06 填充等差序列 此时即可填充等差序列，查看填充效果。

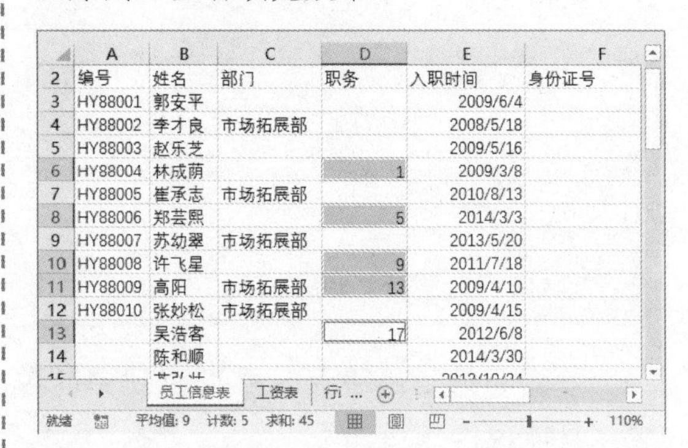

8.3.4 填充自定义序列

自定义序列填充是指根据需要添加一些能满足自己实际工作需求的序列，具体操作方法如下。

STEP 01 选择“自定义功能区”命令 ❶ 右击任意选项卡。❷ 选择“自定义功能区”命令。

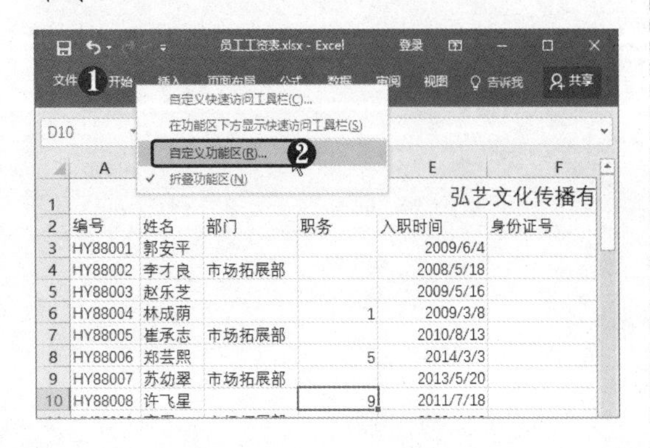

STEP 02 单击“编辑自定义列表”按钮 弹出“Excel选项”对话框，❶ 在左侧选择“高级”选项。❷ 在右侧“常规”选项区中单击“编辑自定义列表”按钮。

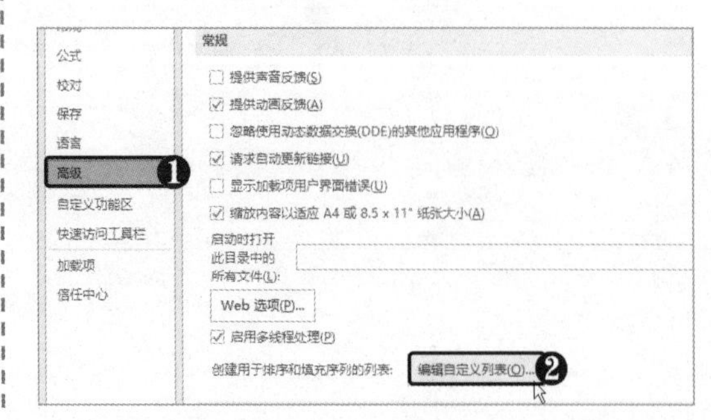

STEP 03 定位光标 弹出“自定义序列”对话框，将光标定位到“从单元格中导入序列”文本框中，也可在此直接输入并添加序列。

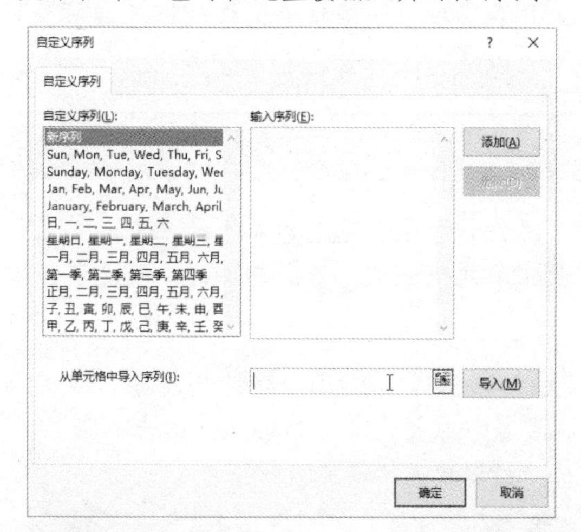

STEP 04 选择单元格区域 在工作表中选择单元格区域，如A2:K2。

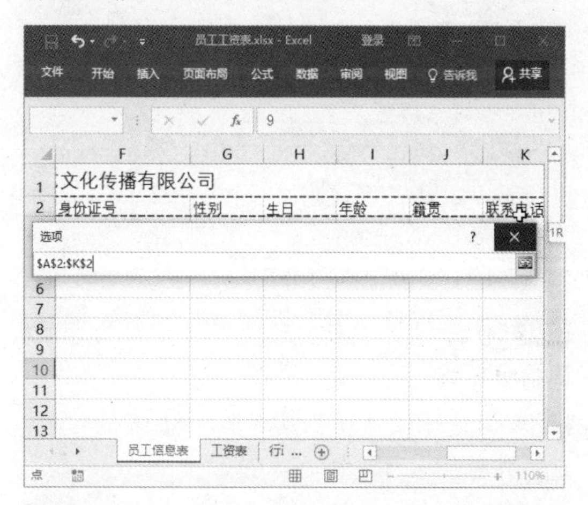

STEP 05 单击“导入”按钮 松开鼠标后即可返回“选项”对话框，单击“导入”按钮。

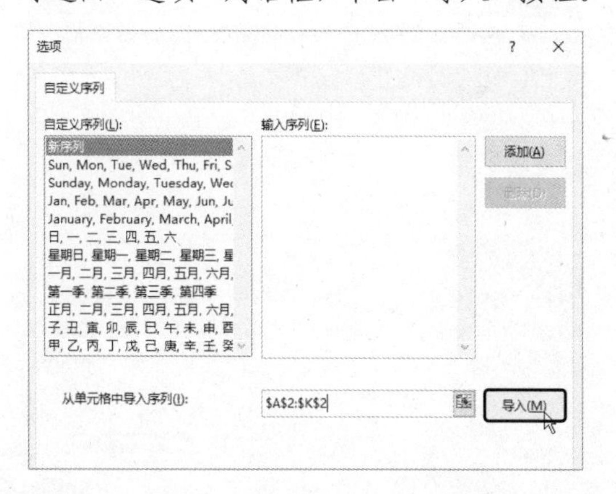

STEP 06 单击“确定”按钮 此时即可导入自定义序列，依次单击“确定”按钮。

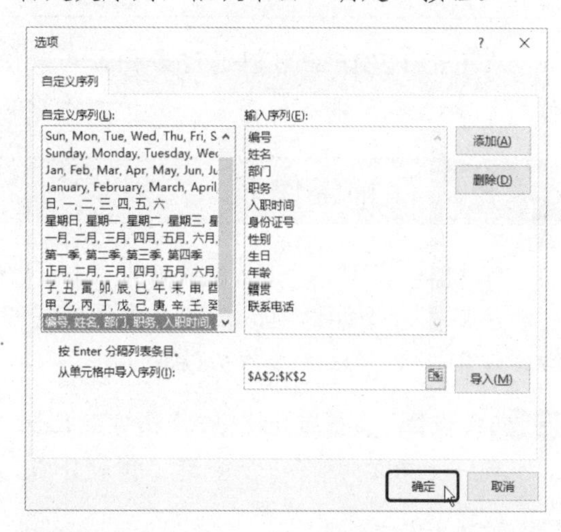

STEP 07 输入条目 新建工作表，在单元格中输入序列中的某个条目，将鼠标指针置于单元格右下角的填充柄上。

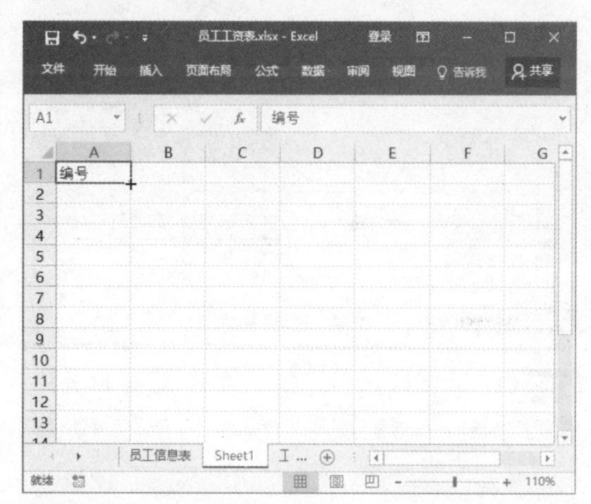

STEP 08 填充自定义序列 向右拖动填充柄，即可填充自定义序列。

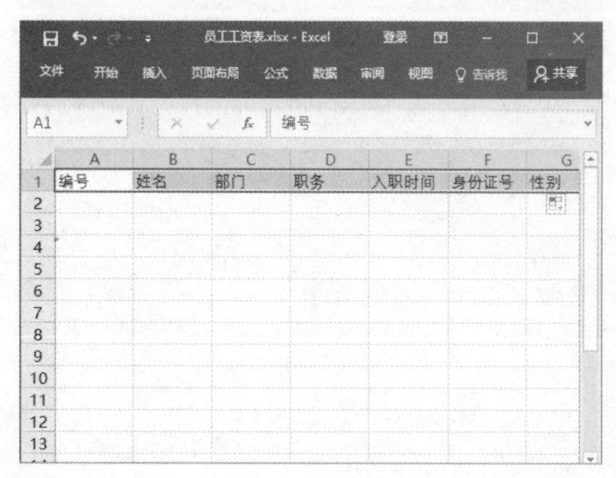

8.4 保护工作表数据

在 Excel 2016 中可以通过多种方式来保护工作表数据，如保护单元格数据不能被改动、为单元格区域添加密码、保护工作簿的结构，以及为工作簿进行加密等。

8.4.1 保护工作表

在 Excel 2016 中可以管理各种各样的数据，这些数据中可能有共享的内容，也可能会涉及重要、不能外泄的资料。为了避免工作表和单元格的数据被随意改动，可以将工作表保护起来，具体操作方法如下。

STEP 01 选择“设置单元格格式”命令 单击工作表左上方的◢按钮，全选工作表并右击，选择“设置单元格格式”命令。

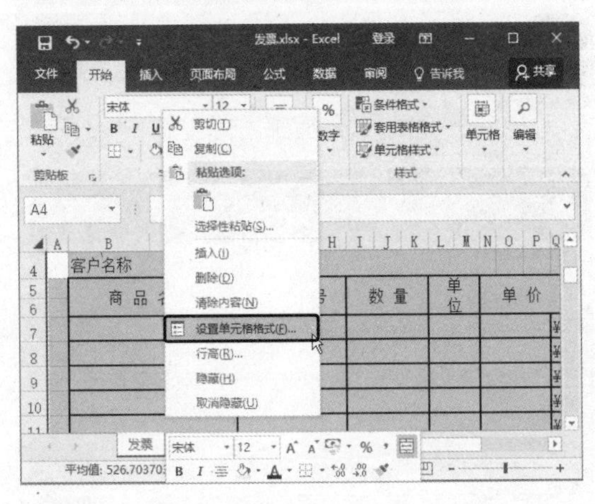

STEP 02 设置锁定单元格 弹出“设置单元格格式”对话框，❶ 选择“保护”选项卡。❷ 选中“锁定”复选框。❸ 单击“确定”按钮。

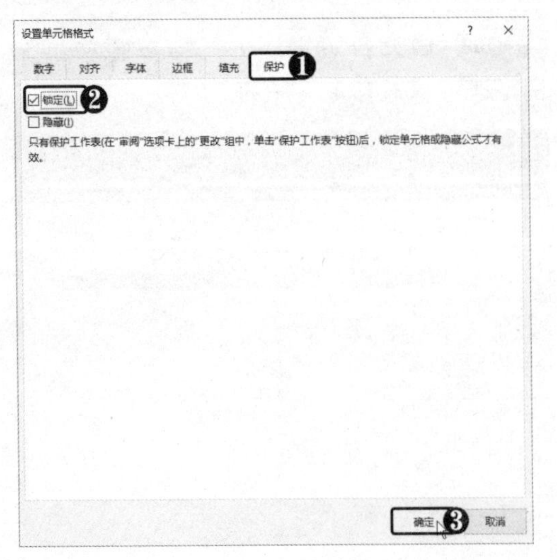

STEP 03 选择“设置单元格格式”命令 ❶ 选择要输入数据的单元格区域并右击。❷ 选择“设置单元格格式”命令。

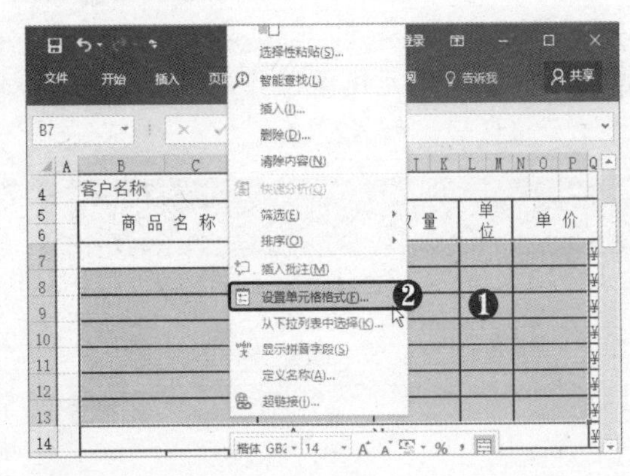

STEP 04 取消锁定单元格 弹出“设置单元格格式”对话框，❶ 选择“保护”选项卡。❷ 取消选择“锁定”复选框。❸ 单击“确定”按钮。

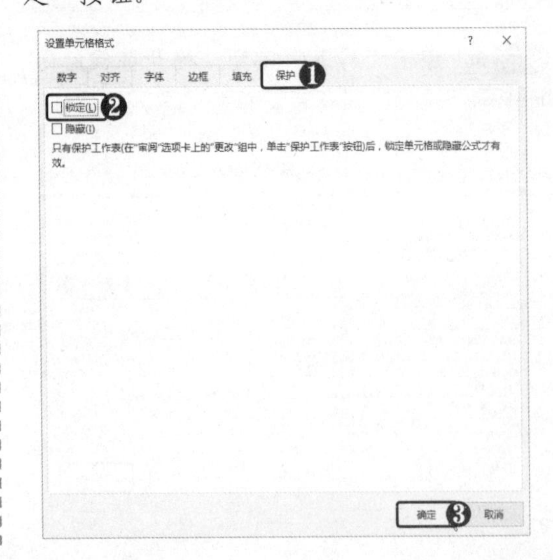

STEP 05 单击“保护工作表”按钮 ❶ 选择“审阅”选项卡。❷ 在“更改”组中单击“保护工作表”按钮。

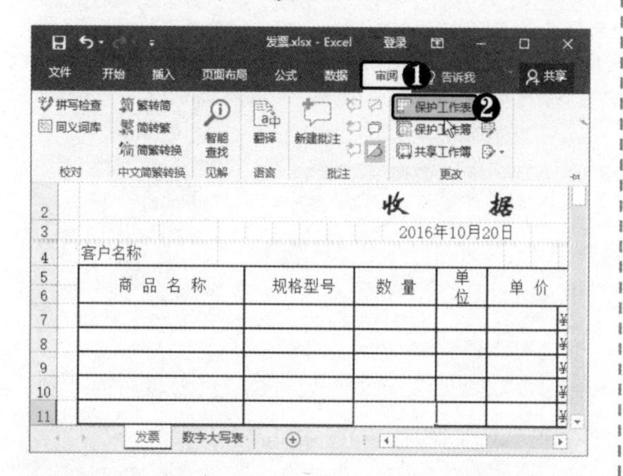

STEP 06 设置保护选项 弹出“保护工作表”对话框，❶ 选中“保护工作表及锁定的单元格内容”复选框。❷ 输入密码。❸ 根据需要选中允许用户进行操作的选项。❹ 单击“确定”按钮。

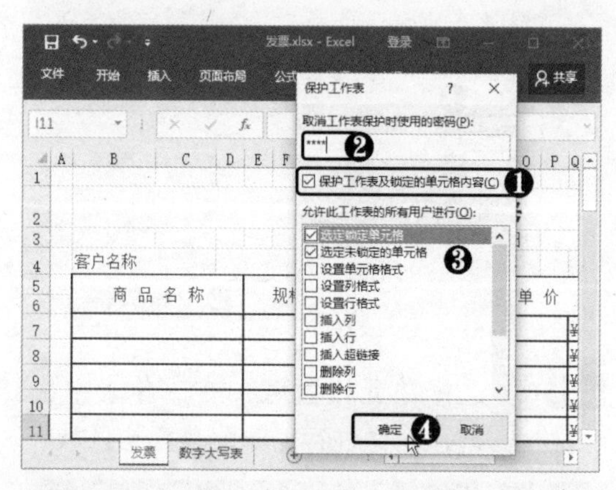

STEP 07 确认密码 弹出“确认密码”对话框，❶ 再次输入密码。❷ 单击“确定”按钮。

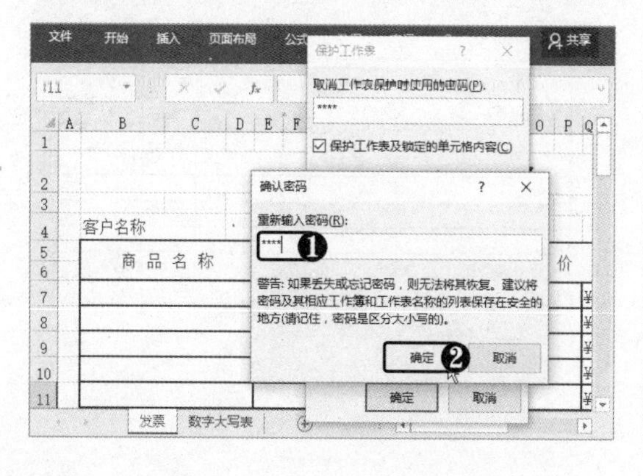

STEP 08 查看保护效果 若进行权限以外的操作，如编辑锁定的单元格，将弹出提示信息框。

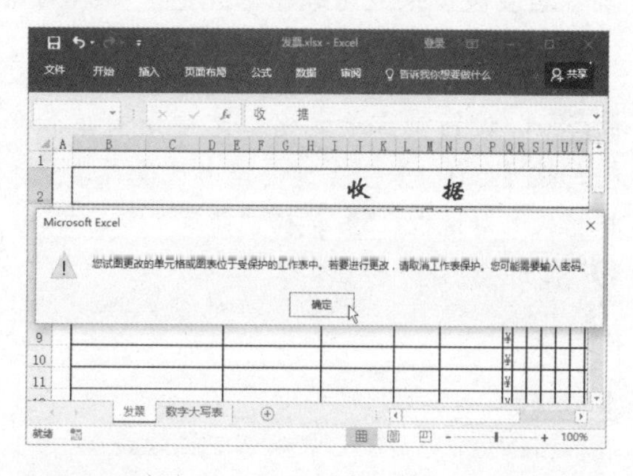

STEP 09 单击“撤销工作表保护”按钮 对于未锁定的单元格，可以对其进行编辑。单击“撤销工作表保护”按钮。

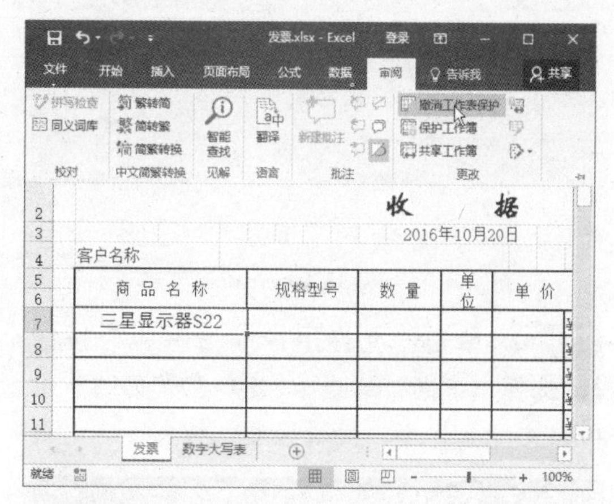

STEP 10 撤销工作表保护 弹出“撤销工作表保护”对话框，❶ 输入密码。❷ 单击“确定”按钮。

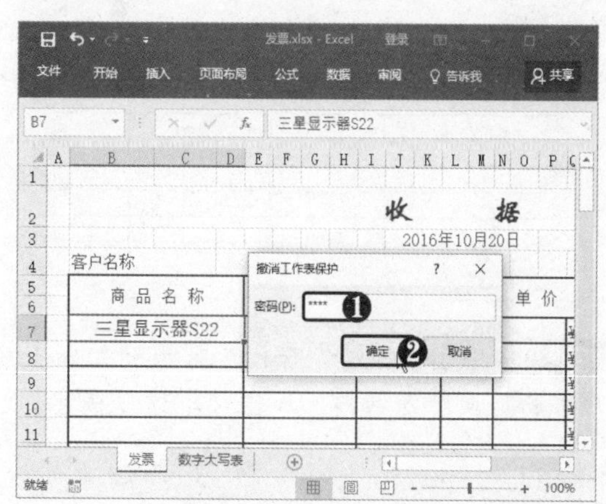

8.4.2 使用密码保护可编辑区域

若要设置某些可编辑单元格区域只为特定的人员开放，可以为这些单元格区域添加保护密码，具体操作方法如下。

STEP 01 设置锁定单元格 选中所有单元格，按【Ctrl+1】组合键，弹出“设置单元格格式”对话框，❶ 选择“锁定”复选框。❷ 单击“确定”按钮。

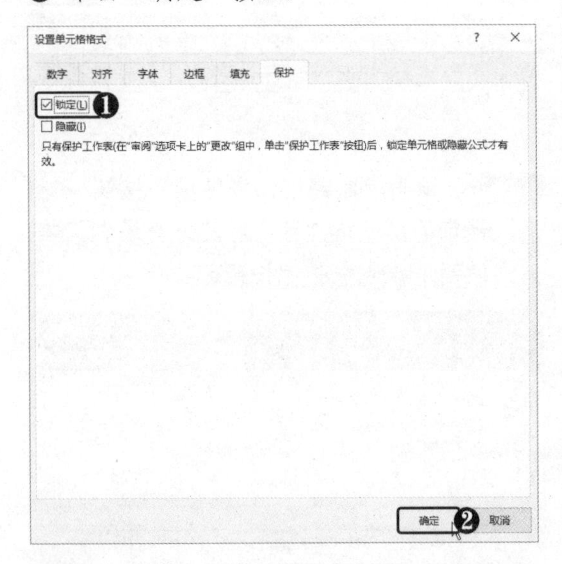

STEP 02 单击“允许用户编辑区域”按钮 ❶ 选择“审阅”选项卡。❷ 在“更改”组中单击“允许用户编辑区域”按钮。

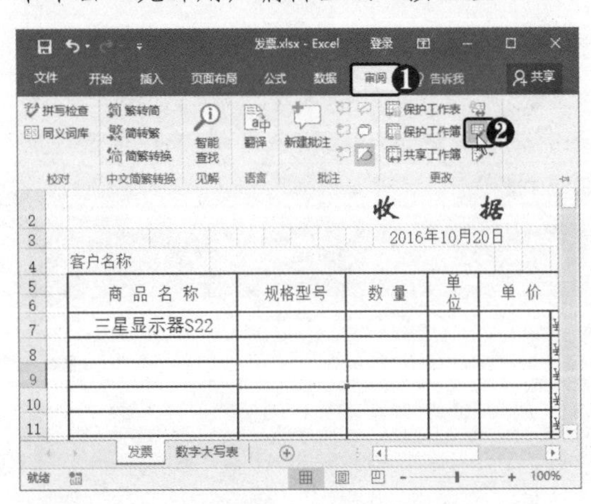

STEP 03 单击“新建”按钮 弹出“允许用户编辑区域”对话框，单击“新建”按钮。

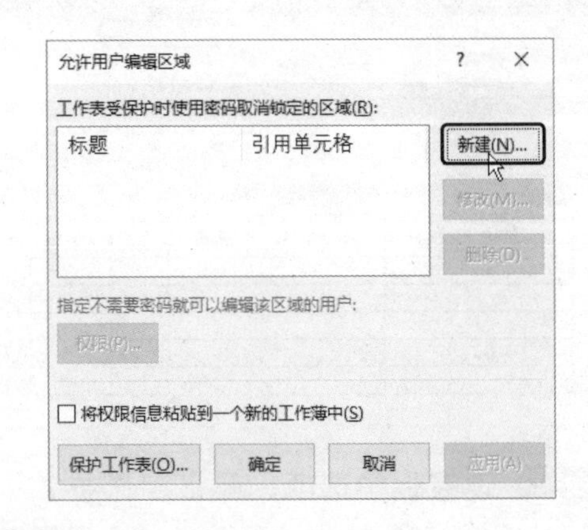

STEP 04 输入标题 弹出“新区域”对话框，❶ 输入标题。❷ 删除“引用单元格”文本框中的数据，并定位光标。

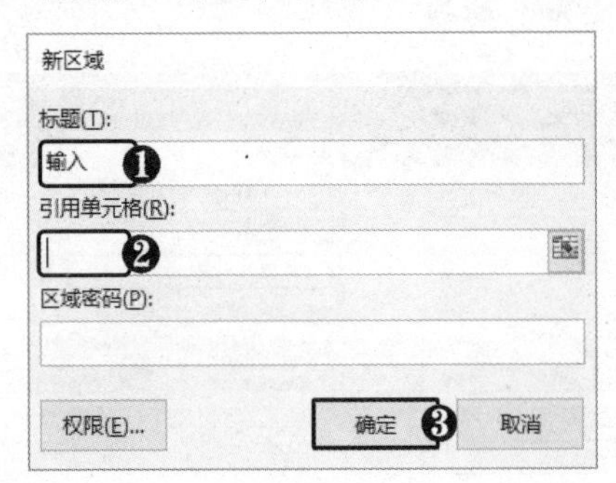

STEP 05 选择单元格区域 在工作表中拖动鼠标，选择允许进行编辑的单元格区域。

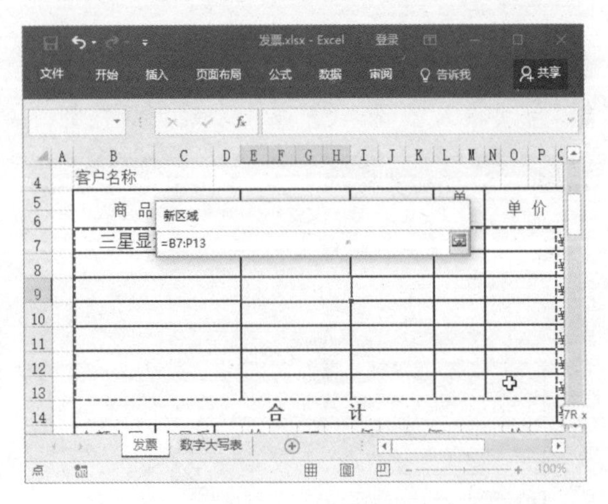

STEP 06 **设置区域密码** 松开鼠标后将返回“新区域”对话框，❶ 输入区域密码。❷ 单击“确定”按钮。

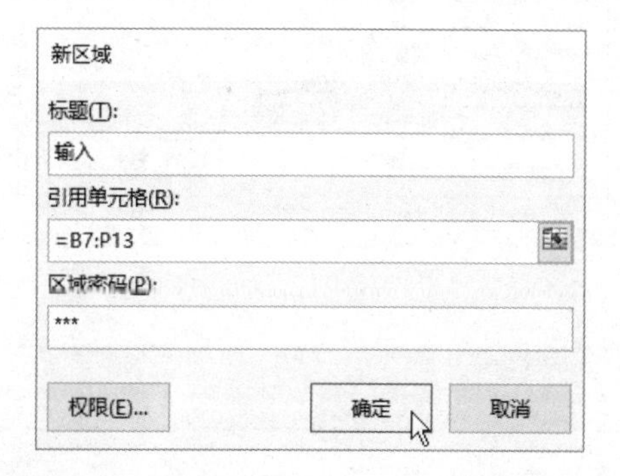

STEP 07 **确认密码** 弹出“确认密码”对话框，❶ 再次输入区域密码。❷ 单击“确定”按钮。

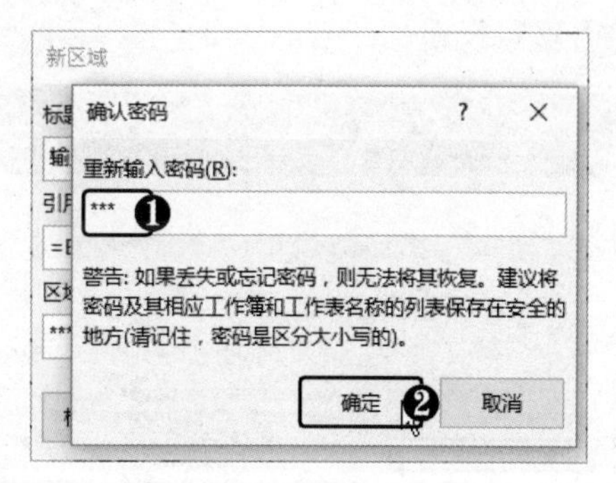

STEP 08 **继续创建允许编辑区域** 返回“允许用户编辑区域”对话框，采用同样的方法继续创建允许编辑的区域，可为不同的区域设置不同的密码。

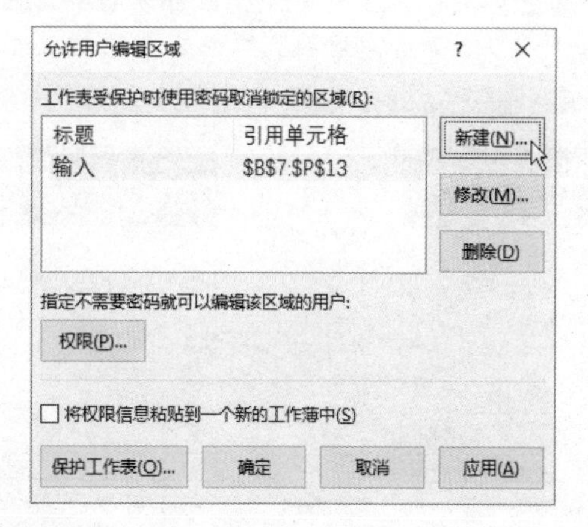

STEP 09 **单击“保护工作表”按钮** 区域创建完毕后，单击“保护工作表”按钮。

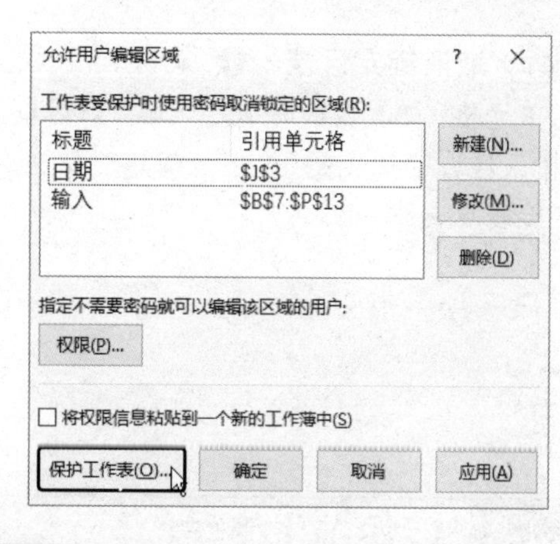

STEP 10 **设置密码** 弹出“保护工作表”对话框，❶ 选中“保护工作表及锁定的单元格内容”复选框。❷ 输入密码。❸ 单击“确定”按钮。

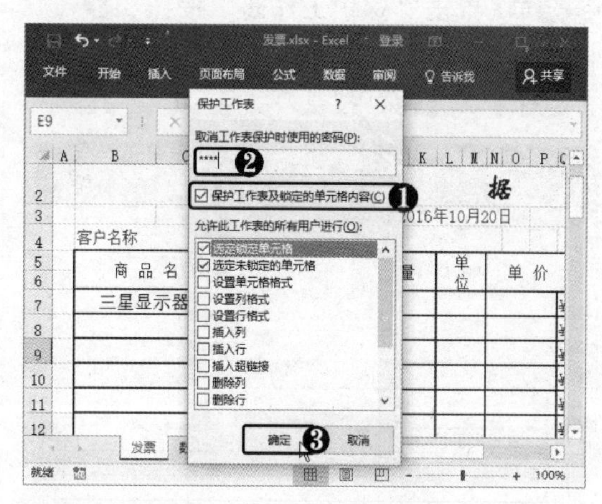

STEP 11 **确认密码** 弹出“确认密码”对话框，❶ 再次输入密码。❷ 单击“确定”按钮。

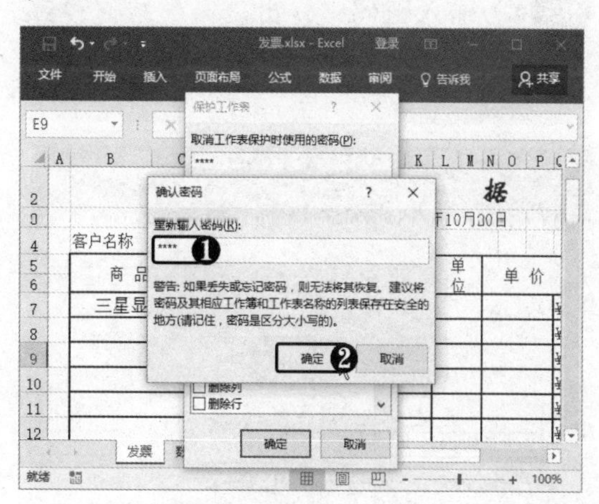

STEP 12 取消锁定区域 ❶ 双击可编辑区域的单元格，弹出“取消锁定区域”对话框，❷ 输入区域密码。❸ 单击“确定”按钮，即可编辑单元格。

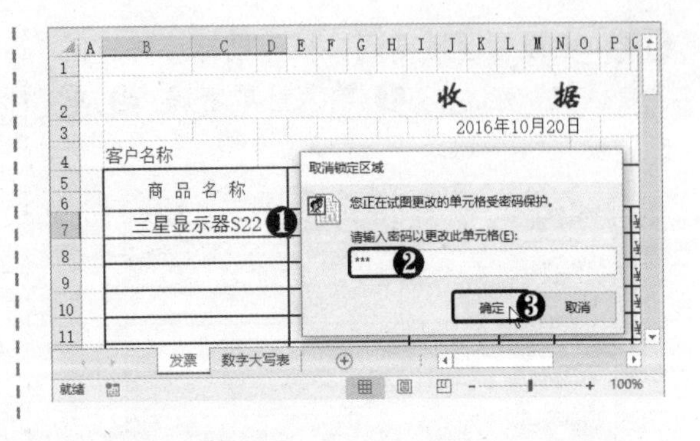

8.4.3 保护工作簿结构

若要防止其他用户查看、添加、移动、删除或隐藏工作表，以及重命名工作表，可以使用密码保护 Excel 工作簿的结构，具体操作方法如下。

STEP 01 单击“保护工作簿”按钮 ❶ 选择“审阅”选项卡。❷ 在“更改”组中单击“保护工作簿”按钮。

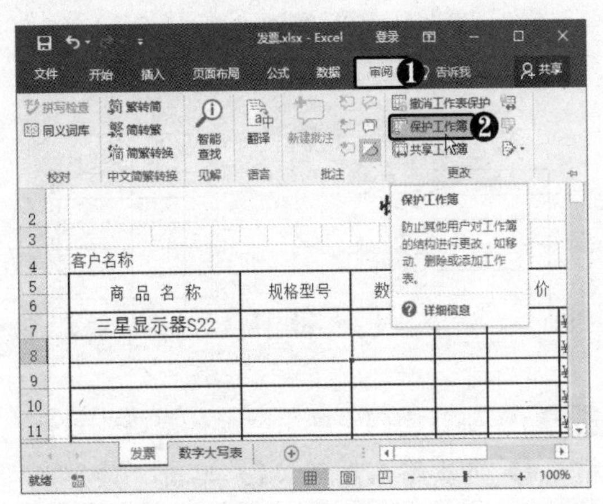

STEP 02 输入密码 弹出“保护结构和窗口”对话框，❶ 输入保护密码。❷ 单击“确定”按钮。

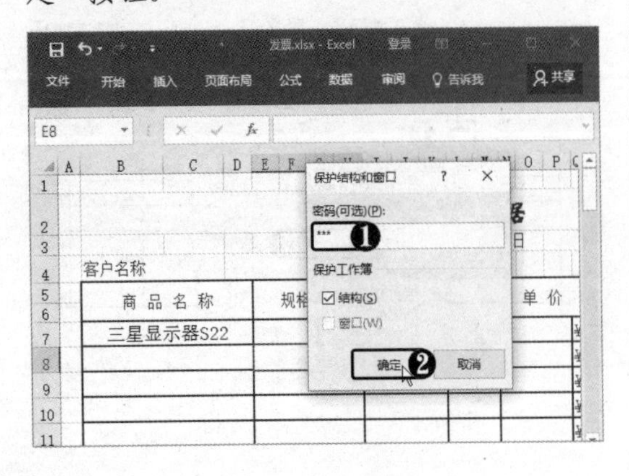

STEP 03 确认密码 ❶ 重新输入密码。❷ 单击“确定”按钮。

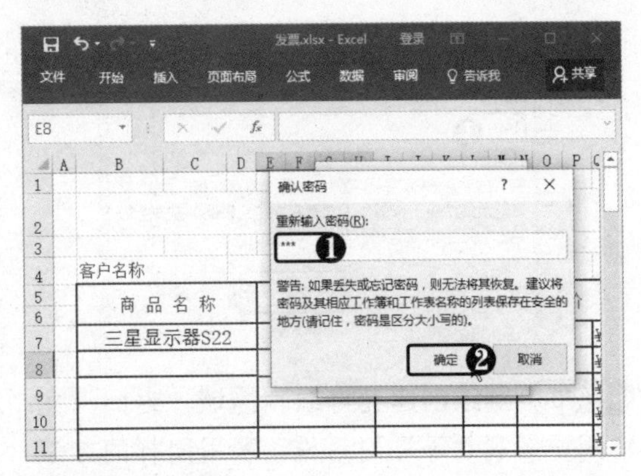

STEP 04 查看保护效果 此时即可保护工作簿结构。右击任意单元格，可以看到“插入”、“设置单元格格式”等命令均变得不可用，也无法对工作表标签进行操作。

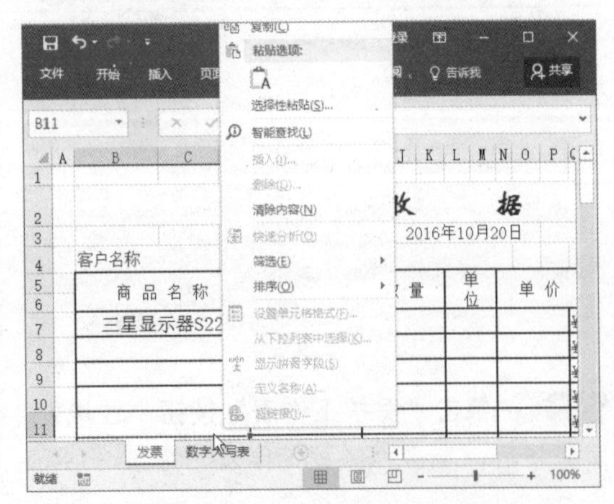

8.4.4 加密工作簿

若要防止其他人查看工作簿，可以对其进行加密，具体操作方法如下。

STEP 01 选择“用密码进行加密”选项 选择“文件”选项卡，❶ 在左侧选择“信息”选项。❷ 在右侧单击“保护工作簿”下拉按钮。❸ 选择“用密码进行加密”选项。

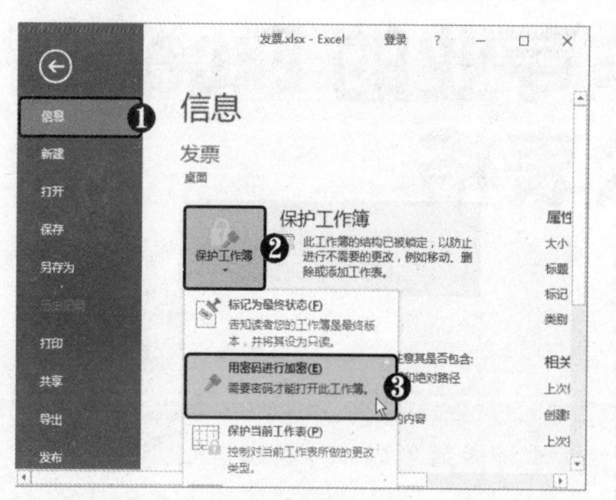

STEP 02 设置密码 弹出“加密文档”对话框，❶ 输入密码。❷ 单击“确定”按钮，即可对工作簿进行加密。

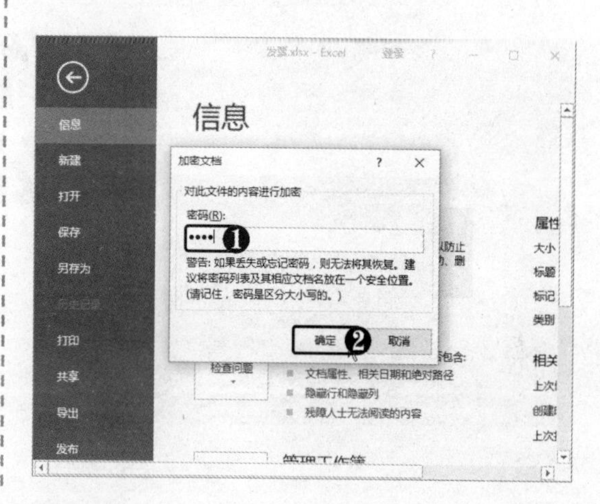

Chapter

09

制作专业的 Excel 办公表格

本章将详细介绍如何制作专业、美观的Excel办公表格，其中包括设置单元格的数字格式、美化工作表、创建表格、应用条件格式等，以及工作表制作完成后的打印输出设置等。

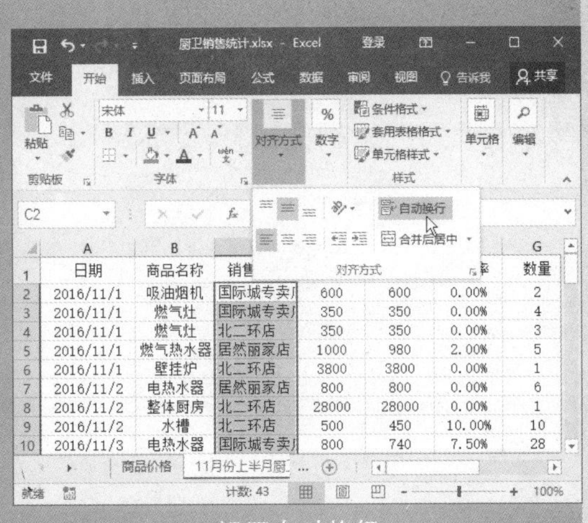

设置自动换行

厨卫销售统计.xlsx - Excel 登录

信息
新建
打开
保存
另存为
打印
共享
导出
发布

打印

份数: 5

打印

打印机

chy 上的 Samsung M...

脱机

打印机属性

设置

打印活动工作表

仅打印活动工作表

页数: 至

打印表格

9.1 设置单元格数字格式

输入数据是工作表的核心操作，输入数据后可根据需要将数据设置为所需的数字格式，如可以将数字设置为货币格式、会计专用格式等。设置数字格式可以更改数字的外观，而不会更改数字本身。下面将详细介绍如何在工作表中设置数字格式。

9.1.1 应用数字格式

在 Excel 工作表中输入数据，通常将其应用为默认的“常规”格式，用户可根据需要应用其他的预设格式，如数字、货币、日期、百分比、科学计数、文本等，具体操作方法如下。

STEP 01 单击扩展按钮 ❶ 选择要设置数字格式的单元格区域。❷ 在“开始”选项卡下单击“数字”组右下角的扩展按钮。

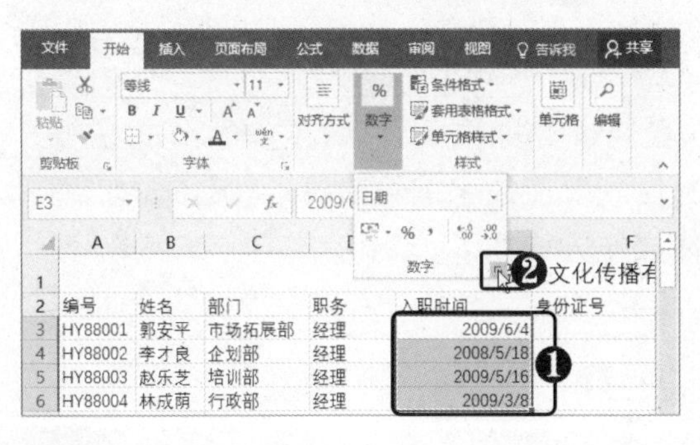

STEP 02 设置日期格式 弹出“设置单元格格式”对话框，❶ 在左侧选择“日期”选项。❷ 在右侧选择日期格式类型。❸ 单击“确定”按钮。

STEP 03 查看日期格式效果 此时即可查看应用日期格式后的单元格显示效果。

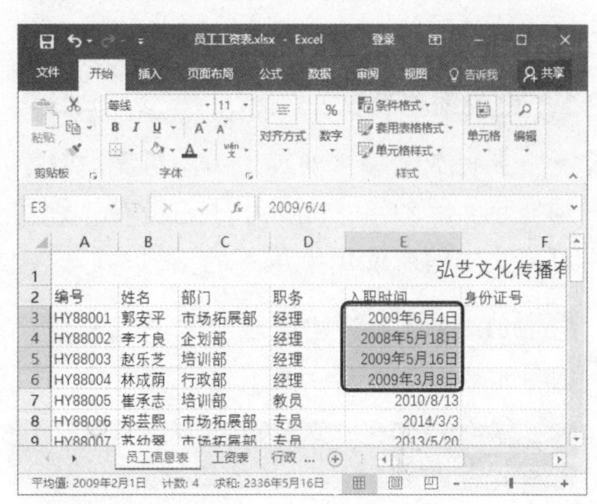

STEP 04 设置文本格式 ❶ 选择“身份证号”列所在的单元格区域。❷ 在“数字”下拉列表中选择“文本”选项。

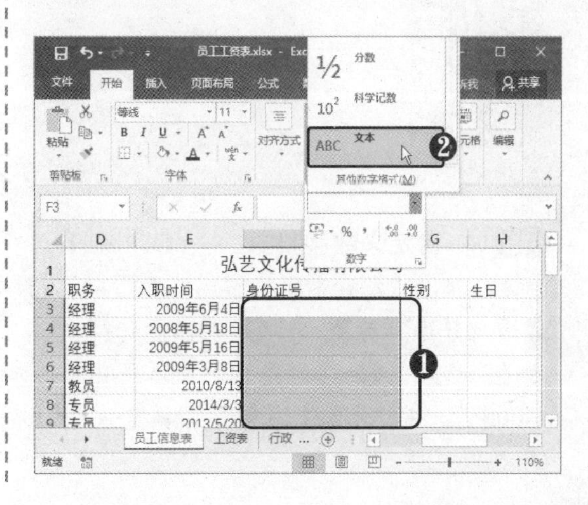

STEP 05 **输入身份证号** 输入身份证号码，查看单元格显示效果。

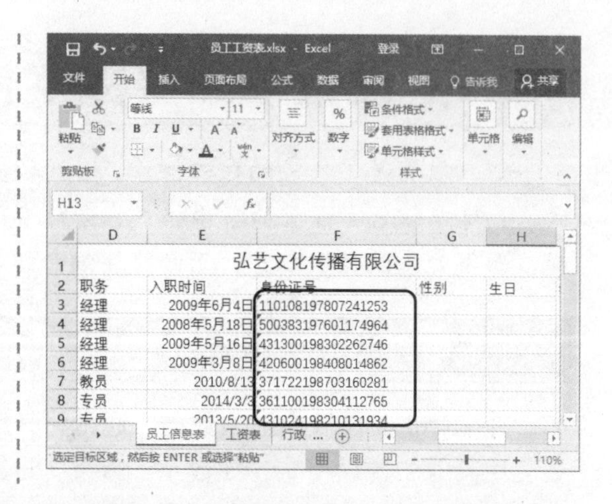

高手点拨

通过为数字应用不同的格式，可以更改数字的外观而不会更改数字本身。数字格式刷并不会影响 Excel 用于执行计算的实际单元格值，实际的值可在编辑栏中查看。

9.1.2 自定义数字格式

若 Excel 中提供的数字格式无法满足用户的需求，可以自定义数字格式。下面通过处理几个日常工作中的实例来介绍如何自定义数字格式。

1. 更改编号格式

要将数字编号前加上 0，可使用数字占位符“0”。如果单元格的内容大于占位符，则显示实际数字；如果小于占位符，则用 0 补位。要使数字编号前显示其他文本信息，可将文本信息使用半角下的引号括起来，具体操作方法如下。

STEP 01 **选择单元格区域** 选择编号所在的单元格区域。

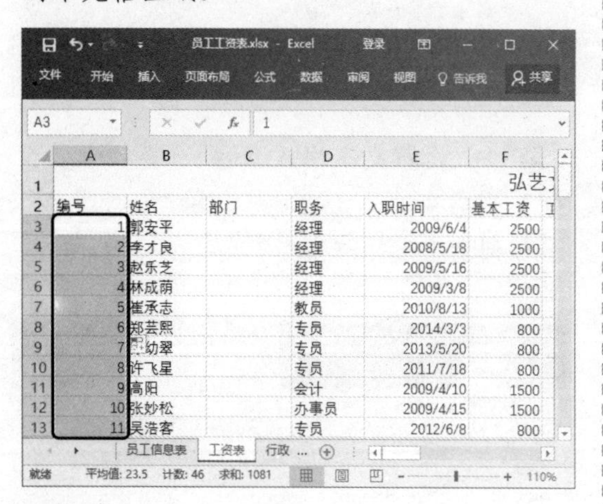

STEP 02 **自定义数字格式** 按【Ctrl+1】组合键，弹出“设置单元格格式”对话框。❶ 选择“数字”选项卡。❷ 在左侧选择“自定义”选项。❸ 在“类型”文本框中输入“000”，在“示例”区域即可预览效果。

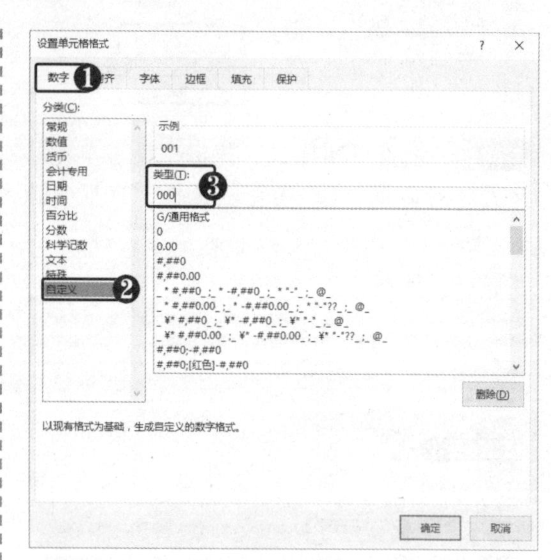

STEP 03 **自定义格式** ❶ 在前面所定义的格式前输入“”HY88””。❷ 单击“确定”按钮。

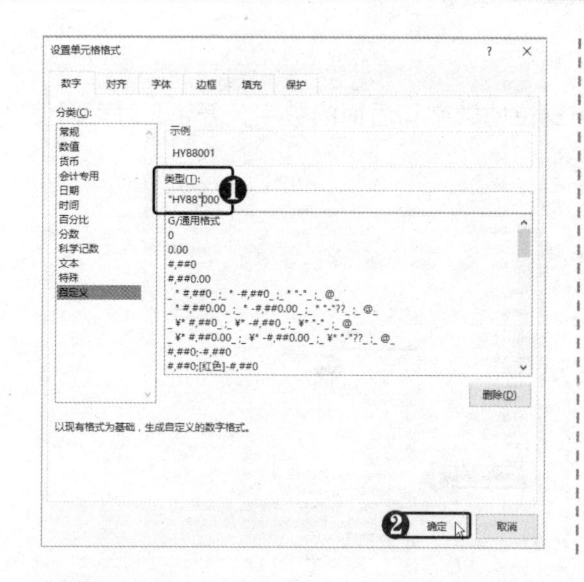

STEP 04 **查看数字格式效果** 此时即可在编号格式前添加文本。

2．添加单位

"#"符号为数字占位符，只显示有意义的零而不显示无意义的零，使用它可以为数字添加单位，具体操作方法如下。

STEP 01 **选择单元格区域** 选择要设置数字格式的单元格区域。

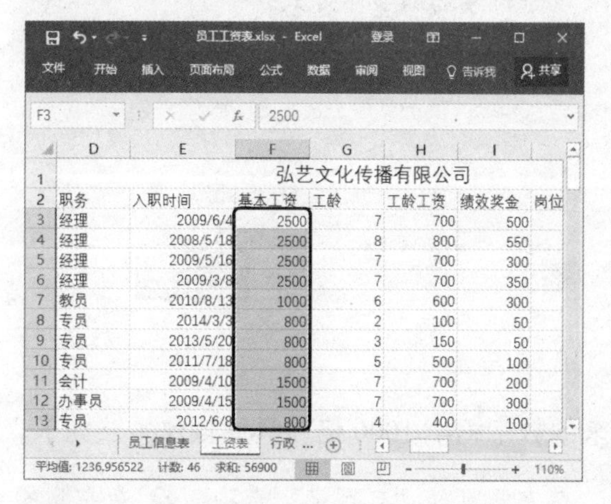

STEP 02 **自定义数字格式** 按【Ctrl+1】组合键，弹出"设置单元格格式"对话框。❶在左侧选择"自定义"选项。❷在"类型"文本框中输入"#"元""。❸单击"确定"按钮。

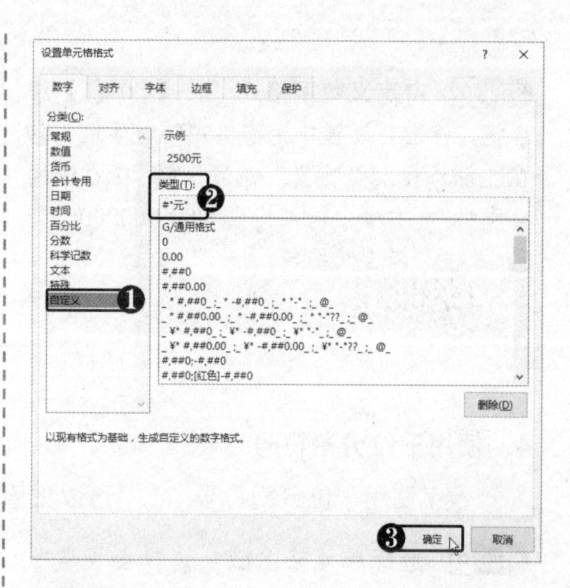

STEP 03 **查看数字格式效果** 此时即可在数字后添加单位"元"。

高手点拨

要清除自定义的数字格式，可在"数字格式"下拉列表中选择"常规"格式，或在"自定义格式"列表中删除该格式。

3. 更改手机号码的显示方式

有时在编辑联系人手机号码时需要将前三位的数字和后面的数字分开，此时可以使用“0”占位符来实现，具体操作方法如下。

STEP 01 输入手机号 在单元格中输入手机号码，并在“数字”组中设置数字格式为“常规”。

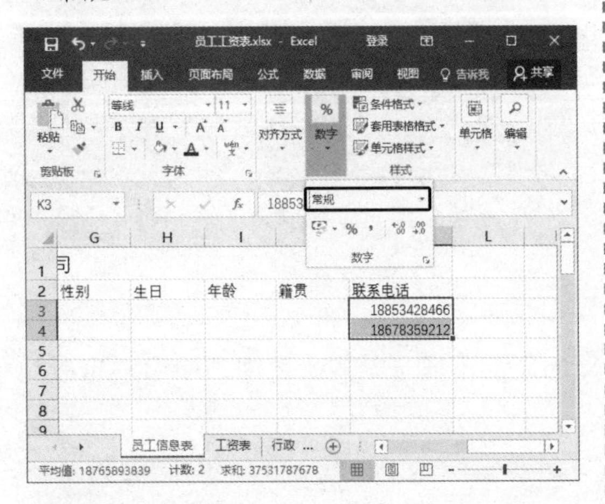

STEP 02 自定义数字格式 按【Ctrl+1】组合键，弹出“设置单元格格式”对话框。❶在左侧选择“自定义”选项。❷在右侧的“类型”文本框中输入格式“000-00000000”。❸单击“确定”按钮。

STEP 03 查看数字格式效果 此时即可更改手机号码的显示方式。

4. 使用千位分割符号

数字使用千位分割符号“,”，可以把原来的数字缩小1000倍，具体操作方法如下。

STEP 01 选择单元格区域 选择要设置数字格式的单元格区域。

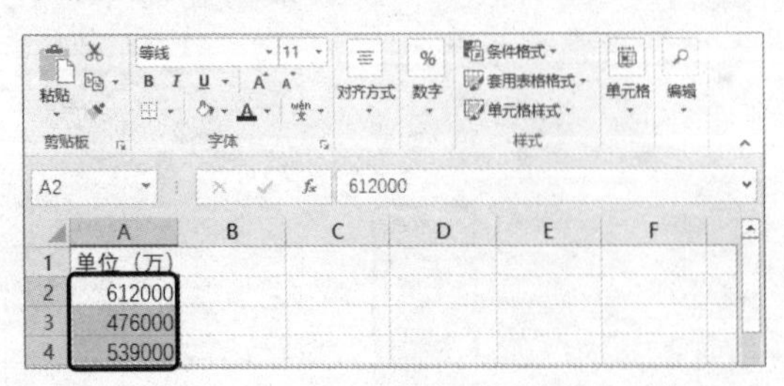

STEP 02 自定义数字格式 按【Ctrl+1】组合键，弹出“设置单元格格式”对话框。❶在左侧选择“自定义”选项。❷在右侧的“类型”文本框中输入“0,”，可以在“示例”区域中看到数字已经缩小了1000倍。

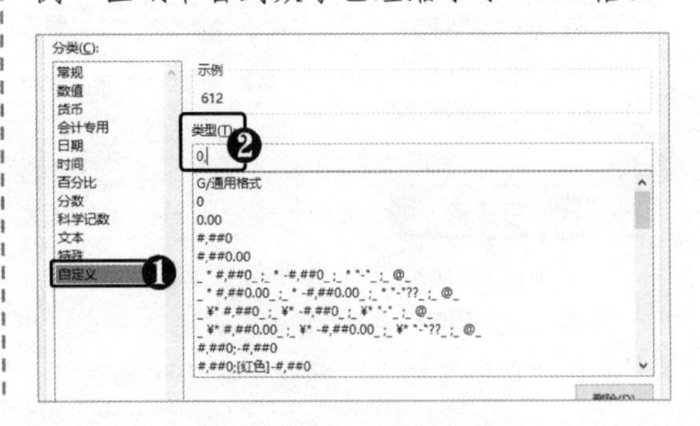

STEP 03 输入代码 若要将数据从万位上分割，可以在“类型”文本框中输入“"."#,”，这里用“,”向前移三位，用“#”占一位，总共是四位，把“.”插入到倒数第五位。

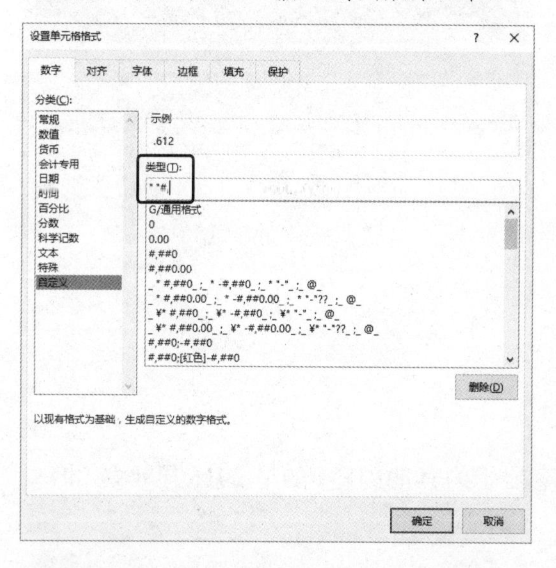

STEP 04 输入代码 ❶ 继续在前面输入“00”，用“0”确保“.”插入的是数字中间。❷ 单击“确定”按钮。

STEP 05 查看数字格式效果 此时即可将数据从万位上分割。

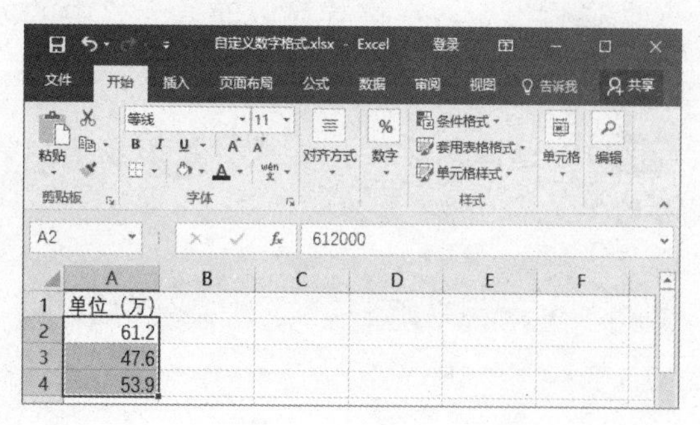

5. 对齐小数位

在包含小数点的数据中，为了方便查看，有时需要将小数点进行对齐，使用“?”占位符即可实现该操作，具体操作方法如下。

STEP 01 选择数据单元格 选中包含小数点的数据单元格。

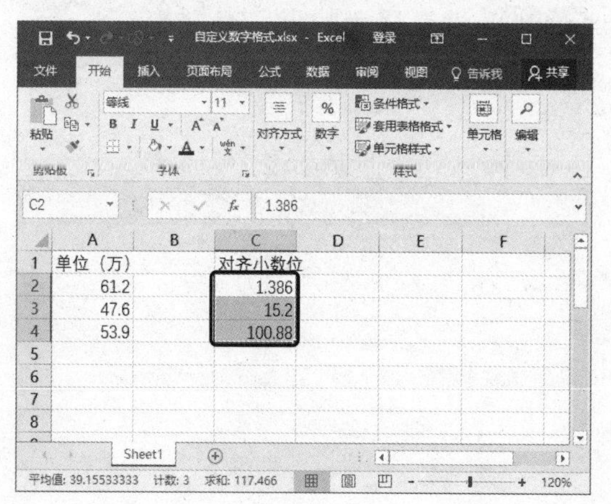

STEP 02 自定义数字格式 按【Ctrl+1】组合键，弹出“设置单元格格式”对话框。❶ 在左侧选择“自定义”选项。❷ 在右侧的“类型”文本框中输入代码“.???”。❸ 单击“确定”按钮。

高手点拨

为某一列的单元格应用“.???”格式后，小数点后无论几位都会使用空格补充，以达到对齐小数点的效果。代码是设置自定义格式必不可少的部分，主要由数字和文本代码，以及日期和时间代码两种。

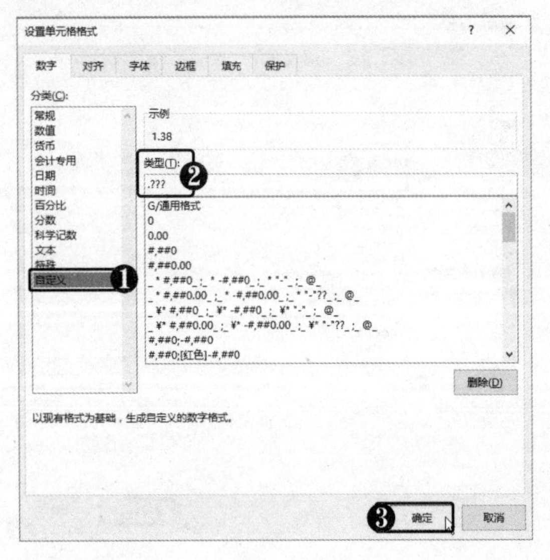

STEP 03 查看数字格式效果 此时即可对齐各数据的小数位。代码“.???”可以在小数点后对无意义的零添加空格。

6. 更改显示名称

通过设置数字格式可以使单元格中的内容显示为其他内容，如将2016显示为2015，具体操作方法如下。

STEP 01 选择单元格 选择要更改显示内容的单元格。

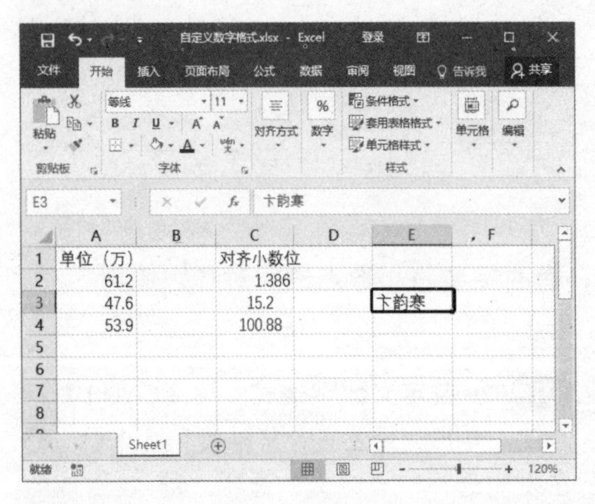

STEP 02 自定义数字格式 按【Ctrl+1】组合键，弹出“设置单元格格式”对话框。❶在左侧选择“自定义”选项。❷在右侧“类型”文本框中输入代码“;;;卞韵泷”。❸单击“确定”按钮。

STEP 03 查看显示效果 查看单元格显示效果，可以看到在编辑栏中的数据不会发生变化。

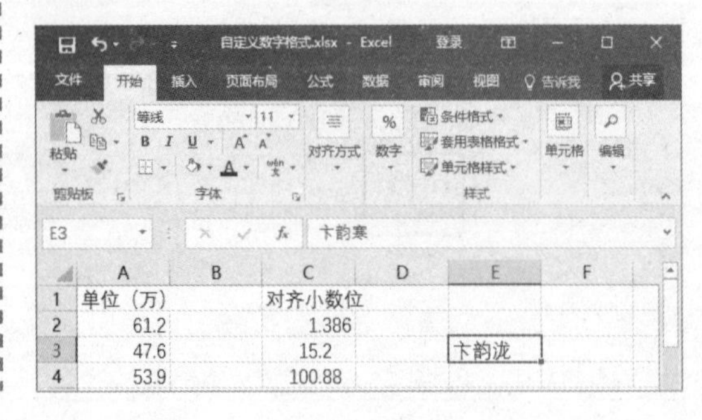

9.1.3 设置数据有效性

通过使用数据验证规则可以控制用户输入单元格的数据或数值的类型。为了防止输入出错，还可以提供提示信息，当输入无效数据时会弹出出错警告框。需要注意的是，只有在数据验证单元格中输入消息时才会出现输入信息和出错警告。当向其中复制或填充数据，或利用公式计算的无效数据，将不会弹出出错警告，此时可以通过圈释无效数据来更正数据。

设置数据有效性的具体操作方法如下。

STEP 01 命名单元格区域 新建工作表并输入数据，❶ 选择数据所在的单元格区域。❷ 在编辑栏左侧的名称框中输入名称并按【Enter】键确认，为单元格区域命名。

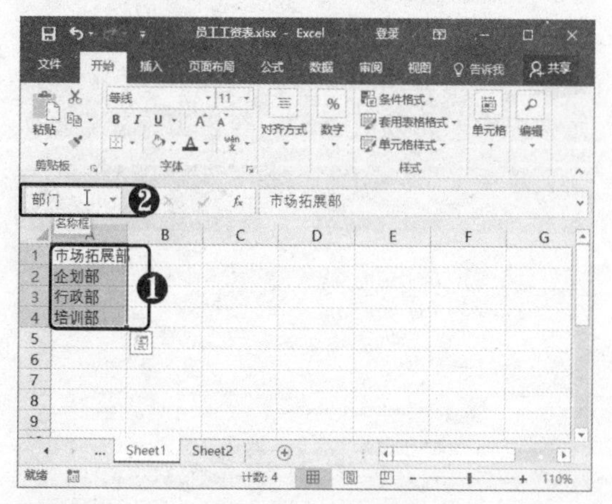

STEP 02 单击“数据验证”按钮 ❶ 选择“部门”所在列要设置数据验证的单元格区域。❷ 选择“数据”选项卡。❸ 在“数据工具”组中单击“数据验证”按钮。

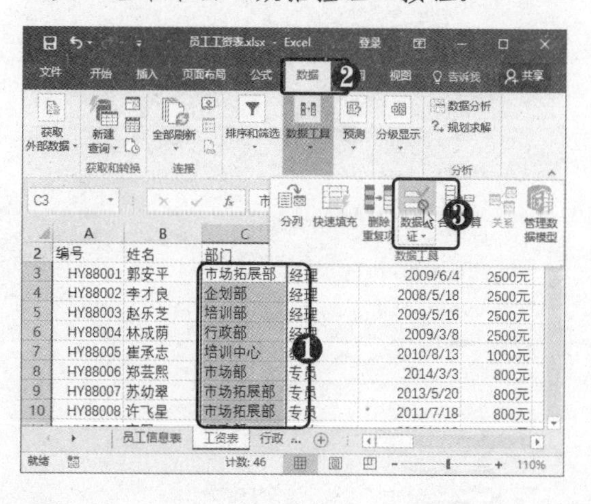

STEP 03 设置验证条件 弹出“数据验证”对话框，❶ 选择“设置”选项卡。❷ 在“允许”下拉列表框中选择“序列”选项。❸ 在“来源”文本框中输入“=部门”。

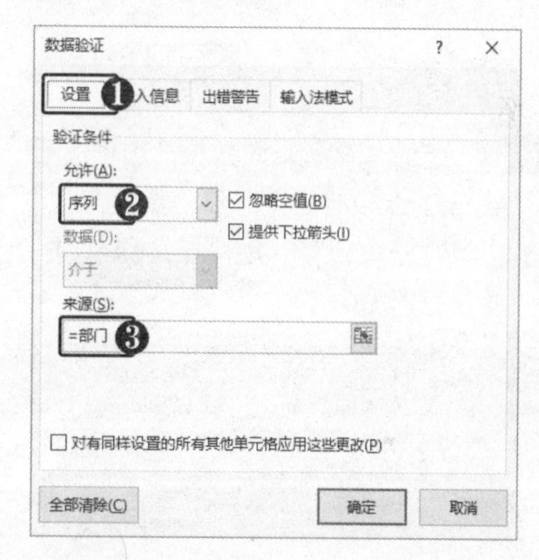

STEP 04 设置输入信息 ❶ 选择“输入信息”选项卡。❷ 输入在选择单元格时所要显示的信息。

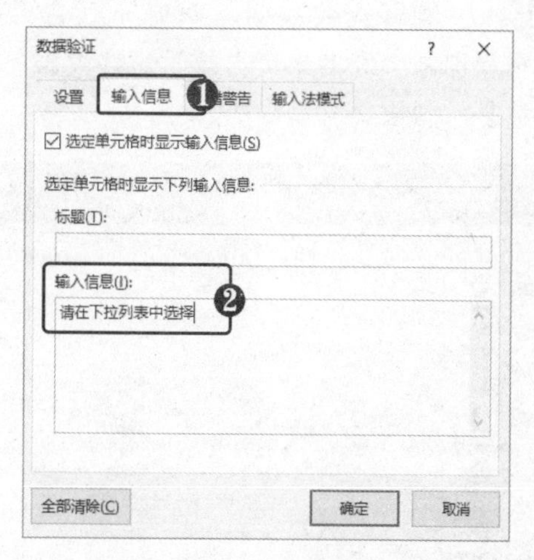

STEP 05 设置出错警告 ❶ 选择“出错警告”选项卡。❷ 选择警告样式，如“停止”。❸ 输入警告消息，如“无此部门！”。❹ 单击“确定”按钮。

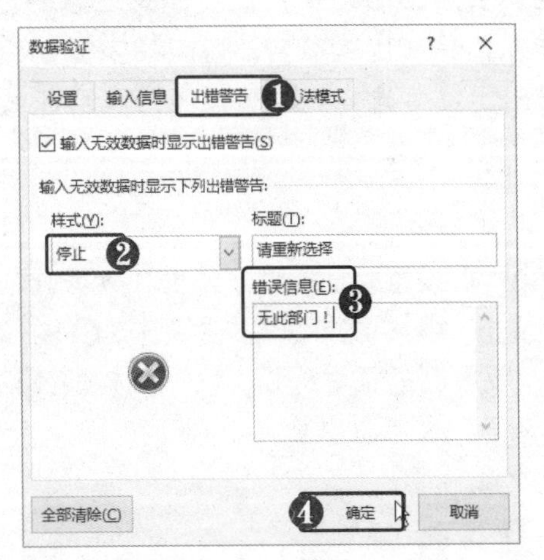

STEP 06 选择“圈释无效数据”选项 ❶ 选择“数据”选项卡。❷ 在“数据工具”组中单击“数据验证”下拉按钮。❸ 选择“圈释无效数据”选项。

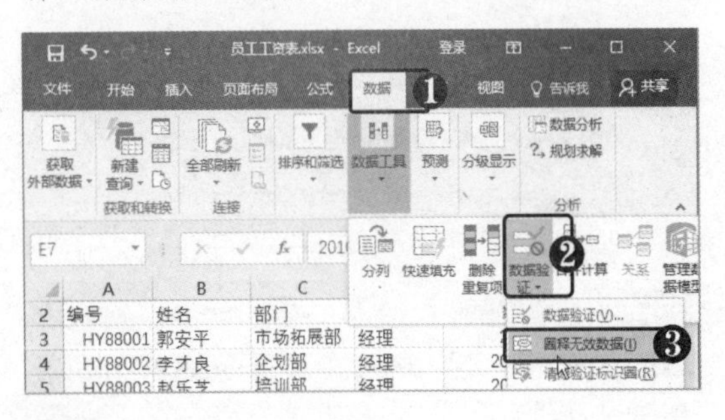

STEP 07 圈释无效数据 此时即可在无效数据周围画上圆圈来突出显示这些数据，更正数据后圆圈将自动消失。

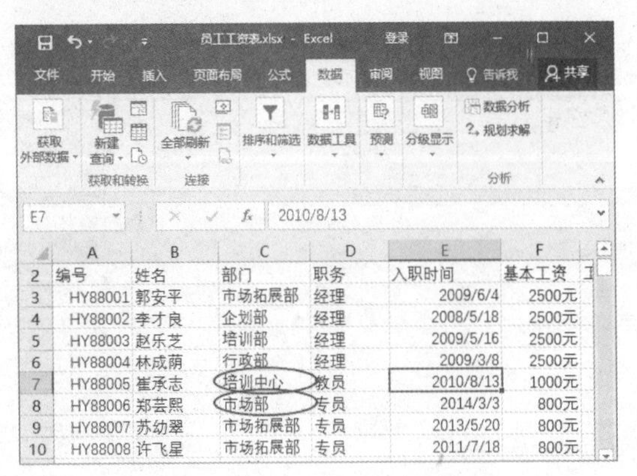

STEP 08 查看数据有效性 ❶ 单击单元格右侧的下拉按钮。❷ 选择所需的选项，如“培训部”。

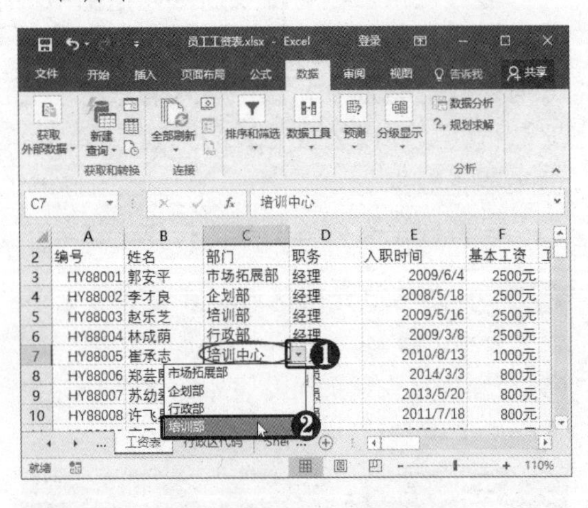

STEP 09 查看出错警告 当在数据验证单元格中输入无效数据时，弹出出错警告框。

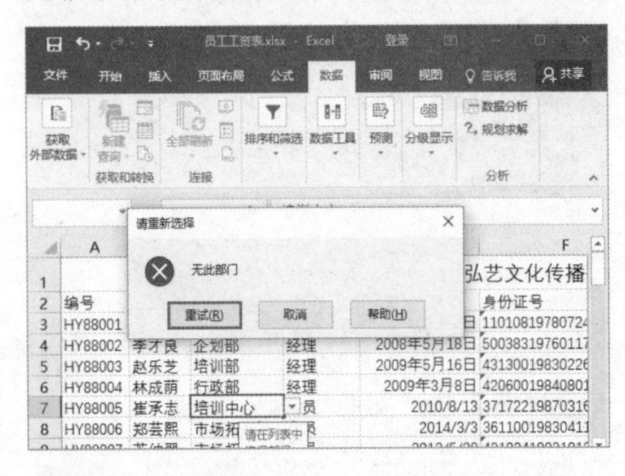

STEP 10 清除验证条件 选择设置了数据有效性单元格区域，打开“数据验证”对话框，单击“全部清除”按钮，即可清除验证条件。

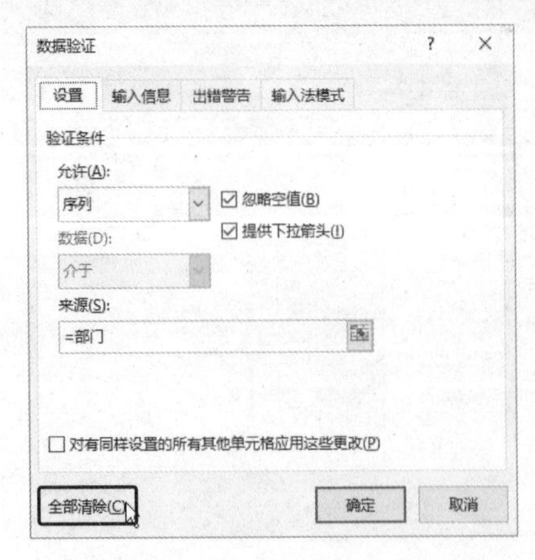

9.2 美化工作表

在工作表中添加内容后，可以对工作表进行格式化设置，使其看起来更加美观，更便于浏览和查看。下面将介绍如何设置单元格格式，其中包括设置字体格式与对齐方式，设置边框线、单元格填充等。

9.2.1 设置字体格式与对齐方式

在表格中输入数据后，默认情况下其字体格式为等线、11 磅。此字体格式并不是固定不变的，用户可以根据需要对表格数据的字体格式进行设置。为了使输入的数据更加整齐有序，还可以对单元格的对齐方式进行设置，具体操作方法如下。

STEP 01 选择单元格区域 按【Ctrl+A】组合键，全选数据单元格区域。

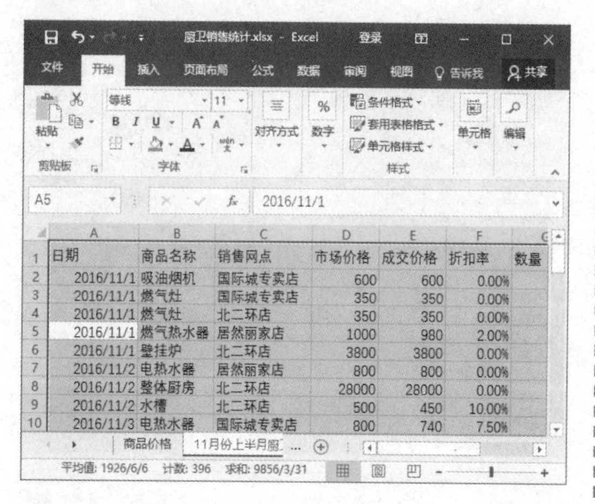

STEP 02 设置字体格式和对齐方式 ❶ 在“字体”组中设置字体为“宋体”。❷ 在“对齐方式”组中单击“居中”按钮≡。

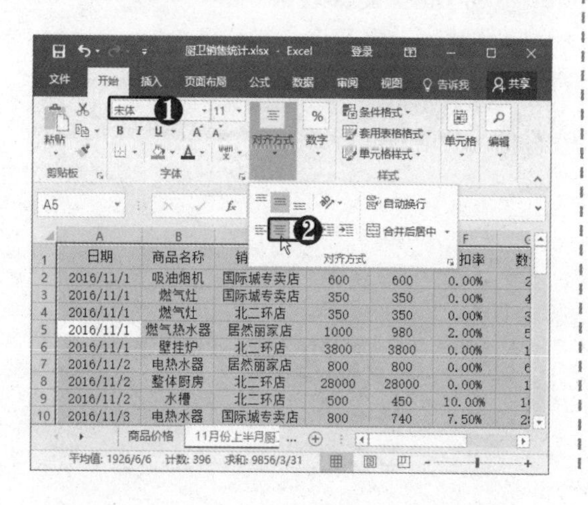

STEP 03 设置对齐方式 ❶ 选择 C 列销售网点所在的单元格区域。❷ 在“对齐方式”组中单击“左对齐”按钮≡。

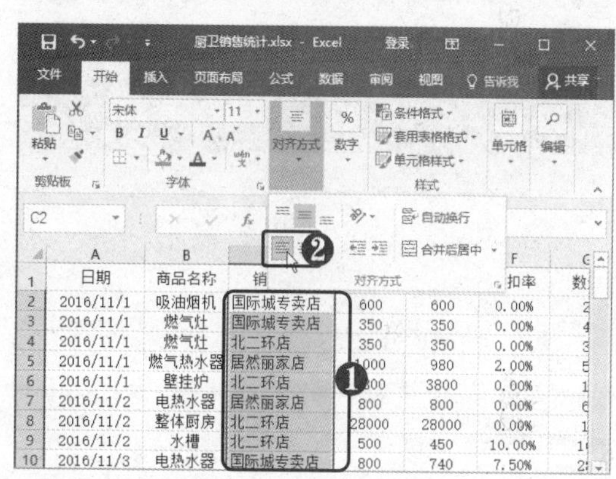

STEP 04 设置自动换行 缩小 C 列的列宽，使其中的文字无法完全显示出来。❶ 选择 C 列销售网点所在的单元格区域。❷ 在“对齐方式”组中单击“自动换行”按钮。

STEP 05 查看自动换行效果 此时单元格中的文本将进行自动换行，以完全将文字显示出来。

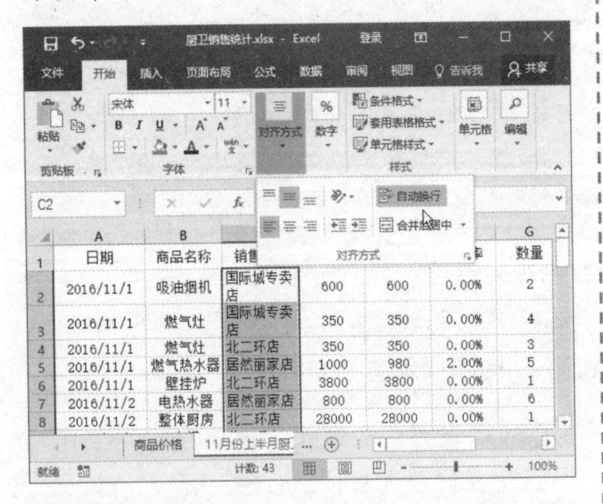

STEP 06 定位光标 在C2单元格中双击，将光标定位到要进行换行的位置。

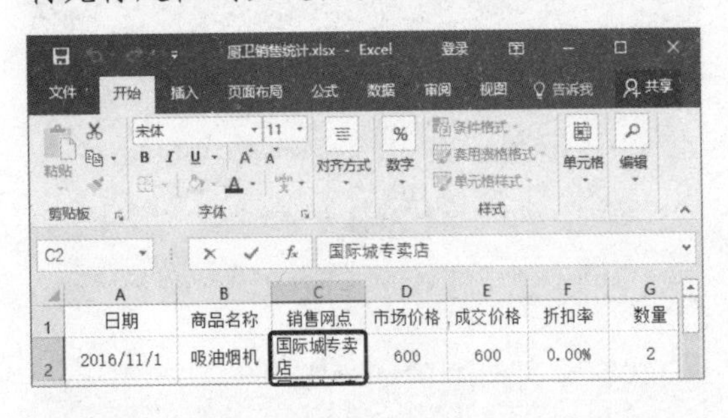

STEP 07 手动换行 按【Alt+Enter】组合键，即可将光标所在位置的文字进行换行。

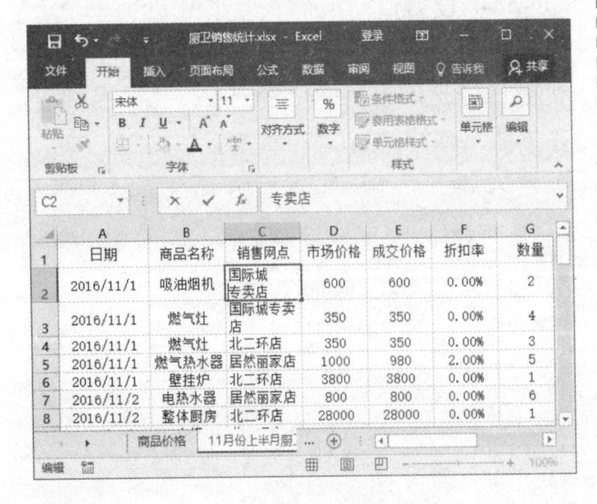

STEP 08 单击扩展按钮 ❶ 选择C列销售网点所在的单元格区域，并关闭自动换行。❷ 单击“对齐方式”组右下角的扩展按钮。

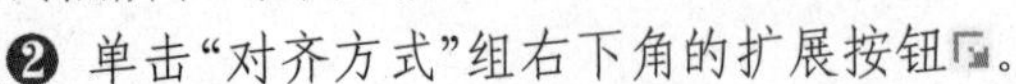

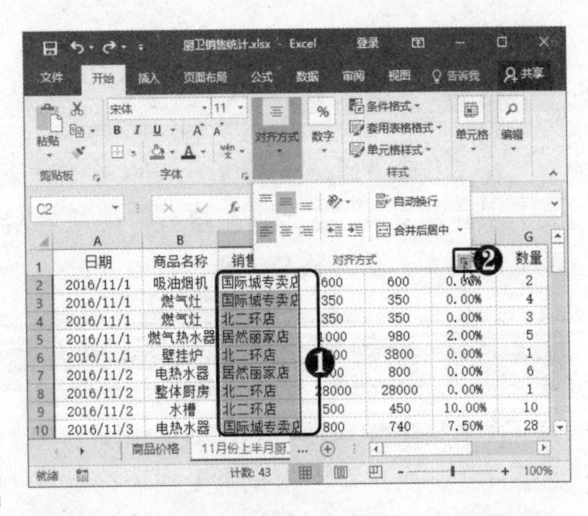

STEP 09 设置缩小字体 弹出“设置单元格格式”对话框，❶ 在“文本控制”选项区中选中“缩小字体填充”复选框。❷ 单击“确定”按钮。

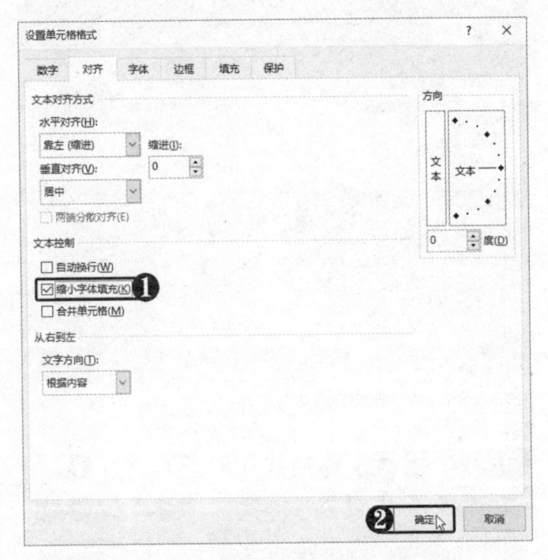

STEP 10 查看设置效果 此时单元格中的文本自动缩小字号后全部显示出来。

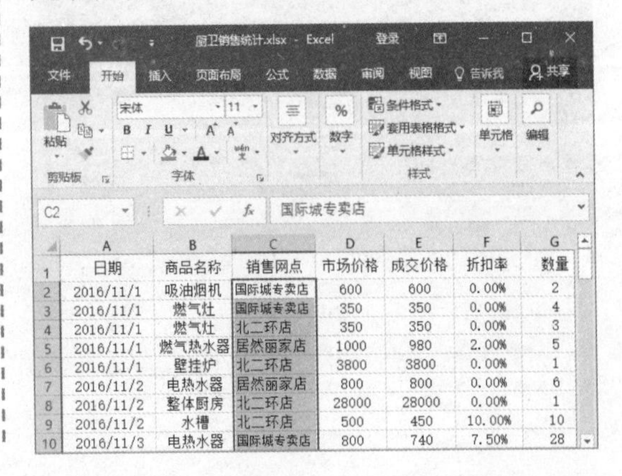

9.2.2 设置边框样式

用 Excel 制作的电子表格不会自动添加边框线，需要用户自定义设置。设置边框线的具体操作方法如下。

STEP 01 单击扩展按钮 按【Ctrl+A】组合键全选数据单元格区域，单击“对齐方式”组右下角的扩展按钮。

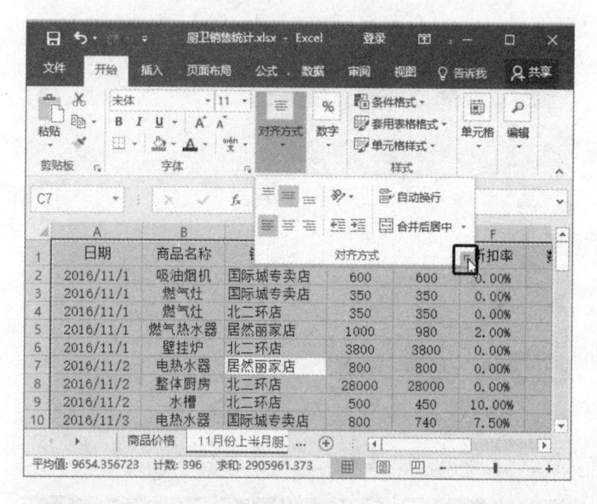

STEP 02 设置外边框样式 弹出“设置单元格格式”对话框，❶ 选择“边框”选项卡。❷ 在左侧选择边框样式。❸ 单击“外边框”按钮，即可为外边框应用所设置的样式。

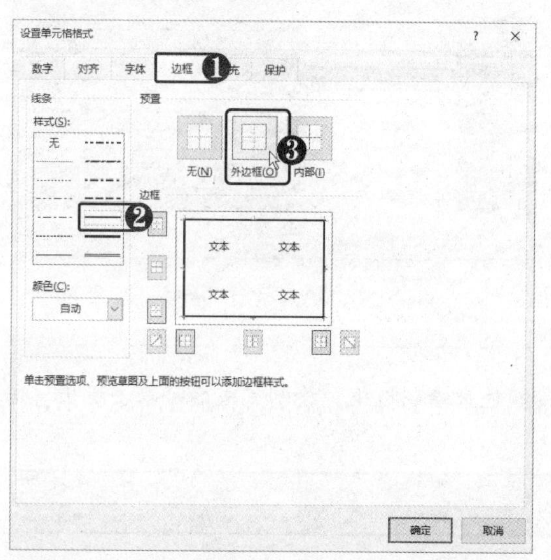

STEP 03 设置内部横向边框样式 ❶ 在左侧选择边框样式。❷ 在“边框”选项区中单击按钮应用样式。

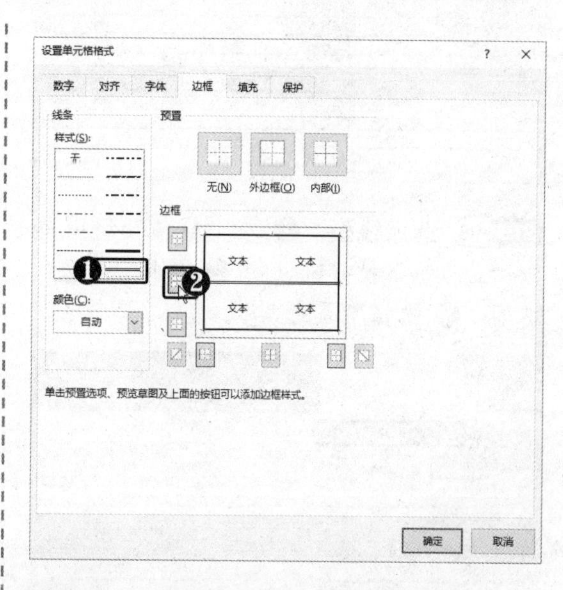

STEP 04 设置内部纵向边框样式 ❶ 在左侧选择边框样式。❷ 设置颜色。❸ 在“边框”选项区中单击按钮应用样式。❹ 单击“确定”按钮。

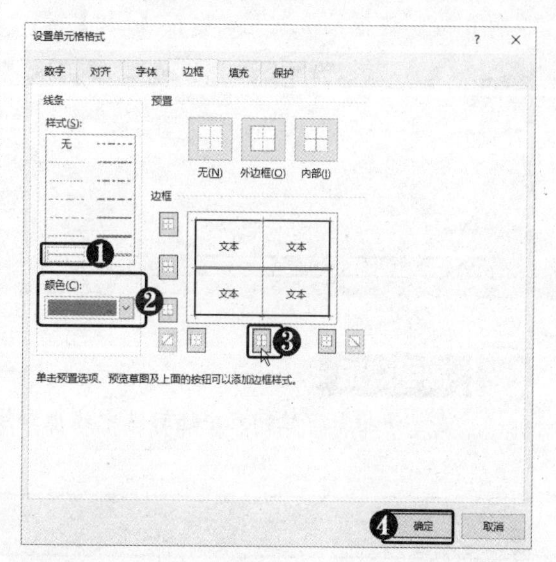

STEP 05 查看边框效果 此时即可为所选的单元格区域应用自定义边框样式。

STEP 06 选择线型 ❶ 在“字体”组中单击“边框”下拉按钮田 ▾。❷ 选择“线型”选项。❸ 选择所需的线型。

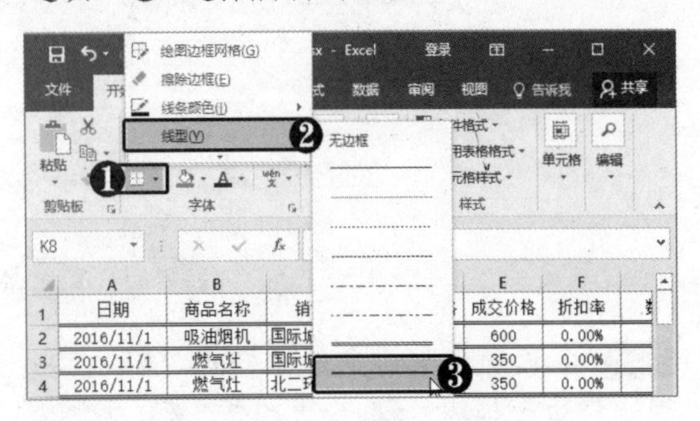

STEP 07 绘制边框 此时鼠标指针变为笔样式✎，在要添加边框的单元格边线上拖动鼠标，绘制边框，绘制完成后按【Esc】键。

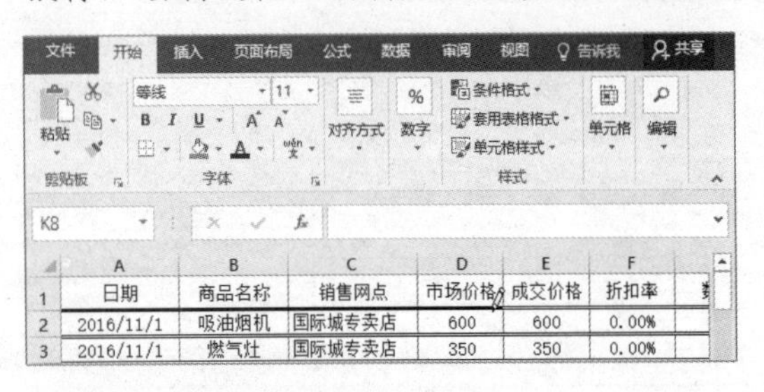

STEP 08 隐藏网格线 为了更加便于查看设置的边框样式，❶ 选择“视图”选项卡。❷ 在“显示”组中取消选择“网格线”复选框，隐藏网格线。

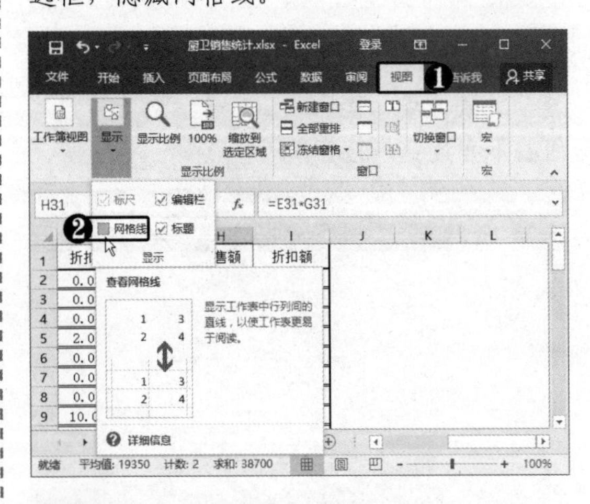

STEP 09 删除边框 若要删除单元格的边框，❶ 选择单元格区域。❷ 单击“边框”下拉按钮田 ▾。❸ 选择“无框线”选项。

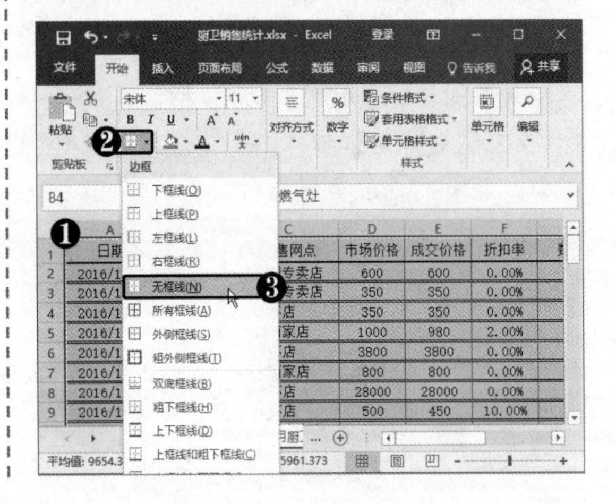

高手点拨

在“边框”下拉列表中还可选中线型和线条颜色来绘制边框，绘制完成后可双击退出。

9.2.3 设置单元格填充

在使用 Excel 制作电子表格时，可以为其添加填充效果，让表格看起来更加美观。在 Excel 2016 中可以设置纯色填充、渐变填充及图案填充，具体操作方法如下。

STEP 01 加粗文本 选择第 1 行的表头单元格区域，按【Ctrl+B】组合键加粗文本。

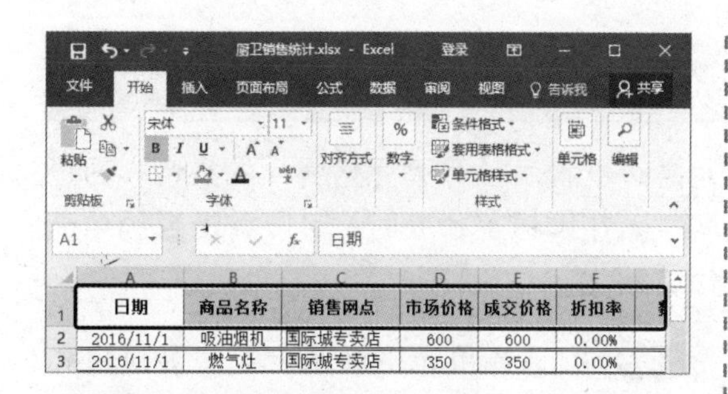

STEP 02 **单击“填充效果”按钮** 按【Ctrl+1】组合键，弹出“设置单元格格式”对话框。❶ 选择“填充”选项卡。❷ 单击“填充效果”按钮。

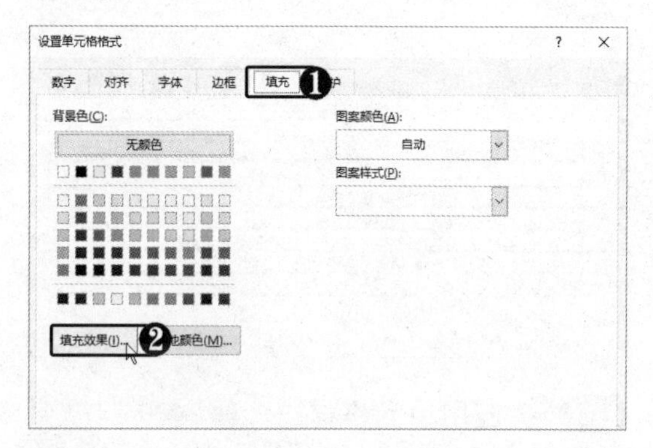

STEP 03 **设置渐变填充** 弹出“填充效果”选项卡，❶ 分别设置“颜色 1”和“颜色 2”的颜色。❷ 选中“水平”单选按钮。❸ 选择变形样式。❹ 单击“确定”按钮。

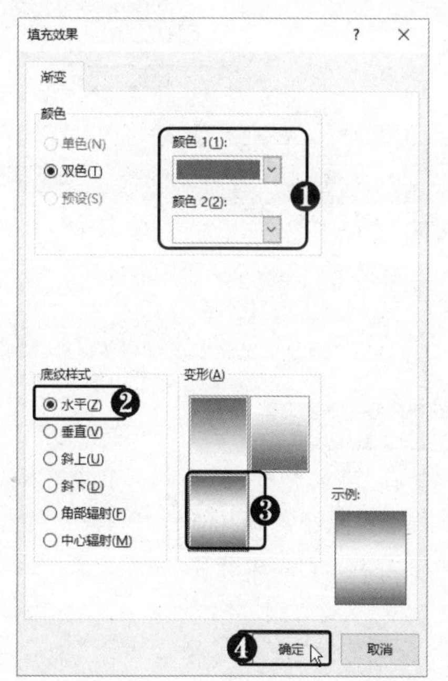

STEP 04 **确认填充设置** 返回“设置单元格格式”对话框，单击“确定”按钮。

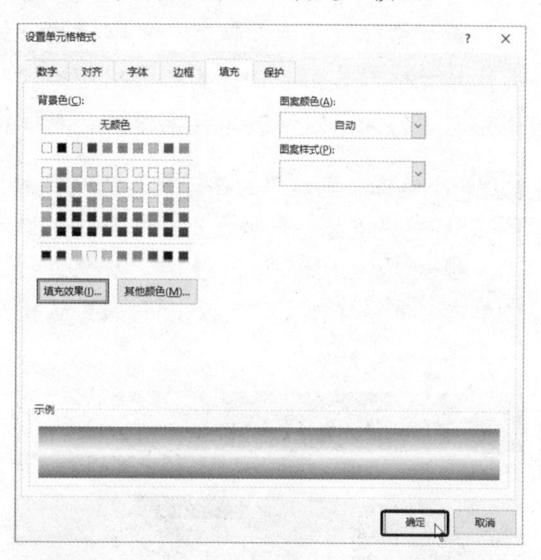

STEP 05 **查看渐变填充效果** 此时即可为所选单元格应用渐变填充。

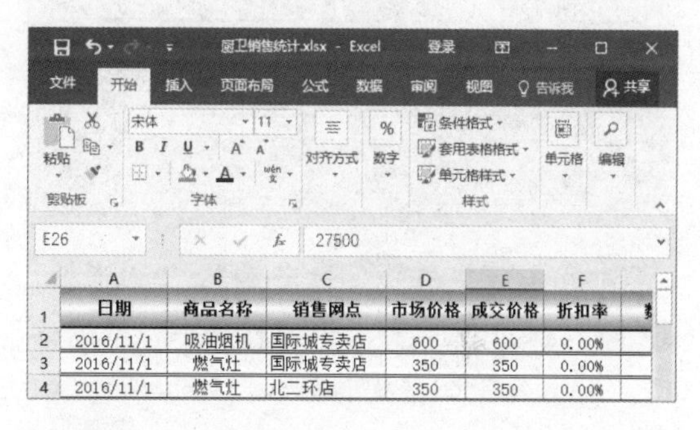

STEP 06 **删除单元格填充** 选择第 1 行的表头单元格区域，❶ 在“字体”组中单击“填充”下拉按钮。❷ 选择“无填充颜色”选项，即可删除单元格填充。

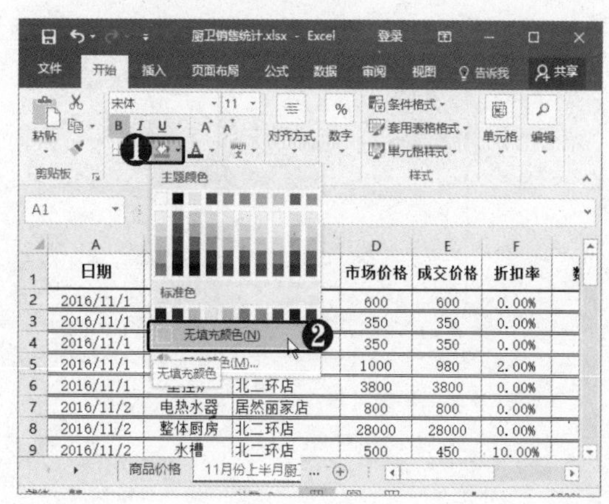

9.2.4 创建与应用单元格样式

单元格样式是字体格式、数字格式、单元格边框和底纹等单元格属性的集合，通过应用单元格样式可以快速为单元格应用这些属性。在编辑工作表时，可以将设置的单元格格式保存为自定义的单元格样式，具体操作方法如下。

STEP 01 选择“新建单元格样式”选项 为第 5 行中的单元格数据设置字体与填充格式。❶ 选择 C5 单元格。❷ 在“样式”组中单击“单元格样式”下拉按钮。❸ 选择“新建单元格样式”选项。

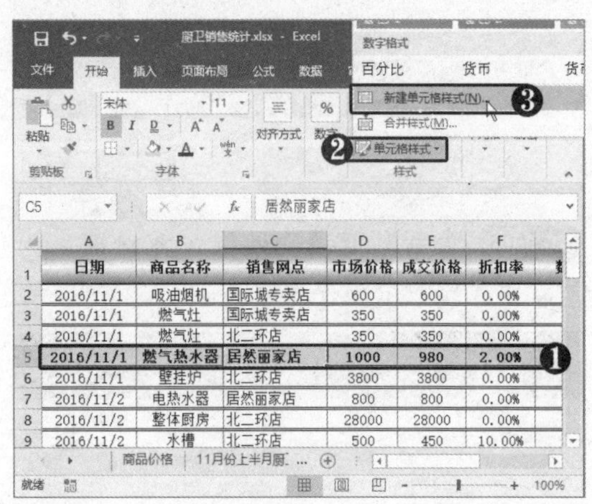

STEP 02 自定义样式 弹出“样式”对话框，❶ 输入样式名。❷ 选中该样式中包括的格式，取消选择不需要的格式。❸ 单击“确定”按钮。

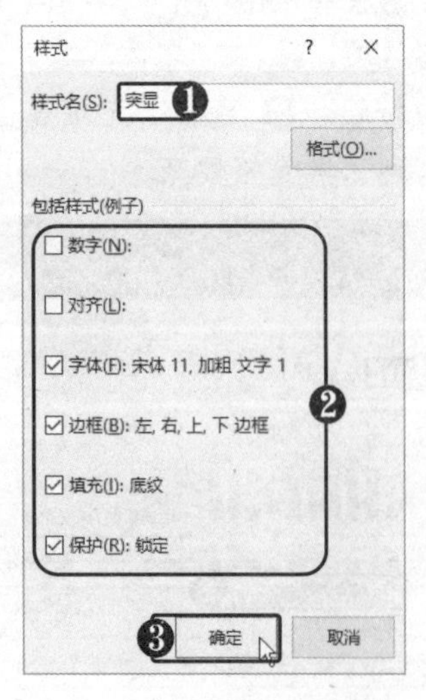

STEP 03 选择单元格区域 选择要应用样式的单元格或单元格区域。

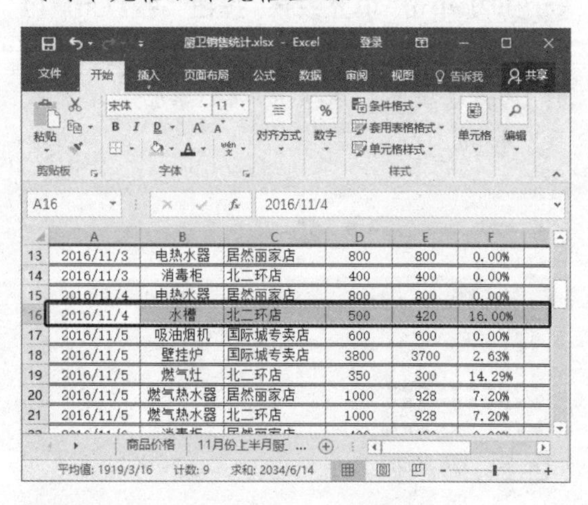

STEP 04 应用单元格样式 ❶ 单击“单元格样式”下拉按钮。❷ 选择自定义的样式，即可为所选单元格应用自定义样式。

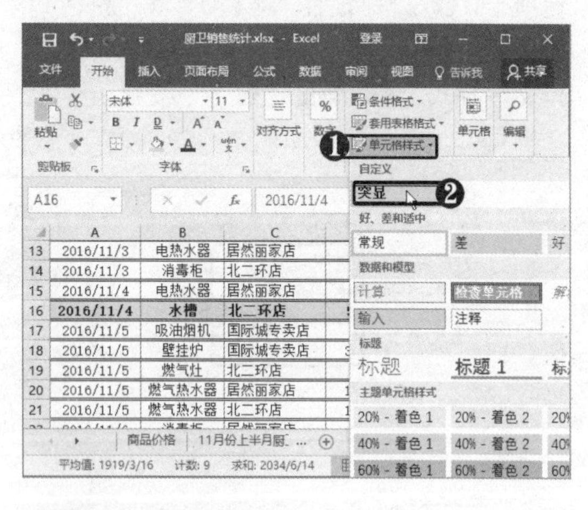

高手点拨

在“单元格样式”下拉列表中选择“合并样式”选项，选择目标工作簿，将其中的样式合并到本工作簿。

9.2.5 复制单元格格式

在编辑工作表的过程中，经常会有多个单元格的格式一致的情况，若逐一设置单元格的格式就等于多次进行重复的工作，既麻烦又容易出错，这时可以使用格式刷工具复制格式，具体操作方法如下。

STEP 01 单击“格式刷”按钮 将A16单元格的数字格式设置为“长日期”格式，❶ 选择A16单元格。❷ 在“剪贴板”组中单击“格式刷”按钮，复制当前单元格格式。

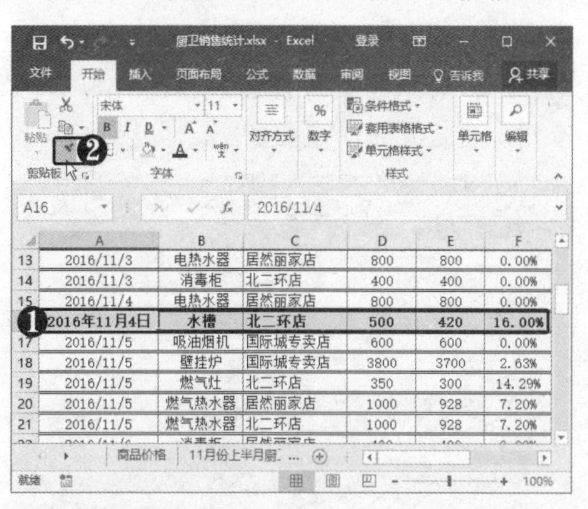

STEP 02 应用格式 此时鼠标指针变为形状，选择A20单元格即可应用格式。

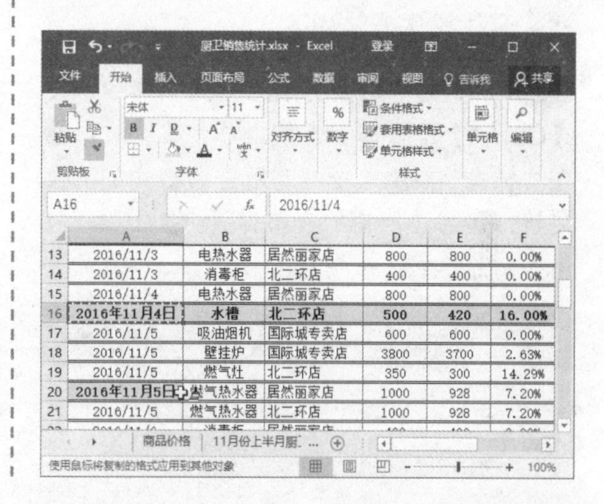

9.2.6 清除格式

若要对单元格格式进行重新设置，可先清除单元格格式，具体操作方法如下。

STEP 01 选择“清除格式”选项 按【Ctrl+A】组合键全选数据单元格区域，❶ 在“编辑”组中单击“清除”下拉按钮。❷ 选择“清除格式”选项。

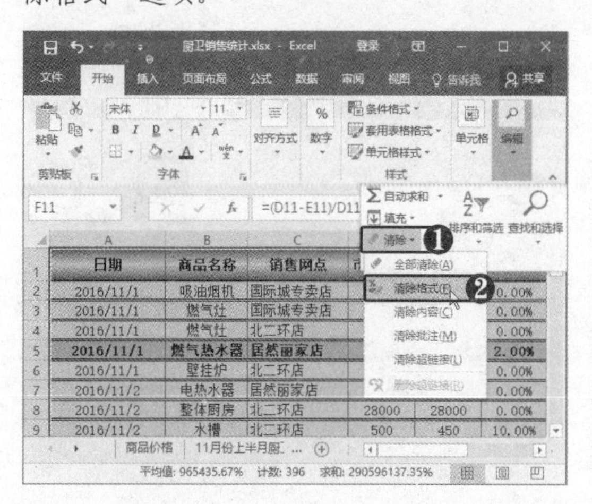

STEP 02 清除单元格格式 此时即可清除所选单元格中的字体格式和对齐方式，恢复为Excel的默认格式。

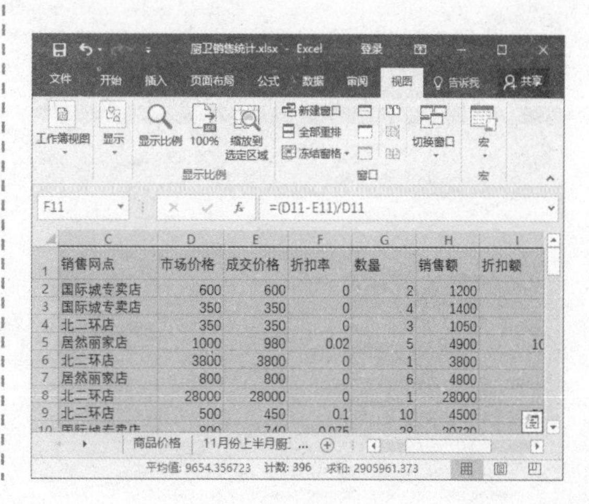

9.3 创建表格

通过套用表格样式可以将工作表中的数据转换为表格并添加表格样式，表格中的数据将独立于该表格外的数据，在表格中还可快速管理和分析数据，也可使用表格中内置的单元格格式。

9.3.1 插入表格并应用格式

通过套用表格格式可以快速创建表格，创建完成后可根据需要应用内置的表格样式，具体操作方法如下。

STEP 01 选择“应用并清除格式”命令 按【Ctrl+A】组合键全选数据单元格区域，❶ 在“样式”组中单击“套用表格格式”下拉按钮。❷ 右击所需的表格样式。❸ 选择“应用并清除格式”命令。

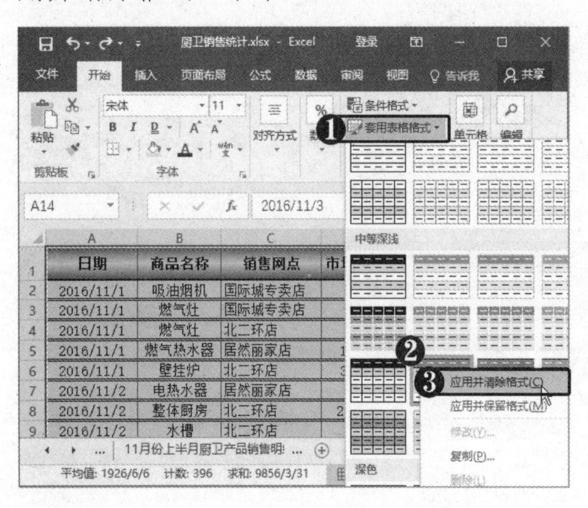

STEP 02 确认套用表格格式操作 弹出“套用表格式”对话框，单击“确定”按钮。

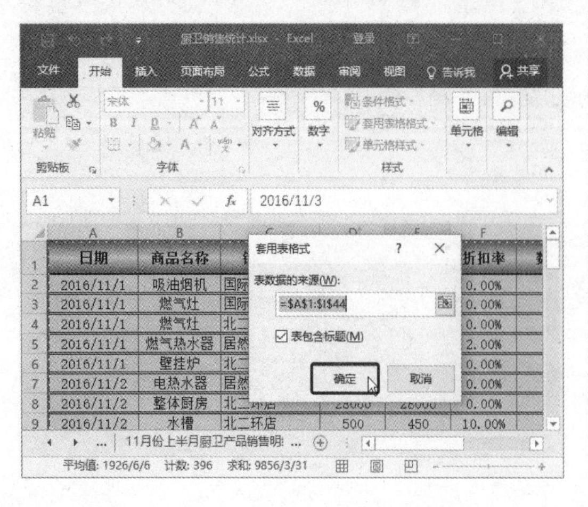

STEP 03 套用格式并创建表格 此时即可套用所选格式并创建表格。

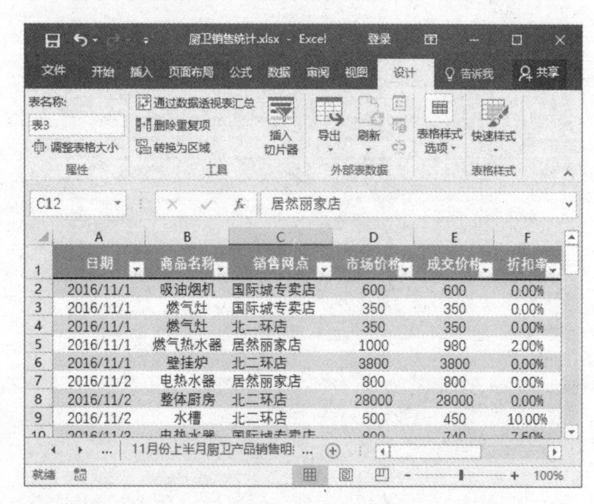

STEP 04 取消选择“筛选按钮” ❶ 选择“设计”选项卡。❷ 在“表格样式选项”组中取消选择“筛选按钮”复选框，以隐藏标题行中的筛选按钮。

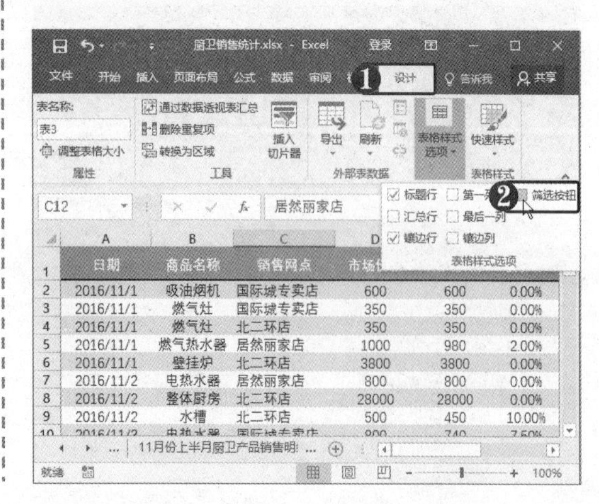

STEP 05 设置表格样式选项 在“表格样式选项”组中选中“第一列”复选框，为第1列应用样式。

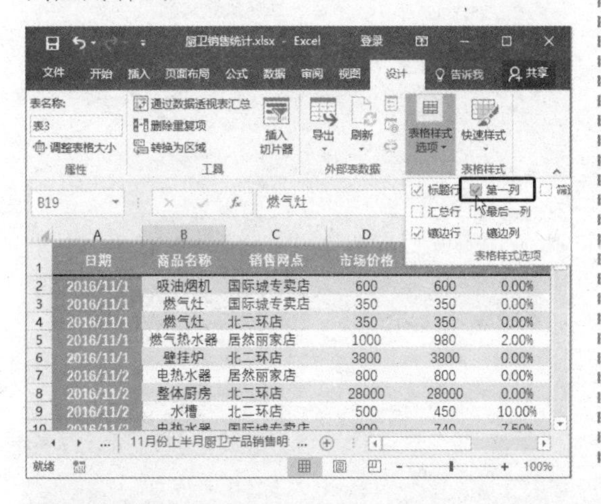

STEP 06 查看快捷命令 为单元格区域应用表格样式后，其右下角会显示▟标记。右击表格中的单元格，在弹出的快捷菜单中将显示有关表格操作的命令。

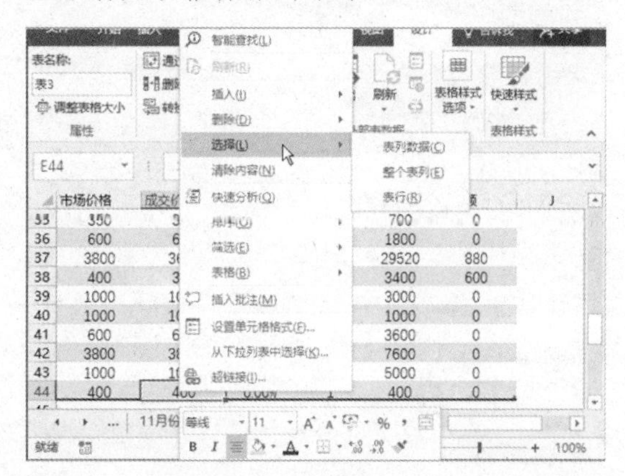

9.3.2 自定义表格样式

如果Excel预设的表格样式不能满足需求，还可创建新的表格样式，自定义表格中各元素的格式。在创建新样式时，可在当前样式上进行修改，具体操作方法如下

STEP 01 选择“复制”命令 ❶ 在表格格式下拉列表中右击当前应用的样式。❷ 选择“复制”命令，

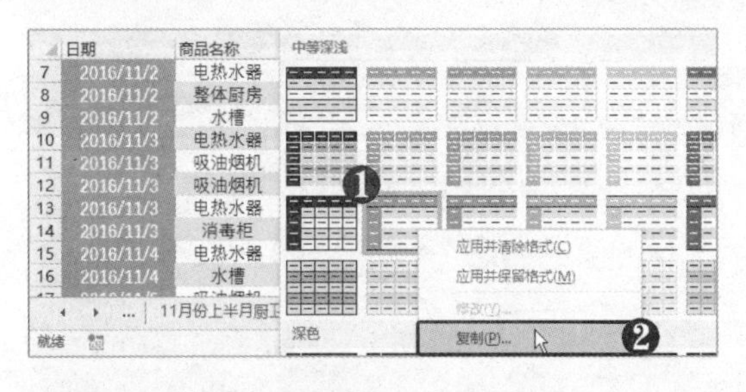

STEP 02 单击“格式”按钮 弹出“修改表样式”对话框，❶ 输入样式名称。❷ 在“表元素”列表框中选择“第一行条纹”选项。❸ 单击“格式”按钮。

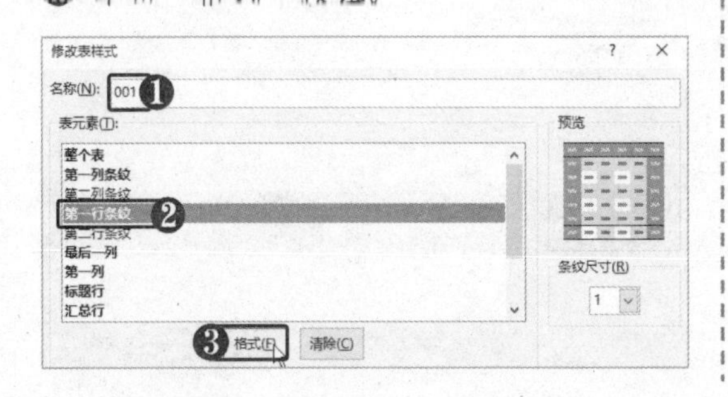

STEP 03 设置填充颜色 弹出“设置单元格格式”对话框，❶ 选择“填充”选项卡。❷ 选择背景色。❸ 单击“确定”按钮。

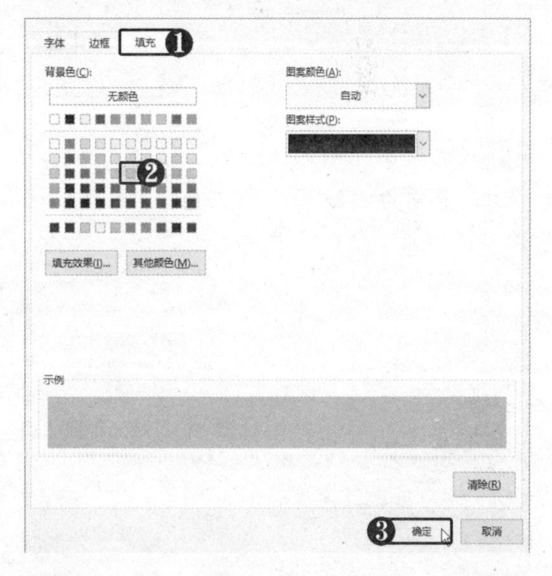

STEP 04 单击“格式”按钮 返回“修改表样式”对话框，❶ 在“表元素”列表框中选择“第二行条纹”选项。❷ 单击“格式”按钮。

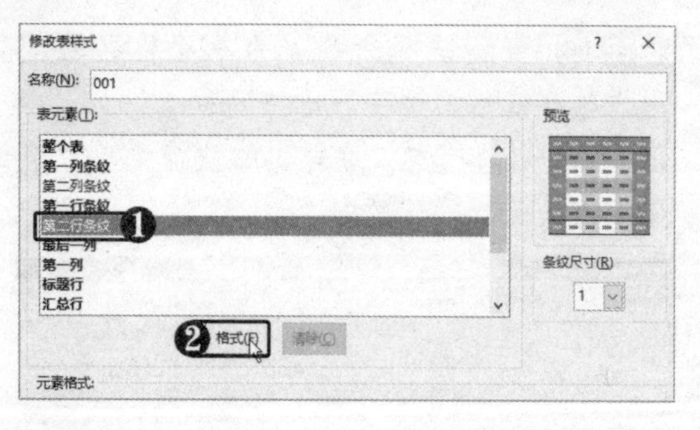

STEP 05 **设置填充颜色** 弹出“设置单元格格式”对话框，❶ 选择“填充”选项卡。❷ 选择背景色。❸ 单击“确定“按钮。

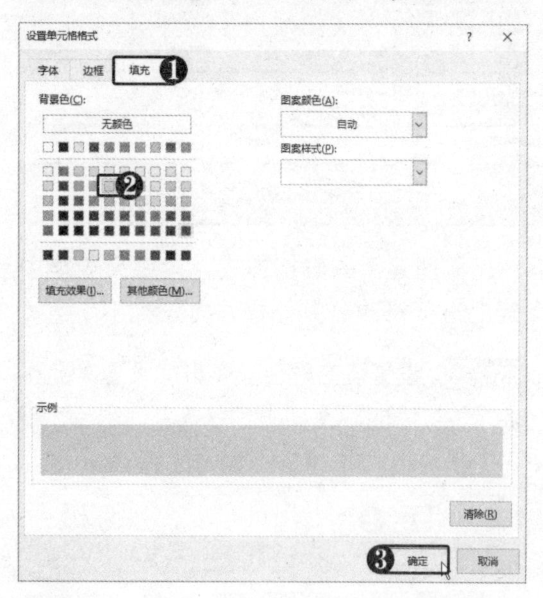

STEP 06 **单击“格式”按钮** 返回“修改表样式”对话框，❶ 在“表元素”列表框中选择“第一列”选项。❷ 单击“格式”按钮。

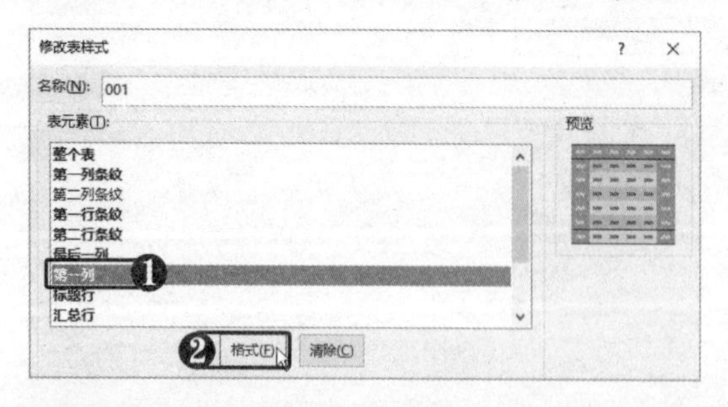

STEP 07 **设置填充颜色** 弹出“设置单元格格式”对话框，❶ 选择“填充”选项卡。❷ 选择背景色。❸ 单击“确定”按钮。

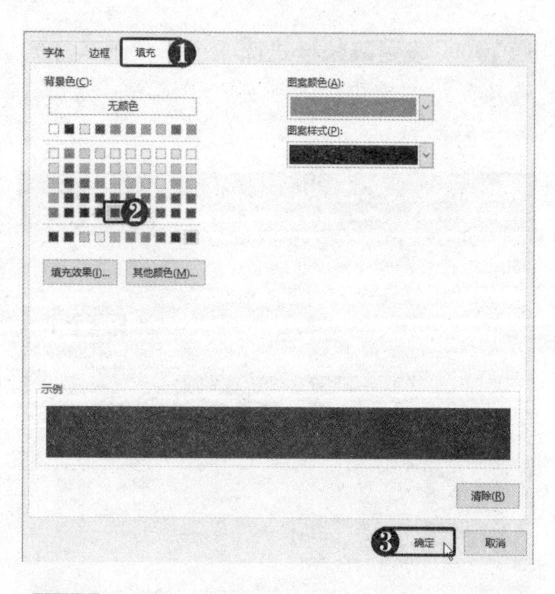

STEP 08 **单击“格式”按钮** 返回“修改表样式”对话框，❶ 在“表元素”列表框中选择“标题行”选项。❷ 单击“格式”按钮。

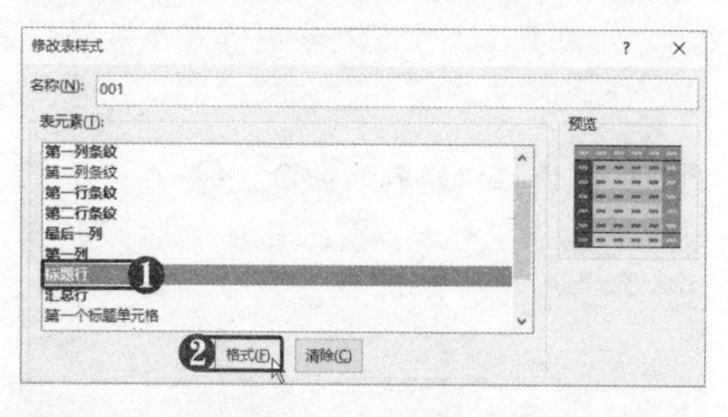

STEP 09 **设置填充颜色** 弹出“设置单元格格式”对话框，❶ 选择“填充”选项卡。❷ 选择背景色。❸ 单击“确定”按钮。

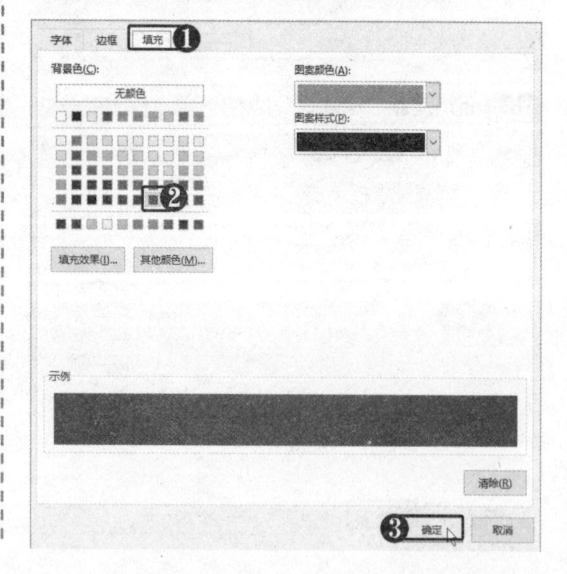

STEP 10 确认设置 返回“修改表样式”对话框，在“预览”区域中可以预览当前的表样式效果，单击“确定”按钮。

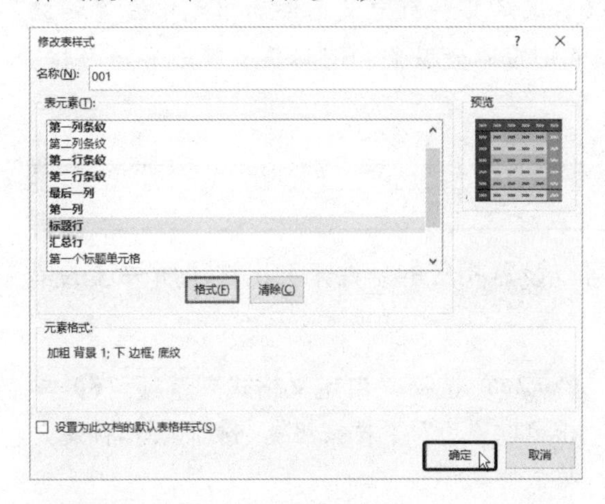

STEP 11 应用自定义样式 ❶ 单击“套用表格格式”下拉按钮。❷ 选择自定义样式。

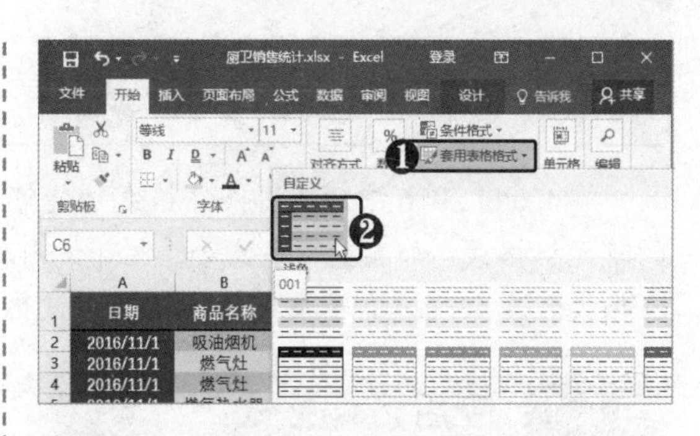

STEP 12 查看应用自定义表格样式效果 此时即可为表格应用自定义表格样式。

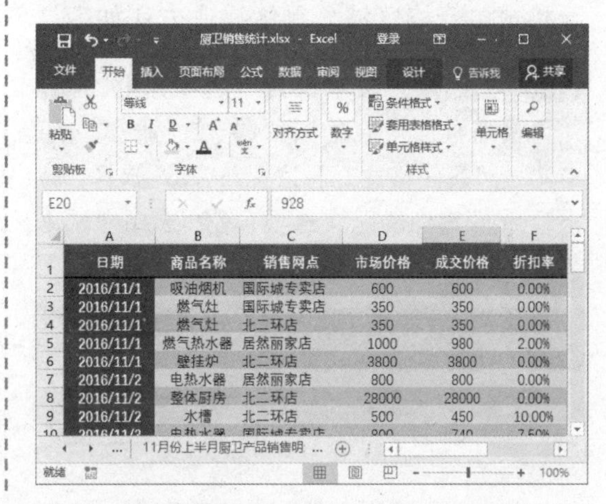

9.3.3 转换为普通区域

在编辑工作表时可以将表格转换为普通区域，具体操作方法如下。

STEP 01 单击“转换为区域”按钮 ❶ 选择表格中的任一单元格。❷ 选择“设计”选项卡。❸ 在“工具”组中单击“转换为区域”按钮。

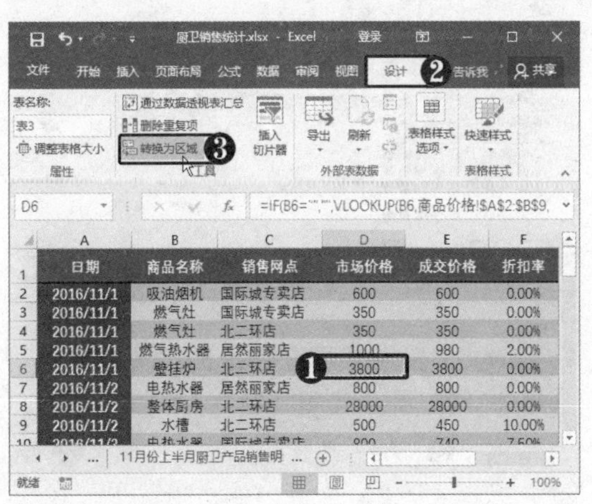

STEP 02 确认转换操作 弹出提示信息框，单击“是”按钮，即可将表格转换为普通区域。

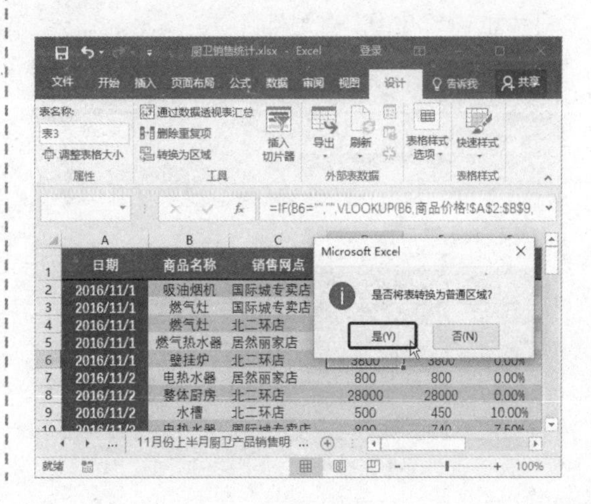

9.4 使用条件格式

在 Excel 2016 中，使用条件格式功能可以为满足某种自定义条件的单元格设置相应的单元格格式，如颜色、字体等；也可使用颜色刻度、数据条和图标集直观地显示数据，在很大程度上改进电子表格的设计和可读性。

9.4.1 应用条件格式

通过使用“突出显示单元格规则”命令可以设置相应的条件来突出显示所关注的单元格或单元格区域，具体操作方法如下。

STEP 01 选择“文本包含”选项 ❶ 选择“商品名称”所在的列。❷ 在“样式”组中单击“条件格式”下拉按钮。❸ 选择“突出显示单元格规则”选项。❹ 选择“文本包含”选项。

STEP 02 选择单元格 弹出“文本中包含”对话框，选择 B2 单元格。

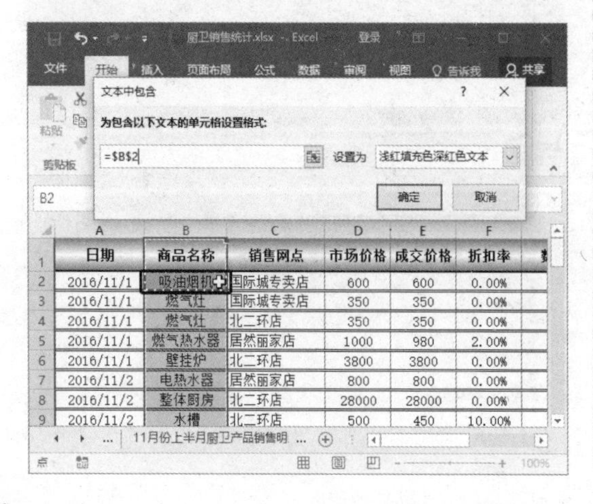

STEP 03 选择“自定义格式”选项 ❶ 单击“设置为”下拉按钮☐。❷ 选择“自定义格式”选项。

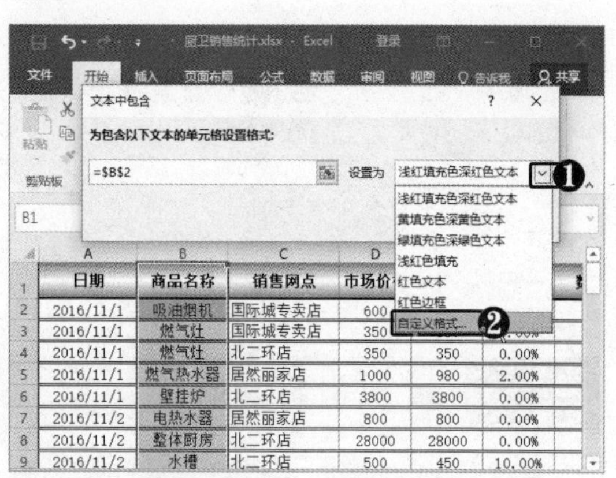

STEP 04 单击“填充效果”按钮 弹出“设置单元格格式”对话框，❶ 选择“填充”选项卡。❷ 单击“填充效果”按钮。

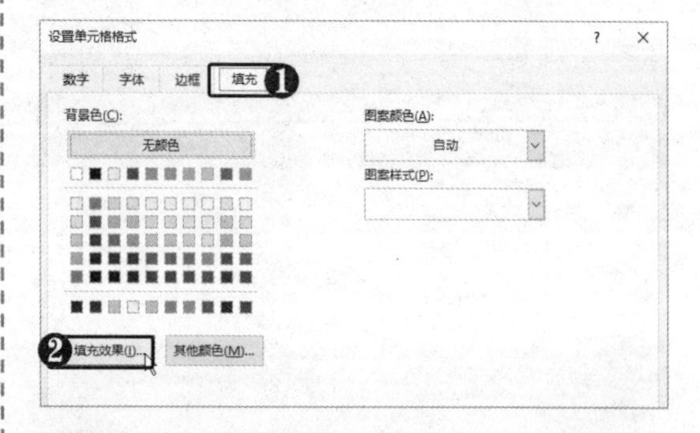

STEP 05 设置渐变填充 弹出“填充效果”选项卡，❶ 分别设置“颜色 1”和“颜色 2”的颜色。❷ 选中“垂直”单选按钮。❸ 选择变形样式。❹ 单击“确定”按钮。

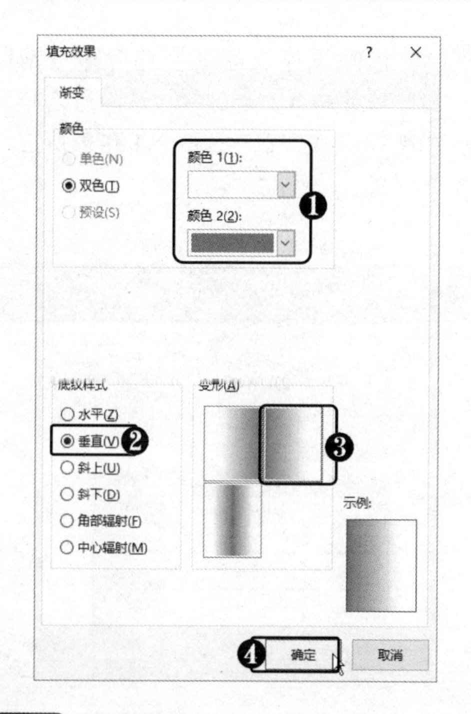

STEP 06 设置字体格式 返回“设置单元格格式”对话框，❶ 选择“字体”选项卡。❷ 设置字体颜色。❸ 单击“确定”按钮。

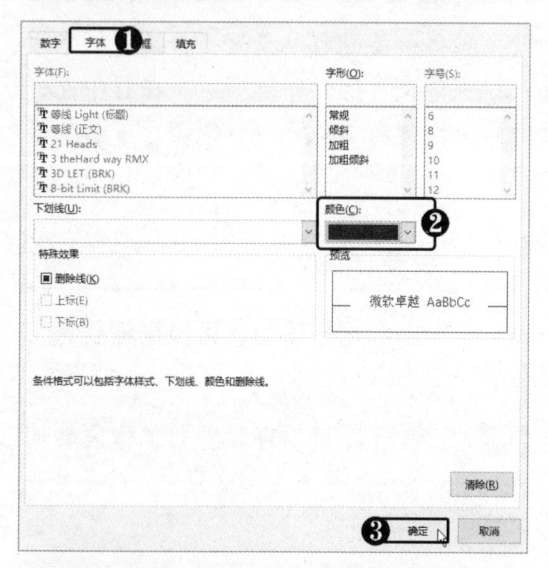

STEP 07 确认设置 返回“文本中包含”对话框，单击“确定”按钮。

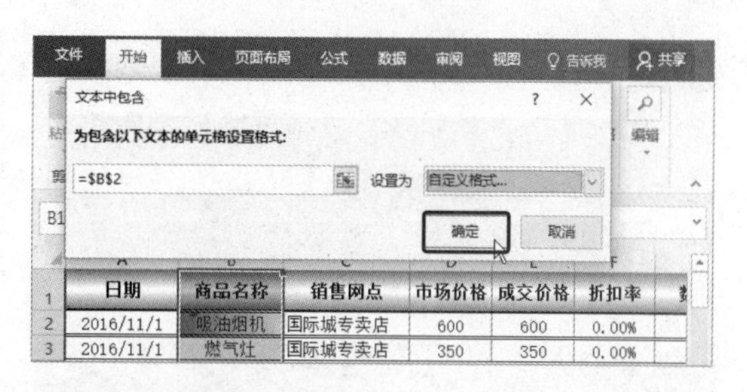

STEP 08 查看设置效果 此时即可查看应用了自定义格式后的单元格效果，突出显示符合条件的单元格。

F24 =(D24-E24)/D24

	A	B	C	D	E	F
10	2016/11/3	电热水器	国际城专卖店	800	740	7.50%
11	2016/11/3	吸油烟机	北二环店	600	600	0.00%
12	2016/11/3	吸油烟机	居然丽家店	600	580	3.33%
13	2016/11/3	电热水器	居然丽家店	800	800	0.00%
14	2016/11/3	消毒柜	北二环店	400	400	0.00%
15	2016/11/4	电热水器	居然丽家店	800	800	0.00%
16	2016/11/4	水槽	北二环店	500	420	16.00%
17	2016/11/5	吸油烟机	国际城专卖店	600	600	0.00%
18	2016/11/5	壁挂炉	国际城专卖店	3800	3700	2.63%

STEP 09 应用色阶格式 采用同样的方法，选择 F 列和 I 列，为其应用“绿-黄-红色阶”条件格式。

G6 1

	C	D	E	F	G	H	I
4	北二环店	350	350	0.00%	3	1050	0
5	居然丽家店	1000	980	2.00%	5	4900	100
6	北二环店	3800	3800	0.00%	1	3800	0
7	居然丽家店	800	800	0.00%	6	4800	0
8	北二环店	28000	28000	0.00%	1	28000	0
9	北二环店	500	450	10.00%	10	4500	500
10	国际城专卖店	800	740	7.50%	28	20720	1680
11	北二环店	600	600	0.00%	5	3000	0
12	居然丽家店	600	580	3.33%	8	4640	160

STEP 10 应用数据条格式 采用同样的方法，选择 G 列，为其应用“紫色数据条”渐变填充条件格式。

E21 928

	D	E	F	G	H	I	J
4	350	350	0.00%	3	1050	0	
5	1000	980	2.00%	5	4900	100	
6	3800	3800	0.00%	1	3800	0	
7	800	800	0.00%	6	4800	0	
8	28000	28000	0.00%	1	28000	0	
9	500	450	10.00%	10	4500	500	
10	800	740	7.50%	28	20720	1680	
11	600	600	0.00%	5	3000	0	
12	600	580	3.33%	8	4640	160	

9.4.2 清除条件格式

用户可根据需要删除工作表中所有的条件格式，也可删除所选单元格的条件格式，具体操作方法如下。

STEP 01 选择“清除所选单元格的规则”选项 ❶ 选中“折扣率”所在的列。❷ 单击“条件格式”下拉按钮。❸ 选择“清除规则”选项。❹ 选择“清除所选单元格的规则”选项。

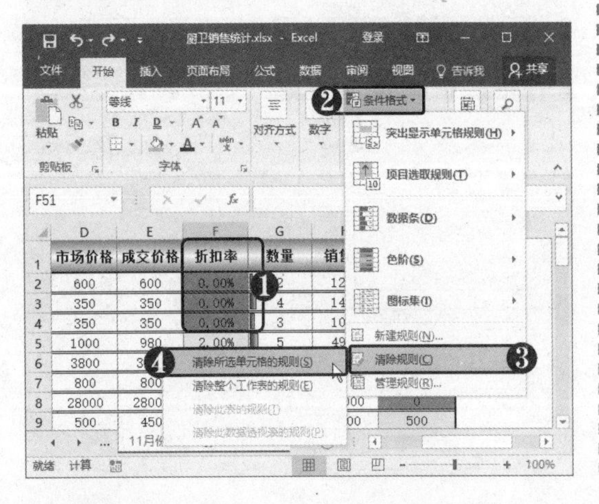

STEP 02 清除工作表规则 此时即可清除所选列的条件格式。若选择“清除所选单元格的规则”选项，可清除整个工作表所应用的条件格式。

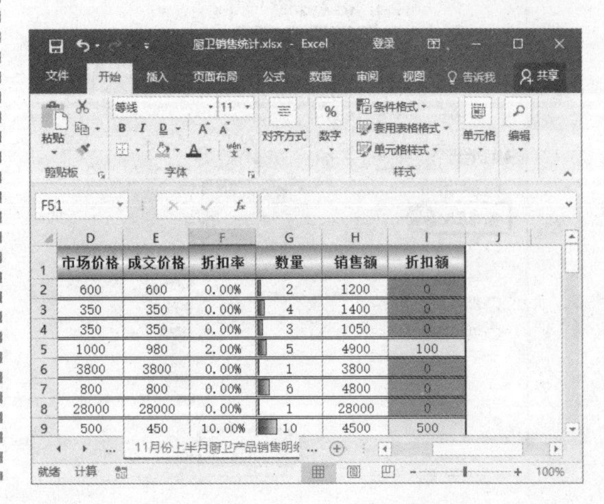

9.5 打印工作表

工作表制作完成后，要对其进行输出前，需先进行必要的打印设置，如设置纸张方向和缩放、设置页边距、设置页眉和页脚、插入分页符及其他打印选项等。在打印包含大量数据的工作表之前，可以在“页面布局”视图中快速对工作表进行微调。下面将详细介绍如何打印工作表。

9.5.1 设置纸张方向和缩放

默认情况下，Excel 以纵向方式打印工作表，当横向数据较多时，可根据需要将工作表的页面方向更改为横向或进行缩放，具体操作方法如下。

STEP 01 切换视图方式 在 Excel 程序状态栏中单击“页面布局”按钮，切换到页面布局视图。

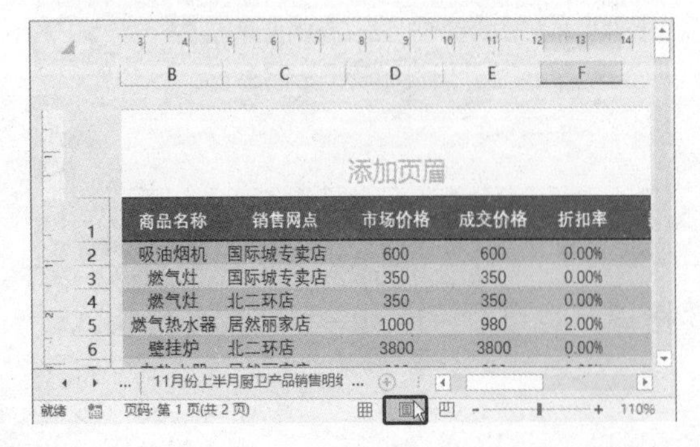

STEP 02 查看页面 可以看到工作表共两页，右侧的两列显示在第 2 页中，这不是我们想要的结果。

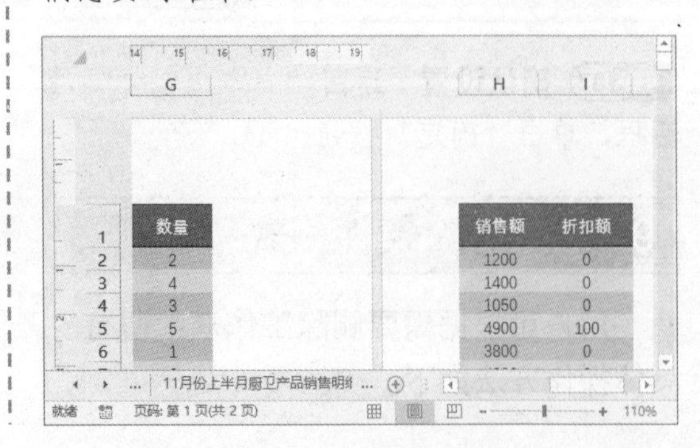

STEP 03 选择"横向"选项 ❶ 选择"页面布局"选项卡。❷ 在"页面设置"组中单击"纸张方向"下拉按钮。❸ 选择"横向"选项。

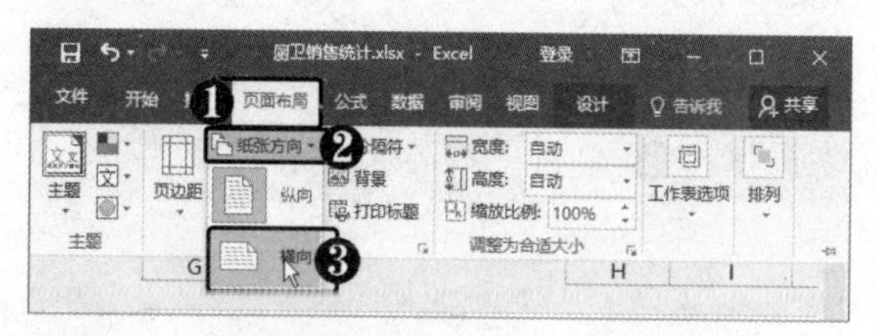

STEP 04 更改纸张方向 此时即可将纸张方向设置为横向，最后的两列也显示在当前页中，但下方的数据将显示在第2页中。

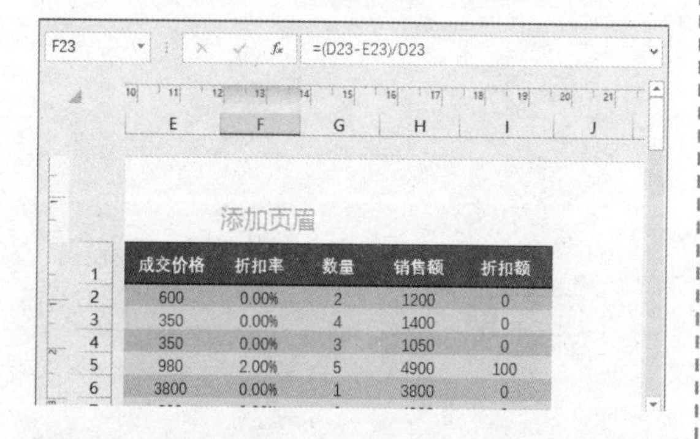

STEP 05 设置缩放比例 单击"页面设置"组右下角的扩展按钮，弹出"页面设置"对话框，❶ 选中"纵向"单选按钮。❷ 设置缩放比例。❸ 单击"确定"按钮。

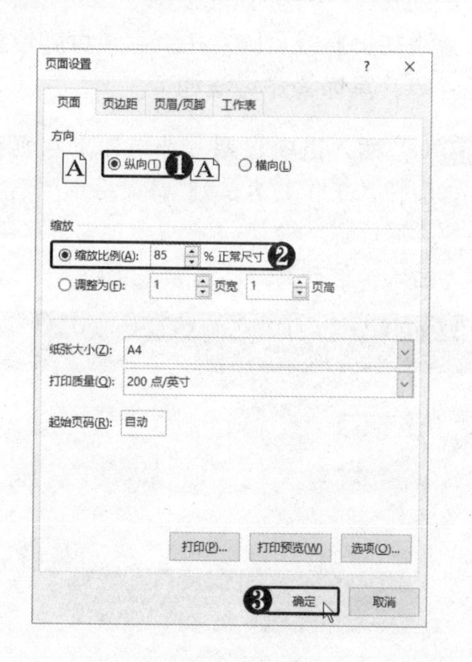

STEP 06 查看页面效果 此时可以看到即使将页面方式设置为纵向，将缩放比例减小后，也可在页面中显示所有数据。

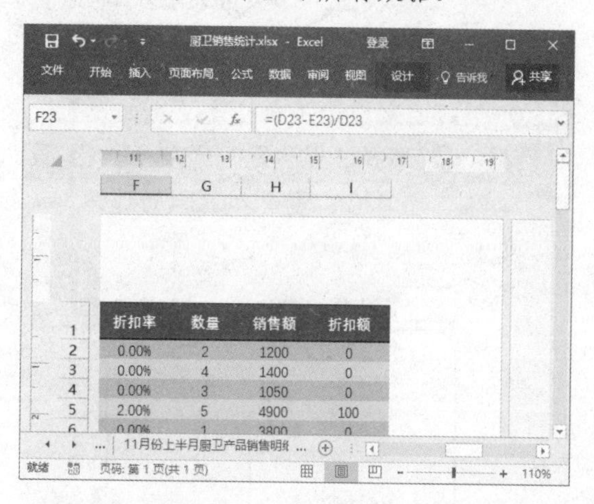

STEP 07 调整行高 选择第2到第44行，将鼠标指针置于行号之间，当其变为双向箭头时向下拖动鼠标调整行高。

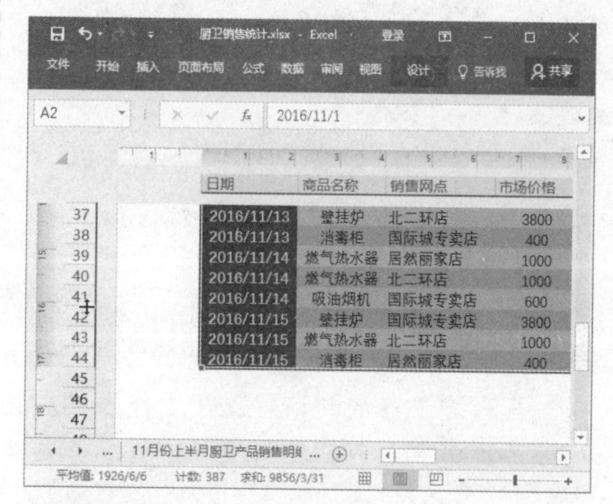

STEP 08 查看调整效果 调整行高后使数据信息占据更多的页面，但不要进入下一页中。

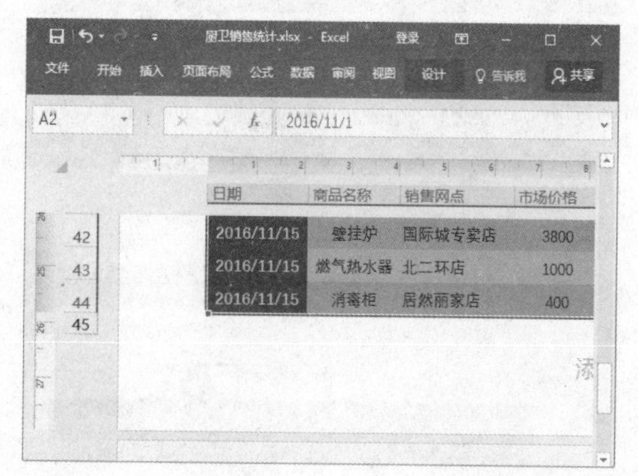

9.5.2 设置页边距

要使工作表在打印页面上更好地进行对齐，可以自定义页边距或使工作表在页面上水平或垂直居中，具体操作方法如下。

STEP 01 自定义页边距 打开“页面设置”对话框，❶ 选择“页边距”选项卡。❷ 设置上、下、左、右、页眉和页脚的边距。

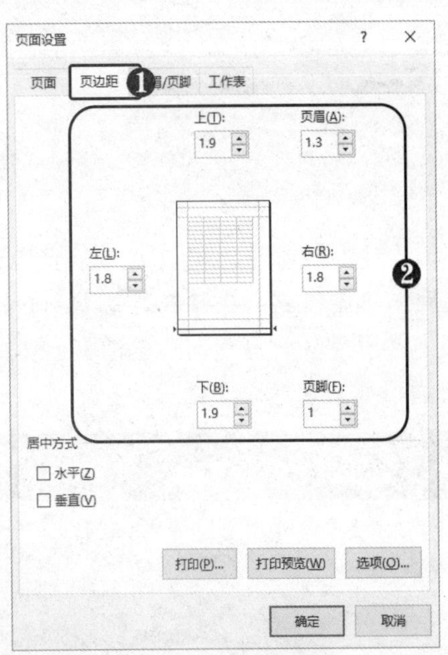

STEP 02 设置居中方式 ❶ 选中“水平”复选框。❷ 单击“确定”按钮。

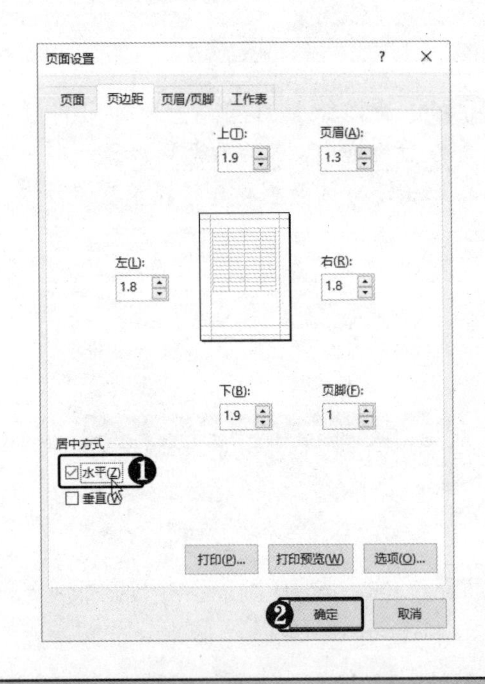

9.5.3 设置页眉和页脚

在打印工作表时，可以在工作表的页边距位置添加页眉或页脚。在页眉或页脚位置可以添加页码、日期和时间、文件名以及水印图片等，具体操作方法如下。

STEP 01 单击“工作表名”按钮 ❶ 在“页面布局”视图下将光标定位到中间的页眉位置。❷ 选择“设计”选项卡。❸ 单击“工作表名”按钮。

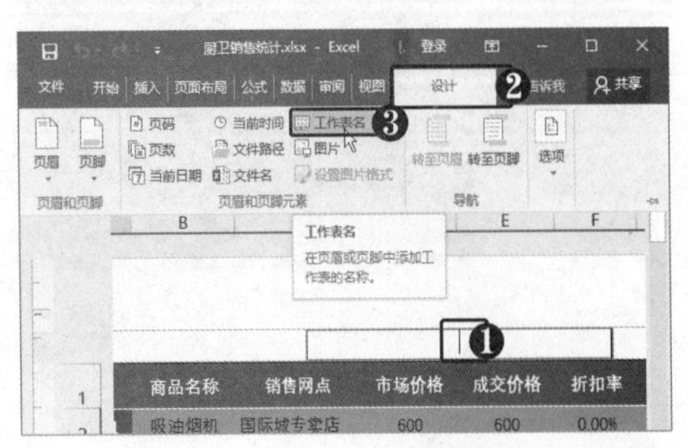

STEP 02 插入当前日期 此时即可在页面中自动插入工作表名。❶ 将光标定位到右侧的页面位置。❷ 单击“当前日期”按钮，即可插入当前日期。

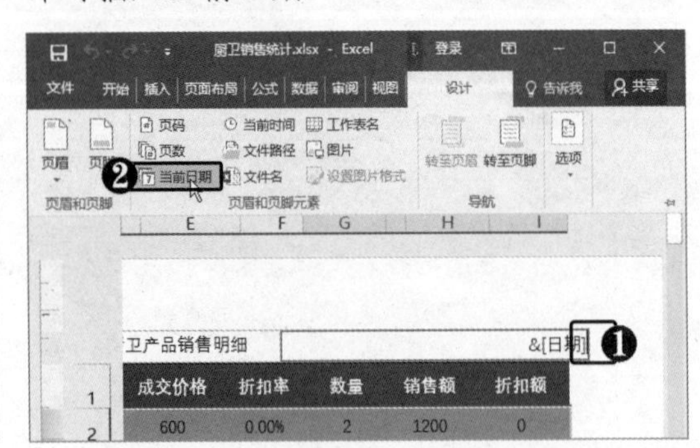

STEP 03 单击“图片”按钮 也可在页眉中插入图片，若单元格中包含填充颜色，将遮盖插入的图片，在此新建工作表进行演示。❶ 将光标定位到左侧页眉位置。❷ 单击“图片”按钮。

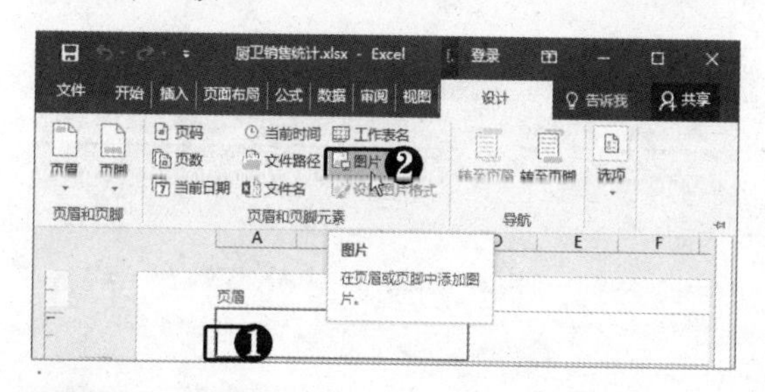

STEP 04 选择图片 弹出“插入图片”对话框，❶ 选择要插入的图片。❷ 单击“插入”按钮。

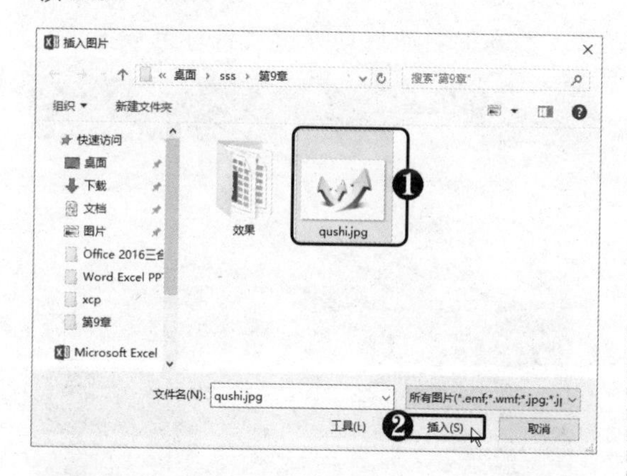

STEP 05 查看插入图片效果 选择除页眉外的其他位置，即可查看插入的图片。

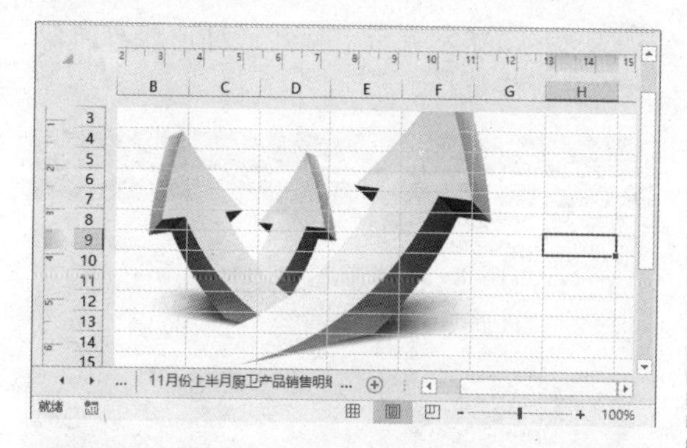

STEP 06 单击“设置图片格式”按钮 ❶ 将光标定位到页眉中。❷ 单击“设置图片格式”按钮。

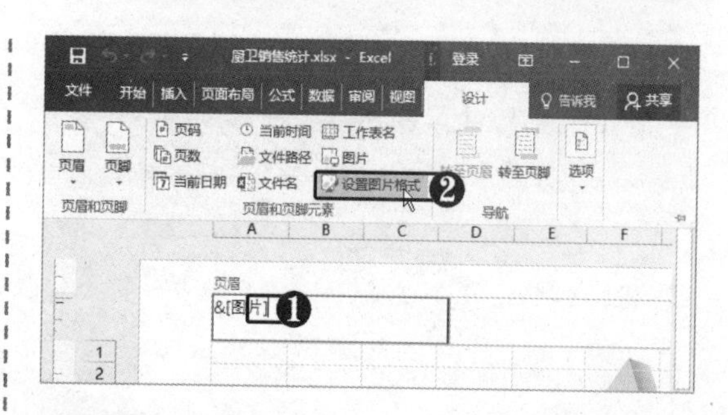

STEP 07 设置缩放比例 弹出“设置图片格式”对话框，在“大小”选项卡下设置缩放比例。

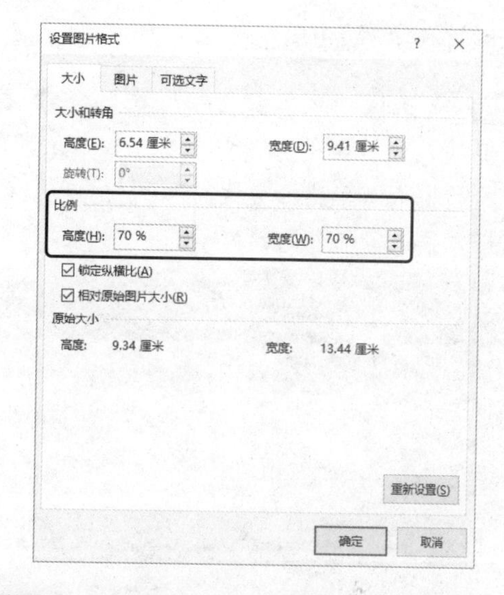

STEP 08 设置图像效果 ❶ 选择“图片”选项卡。❷ 在“颜色”下拉列表中选择“灰度”选项。❸ 单击“确定”按钮。

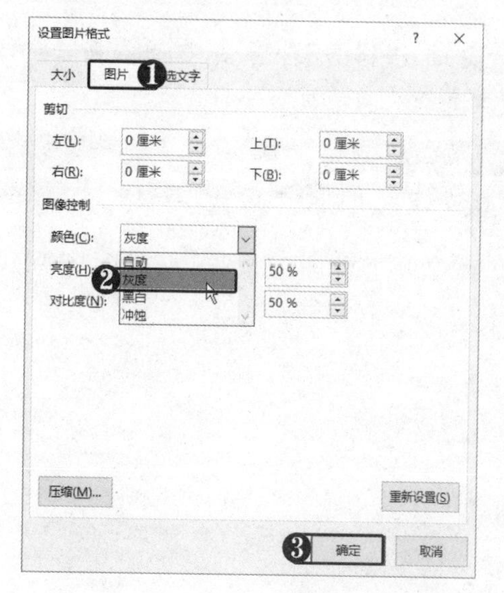

STEP 09 **查看图片效果** 此时即可查看设置图片格式后的显示效果。

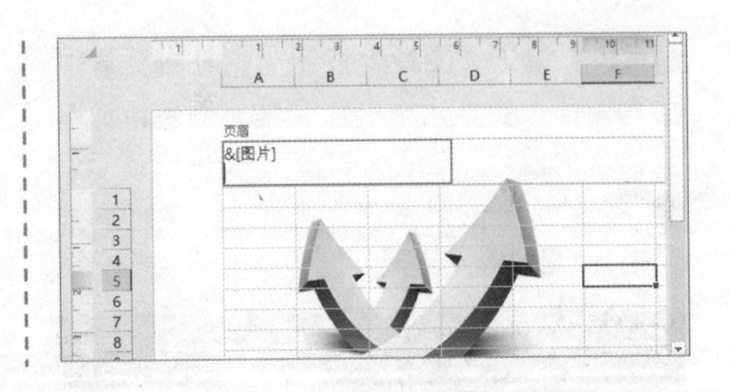

9.5.4 插入分页符

通过添加分页符可以在工作表中进行手动分页，还可根据需要调节分页符的位置，具体操作方法如下。

STEP 01 **选择“插入分页符”选项** ❶ 选择要插入分页符的单元格。❷ 在“页面布局”选项卡下单击“分隔符”下拉按钮。❸ 选择“插入分页符”选项。

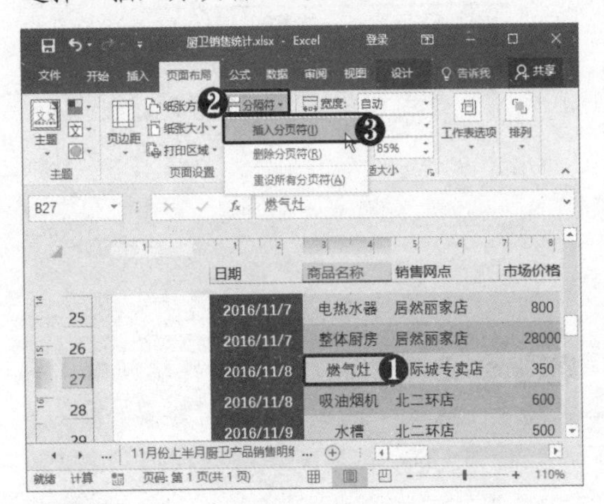

STEP 02 **进行分页** 此时即可在所选的单元格位置将当前页面分为4页。

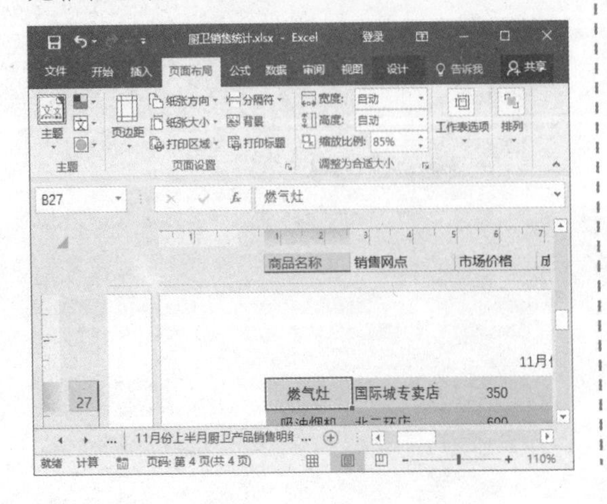

STEP 03 **移动分页符** ❶ 在状态栏上单击“分页预览”按钮，切换到“分页预览”视图。❷ 将鼠标指针置于分页符位置，当其变为双向箭头时向左拖动鼠标至最左侧。

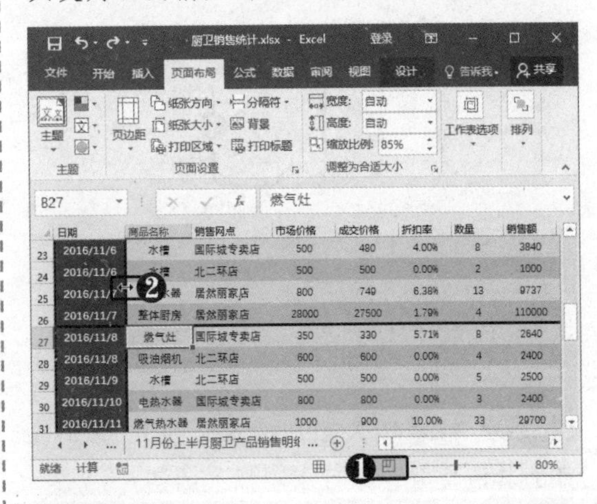

STEP 04 **删除分页符** 松开鼠标，即可将纵向的分页符删除。

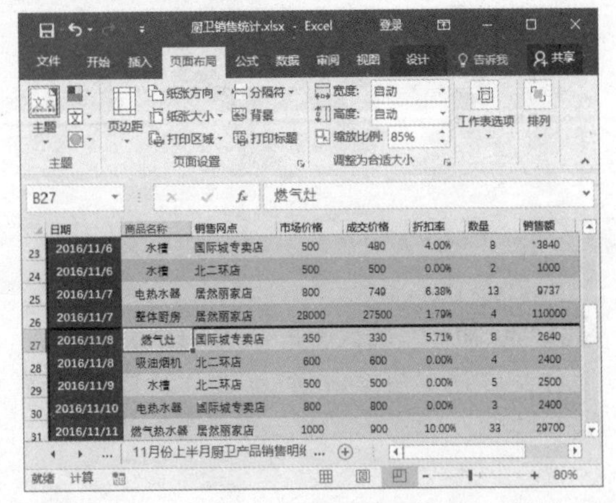

9.5.5 工作表打印设置

在打印工作表前，除了进行页面设置外，还可根据需要进行相关的打印设置，如设置标题行、是否打印网格线、行号/列标、批注等，在进行打印时还应对打印范围、打印份数等参数进行设置，具体操作方法如下。

STEP 01 单击折叠按钮 打开“页面设置”对话框，❶ 选择“工作表”选项卡。❷ 单击“顶端标题行”右侧的折叠按钮。

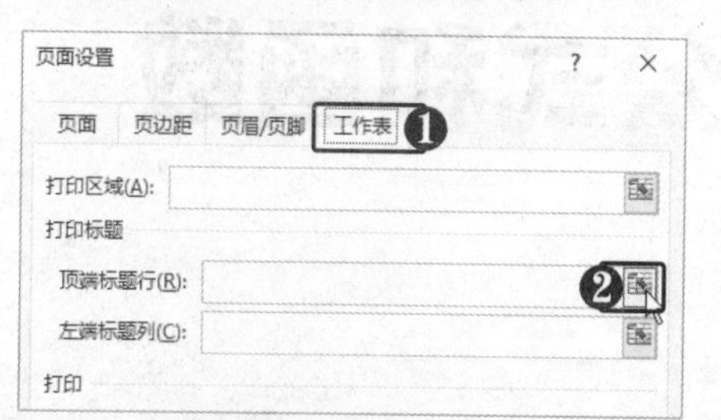

STEP 02 选择标题行 ❶ 在工作表中选择标题所在的行，在此选择第 1 行。❷ 单击“折叠”按钮。设置标题行后将在各页中均显示标题行数据。

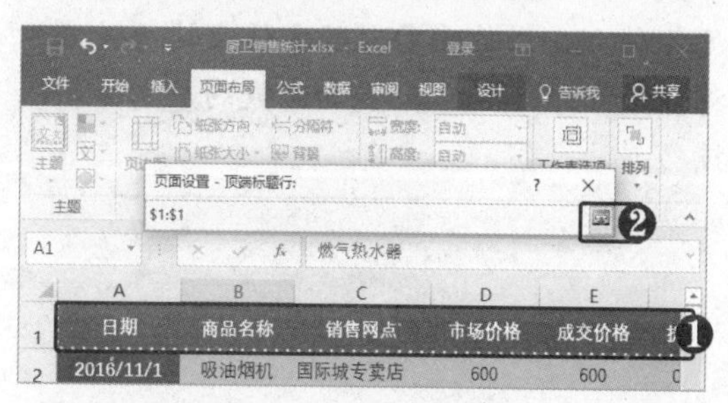

STEP 03 设置打印选项 返回“页面设置”对话框，设置其他打印选项，如“网格线”、“行号列标”、“批注”等。单击“确定”按钮。

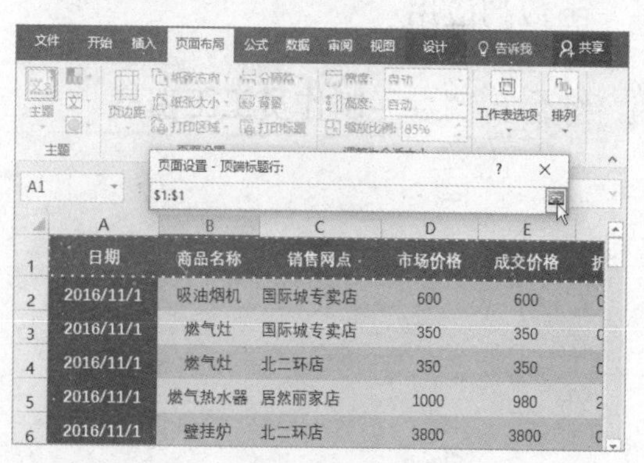

STEP 04 选择打印机 选择“文件”选项卡，❶ 在左侧选择“打印”选项，进入打印界面。❷ 单击“打印机”下拉按钮。❸ 选择打印机。

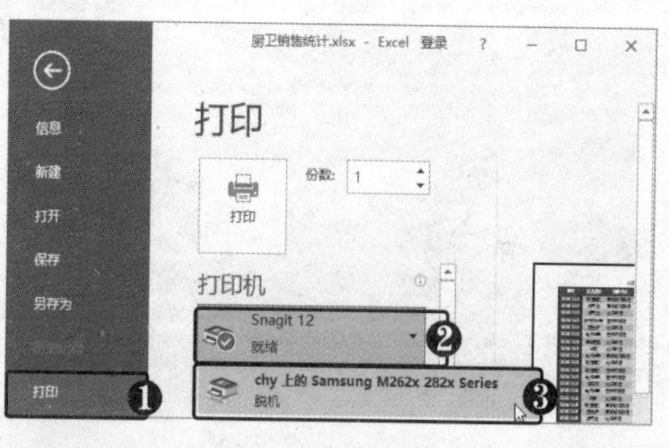

STEP 05 选择打印范围 ❶ 单击打印范围下拉按钮。❷ 选择“打印活动工作表”选项。

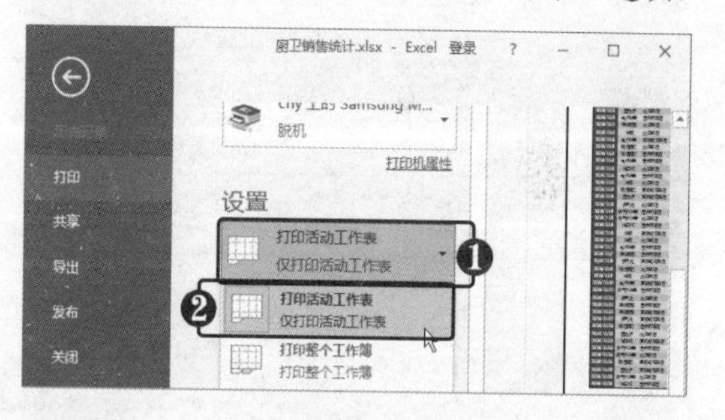

STEP 06 设置打印份数 ❶ 输入打印份数。❷ 单击“打印”按钮，即可打印工作表。

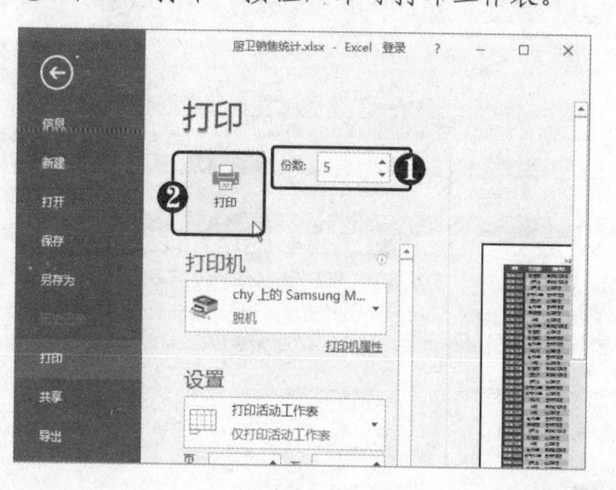

Chapter

10

使用公式和函数

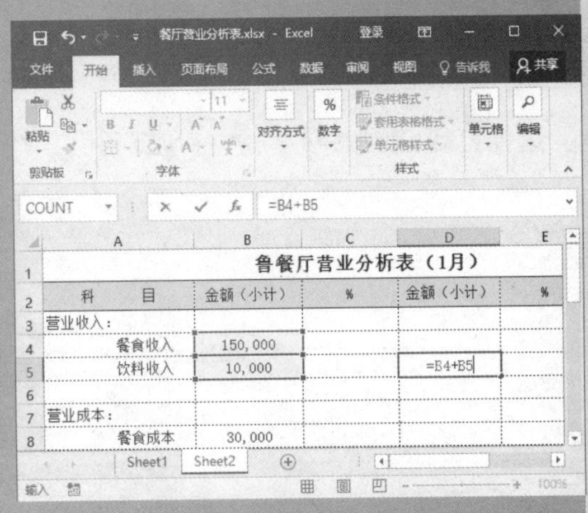

输入公式

生成工资条

在制作 Excel 电子表格时，经常需要对大量的数据进行计算。借助 Excel 中的公式和函数，可以发挥其强大的数据计算功能，满足各种办公工作需要，既方便又快捷。本章将详细介绍 Excel 公式和函数的应用方法与技巧。

10.1 认识 Excel 公式

公式是由用户自行设计并结合常量数据、单元格引用、运算符元素进行数据处理和计算的算式。公式不同于文本、数字等存储格式，它有自己的语法规则，如结构、运算符号及优先次序等。使用公式是为了有目的地计算结果，因此 Excel 的公式必须返回值。

10.1.1 公式的结构

在输入公式时，必须以“=”开始，然后输入公式的内容，如公式“=(G1-E1)*0.75”。在 Excel 中，公式可以为以下部分或全部内容：

- 函数：Excel 中的一些函数，如 SUM、AVERAGE、IF 等。
- 单元格引用：可以是当前工作簿中的单元格，也可以是其他工作簿中的单元格。例如，在公式“=Sheet1!A1”中，引用的是 Sheet1 工作表 A1 单元格的数值。
- 运算符：公式中使用的运算符，如“+”、“－”、“*”、“/”及“>”等。
- 常量：公式中输入的数字或文本值，如 8 等。
- 括号：用于控制公式的计算次序。

10.1.2 运算符

运算符的作用在于对公式中的元素执行特定类型的运算。在 Excel 公式中可以使用的运算符主要有算术运算符、文字运算符、比较运算符和引用运算符 4 种，它们负责完成各种复杂的运算。

1. 算术运算符

若要完成基本的数学运算（如加法、减法、乘法或除法等）、合并数字以及生成数值结果，可以使用下表中的算术运算符。

算术运算符	含 义	示 例
+（加号）	加法	1+2
-（减号）	减法	2－1
	负数	－1
*（星号）	乘法	1*2
/（正斜号）	除法	4/2
%（百分号）	百分比	21%
^（脱字号）	乘方	2^3

2. 比较运算符

比较运算符用于比较两个数值的大小关系，并产生逻辑值 TURE 或 FALSE。常用的比较运算符见下表。

比较运算符	含 义	示 例
=（等号）	等于	A1=B1
>（大于号）	大于	A1>B1
<（小于号）	小于	A1<B1
>=（大于等于号）	大于或等于	A1>=B1
<=（小于等于号）	小于或等于	A1<=B1
<>（不等号）	不等于	A1<>B1

3. 文本运算符

文本运算符将一个或多个文本连接为一个组合文本，见下表。

文本运算符	含 义	示 例
&（与）	将两个值连接或串起来产生一个连续的文本值	“学”&“生”，得到“学生”

4. 引用运算符

使用引用运算符对单元格区域进行合并计算，常用的引用运算符见下表。

引用运算符	含 义	示 例
:（冒号）	区域运算符，生成对两个引用之间所有单元格的引用（包括这两个引用）	A1:A9
,（逗号）	联合运算符，将多个引用合并为一个引用	SUM(A1:A2,A3:A4)
（空格）	交集运算符，生成对两个引用中共有的单元格的引用	SUM(A1:C10 B7:D15)

10.1.3 运算符的优先级

当公式或函数比较复杂时，各种运算之间的计算序列就成了十分重要的问题。由于不同的计算可能导致完全不同的结果，因此需要了解各种运算之间的优先级别。

默认的计算顺序是由左到右，由高到低。在计算同一优先级时，将按由左到右的顺序依次计算。当出现不同级别的计算时，将优先计算级别较高的运算，然后逐级降低，同时按由左到右的顺序进行计算。

下表列出了不同运算符之间的优先级别。

级 别	运算符	说 明
1	:（冒号）	引用运算符
	（单个空格）	
	,（逗号）	
2	-	负数（如 -1）
3	%	百分比

（续表）

4	^	乘方
5	* 和 /	乘和除
6	+ 和 -	加和减
7	&	连接两个文本字符串（串连）
8	=	比较运算符
	<>	
	<=	
	>=	
	<>	

若要使较低优先级别的运算符先于高级别的运算符进行运算，可以使用括号“()”。例如公式“=5+2*5”，计算结果是 15，使用括号改变先后顺序，如“=（5+2）*5”，则结果是 35。

10.2 公式的应用

下面将介绍如何在工作表中使用公式计算数据，包括公式的输入方法、复制公式、转换单元格引用类型，以及修改公式等内容。

10.2.1 输入公式

在单元格中输入公式时可以使用两种方法进行操作，即直接输入公式和结合键盘鼠标输入公式。下面将分别对其进行介绍。

1. 直接输入公式

用户可以在单元格或编辑栏中像输入普通数据一样直接输入公式，具体操作方法如下。

STEP 01 输入公式 ❶ 选择 D5 单元格。❷ 直接输入公式“=B4+B5”。

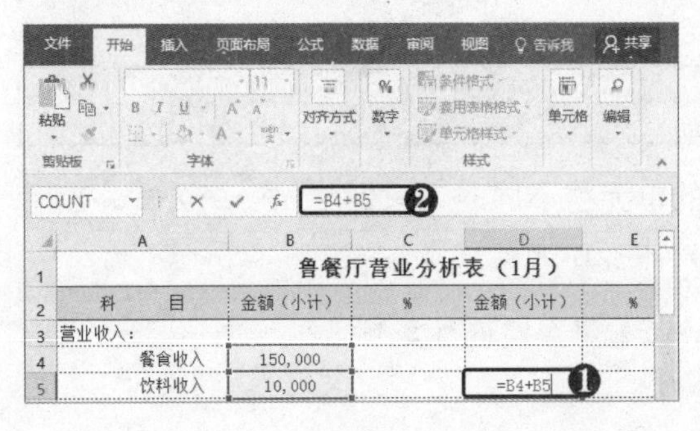

STEP 02 得出计算结果 按【Enter】键确认，即可得出计算结果。

2. 结合键盘鼠标输入公式

结合键盘和鼠标输入公式是在运算时经常要使用的方法，操作起来也较为简单，具体操作方法如下。

STEP 01 **单击引用单元格** ❶ 选择 C4 单元格并输入“=”号。❷ 单击要引用的单元格即可将其添加到公式中，在此单击 B4 单元格。

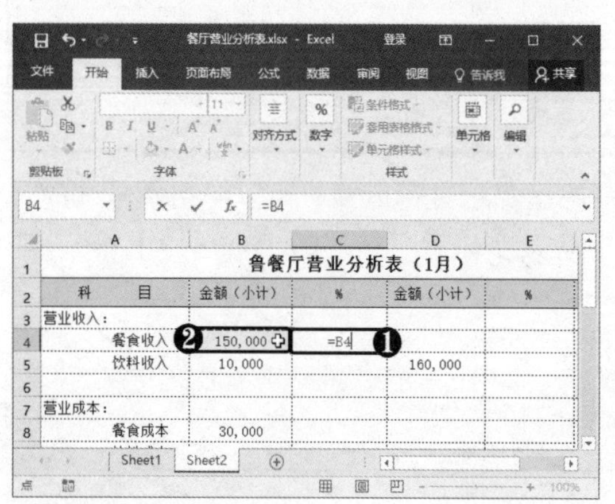

STEP 02 **继续编辑公式** 输入除号“/”，然后单击 D5 单元格。

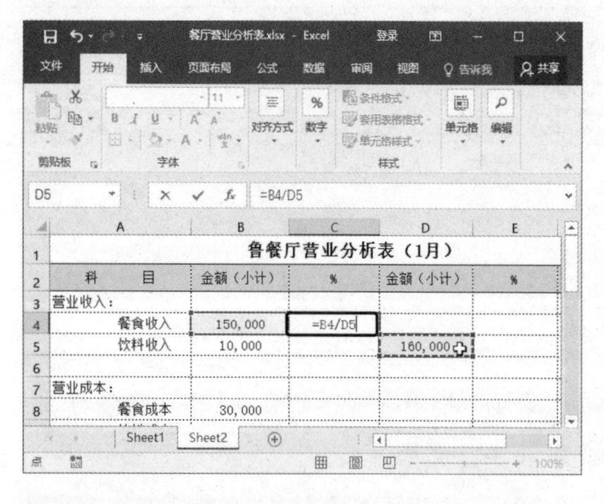

STEP 03 **继续编辑公式** 输入“*100”（即乘以 100）。

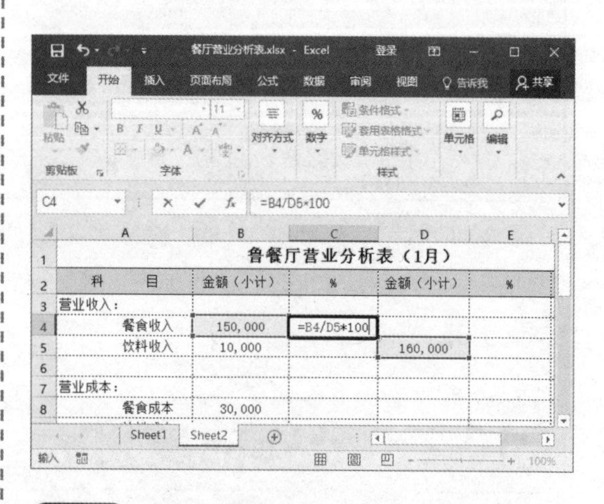

STEP 04 **得出计算结果** 按【Enter】键确认，即可得出计算结果。

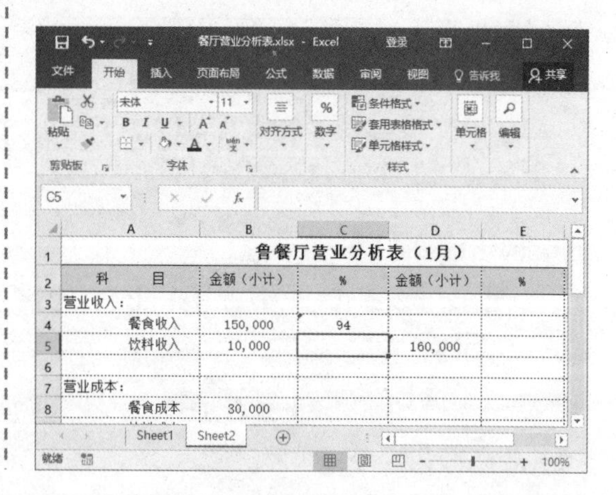

10.2.2 复制公式

当要输入的多个公式结构相同，而引用的单元格不同时，只需输入一个公式，然后通过复制公式的方法计算出其他数据即可，具体操作方法如下。

STEP 01 **复制单元格** 选择 D5 单元格，按【Ctrl+C】组合键进行复制操作。

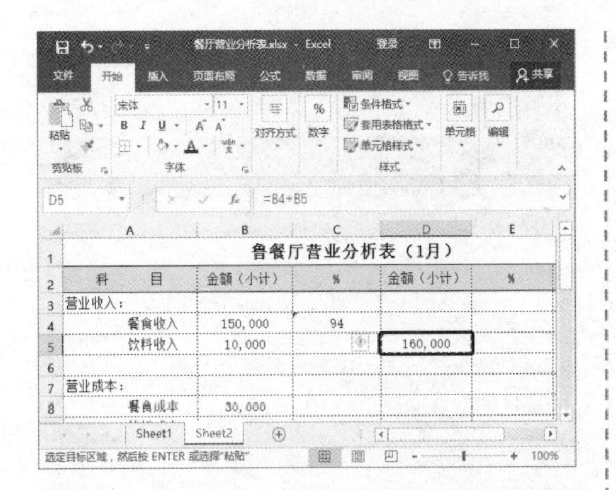

STEP 02 粘贴公式 ❶ 选择 D9 单元格。❷ 单击“粘贴”下拉按钮。❸ 单击“公式”按钮。

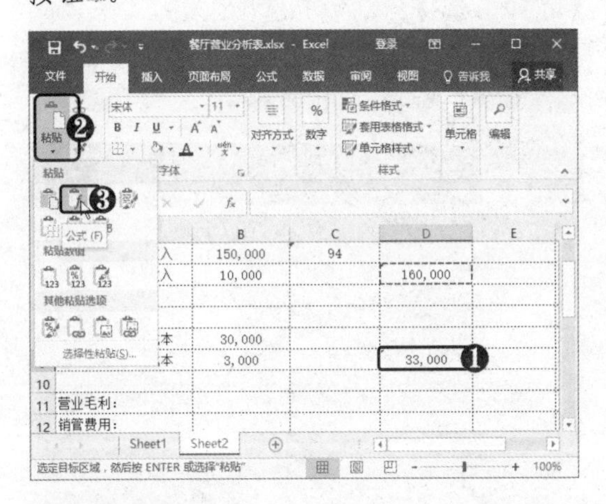

STEP 03 选择粘贴选项 在复制公式单元格后，也可直接按【Ctrl+V】组合键进行粘贴。❶ 单击“粘贴选项”下拉按钮。❷ 单击“公式”按钮。

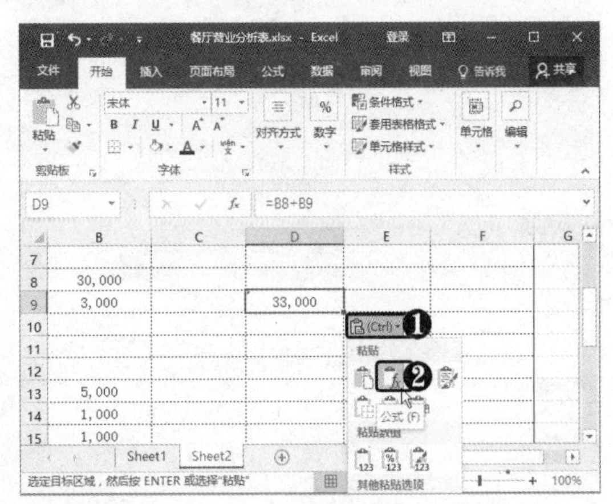

高手点拨

为了方便公式的使用和管理，可以为公式命名。在复制公式时，若要删除单元格中的公式而保留公式的结果，可在粘贴列表中选择粘贴数值选项。

10.2.3 转换单元格引用

在公式中常常需要使用单元格或单元格区域来引用工作表中的一个或多个单元格。单元格的引用有 3 种，即相对引用、绝对引用和混合引用。

- 相对引用：指包含公式和单元格引用的单元格的相对位置，如前面介绍的复制公式即为相对引用。运用相对引用时，公式所在的单元格位置改变时，引用也会随之改变。
- 绝对引用：与相对引用不同，在使用绝对引用时即使公式所在单元格位置发生改变，引用也不会随之改变。在行号和列标前添加一个“$”符号即可成为绝对引用，如$A$1。
- 混合引用：指在公式中既有相对引用，又有绝对引用，如 A$1、$A1。

若要更改单元格引用，只需选中公式单元格后，在编辑栏中选中引用，然后按【F4】键，或直接输入引用，具体操作方法如下。

STEP 01 选择单元格引用 ❶ 选择 C4 单元格。❷ 在编辑栏中选中 D5 单元格引用。

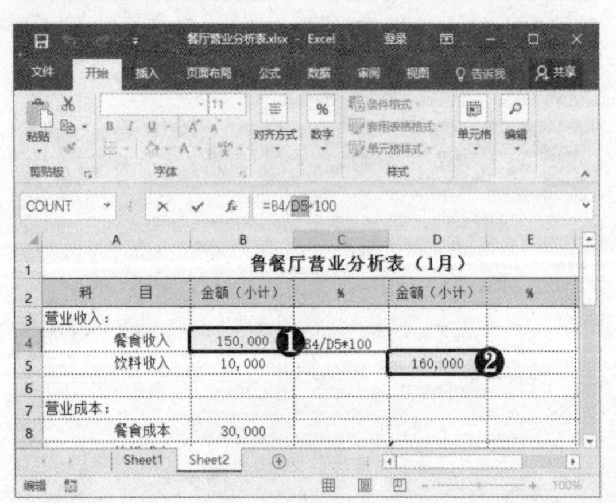

STEP 02 修改单元格引用 按【F4】键，即可将其转换为绝对引用。

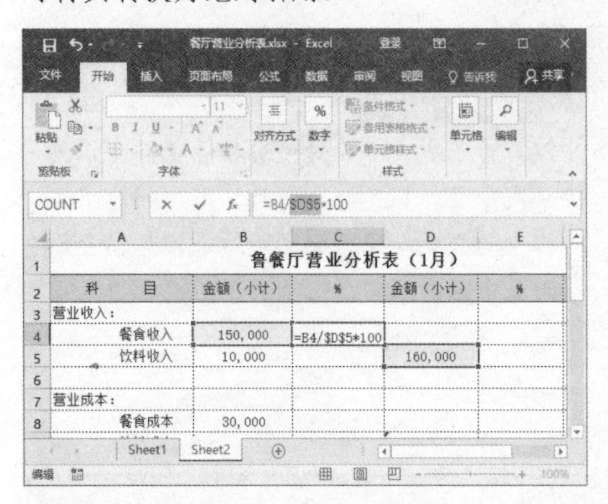

STEP 03 修改单元格引用 再次按【F4】键即可将其转换为混合引用，然后按【Enter】键确认操作。

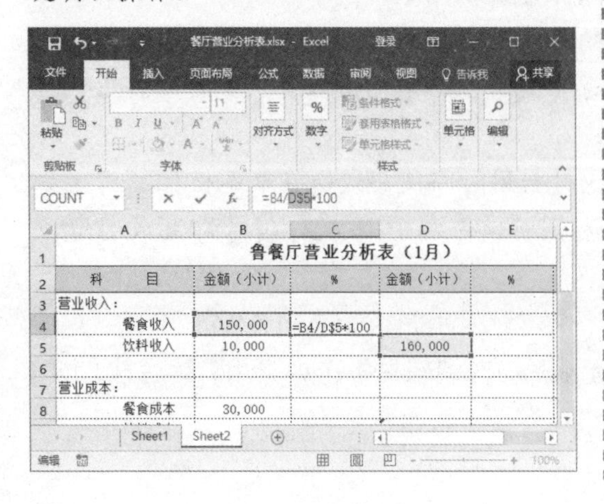

STEP 04 填充公式 向下拖动 C4 单元格的填充柄填充公式。

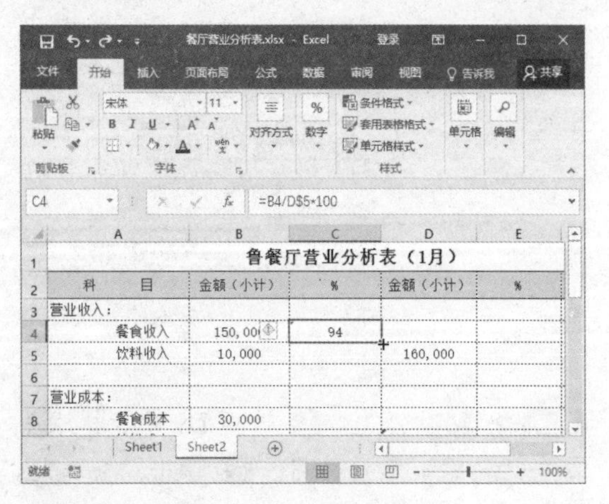

STEP 05 选择自动填充选项 ❶ 单击“自动填充选项”下拉按钮。❷ 选择“不带格式填充”选项。

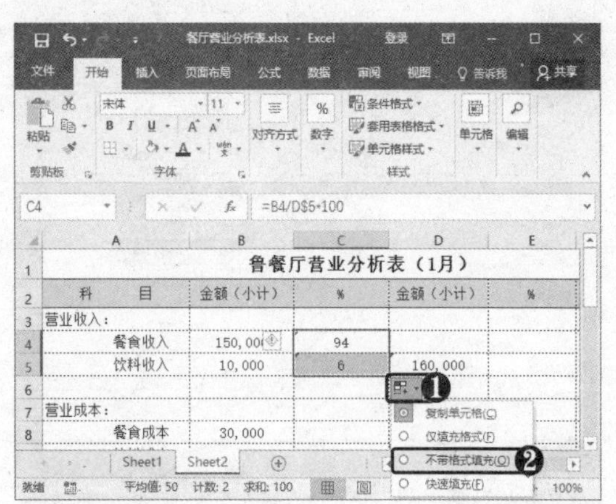

STEP 06 复制公式 将 C4 单元格中的公式复制到 C8:C9 单元格区域中。

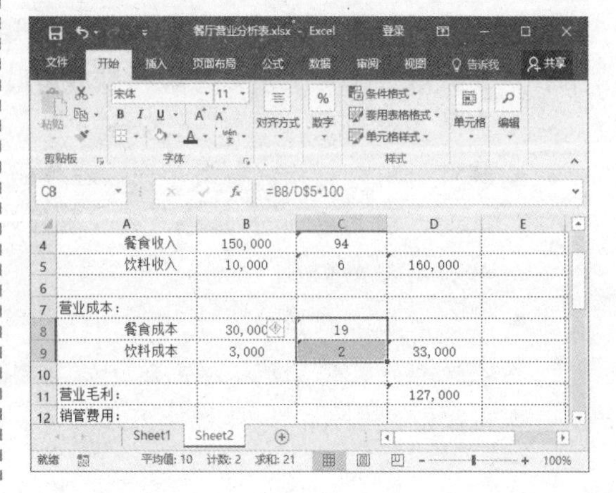

10.2.4 修改公式

要修改单元格中的公式，只需选择公式单元格后在编辑栏中进行更改即可。在修改时可直接输入正确的公式，也可结合鼠标单击来修改引用的单元格，具体操作方法如下。

STEP 01 复制单元格 选择 C5 单元格，按【Ctrl+C】组合键进行复制操作。

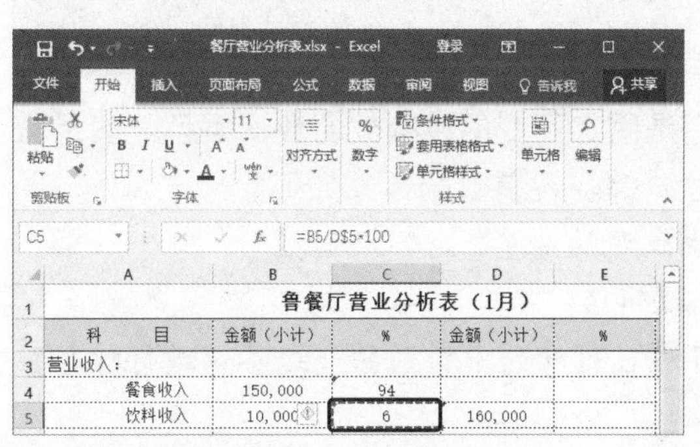

STEP 02 粘贴公式 选择 E5 单元格，按【Ctrl+V】组合键粘贴公式，可以看到所得出的结果不正确。

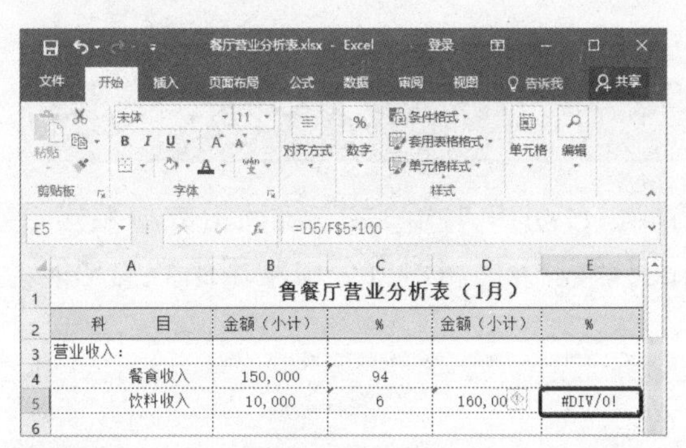

STEP 03 单击引用单元格 ❶ 在编辑栏中选择 F$5 单元格引用。❷ 单击 D5 单元格。

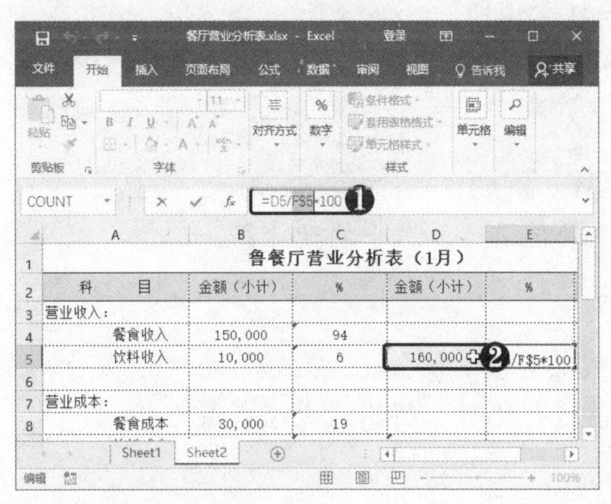

STEP 04 修改公式 此时即可将公式中所选的单元格引用修改为 D5。

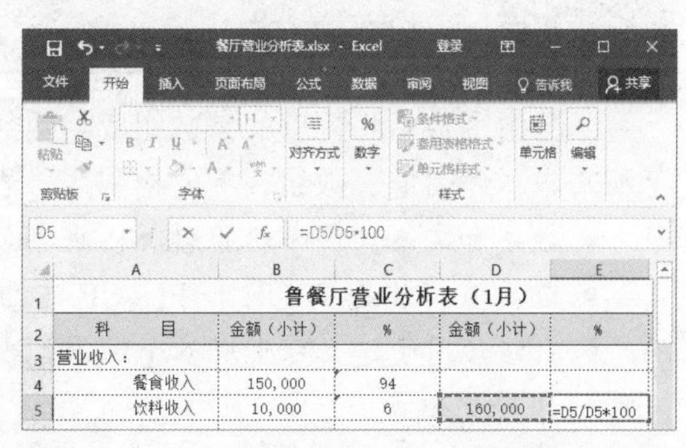

STEP 05 转换单元格引用 在编辑栏中选择 D5 单元格引用，按两次【F4】键将其转换为混合引用。

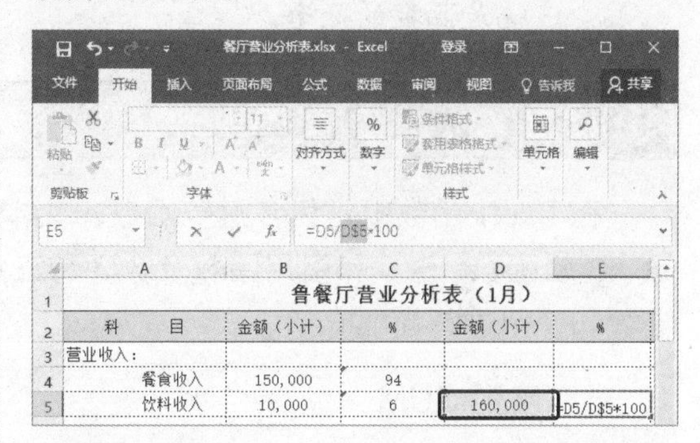

STEP 06 得出计算结果 按【Enter】键确认，即可得出计算结果。

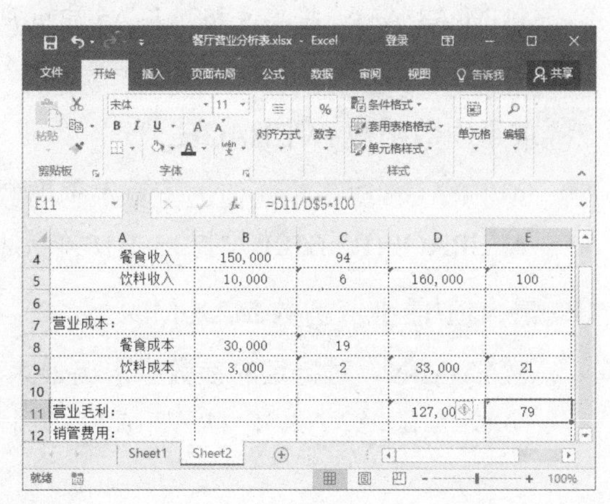

10.3 函数的应用

Excel 中的函数是系统预先建立在工作表中用于执行数学、正文或逻辑运算，以及查找数据区有关信息的公式。它使用参数的特定数值，按照语法的特定顺序进行计算。下面将介绍函数的应用知识。

10.3.1 函数的构成

函数由函数名和相应的参数组成。函数名是固定不变的，参数的数据类型一般是数字和文本、逻辑值、数组、单元格引用、表达式等。各参数的含义如下。

- 数字和文本：即不进行计算，也不发生改变的常量。
- 逻辑值：就是 TRUE 和 FLASE 这两个逻辑值。
- 数组：用于建立可生成多个结果，或可对在行和列中排列的一组参数进行计算的单个公式。
- 单元格引用：通过单元格引用确定参数所在的单元格位置。
- 表达式：在 Excel 中，当遇到一个表达式作为参数时会先计算这个表达式，然后使用其结果作为参数值。当使用表达式时，表达式中也可能包含其他函数，这就是函数的嵌套。

10.3.2 认识常用函数

在 Excel 函数中，包含财务函数、文本函数、日期和时间函数、统计函数、工程函数、逻辑函数、查找和引用函数及数学和三角函数等。下面将对办公中常用函数的功能、参数和使用进行简要介绍。

1．求和函数 SUM

SUM 对连续或不连续的单元格进行求和运算，并将计算结果放在函数所在的单元格。例如：

SUM(A1:A5)：将单元格 A1~A5 中的所有数字相加；

SUM(A1,A3,A5)：将单元格 A1、A3 和 A5 中的数字相加。

2．求平均数函数 AVERAGE

AVERAGE 对多个数值进行算术平均数运算。例如：

AVERAGE(B2:B10)：对 B2~B10 单元格中的值进行算术平均数计算。

3．最大值/最小值函数 MAX/MIN

MAX/MIN：对指定的参数中求出最大值或最小值。例如：

MAX/MIN(A2:A20)：对 A2~A20 之间的值进行比较，得出最大值或最小值。

4．判断函数 IF

IF 函数判断指定的条件，当条件成立时，单元格中显示计算结果 A；当条件不成立时，显示另外的计算结果 B。例如：

=IF(C20>90,"大于 90","小于等于 90")：当 C20 单元格中的值大于 90 时，显示文本“大于 90”；否则，即小于等于 90 时，则显示“小于等于 90”。

5．计算函数 COUNT

COUNT 对指定区域包含数字的单元格个数进行计数，即指定单元格中有多少个数值。例如：

COUNT(D4:D19)：对 D4~D19 之间包含数字的单元格个数进行计数操作，最后显示值。

10.3.3 获取函数帮助

要灵活地掌握函数的用法，需要熟悉其语法规则。使用 Excel 可以轻松查询函数的用法，具体操作方法如下。

STEP 01 单击“插入函数”按钮 在编辑栏左侧单击“插入函数”按钮 *fx*。

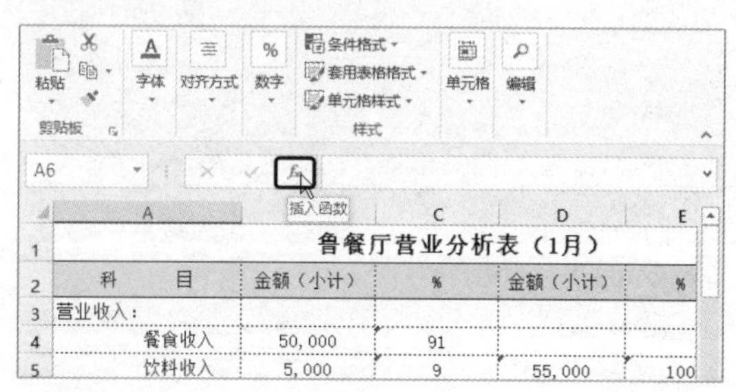

STEP 02 选择函数类别 弹出“插入函数”对话框，在“或选择类别”下拉列表中选择“查找与引用”选项。

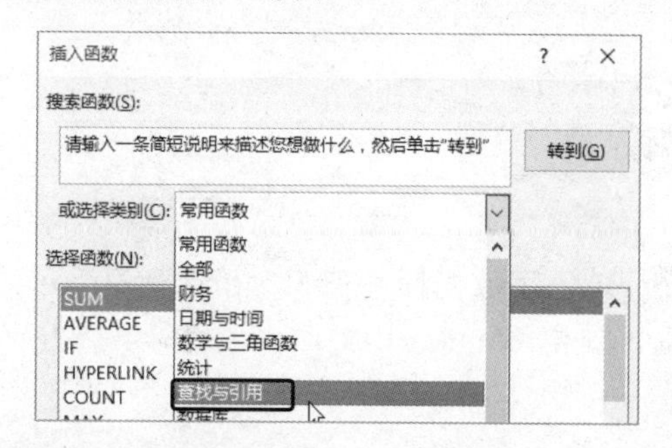

STEP 03 单击超链接 ❶ 选择 VLOOKUP 函数，即可在下方的描述信息中查看该函数的作用。❷ 单击“有关该函数的帮助”超链接。

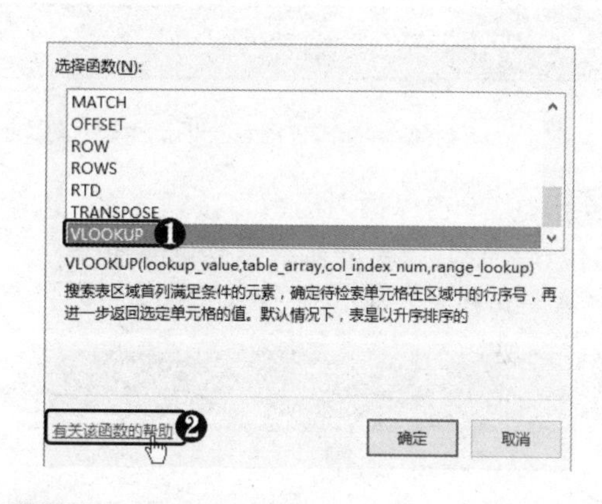

STEP 04 查看函数语法 打开“Excel 2016 帮助”窗口，即可查询 IF 函数的说明、语法及示例。

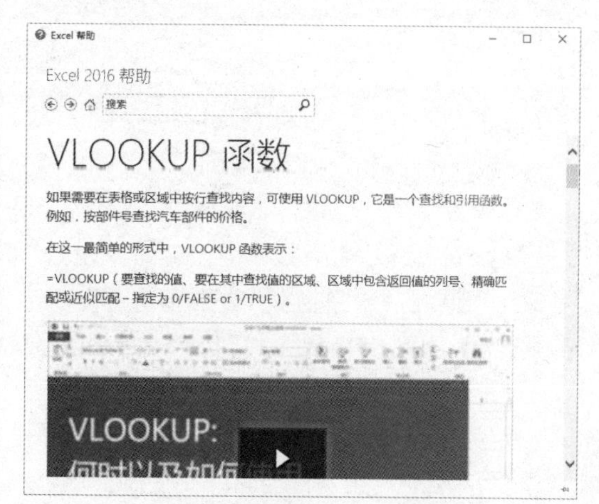

STEP 05 **查询函数** 在“Excel 2016 帮助”窗口的搜索框中可通过输入函数名来查询函数。

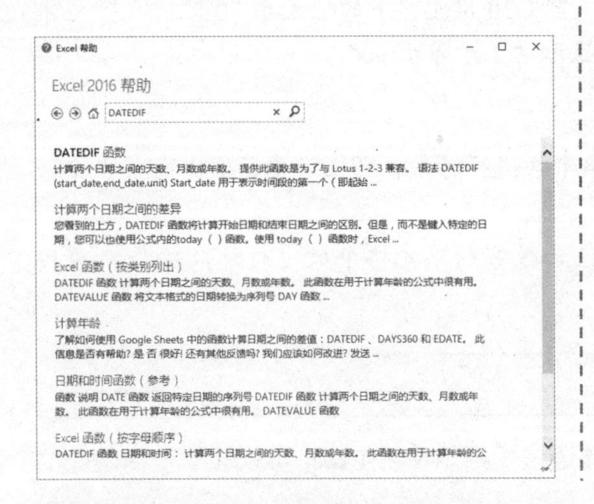

STEP 06 **浏览 Excel 函数** 此外，还可通过“Excel 2016 帮助”窗口按类别或按字母顺序浏览 Excel 中的所有函数。

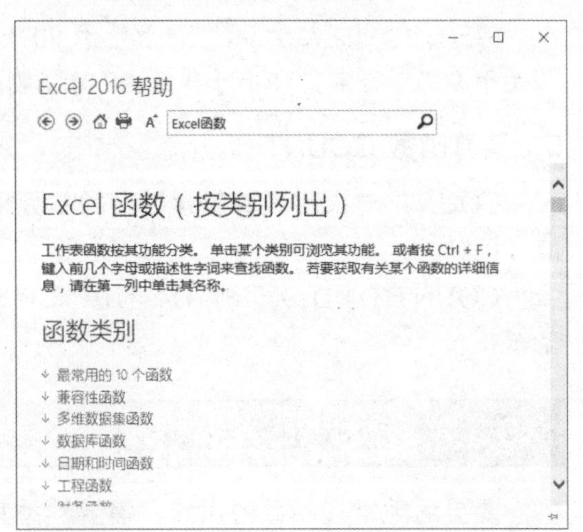

10.3.4 插入函数

下面以插入求和函数为例，介绍如何在单元格中插入函数，具体操作方法如下。

STEP 01 **单击“插入函数”按钮** ❶ 选择 D17 单元格。❷ 在编辑栏左侧单击“插入函数”按钮 f_x。

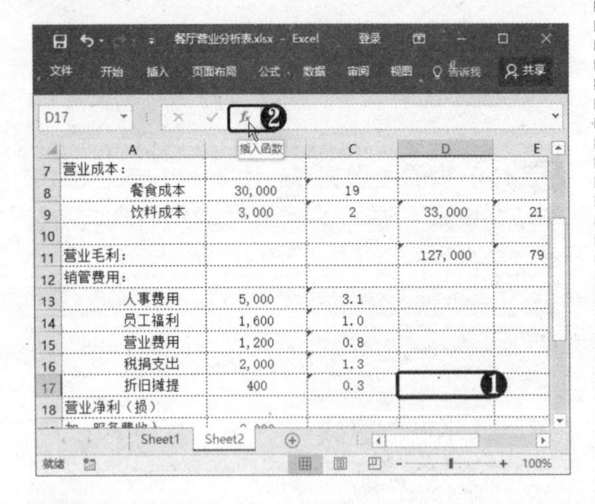

STEP 02 **选择 SUM 函数** 弹出“插入函数”对话框，❶ 在“常用函数”类别下选择 SUM 函数。❷ 单击“确定”按钮。

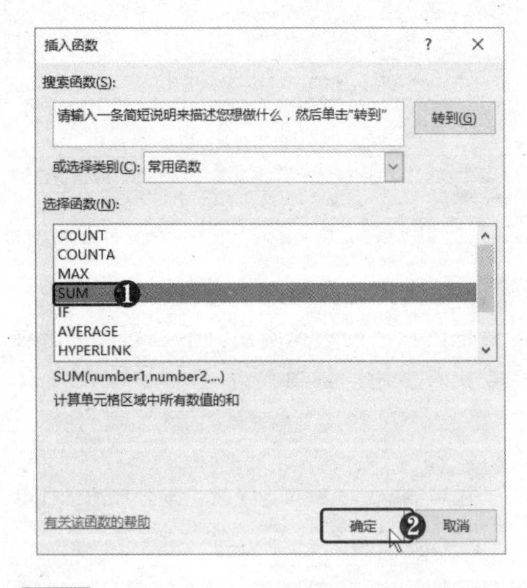

STEP 03 **定位光标** 弹出“函数参数”对话框，清空 Number1 文本框中的参数并定位光标。

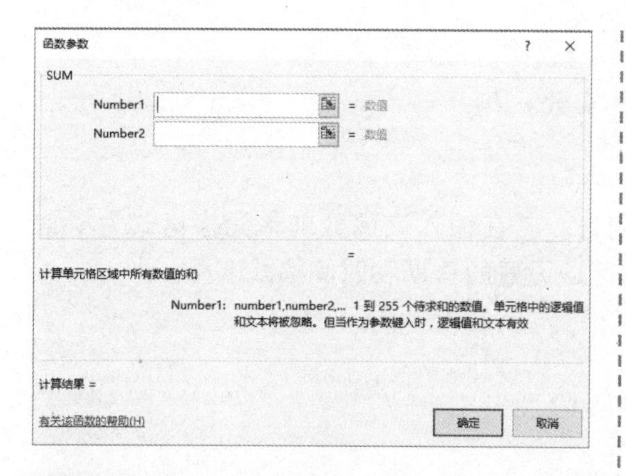

STEP 04 选择单元格区域 在工作表中选择 B13:B17 单元格区域。

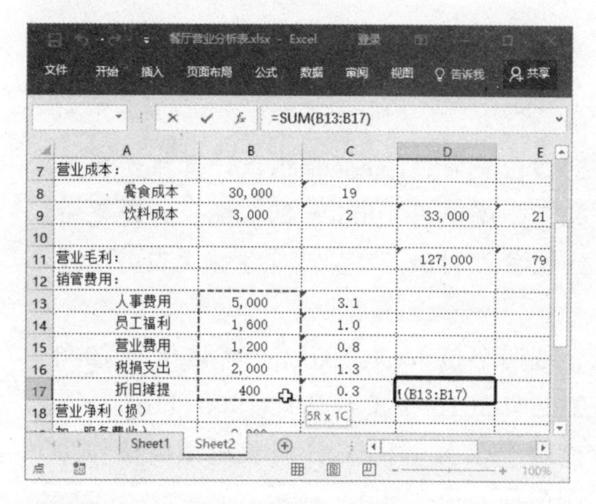

STEP 05 自动填充单元格引用 松开鼠标后即可返回“函数参数”对话框，在 Number1 文本框中将自动填充单元格引用，单击“确定”按钮。

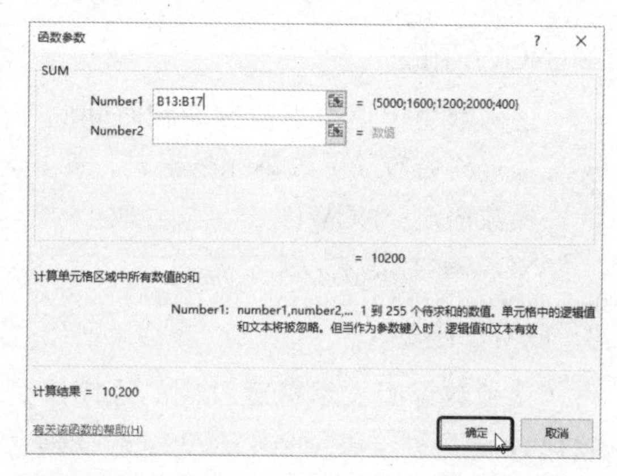

STEP 06 查看计算结果 此时即可计算出求和结果。

10.4 综合实例——制作员工工资表

下面将以制作员工工资表为例介绍函数在日常办公中的应用方法。在本例中通过员工的入职时间来使用函数计算工龄，通过员工的身份证号来计算性别、生日、年龄及籍贯，通过工资表数据制作工资查询表以及工资单。

10.4.1 函数语法解析

本例主要使用了以下函数，下面分别对这些的语法进行简要介绍。

1. INT 函数

该函数用于将数字向下舍入到最接近的整数。

函数语法：INT(number)

INT 函数参数说明：

number 必需。需要进行向下舍入取整的实数。

2. NOW 函数

该函数用于返回当前日期和时间的序列号。若在输入该函数前单元格格式为“常规”，Excel 会自动更改单元格格式，使其与区域设置的日期和时间格式匹配。

函数语法：NOW()

NOW 函数语法没有参数。

3. DATE 函数

该函数返回表示特定日期的连续序列号。例如，公式“=DATE(2015,5,20)”返回 42144，该序列号表示 2015/5/20。若在输入该函数之前单元格格式为“常规”，则结果将使用日期格式，而不是数字格式。

函数语法：DATE(year,month,day)

DATE 函数参数说明：

- year：必需。year 参数的值可以包含一到四位数字。Excel 将根据计算机所使用的日期系统来解释 year 参数。默认情况下，将使用 1900 日期系统。为避免出现意外结果，建议对 year 参数使用四位数字。例如，"16"可能意味着"1916"或"2016"。四位数年份可避免混淆。

  若 year 介于 0（零）到 1899 之间（包含这两个值），则 Excel 会将该值与 1900 相加来计算年份。例如，DATE(116,1,2)返回 2016 年 1 月 2 日(1900+116)。

  若 year 介于 1900 到 9999 之间（包含这两个值），则 Excel 将使用该数值作为年份。例如，DATE(2016,1,2)将返回 2016 年 1 月 2 日。

  若 year 小于 0 或大于等于 10000，则 Excel 返回错误值#NUM!。

- month：必需。一个正整数或负整数，表示一年中从 1 月至 12 月（一月到十二月）的各个月。

  若 month 大于 12，则 month 会将该月份数与指定年中的第一个月相加。例如，DATE(2015,14,2)返回代表 2016 年 2 月 2 日的序列数。

  若 month 小于 1，month 则从指定年份的一月份开始递减该月份数，然后加上 1 个月。例如，DATE(2016,-3,2)返回代表 2015 年 9 月 2 日的序列号。

- day：必需。一个正整数或负整数，表示一月中从 1 日到 31 日的各天。

  若 day 大于月中指定的天数，则 day 会将天数与该月中的第一天相加。例如，DATE(2016,1,35)返回代表 2016 年 2 月 4 日的序列数。

  若 day 小于 1，则 day 从指定月份的第一天开始递减该天数，然后加上 1 天。例如，DATE(2016,1,-15)返回代表 2015 年 12 月 16 日的序列号。

4. MID 函数

该函数返回文本字符串中从指定位置开始的特定数目的字符，该数目由用户指定。

函数语法：MID(text,start_num,num_chars)

MID 函数参数说明：

- text：必需。包含要提取字符的文本字符串。
- start_num：必需。文本中要提取的第一个字符的位置。文本中第一个字符的 start_num 为 1，以此类推。
- num_chars：必需。指定希望 MID 从文本中返回字符的个数。

5．DATEDIF 函数

计算两个日期之间的天数、月数或年数。提供此函数是为了与 Lotus 1-2-3 兼容。

函数语法：DATEDIF(start_date,end_date,unit)

DATEDIF 函数参数说明：

- start_date：必需。用于表示时间段的第一个（即起始）日期的日期。
- end_date：必需。用于表示时间段的最后一个（即结束）日期的日期。
- unit：必需。要返回的信息类型，详见下表。

"Y"	一段时期内的整年数
"M"	一段时期内的整月数
"D"	一段时期内的天数
"MD"	start_date 与 end_date 之间天数之差。忽略日期中的月份和年份
"YM"	start_date 与 end_date 之间月份之差。忽略日期中的天和年份
"YD"	start_date 与 end_date 的日期部分之差。忽略日期中的年份

6．LEFT 函数

该函数从文本字符串的第一个字符开始返回指定个数的字符。

函数语法：LEFT(text,[num_chars])

LEFT 函数参数说明如下。

- text：必需。包含要提取的字符的文本字符串。
- num_chars：可选。指定要由 LEFT 提取的字符的数量。num_chars 必须大于或等于零。若 num_chars 大于文本长度，则 LEFT 返回全部文本。若省略 num_chars，则假定其值为 1。

7．ISODD 函数

若参数 number 为奇数，返回 TRUE，否则返回 FALSE。

函数语法：ISODD(number)

ISODD 函数参数说明：

number：必需。要测试的值。若 number 不是整数，将被截尾取整。

8．VLOOKUP 函数

使用 VLOOKUP 函数可以搜索某个单元格范围的第一列，然后返回该区域相同行上任何单元格中的值。

函数语法：VLOOKUP(lookup_value, table_array, col_index_num, [range_lookup])

VLOOKUP 函数参数说明：

- lookup_value：必需。要在表格或区域的第一列中搜索的值。lookup_value 参数可以是值或引用。若为 lookup_value 参数提供的值小于 table_array 参数第一列中的最小值，则 VLOOKUP 将返回错误值#N/A。
- table_array：必需。包含数据的单元格区域。可以使用对区域（如 A2:D8）或区域名称的引用。table_array 第一列中的值是由 lookup_value 搜索的值。这些值可以是文本、数字或逻辑值。文本不区分大小写。
- col_index_num：必需。table_array 参数中必须返回的匹配值的列序号。col_index_num 参数为 1 时，返回 table_array 第一列中的值；col_index_num 为 2 时，返回 table_array 第二列中的值，依此类推。若 col_index_num 参数小于 1，则 VLOOKUP 返回错误值#REF!；若大于 table_array 的列数，则 VLOOKUP 返回错误值#REF!。
- range_lookup：可选。一个逻辑值，指定希望 VLOOKUP 查找精确匹配值还是近似匹配值。

  若 range_lookup 为 TRUE 或被省略，则返回精确匹配值或近似匹配值；若找不到精确匹配值，则返回小于 lookup_value 的最大值。

  若 range_lookup 为 TRUE 或被省略，则必须按升序排列 table_array 第一列中的值；否则，VLOOKUP 可能无法返回正确的值。

  若 range_lookup 为 FALSE，则不需对 table_array 第一列中的值进行排序。

  若 range_lookup 参数为 FALSE，VLOOKUP 将只查找精确匹配值。若 table_array 的第一列中有两个或更多值与 lookup_value 匹配，则使用第一个找到的值。若找不到精确匹配值，则返回错误值#N/A。

9．IF 函数

若指定条件的计算结果为 TRUE，IF 函数将返回某个值；若该条件的计算结果为 FALSE，则返回另一个值。

函数语法：IF(logical_test,[value_if_true],[value_if_false])

IF 函数参数说明：

- logical_test：必需。计算结果为 TRUE 或 FALSE 的任何值或表达式。
- value_if_true：可选。logical_test 参数的计算结果为 TRUE 时所要返回的值。
- value_if_false：可选。logical_test 参数的计算结果为 FALSE 时所要返回的值。

10.4.2 使用函数完善员工信息表

下面将详细介绍如何使用以上函数来完善员工信息表，具体操作方法如下。

STEP 01 输入公式 选择 G3 单元格，在编辑栏中输入公式“=IF(ISODD (MID(F3,17,1)),"男","女")”。

STEP 02 计算性别 按【Enter】键确认，即可计算出性别（身份证号的第十七位数字表示性别，奇数为男性，偶数为女性。）。

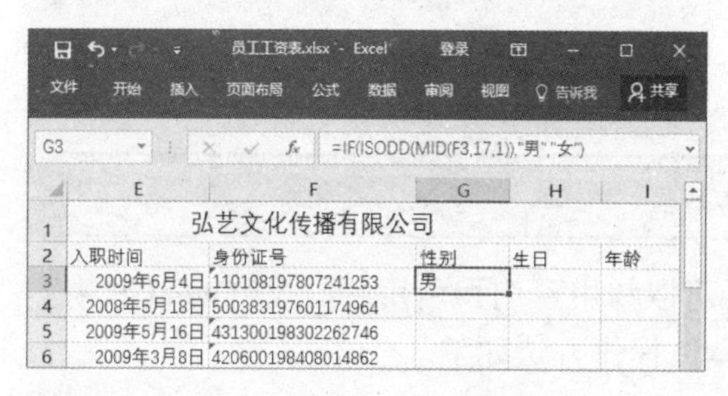

STEP 03 输入公式 选择 H3 单元格，在编辑栏中输入公式“=DATE(MID(F3,7,4),MID(F3,11,2),MID(F3,13,2))”。

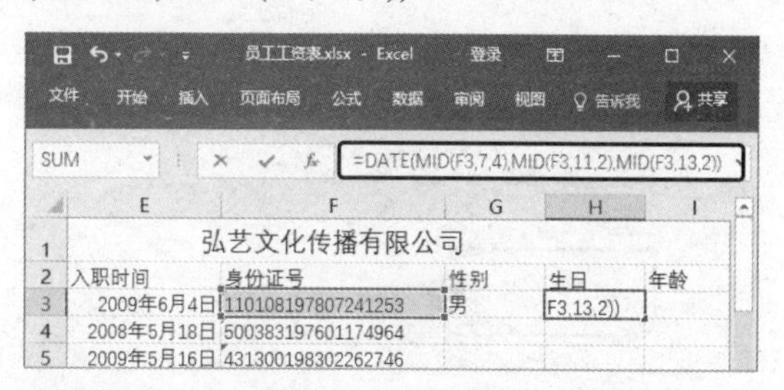

STEP 04 计算生日 按【Enter】键确认，即可计算出生日（身份证号码第 7 位到第 14 位表示出生的年、月、日）.

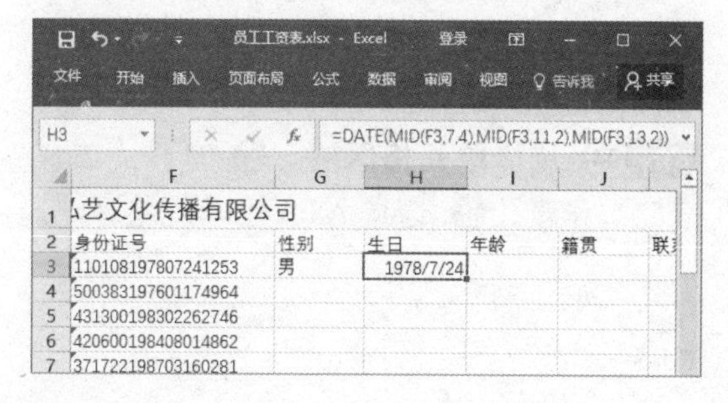

STEP 05 输入公式 选择 I3 单元格，在编辑栏中输入公式“=INT((NOW()-H3)/365)”。

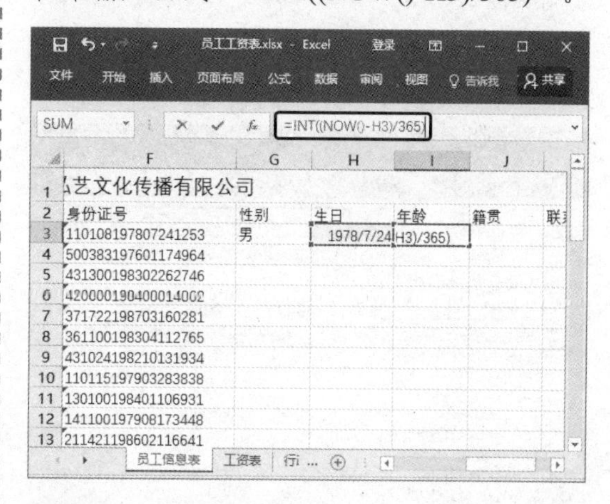

STEP 06 计算年龄 按【Enter】键确认，即可计算出年龄。

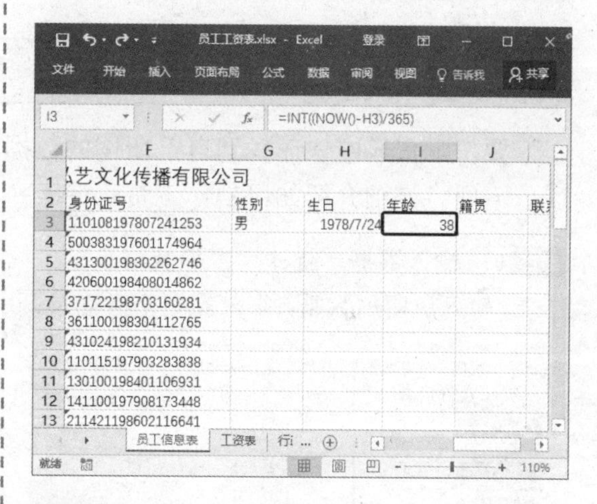

STEP 07 查看工作表 切换到“行政区代码”工作表，查看其中的数据。

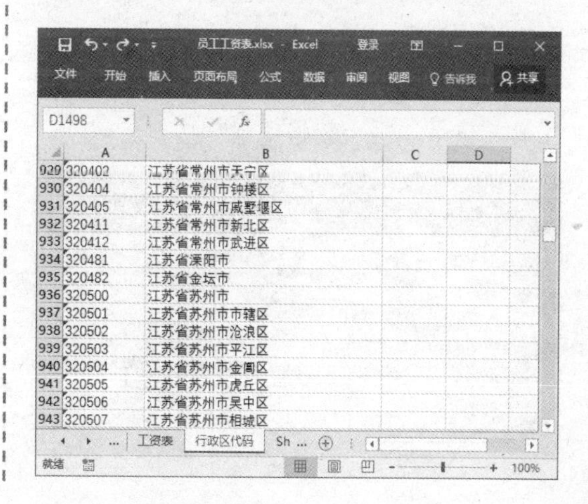

STEP 08 **输入公式** 选择 J3 单元格，在编辑栏中输入公式“=VLOOKUP(LEFT(F3,6),行政区代码!$A$2:$B$3523,2)”。

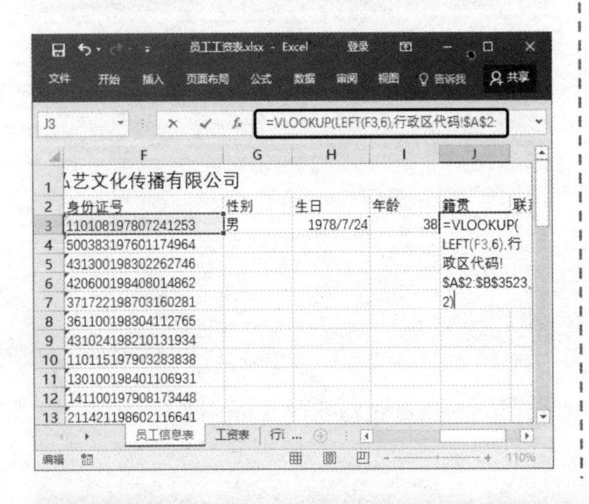

STEP 09 **计算籍贯** 按【Enter】键确认，即可计算出籍贯（身份证号码的前 6 位为地址码，与“行政区代码”工作表中的数据一一对应。使用填充柄填充其他单元格。

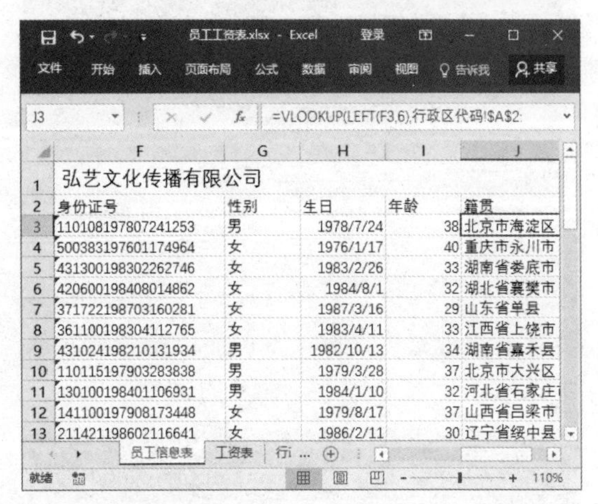

10.4.3 制作工资查询表

要在工资表中快速找到自己所需的数据，可以利用查询和引用函数 VLOOKUP 来实现。下面将详细介绍如何制作工资查询表，具体操作方法如下。

STEP 01 **输入数据** 新建“工资查询表”工作表，输入所需的数据，并设置单元格格式。

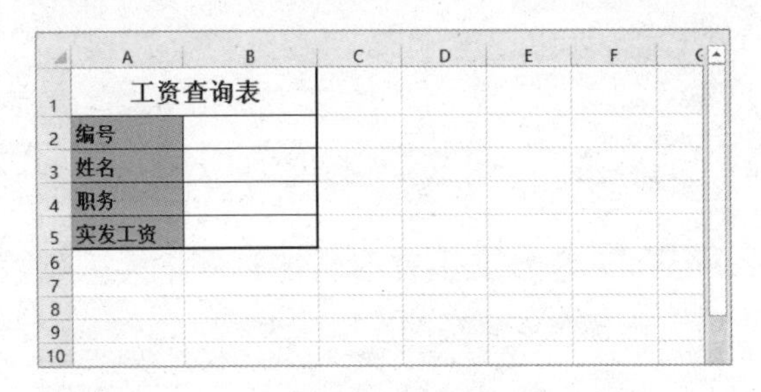

STEP 02 **单击“数据验证”按钮** ❶ 选择 B2 单元格。❷ 在“数据”选项卡下“数据工具”组中单击“数据验证”按钮。

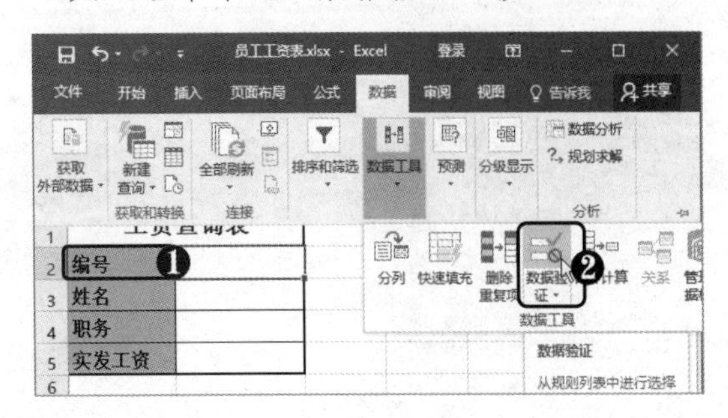

STEP 03 **定位光标** 弹出“数据验证”对话框，❶ 在“允许”下拉列表框中选择“序列”选项。❷ 将光标定位到“来源”文本框中。

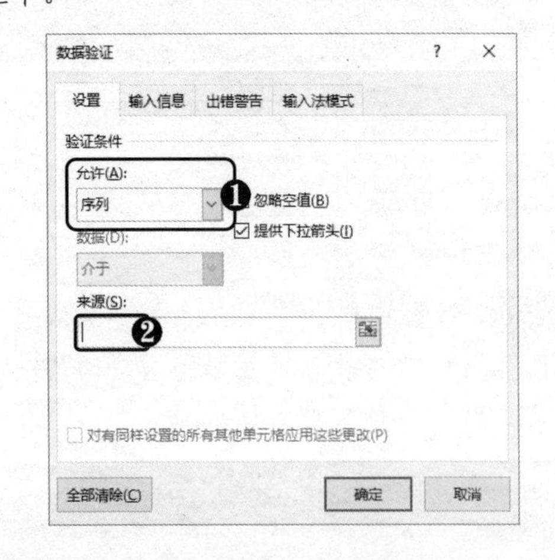

STEP 04 **选择单元格区域** ❶ 选择“工资表”工作表。❷ 选择 A3:A48 单元格区域。

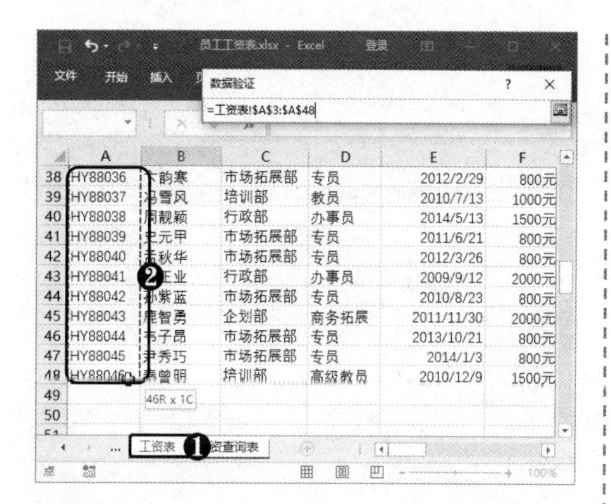

STEP 05 **确认验证设置** 松开鼠标后即可返回“数据验证”对话框，单击“确定”按钮。

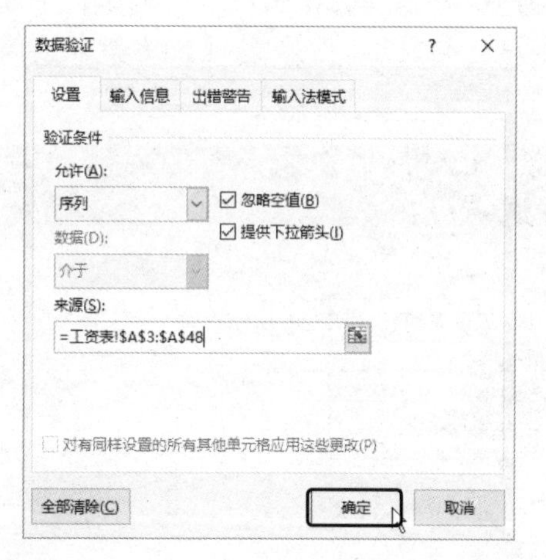

STEP 06 **单击“插入函数”按钮** ❶ 选择B3单元格。❷ 在编辑栏左侧单击“插入函数”按钮f_x。

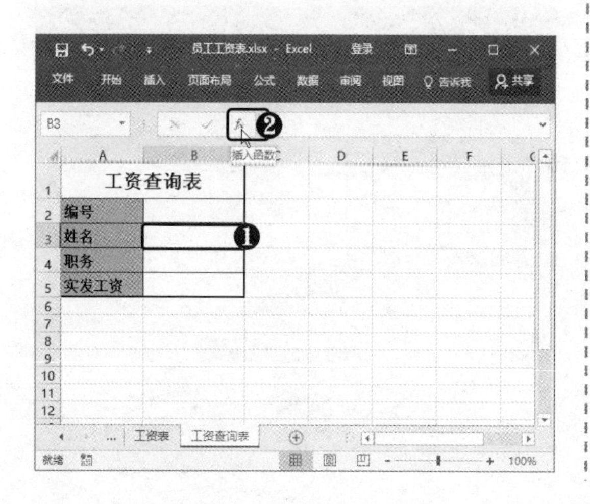

STEP 07 **选择 VLOOKUP 函数** 弹出“插入函数”对话框，❶ 选择“查找与引用”类别。❷ 选择 VLOOKUP 函数。❸ 单击“确定”按钮。

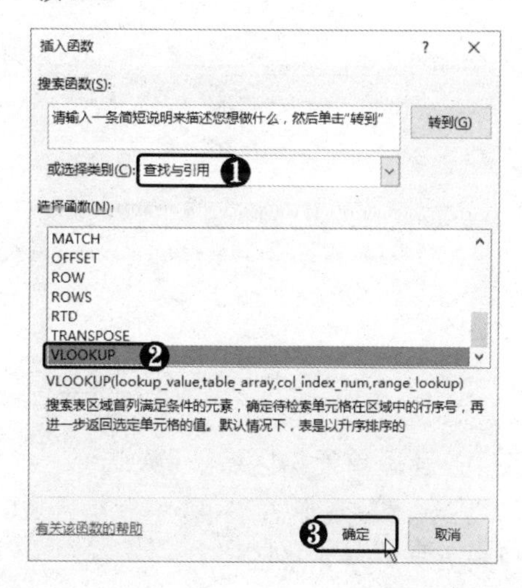

STEP 08 **定位光标** 弹出“函数参数”对话框，将光标定位在 Lookup_value 文本框中。

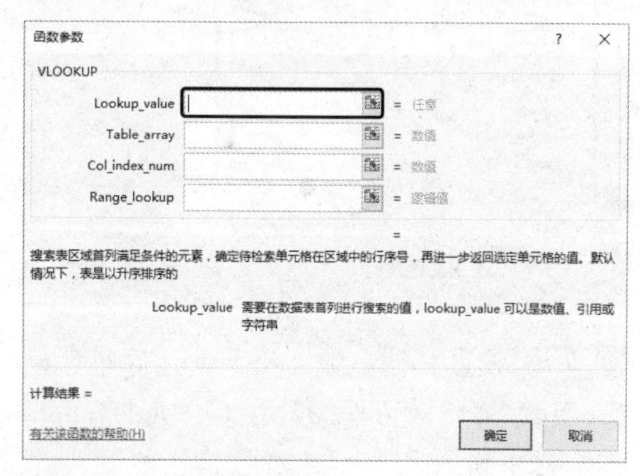

STEP 09 **选择单元格** 在“工资查询表”工作表中选择B2单元格。

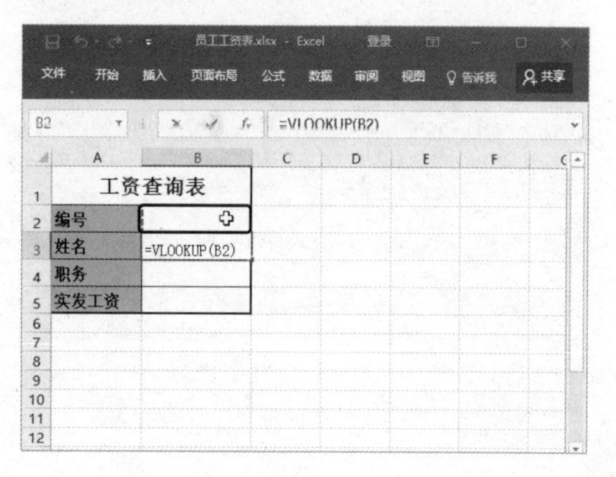

STEP 10 **定位光标** 松开鼠标后即可返回“函数参数”对话框，将光标定位在 Table_array 文本框中。

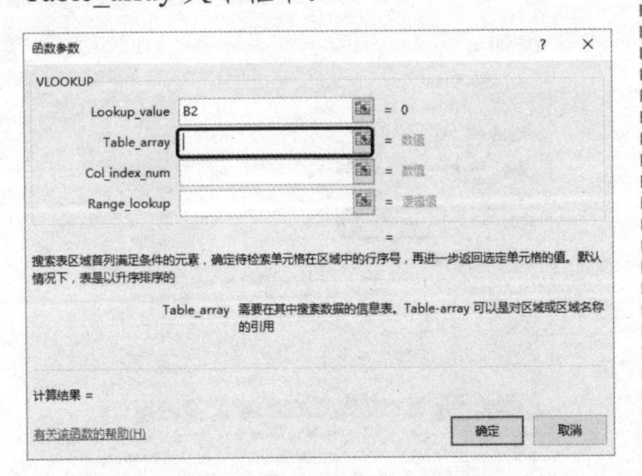

STEP 11 **选择单元格区域** ❶ 选择“工资表”工作表。❷ 选择 A2:N48 单元格区域（即要搜索数据的单元格区域）。

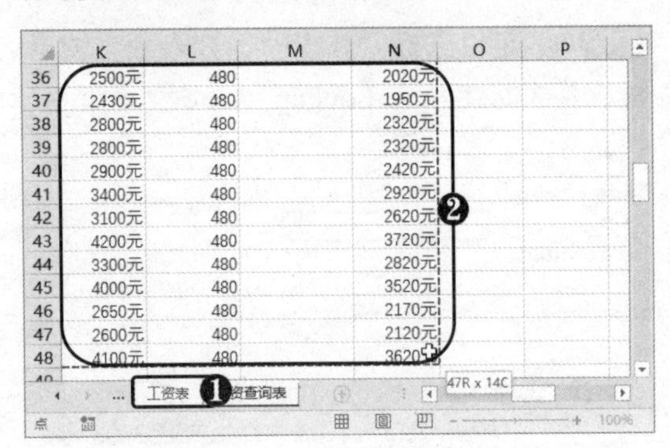

STEP 12 **设置其他参数** 松开鼠标后即可返回“函数参数”对话框，❶ 在 Col_index_num 文本框中输入 2（所选单元格区域的列序号）。❷ 在 Range_lookup 文本框中输入 FALSE。❸ 单击“确定”按钮。

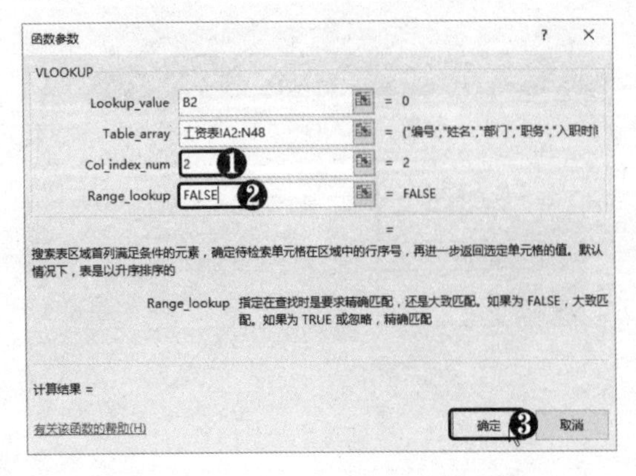

STEP 13 **查看计算结果** 此时即可查看函数计算结果。

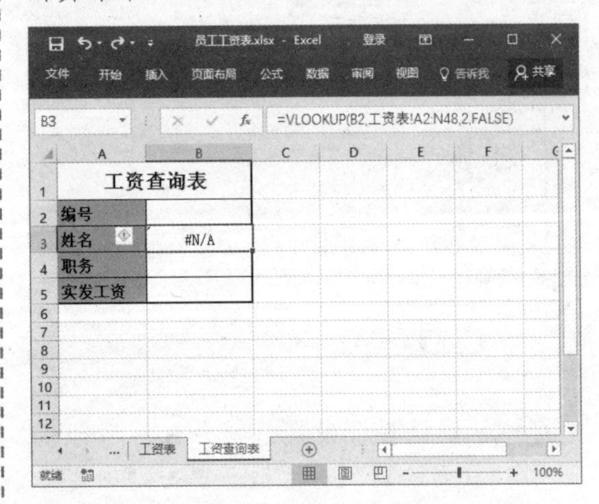

STEP 14 **转换单元格引用** 在编辑栏中选择 B2 单元格引用，按两次【F4】键转换为混合引用。

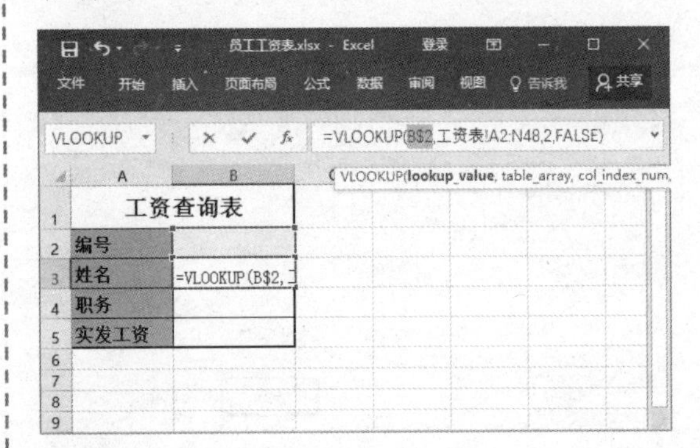

STEP 15 **复制公式** 使用填充柄向下复制公式，❶ 单击“自动填充选项”下拉按钮。❷ 选择“不带格式填充”选项。

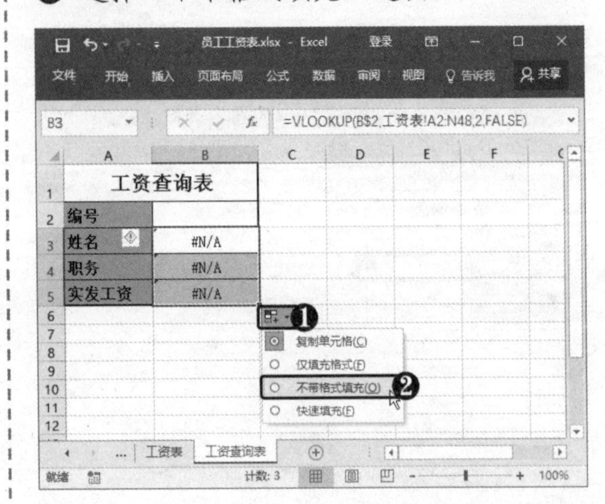

STEP 16 修改公式 ❶ 选择 B4 单元格。❷ 在编辑栏中将函数中代表列的数字修改为 4。

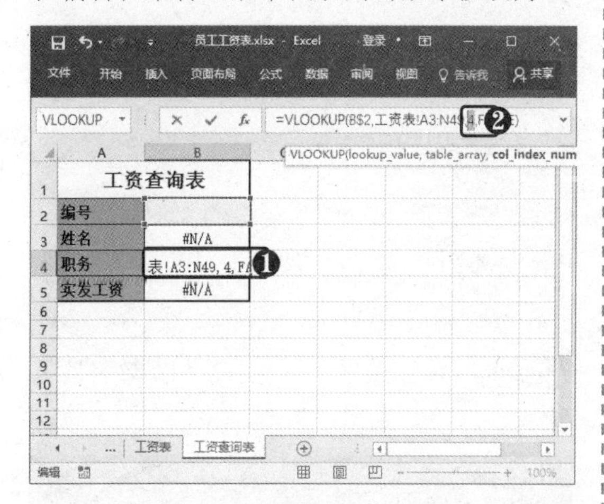

STEP 17 修改公式 ❶ 选择 B5 单元格。❷ 在编辑栏中将函数中代表列的数字修改为 14。

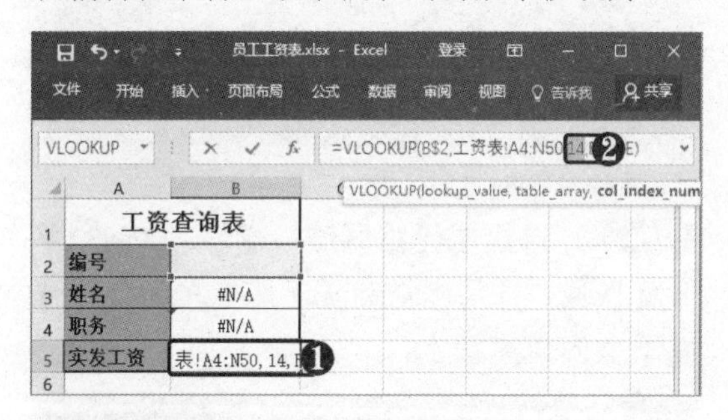

STEP 18 选择编号 ❶ 单击 B2 单元格右侧的下拉按钮。❷ 选择所需的编号。

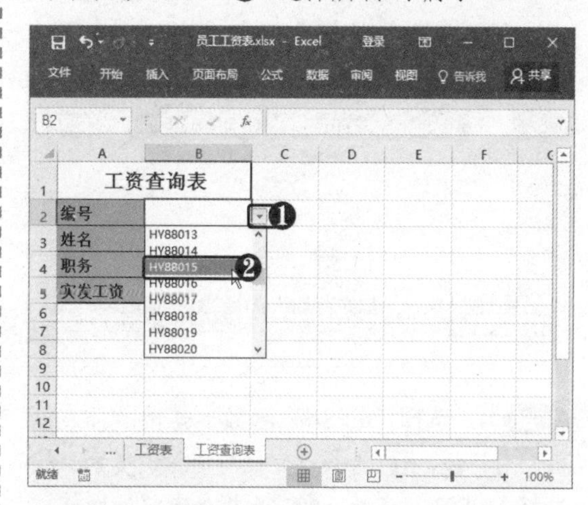

STEP 19 查看查询结果 此时即可显示查询结果。

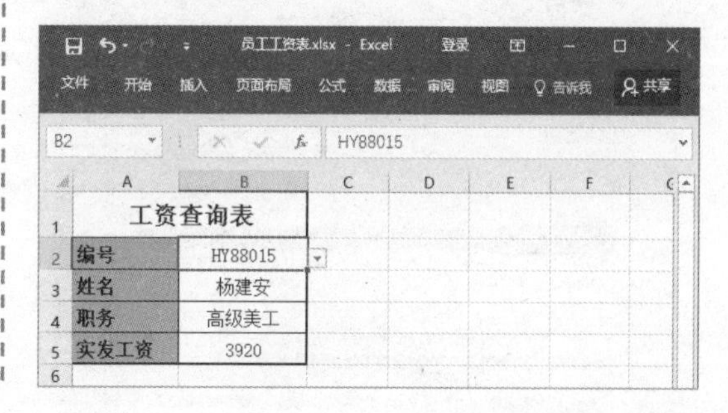

10.4.4 制作工资条

一般在工资表制作完成后，需要为每位员工制作单独的工资条。下面详细介绍如何利用工资表快速生成工资条，具体操作方法如下。

STEP 01 复制数据 在“工资表”工作表中选择 A2:N3 单元格区域，按【Ctrl+C】组合键复制数据。

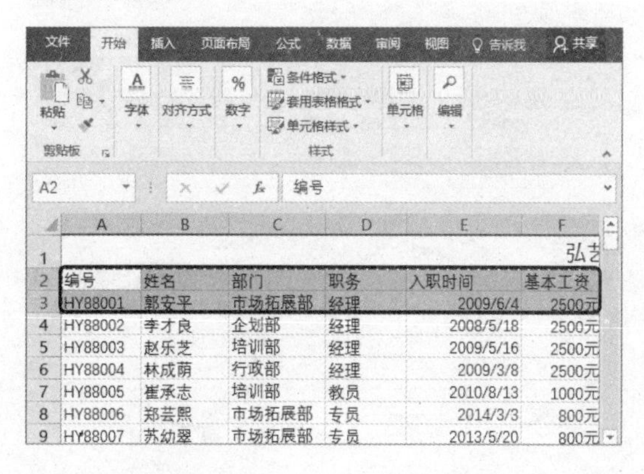

STEP 02 粘贴数据 新建“工资单”工作表，选择 A1 单元格，按【Enter】键粘贴数据，设置居中对齐，并调整各列宽。

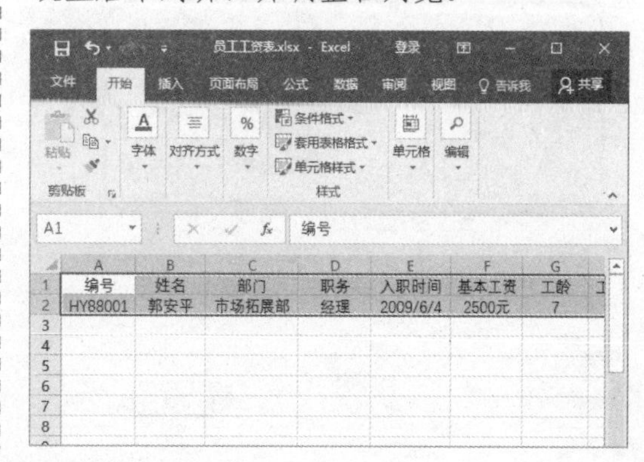

STEP 03 **单击“插入函数”按钮** 为单元格添加边框和底纹。❶ 选择 A2 单元格。❷ 单击“插入函数”按钮 *fx*。

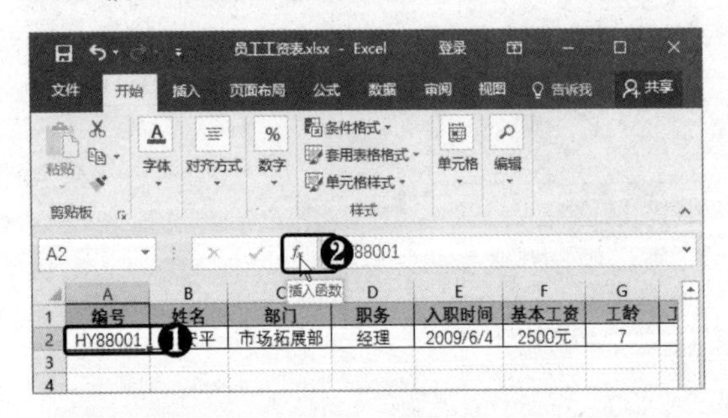

STEP 04 **选择 OFFSET 函数** 弹出“插入函数”对话框，❶ 选择“查找与引用”类别。❷ 选择 OFFSET 函数。❸ 单击“确定”按钮。

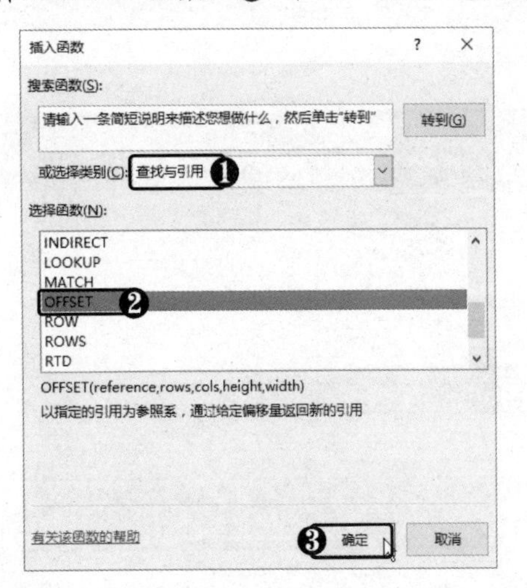

STEP 05 **设置函数参数** 弹出“函数参数”对话框，❶ 设置各函数参数。❷ 单击“确定”按钮。

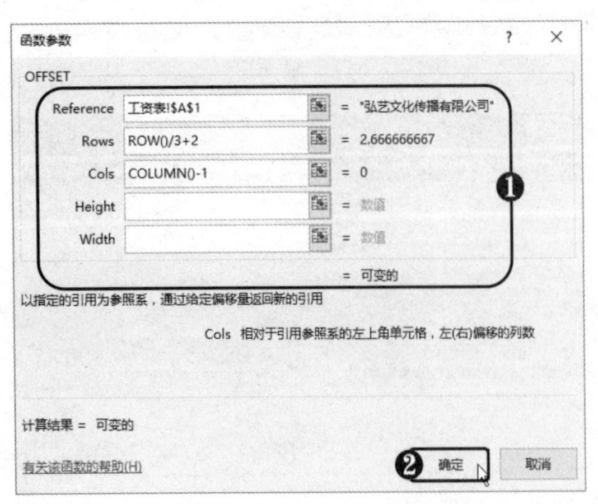

STEP 06 **查看函数** 查看函数，将鼠标指针置于 A2 单元格右下角的填充柄上。

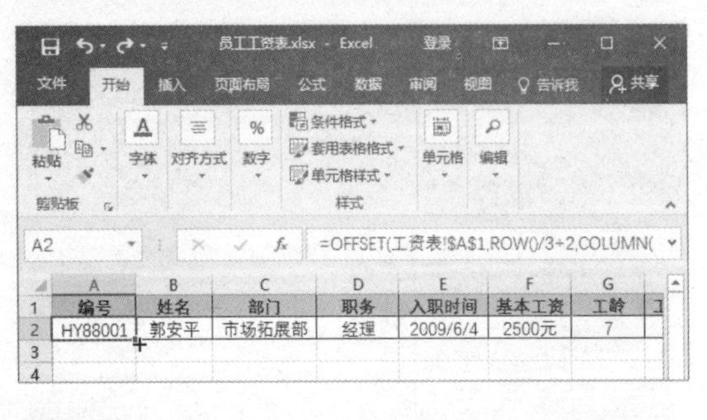

STEP 07 **填充公式** 向右拖动填充柄填充公式。

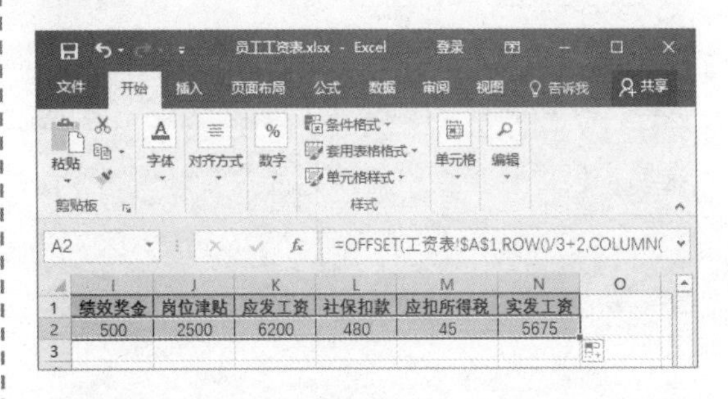

STEP 08 **选择单元格区域** 选择 A1:N3 单元格区域，将鼠标指针置于所选单元格区域右下角的填充柄上。

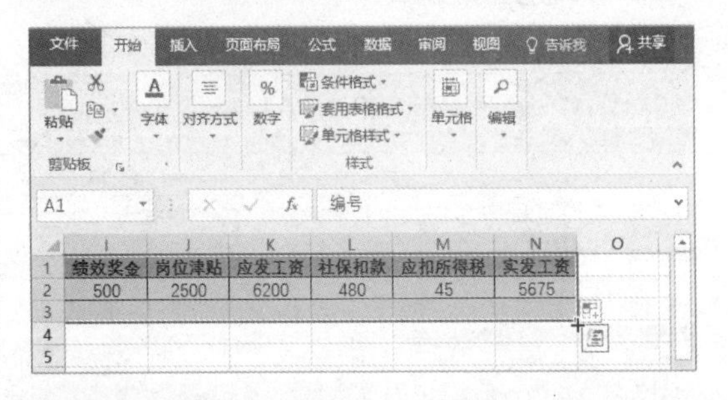

STEP 09 **生成工资条** 向下拖动填充柄，即可生成工资条。

	A	B	C	D	E	F	G
1	编号	姓名	部门	职务	入职时间	基本工资	工龄
2	HY88001	郭安平	市场拓展部	经理	39968	2500	7
3							
4	编号	姓名	部门	职务	入职时间	基本工资	工龄
5	HY88002	李才良	企划部	经理	39586	2500	8
6							
7	编号	姓名	部门	职务	入职时间	基本工资	工龄
8	HY88003	赵乐芝	培训部	经理	39949	2500	7
9							
10	编号	姓名	部门	职务	入职时间	基本工资	工龄
11	HY88004	林成荫	行政部	经理	39880	2500	7
12							
13	编号	姓名	部门	职务	入职时间	基本工资	工龄
14	HY88005	崔承志	培训部	教员	40403	1000	6
15							

工资查询表　工资条

Chapter

11

工作表数据管理与分析

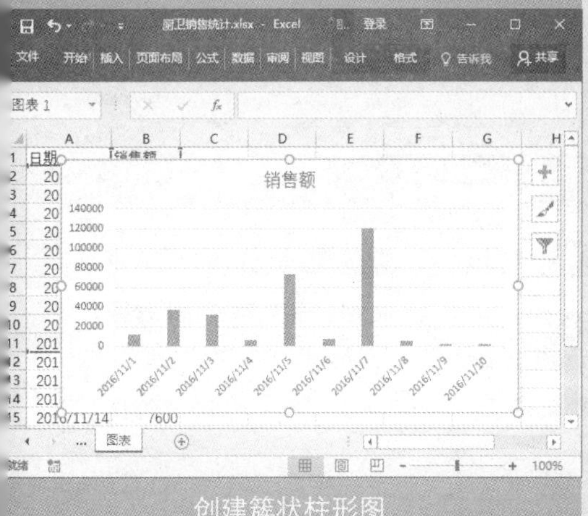

创建簇状柱形图

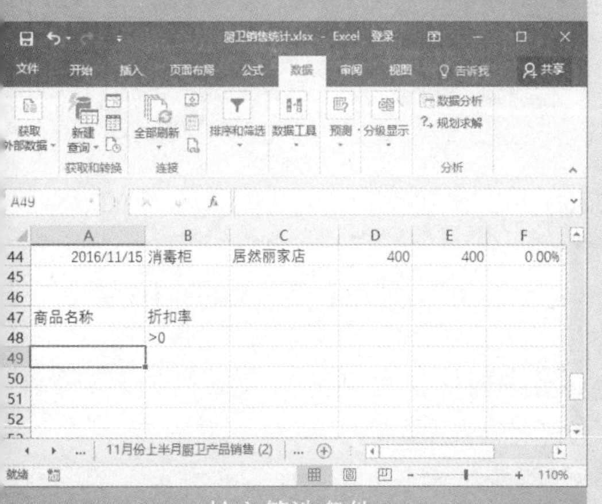

输入筛选条件

在 Excel 办公表格中，很多情况下都需要对数据进行管理与分析。本章将详细介绍如何在工作表中应用图表分析数据、筛选与排序数据、分类汇总数据、应用数据透视表、数据透视图管理与分析数据等知识。

11.1 使用图表分析数据

将统计的数据转换为图表，可以更清楚地体现数据之间的数量关系，分析数据的走势和预测发展趋势。在 Excel 2016 中，可以很轻松地将工作表中的数据转换为各种类型的图表，只需根据图表制作向导选择自己喜欢的图表类型、图表布局和图表样式即可。

11.1.1 创建图表

创建数据表后，即可根据数据来创建图表，具体操作方法如下。

STEP 01 单击"合并计算"按钮 打开素材文件，新建"图表"工作表。❶ 选择"数据"选项卡。❷ 在"数据工具"组中单击"合并计算"按钮。

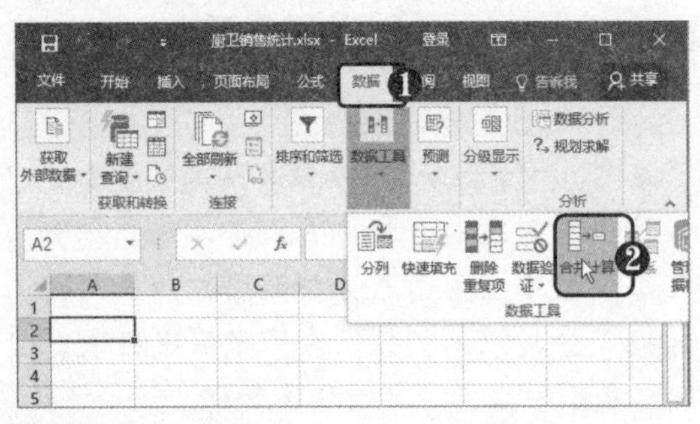

STEP 02 定位光标 弹出"合并计算"对话框，将光标定位到"引用位置"文本框中。

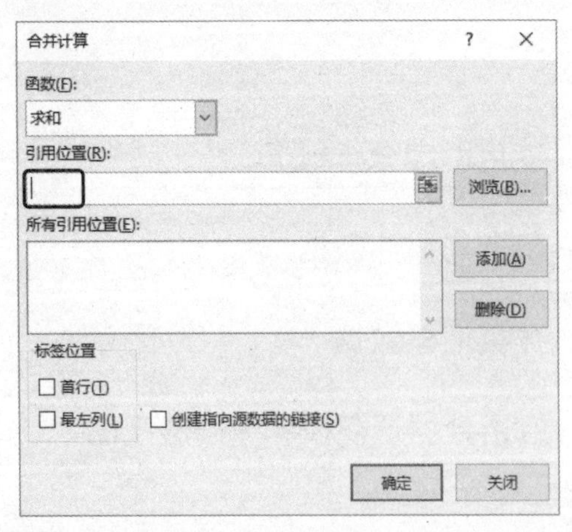

STEP 03 选择单元格区域 ❶ 选择"11 月份上半月厨卫产品销售"工作表。❷ 选择 A2:H44 单元格区域。

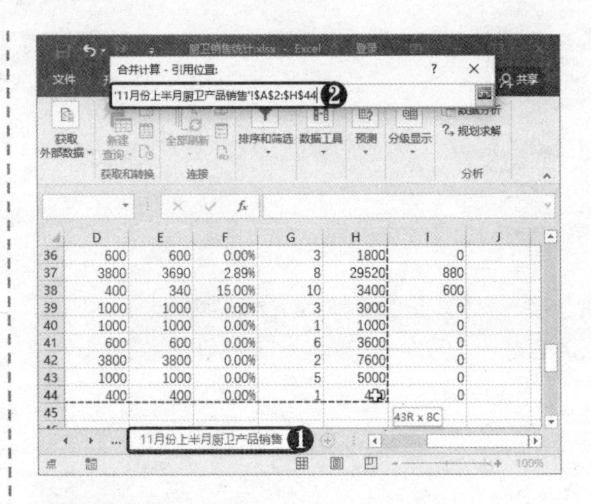

STEP 04 设置标签位置 松开鼠标后即可返回"合并计算"对话框，❶ 选中"最左列"复选框。❷ 单击"确定"按钮。

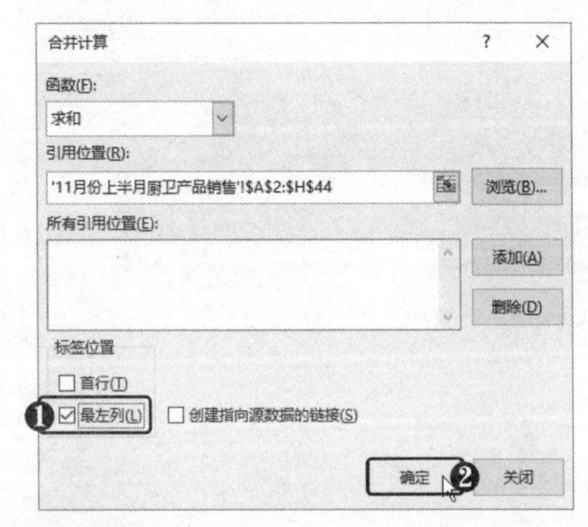

STEP 05 删除列 此时即可将最左列的日期进行合并计算，❶ 选中 B~G 列并右击。❷ 选择"删除"命令。

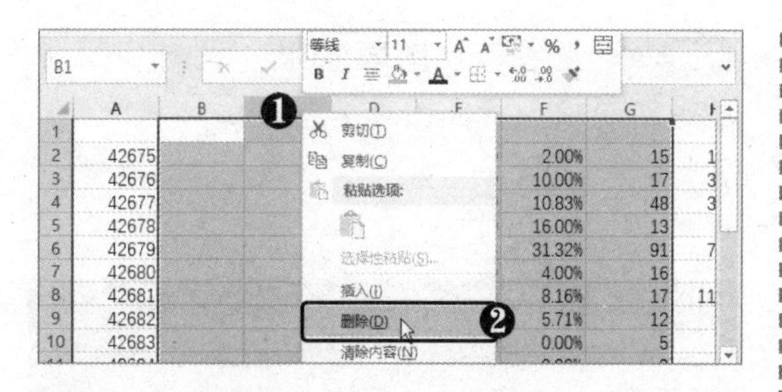

STEP 06 设置数字格式 在A1和B1单元格区域输入表头文本，❶ 选择A列。❷ 在“数字格式”下拉列表中选择“短日期”选项。

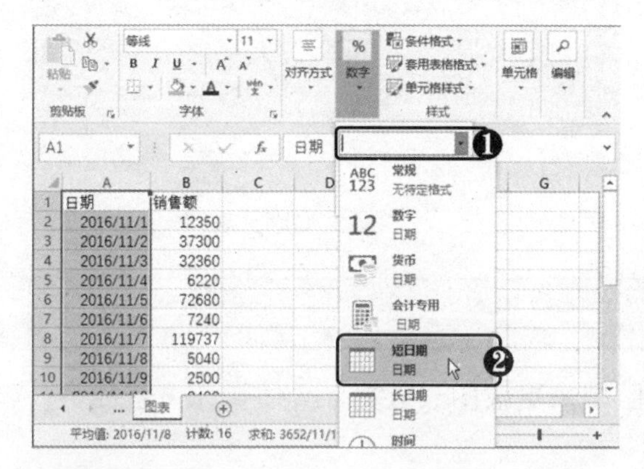

STEP 07 选择图表类型 选择A1:B16单元格区域，❶ 单击右下角的“快速分析”按钮。❷ 在弹出的面板中选择“图表”选项卡。❸ 单击“簇状柱形图”按钮。

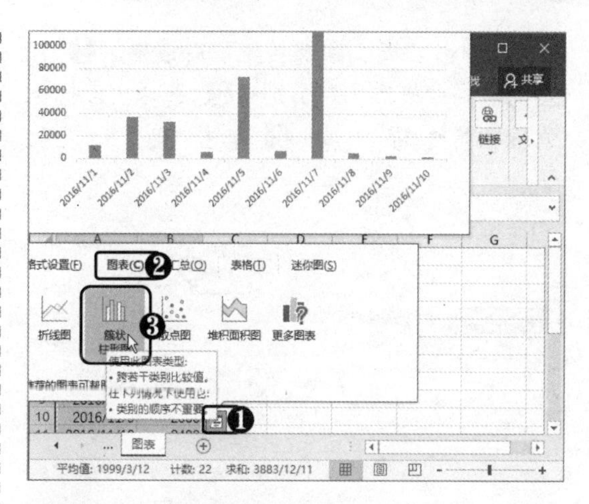

STEP 08 创建簇状柱形图 此时即可创建簇状柱形图图表。

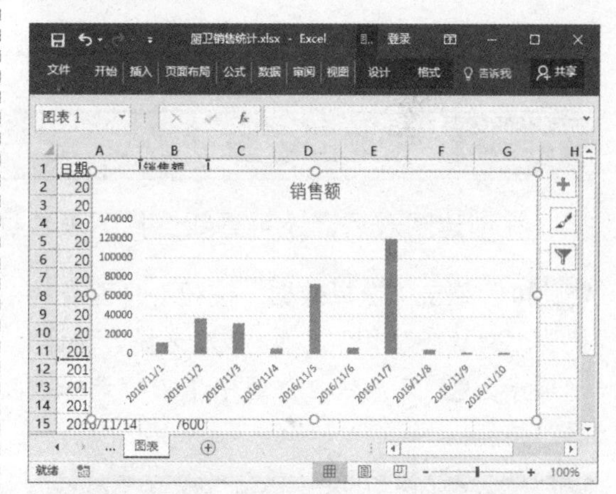

11.1.2 更改图表类型

创建图表后还可根据需要更改图表类型，具体操作方法如下。

STEP 01 选择图表类型 ❶ 选中图表。❷ 在“插入”选项卡下“图表”组中单击“插入统计图表”下拉按钮。❸ 选择图表类型。

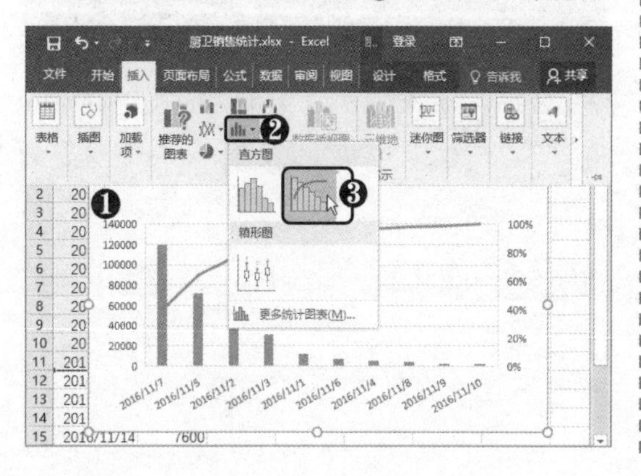

STEP 02 查看转换效果 此时即可将柱形图转换为排列图表类型。

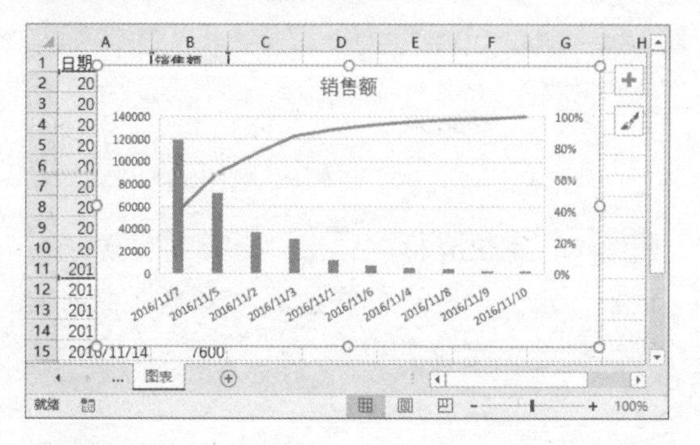

STEP 03 选择图表类型 要转换为其他类型的图表，可单击“图表”组右下角的扩展按

钮⊡，弹出“更改图表类型”对话框。❶ 在左侧选择“折线图”类别。❷ 选择“带标记的堆积折线图”类型。❸ 单击“确定”按钮。

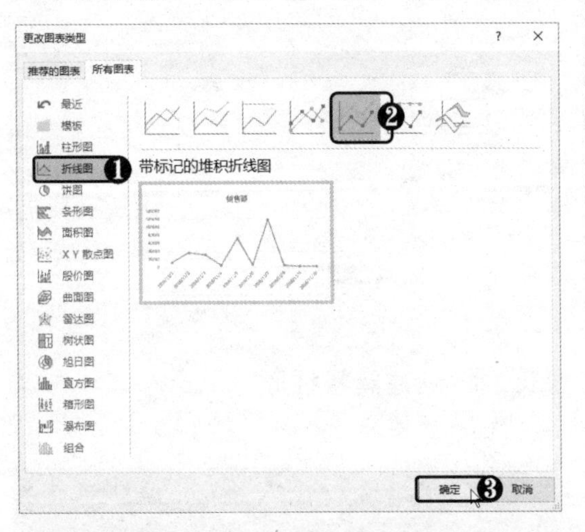

STEP 04 **查看转换图表效果** 此时即可将柱形图转换为折线图表类型。

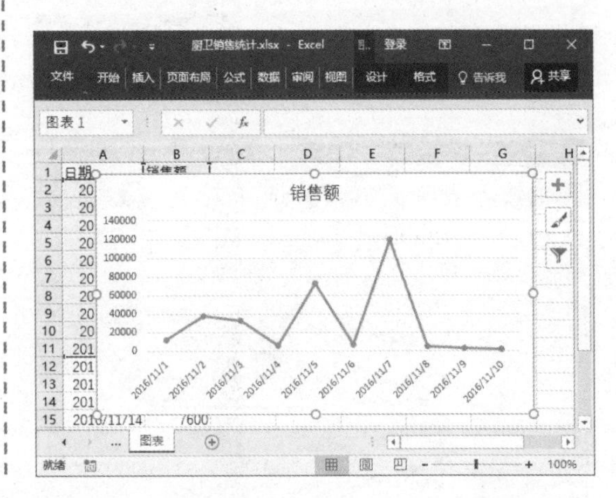

11.1.3 更改图表数据源

在创建图表后，还可重新选择图表数据区域来更改图表数据，具体操作方法如下。

STEP 01 **单击“选择数据”按钮** 将图表转换为“簇状条形图”类型，❶ 选择“设计”选项卡。❷ 在“数据”组中单击“选择数据”按钮。

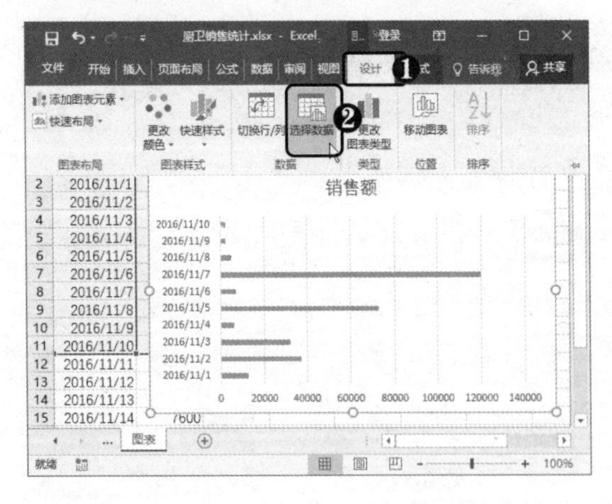

STEP 02 **定位光标** 弹出“选择数据源”对话框，清除“图表数据区域”文本框中的内容，将光标定位其中。

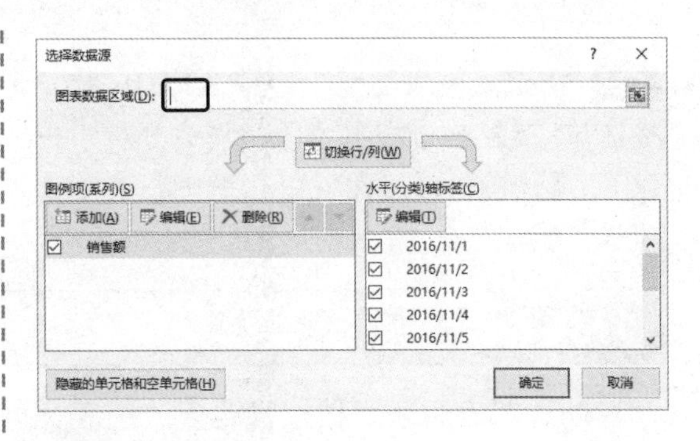

STEP 03 **设置数据源** 在工作表中重新选择要作为数据源的单元格区域。

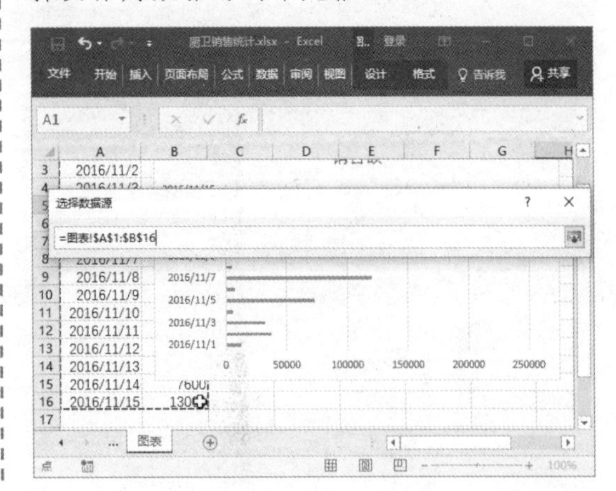

STEP 04 确认设置 松开鼠标后返回“选择数据源”对话框，单击“确定”按钮。

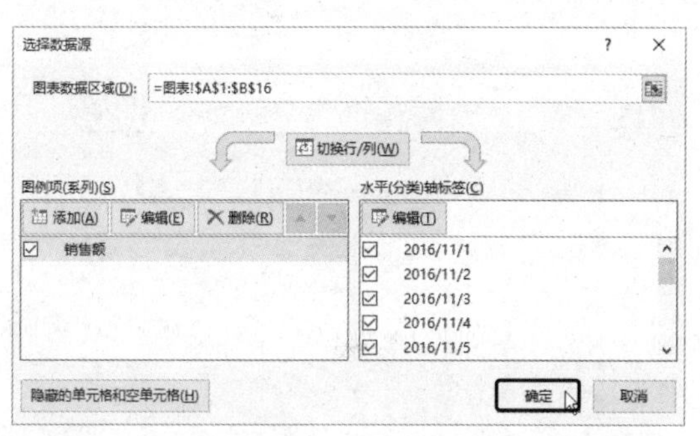

STEP 05 查看图表效果 此时即可查看更改数据区域后的图表效果。

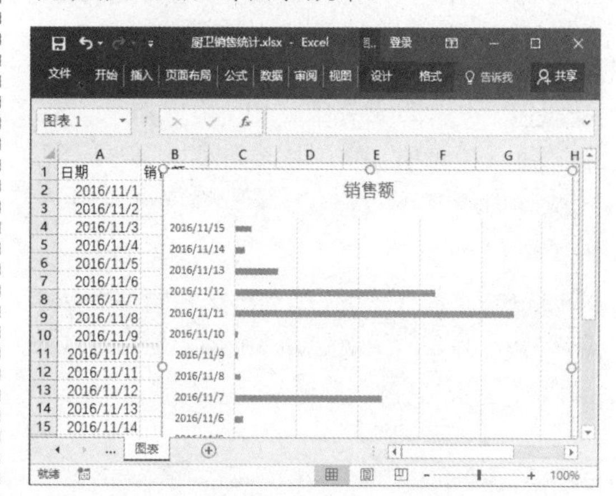

11.1.4 隐藏图表数据

在 Excel 2016 中，可以使用图表筛选器显示或隐藏图表中的数据系列或类别，具体操作方法如下。

STEP 01 单击“图表筛选器”按钮 ❶ 选中图表。❷ 在图表右侧单击“图表筛选器”按钮。

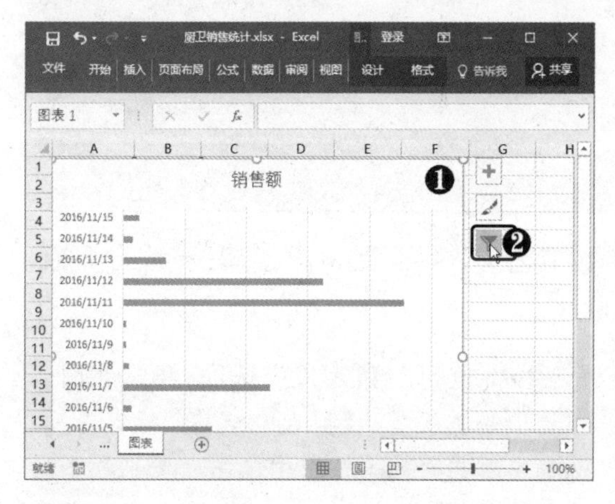

STEP 02 设置要隐藏的数据 ❶ 取消选择要隐藏的类别前的复选框。❷ 单击“应用”按钮。

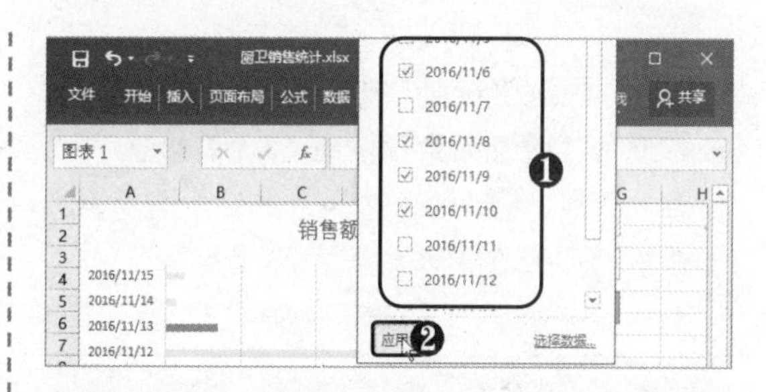

STEP 03 查看隐藏效果 此时即可在图表中隐藏相应的类别。若要再次显示，只需选中相应的复选框即可。

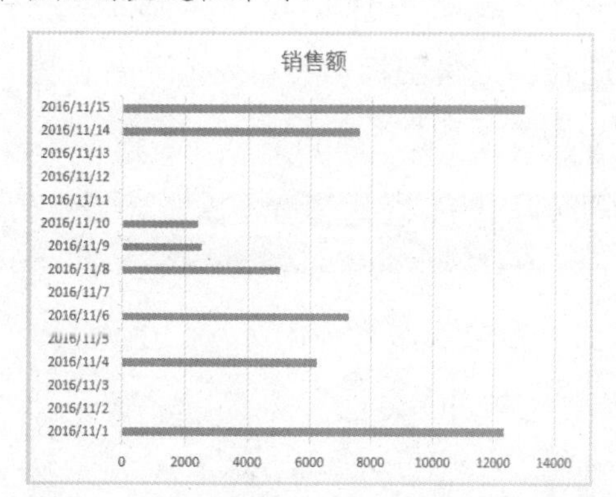

11.1.5 添加图表元素

图表中包含了多种元素，默认情况下只会显示一部分的元素，如图表区、绘图区、

坐标轴、图例、网格线等。要显示图表的其他元素，则需要进行添加和设置，具体操作方法如下。

STEP 01 **转换图表类型** ❶ 选中图表。❷ 在“插入”选项卡下“图表”组中单击“插入统计图表”下拉按钮。❸ 选择簇状柱形图类型。

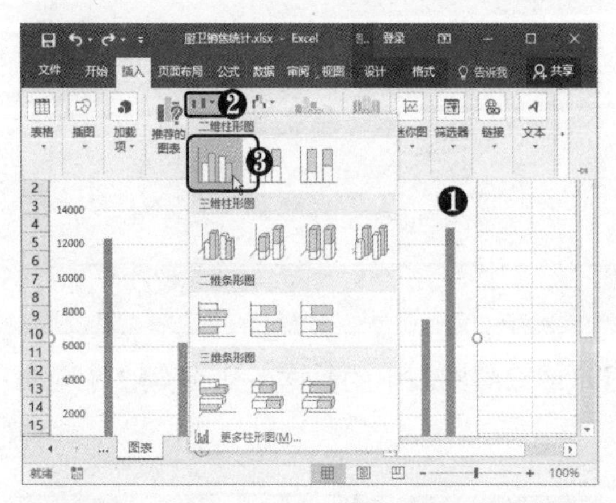

STEP 02 **隐藏坐标轴** ❶ 选中图表。❷ 单击右侧的“图表元素”按钮+。❸ 选择“坐标轴”选项。❹ 取消选择“主要纵坐标轴”复选框，即可在图表中隐藏纵坐标轴。

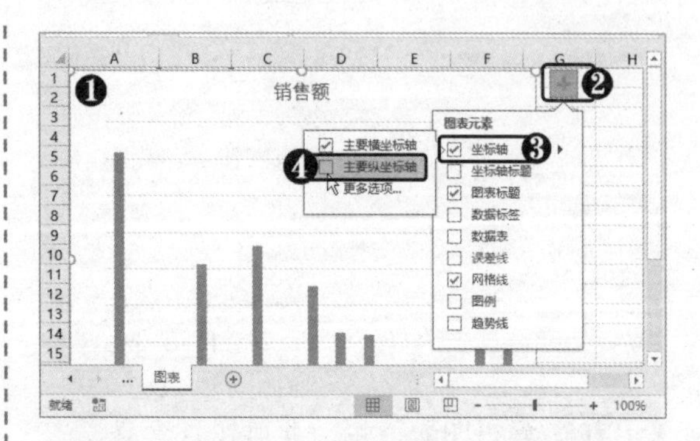

STEP 03 **显示数据标签** ❶ 单击“图表元素”按钮+。❷ 选择“数据标签”选项。❸ 选择“数据标签外”选项。

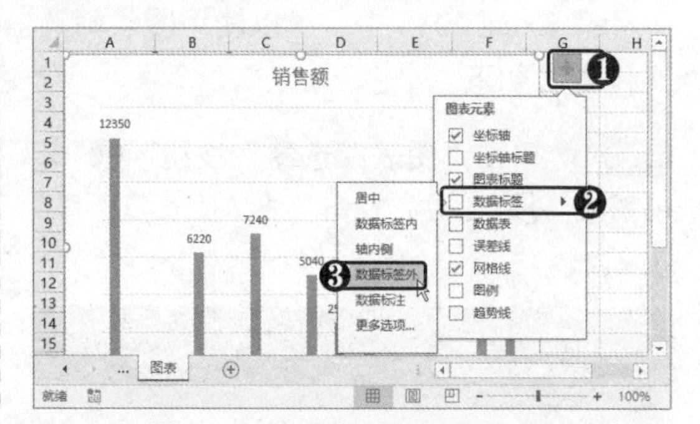

11.1.6 设置图表元素格式

在 Excel 2016 中，可以对图表各元素的参数或格式进行自定义设置，如更改坐标轴、数据标签、网格线等格式，具体操作方法如下。

STEP 01 **双击图标** 在图表的空白位置双击，打开“设置图表区格式”窗格。

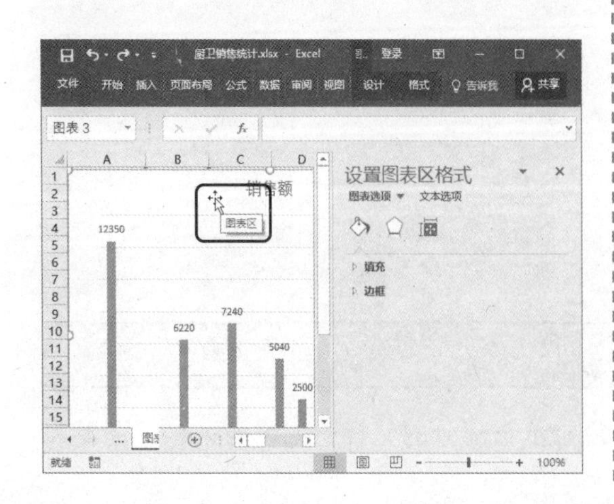

STEP 02 **选择“自定义”选项** ❶ 在图表中选中数据标签。❷ 在右窗格“标签选项”选项卡下“数字”组中单击“类别”下拉按钮。❸ 选择“自定义”选项。

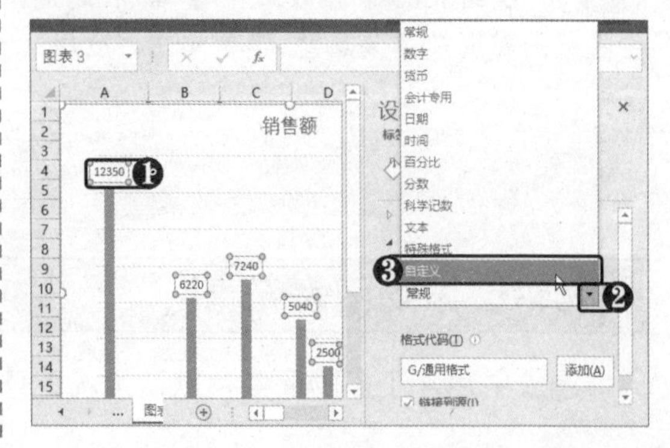

STEP 03 选择类型 在“类型”下拉列表框中选择所需的数字格式。

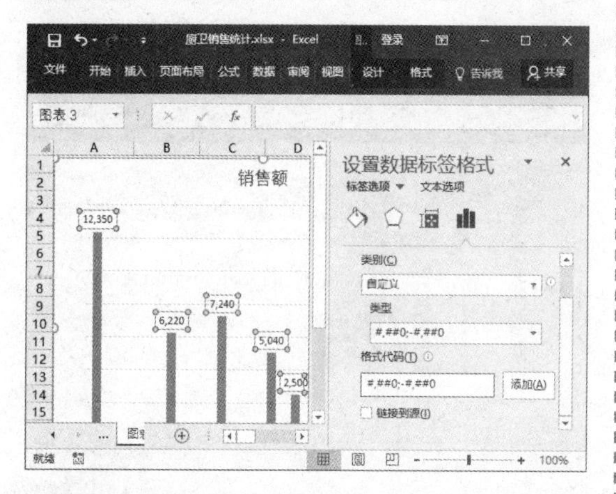

STEP 04 自定义数字格式 ❶ 在“格式代码”文本框中输入“#"元"”。❷ 单击“添加”按钮。

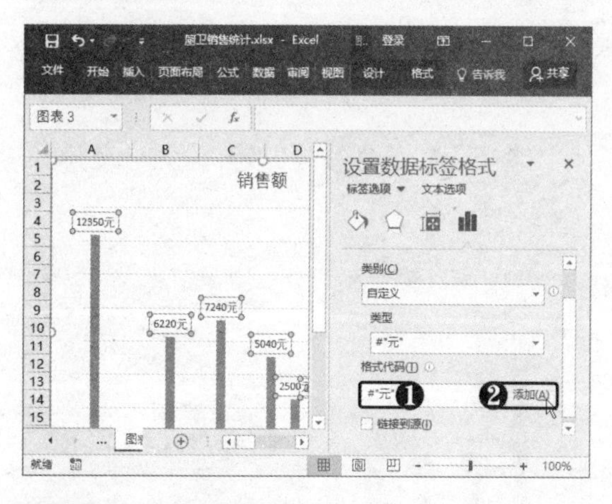

STEP 05 选择图表元素 ❶ 在图表中选择下方的横坐标轴。❷ 在右窗格中选择“坐标轴选项”选项卡📊。

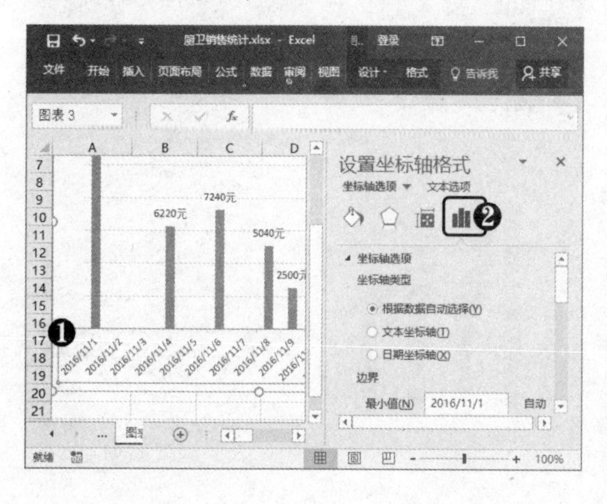

STEP 06 设置坐标轴选项 在“坐标轴类型”列表中选中“文本坐标轴”单选按钮。

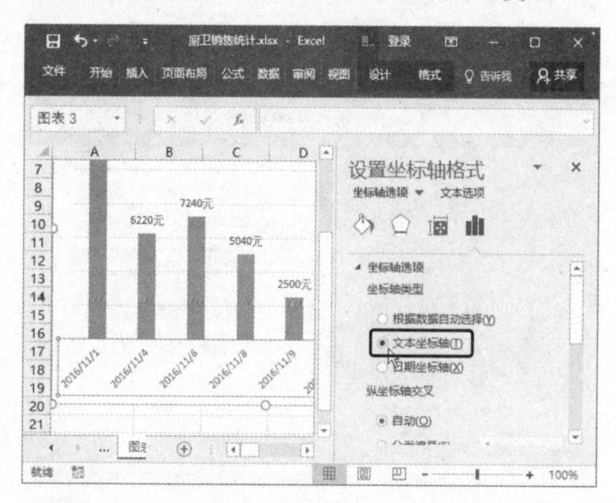

STEP 07 设置逆序 选中“逆序类别”复选框，即可使图表类别逆向排序。

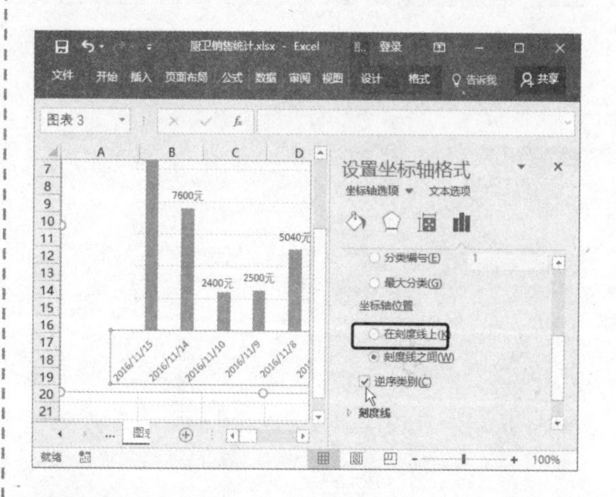

STEP 08 设置距离 在“标签”选项区中设置坐标轴文本与坐标轴的距离。

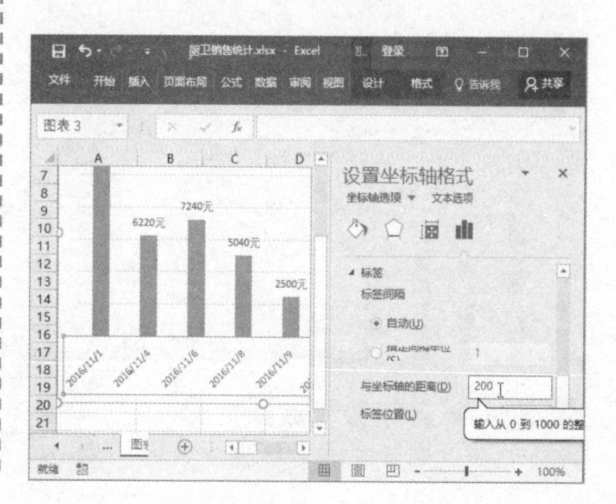

STEP 09 **选择图表元素** ❶ 单击右窗格上方的“坐标轴选项”下拉按钮。❷ 选择“垂直（值）轴 主要网格线”选项。

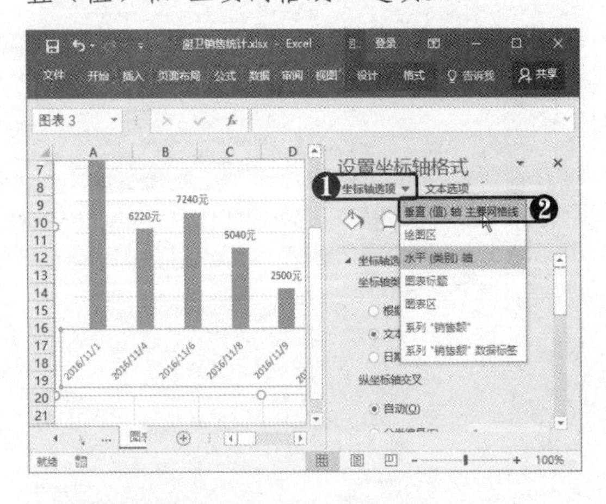

STEP 10 **设置网格线颜色** 此时右窗格自动变为“设置主要网格线格式”窗格，❶ 选择“填充与线条”选项卡。❷ 设置线条颜色。

11.1.7 添加趋势线

趋势线用图形的方式显示了数据的预测趋势，并可用于预测分析。在图表中添加趋势线的具体操作方法如下。

STEP 01 **选中系列** 在图表中单击柱形系列将其选中。

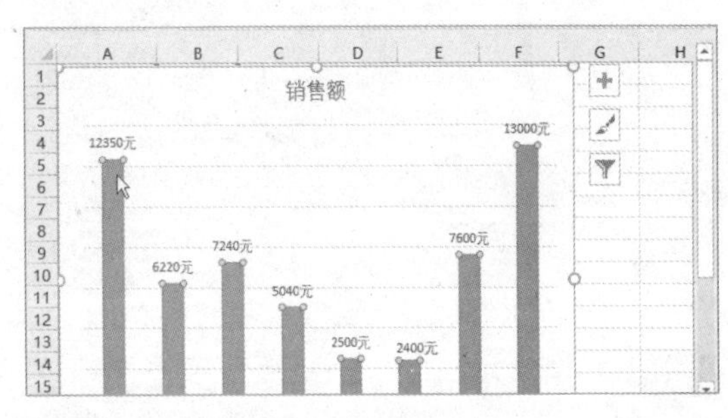

STEP 02 **添加趋势线** ❶ 在图表右侧单击“图表元素”按钮。❷ 在弹出的列表中选中“趋势线”复选框。

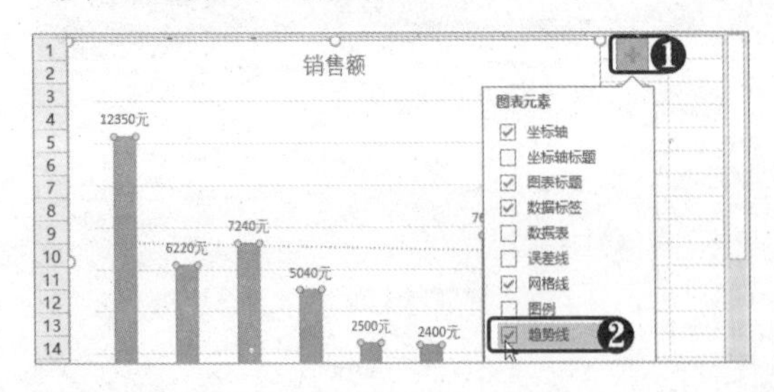

STEP 03 **设置趋势线选项** ❶ 双击趋势线，打开“设置趋势线格式”窗格。❷ 选中“多项式”单选按钮。❸ 输入“顺序”个数为 3。

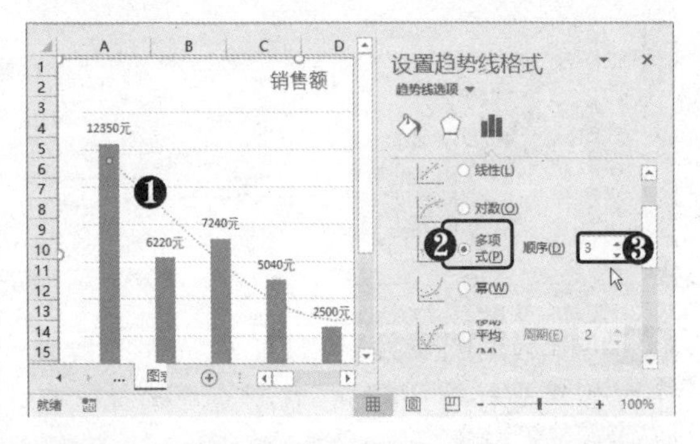

STEP 04 **输入趋势线名称** ❶ 在“趋势线名称”选项区中选中“自定义”单选按钮。❷ 输入趋势线名称。

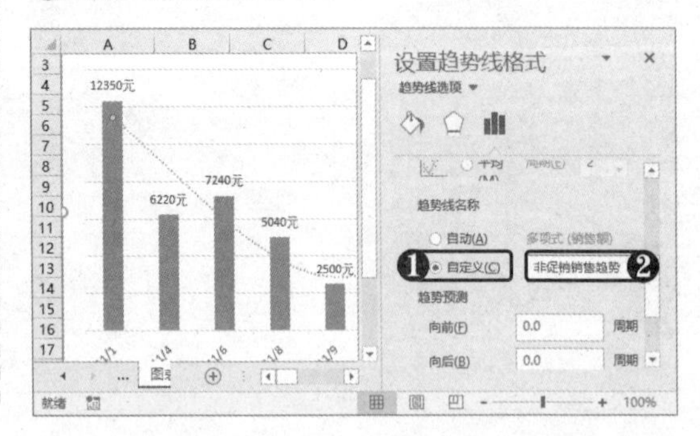

11.1.8 美化图表

在创建图表后，可以为图表应用预设样式，或单独设置各图表元素的格式，使其更加美观，具体操作方法如下。

STEP 01 应用样式 选中图表，❶ 选择“设计”选项卡。❷ 单击“快速样式”下拉按钮。❸ 选择所需的图表样式。

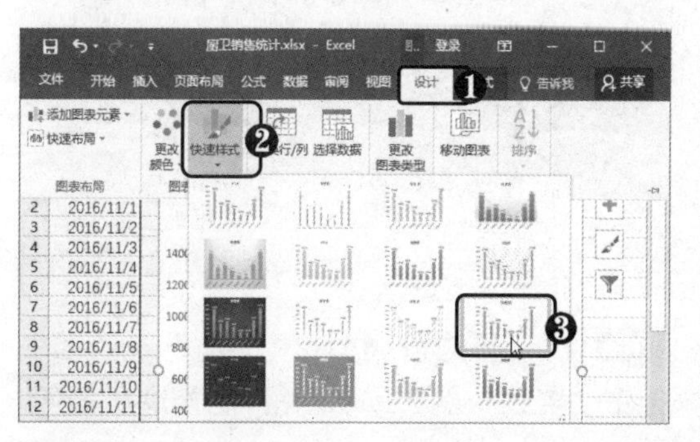

STEP 02 设置字体颜色 ❶ 选中图表。❷ 在“开始”选项卡下“字体”组中设置字体颜色为黑色。

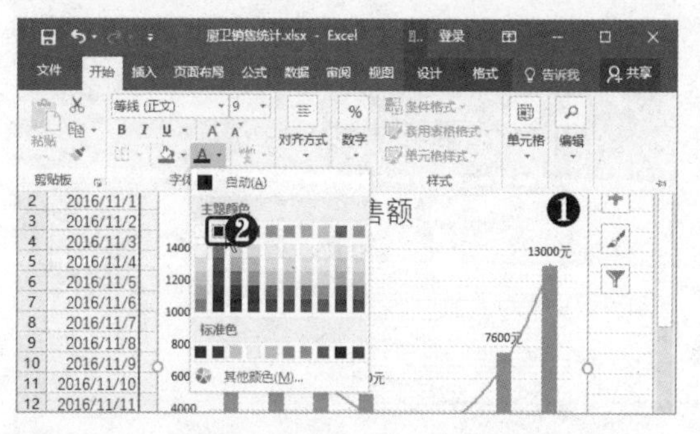

STEP 03 设置字体格式 ❶ 选中图表标题。❷ 在“字体”组中设置字体格式为“黑体”。

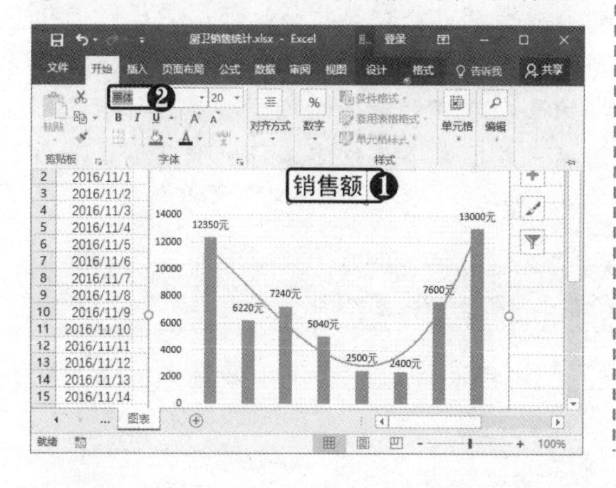

STEP 04 应用阴影效果 ❶ 选择“格式”选项卡。❷ 在“形状样式”组中单击“形状效果”下拉按钮。❸ 选择所需的阴影效果。

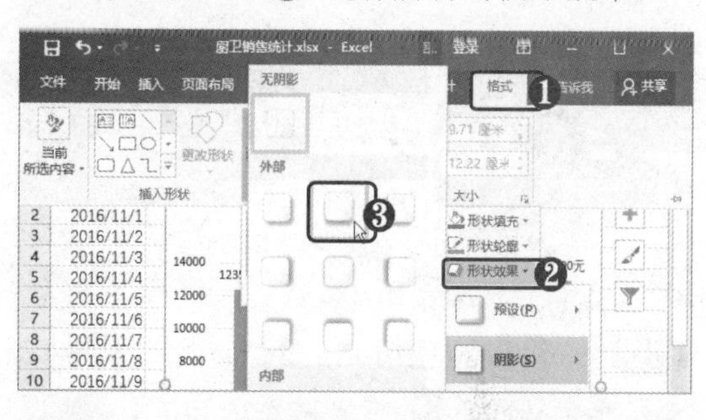

STEP 05 单击“文件”按钮 ❶ 双击图表，打开“设置图表区格式”窗格。❷ 选择“填充与线条”选项卡。❸ 选中“图片或纹理填充”单选按钮。❹ 单击“文件”按钮。

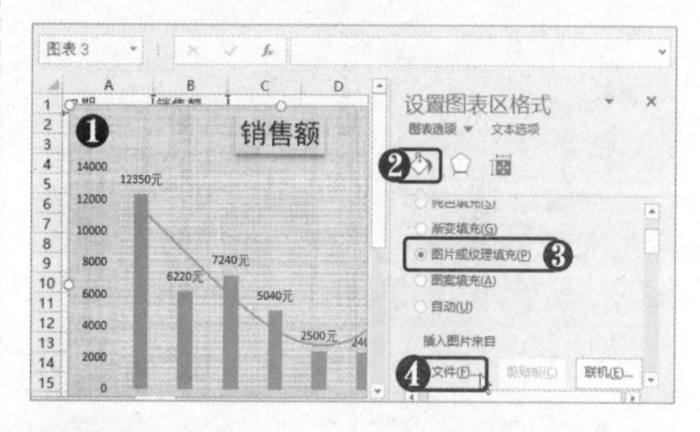

STEP 06 选择图片 弹出“插入图片”对话框，❶ 选择图片。❷ 单击“插入”按钮。

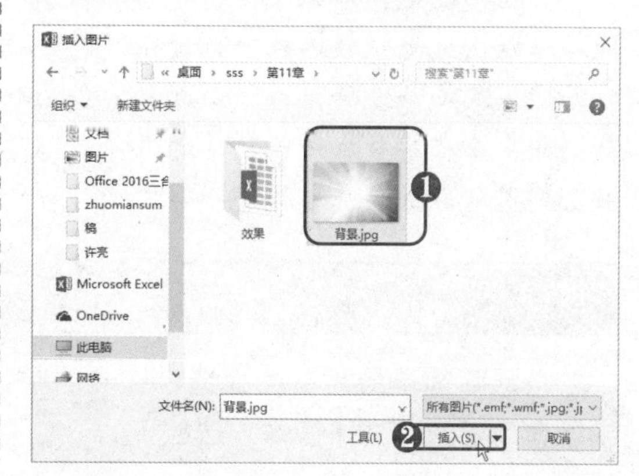

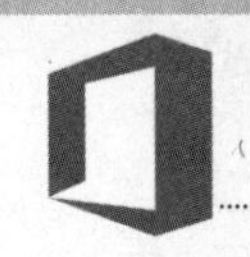

STEP 07 **选择图表元素** ❶ 在右窗格中单击“图表选项”下拉按钮。❷ 选择“绘图区”选项。

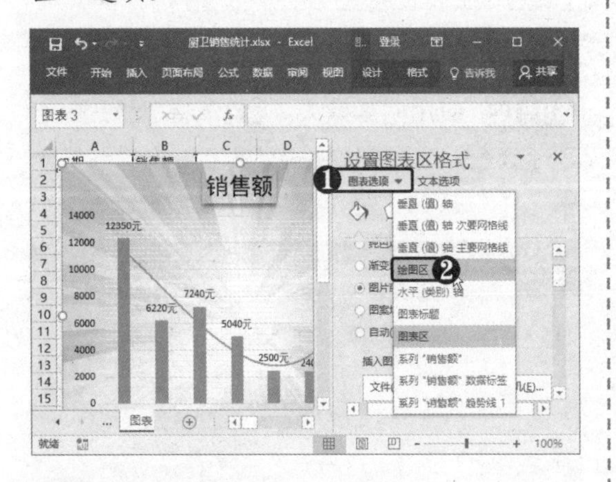

STEP 08 **设置纯色填充** ❶ 选中“纯色填充”单选按钮。❷ 设置颜色为白色。❸ 设置透明度为40%。

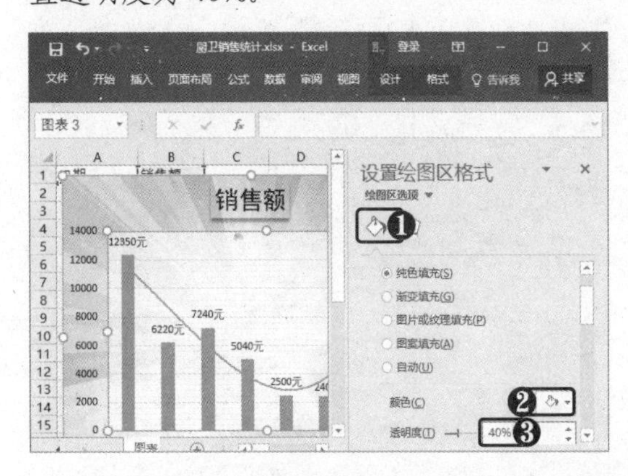

STEP 09 **设置渐变填充** ❶ 在图表中选中系列。❷ 选中“渐变填充”单选按钮，并根据需要设置各项渐变参数。

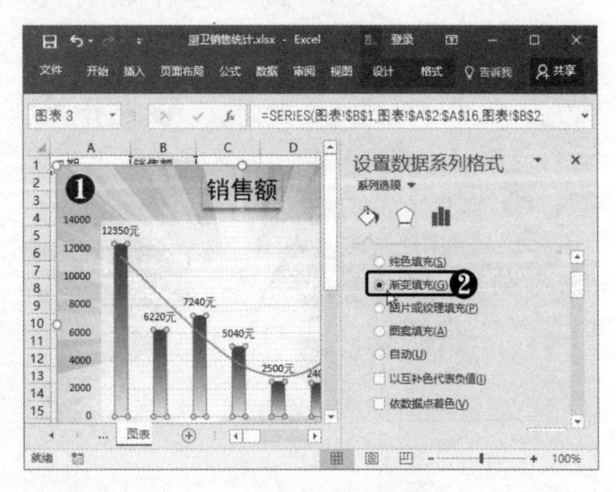

STEP 10 **设置边框** ❶ 在“边框”选项区中选中“实线”单选按钮。❷ 设置边框颜色。

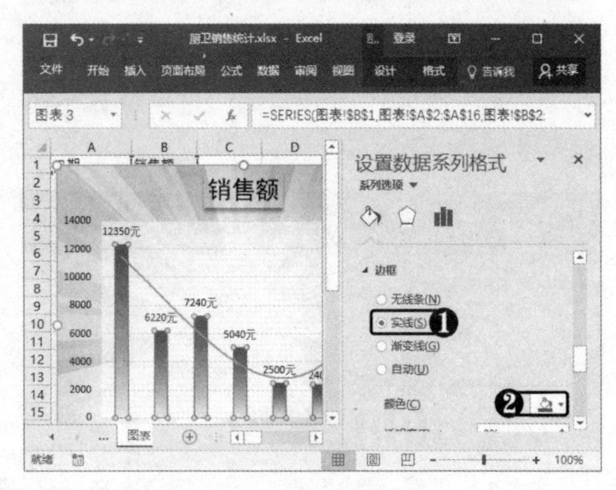

11.2 筛选与排序数据

数据筛选是指筛选出符合条件的数据。如果数据表中的数据很多，使用数据筛选功能后可以快速查找数据表中符合条件的数据，此时表格中只显示筛选出的数据记录，并将其他不满足条件的记录隐藏起来。使用数据筛选功能可以节省时间，提高工作效率。数据排序是指对数据进行简单的升序或降序排序，或按多个关键字进行。下面将详细介绍如何进行数据筛选与排序。

11.2.1 自动筛选

自动筛选是最简单的筛选，在一般情况下使用自动筛选能够满足最基本的筛选要求。自动筛选的具体操作方法如下。

STEP 01 **单击“筛选”按钮** ❶选择数据区域的任一单元格。❷在“数据”选项卡下单击“筛选”按钮。

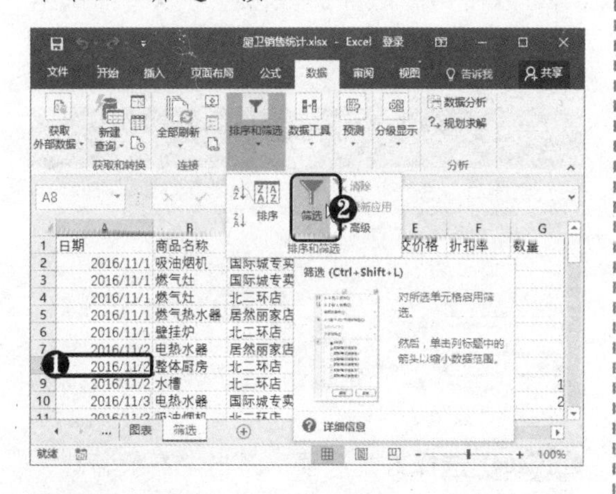

STEP 02 **设置筛选商品名称** 此时在每列的标题单元格中出现筛选按钮，❶单击“商品名称”右侧的筛选按钮。❷在弹出的列表中对商品进行筛选，在此选中“电热水器”和“燃气热水器”前的复选框。❸单击“确定”按钮。

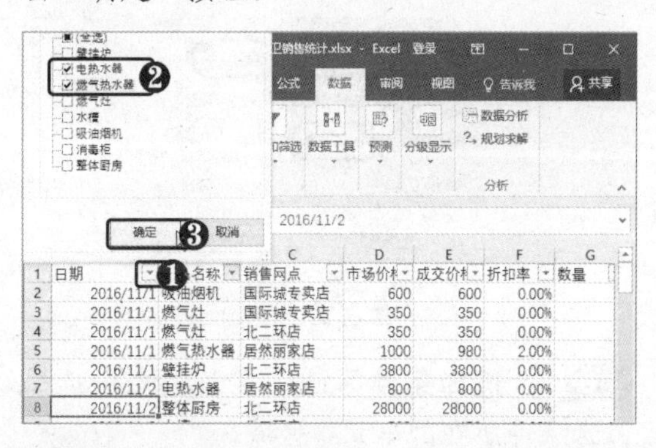

STEP 03 **查看筛选结果** 此时即可在表格中筛选出包含“电热水器”和“燃气热水器”的记录。

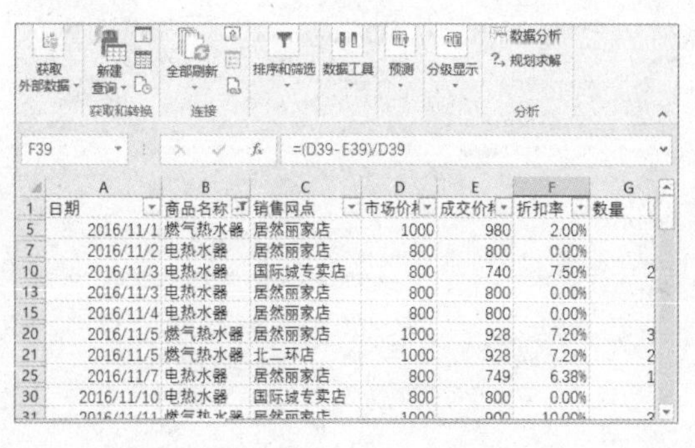

STEP 04 **设置筛选销售网点** ❶单击“销售网点”右侧的筛选按钮。❷选中“北二环店”和“国际城专卖店”复选框。❸单击“确定”按钮。

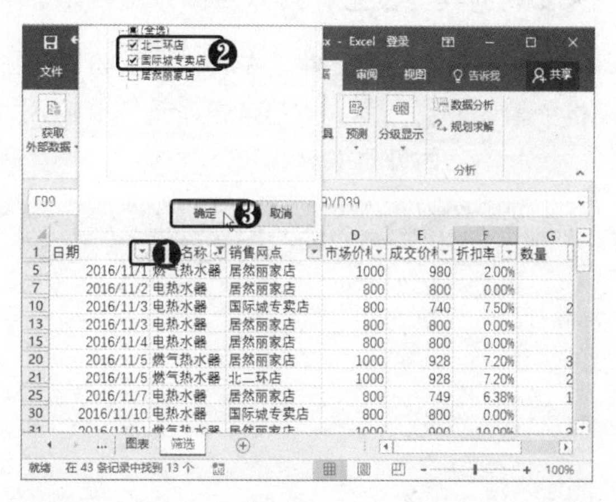

STEP 05 **查看筛选结果** 此时即可在对“商品名称”进行筛选的基础上对“销售网点”进行筛选。

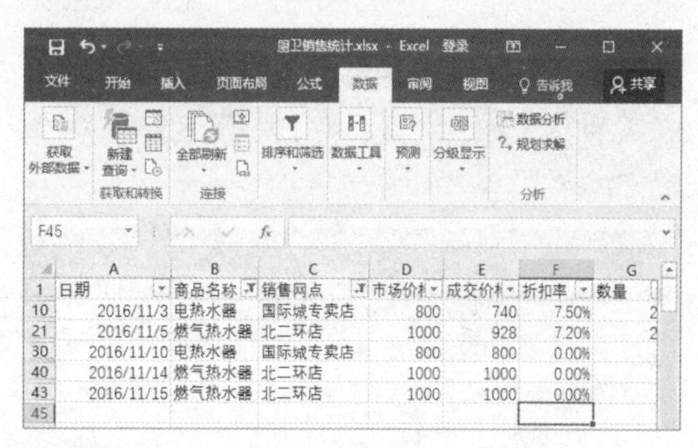

STEP 06 **清除筛选** ❶单击“销售网点”右侧的筛选按钮。❷选择“从‘销售网点’中清除筛选”选项，即可清除该类别的筛选。

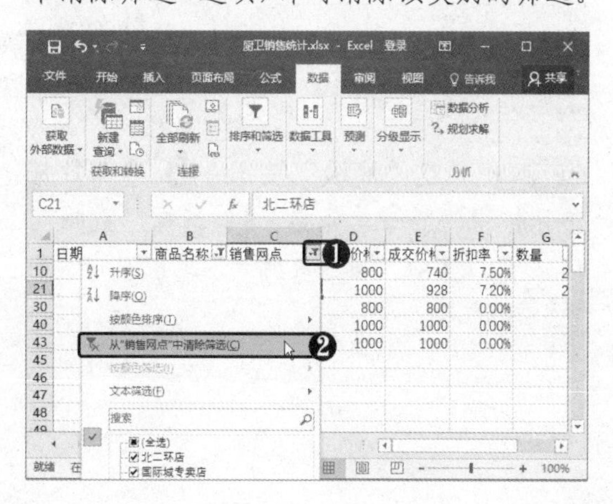

11.2.2 高级筛选

当自动筛选无法满足用户的筛选需要时，则可以使用高级筛选，它还可以将筛选结果复制到其他位置，具体操作方法如下。

STEP 01 输入筛选条件 在A47和A48单元格中输入表头文本，在B48单元格中输入“折扣率”的筛选条件。

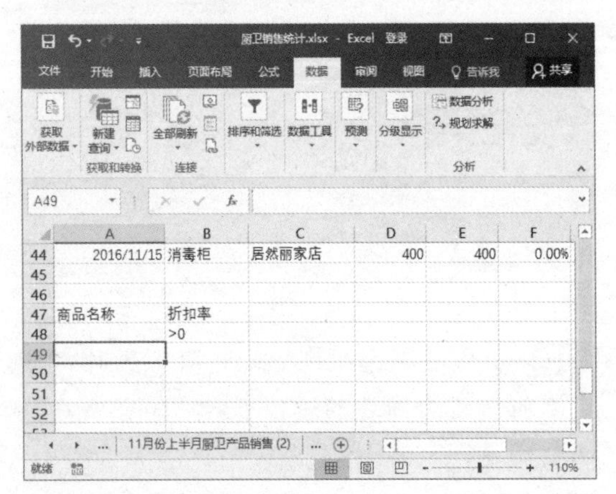

STEP 02 输入筛选条件 选择A49单元格，在编辑栏中输入“商品名称”筛选条件“="=电热水器"”。

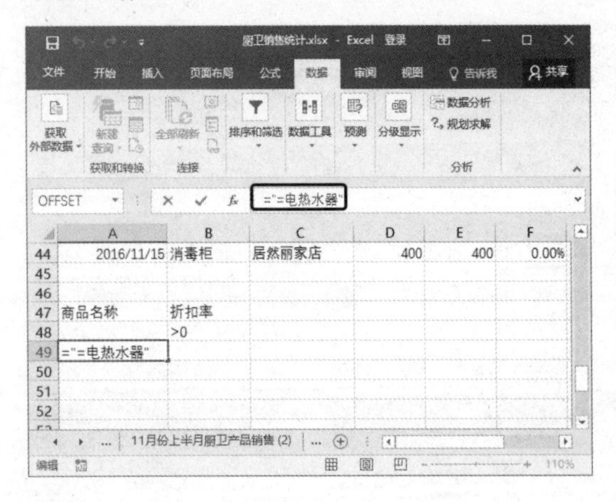

STEP 03 单击“高级”按钮 ❶ 选择数据单元格中的任一单元格。❷ 选择“数据”选项卡。❸ 在“排序和筛选”组中单击“高级”按钮。

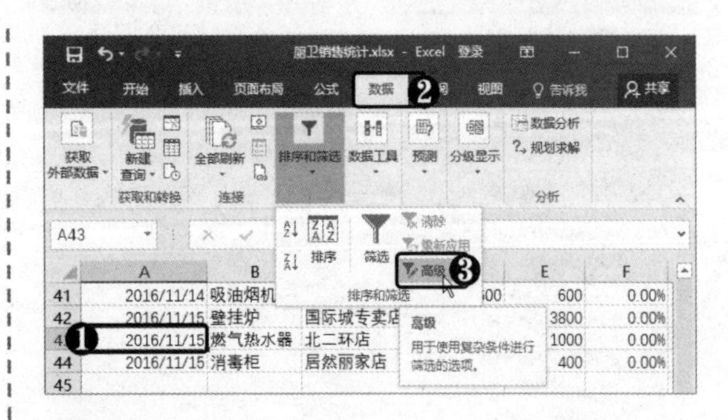

STEP 04 选择方式选项 弹出“高级筛选”对话框，程序将自动选择数据列表区域，也可自定条件区域。❶ 选中“将筛选结果复制到其他位置”单选按钮。❷ 在“条件区域”文本框中定位光标。

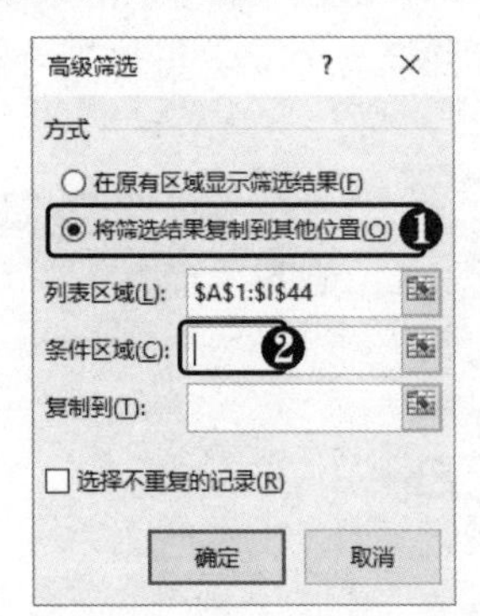

STEP 05 选择条件区域 在工作表中选择筛选条件所在的单元格区域。

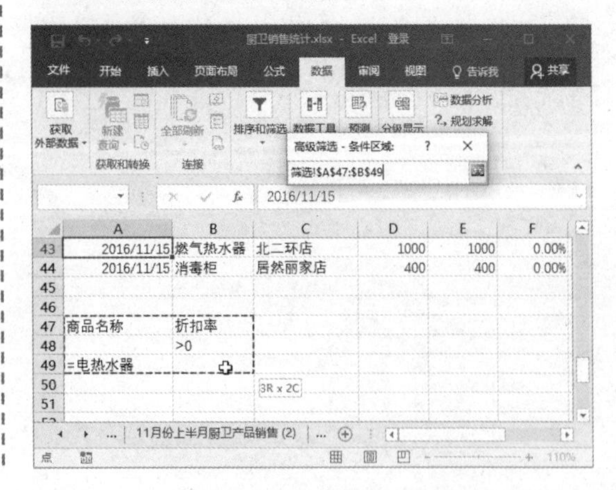

STEP 06 选择“复制到”位置 松开鼠标后即可返回“高级筛选”对话框，用同样的方法设置“复制到”位置，单击“确定”按钮。

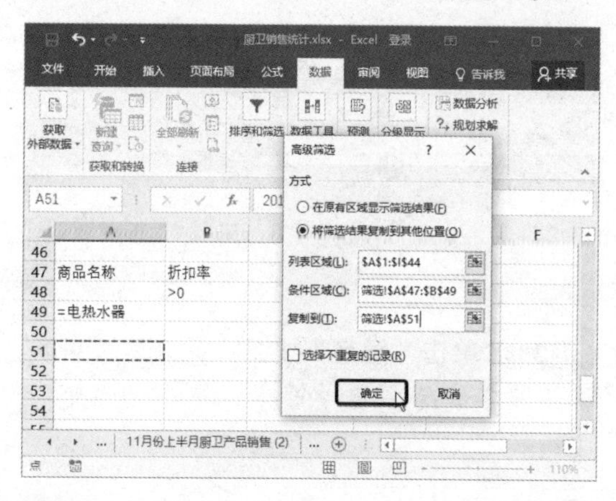

STEP 07 查看筛选结果 此时即可查看高级筛选结果，将符合所设条件的数据放置在指定位置，即筛选出“折扣率”大于0或“商品名称”为“电热水器”的记录。

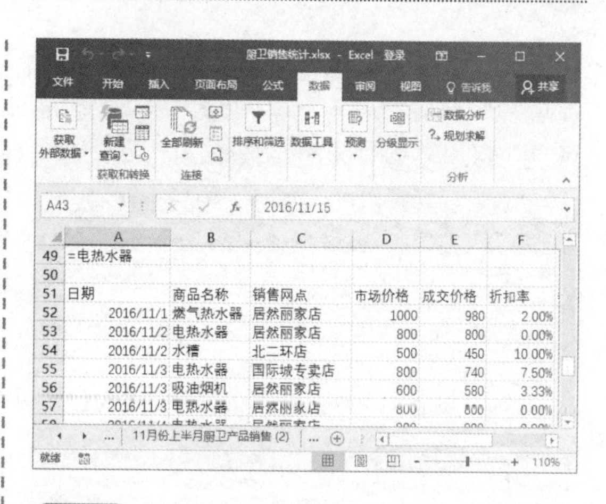

STEP 08 排序数据 ❶ 选择“折扣率”所在列的任一单元格。❷ 在“排序和筛选”组中单击“升序”按钮，即可对折扣率进行排序，更便于查看筛选结果。

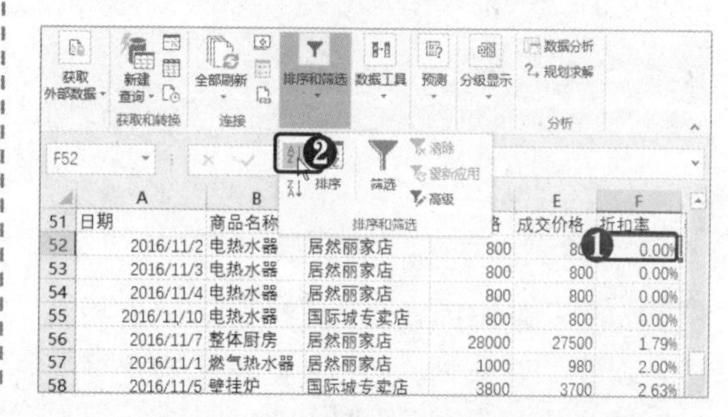

11.2.3 排序数据

在 Excel 2016 中，可以很快捷地对数据进行升序或降序排列，还可自定义排序，如按多个关键字排序、按自定义序列排序等，具体操作方法如下。

STEP 01 单击“升序”按钮 ❶ 选择“商品名称”列的任一单元格。❷ 在“排序和筛选”组中单击“升序”按钮。

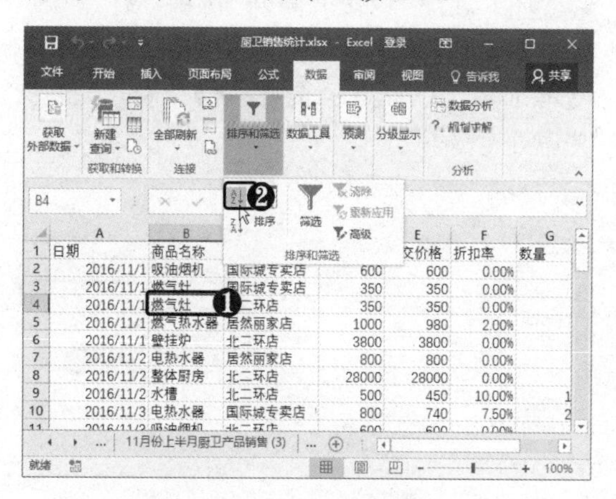

STEP 02 查看排序结果 此时即可对“商品名称”进行升序排序。

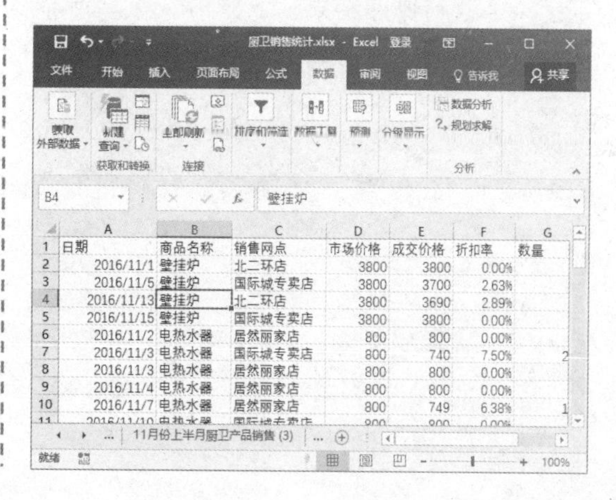

STEP 03 单击“排序”按钮 ❶选择“商品名称”列的任一单元格。❷在“排序和筛选”组中单击“排序”按钮。

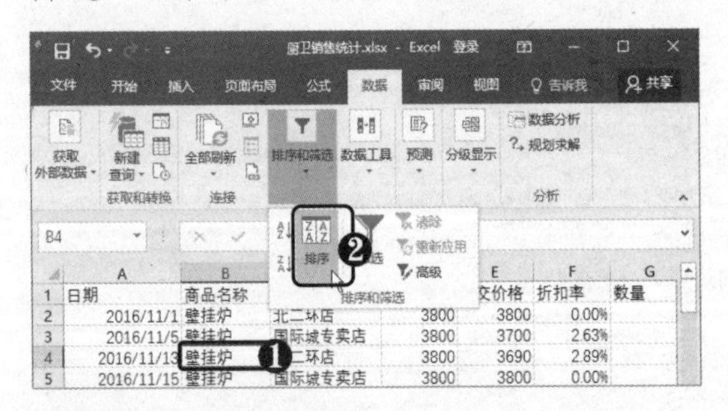

STEP 04 单击“添加条件”按钮 弹出“排序”对话框，单击“添加条件”按钮。

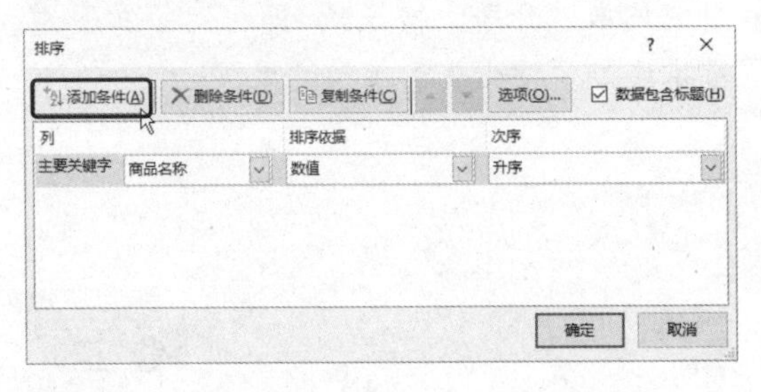

STEP 05 设置排序条件 ❶选择“次要关键字”为“销售网点”。❷设置“次序”为“升序”。❸单击“确定”按钮。

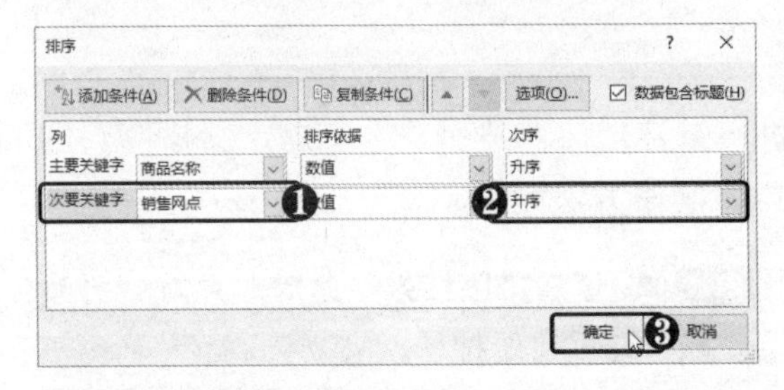

STEP 06 查看排序结果 此时即可在“商品名称”排序的基础上对“销售网点”进行升序排序。

STEP 07 调整排序顺序 打开“排序”对话框，❶选择“次要关键字”选项。❷单击“上移”按钮▲。

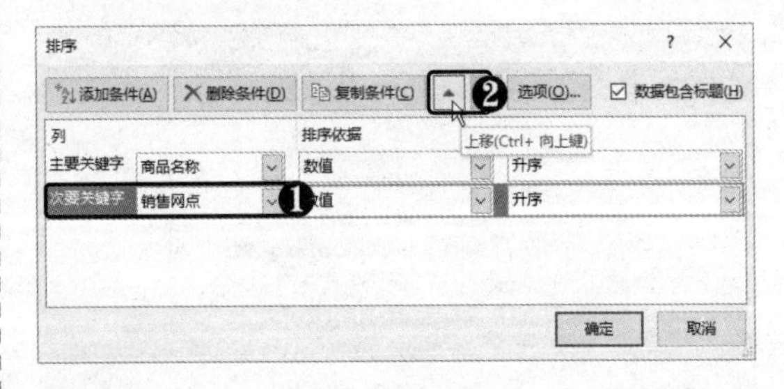

STEP 08 单击“确定”按钮 此时即可将次要关键字变为主要关键字，单击“确定”按钮。

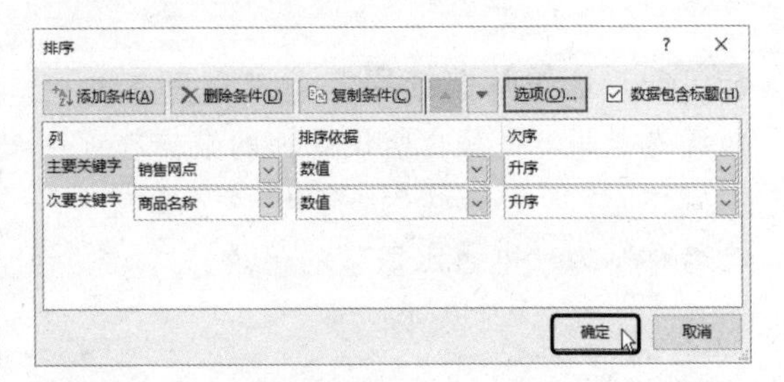

STEP 09 查看排序结果 此时即可在“销售网点”升序排序的基础上对“商品名称”进行升序排序。

STEP 10 选择“自定义序列”选项 打开“排序”对话框，❶在“主要关键字”选项右侧单击“次序”下拉按钮。❷选择“自定义序列”选项。

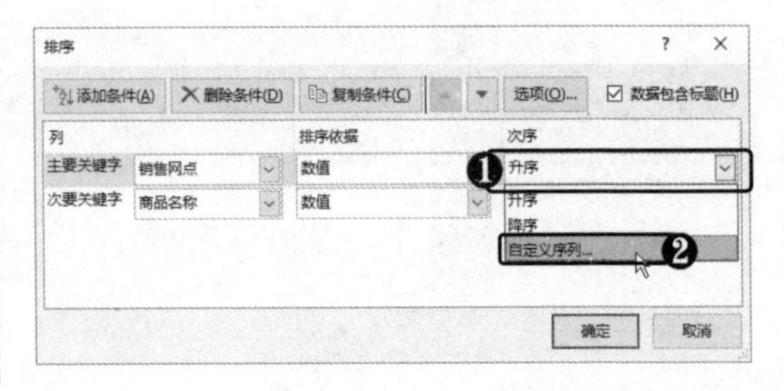

STEP 11 **输入序列** 弹出"自定义序列"对话框，❶ 输入序列并按【Enter】键分割。❷ 单击"添加"按钮。

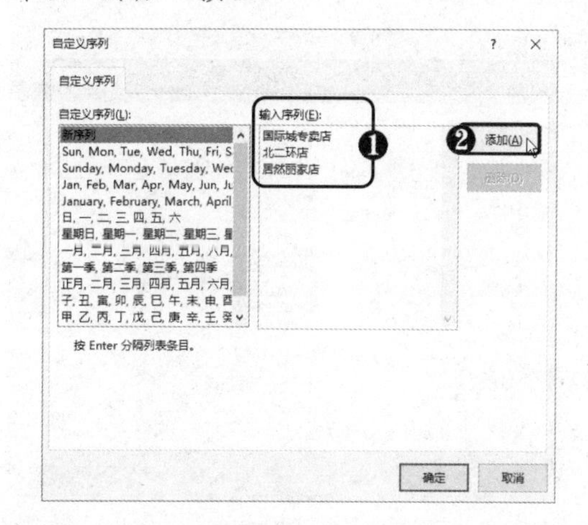

STEP 12 **确认设置** 此时即可将序列添加到左侧的"自定义序列"列表框中，单击"确定"按钮。

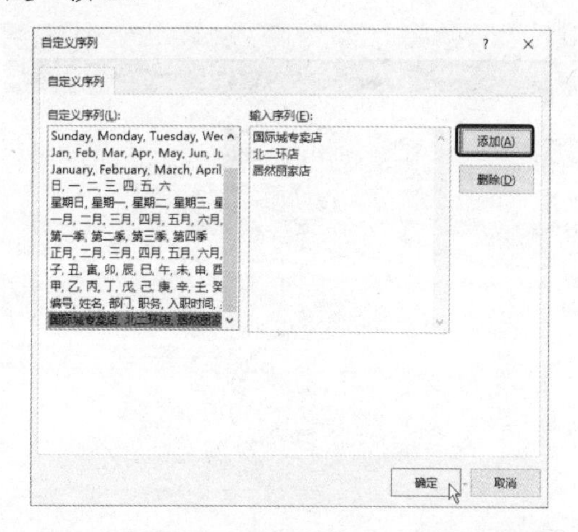

STEP 13 **确认排序设置** 返回"排序"对话框，可以看到"主要关键字"的"次序"显示为自定义序列，单击"确定"按钮。

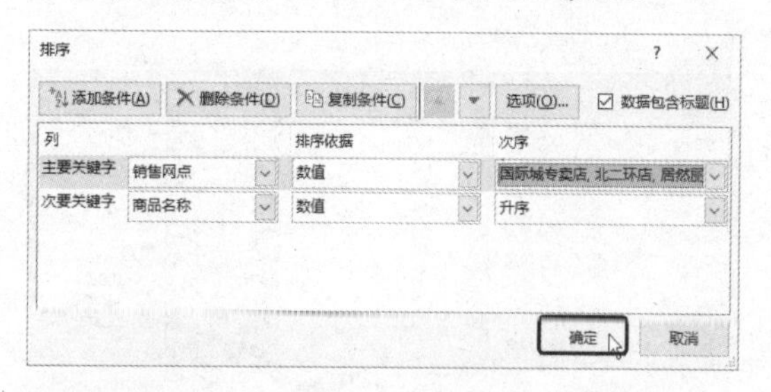

STEP 14 **查看排序结果** 此时"销售网点"即可按自定义序列进行排序。

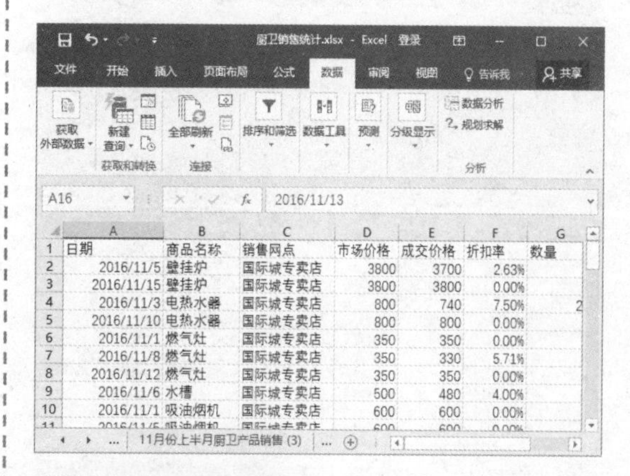

高手点拨

在进行数据排序时，若要按行进行排序，可在"排序"对话框中单击"选项"按钮，在弹出的对话框中选中"按行排序"单选按钮。

11.3 分类汇总数据

分类汇总就是利用汇总函数对同一类别中的数据进行计算，得到统计结果。经过分类汇总，可以分级显示汇总结果。下面将通过实例介绍分类汇总的相关知识。

11.3.1 创建分类汇总

在创建分类汇总前，需先对数据进行排序（前面已排序完成，这里不再重复操作），隐藏不需要显示的列，将表格数据转换为普通区域，具体操作方法如下。

STEP 01 **隐藏列** ❶ 选择 D~G 列并右击。❷ 选择“隐藏”命令。

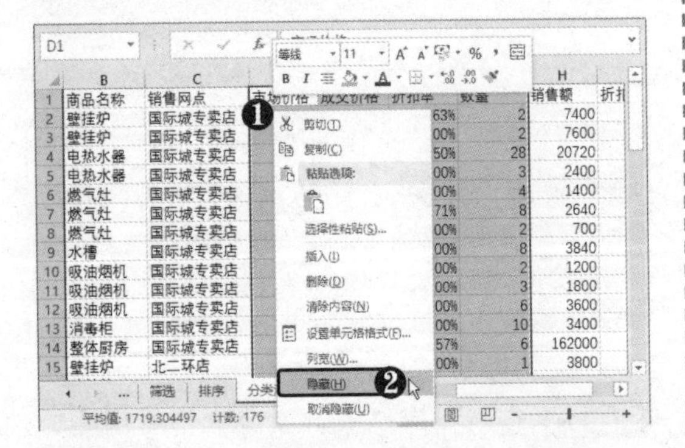

STEP 02 **单击“分类汇总”按钮** ❶ 选择任一数据单元格。❷ 选择“数据”选项卡。❸ 在“分级显示”组中单击“分类汇总”按钮。

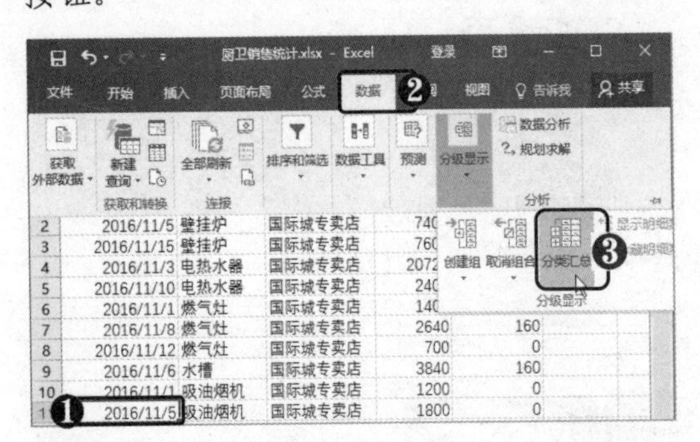

STEP 03 **设置分类汇总参数** 弹出“分类汇总”对话框，❶ 选择“分类字段”为“销售网点”。❷ 选择“汇总方式”为“求和”。❸ 选择“销售额”和“折扣额”汇总项。❹ 单击“确定”按钮。

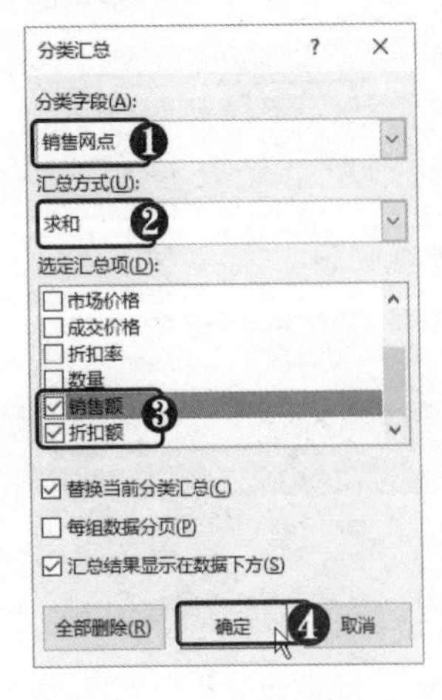

STEP 04 **查看分类汇总结果** 此时即可依据“销售网点”对“销售额”和“折扣额”进行求和汇总。

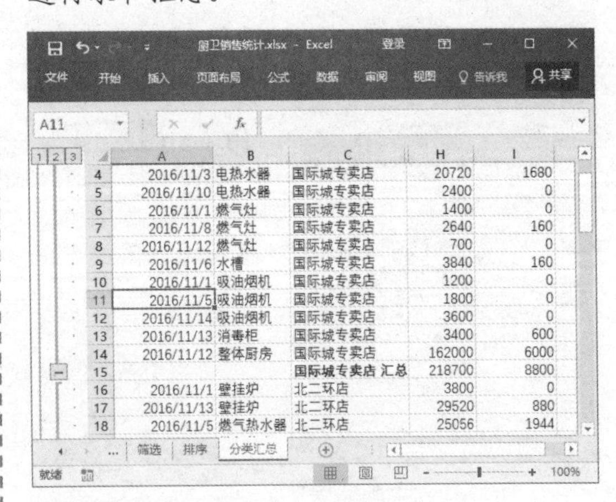

STEP 05 **分级显示汇总数据** 单击左上方的分级按钮2，即可隐藏明细数据。单击+按钮，可显示明细数据。

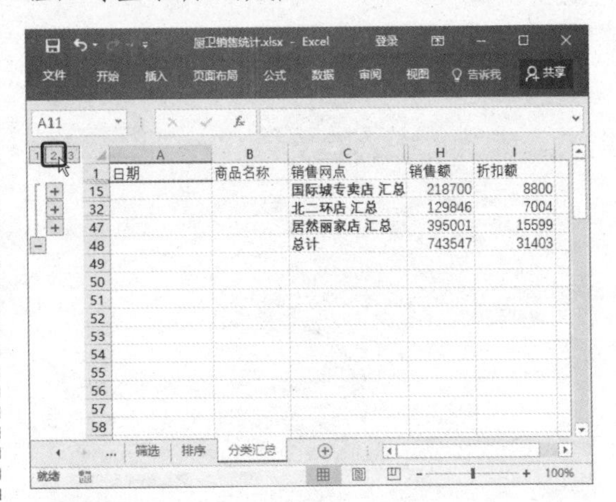

STEP 06 **单击“分类汇总”按钮** 还可根据需要进一步进行嵌套汇总，如在当前汇总的基础上再按“商品名称”进行汇总。❶ 选择任意数据单元格。❷ 单击“分类汇总”按钮。

高手点拨

分类汇总的总计是从明细数据派生的，而不是分类汇总中的值所派生的。

STEP 07 **设置嵌套分类汇总参数** ❶ 选择“分类字段”为“商品名称”。❷ 选择“汇总方式”为“求和”。❸ 选择“销售额”和“折扣额”汇总项。❹ 取消选择“替换当前分类汇总”复选框。❺ 单击“确定”按钮。

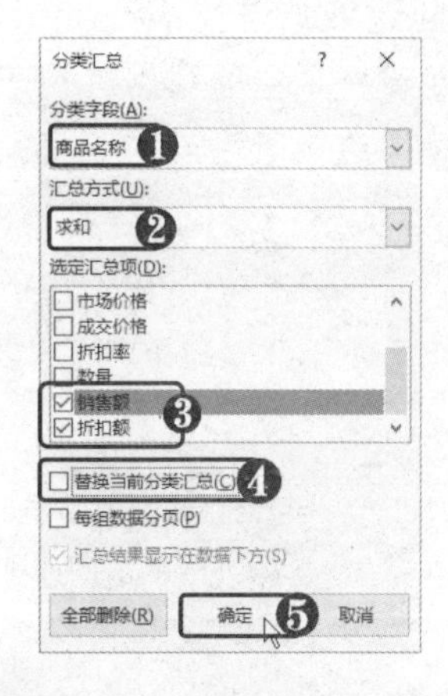

STEP 08 **查看嵌套分类汇总** 此时即可进行嵌套分类汇总，在原有汇总的基础上再一次进行分类汇总。

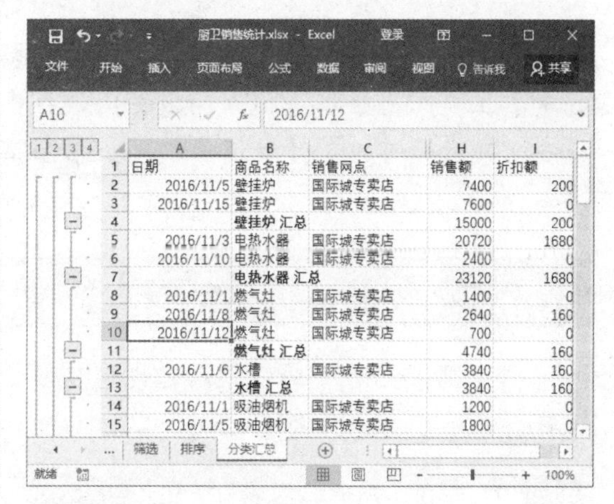

STEP 09 **分级显示汇总** 单击左上方的分级按钮3，对数据进行分级显示。

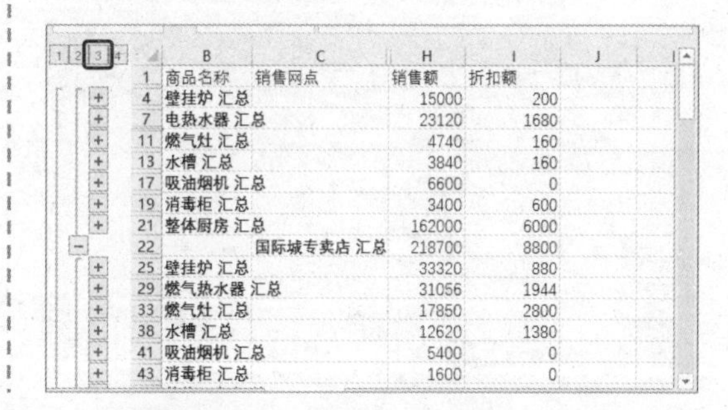

11.3.2 删除分类汇总

要将分类汇总数据转换为普通的数据表格，可删除分类汇总，具体操作方法如下。

STEP 01 **单击“分类汇总”按钮** ❶ 选择任意数据单元格。❷ 单击“分类汇总”按钮。

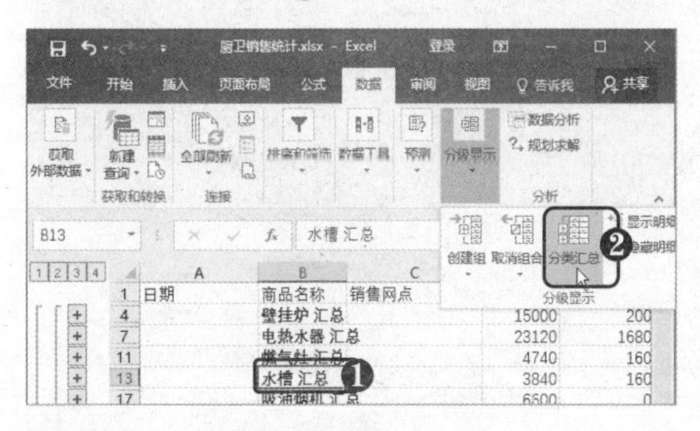

STEP 02 **单击“全部删除”按钮** 弹出“分类汇总”对话框，单击“全部删除”按钮即可删除分类汇总，数据将恢复为普通的单元格数据。

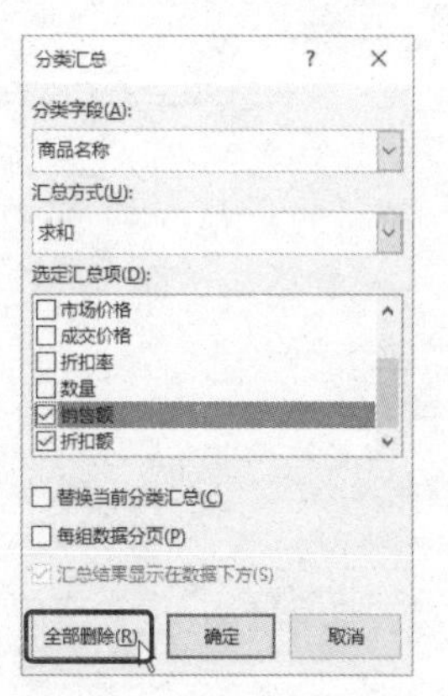

11.4　应用数据透视表和数据透视图

数据透视表有机地综合了数据排序、筛选、分类汇总等数据分析的优点，可以方便地调整分类汇总的方式，数据透视表是对数据的查询与分析，是深入挖掘数据内部信息的重要工具。当数据透视表的数据比较巨大或较为复杂时，通过数据透视表便很难纵观全局，此时便可以创建数据透视图。下面将详细介绍数据透视表与数据透视图的应用方法与技巧。

11.4.1　创建数据透视表

在当前工作表中可以创建数据透视表，也可在新的工作表中创建数据透视表。创建数据透视表的具体操作方法如下。

STEP 01　单击“数据透视表”按钮　❶ 选择任意数据单元格。❷ 选择“插入”选项卡。❸ 在“表格”组中单击“数据透视表”按钮。

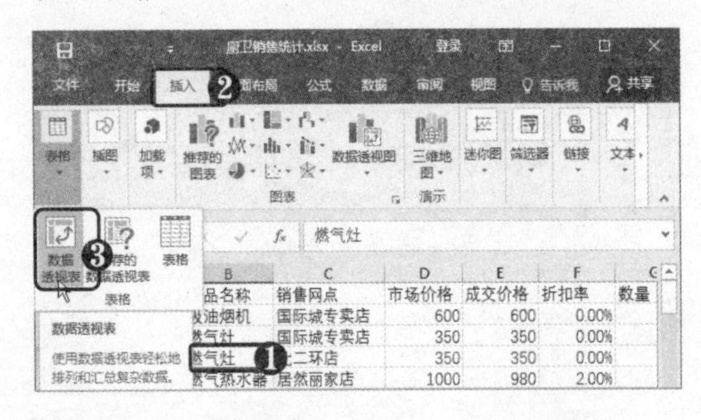

STEP 02　选择位置　弹出“创建数据透视表”对话框，程序将自动选取数据区域。❶ 选中“新工作表”单选按钮。❷ 单击“确定”按钮。

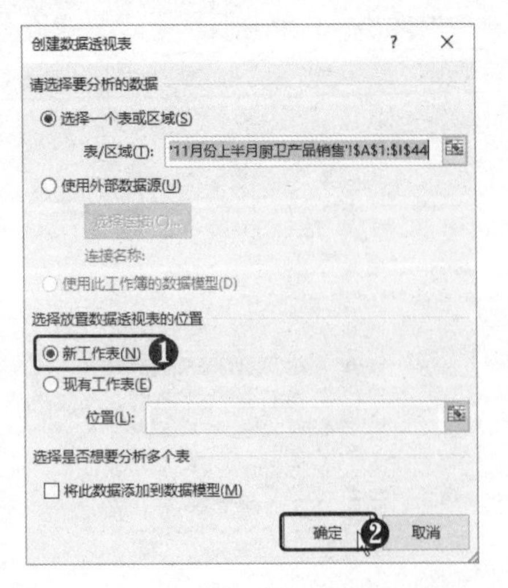

STEP 03　创建数据透视表　此时即可在新工作表中创建一个空的数据透视表，在右窗格显示“数据透视表字段”窗格。

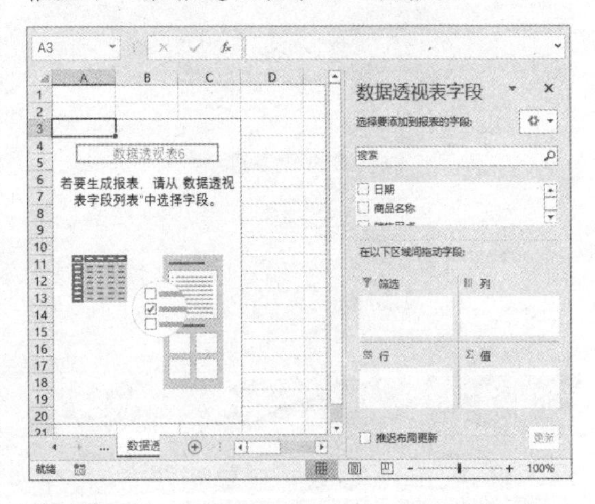

STEP 04　添加行标签　在“数据透视表字段”窗格中将“销售网点”字段拖至下方的“行”区域中。此时，在数据透视表中显示出行标签。

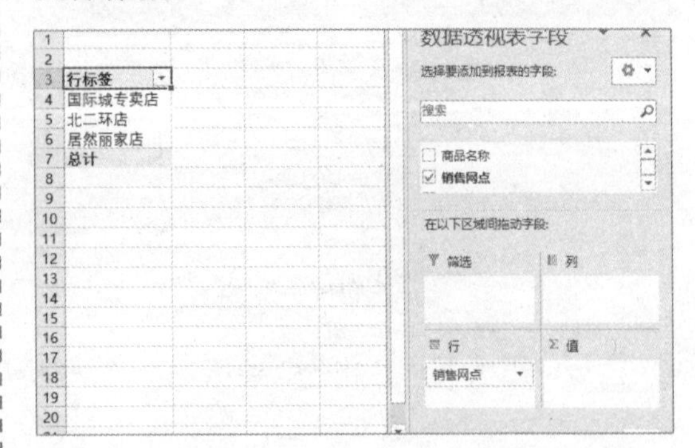

STEP 05 **添加行标签字段** 将“商品名称”字段拖至下方的“行”区域中，并将其置于“销售网点”字段下方。此时，在数据透视表行标签下方添加了“商品名称”字段。

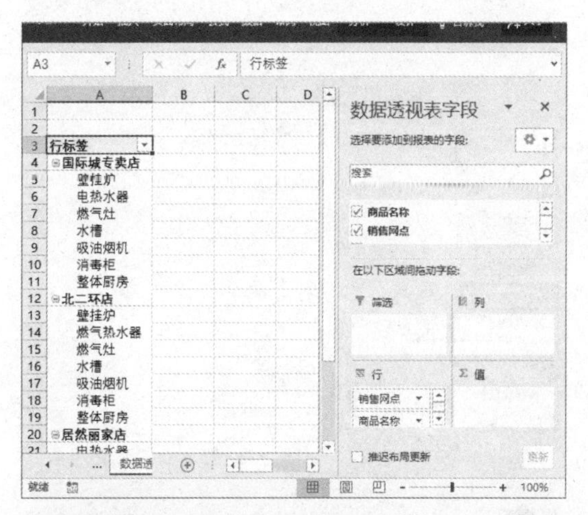

STEP 06 **添加值** 分别将“数量”和“销售额”字段拖至下方的“值”区域中，查看数据透视表效果。

11.4.2 更改数据透视表结构

通过移动活动字段的位置可以更改数据透视表的结构，具体操作方法如下。

STEP 01 **移动字段** 在右窗格“行”区域中将“销售网点”字段拖至“商品名称”字段下方，查看数据透视表效果。

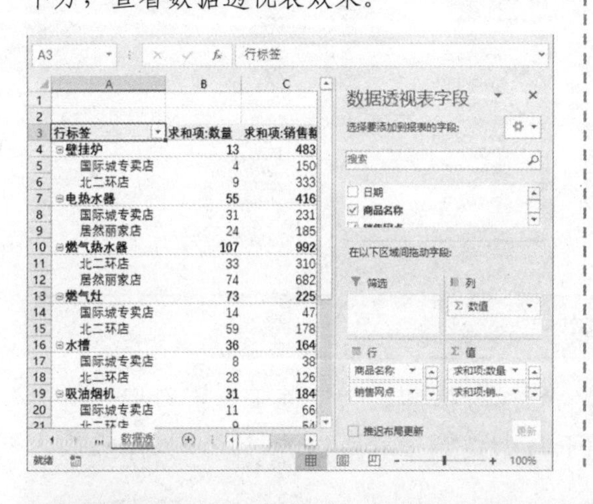

STEP 02 **添加字段** 将“日期”字段拖至下方的“行”区域中，并将其置于“销售网点”字段下方，查看数据透视表效果。

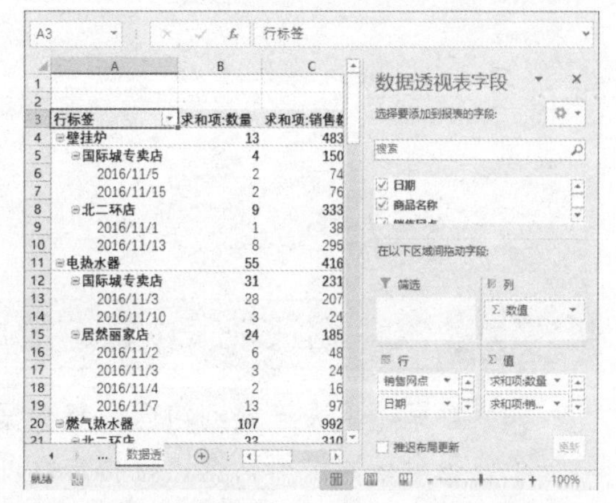

11.4.3 添加筛选器

在“数据透视表字段”窗格中“筛选器”区域的字段显示为数据透视表的顶级报表筛选器，用于对报表进行筛选操作。添加筛选器的具体操作方法如下。

STEP 01 选择“移动到报表筛选”选项 ❶ 在“行”区域中单击“日期”字段右侧的下拉按钮▾。❷ 选择“移动到报表筛选”选项。

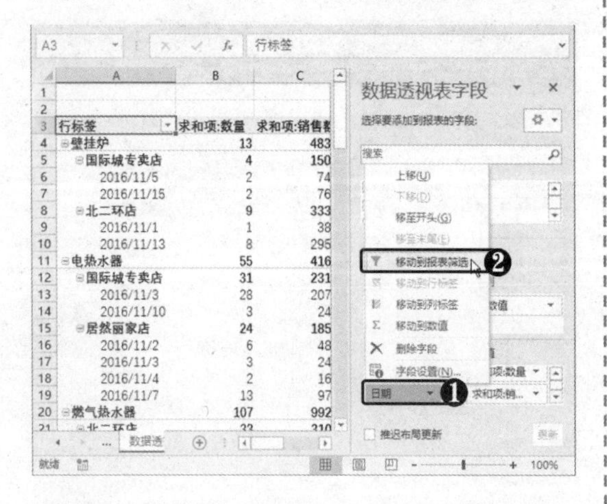

STEP 02 添加筛选器 此时即可将“日期”字段移至“筛选”区域，在数据透视表上方显示“日期”筛选按钮。

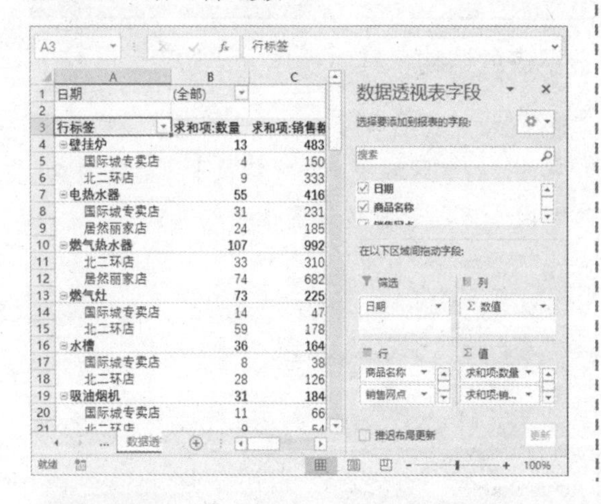

STEP 03 筛选日期 ❶ 单击“日期”下拉按钮▾。❷ 选中“选择多项”复选框。❸ 选中要筛选的日期前面的复选框。❹ 单击“确定”按钮。

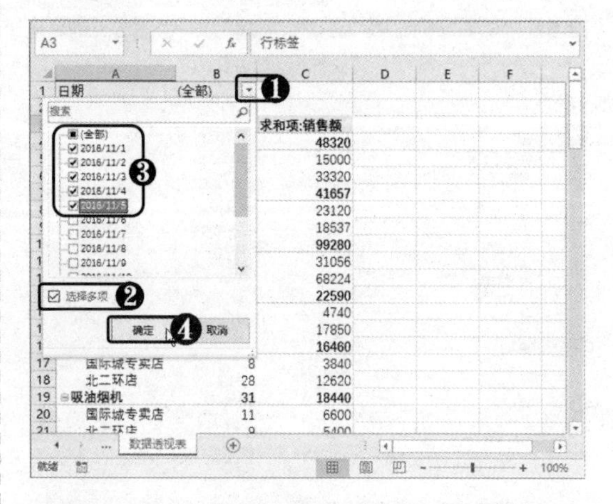

STEP 04 查看筛选效果 此时，在数据透视表中将所选日期对应的数据筛选出来。

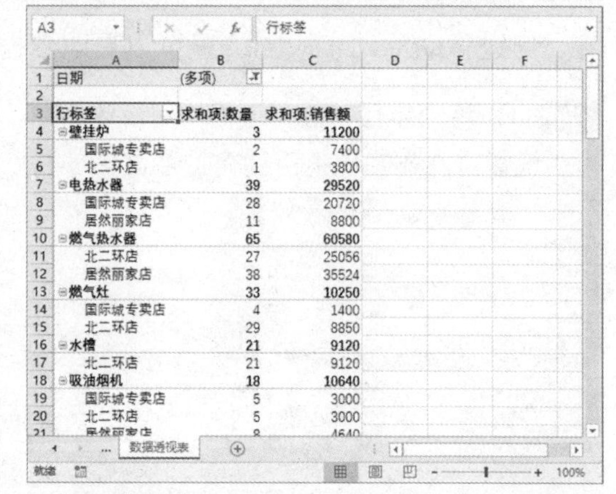

11.4.4 在数据透视表中筛选数据

如果数据透视表连接到包含大量数据的外部数据源，为了便于分析数据，可以对一个或多个字段进行筛选，这样也有助于减少更新报表所需的时间，具体操作方法如下。

STEP 01 选择“显示字段列表”命令 ❶ 右击数据透视表任一单元格。❷ 选择“显示字段列表”命令。

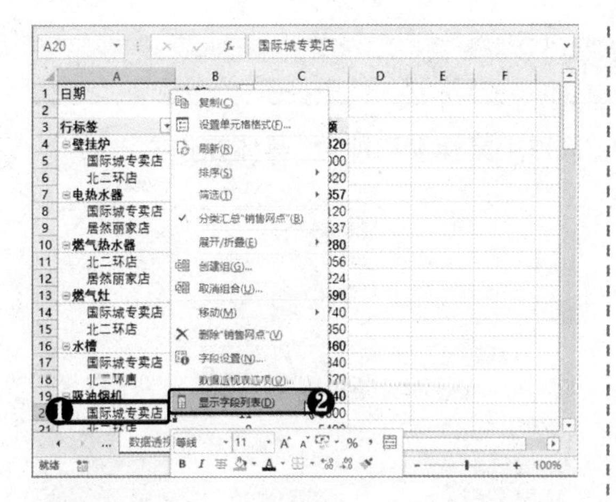

STEP 02 单击下拉按钮 打开“数据透视表字段”窗格，单击“销售网点”字段右侧的下拉按钮▼。

STEP 03 筛选字段 ❶ 选中要筛选的销售网点前面的复选框。❷ 单击“确定”按钮。

STEP 04 查看结果 在数据透视表中查看筛选结果，可以看到“国际城专卖店”的数据隐藏了。

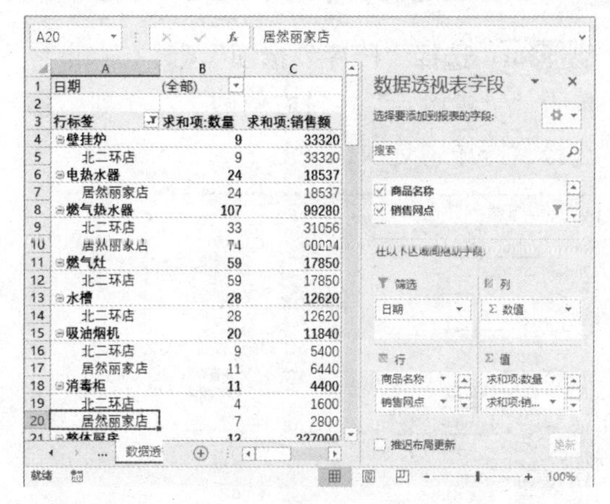

STEP 05 筛选字段 ❶ 单击“销售网点”字段右侧的下拉按钮。❷ 选中要筛选的商品名称前面的复选框。❸ 单击“确定”按钮。

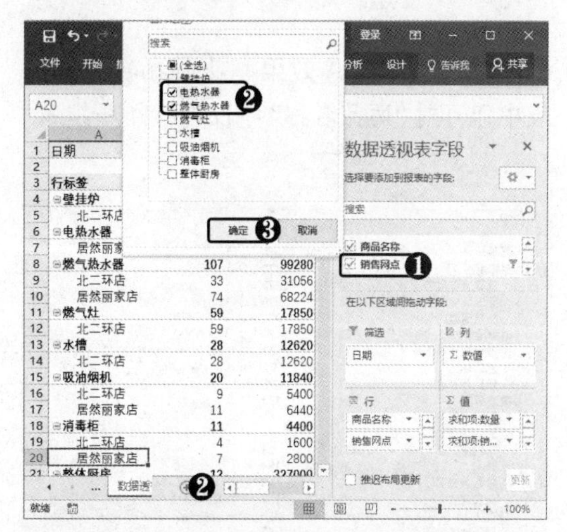

STEP 06 查看筛选结果 在数据透视表中查看筛选结果，可以看到只显示筛选的数据。

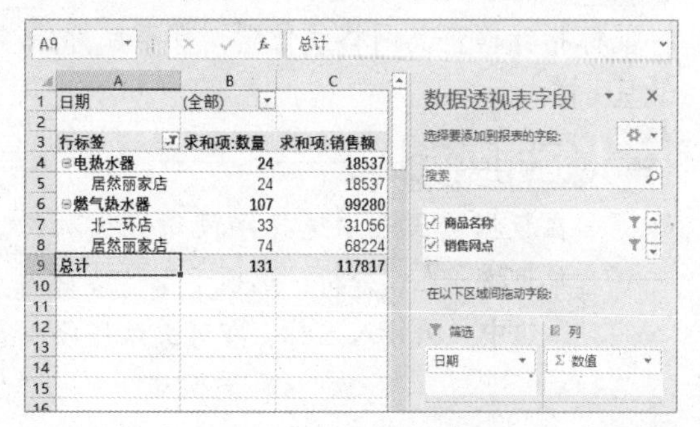

11.4.5 排序字段

在数据透视表中对字段进行排序很简单，只需用鼠标拖动即可，具体操作方法如下。

STEP 01 选择"降序"选项 ❶ 在右窗格单击"销售网点"字段右侧的下拉按钮。❷ 选择"降序"选项。

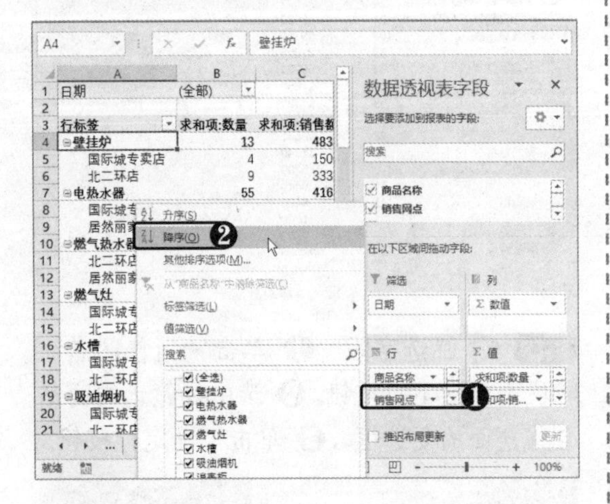

STEP 02 查看排序效果 此时在数据透视表中即可对"商品名称"字段进行降序排序。

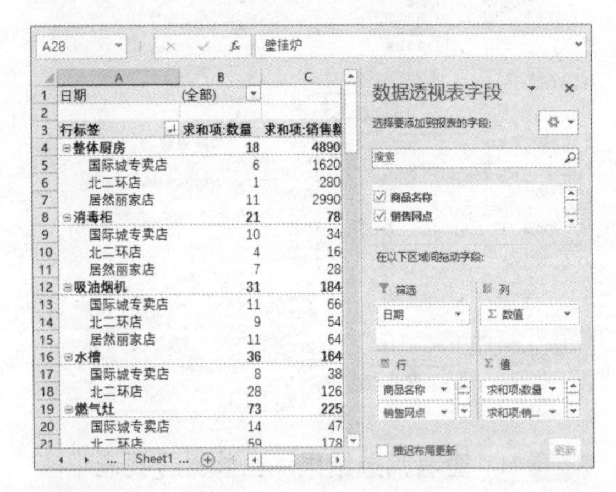

STEP 03 定位指针 选中"壁挂炉"单元格，将鼠标指针移至其网格线位置，直至鼠标指针呈✥样式。

高手点拨

在数据透视表中选择字段所在列的任意单元格，在"分析"选项卡下"活动字段"组中直接输入名称，即可更改字段名称。

STEP 04 拖动排序字段 按住鼠标左键并向上拖动，直至"整体厨房"字段下方。

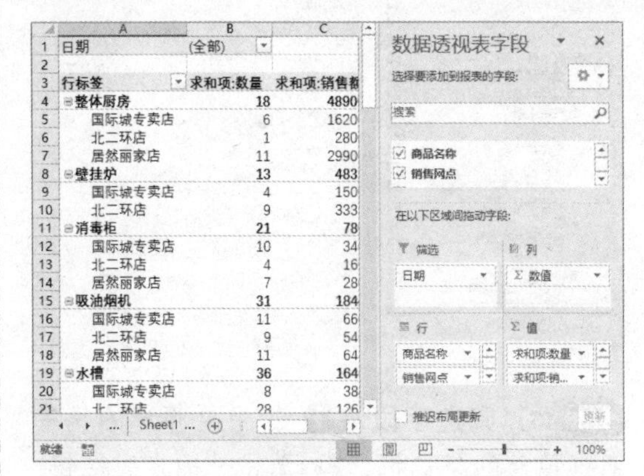

STEP 05 排序"销售网点" 采用同样的方法，将"销售网点"中的"北二环店"拖至最上方。

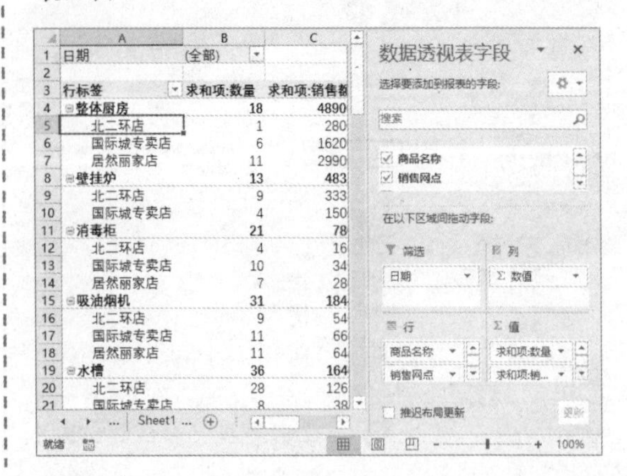

11.4.6 更改值字段属性

在数据透视表中可以根据需要更改值的汇总依据或显示方式，具体操作方法如下。

STEP 01 选择“最大值”命令 ❶ 右击“求和项：数量”列的任一单元格。❷ 选择“值汇总依据”命令。❸ 选择“最大值”命令。

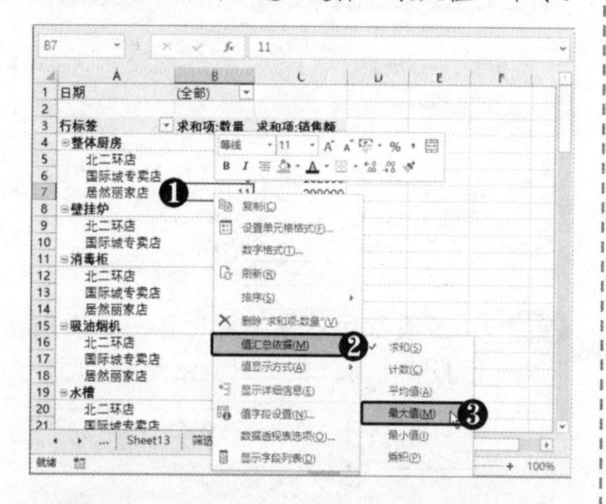

STEP 02 更改值汇总依据 此时即可将值汇总依据由“求和”更改为“最大值”。

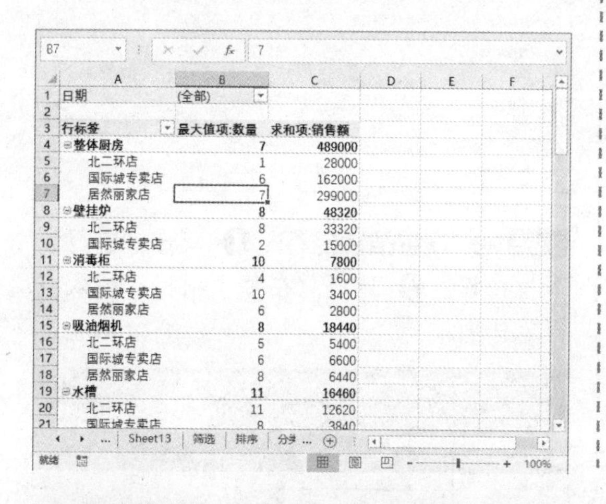

	A	B	C
1	日期	(全部)	
3	行标签	最大值项:数量	求和项:销售额
4	整体厨房	7	489000
5	北二环店	1	28000
6	国际城专卖店	6	162000
7	居然丽家店	7	299000
8	壁挂炉	8	48320
9	北二环店	8	33320
10	国际城专卖店	2	15000
11	消毒柜	10	7800
12	北二环店	4	1600
13	国际城专卖店	10	3400
14	居然丽家店	6	2800
15	吸油烟机	8	18440
16	北二环店	5	5400
17	国际城专卖店	6	6600
18	居然丽家店	8	6440
19	水槽	11	16460
20	北二环店	11	12620
21	国际城专卖店	8	3840

STEP 03 选择“总计的百分比”命令 ❶ 右击“求和项：销售额”列的任一单元格。❷ 选择“值显示方式”命令。❸ 选择“总计的百分比”命令。

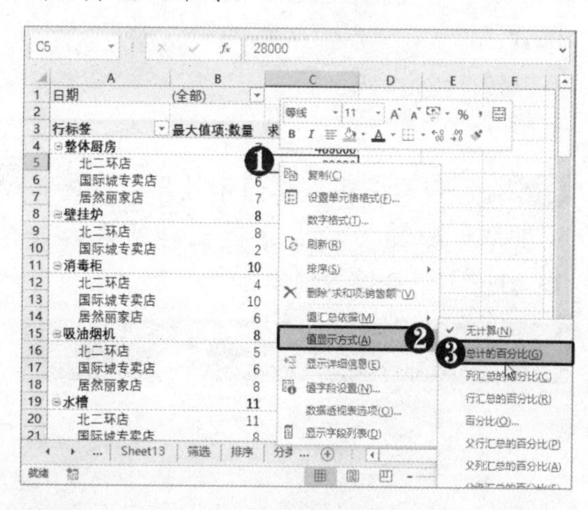

STEP 04 以总计百分比显示数据 此时即可以总计的百分比显示该列数据。

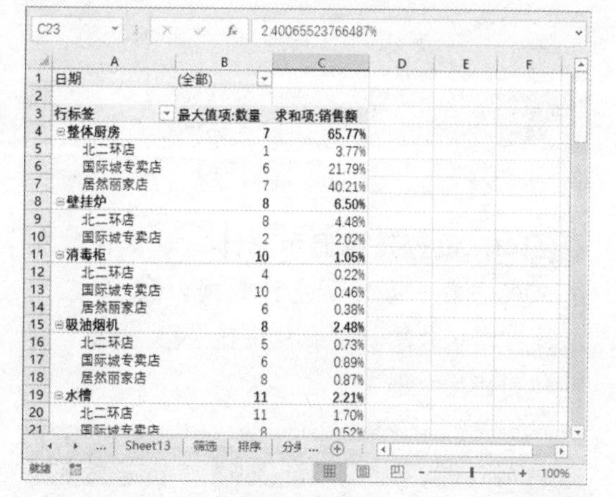

	A	B	C
1	日期	(全部)	
3	行标签	最大值项:数量	求和项:销售额
4	整体厨房	7	65.77%
5	北二环店	1	3.77%
6	国际城专卖店	6	21.79%
7	居然丽家店	7	40.21%
8	壁挂炉	8	6.50%
9	北二环店	8	4.48%
10	国际城专卖店	2	2.02%
11	消毒柜	10	1.05%
12	北二环店	4	0.22%
13	国际城专卖店	10	0.46%
14	居然丽家店	6	0.38%
15	吸油烟机	8	2.48%
16	北二环店	5	0.73%
17	国际城专卖店	6	0.89%
18	居然丽家店	8	0.87%
19	水槽	11	2.21%
20	北二环店	11	1.70%
21	国际城专卖店	8	0.52%

11.4.7 更改数据透视表布局样式

创建数据透视表后可以根据需要更改其布局，如显示或隐藏分类汇总、以大纲或表格形式显示报表布局，以及在各组间添加空行等，具体操作方法如下。

STEP 01 设置分类汇总布局显示方式 默认情况下在组的顶部显示分类汇总，❶ 要更改其显示可选中数据透视表中的任一单元格。❷ 选择“设计”选项卡。❸ 在“布局”组中单击“分类汇总”下拉按钮。❹ 选择“在组的底部显示所有分类汇总”选项。

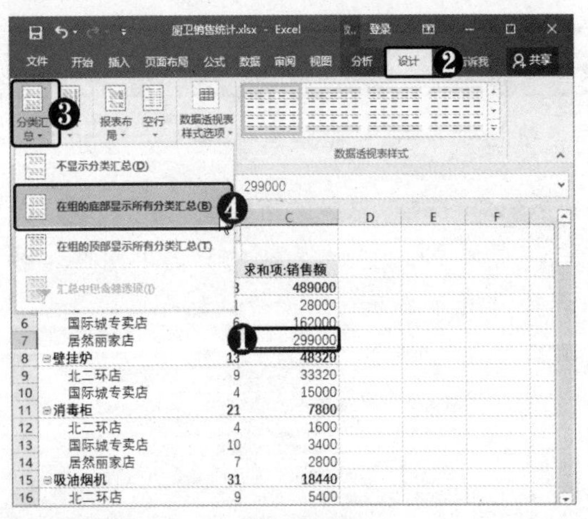

STEP 02 **查看分类汇总显示效果** 此时即可在每组底部显示出分类汇总结果，按【Ctrl+Z】组合键撤销操作。

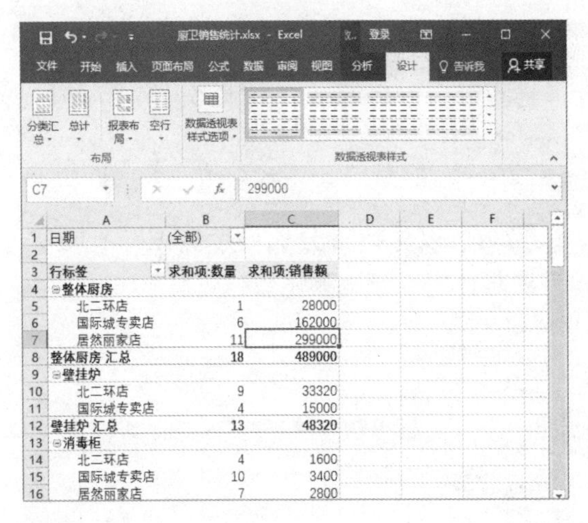

STEP 03 **设置是否显示总计** 默认在数据透视表的最下方显示总计数据，❶ 要禁用总计可单击“总计”下拉按钮。❷ 选择“对行和列禁用”选项。

STEP 04 **设置报表布局** ❶ 单击“报表布局”下拉按钮。❷ 选择“以大纲形式显示”选项。

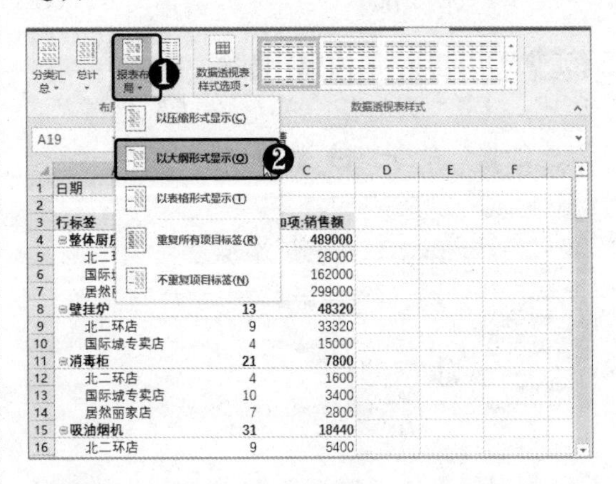

STEP 05 **查看显示效果** 此时即可以大纲形式显示报表布局，默认以压缩形式显示。

STEP 06 **设置插入空行** ❶ 单击“空行”下拉按钮。❷ 选择“在每个项目后插入空行”选项。

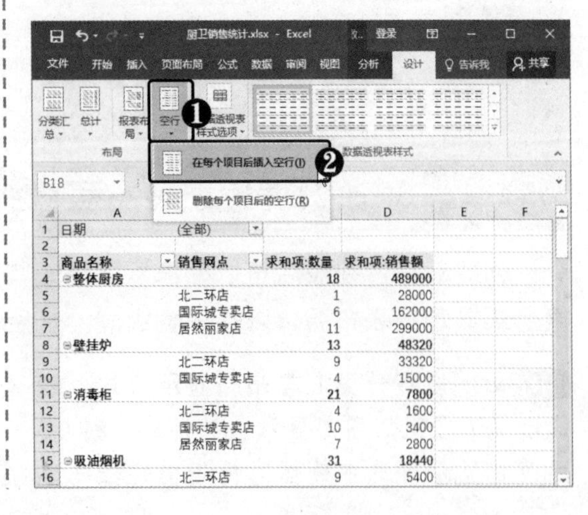

STEP 07 **应用数据透视表样式** 在“数据透视表样式”组中选择所需的样式。

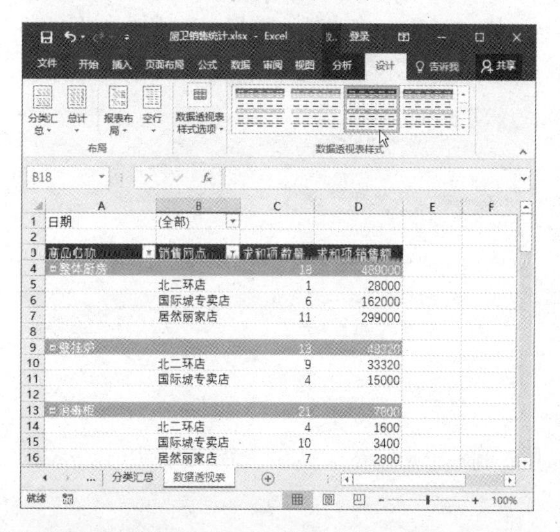

STEP 08 **设置数据透视表样式选项** 在“数据透视表样式选项”组中选中“镶边行”复选框。

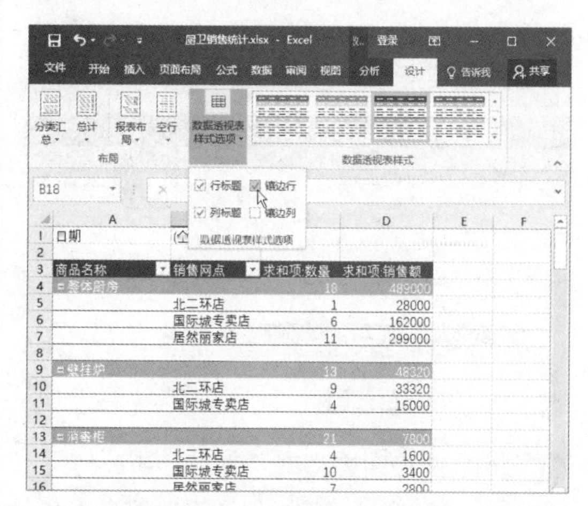

11.4.8 删除数据透视表

当不再需要数据透视表时可以将其删除，具体操作方法如下。

STEP 01 **选择“整个数据透视表”选项** ❶ 在数据透视表中选择任一单元格。❷ 选择“分析”选项卡。❸ 在“操作”组中单击“选择”下拉按钮。❹ 选择“整个数据透视表”选项。

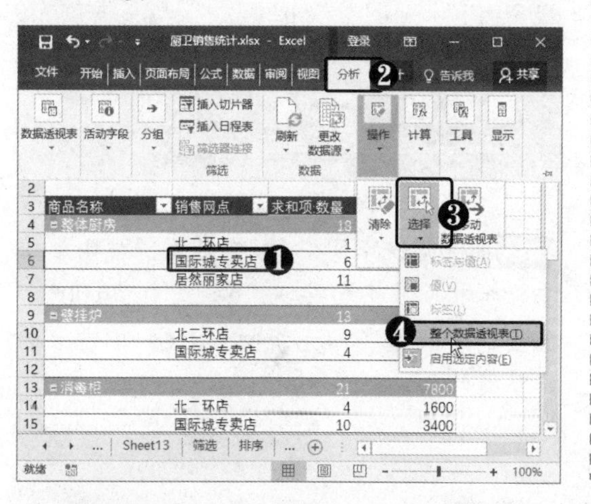

STEP 02 **删除数据透视表** 此时即可选中整个数据透视表，按【Delete】键即可将其删除。

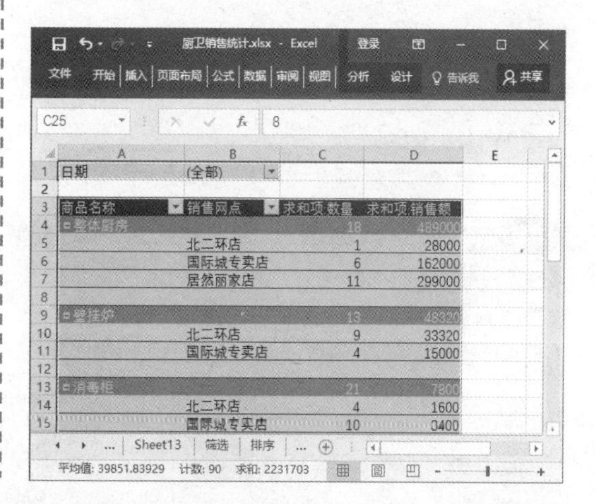

11.4.9 创建数据透视图

数据透视图就像标准图表一样，数据透视图显示数据系列、类别和图表坐标轴，它还在图表上提供交互式筛选控件，以便用户可以快速分析数据子集。在数据透视表的基础上可以创建数据透视图，具体操作方法如下。

STEP 01 单击"数据透视图"按钮 将"数据透视表"工作表复制一份并重命名为"数据透视图"。❶ 在数据透视表中的选择任一单元格。❷ 选择"分析"选项卡。❸ 在"工具"组中单击"数据透视图"按钮。

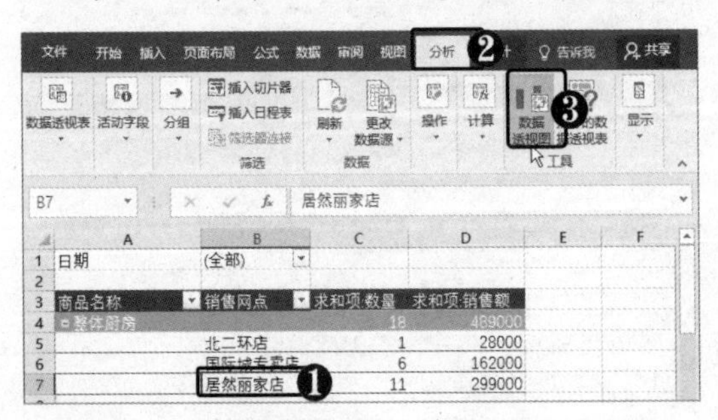

STEP 02 选择图表类型 弹出"插入图表"对话框，❶ 选择"簇壮柱形图"图表类型。❷ 单击"确定"按钮。

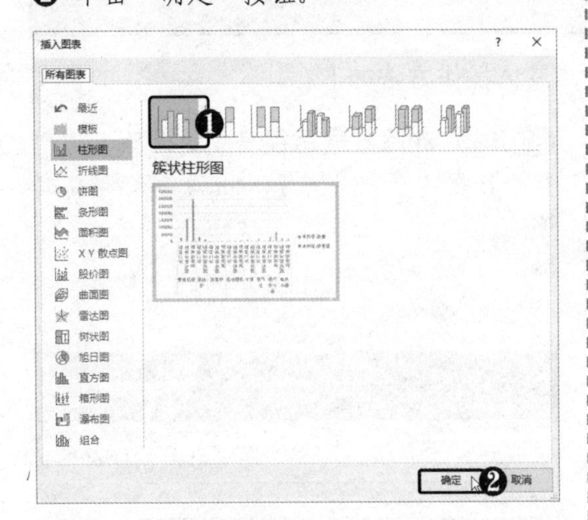

STEP 03 创建数据透视图 此时即可创建数据透视图。

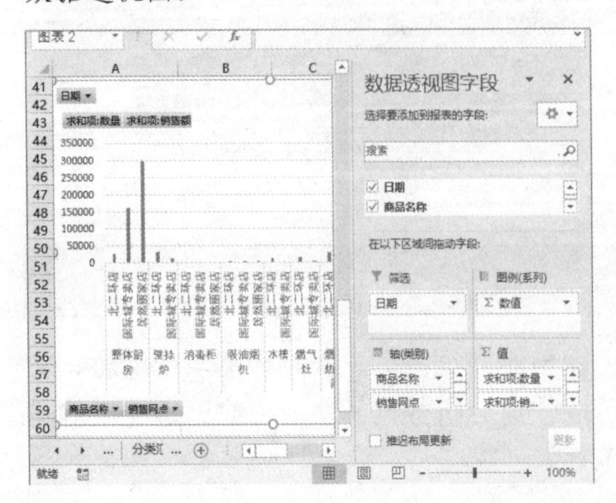

STEP 04 更改数据透视图字段 在"数据透视图字段"窗格中，将"数量"字段从"值"区域中移除。在"轴(类别)"区域中将"商品名称"字段移至"销售网点"字段下方。

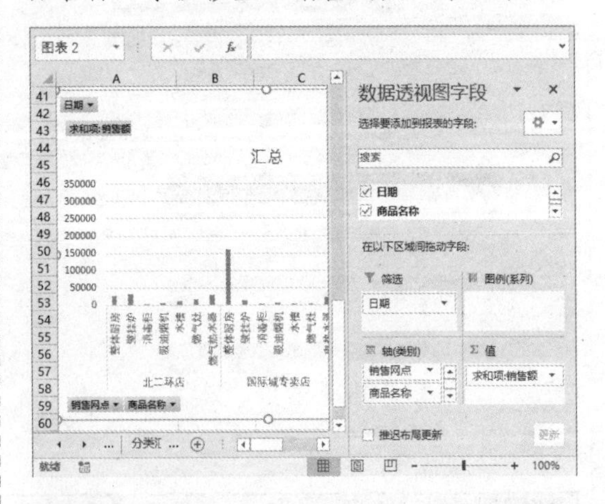

STEP 05 添加字段 将"折扣率"字段移至"轴（类别）"区域的最下方。

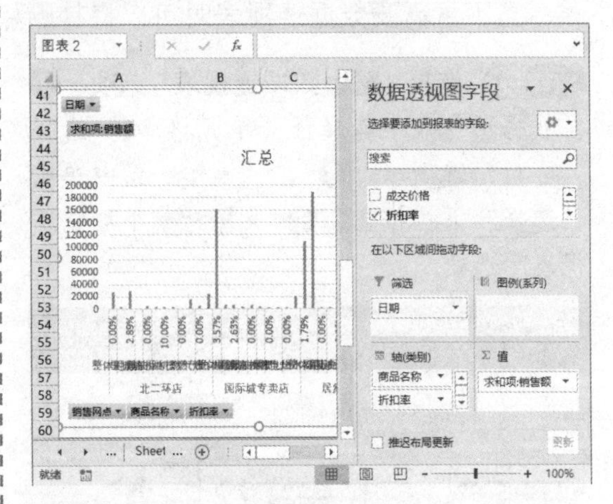

STEP 06 筛选字段 ❶ 在数据透视图中单击"折扣率"下拉按钮。❷ 选中"0.00%"前面的复选框（即无折扣）。❸ 单击"确定"按钮。

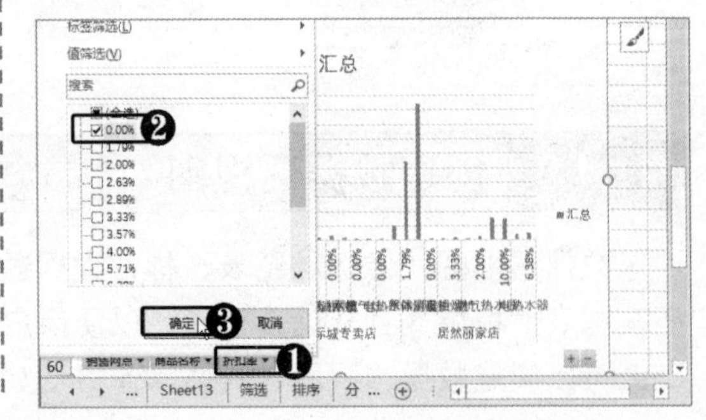

STEP 07 查看数据透视图效果 此时即可查看筛选"折扣率"字段后的数据透视图效果。

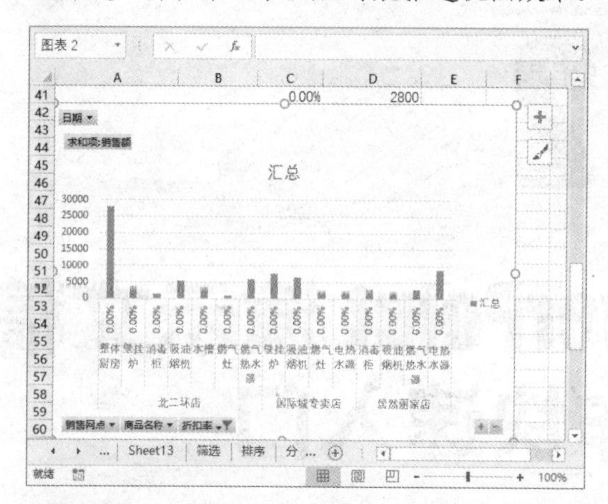

STEP 08 筛选日期 ❶ 在数据透视图中单击"日期"下拉按钮。❷ 选中前 5 日前的复选框。❸ 单击"确定"按钮。

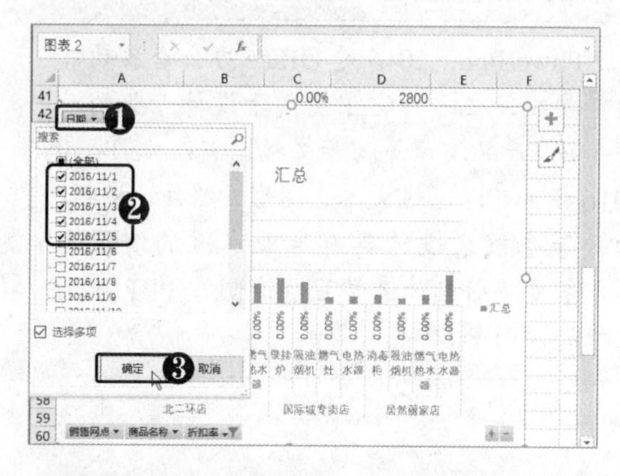

STEP 09 单击"折叠整个字段"按钮 查看筛选"日期"字段后的数据透视图效果，单击"折叠整个字段"按钮。

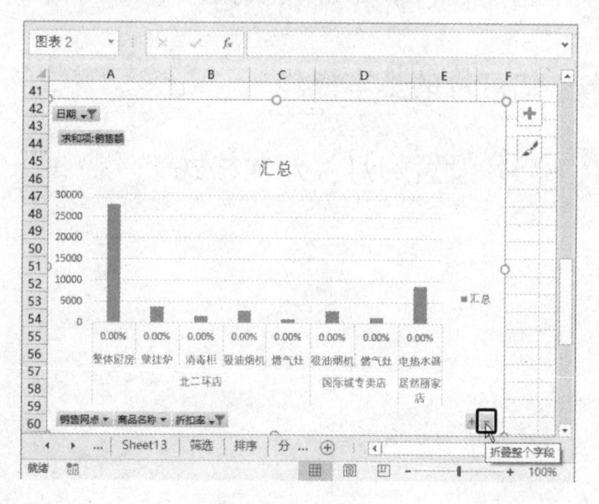

STEP 10 折叠字段 此时即可在数据透视图的水平轴中隐藏"折扣率"字段。

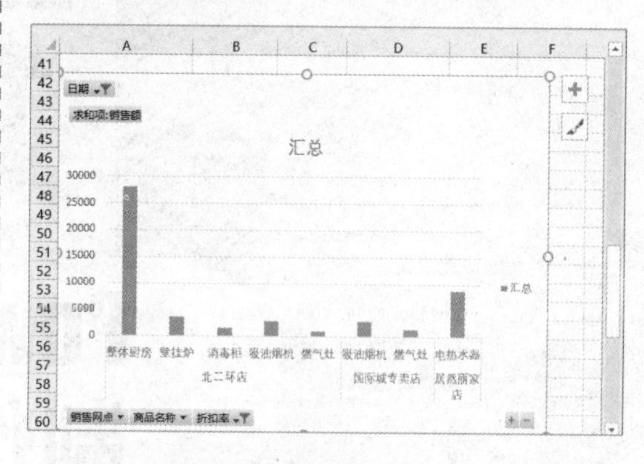

STEP 11 折叠字段 再次单击"折叠整个字段"按钮，即可在数据透视图的水平轴中隐藏"商品名称"字段。

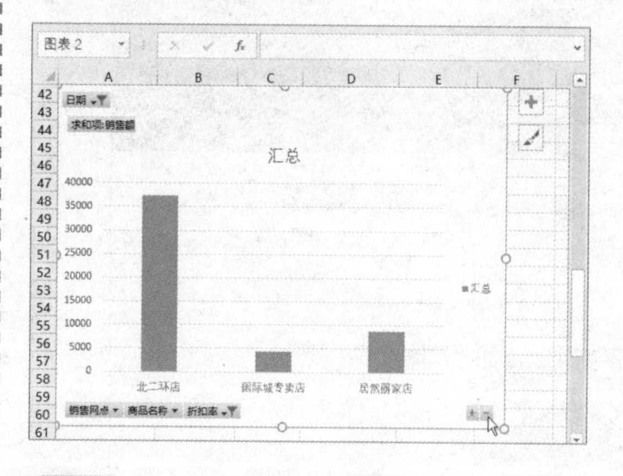

STEP 12 应用图表样式 ❶ 选择"设计"选项卡。❷ 单击"快速样式"下拉按钮。❸ 选择所需的图表样式。

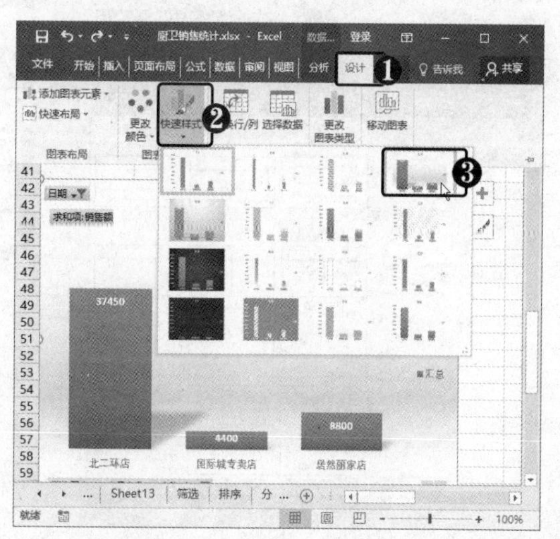

Chapter

12

PowerPoint 演示文稿制作快速入门

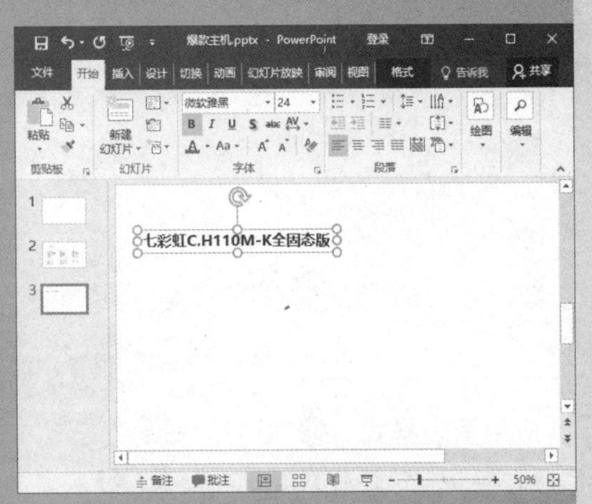

输入文本

选择幻灯片版式

PowerPoint 2016 是 Office 办公套装软件的重要组件之一，它主要用于设计专业的演讲资料、产品演示等演示文稿。在 PowerPoint 2016 中，可以通过文本、图形、照片、视频、动画等手段来设计具有专业水准的演示文稿。本章将引领读者学习快速制作 PPT 演示文稿的入门知识。

12.1 认识演示文稿

现在演示文稿已经成为人们工作与学习的重要工具，在工作汇报、企业宣传、产品推介、项目竞标、婚礼庆典、管理咨询等领域均有广泛的应用。下面将引领读者了解演示文稿的分类、制作流程，以及制作专业演示文稿的关键等。

12.1.1 演示文稿的分类

演示文稿是由一张或若干张幻灯片组成的，幻灯片是一个演示文稿中单独的“一页”，PowerPoint 的主要工作就是创作和设计幻灯片。

每张幻灯片一般至少包括两部分内容：幻灯片标题（用于表明主题）和若干文本条目（用于论述主题）。另外，还可以包括图形、表格等其他对于论述主题有帮助的内容。在利用 PowerPoint 创建的演示文稿中，为了方便使用者，还为每张幻灯片配备了备注栏，在其中可以添加备注信息，在演示文稿播放过程中对使用者起提示作用，不过备注栏中的内容观众是看不到的。PowerPoint 还可将演示文稿中每张幻灯片中的主要文字说明自动组成演示文稿的大纲，以方便使用者查看和修改。

根据用途的不同演示文稿可以分为不同的类型，不管想制作哪种类型的演示文稿，PowerPoint 特有的文档功能都能给用户带来极大的方便。

常见的演示文稿类型有以下 3 种：

- 会议报告：利用 PowerPoint 制作报告，可以使与会者集中精力听介绍者解说。
- 教学课件：老师可以使用 PowerPoint 将要在课堂上讲述的知识点制作成演示文稿，一个带有动画、音乐等多媒体元素的幻灯片能够激发学生的兴趣，从而提高学习效率。
- 商业演示：作为一个销售人员或者售前工程师，在为客户介绍本公司的公司背景和产品时，使用集介绍性文字、公司图片和产品图片于一体的演示文稿可以加深客户对本公司产品的认识，从而提高公司的可信度。

12.1.2 演示文稿的制作流程

制作演示文稿的一般流程如下。

1．准备演示文稿需要的素材

确定好演示文稿要制作的主题后，就需要准备相关的素材文件，可以直接从网上下载免费的 PPT 素材。通过搜索引擎就可以找到很多免费的 PPT 素材，使用这些素材可以节省制作时间，提高工作效率。若下载的素材不太适合自己，还可使用图片编辑软件或直接在 PowerPoint 中对其进行加工编辑。

2．初步制作演示文稿

首先确定好演示文稿的大纲，然后将文本、图片、形状、视频等对象添加到相应的幻灯片中。

3．设置幻灯片对象格式

在各幻灯片中添加好对象后，还应根据需要设置其格式，如设置字体格式、裁剪图片、添加效果等。

4．添加动画效果

添加动画效果可以使演示文稿“动”起来，增加视觉冲击力，让观众提起兴趣，强化记忆。可以为每一张演示文稿添加切换动画效果，以避免在播放下一张幻灯片时显得突兀。还可为幻灯片中的各个对象添加动画效果，使其按照逻辑顺序逐个显示或退出，引导观众按照演讲者的思路理解演示文稿的内容。

5．添加交互功能

默认情况下，在放映演示文稿时将按照幻灯片的编号顺序依次放映，可通过在幻灯片中插入超链接或动作按钮来播放指定的幻灯片。当单击超链接或动作对象时，演示文稿将自动切换到指定的幻灯片或运行指定的程序。此外，还可为幻灯片中的动画添加触发器，以增加幻灯片内的交互，如单击人物头像后显示出该人物的简介。

12.1.3 制作专业演示文稿的关键

要想成功地制作出具有专业水平的演示文稿，关键在于以下几个方面：

（1）正确的设计思路

制作演示文稿，首先要明确自己制作演示文稿的内容和性质，理清思路，以免偏离主题。

（2）具有恰当的目标

制作演示文稿就是为了让信息表达得更明确、更生动，因此目标必须要恰当，才会使演示文稿制作得有意义。

（3）具有说服力的逻辑

演示文稿的内容要扣人心弦，表达的信息要有组织、有条理，让观看者能够通过观看演示文稿明白主题，理解要表达的信息。

（4）具有适宜的风格

具有特殊风格的演示文稿是制作者志在追求的目标，但并不是风格越独特就越成功，演示文稿的风格必须和要表达的信息和谐、统一。

（5）具有结构化的布局

布局是制作演示文稿的一个重要环节。若布局不好，信息表达肯定会大打折扣。在制作演示文稿时，要把布局布置得最优化，让信息表达得更明确。

（6）具有恰当的颜色

演示文稿是要给观众看的，所以颜色的使用一定要考虑到观众的视觉效果，不要使用过多的颜色，避免使观众眼花缭乱。另外，颜色有其惯用的含义，例如，红色表示警告，而绿色表示认可，可以使用这些相关颜色表达自己的观点。但由于这些颜色可能对不同文化背景下的用户具有不同的含义，所以应该谨慎使用。

（7）不要走入 PPT 制作的误区

不能为了制作演示文稿而制作，而是因为“需要”而制作。当不需要制作演示文稿时，牵强附会地制作演示文稿，不但不会表达主题信息，反而会因为制作演示文稿而浪费很多时间。

12.1.4 熟悉 PowerPoint 2016 工作界面

PowerPoint 2016 的工作界面主要分为四个区域，分别是功能区、幻灯片编辑区、幻灯片/大纲任务窗格和备注窗格，如下图所示。

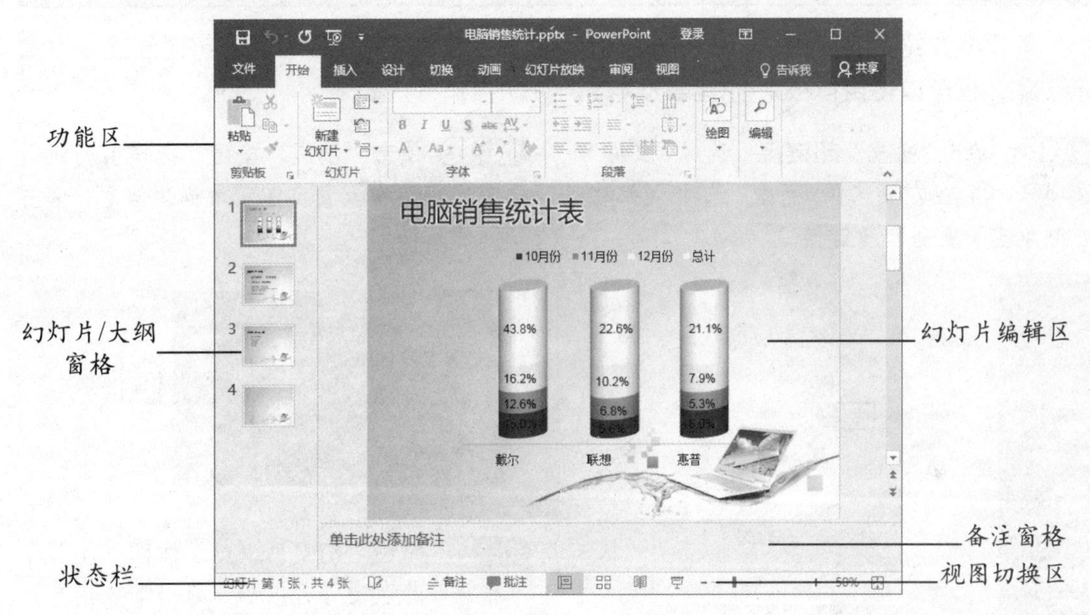

- 功能区：包含了对幻灯片进行编辑和设置格式而使用的工具。根据不同的功能，功能区内分为 9 个选项卡，即“文件”、“开始”、“插入”、“设计”、“切换”、“动画”、“幻灯片放映”、“审阅”和“视图”。
- 幻灯片编辑区：主要用于显示和编辑幻灯片。演示文稿中的所有幻灯片都是在此窗格中编辑完成的。
- 幻灯片/大纲窗格：主要包括“幻灯片”和“大纲”选项卡。幻灯片模式是调整和设置幻灯片的最佳模式，在这种模式下幻灯片会以序号的形式进行排列，可以在此预览幻灯片的整体效果。而使用大纲模式可以很好地组织和编辑幻灯片内容。在编辑区的幻灯片中输入文本内容之后，在大纲模式的任务窗格中也会显示文本内容，甚至可以直接在此输入或修改幻灯片的文本内容。
- 状态栏：显示现在正在编辑的幻灯片所在状态，主要有幻灯片的总页数和当前页数、语言状态、视图状态、幻灯片的放大比例等。
- 备注窗格：备注窗格位于“幻灯片编辑”窗口下方，是为当前幻灯片添加备注、显示备注的区域，单击“备注”按钮即可显示“备注”窗格。

- 视图切换区：视图切换区位于状态栏右侧，用于切换演示文稿视图的显示方式等。

12.2 添加幻灯片并编辑内容

下面将介绍如何创建一个简单的演示文稿，其中包括新建并保存演示文稿、新建幻灯片并输入文本、添加图片、插入文本与图片、插入表格等。

12.2.1 新建与保存演示文稿

下面将介绍如何使用 PowerPoint 2016 创建一个演示文稿并保存，可以创建空白演示文稿，也可以使用模板来创建演示文稿，具体操作方法如下。

STEP 01 单击“业务”超链接 选择“文件”选项卡，❶ 在左侧选择“新建”选项。❷ 在右侧单击“业务”超链接。

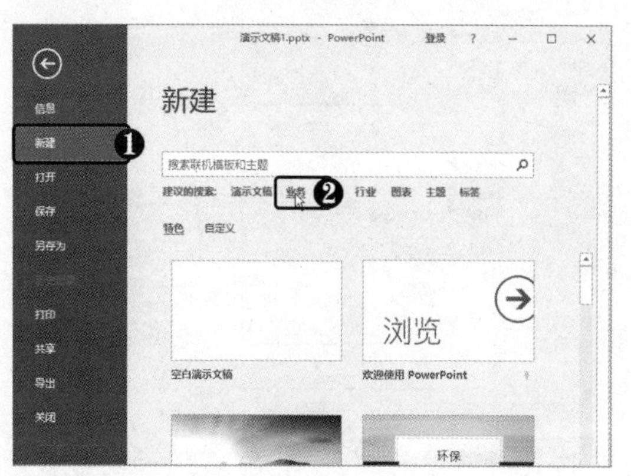

STEP 02 选择模板 开始联机搜索演示文稿模板，在模板列表中选择所需的模板。

STEP 03 单击“创建”按钮 在弹出的对话框中显示该模板预览图示及描述信息，单击“创建”按钮。

STEP 04 单击“幻灯片浏览”按钮 此时即可根据模板创建演示文稿，单击下方状态栏中的“幻灯片浏览”按钮。

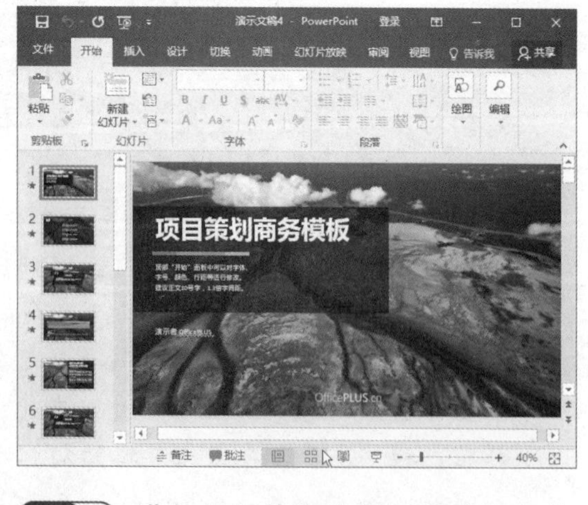

STEP 05 进入幻灯片浏览视图 在幻灯片浏览视图模式下幻灯片是以缩略图形式显

示的，这种模式下不能直接编辑和修改幻灯片的内容。

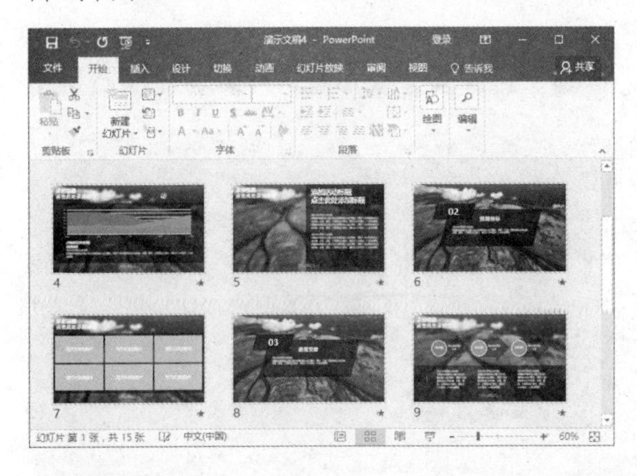

STEP 06 保存演示文稿 按【F12】键，弹出“另存为”对话框，❶ 选择保存位置。❷ 输入文件。❸ 单击“保存”按钮。

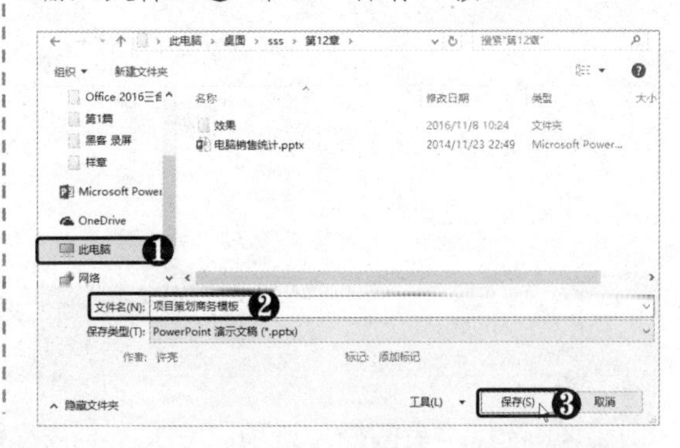

12.2.2 新建幻灯片并输入文本

要在幻灯片中输入文本，只需在其中的文本占位符中单击，然后输入文本并进行格式设置即可，具体操作方法如下。

STEP 01 选择幻灯片版式 ❶ 在左侧幻灯片预览窗格中定位光标。❷ 单击“新建幻灯片”下拉按钮。❸ 选择“标题和内容”版式。

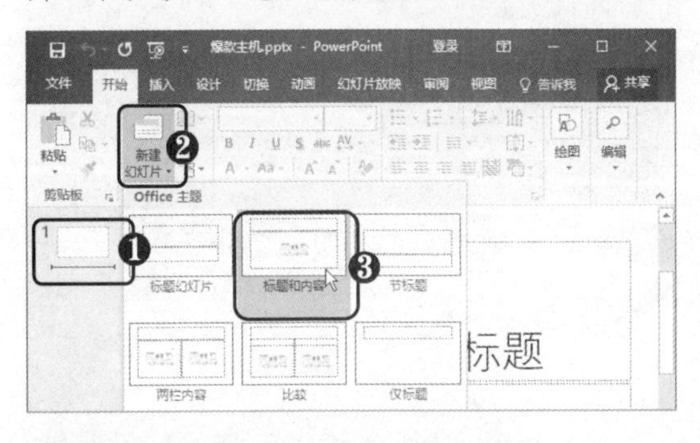

STEP 02 新建幻灯片 此时即可新建一张“标题和内容”幻灯片，在幻灯片中显示相应的占位符。

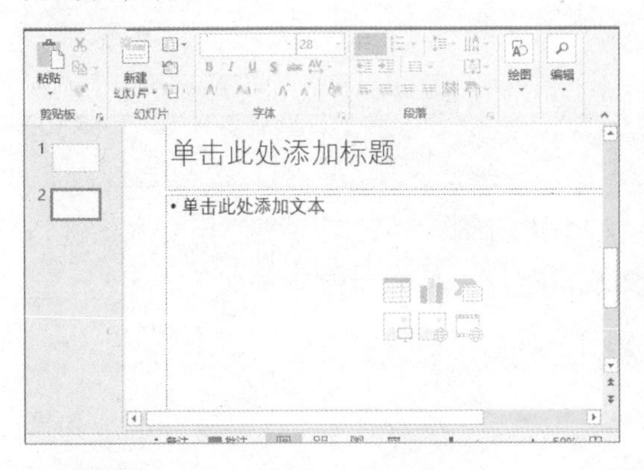

STEP 03 单击扩展按钮 ❶ 在标题占位符中输入所需的文本。❷ 选中内容占位符。❸ 在“格式”选项卡下单击“形状样式”组右下角的扩展按钮。

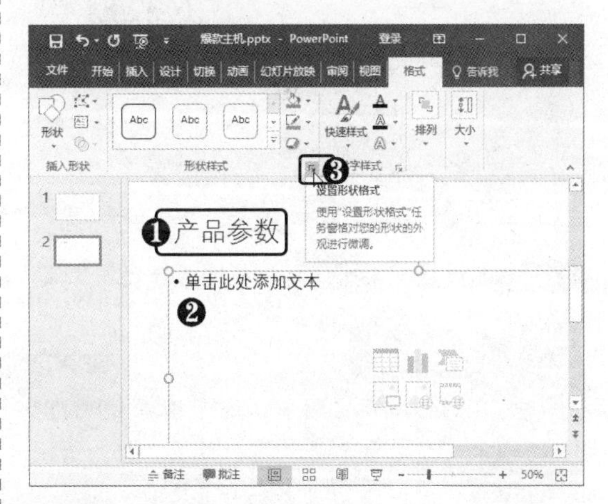

STEP 04 设置文本框属性 打开“设置形状格式”窗格，❶ 选择“大小与属性”选项卡。❷ 在“文本框”组中选中“溢出时缩排文字”单选按钮。

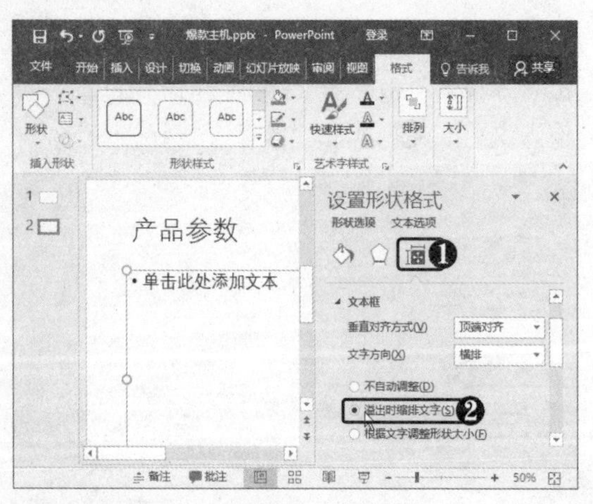

STEP 05 选择“更多栏”选项 在文本框中粘贴产品参数文本，❶ 选中内容占位符。❷ 在“段落”组中单击“添加或删除栏”下拉按钮≡ ▾。❸ 选择“更多栏”选项。

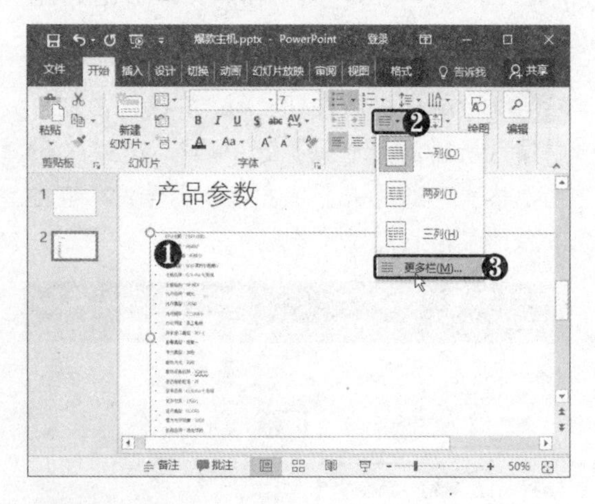

STEP 06 设置分栏选项 弹出“分栏”对话框，❶ 分别设置数量和间距。❷ 单击“确定”按钮。

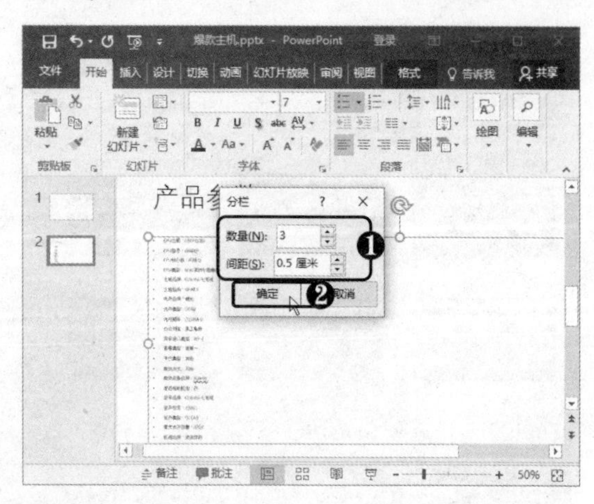

STEP 07 查看分栏效果 此时即可查看文本分栏后的效果。

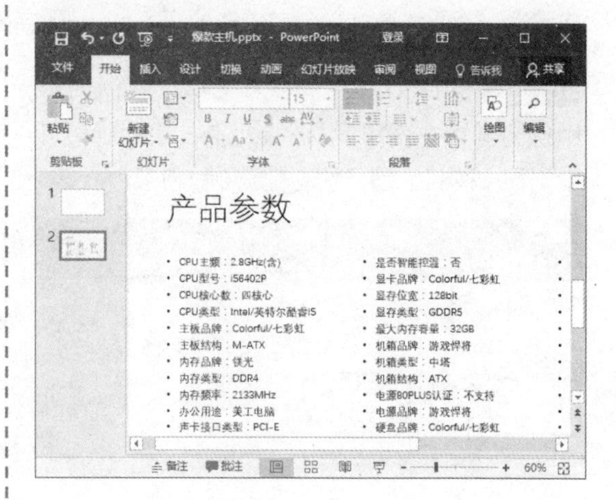

高手点拨

在制作演示文稿前，还应根据放映的要求对幻灯片大小进行自定义设置。选择“设计”选项卡，在“自定义”组中单击“幻灯片大小”下拉按钮，选择“自定义幻灯片大小”选项，在弹出的对话框中设置幻灯片大小和方向。

12.2.3 插入文本与图片

在幻灯片中输入文本，除了在预留的占位符中进行输入外，则需要使用文本框进行文字输入。下面将介绍如何在幻灯片中插入文本与图片，具体操作方法如下。

STEP 01 选择幻灯片版式 ❶ 在左侧幻灯片预览窗格中定位光标。❷ 单击“新建幻灯片”下拉按钮。❸ 选择“空白”版式。

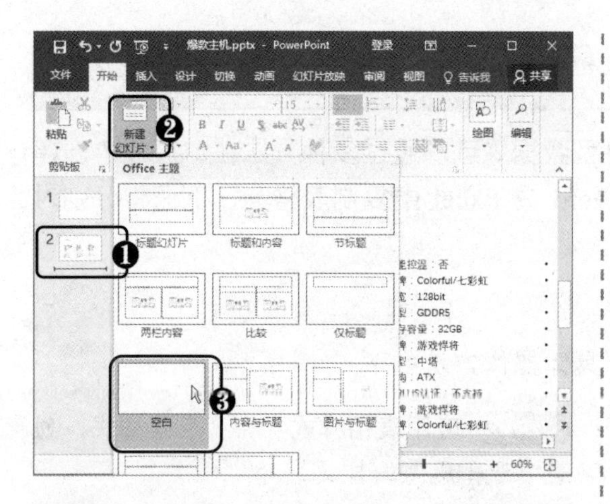

STEP 02 单击“文本框”按钮 此时即可新建空白幻灯片，❶ 选择“插入”选项卡。❷ 在“文本”组中单击“文本框”按钮。

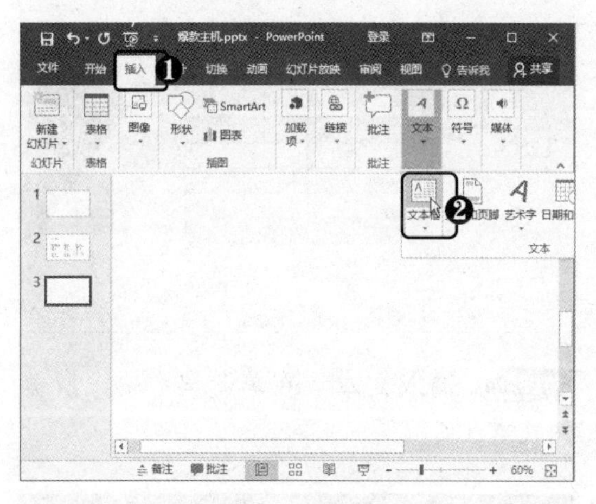

STEP 03 输入文本 在幻灯片中单击即可插入文本框，❶ 输入所需的文本。❷ 在“字体”组中设置字体格式。

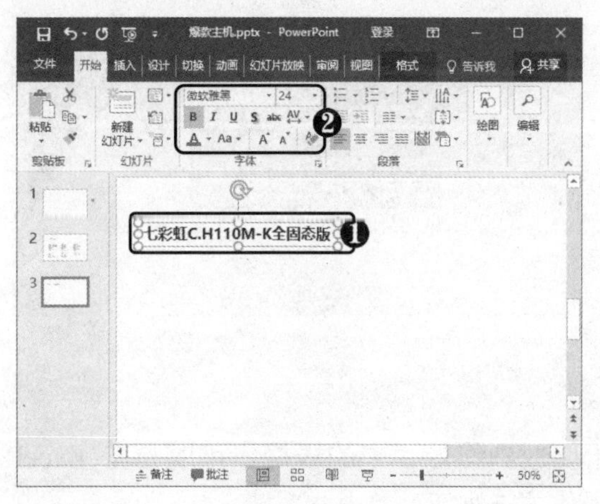

STEP 04 插入其他文本 采用相同的方法继续插入文本框，并输入所需的文本。

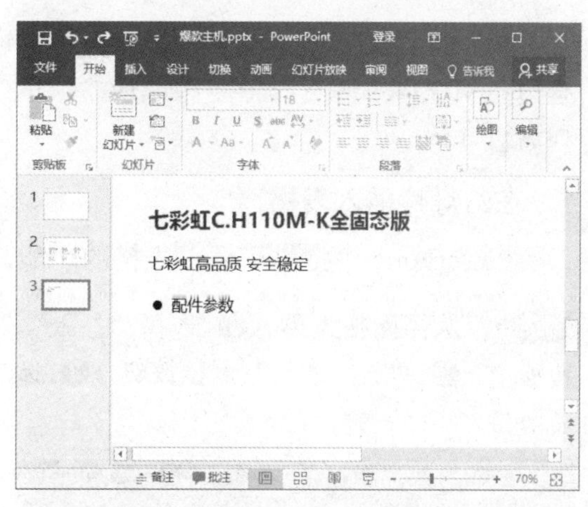

STEP 05 单击“图片”按钮 ❶ 选择“插入”选项卡。❷ 在“图像”组中单击“图片”按钮。

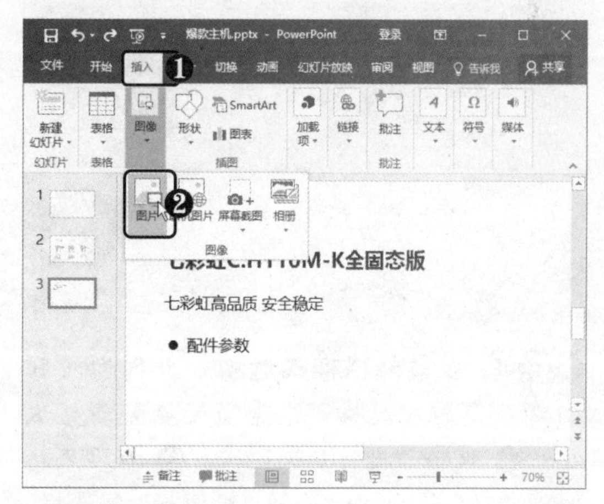

STEP 06 选择图片 弹出“插入图片”对话框，❶ 选择图片。❷ 单击“插入”按钮。

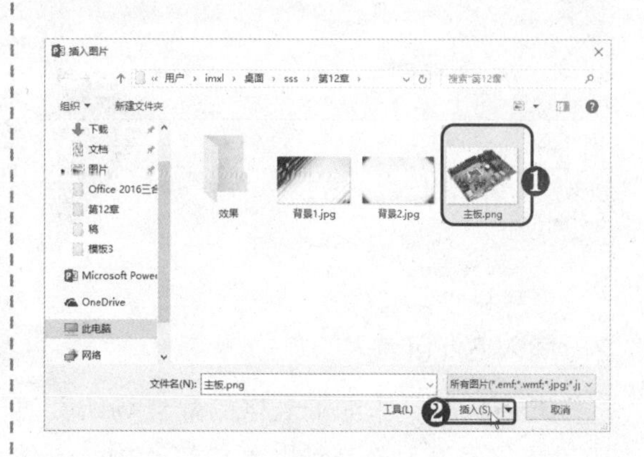

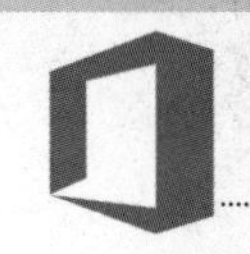

12.2.4 插入表格

在幻灯片中可以插入表格，以输入表格型数据。可以通过多种方法在幻灯片中创建表格，如通过“插入表格”功能插入、从 Word 或 Excel 中复制表格等，下面将分别对其进行介绍。

1. 在幻灯片插入表格

PowerPoint 中提供了插入表格的功能，具体操作方法如下。

STEP 01 选择网格大小 ❶ 选择“插入”选项卡。❷ 单击“表格”下拉按钮。❸ 选择网格大小。

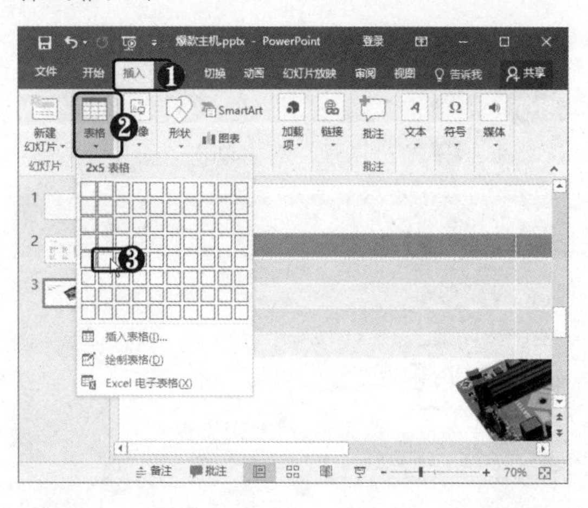

STEP 02 设置表格样式选项 此时即可在幻灯片中插入表格，根据需要调整表格大小。❶ 选择“设计”选项卡。❷ 在“表格样式选项”组中取消选择“标题行”复选框。

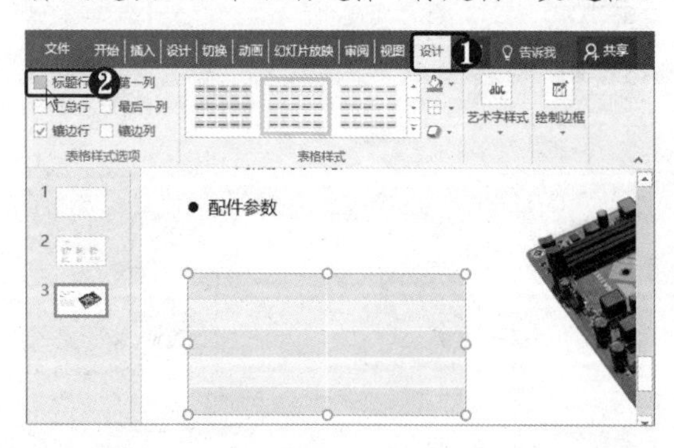

STEP 03 应用表格样式 在“表格样式”列表中选择所需的样式。

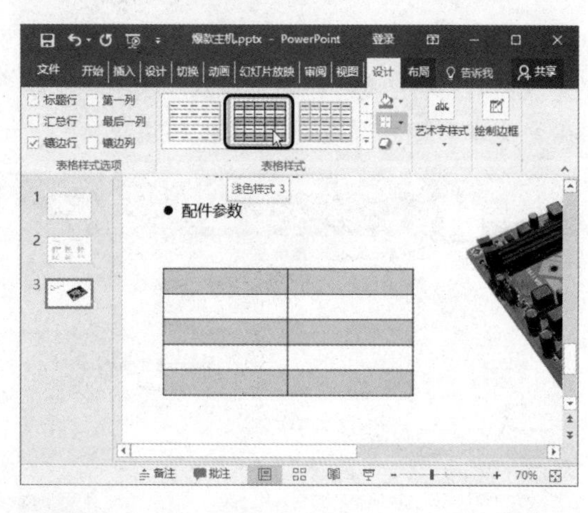

STEP 04 输入文本 在单元格中输入所需的文本。

2. 插入 Excel 表格

Excel 是制作电子表格的最佳场所，对于要放到幻灯片中的表格，可以先在 Excel 中制作好，然后将其粘贴到幻灯片中，具体操作方法如下。

STEP 01 **复制 Excel 表格数据** 打开 Excel 工作簿素材文件，选择数据表格单元格区域，按【Ctrl+C】组合键复制表格数据。

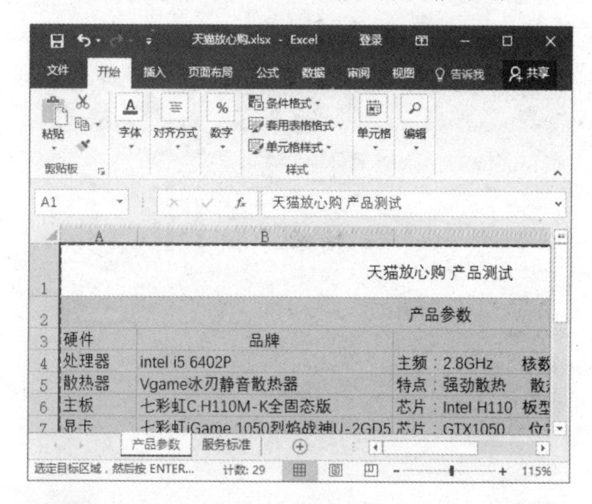

STEP 02 **粘贴表格** 切换到演示文稿窗口，❶ 单击“粘贴”下拉按钮。❷ 选择“使用目标样式”选项，粘贴表格。

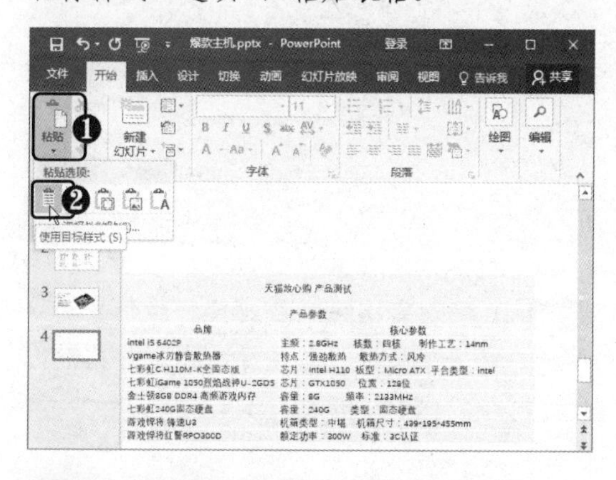

STEP 03 **设置字体格式** 调整表格大小，并设置字体格式。

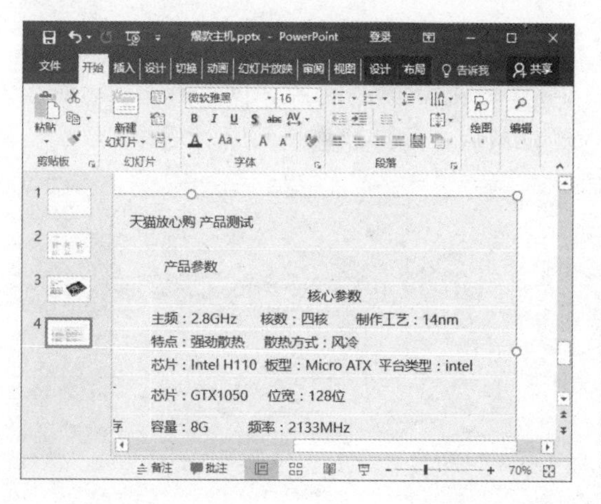

STEP 04 **设置表格样式** ❶ 选择“设计”选项卡。❷ 在“表格样式选项”组中选中“镶边行”复选框。

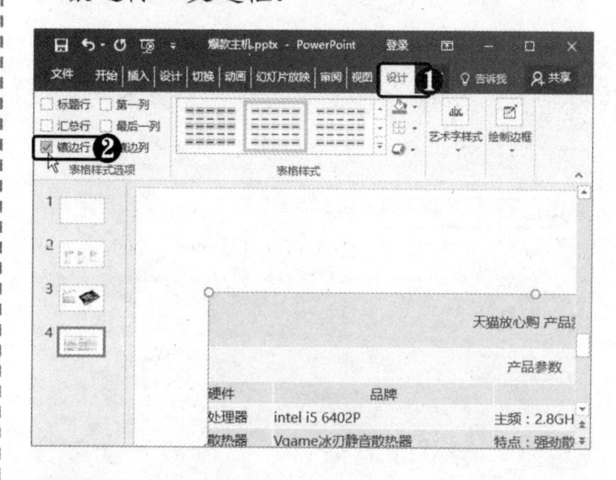

STEP 05 **应用表格样式** 在“表格样式”列表中选择所需的样式。

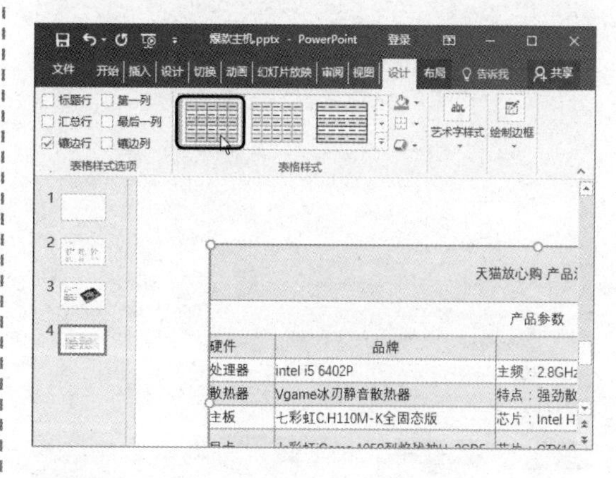

STEP 06 **单击扩展按钮** 根据需要设置表格中文本的字体格式。❶ 选择单元格区域。❷ 在“开始”选项卡下单击“段落”组右下角的扩展按钮。

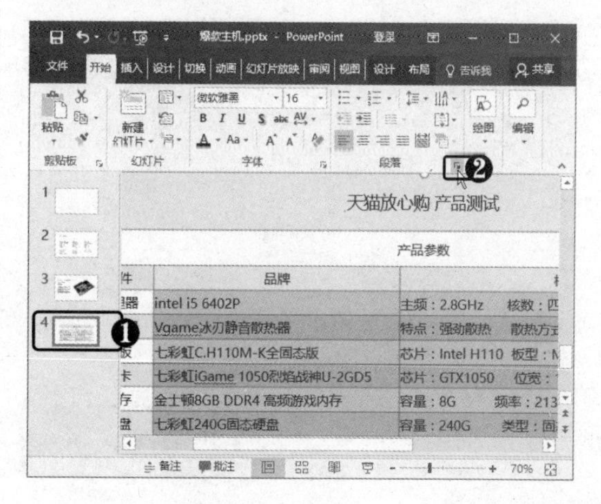

STEP 07 设置段落缩进 弹出“段落”对话框，❶ 设置“文本之前”缩进0.4厘米。❷ 单击“确定”按钮。

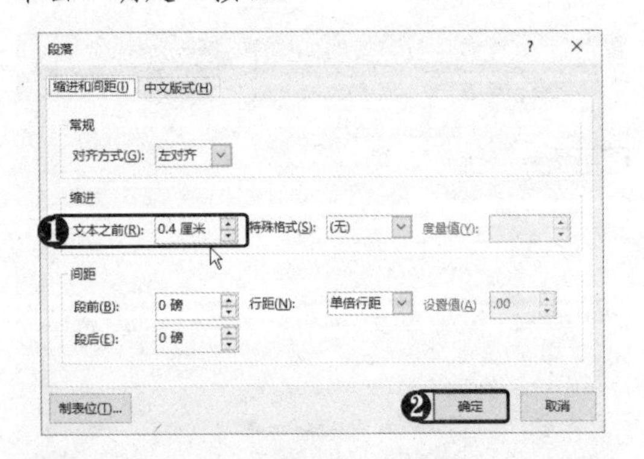

STEP 08 查看设置效果 此时即可查看设置段落缩进后的单元格文本效果。

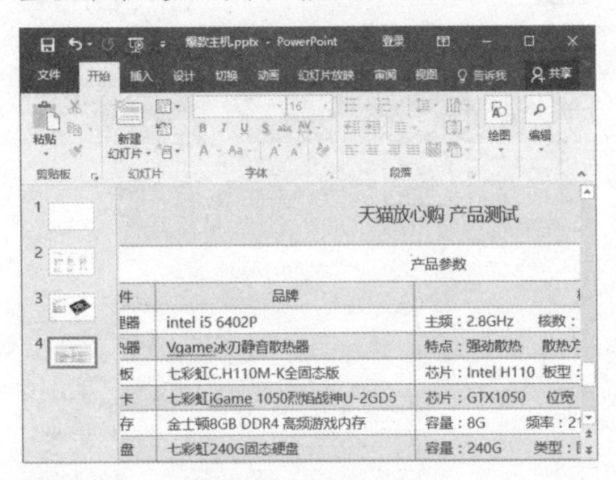

STEP 09 设置单元格边距 新建幻灯片，采用相同的方法粘贴并设置Excel表格。❶ 选择单元格区域。❷ 选择“布局”选项卡。❸ 在“对齐方式”组中单击“单元格边距”下拉按钮。❹ 选择“窄”选项。

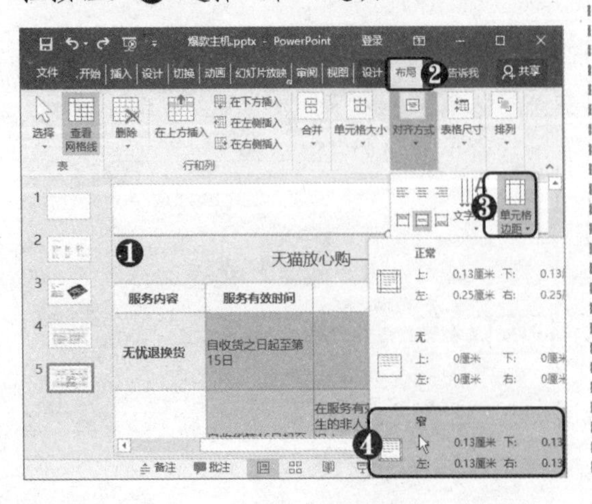

STEP 10 设置表格底纹 ❶ 选择最左列的单元格。❷ 选择“设计”选项卡。❸ 在“表格样式”组中单击“底纹”下拉按钮。❹ 选择“无填充颜色”选项。

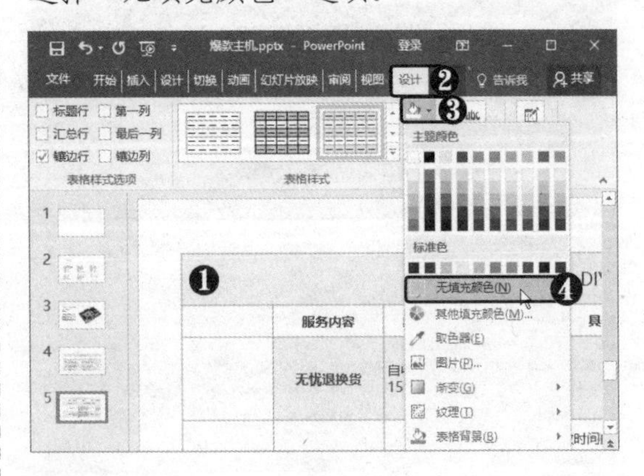

STEP 11 单击“橡皮擦”按钮 在“绘制边框”组中单击“橡皮擦”按钮。

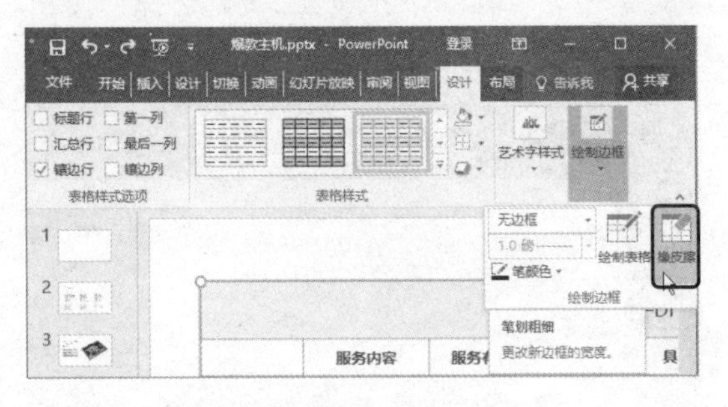

STEP 12 擦除表格线 此时鼠标指针变为形状，在表格框线上单击即可擦除表格线。

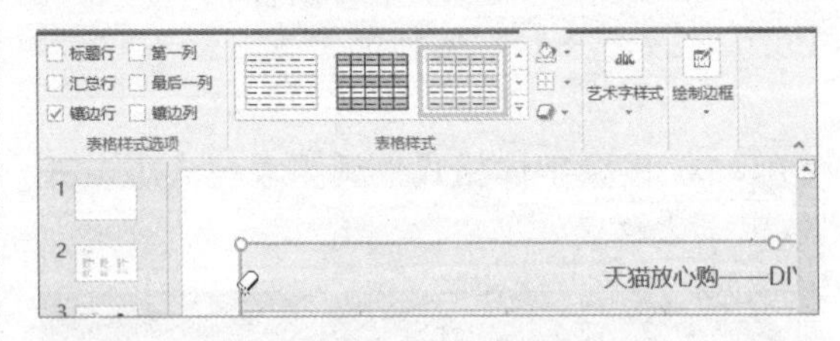

STEP 13 插入素材图片 擦除不需要的表格线，然后在幻灯片中插入素材图片。

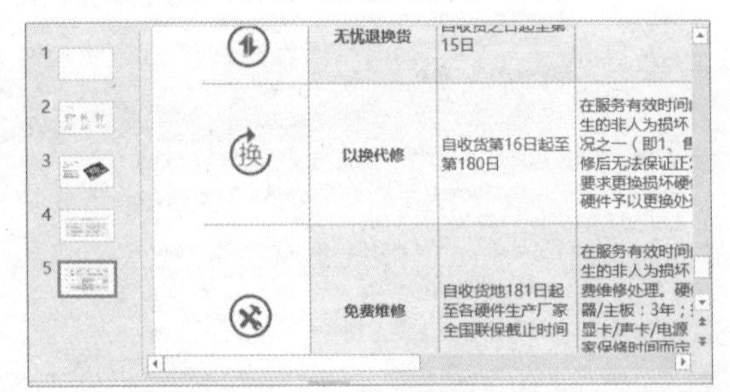

12.3 幻灯片的基本操作

在制作演示文稿时，对幻灯片进行操作是最基本的操作，如更改幻灯片版式、选择幻灯片、复制与移动幻灯片、组织幻灯片等，下面将进行详细介绍。

12.3.1 更改幻灯片版式

每个幻灯片版式包含文本、视频、图片、图表、形状、剪贴画、背景等内容的占位符，它们还包含这些对象的格式。在演示文稿中使用的每个主题都包含一个幻灯片母版和一组相关版式。用户可以根据需要更改当前幻灯片所套用的版式，具体操作方法如下。

STEP 01 选择幻灯片版式 ❶ 在左窗格中选择第 1 张幻灯片。❷ 在幻灯片的空白位置右击。❸ 选择“版式”命令。❹ 选择“空白”版式。

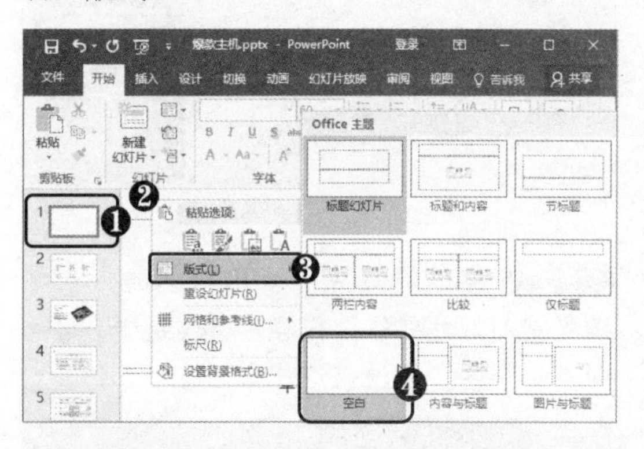

STEP 02 更改幻灯片版式 此时即可将当前幻灯片更改为“空白”版式。

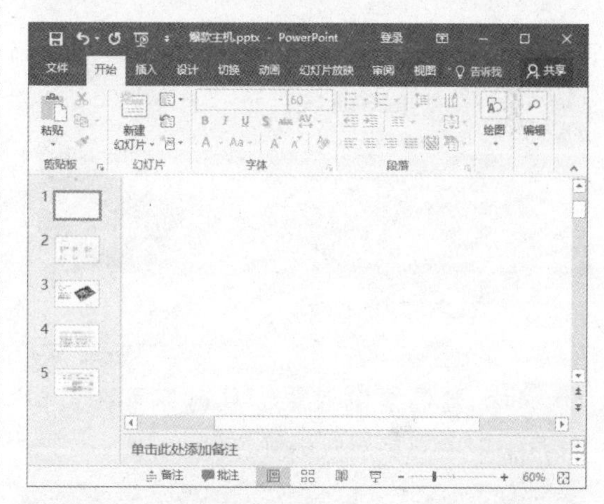

12.3.2 选择幻灯片

对单个或多个幻灯片进行编辑操作之前，首先要正确地选择幻灯片，具体操作方法如下。

STEP 01 选择连续的幻灯片 在幻灯片窗格中按住【Shift】键分别单击起始和结尾的幻灯片，即可选择连续的幻灯片。

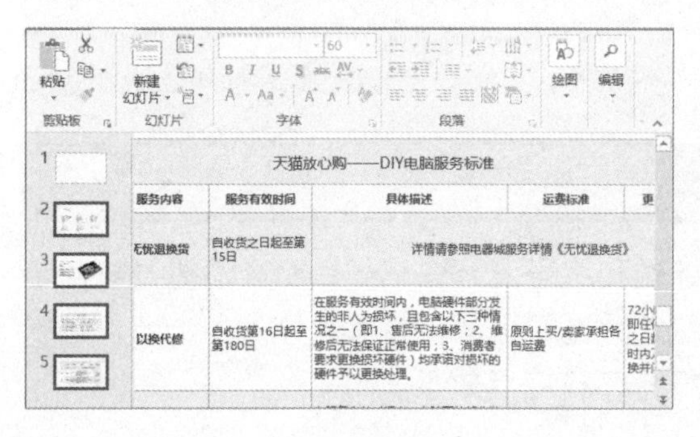

STEP 02 选择不连续的幻灯片 在幻灯片窗格中按住【Ctrl】键的同时分别单击要选择的幻灯片，即可选择多张不连续的幻灯片。

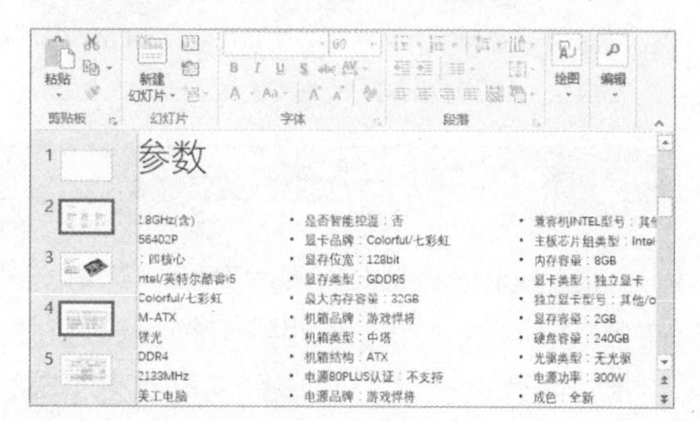

12.3.3 复制与移动幻灯片

在制作演示文稿的过程中，可能有几张幻灯片的版式和背景等都是相同的，只是其中的部分文本不同而已。这时只需复制幻灯片，然后对复制后的幻灯片进行修改即可。要调整幻灯片的播放次序，则需要移动幻灯片。

复制和移动幻灯片的具体操作方法如下。

STEP 01 选择"复制幻灯片"命令 ❶ 右击要复制的幻灯片。❷ 选择"复制幻灯片"命令。

STEP 02 查看复制效果 此时即可在该幻灯片下方复制出一张幻灯片。

STEP 03 修改幻灯片内容 根据需要修改幻灯片中的内容。

STEP 04 移动幻灯片 采用相同的方法继续复制幻灯片并修改内容，切换到"幻灯片浏览"视图，拖动幻灯片即可移动其位置。

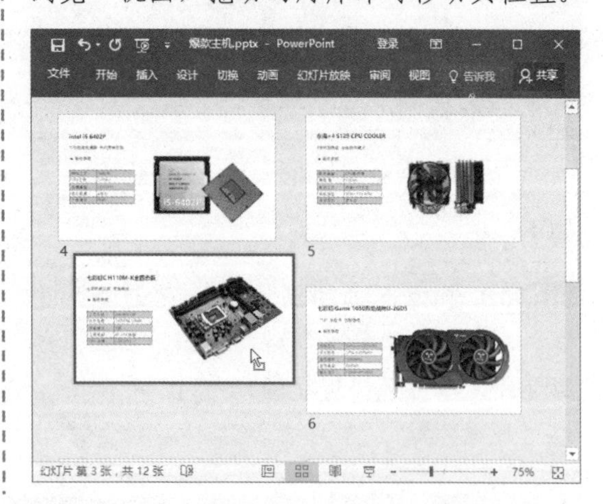

12.3.4 使用节组织幻灯片

若遇到一个庞大的演示文稿，其幻灯片标题和编号混杂在一起，而又不能导航演示文稿时，可以使用节来组织幻灯片。通过对幻灯片进行标记，并将其分为多个节，可以与他人协作创建演示文稿，还可对整个节进行打印或应用效果。

下面将介绍如何使用节来组织大量的幻灯片，具体操作方法如下。

STEP 01 选择“新增节”命令 ❶ 将光标定位在要插入节的位置并右击。❷ 选择“新增节”命令。

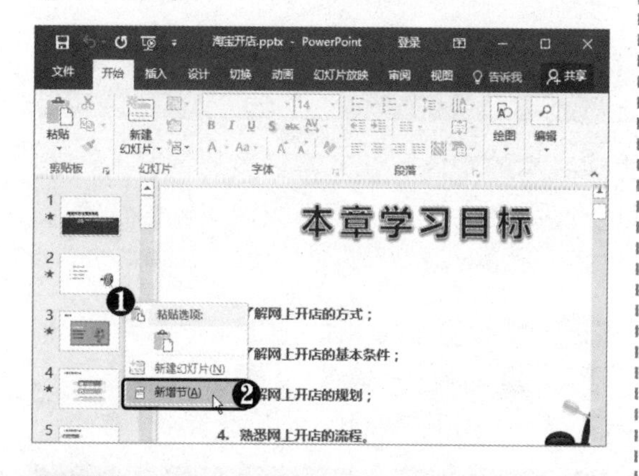

STEP 02 选择“重命名节”命令 此时即可新增一节。❶ 右击节名称。❷ 选择“重命名节”命令。

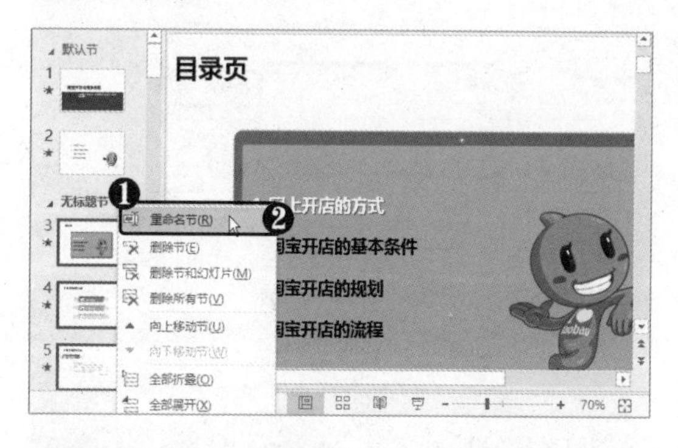

STEP 03 输入节名称 弹出“重命名节”对话框，❶ 输入节名称。❷ 单击“重命名”按钮。

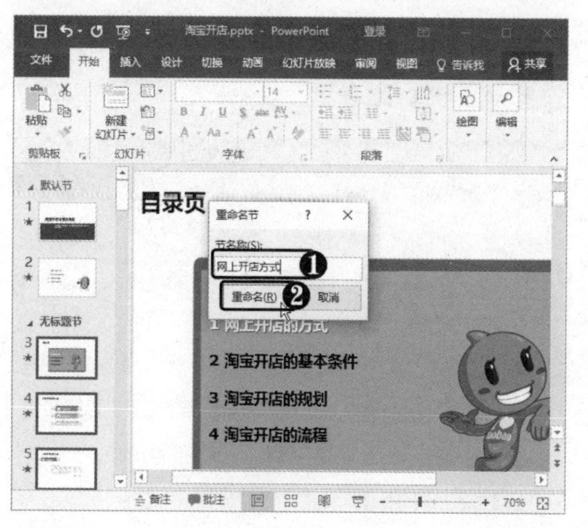

STEP 04 新增节 此时即可重命名节名称。采用相同的方法，在需要插入节的位置新增节并进行重命名。

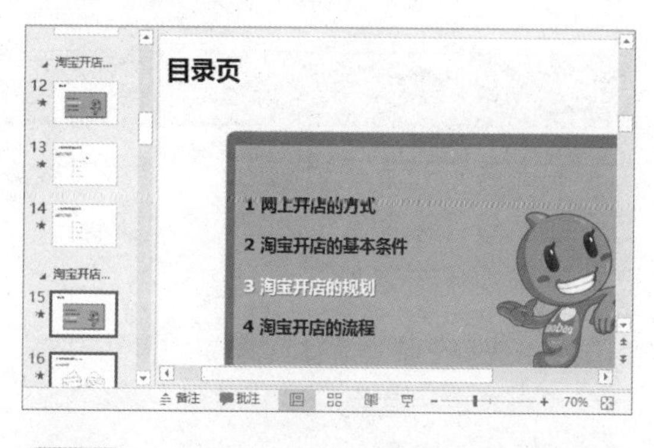

STEP 05 折叠/展开节 单击节名称前的◢按钮，可以对该节进行折叠或展开操作。

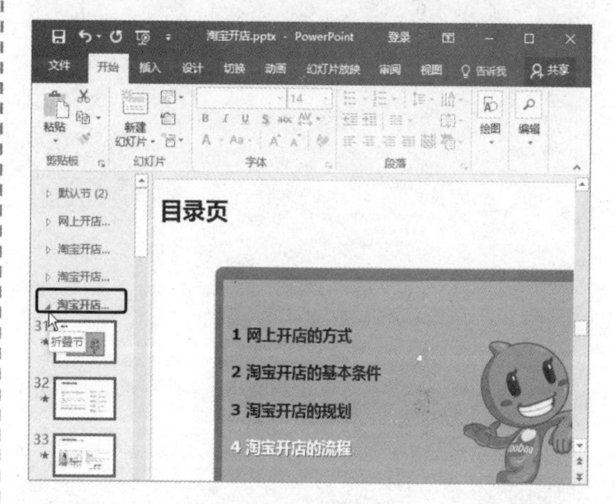

STEP 06 移动节 选中节并拖动，可以调整该节幻灯片在演示文稿中的位置。

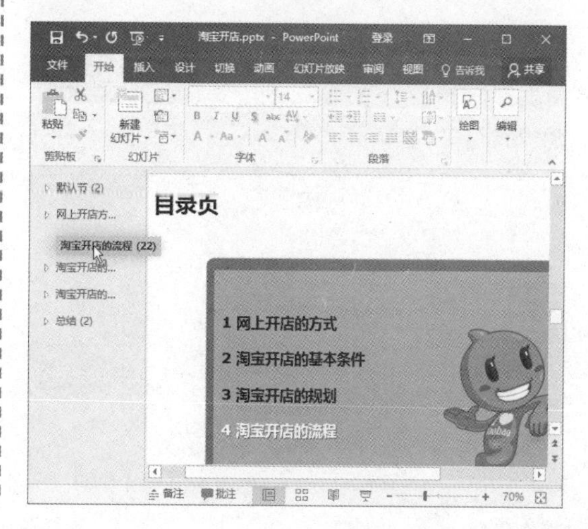

12.4 巧妙设置幻灯片对象格式

通过对幻灯片对象进行格式设置可以起到美化幻灯片的效果，使幻灯片显得更加专业。下面将介绍如何对幻灯片对象进行格式设置。

12.4.1 替换字体格式

在制作幻灯片的过程中，可能经常需要更换文本的字体。在文本较多的情况下，若逐一进行修改既耽误时间又不够精确，此时可以使用文字替换功能来实现字体的快速修改，具体操作方法如下。

STEP 01 选择“替换字体”选项 ❶ 在“编辑”组中单击“替换”下拉按钮。❷ 选择“替换字体”选项。

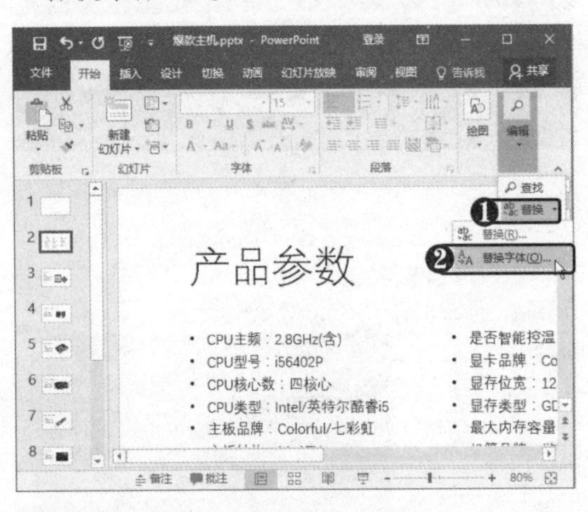

STEP 02 设置替换字体 弹出“替换字体”对话框，❶ 设置将“等线”替换为“微软雅黑”。❷ 单击“替换”按钮，即可替换字体格式。

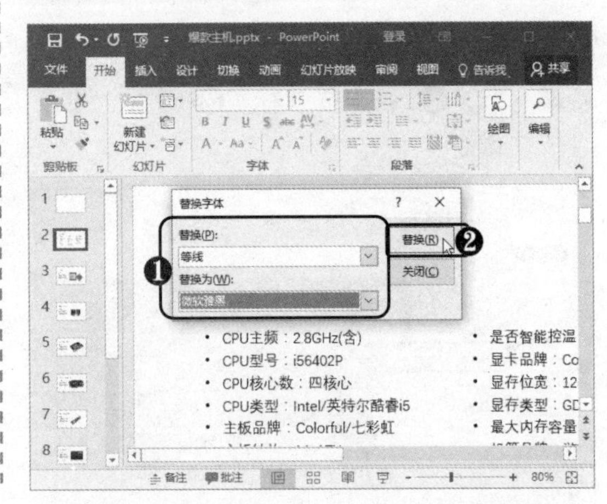

12.4.2 设置段落级别

在幻灯片中也可通过按快捷键快速调整段落级别，具体操作方法如下。

STEP 01 选中文本 新建“标题和内容”幻灯片，在内容占位符中选择要设置段落级别的文本。

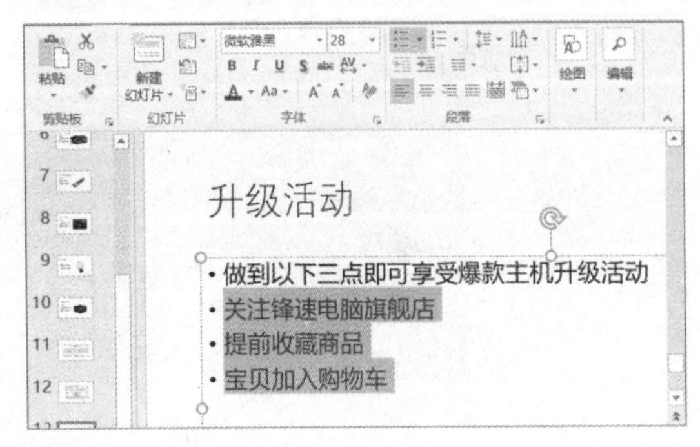

STEP 02 设置降级 按【Tab】键，即可对所选文本进行降级。

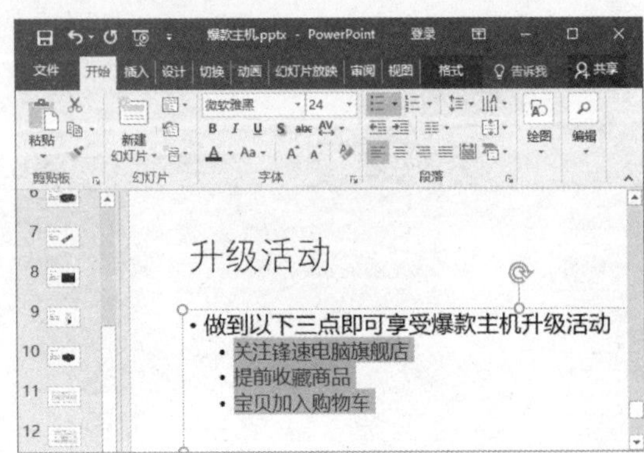

STEP 03 添加项目符号 ❶ 在“段落”组中单击“项目符号”下拉按钮☰·。❷ 选择所需的符号。

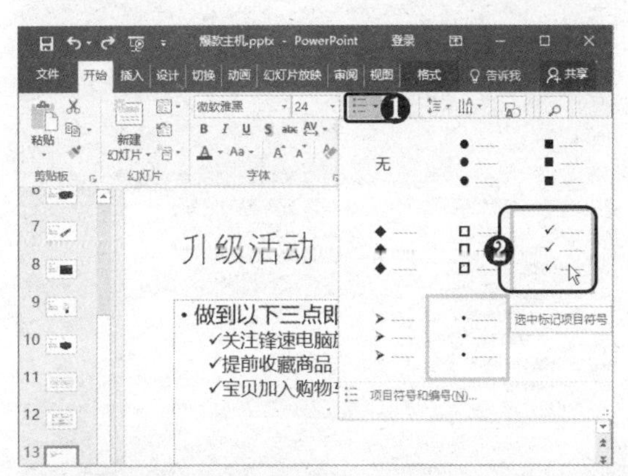

STEP 04 设置行距 ❶ 在“段落”组中单击“行距”下拉按钮↕☰·。❷ 选择1.5选项。

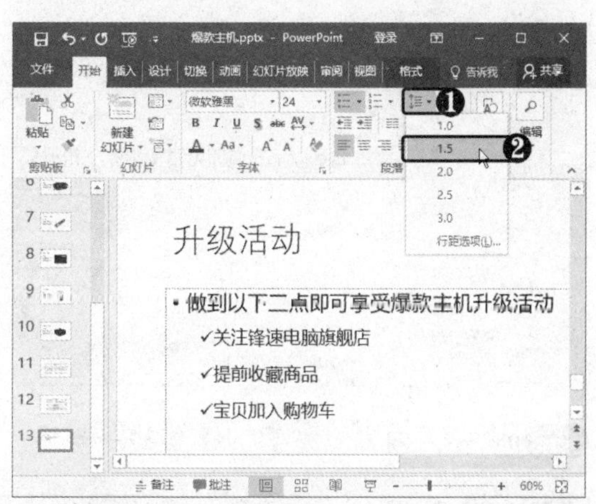

12.4.3 使用大纲视图编辑内容

大纲视图是撰写内容的理想场所，在该视图下不仅可以编辑当前幻灯片的内容，还可以查看前后幻灯片中的内容，以便进行对照，有效地计划如何表述它们。在大纲视图下编辑幻灯片内容的具体操作方法如下。

STEP 01 切换到大纲视图 ❶ 选择“视图”选项卡。❷ 单击“大纲视图”按钮，切换到大纲视图，光标会自动定位到当前幻灯片。

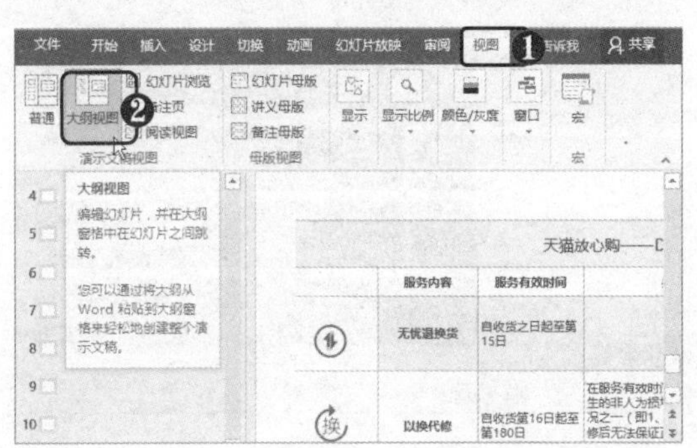

STEP 02 输入标题内容 按【Enter】键即可新建一张幻灯片，输入标题内容。

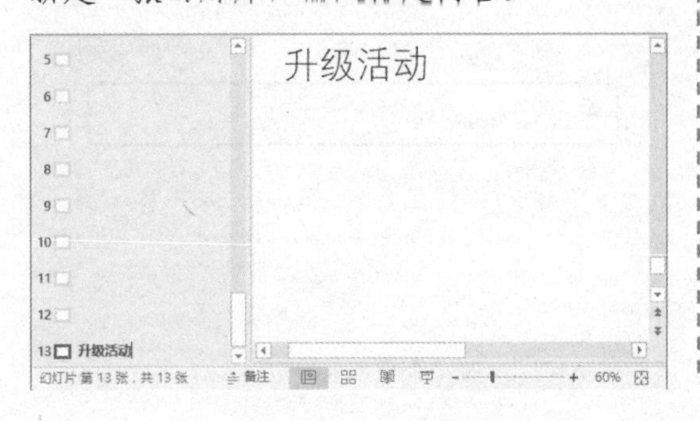

STEP 03 设置降级 再次按【Enter】键，然后按【Tab】键进行降级处理，此时将降级为内容。

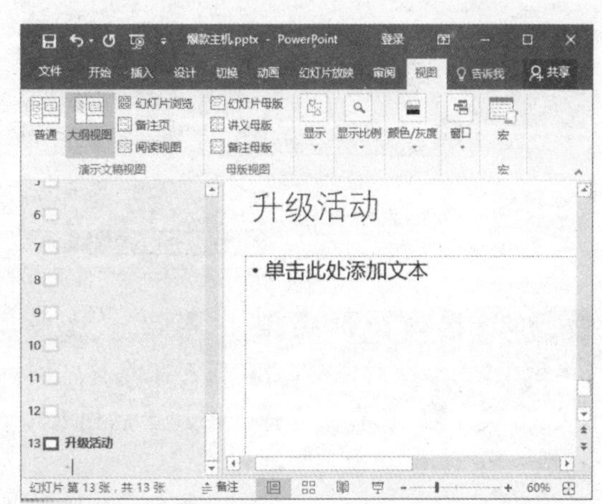

STEP 04 输入内容 输入内容文本，然后按【Enter】键。

高手点拨

按【Shift+Tab】组合键可进行升级处理。按【Alt+Shift+方向键】组合键，可对段落级别继续提升、降低、上移和下移。

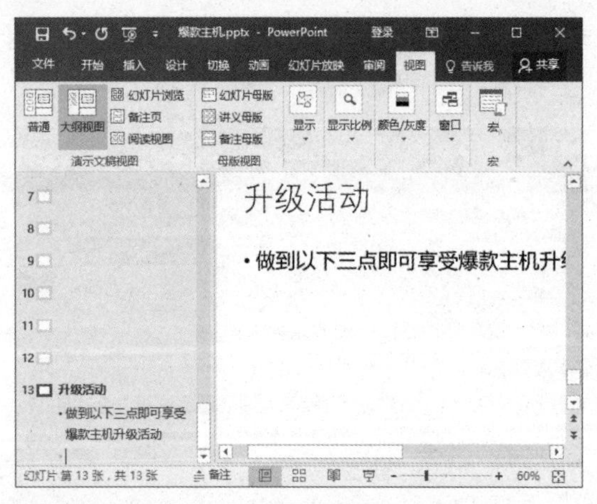

STEP 05 输入内容 按【Tab】键进一步降级，继续输入所需的内容。

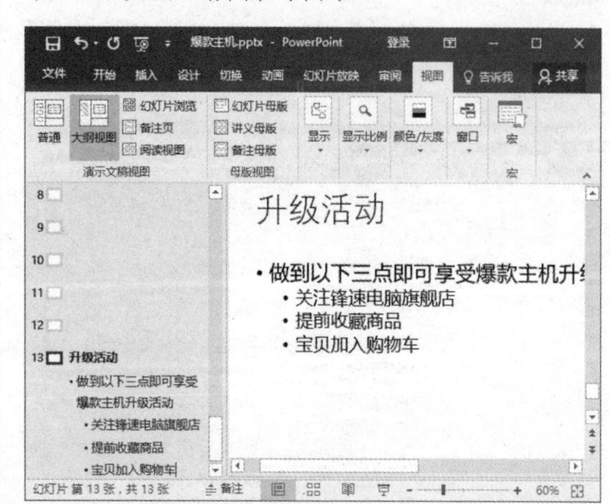

12.4.4 将文本转换为 SmartArt 图形

在 PowerPoint 2016 中可以将文本快速转换为 SmartArt 图形，具体操作方法如下。

STEP 01 选择“其他 SmartArt 图形”选项 ❶ 选择内容占位符。❷ 在“段落”组中单击“转换为 SmartArt 图形”下拉按钮。❸ 选择“其他 SmartArt 图形”选项。

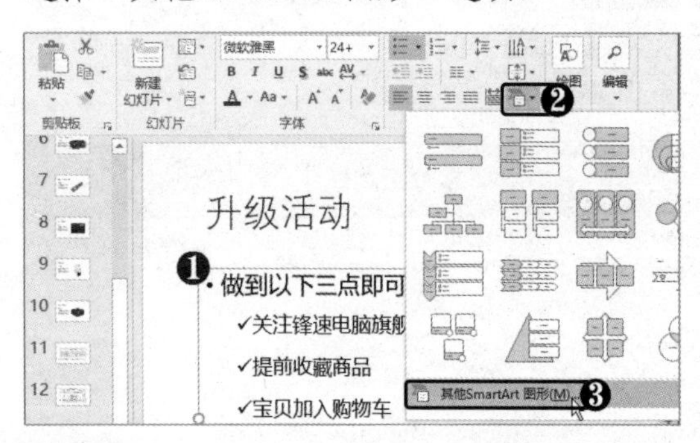

STEP 02 选择图形类型 弹出“选择 SmartArt 图形”对话框，❶ 在左侧选择“图片”分类。❷ 在右侧选择“图片重点列表”类型。❸ 单击“确定”按钮。

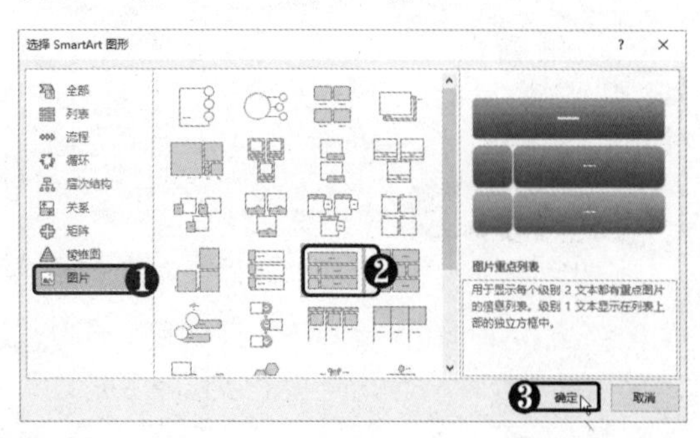

STEP 03 单击图片占位符 此时即可将文本转换为“图片重点列表”图形，单击图片占位符。

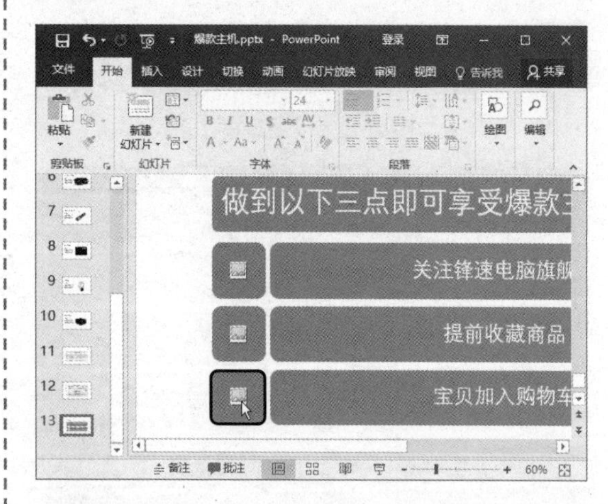

STEP 04 单击“来自文件”按钮 弹出“插入图片”对话框，单击“来自文件”按钮。

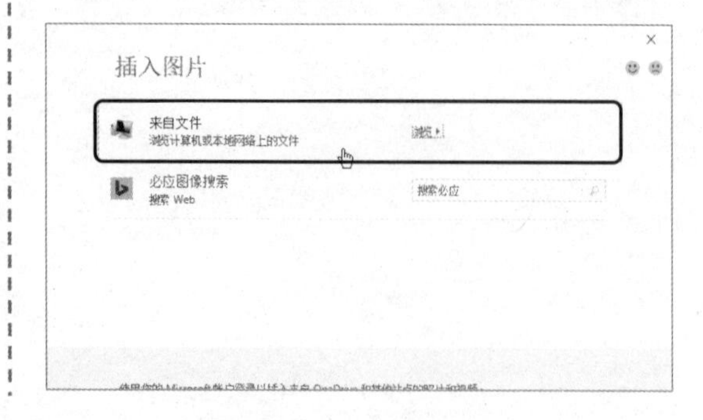

STEP 05 选择图片 弹出“插入图片”对话框，❶ 选择图片。❷ 单击“插入”按钮。

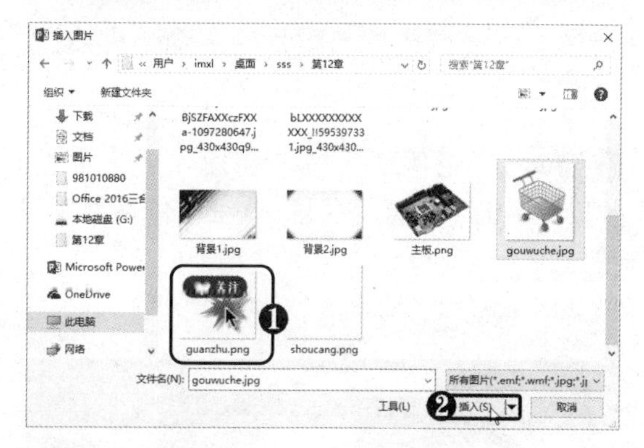

STEP 06 插入图片 此时即可在图片占位符中插入图片。

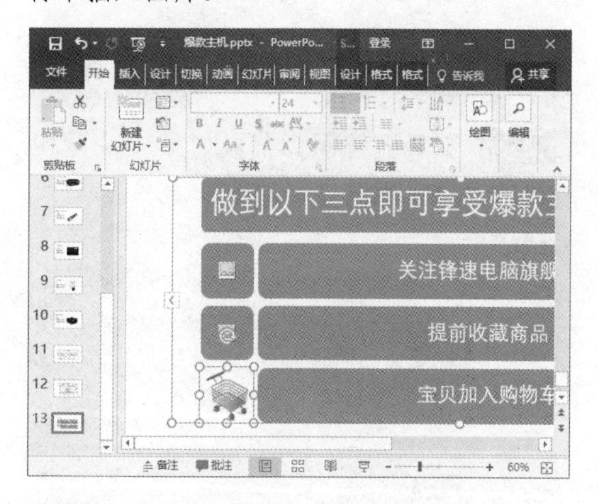

STEP 07 单击“裁剪”按钮 采用相同的方法插入其他图片。❶ 选中图片。❷ 选择“格式”选项卡。❸ 单击“裁剪”按钮。

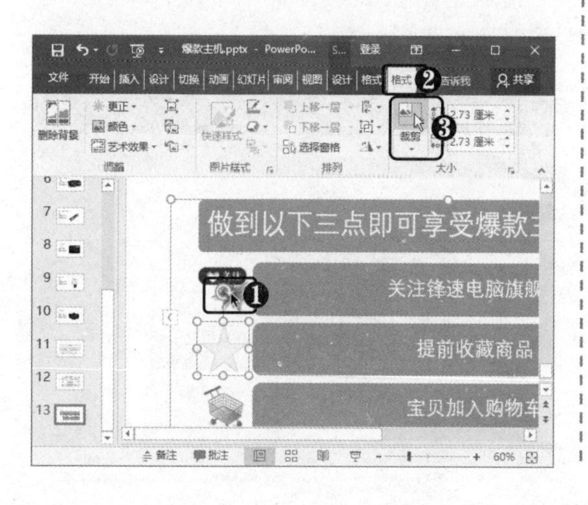

STEP 08 调整图片大小 进入图片裁剪状态，调整图片大小，然后单击空白位置完成裁剪操作。

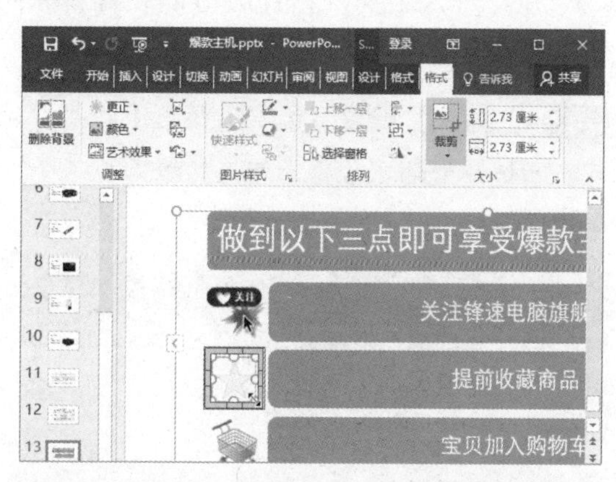

STEP 09 应用颜色样式 ❶ 选择“设计”选项卡。❷ 单击“更改颜色”下拉按钮。❸ 选择所需的样式。

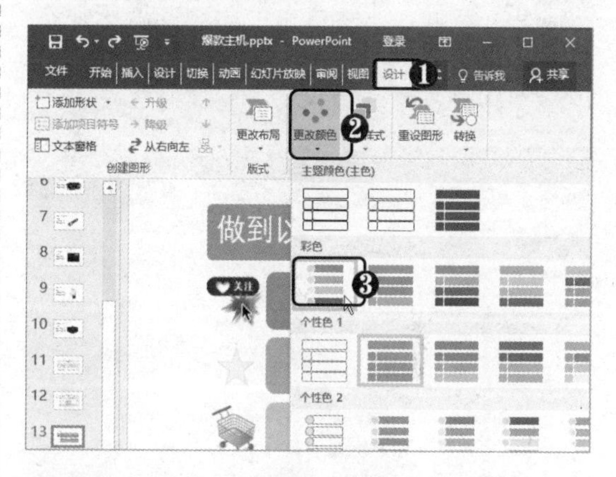

STEP 10 应用外观样式 ❶ 单击“快速样式”下拉按钮。❷ 选择“金属场景”样式，即可应用外观样式。

12.4.5 删除图片背景

在幻灯片中插入图片后可以设置删除图片背景，以强调或突出图片的主题，具体操作方法如下。

STEP 01 插入并调整图片 选择第1张幻灯片，并在其中插入背景图片，调整图片大小至满屏。

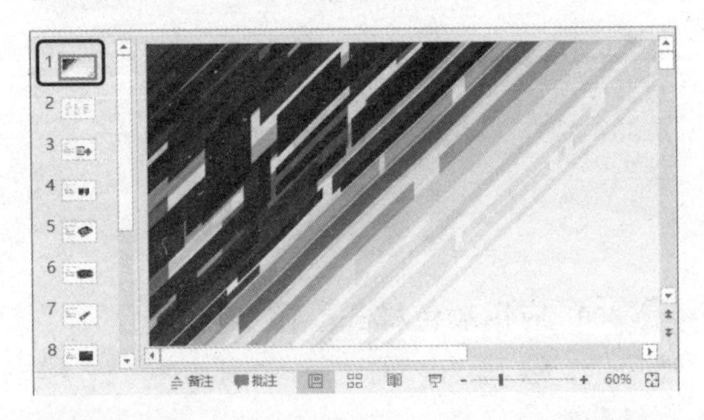

STEP 02 单击“删除背景”按钮 继续插入素材图像，❶ 选择“格式”选项卡。❷ 单击“删除背景”按钮。

STEP 03 调整边框大小 进入背景消除模式，调整边框大小，单击“标记要保留的区域”按钮。

STEP 04 标记保留区域 在图片上单击或拖动，标记要保留的区域，单击“保留更改”按钮。

STEP 05 查看删除图像背景效果 此时即可删除图像背景。

STEP 06 继续添加并编辑图片 在幻灯片中插入电脑主机素材图片，并删除图片背景，添加阴影效果。

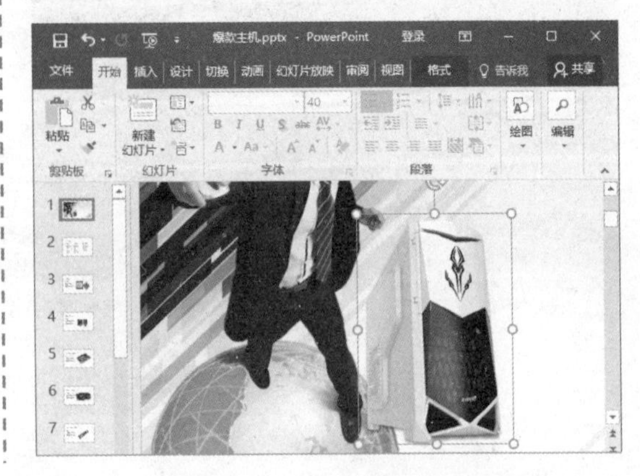

12.4.6 设置文本框格式

对于幻灯片中的文本框，可以根据需要对其进行旋转、样式设置或更改形状，具体操作方法如下。

STEP 01 输入文本 在幻灯片中插入文本框，❶ 输入所需的文本。❷ 在“字体”组中设置字体格式。

STEP 02 旋转文本 拖动文本框的旋转柄旋转文本，移动文本的位置。

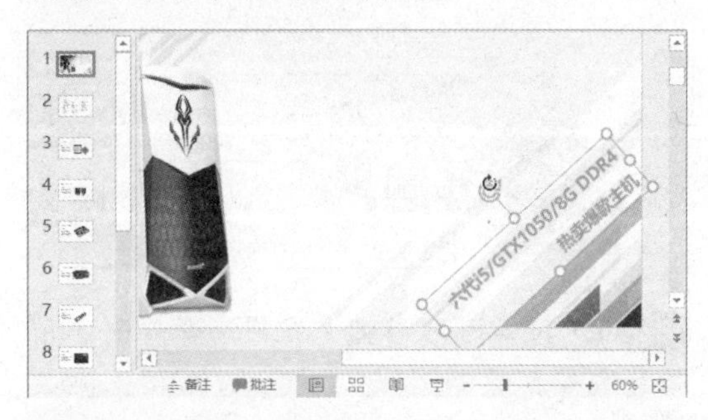

STEP 03 单击扩展按钮 插入文本框，并输入所需的文本。❶ 选择“格式”选项卡。❷ 单击“形状样式”组右下角的扩展按钮。

STEP 04 设置形状填充 打开“设置形状格式”窗格，❶ 设置填充颜色。❷ 调整透明度。

STEP 05 选择“编辑顶点”选项 ❶ 在“插入形状”组中单击“编辑形状”下拉按钮。❷ 选择“编辑顶点”选项。

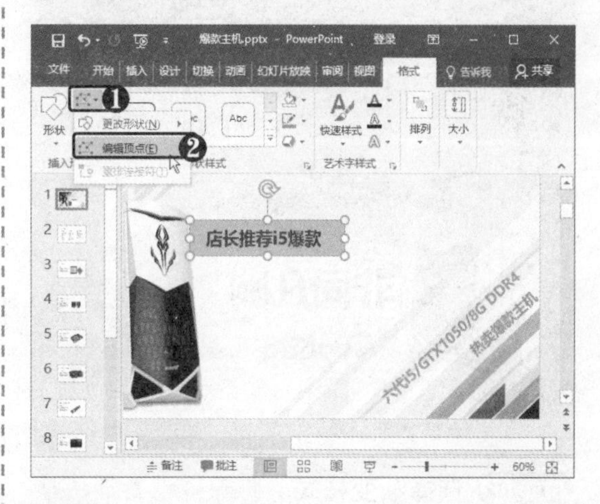

STEP 06 编辑顶点 此时在形状上显示顶点，调整顶点的位置。

高手点拨

选中对象后，按【Ctrl+G】组合键组合对象，按【Ctrl+Shift+G】组合键取消组合。

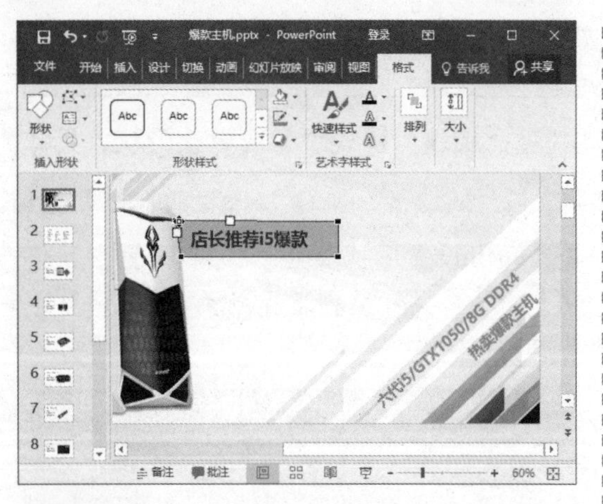

STEP 07 插入并设置文本框 在幻灯片中继续插入其他文本框，并设置格式。

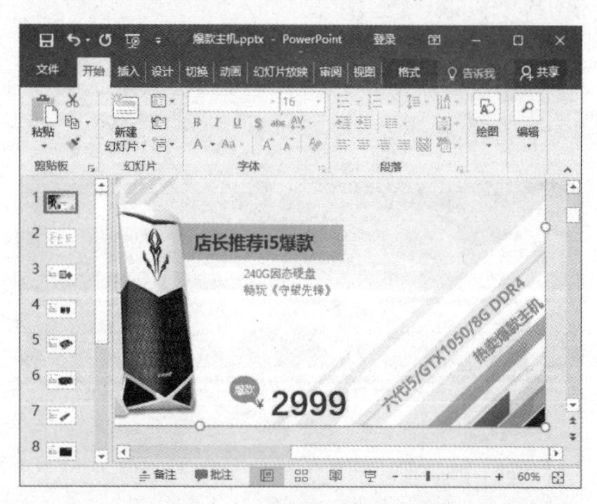

12.4.7 设置文本效果

对文字进行格式设置，除了设置字体格式外，还可以添加多种文字效果，如设置文本渐变填充，添加文本边框，添加阴影、映像、三维等效果，具体操作方法如下。

STEP 01 单击扩展按钮 在幻灯片中插入文本框，输入文本并设置字体格式。❶ 选择“格式”选项卡。❷ 单击“艺术字样式”组右下角的扩展按钮。

STEP 02 选择渐变样式 打开“设置形状格式”窗格，❶ 选择“文本填充与轮廓”选项卡。❷ 选中“渐变填充”单选按钮。❸ 单击“预设渐变”下拉按钮。❹ 选择所需的渐变样式。

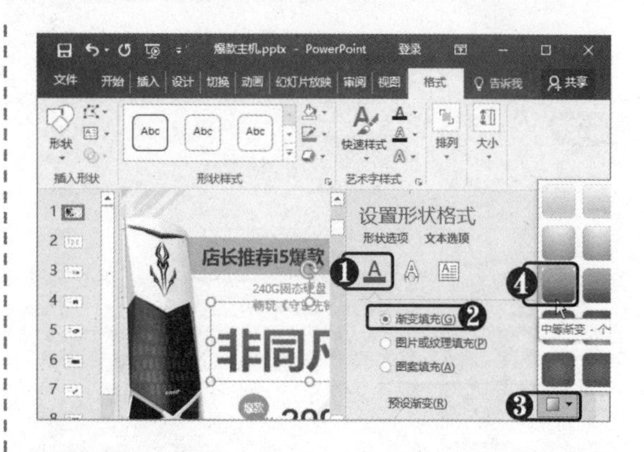

STEP 03 设置渐变参数 设置渐变方向、角度与渐变光圈等。

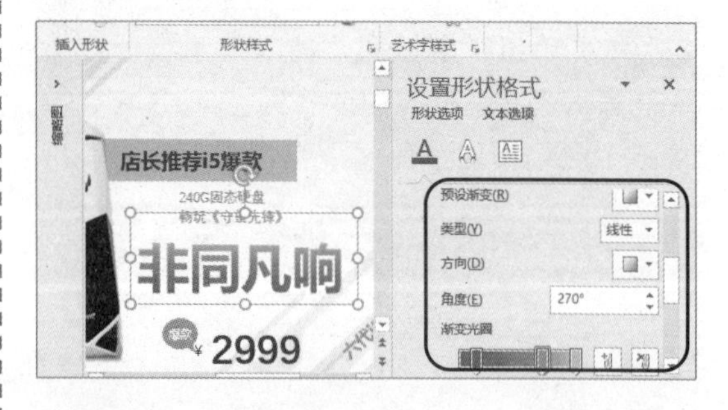

STEP 04 设置渐变填充 在幻灯片中插入文本框，采用相同的方法设置文本渐变填充，设置渐变光圈。

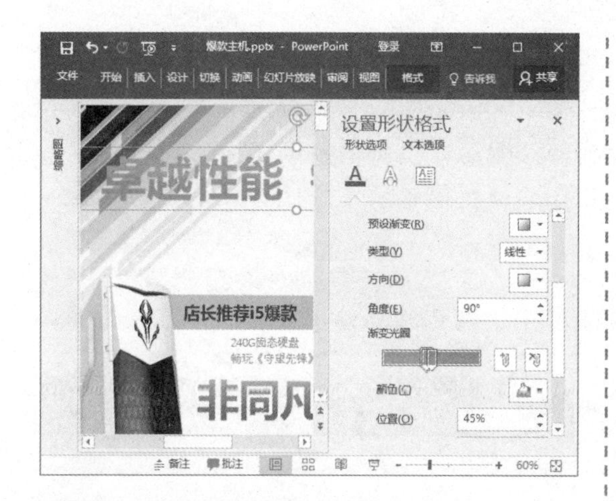

STEP 05 设置文本边框 ❶ 在“文本边框”组中选中“实线”单选按钮。❷ 设置颜色及宽度。

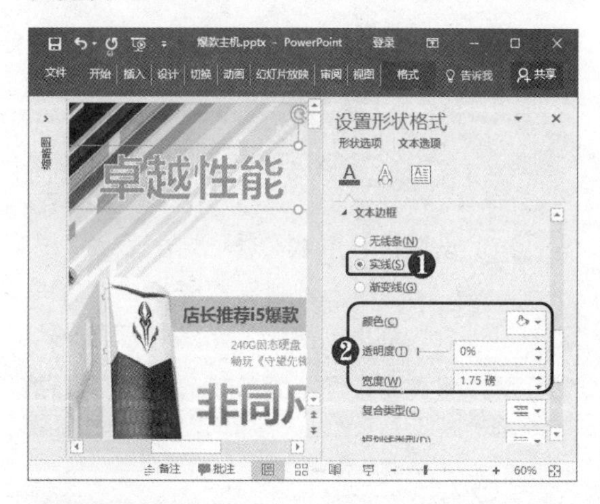

STEP 06 添加阴影效果 ❶ 选择“文字效果”选项卡。❷ 添加阴影效果，并设置参数。

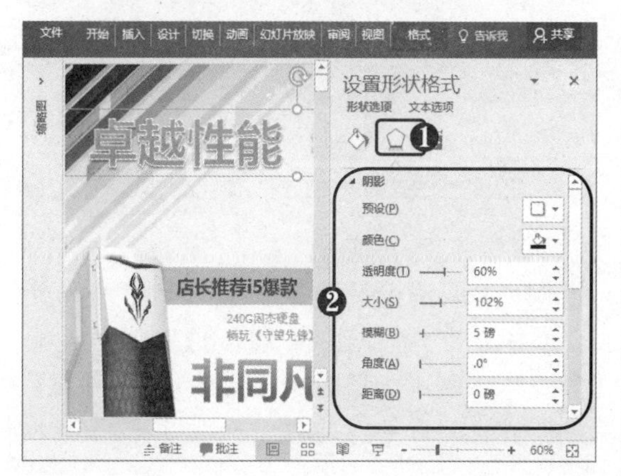

STEP 07 绘制图形 新建幻灯片，绘制圆形并输入文本。

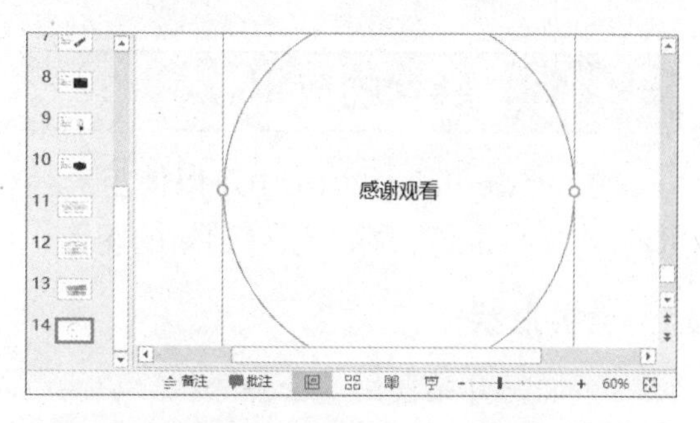

STEP 08 应用艺术字样式 ❶ 选择“格式”选项卡。❷ 单击“快速样式”下拉按钮。❸ 选择所需的艺术字样式。

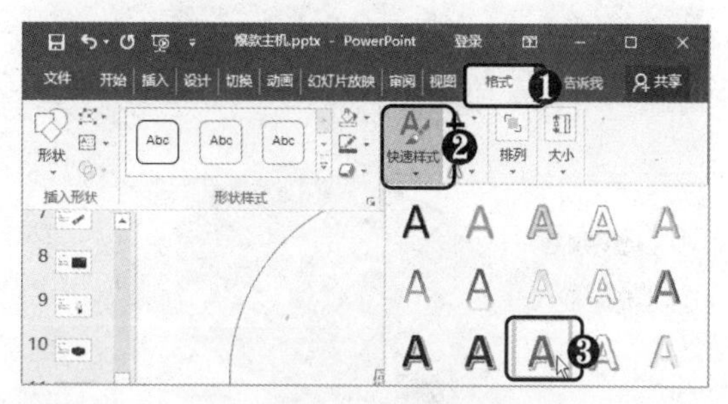

STEP 09 选择转换效果 ❶ 在“艺术字样式”组中单击“文本效果”下拉按钮。❷ 选择所需的转换效果，即可设置路径文字。

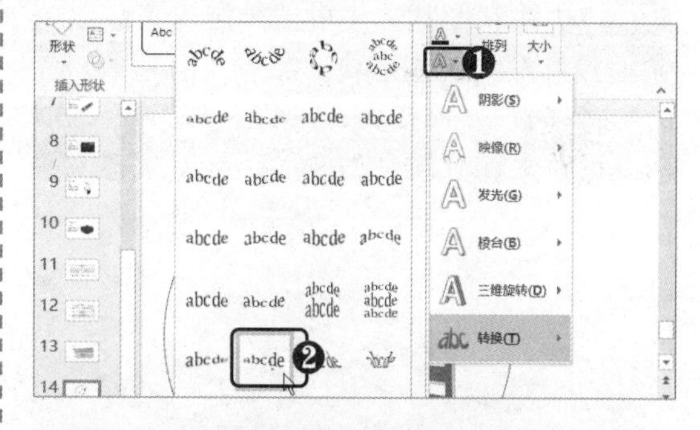

STEP 10 设置无轮廓 ❶ 在“形状样式”组中单击“形状轮廓”下拉按钮。❷ 选择“无轮廓”选项。

12.4.8 形状的应用

在 PowerPoint 2016 中可以使用形状绘制各种图形，也可根据需要将形状与形状、图片或文字进行合并，以得到新的图形，还可用来修饰图形或文字。

1. 合并形状

下面将介绍使用“合并形状”功能删除图片中不需要的部分，具体操作方法如下。

STEP 01 添加阴影效果 选择幻灯片，为图片添加阴影效果。

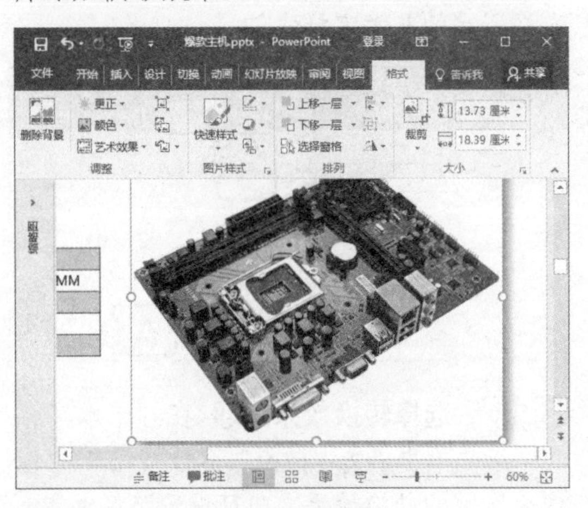

STEP 02 绘制形状 使用“任意多边形：任意曲线”形状绘制形状。

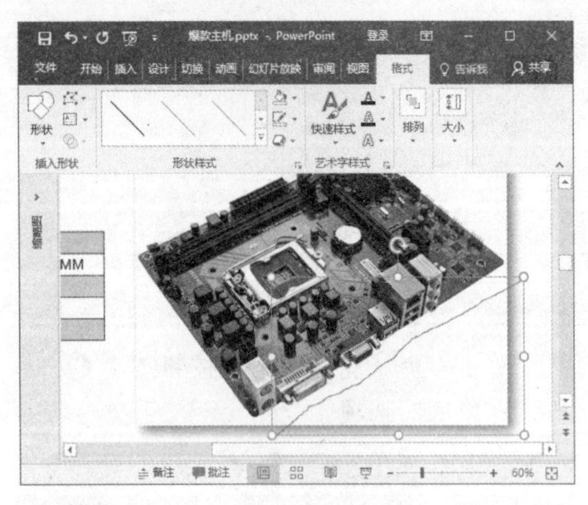

STEP 03 选中形状 选中图像，然后按住【Shift】键的同时选中形状。

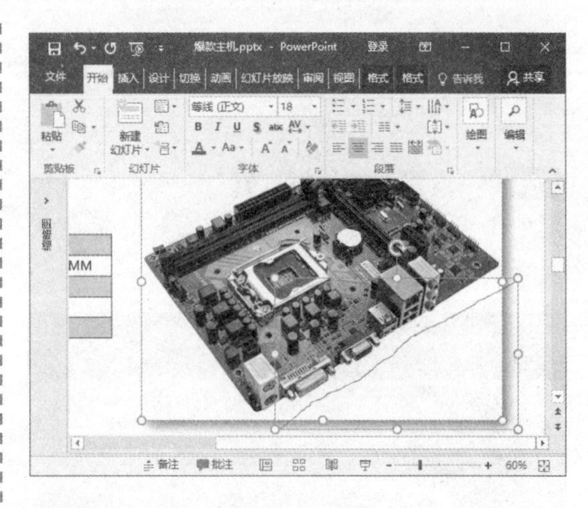

STEP 04 设置拆分形状 ❶ 选择“格式”选项卡。❷ 在“插入形状”组中单击“合并形状”下拉按钮。❸ 选择“拆分”选项。

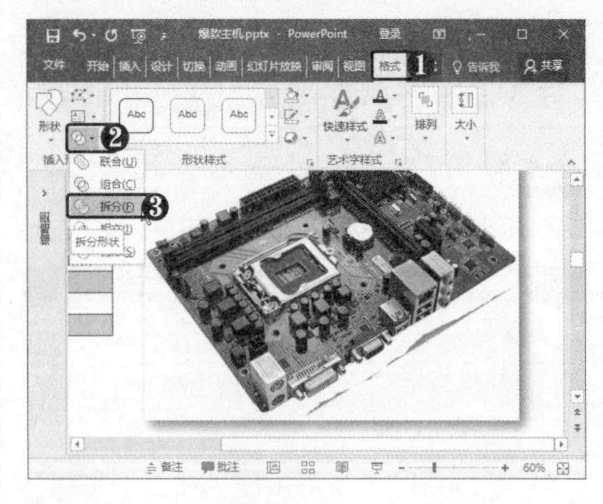

STEP 05 取消选择对象 此时即可将所选图形拆分为多个。按住【Shift】键的同时单击图片，取消选择图片，然后按【Delete】键删除其余所选的图形。

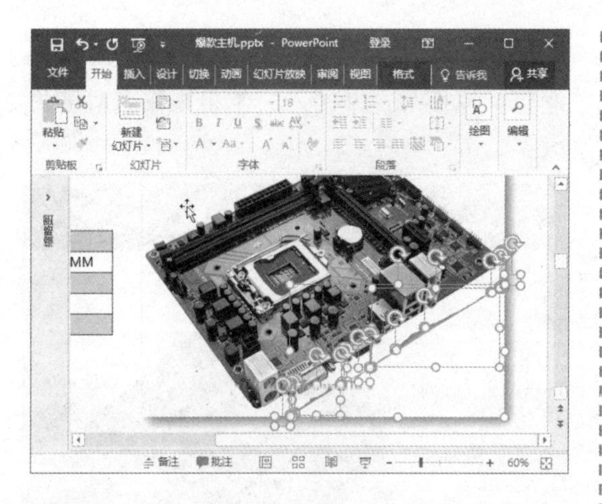

STEP 06 查看删除图片背景效果 此时即可删除图片右下方的白色背景。

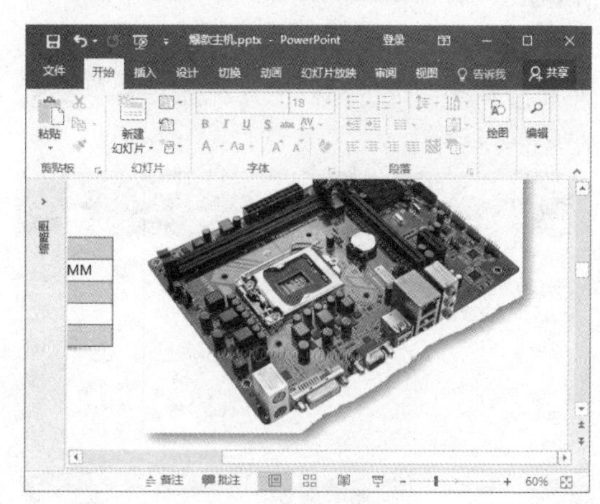

2. 使用形状修饰图片

下面将介绍如何通过绘制形状来对图片进行标注，具体操作方法如下。

STEP 01 选择形状 ❶ 选择“插入”选项卡。❷ 单击“形状”下拉按钮。❸ 选择“任意多边形：形状”。

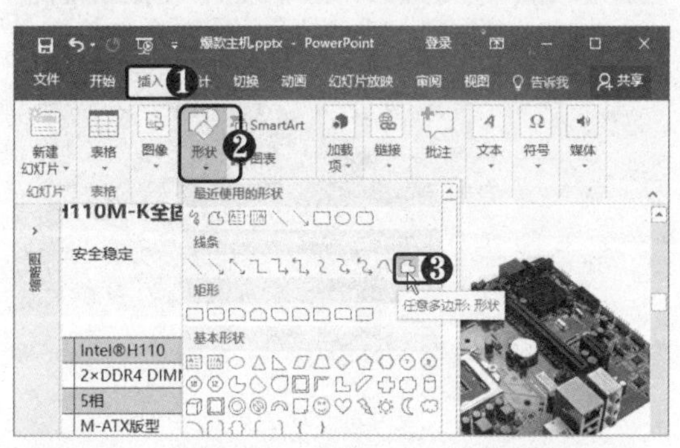

STEP 02 绘制形状 通过单击和拖动鼠标绘制所需的形状。

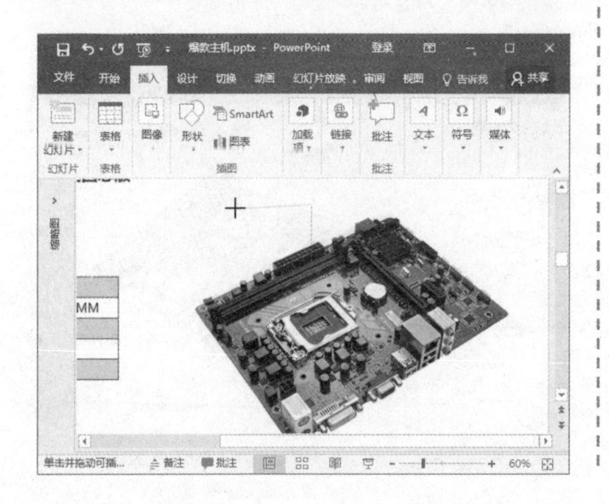

STEP 03 单击扩展按钮 ❶ 选择“格式”选项卡。❷ 单击“形状样式”组右下角的扩展按钮。

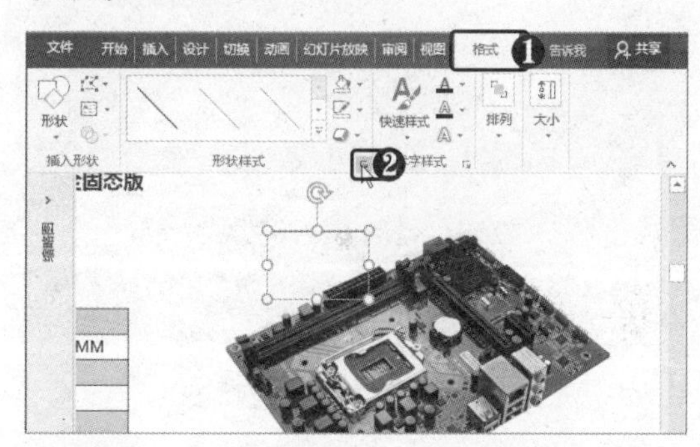

STEP 04 设置线条颜色与宽度 打开“设置形状格式”窗格，❶ 选择“填充与线条”选项卡。❷ 在“线条”组中设置线条颜色与宽度。

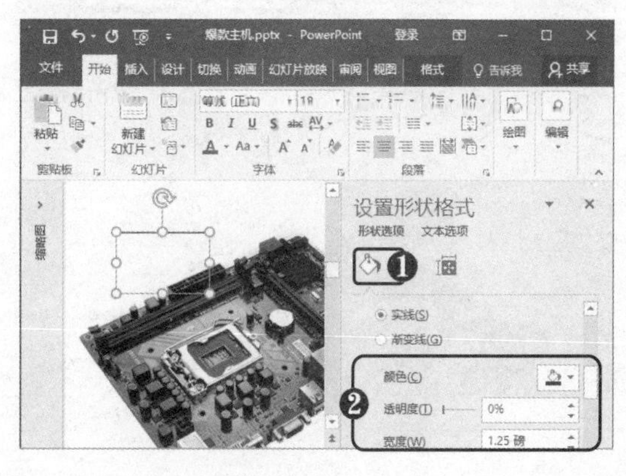

STEP 05 **设置线条端点样式** ❶ 单击“箭头前端类型”下拉按钮。❷ 选择“圆形箭头”样式。采用相同的方法，设置箭头末端类型与大小。

STEP 06 **查看形状效果** 此时即可查看设置样式后的形状效果。

STEP 07 **设置形状格式** 在幻灯片中绘制圆形并设置无轮廓，在“设置形状格式”窗格中设置颜色与透明度。

STEP 08 **制作其他图形** 采用相同的方法制作其他图形，并插入文本框，输入所需的文本。

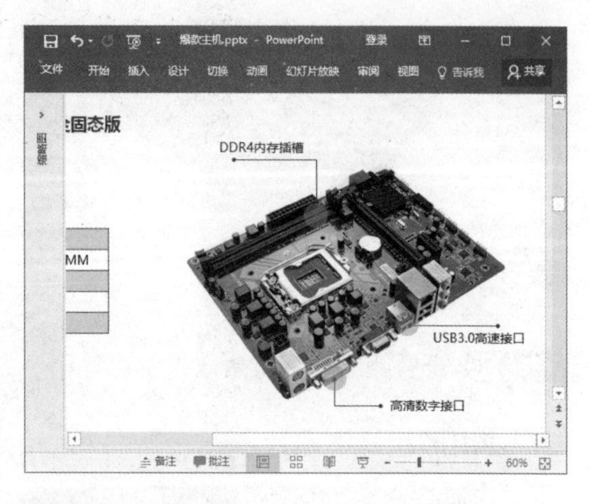

STEP 09 **框选对象** 在幻灯片的空白位置单击并拖动鼠标框选对象。

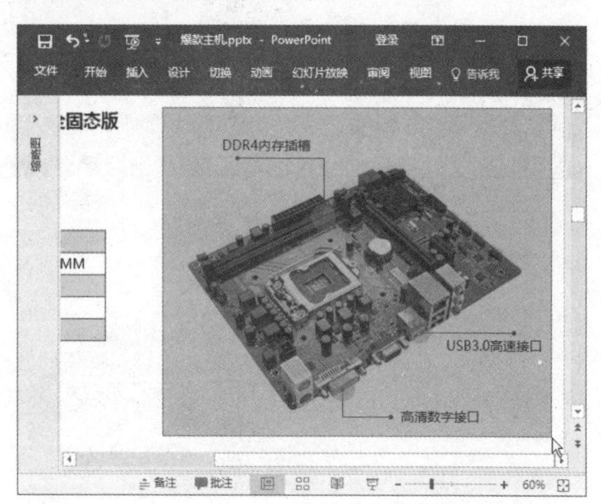

STEP 10 **组合对象** 按【Ctrl+G】组合键，即可将所选的对象组合在一起。

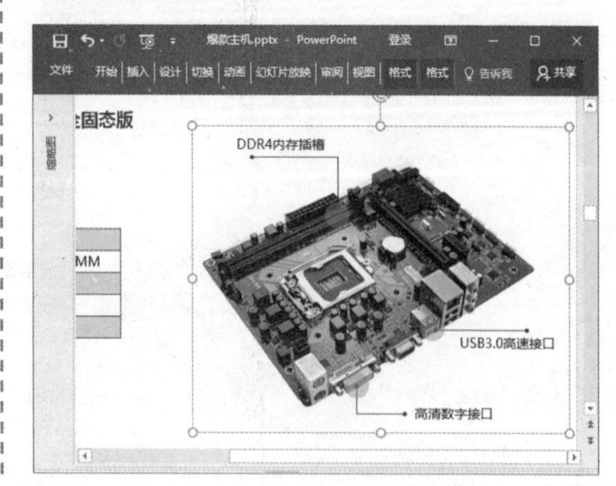

3．使用形状修饰文字

将形状与文字组合起来可以制作出特殊的文字效果，具体操作方法如下。

STEP 01 绘制线条 选择第 1 张幻灯片，使用“任意多边形：形状”在文字上绘制线条。

STEP 02 单击扩展按钮 ❶ 选择“格式”选项卡。❷ 单击“形状样式”组右下角的扩展按钮。

STEP 03 设置线条样式 弹出“设置形状格式”窗格，❶ 选择“填充与线条”选项卡。❷ 在“线条”组中设置线条颜色为“白色”、“宽度”为 0.75 磅。

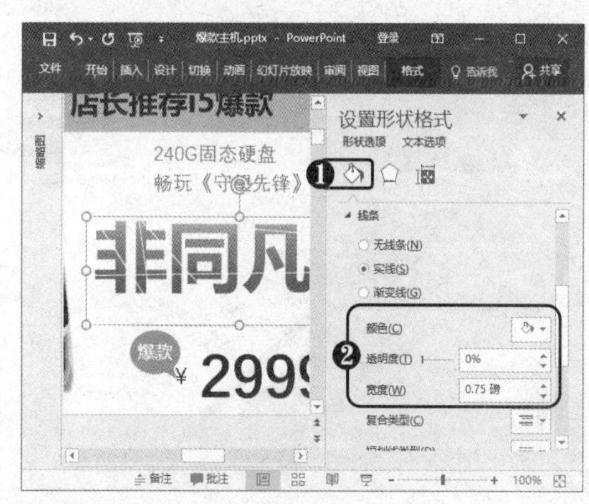

STEP 04 组合对象 选中文本框与形状，按【Ctrl+G】组合键组合对象。

Chapter

13

统一幻灯片格式

若要制作一个完美的演示文稿作品，除了需要有杰出的创意和优秀的素材外，提供具有专业效果的演示文稿外观也同样重要。一个出色的演示文稿应该具有一致的外观风格，本章将详细介绍如何对演示文稿进行风格统一与美化，使演示文稿更具专业水准。

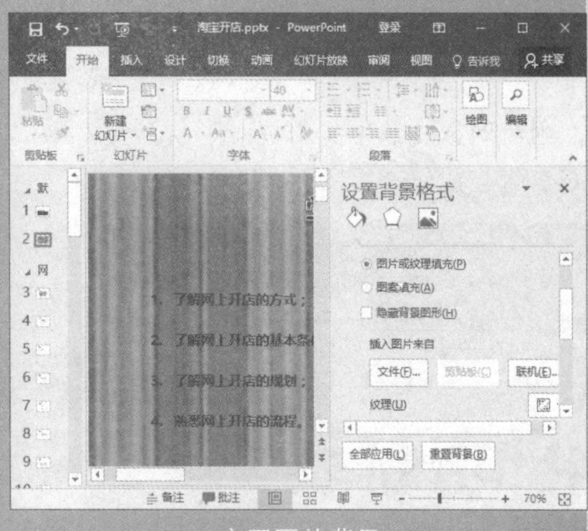

应用图片背景

单击“幻灯片母版”按钮

13.1 设置幻灯片背景

默认情况下，幻灯片以白色作为背景色，用户可以根据需要更改其背景色，还可将图片、图案或纹理用作幻灯片背景。下面将详细介绍如何更改幻灯片背景。

13.1.1 设置图案背景

在 PowerPoint 2016 中可以自定义图案为幻灯片的背景，具体操作方法如下。

STEP 01 选择“设置背景格式”命令 ❶ 右击幻灯片的空白位置。❷ 选择“设置背景格式”命令。

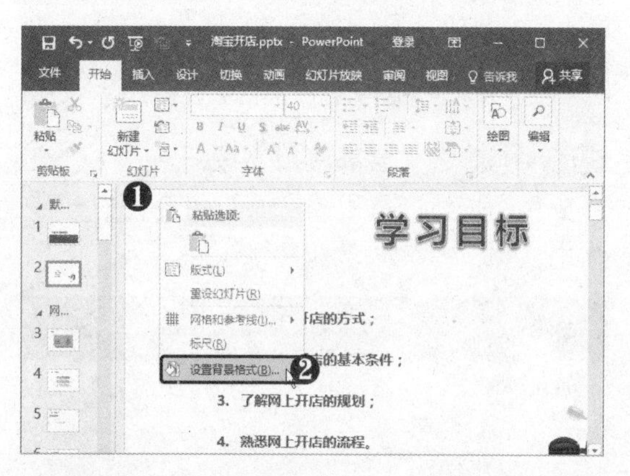

STEP 02 设置图案填充 弹出“设置背景格式”窗格，❶ 选中“图案填充”单选按钮。❷ 选择图案，并设置前景色和背景色。

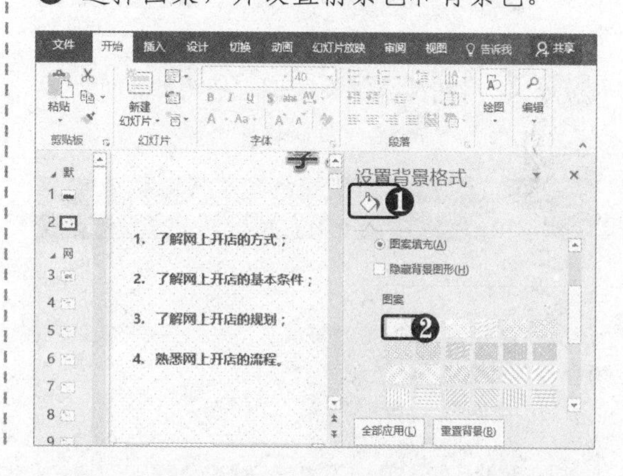

13.1.2 设置图片与纹理背景

在设计幻灯片时，可以根据需要将电脑中的图片用作幻灯片的背景，具体操作方法如下。

STEP 01 单击“文件”按钮 打开“设置背景格式”窗格，❶ 选中“图片或纹理填充”单选按钮。❷ 单击“文件”按钮。

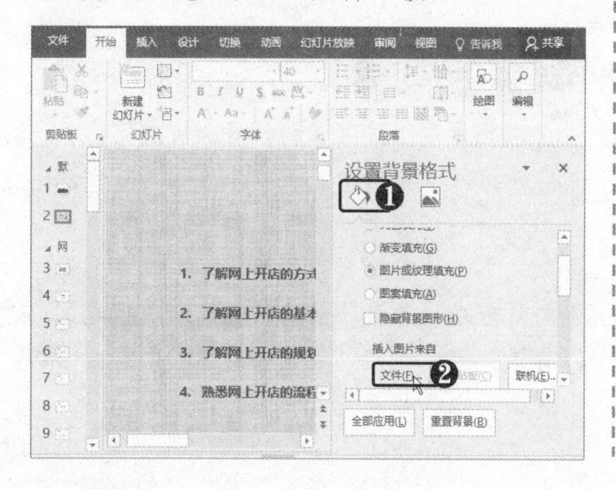

STEP 02 选择图片 弹出“插入图片”对话框，❶ 选择要用作幻灯片背景的图片。❷ 单击“插入”按钮。

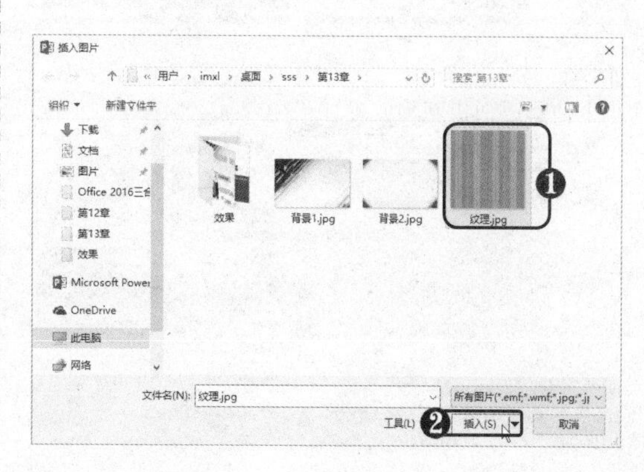

STEP 03 应用图片背景 此时即可将所选图片用作幻灯片背景。

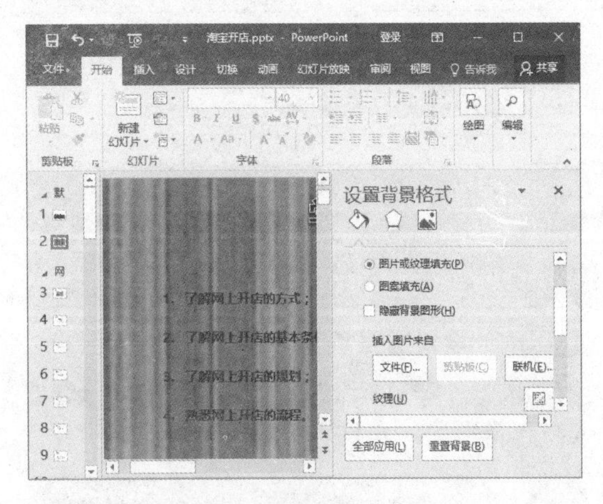

STEP 04 将图片平铺为纹理 选中"将图片平铺为纹理"复选框，即可将图片平铺为纹理。

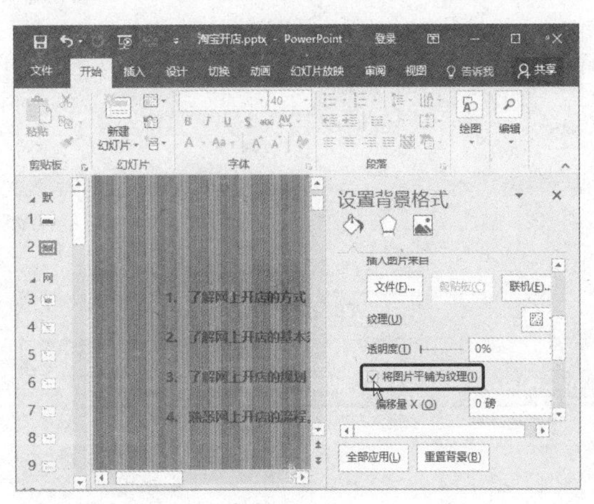

STEP 05 锐化图片 ❶ 选择"图片"选项卡。❷ 在"锐化/柔化"下单击"预设"下拉按钮。❸ 选择所需的效果。

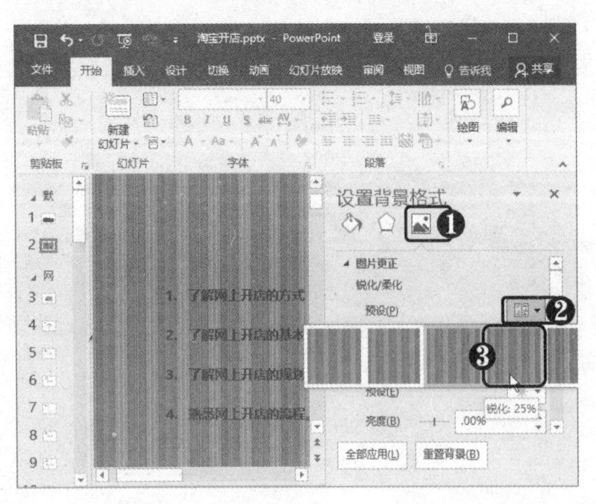

STEP 06 重新着色图片 ❶ 在"图片颜色"组中单击"重新着色"下拉按钮。❷ 选择所需的颜色效果。

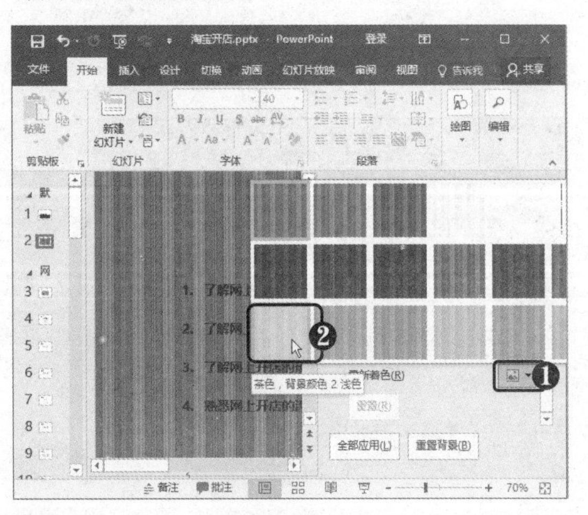

STEP 07 单击"全部应用"按钮 单击"全部应用"按钮，将图片背景应用到所有幻灯片中。

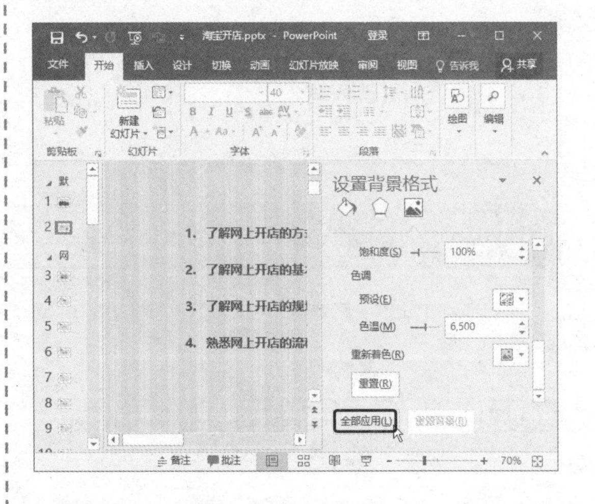

高手点拨

要更改图片背景的位置，可在"设置背景格式"窗格中更改"向左偏移"、"向右偏移"、"向上偏移"、"向下偏移"等参数。单击"重置背景"按钮，可恢复到幻灯片原来的背景。若要设置"渐变填充"背景，可以拉大"设置背景格式"窗格的宽度，以加长渐变光圈可调整的长度。

13.2 应用主题样式

主题是主题颜色、主题字体、效果和背景样式的组合，它可以作为一套独立的选择方案应用于文件中，为演示文稿提供统一的精美外观。使用主题可以简化专业设计师水准演示文稿的创建过程，下面将介绍如何应用与自定义幻灯片主题。

13.2.1 应用内置主题样式

在 PowerPoint 2016 中提供了多种内置主题样式，具体操作方法如下。

STEP 01 预览主题样式 ❶ 选择“设计”选项卡。❷ 在“主题”组中将鼠标指针置于主题样式上，即可在幻灯片中预览主题样式。

STEP 02 选择“应用于选定幻灯片”命令 ❶ 右击主题样式。❷ 选择“应用于选定幻灯片”命令。

STEP 03 设置文本框自动调整 此时即可将所选主题样式只应用到选定的幻灯片上。❶ 单击内容占位符左下方的“自动调整选项”下拉按钮。❷ 选择“将文本拆分到两个幻灯片”选项。

STEP 04 应用于所有幻灯片 要使演示文稿风格统一，需应用统一的主题样式，❶ 右击“基础”主题样式。❷ 选择“应用于所有幻灯片”命令。

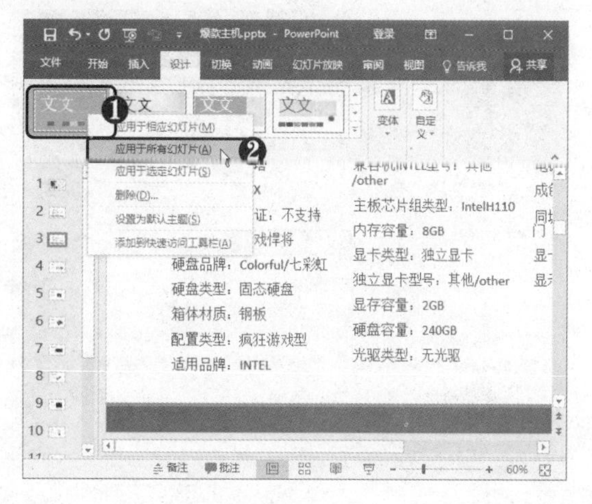

STEP 05 选择变体样式 在“变体”组中选择要应用的样式，即可在所有幻灯片中应用该样式。

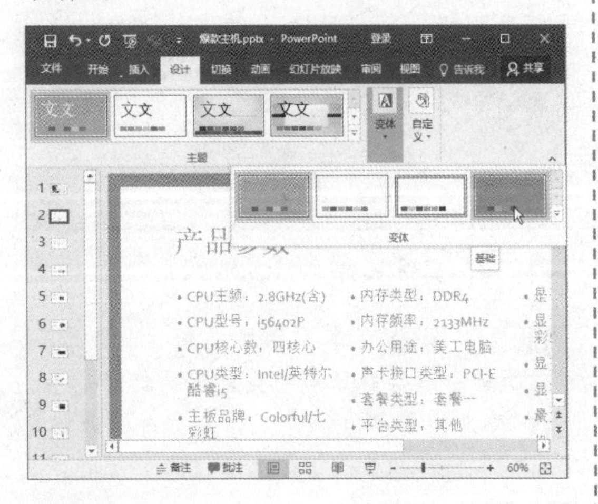

STEP 06 选择颜色样式 在“变体”组中单击下拉按钮，❶ 选择“颜色”选项。❷ 在弹出的列表中选择所需的颜色样式。

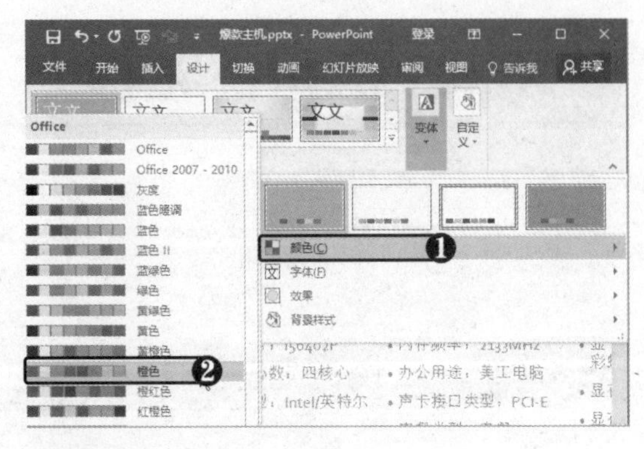

STEP 07 选择字体样式 在“变体”组中单击下拉按钮，❶ 选择“字体”选项。❷ 在弹出的列表中选择所需的字体样式。

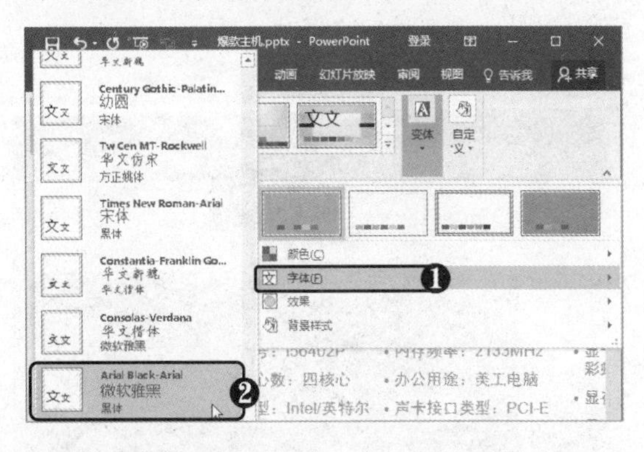

13.2.2 创建新的主题样式

用户可以根据需要自定义主题颜色、字体、效果和背景样式，并将这些设置保存为主题库中的新主题，具体操作方法如下。

STEP 01 选择“自定义字体”选项 在“变体”组中单击下拉按钮，❶ 选择“字体”选项，❷ 在弹出的列表中选择“自定义字体”选项。

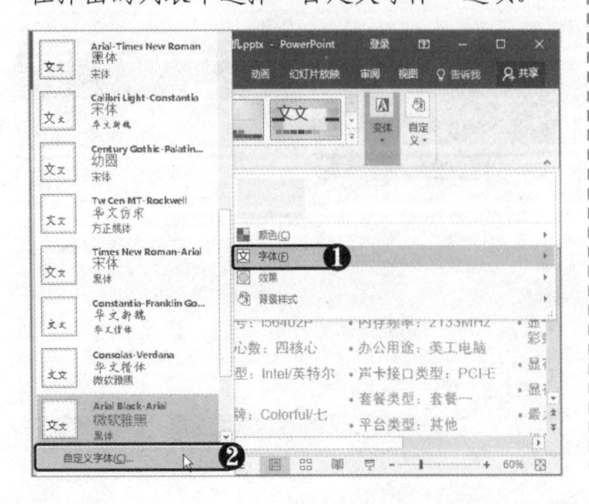

STEP 02 设置主题字体 弹出“新建主题字体”对话框，❶ 设置标题字体和正文字体。❷ 输入名称。❸ 单击“保存”按钮。

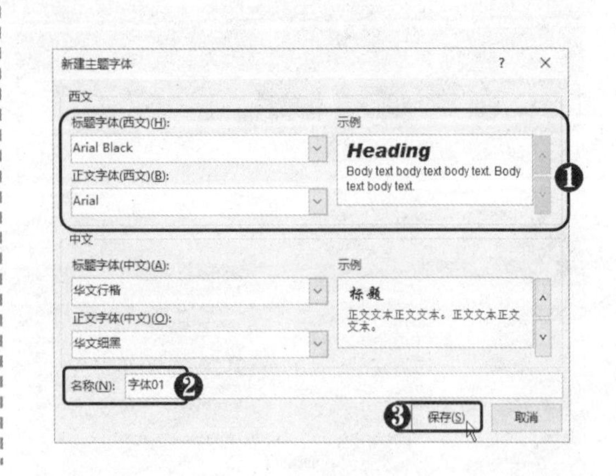

STEP 03 选择“设置背景格式”命令 此时幻灯片即可应用新建的主题字体。❶ 右击幻灯片空白位置。❷ 选择“设置背景格式”命令。

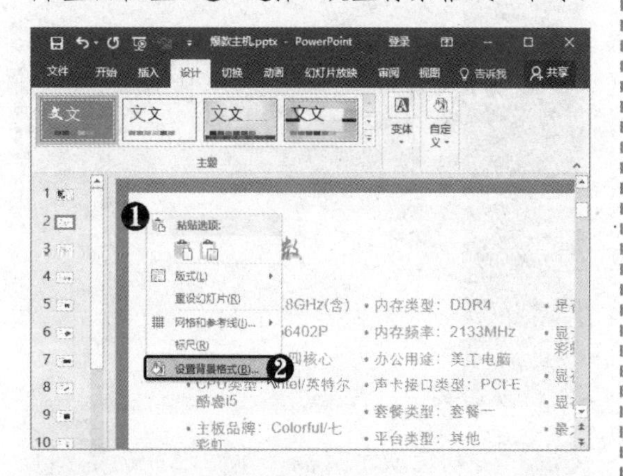

STEP 04 选择填充类型 弹出“设置背景格式”窗格，选中“图片或纹理填充”单选按钮。

STEP 05 选择纹理图案 ❶ 单击“纹理”下拉按钮▾。❷ 选择“水滴”选项。

STEP 06 重新着色图片 选择“图片”选项卡，❶ 在“图片颜色”组中单击“重新着色”下拉按钮▾。❷ 选择所需的颜色效果。

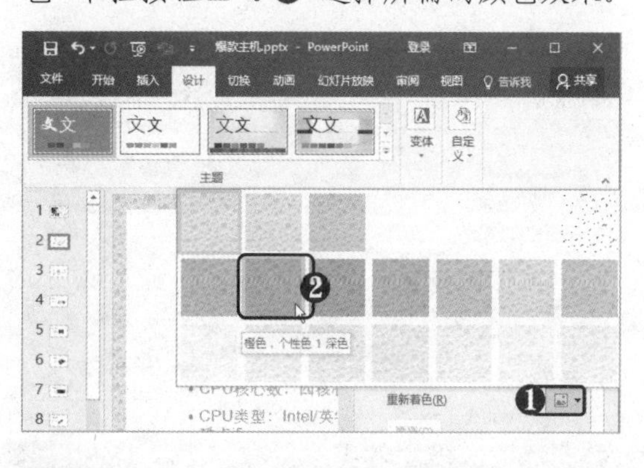

STEP 07 单击“全部应用”按钮 单击“全部应用”按钮，将纹理背景应用到所有幻灯片中。

STEP 08 选择“保存当前主题”选项 在“主题”组中单击“其他”下拉按钮▾。选择“保存当前主题”选项。

STEP 09 保存主题 弹出“保存当前主题”对话框，❶ 输入文件名。❷ 单击“保存”按钮。

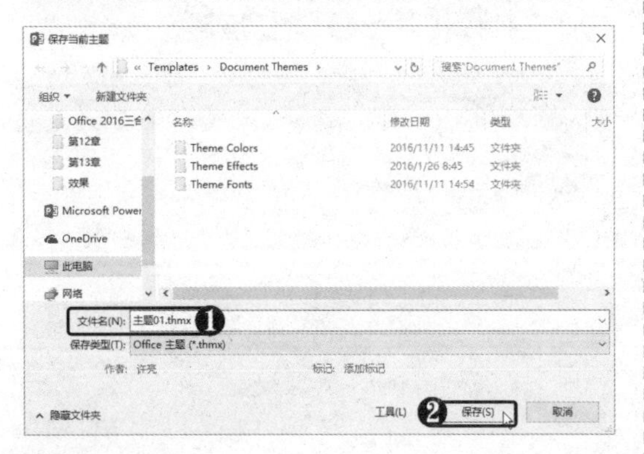

STEP 10 选择文件夹 新建演示文稿时，❶ 单击“自定义”按钮。❷ 选择 Document Themes 文件夹。

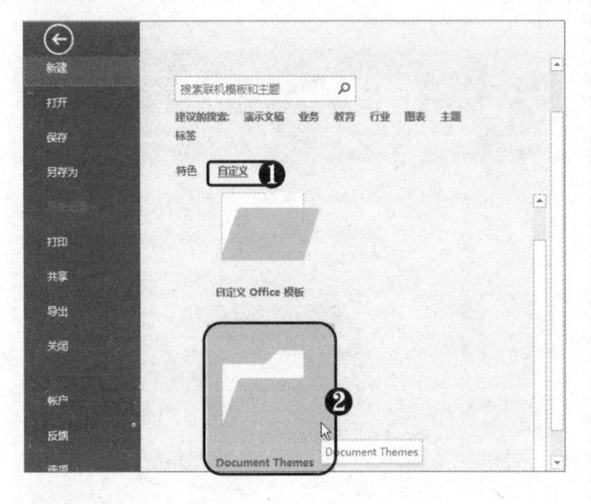

STEP 11 选择主题 在打开的窗口中可以看到创建的自定义主题，选择该主题。

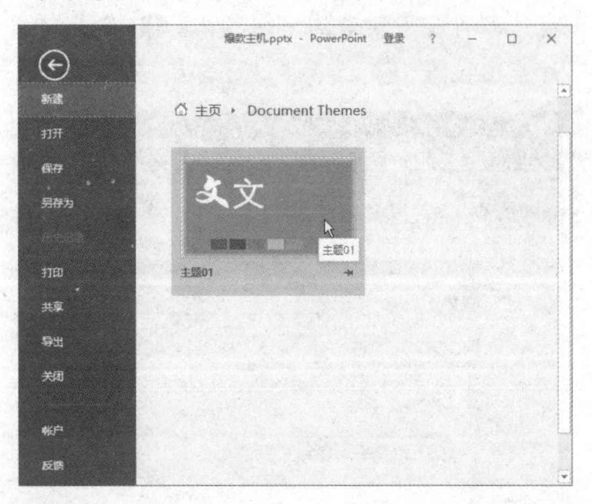

STEP 12 新建演示文稿 此时即可新建一个基于自定义主题的演示文稿，在“主题”列表中也可看到创建的主题样式。

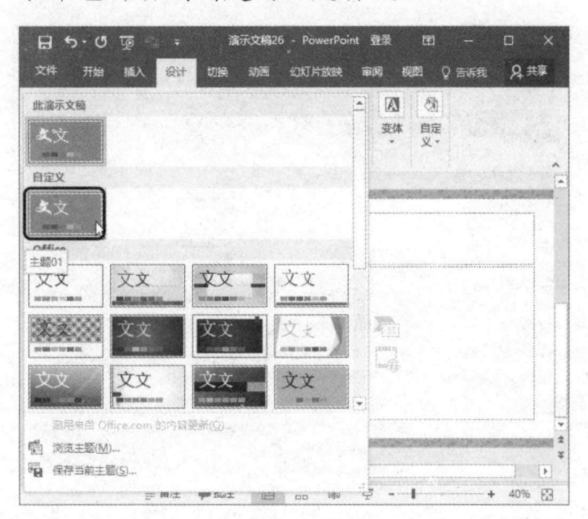

13.3 使用幻灯片母版统一幻灯片格式

幻灯片母版是幻灯片层次结构中的顶层幻灯片，用于存储有关演示文稿主题和幻灯片版式信息，包括背景、颜色、字体、效果、占位符大小和位置等。每个演示文稿至少包含一个幻灯片母版。修改和使用幻灯片母版可以对演示文稿中的每张幻灯片进行统一的样式更改，由于无须在多张幻灯片上输入相同的信息，因此可以节省很多时间。

13.3.1 更改幻灯片版式

对幻灯片母版中的版式进行更改，可以改变所有应用了该版式的幻灯片的效果，具体操作方法如下。

STEP 01 单击"幻灯片母版"按钮 ❶ 在左窗格中选择幻灯片。❷ 选择"视图"选项卡。❸ 在"母版视图"组中单击"幻灯片母版"按钮。

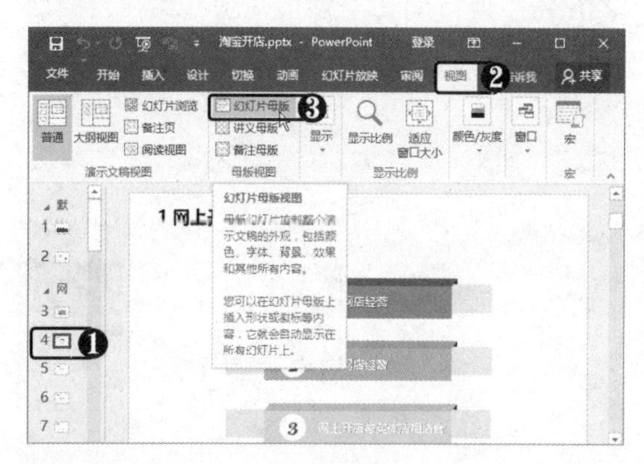

STEP 02 转到幻灯片母版 进入"幻灯片母版"视图，并自动转到与所选幻灯片相对应的版式母版中，此为"仅标题"版式。

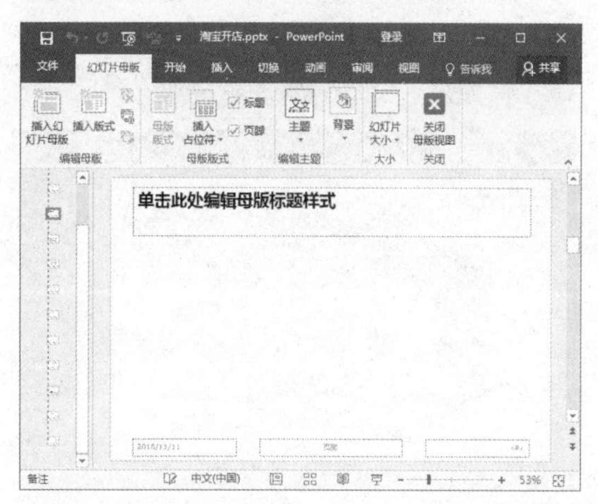

STEP 03 选择"置于底层"命令 ❶ 在母版中绘制矩形形状并右击。❷ 选择"置于底层"命令。

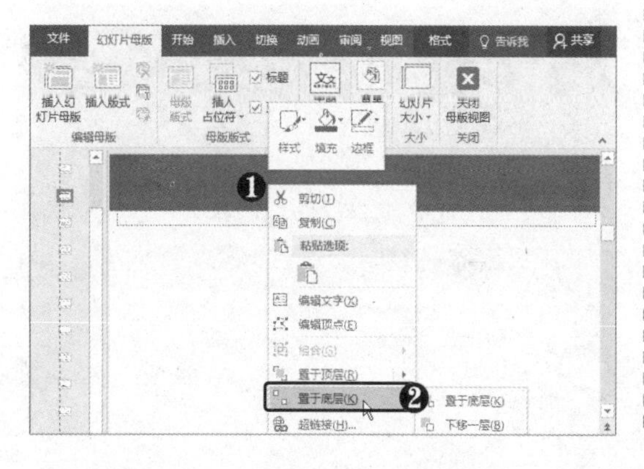

STEP 04 设置字体格式 ❶ 选中标题占位符。❷ 在"字体"组中设置"字体"、"字号"、"文本颜色"等。❸ 单击任务栏中的"普通视图"按钮▣。

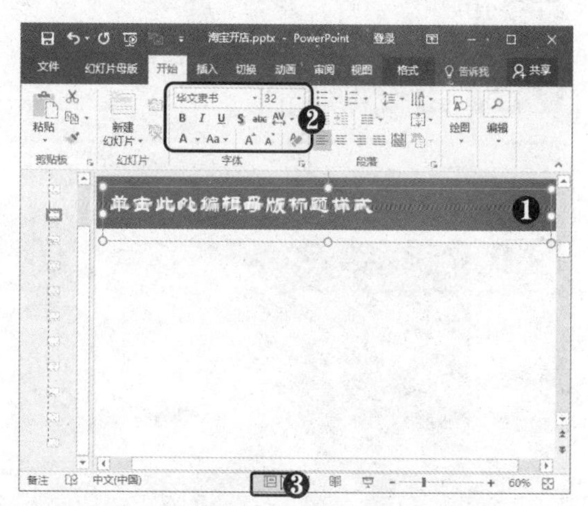

STEP 05 查看效果 返回普通视图，可以看到所有应用了"仅标题"版式的幻灯片格式均已发生更改。

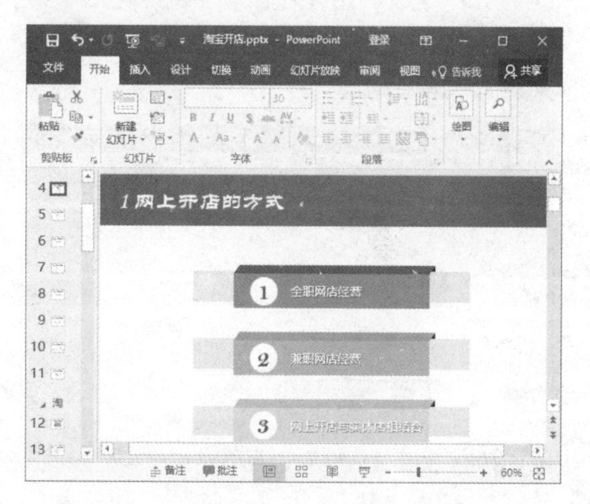

高手点拨

在"幻灯片母版"视图左窗格中第一个母版即为主母版。主母版影响着所有版式母版，可以根据需要在一个演示文稿中插入多个母版。在"设置背景格式"窗格中，"隐藏背景图形"功能只对幻灯片母版中的图形起作用。

13.3.2 设置母版背景

使用幻灯片母版可以为整个演示文稿添加统一的背景，具体操作方法如下。

STEP 01 删除幻灯片背景 ❶ 在左侧选择第 1 张幻灯片。❷ 选中其中的背景图片，按【Delete】键将其删除。

STEP 02 选择“设置背景格式”命令 切换到幻灯片母版，此时将自动转到“空白”版式中。❶ 右击空白位置。❷ 选择“设置背景格式”命令。

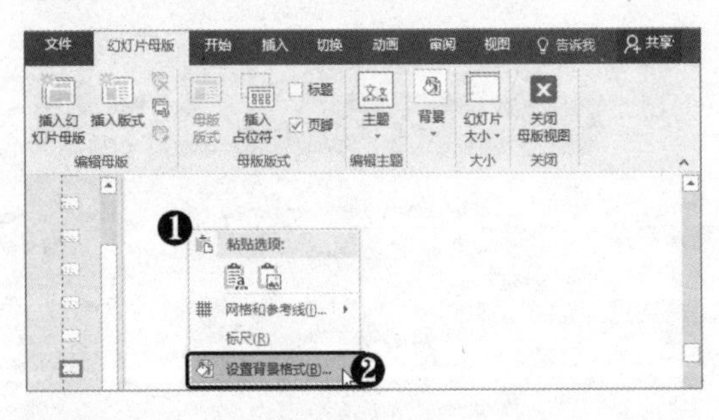

STEP 03 单击“文件”按钮 弹出“设置背景格式”窗格，❶ 选中“图片或纹理填充”单选按钮。❷ 单击“文件”按钮。

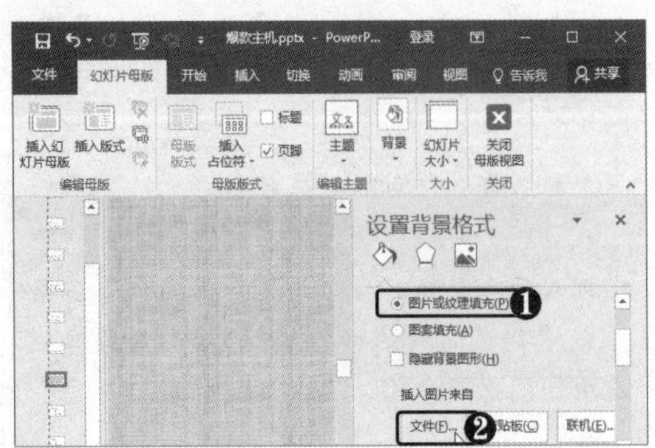

STEP 04 选择图片 弹出“插入图片”对话框，❶ 选择要插入的图片。❷ 单击“插入”按钮。

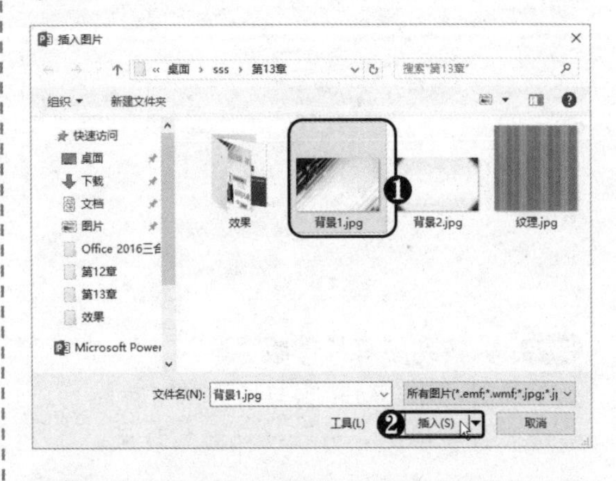

STEP 05 查看图片背景 此时即可将所选图片设置为“空白”版式母版的背景。

STEP 06 选择母版 在左侧选择“标题和内容”版式母版。

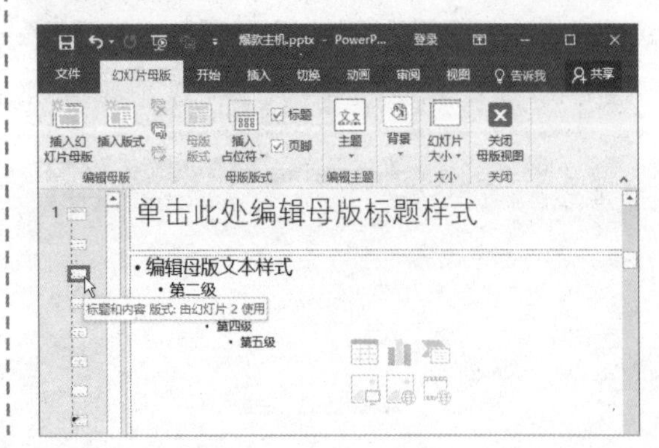

STEP 07 设置图片背景 采用同样的方法，为“标题和内容”版式母版设置图片背景。

STEP 08 查看幻灯片背景 返回普通视图，可以看到相应版式幻灯片的背景都发生了变化。

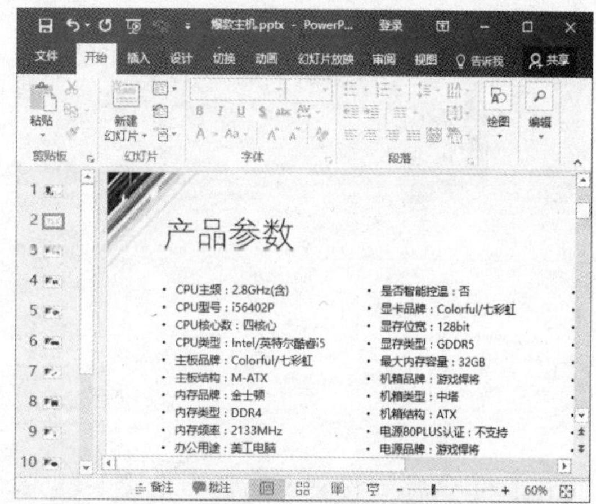

13.3.3 创建与应用新版式

若 PowerPoint 2016 中预设的幻灯片版式无法满足需求，则可以创建新的版式。创建与应用新版式的具体操作方法如下。

STEP 01 单击“插入版式”按钮 切换到“幻灯片母版”视图中，❶ 将光标定位到要插入新版式的位置。❷ 在“编辑母版”组中单击“插入版式”按钮。

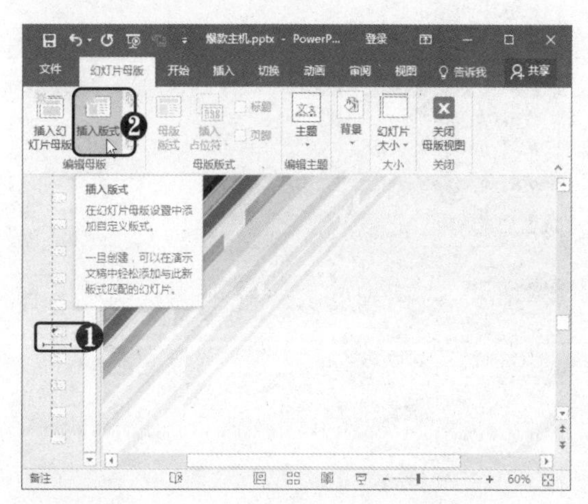

STEP 02 选择“重命名”命令 此时即可插入一个新的版式，❶ 在左窗格右击该版式。❷ 选择“重命名”命令。

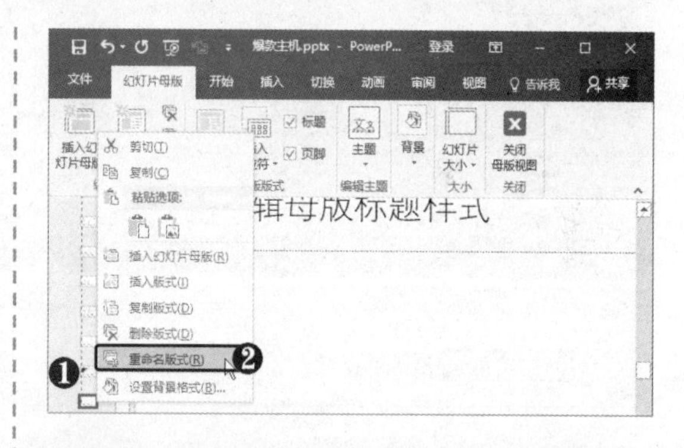

STEP 03 重命名版式 弹出“重命名版式”对话框，❶ 输入版式名称。❷ 单击“重命名”按钮。

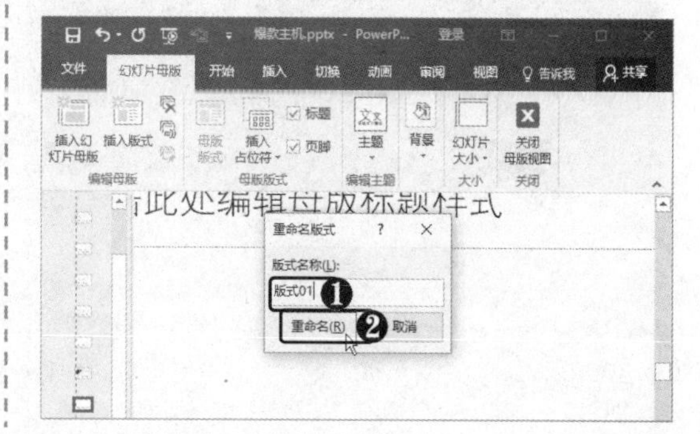

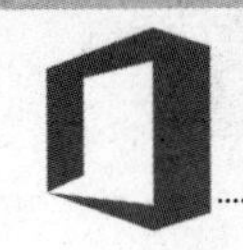

STEP 04 插入图片 删除版式中的标题占位符，并在其中插入背景图片，调整图片大小，使其布满整个幻灯片。

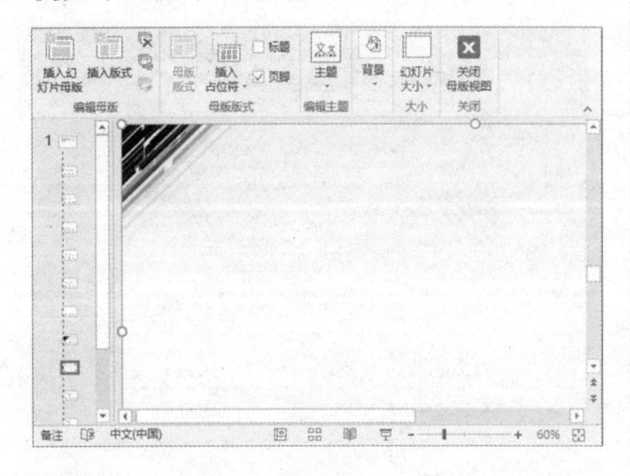

STEP 05 选择"设置透明色"选项 ❶ 选择"格式"选项卡。❷ 在"调整"组中单击"颜色"下拉按钮。❸ 选择"设置透明色"选项。

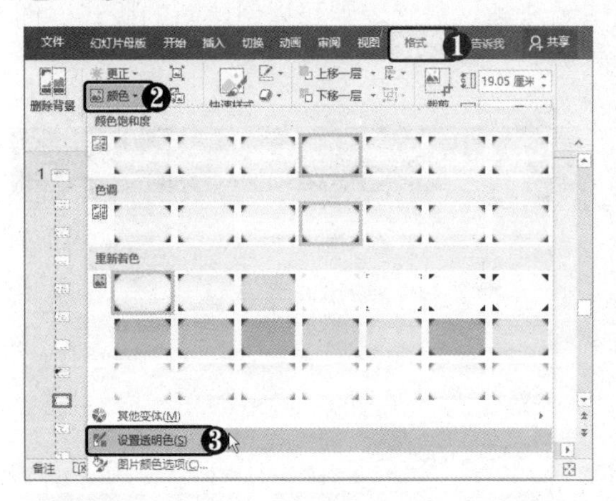

STEP 06 单击图片背景 此时鼠标指针变为形状，在图片的背景位置单击鼠标左键。

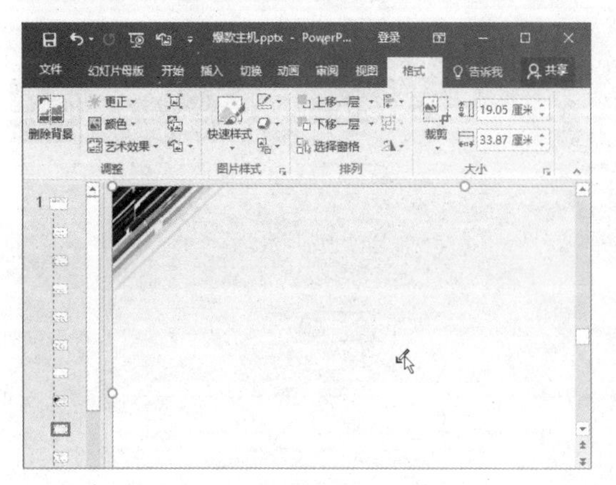

STEP 07 插入文本框和图片 此时即可删除图片背景。在新版式的左下方中插入文本框和图片，并调整其大小和位置。

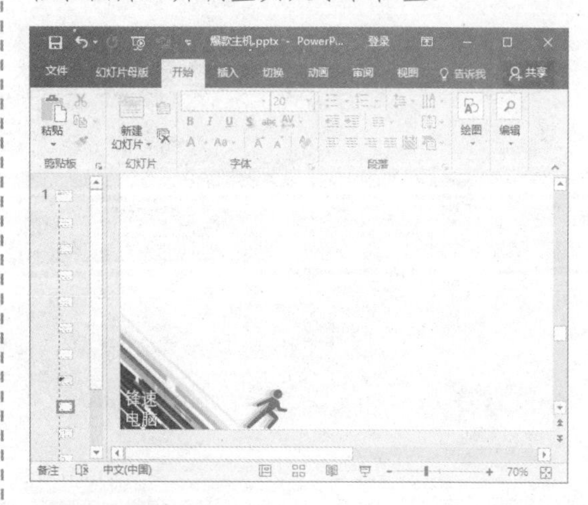

STEP 08 选择新版式 返回普通视图，❶ 在左侧选择要应用新版式的幻灯片。❷ 在"幻灯片"组中单击"幻灯片版式"下拉按钮。❸ 选择新创建的版式。

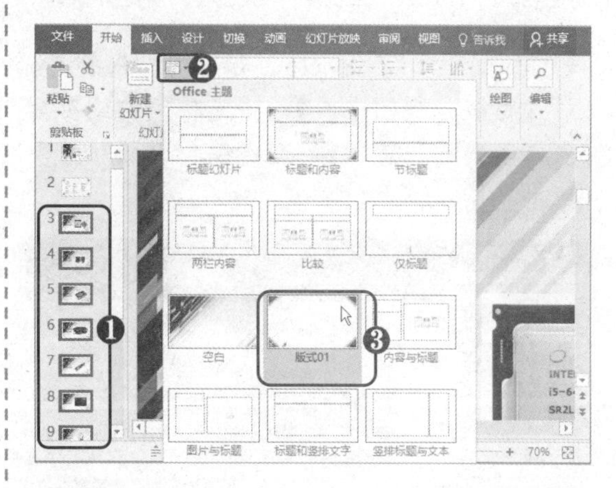

STEP 09 应用新版式 此时所选幻灯片即可应用新版式。

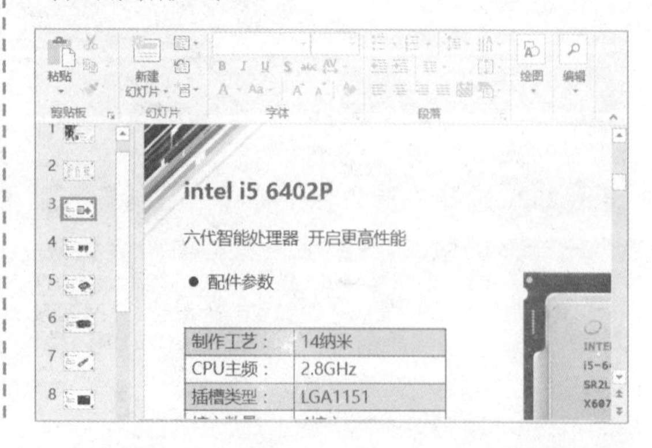

Chapter

14

动态演示文稿制作及放映

设置换片方式

设置幻灯片放映

动画是演示文稿的重要表现手段，在制作演示文稿时可以为幻灯片添加动画，使原本静态的幻灯片动起来。通过在幻灯片中添加超链接，可以使原本各张独立的幻灯片链接起来，使演示文稿成为一个整体。在演示文稿编辑完成后，即可对其进行放映，通过放映幻灯片，可以对幻灯片中内容或效果进行及时调整。

14.1 设置幻灯片切换效果

从一张幻灯片突然跳转至另一张幻灯片会使观众觉得很唐突，此时可以为幻灯片添加切换效果，使其播放起来变得很流畅。下面将介绍如何为幻灯片添加切换动画。

14.1.1 应用切换动画

幻灯片切换效果是在幻灯片放映时从一张幻灯片移到下一张幻灯片时，在幻灯片放映视图中出现的动画效果。在 PowerPoint 2016 中内置了 48 种切换动画可供用户选择，可以根据需要为不同的幻灯片添加合适的切换动画。应用切换动画的具体操作方法如下。

STEP 01 选择“擦除”效果 ❶ 选择第 1 张幻灯片。❷ 选择“切换”选项卡。❸ 单击“切换效果”下拉按钮。❹ 选择“擦除”效果。

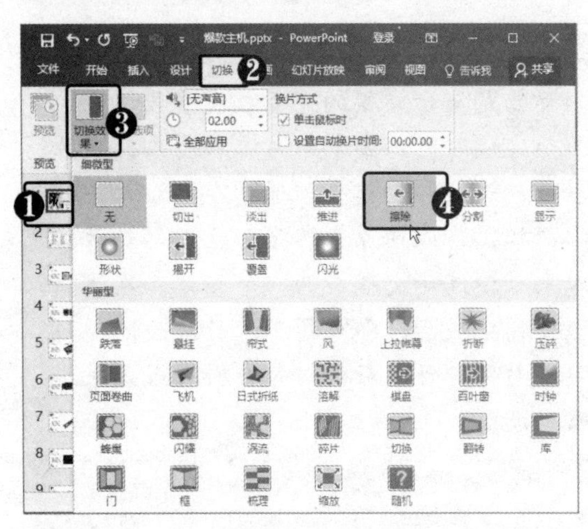

STEP 02 选择效果选项 ❶ 单击“效果选项”下拉按钮。❷ 选择“从右上部”选项。

STEP 03 选择切换效果 采用同样的方法，为第 2 张幻灯片应用“涟漪”切换效果。

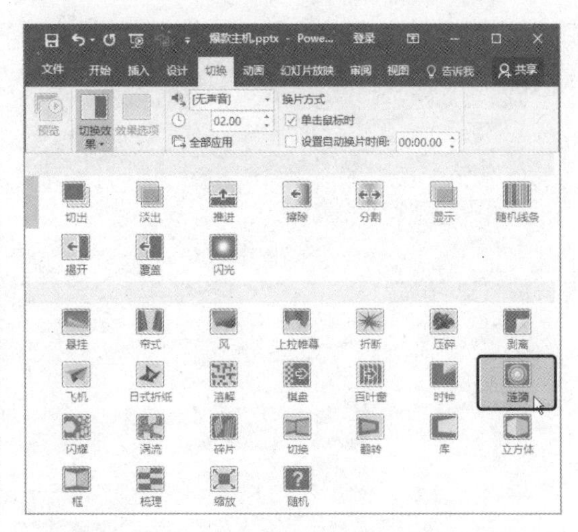

STEP 04 选择切换效果 采用同样的方法，为第 3 张幻灯片应用“切换”效果。

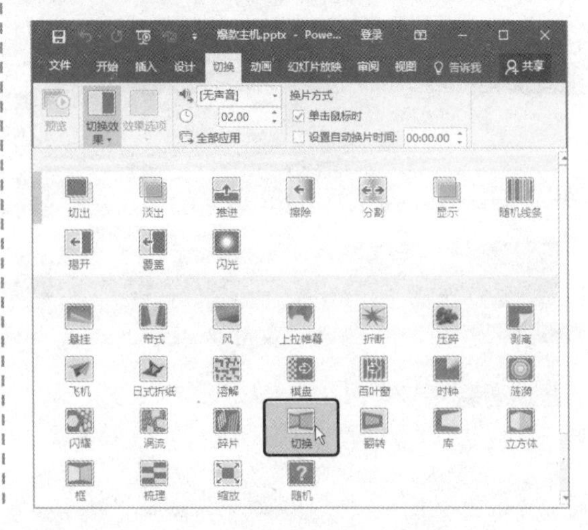

STEP 05 **选择切换效果** ❶ 选择第 4 张到第 13 张幻灯片。❷ 单击“切换效果”下拉按钮。❸ 选择“摩天轮”效果。

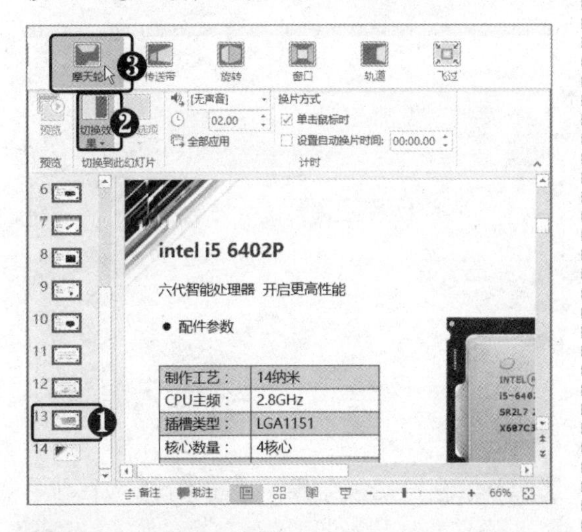

STEP 06 **选择切换效果** 为最后一张幻灯片应用“翻转”切换效果。

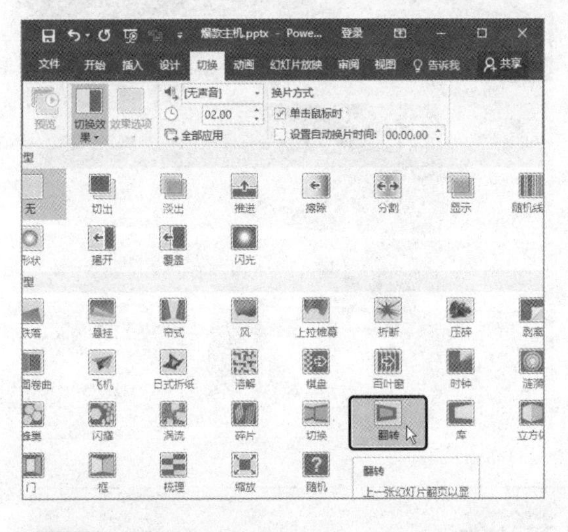

STEP 07 **设置切换速度** 在“计时”组中更改“持续时间”数值，可设置切换速度。持续时间越短，表示切换速度越快，反之越慢。

STEP 08 **设置换片方式** 在“计时”组的“换片方式”选项区中可更改切换幻灯片的方式。要使幻灯片进行自动切换，可选中“设置自动换片时间”复选框，并对时间进行设定即可。

14.1.2 设置切换声音

在切换幻灯片时，还可为其添加切换声音。可以使用 PowerPoint 内置的切换声音，也可使用电脑中的 WAV 音频文件。为幻灯片添加切换声音的具体操作方法如下。

STEP 01 **选择切换声音** ❶ 选择第 1 张幻灯片。❷ 选择“切换”选项卡。❸ 单击“声音”下拉按钮。❹ 选择所需的切换声音。

STEP 02 设置循环播放声音 此时即可为第 1 张幻灯片应用切换声音，❶ 单击“声音”下拉按钮。❷ 选择“播放下一段声音之前一直循环”选项。

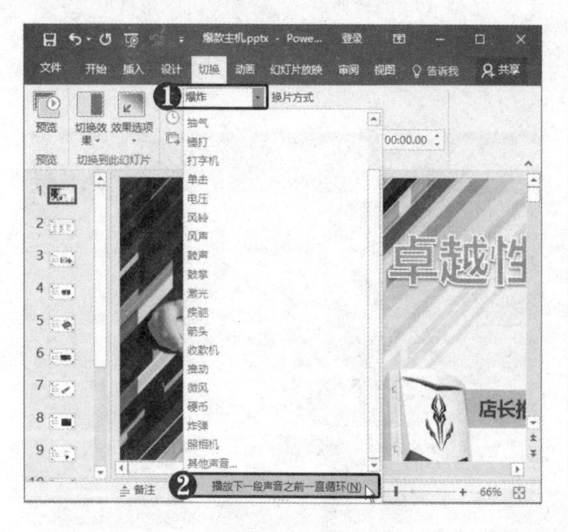

STEP 03 选择音频文件 若在声音列表中选择“其他声音”选项，将弹出“添加音频”对话框，❶ 选择音频文件。❷ 单击“确定”按钮。

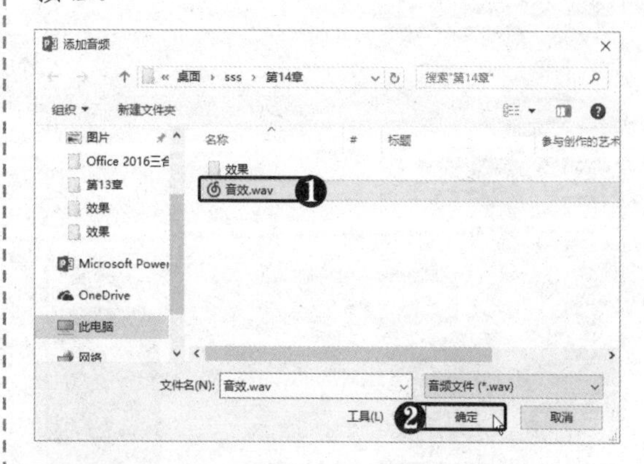

STEP 04 预览切换效果 单击“预览”按钮，预览幻灯片切换效果。

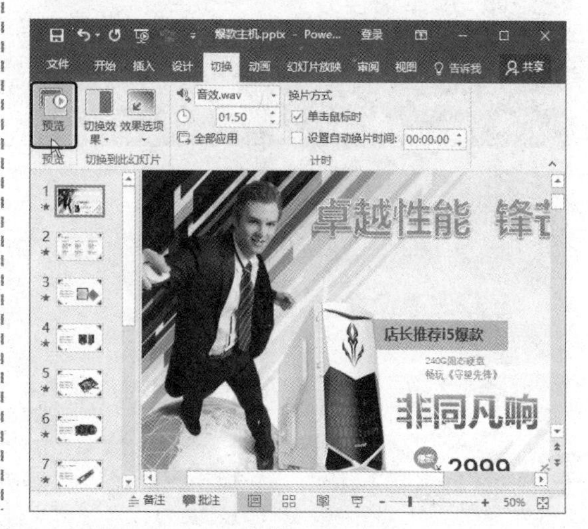

14.2 使幻灯片对象动起来

在制作幻灯片时，不仅可以将动画效果应用到幻灯片上，还可将其应用到幻灯片中的文本、图片、图形及图表等对象上。通过在幻灯片中添加动画，可以使观众的注意力集中在要点上，控制信息流，并提高观众对演示文稿的兴趣。

14.2.1 为幻灯片对象应用动画

下面通过对第 1 张幻灯片的对象应用动画为例来介绍为幻灯片对象添加动画的方法，具体操作方法如下。

STEP 01 选择动画样式 ❶ 在左窗格中选择第 1 张幻灯片。❷ 选择电脑主机图片。❸ 选择“动画”选项卡。❹ 单击“动画样式”下拉按钮。❺ 选择“飞入”动画。

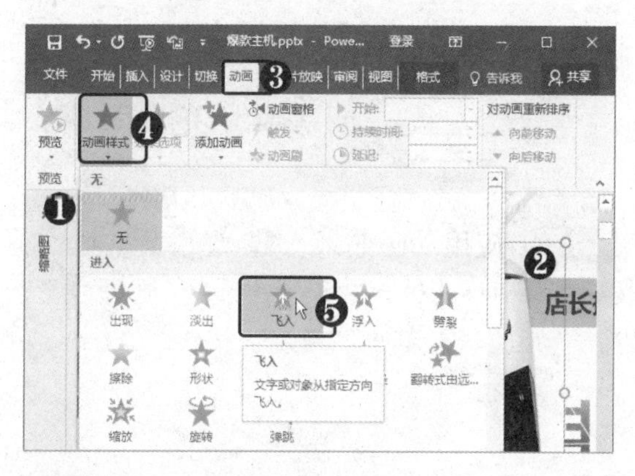

STEP 02 选择效果选项 ❶ 单击“效果选项”下拉按钮。❷ 选择“自底部”选项。

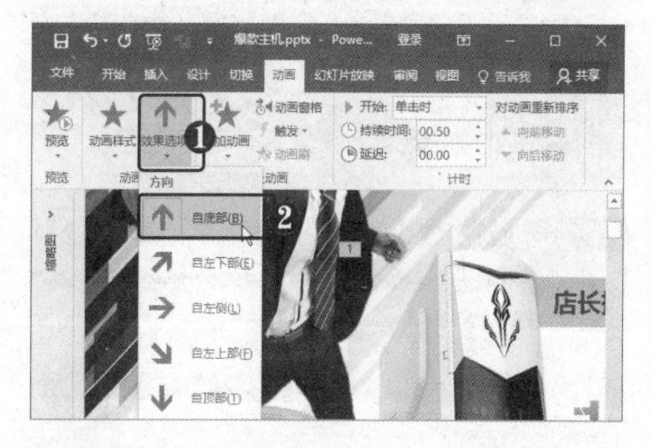

STEP 03 选择“更多进入效果”选项 ❶ 选中文本框。❷ 单击“动画样式”下拉按钮。❸ 选择“更多进入效果”选项。

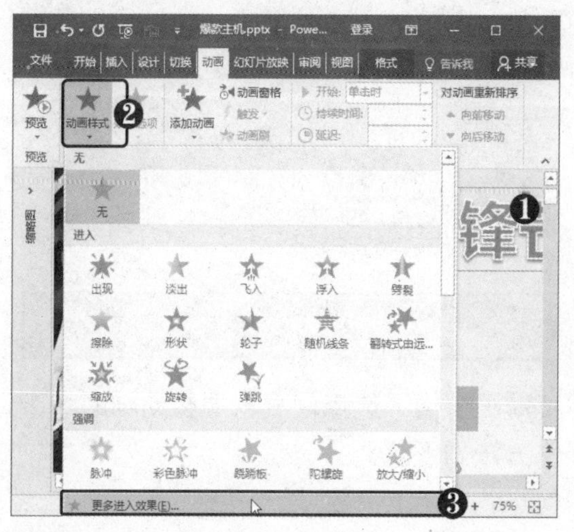

STEP 04 选择动画效果 弹出“更多进入效果”对话框，❶ 选择“压缩”动画。❷ 单击“确定”按钮。

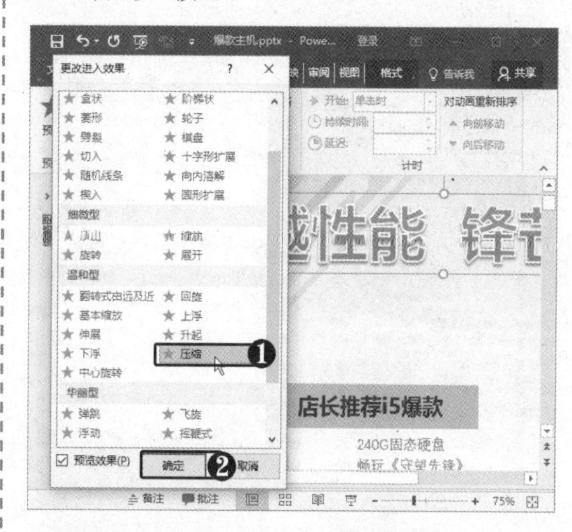

STEP 05 选择动画效果 ❶ 选中文本框。❷ 单击“动画样式”下拉按钮。❸ 选择“擦除”动画。

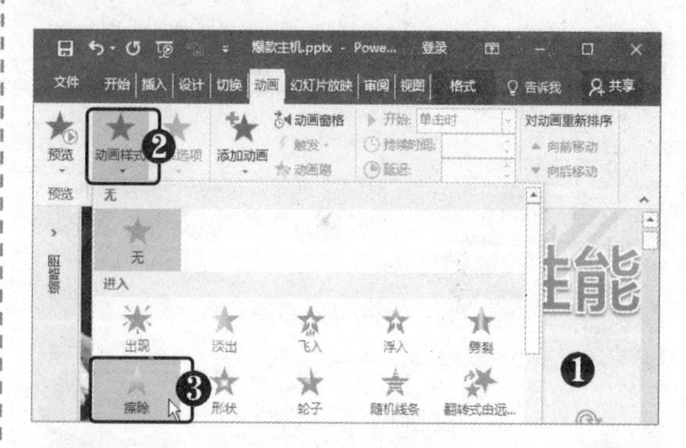

STEP 06 选择效果选项 ❶ 单击“效果选项”下拉按钮。❷ 选择“自左侧”选项。

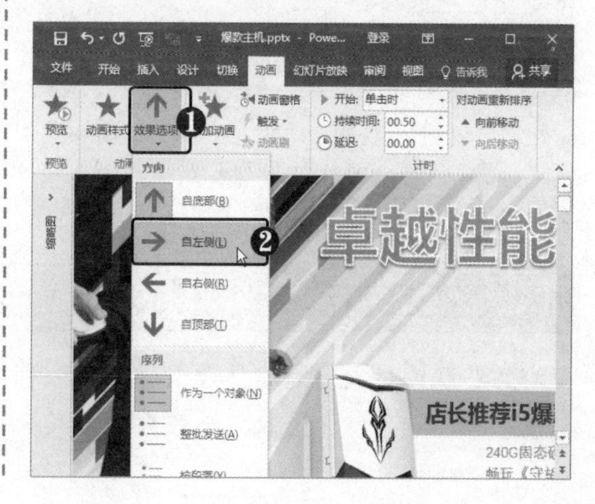

STEP 07 **选择动画效果** ❶ 选中文本框。❷ 单击“动画样式”下拉按钮。❸ 选择“淡出”动画。

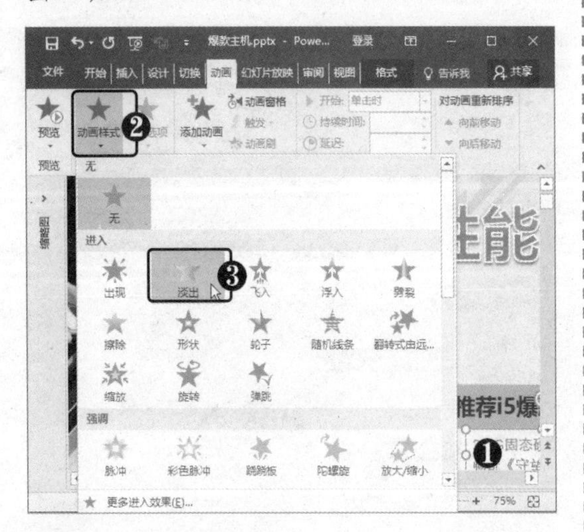

STEP 08 **应用动画效果** ❶ 选中文本框。❷ 打开“更改进入效果”对话框，选择“玩具风车”动画。❸ 单击“确定”按钮。

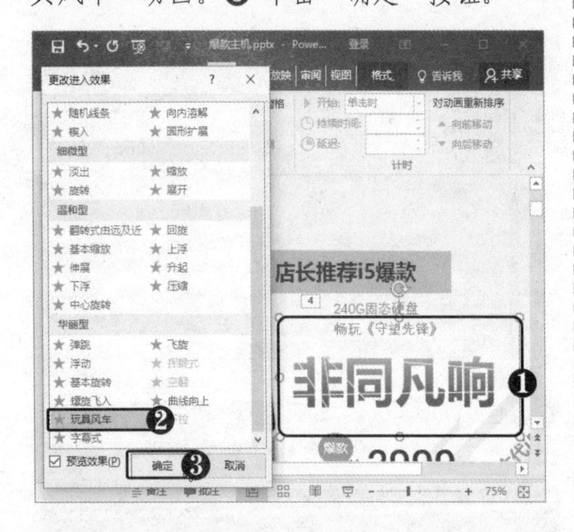

STEP 09 **应用动画效果** ❶ 选中形状。❷ 打开“更改进入效果”对话框，选择“升起”动画。❸ 单击“确定”按钮。

STEP 10 **应用动画效果** ❶ 选中文本框。❷ 打开“更改进入效果”对话框，选择“压缩”动画。❸ 单击“确定”按钮。

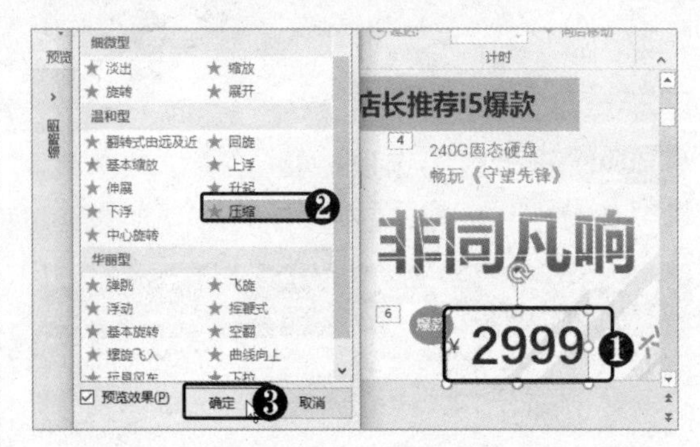

STEP 11 **应用动画效果** ❶ 选中文本框。❷ 打开“更改进入效果”对话框，选择“玩具风车”动画。❸ 单击“确定”按钮。

14.2.2 使用动画窗格调整动画

为幻灯片对象应用动画效果后，可以利用“动画窗格”选择动画、调整动画顺序、设置动画计时选项、更改动画效果等，具体操作方法如下。

STEP 01 单击"动画窗格"按钮 在"高级动画"组中单击"动画窗格"按钮。

STEP 02 全选动画 此时即可打开"动画窗格"，按【Ctrl+A】组合键全选动画。

STEP 03 设置"开始"选项 ❶ 在"计时"组中单击"开始"下拉按钮。❷ 选择"上一动画之后"选项。

STEP 04 设置延迟时间 ❶ 在"动画窗格"中按住【Ctrl】键的同时选择动画。❷ 在"计时"组中设置延迟时间。

STEP 05 单击"向后移动"按钮 ❶ 在"动画窗格"选择第 1 个动画。❷ 单击"向后移动"按钮▼

STEP 06 调整动画顺序 此时即可调整第 1 个动画的排列顺序。

STEP 07 更换动画 ❶ 在“动画窗格”中选择动画。❷ 在“动画”组中单击“动画样式”下拉按钮。❸ 选择“随机线条”动画。

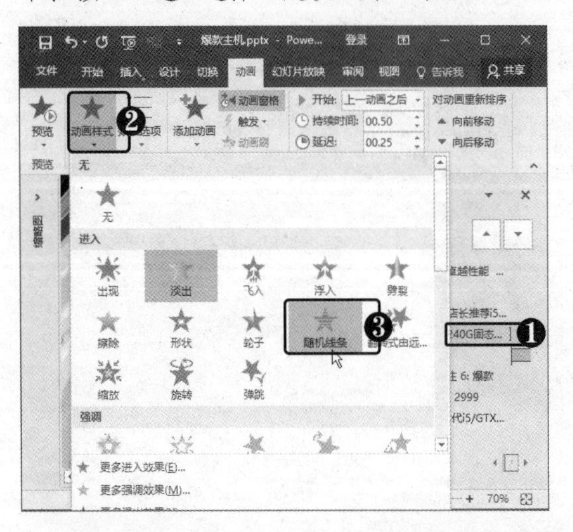

STEP 08 设置持续时间 ❶ 在“动画窗格”选择动画。❷ 在“计时”组中设置持续时间。

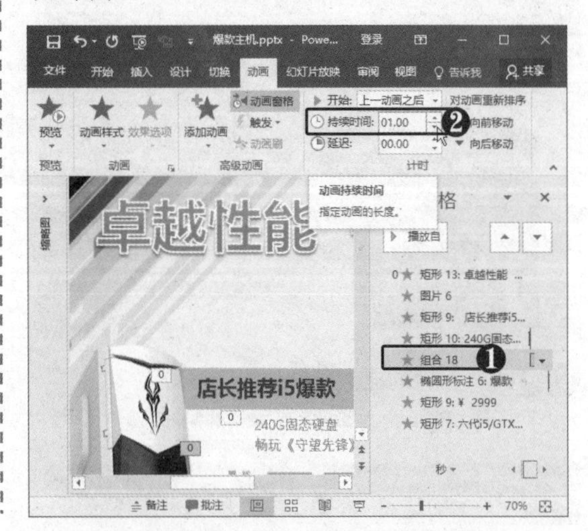

14.2.3 设置更多动画效果

虽然可以在“计时”组中对动画效果进行设置，但可设置的项目并不多。通过动画效果选项对话框可以对动画进一步进行设置，如设置平滑、弹跳、声音、重复播放等，具体操作方法如下。

STEP 01 双击动画 打开“动画窗格”，双击“飞入”动画。

STEP 02 设置持续时间 弹出“飞入”对话框，❶ 选择“计时”选项。❷ 在“期间”下拉列表框中选择“快速（1秒）”选项。

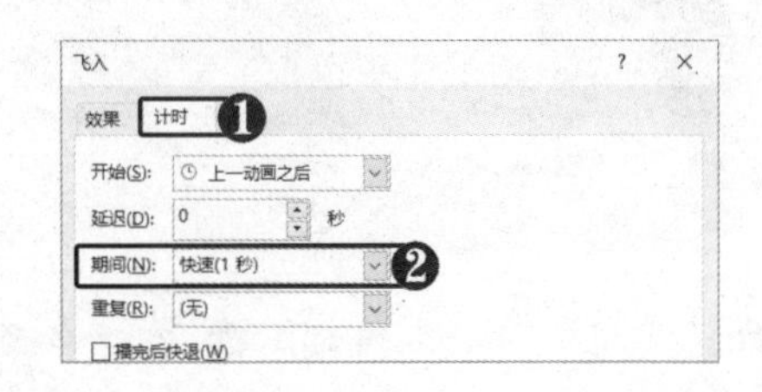

STEP 03 设置动画效果 ❶ 选择“效果”选项卡。❷ 设置“平滑开始”和“弹跳结束”的秒数。❸ 单击“确定”按钮。

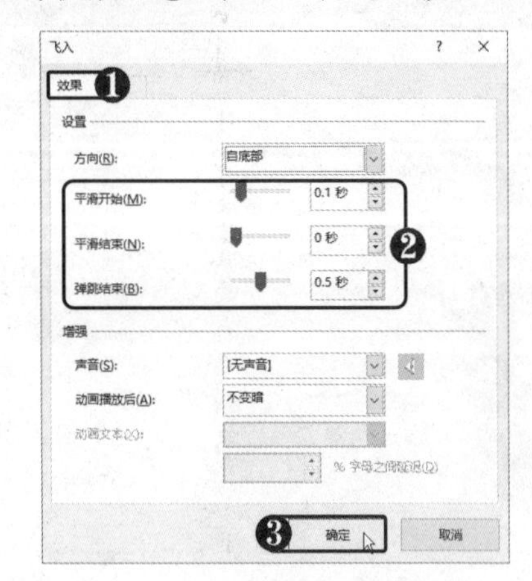

14.2.4 为幻灯片对象添加多个动画

要为幻灯片对象应用多个动画效果，则需要设置添加动画，具体操作方法如下。

STEP 01 单击“添加动画”下拉按钮 ❶ 选中文本框。❷ 在“高级动画”组中单击“添加动画”下拉按钮。

STEP 02 选择动画效果 在弹出的列表中选择“波浪形”强调动画。

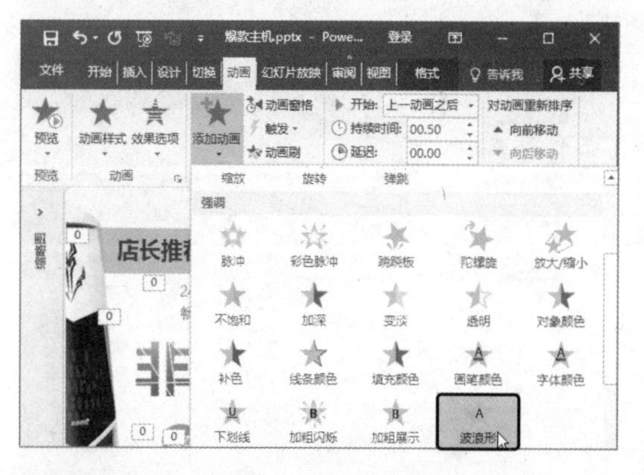

STEP 03 双击动画 打开“动画窗格”，可以看到添加的“波浪形”动画，双击该动画。

STEP 04 设置字母延迟 弹出“波浪形”对话框，❶ 在“动画文本”下拉列表框中选择“按字母”选项。❷ 设置“字母之间延迟”为 8%。

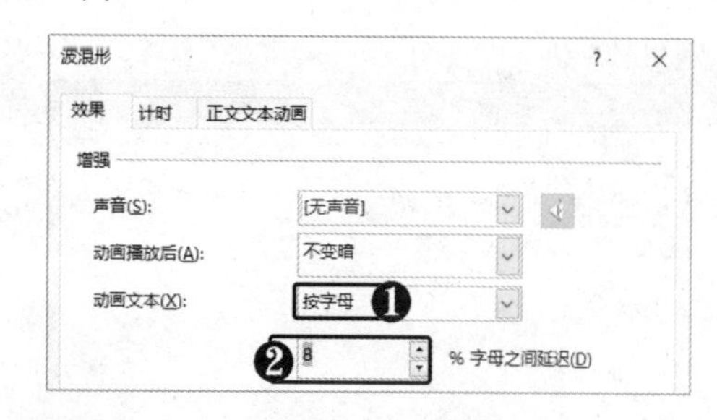

STEP 05 设置计时选项 ❶ 选择“计时”选项卡。❷ 设置延迟时间。❸ 在“期间”下拉列表框中选择“快速（1 秒）”选项。❹ 在“重复”下拉列表框中选择“直到下一次单击”选项。❺ 单击“确定”按钮。

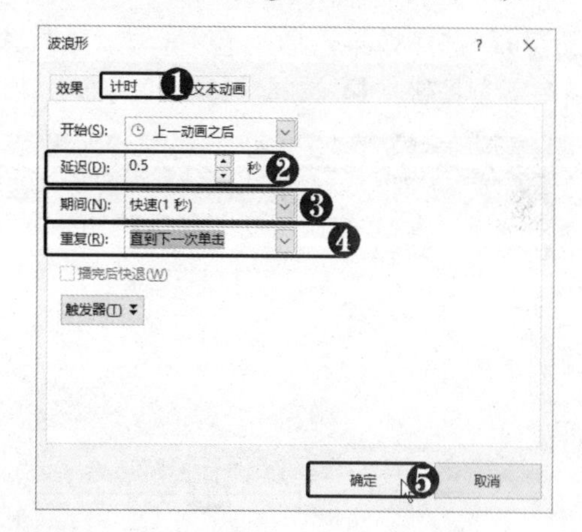

STEP 06 调整动画位置 在幻灯片中拖动控制柄，调整动画位置。

14.2.5 为 SmartArt 图形添加动画

使用动画功能可以很方便地为 SmartArt 图形中的各个元素添加动画，具体操作方法如下。

STEP 01 选择动画样式 ❶ 选中 SmartArt 图形。❷ 单击"动画样式"下拉按钮。❸ 选择"淡出"动画。

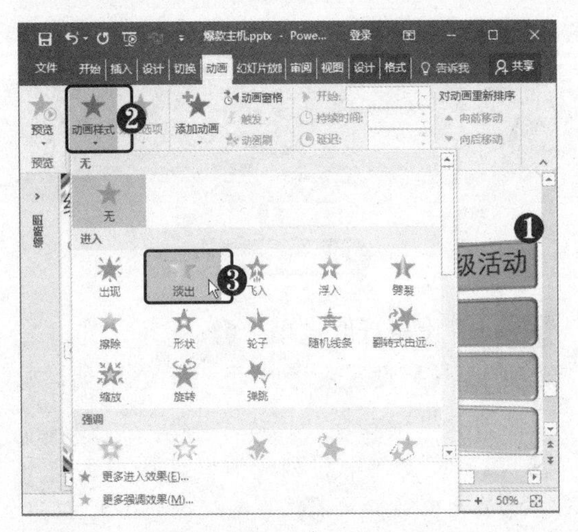

STEP 02 选择效果选项 ❶ 单击"效果选项"下拉按钮。❷ 选择"逐个级别"选项。

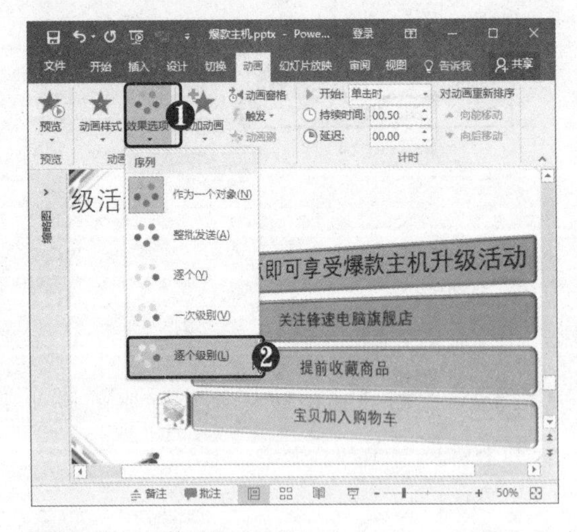

STEP 03 单击展开内容 打开"动画窗格"，单击"单击展开内容"按钮。

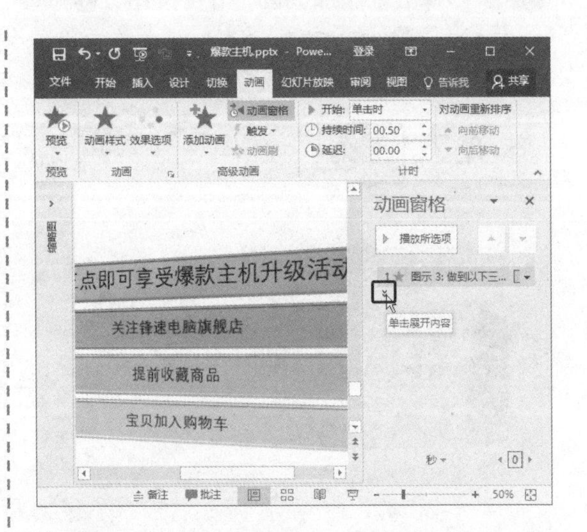

STEP 04 删除动画 ❶ 在"动画窗格"中选择第 1 个动画。❷ 单击"动画样式"下拉按钮。❸ 选择"无"选项，删除动画效果。

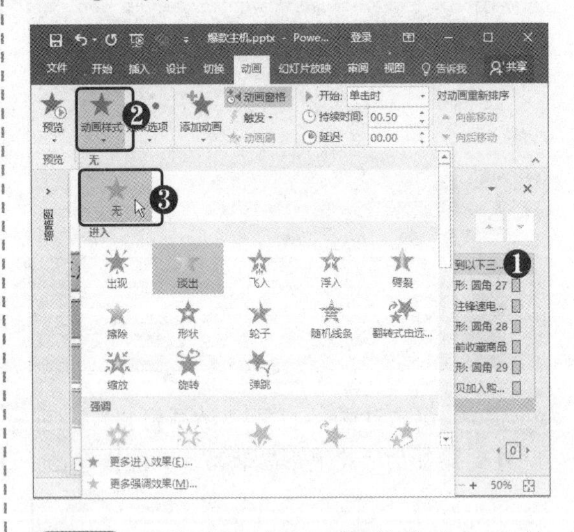

STEP 05 更换动画效果 ❶ 按住【Ctrl】键的同时选中 3 个图片占位符所对应的动画。❷ 单击"动画样式"下拉按钮。❸ 选择"飞入"选项。

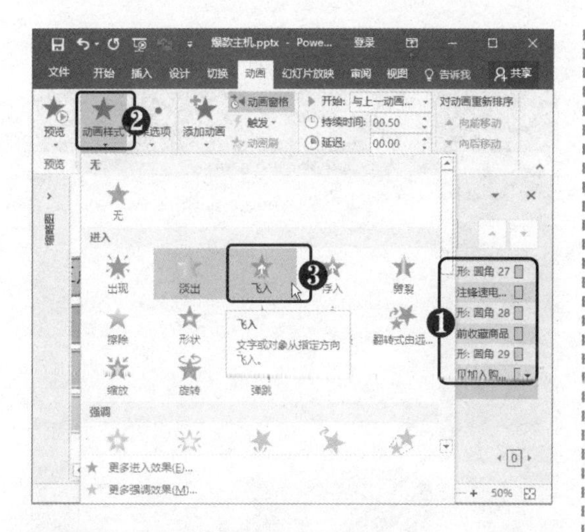

STEP 06 **设置效果选项** ❶ 单击“效果选项”下拉按钮。❷ 选择“自右侧”选项。

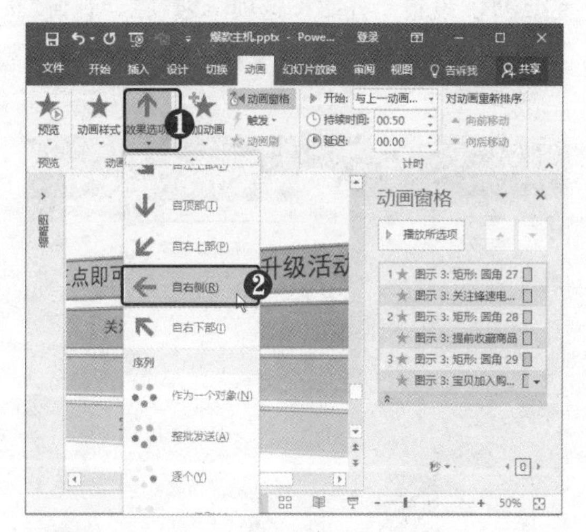

STEP 07 **设置“开始”选项** ❶ 按住【Ctrl】键的同时选中3个矩形图示所对应的动画。❷ 在“计时”组中单击“开始”下拉按钮。❸ 选择“上一动画之后”选项。

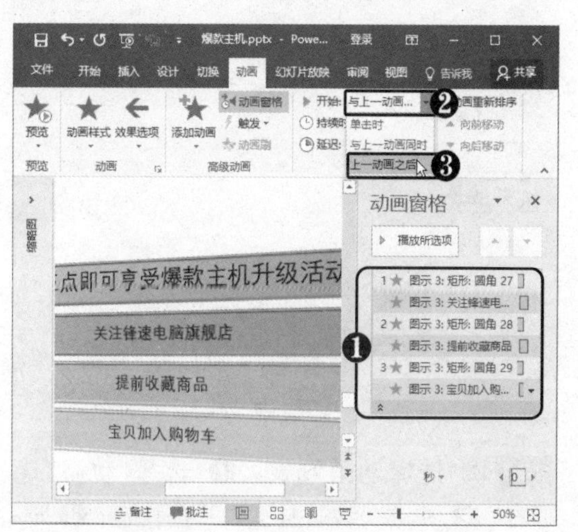

STEP 08 **设置延迟时间** 在“计时”组中调整延迟时间。

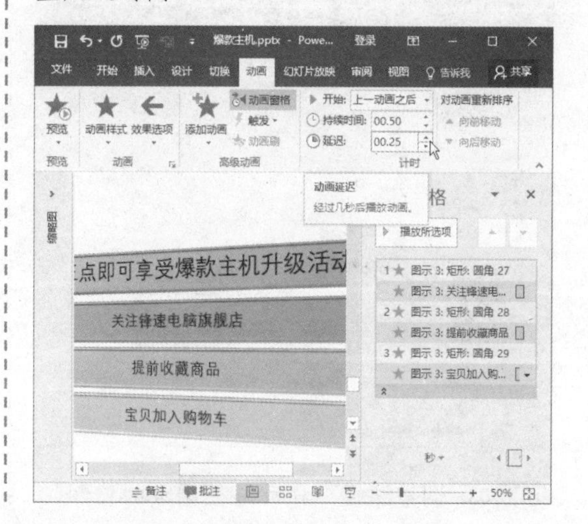

14.2.6 为幻灯片母版添加动画

为幻灯片母版添加动画，则在演示文稿中应用了该版式的幻灯片将都会具有动画效果，从而提高制作效率。创建母版动画的具体操作方法如下。

STEP 01 **选中图片** 切换到“幻灯片母版”视图，❶ 在左侧选择创建的版式。❷ 选中图片。

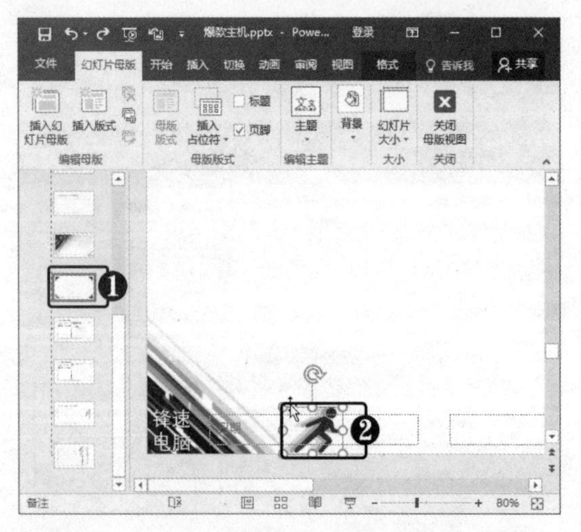

STEP 02 **选择动画效果** ❶ 选择"动画"选项卡。❷ 单击"动画样式"下拉按钮。❸ 选择"循环"路径动画。

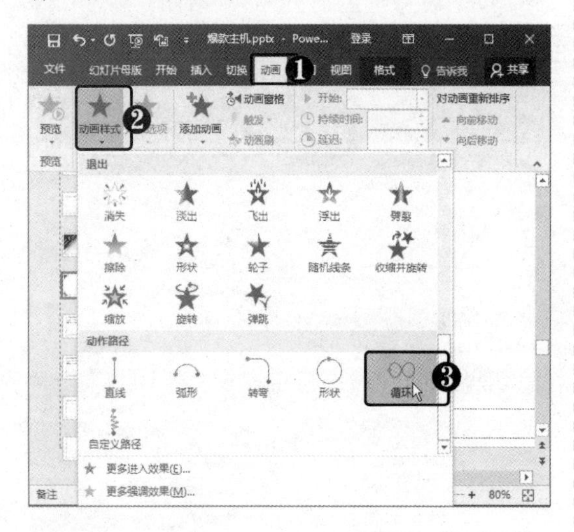

STEP 03 **调整路径** 拖动路径端点的控制柄▷，调整路径。

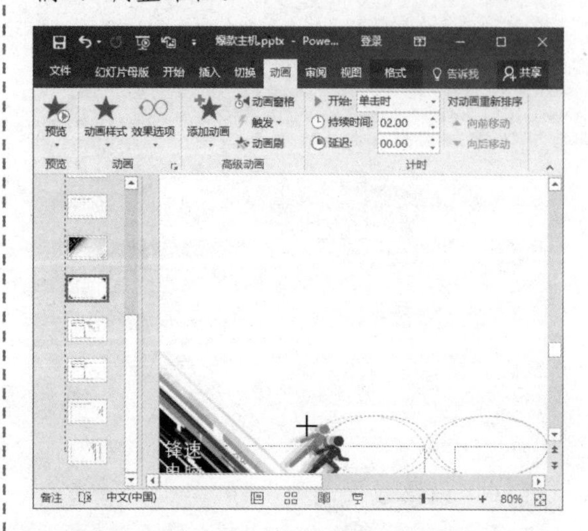

STEP 04 **设置"开始"选项** ❶ 在"计时"组中单击"开始"下拉按钮。❷ 选择"上一动画同时"选项。

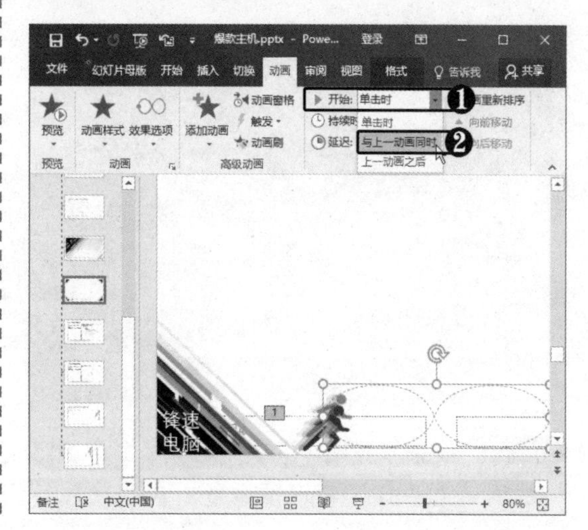

14.2.7 为动画添加触发器

触发器是幻灯片上的某个元素，如图片、形状、按钮、一段文字或文本框，单击它即可引发一项操作。下面将以给视频对象添加"播放/暂停"和"停止"触发器为例介绍如何在动画中添加触发器，具体操作方法如下。

STEP 01 **单击"选择窗格"按钮** ❶ 选择第 1 张幻灯片。❷ 选择文本框。❸ 选择"格式"选项卡。❹ 在"排列"组中单击"选择窗格"按钮。

STEP 02 查看文本框名称 打开“选择”窗格，可以看到所选文本框的名称。

STEP 03 更改名称 单击名称，输入新名称。

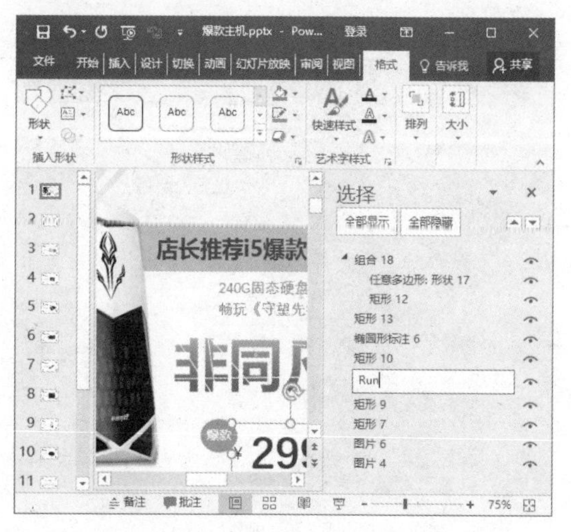

STEP 04 选择触发器 打开“动画窗格”，❶ 选择“波浪形”强调动画。❷ 在“高级动画”组中单击“触发”下拉按钮。❸ 选择“单击”选项。❹ 选择文本框所对应的名称。

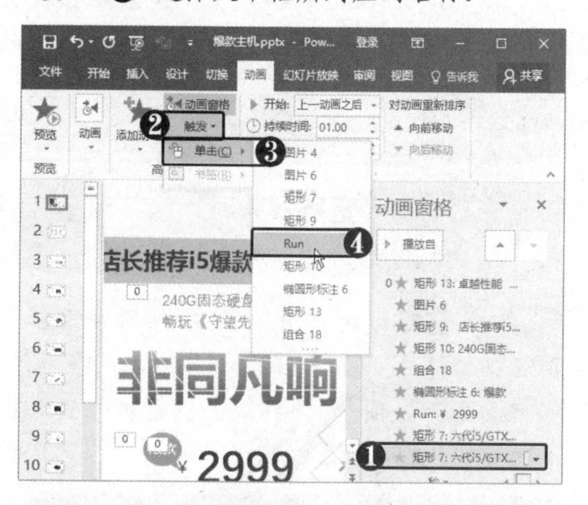

STEP 05 创建触发器 此时即可为“波浪形”强调动画创建触发器。

STEP 06 查看触发器效果 按【F5】键放映幻灯片，单击文本框即可播放“波浪形”动画。

14.3 音频和视频的应用

在 PowerPoint 中添加音、视频媒体元素可以使制作的演示文稿有声有色，更加富有感染力。下面将介绍媒体元素在幻灯片中的应用方法与技巧。

14.3.1 插入音频文件

在对幻灯片进行放映时，为了渲染气氛，经常需要在幻灯片中添加背景音乐。下面将介绍如何在幻灯片中插入音频文件，具体操作方法如下。

STEP 01 选择动画样式 在左窗格中选择第 2 张幻灯片。❶ 选择内容占位符。❷ 选择“动画”选项卡。❸ 单击“动画样式”下拉按钮。❹ 选择“淡出”动画。

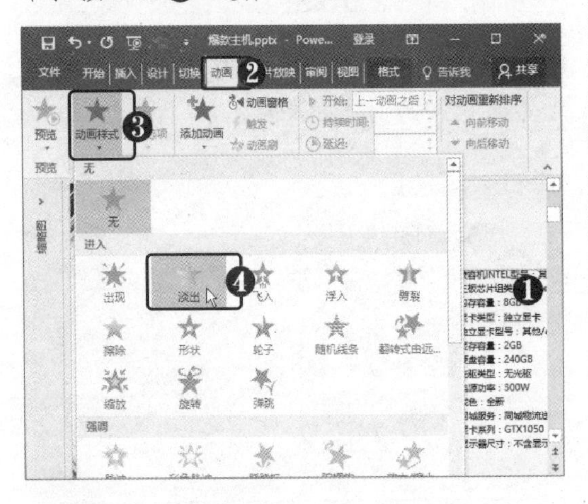

STEP 02 设置效果选项 ❶ 单击“效果选项”下拉按钮。❷ 选择“按段落”选项。

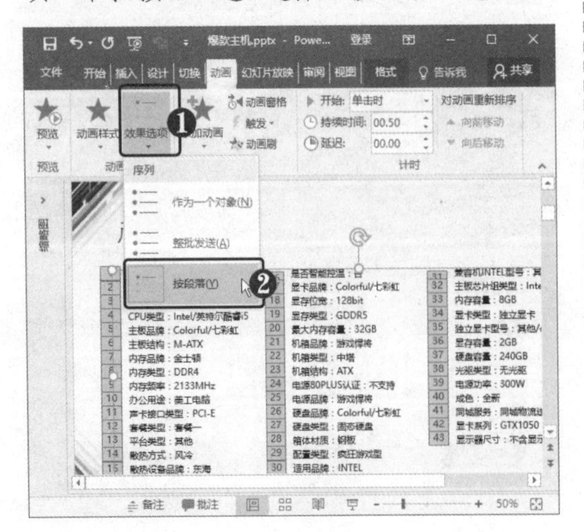

STEP 03 设置持续时间 在“计时”组中调整动画持续时间。

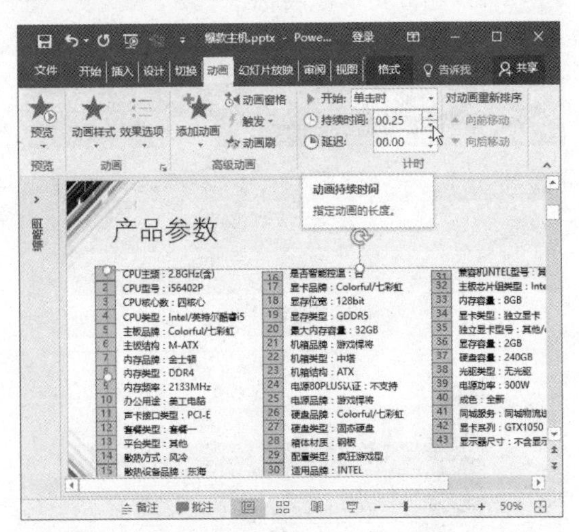

STEP 04 设置“开始”选项 ❶ 在“计时”组中单击“开始”下拉按钮。❷ 选择“上一动画之后”选项。

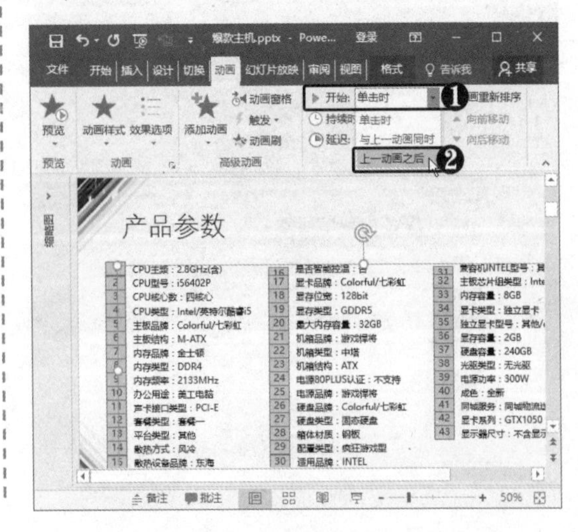

STEP 05 **选择"PC上的音频"选项** ❶ 选择"插入"选项卡。❷ 在"媒体"组中单击"音频"下拉按钮。❸ 选择"PC上的音频"选项。

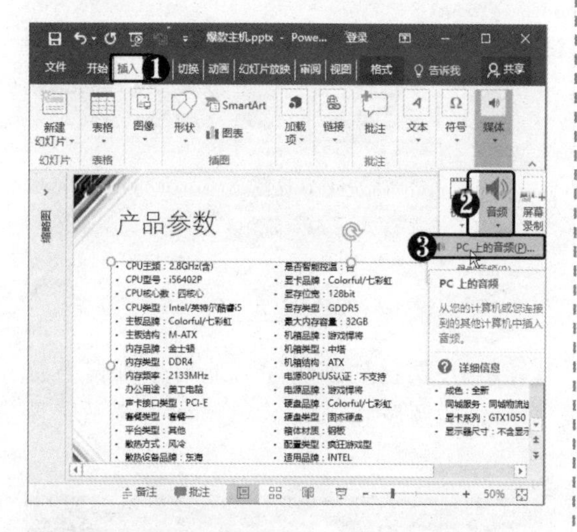

STEP 06 **选择音频文件** 弹出"插入音频"对话框，❶ 选择音频文件。❷ 单击"插入"按钮。

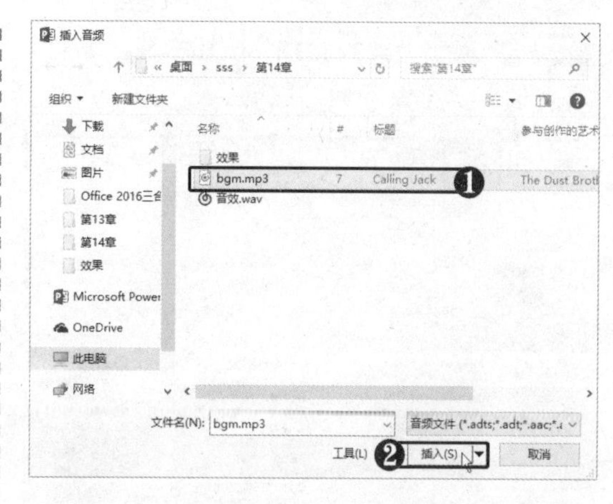

STEP 07 **调节音量** 此时在幻灯片中插入一个音频图标，调整音频图标大小，并将其移至合适的位置。单击"播放"按钮▶可试听音乐，拖动滑块可调节音量。

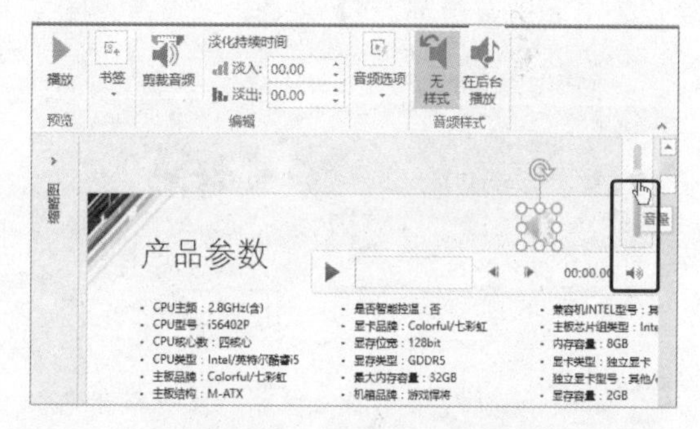

14.3.2 设置背景音乐

将音频文件插入到幻灯片中后，若要将其设置为整个演示文稿的背景音乐，还需对其进行相关设置，具体操作方法如下。

STEP 01 **设置自动播放** ❶ 选择"播放"选项卡。❷ 在"音频选项"组中单击"开始"下拉按钮。❸ 选择"自动"选项。

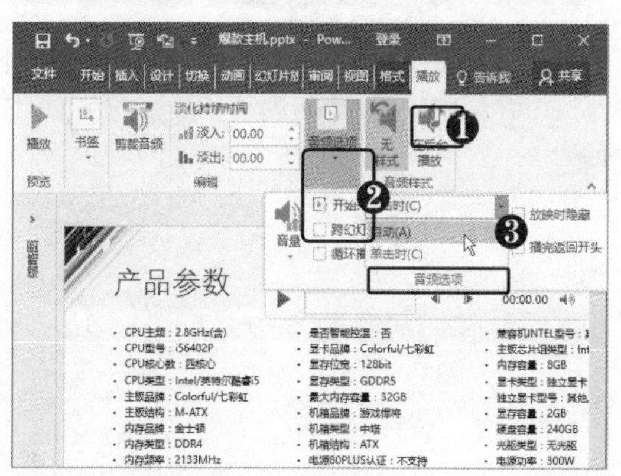

STEP 02 **设置其他音频选项** 在"音频选项"组中设置其他音频选项，如"放映时隐藏"、"跨幻灯片播放"、"循环播放，直到停止"等。

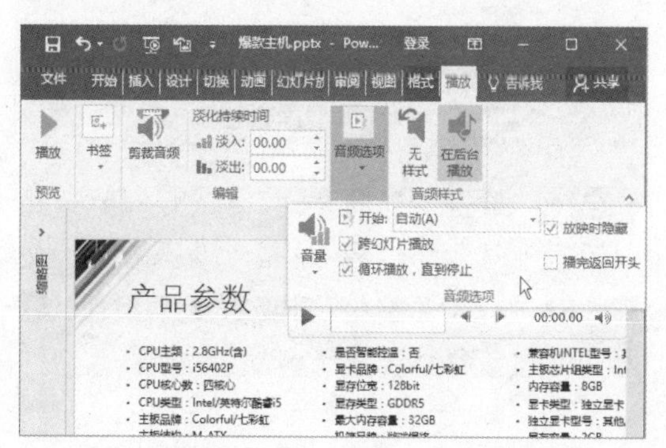

STEP 03 **单击“剪裁音频”按钮** 在“编辑”组中单击“剪裁音频”按钮。

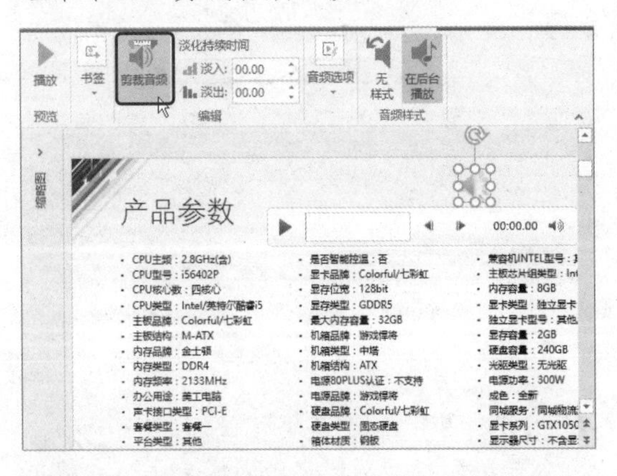

STEP 04 **设置剪裁音频** 弹出“剪裁音频”对话框，❶ 拖动滑块，设置音频文件的开始时间和结束时间。❷ 单击“确定”按钮。

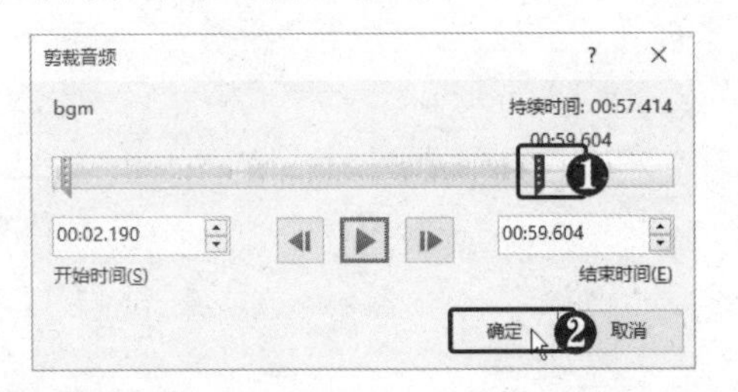

STEP 05 **预览效果** 在“预览”组中单击“播放”按钮，即可预览效果。

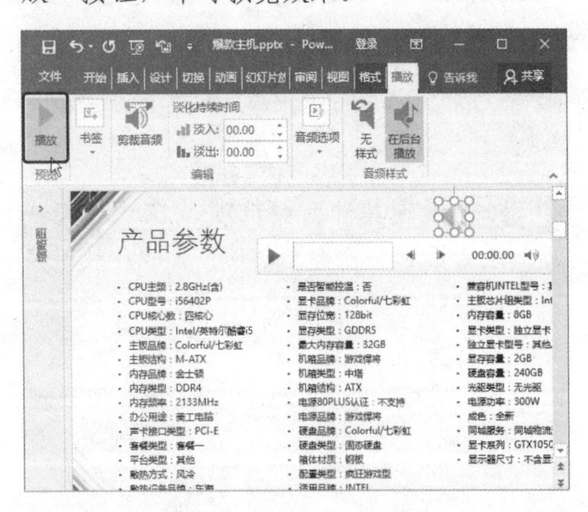

STEP 06 **单击“向前移动”按钮** ❶ 选择“动画”选项卡。❷ 单击“动画窗格”按钮。❸ 在“动画窗格”中选择音频动画。❹ 单击“向前移动”按钮▲。

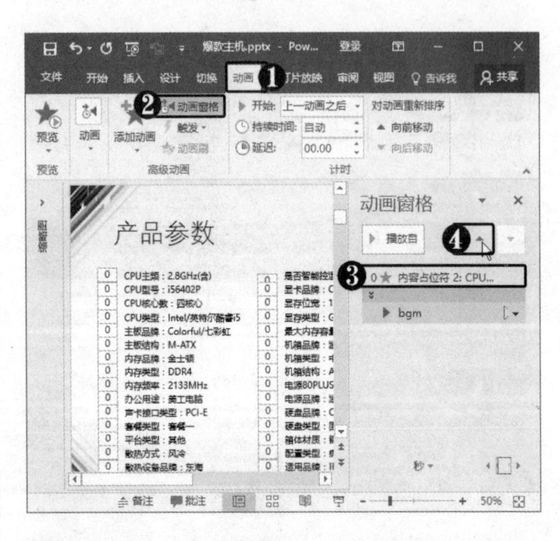

STEP 07 **调整动画顺序** 此时即可调整音频动画的顺序，一进入该幻灯片即播放背景音乐。

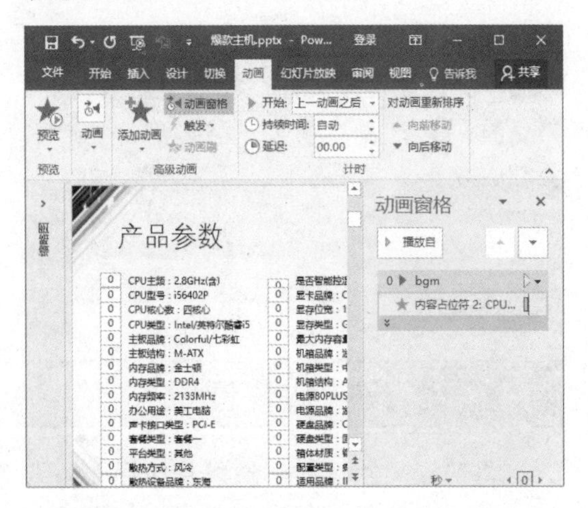

STEP 08 **选择切换声音** ❶ 选择“切换”选项卡。❷ 单击“声音”下拉按钮。❸ 选择所需的切换声音。

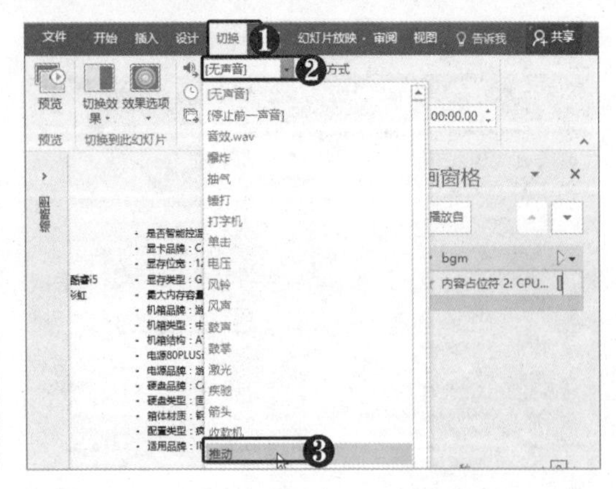

14.3.3 插入视频文件

在幻灯片中可用的视频格式包括 AVI、MPEG、RMVB/RM、GIF、SWF 等。下面将介绍如何在幻灯片中插入视频文件并进行格式设置，具体操作方法如下。

STEP 01 选择"PC 上的视频"选项 创建"视频教学"幻灯片，❶ 选择"插入"选项卡。❷ 在"媒体"组中单击"视频"下拉按钮。❸ 选择"PC 上的视频"选项。

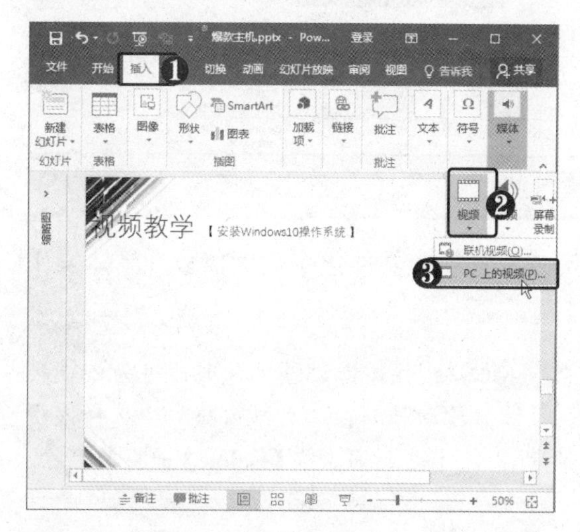

STEP 02 选择视频文件 弹出"插入视频文件"对话框，❶ 选择要插入的视频文件。❷ 单击"插入"按钮。

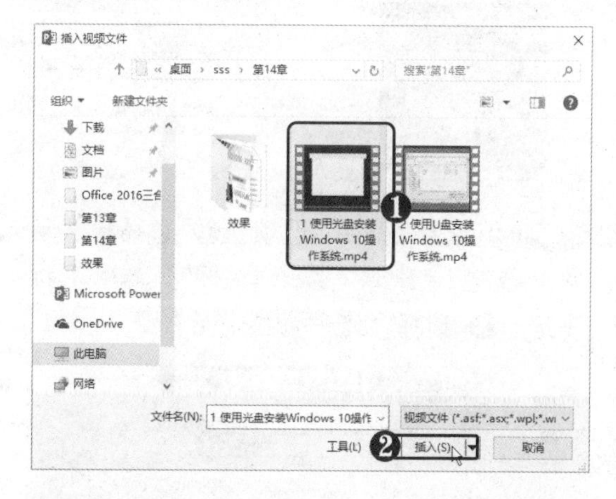

STEP 03 插入视频文件 此时即可将视频文件插入到幻灯片中，根据需要调整视频文件的大小。采用同样的方法，再插入一个视频文件。

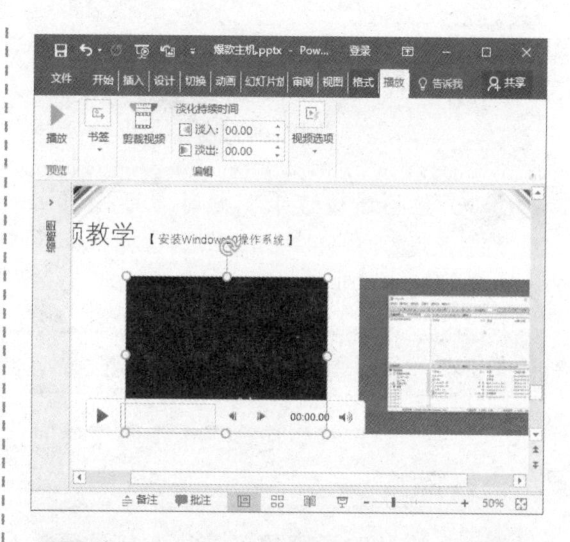

STEP 04 选择"文件中的图像"选项 ❶ 选中视频文件。❷ 选择"格式"选项卡。❸ 在"调整"组中单击"海报帧"下拉按钮。❹ 选择"文件中的图像"选项。

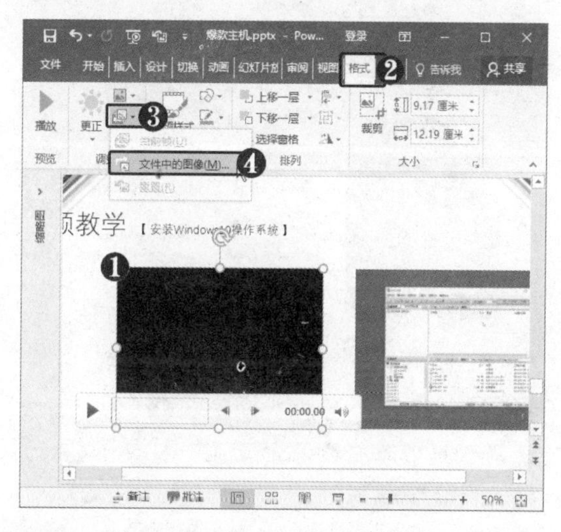

STEP 05 选择图片 弹出"插入图片"对话框，❶ 选择图片。❷ 单击"插入"按钮。

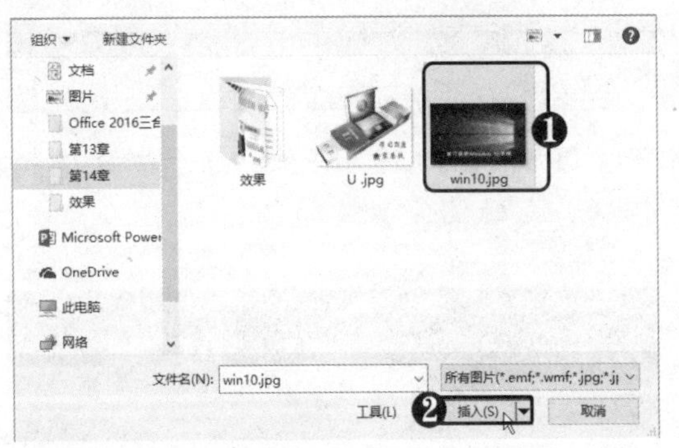

STEP 06 **查看设置效果** 此时即可将图片设置为视频的海报。采用同样的方法，设置另一个视频的海报帧。

14.3.4 设置视频逐个播放

当一个幻灯片中包含多个视频文件时，可以设置视频文件逐个连续播放，具体操作方法如下。

STEP 01 **打开动画窗格** ❶ 选中视频对象。❷ 选择“动画”选项卡。❸ 单击“动画窗格”按钮。

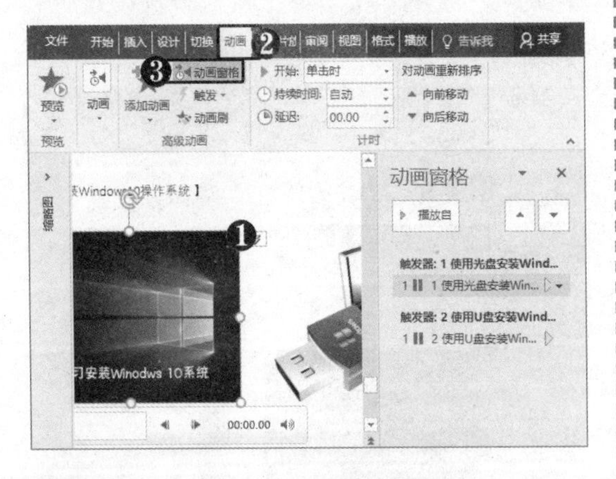

STEP 02 **选择“播放”动画** ❶ 在“高级动画”组中单击“添加动画”按钮。❷ 选择“播放”动画。

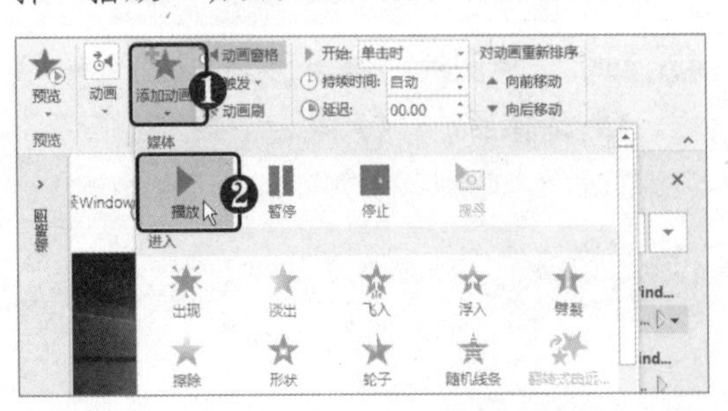

STEP 03 **删除暂停动画** 此时即可为该视频添加播放动画。在“动画窗格”中选择该视频的“暂停”动画，按【Delete】键将其删除。

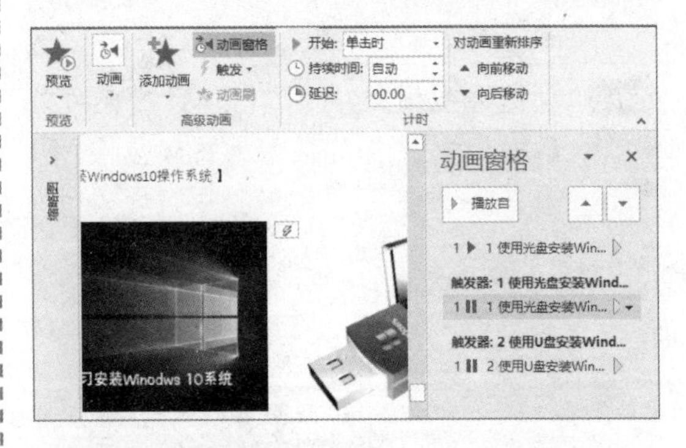

STEP 04 **设置“开始”选项** ❶ 选择播放动画。❷ 在“计时”组中单击“开始”下拉按钮。❸ 选择“上一动画之后”选项。

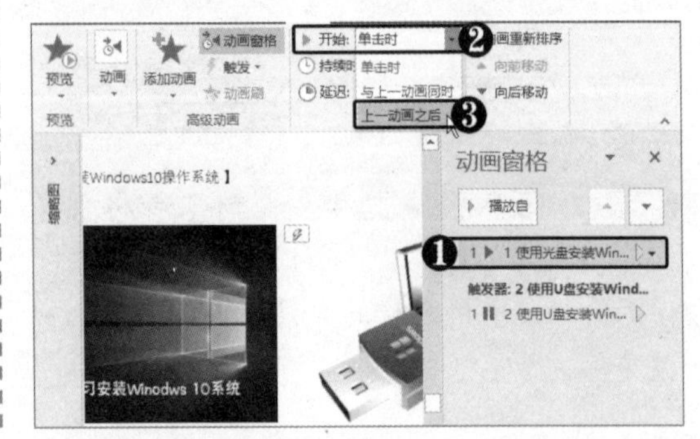

14.3.5 为视频添加触发器

在幻灯片中插入视频后，可以根据需要设置其从不同的位置开始播放，此时需要对视频添加“搜寻”动画并设置相应的触发器，具体操作方法如下。

STEP 01 插入文本框 在幻灯片中插入文本框，并输入所需的文本。

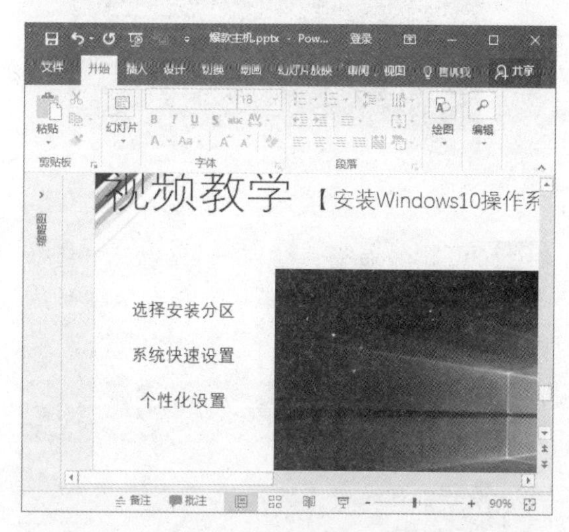

STEP 02 定位播放位置 选中视频，在播放进度条上单击定位播放位置。

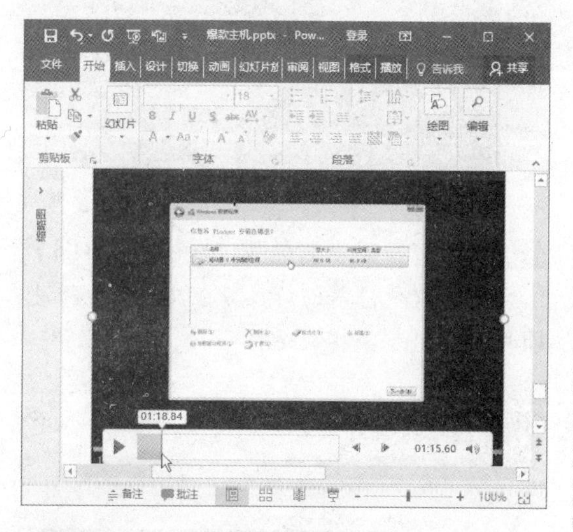

STEP 03 选择“搜寻”动画 ❶ 选择“动画”选项卡。❷ 在“高级动画”组中单击“添加动画”按钮。❸ 选择“搜寻”动画。

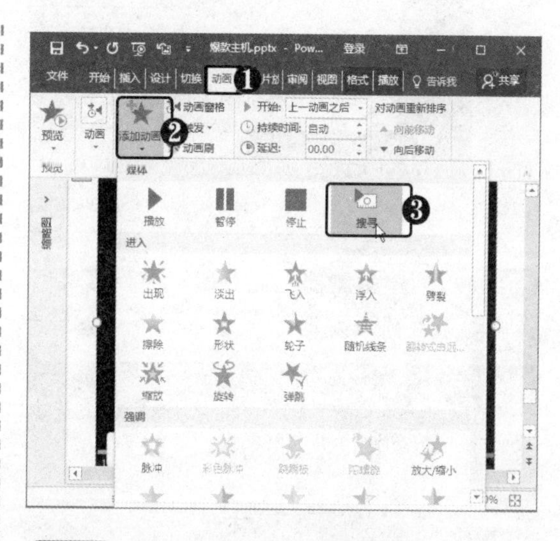

STEP 04 添加“搜寻”动画 此时即可添加“搜寻”动画，并在视频播放位置处自动添加标签。

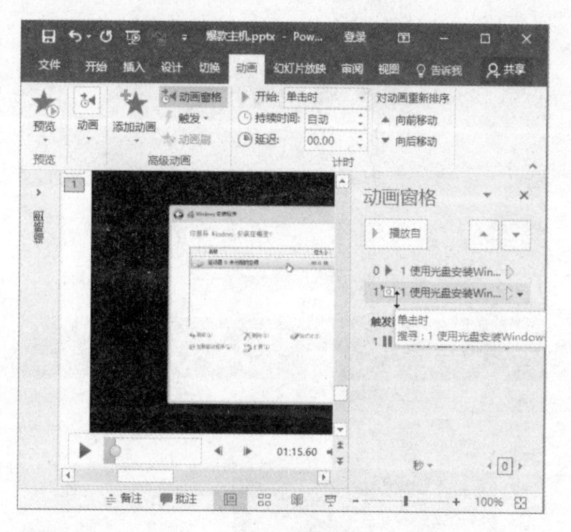

STEP 05 选择触发器 ❶ 在“动画窗格”中选择“搜寻”动画。❷ 在“高级动画”组中单击“触发”下拉按钮。❸ 选择“单击”选项。❹ 选择对应的文本框。

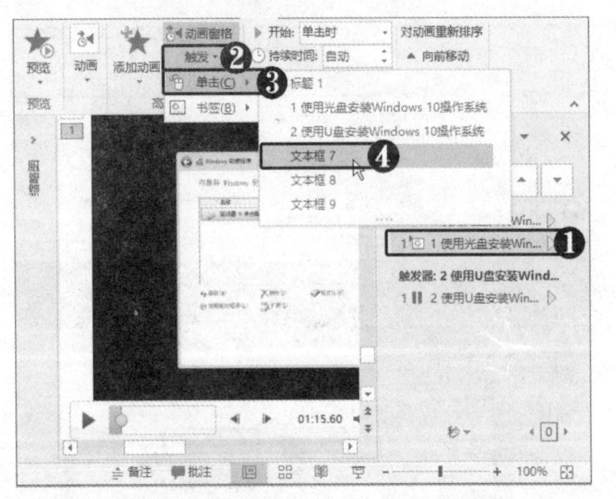

STEP 06 **创建触发器** 此时即可为“搜寻”强调动画创建触发器。

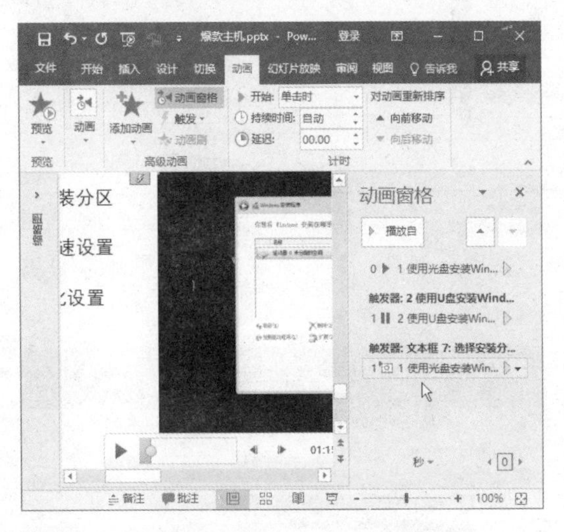

STEP 07 **继续操作** 采用同样的方法，继续在视频的不同位置创建触发器。

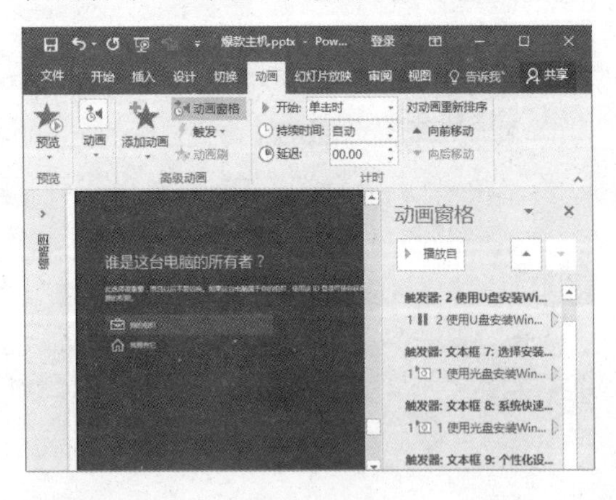

STEP 08 **选择“播放”选项卡** ❶ 选中视频文件。❷ 选择“播放”选项卡。

STEP 09 **删除书签** ❶ 在“视频”中选择书签。❷ 单击“删除书签”按钮，即可删除该书签。

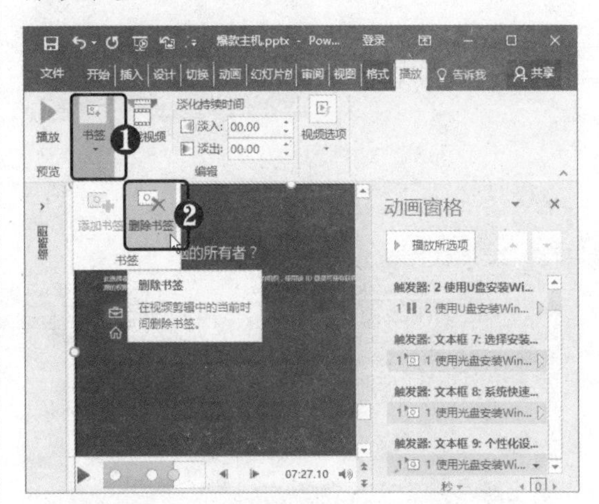

STEP 10 **查看触发器效果** 按【Shift+F5】组合键，放映当前幻灯片，在文本框上单击即可跳转到视频相应的标签处。

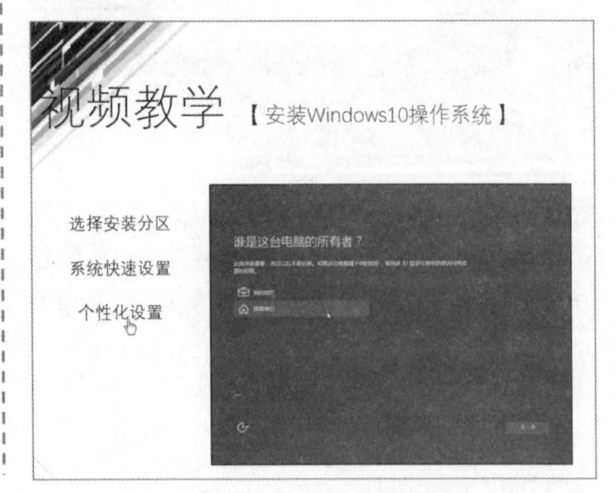

14.4 设置交互式演示文稿

为幻灯片对象插入超链接可以使幻灯片轻松地跳转到演示文稿中的另一张幻灯片，也可跳转到其他演示文稿中的幻灯片、电子邮件地址、网页或文件等。下面将介绍超链接与动作的应用方法。

14.4.1 插入超链接

用户可以为幻灯片中的对象创建超链接，如文本、占位符、文本框、图片与形状等。下面以为图片创建超链接为例进行介绍，具体操作方法如下。

STEP 01 设置换片方式 ❶ 选择第 1 张幻灯片。❷ 选择“切换”选项卡。❸ 在“计时”组中取消选择“单击鼠标时”复选框。

STEP 02 选择“超链接”命令 在幻灯片中插入素材图片，❶ 右击图片。❷ 选择“超链接”命令。

STEP 03 选择幻灯片 弹出“插入超链接”对话框，❶ 在左侧“链接到”选项区中单击“本文档中的位置”按钮。❷ 在右侧选择要链接到的幻灯片。❸ 单击“确定”按钮。

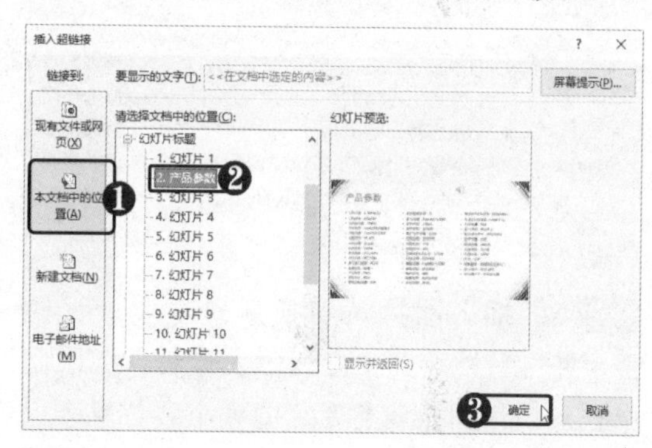

STEP 04 查看切换效果 此时即可为图片创建超链接，按【F5】键放映幻灯片，单击图片即可切换到相应的幻灯片中。

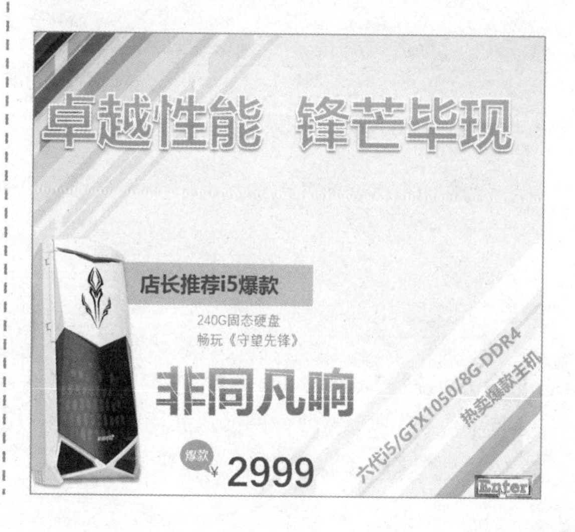

14.4.2 插入动作

除了可以使用超链接进行幻灯片交互外，还可通过添加动作设置幻灯片交互。通过为幻灯片对象添加动作，不仅可以链接到指定的幻灯片，还可执行“结束放映”、“自定义放映”等命令或运行指定的程序，具体操作方法如下。

STEP 01 单击“幻灯片母版”按钮 ❶ 选择第2张幻灯片。❷ 选择“视图”选项卡。❸ 单击“幻灯片母版”按钮。

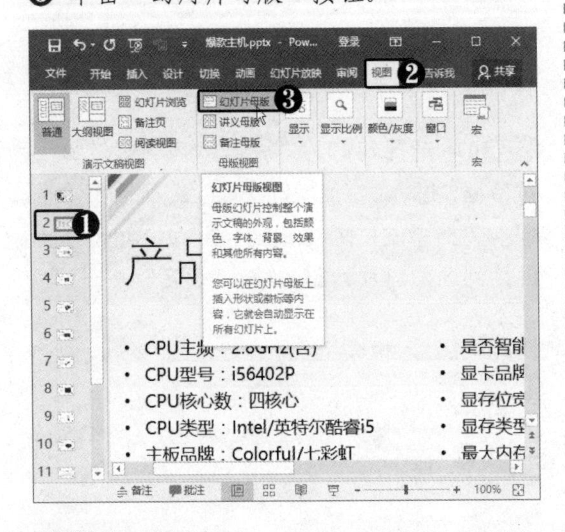

STEP 02 插入图片 切换到幻灯片母版视图，并自动跳转到相应的版式母版。在母版中插入图片，并调整图片的大小和位置。

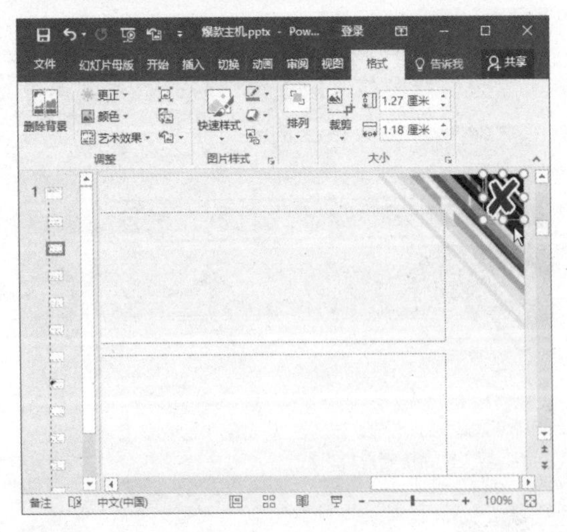

STEP 03 选择颜色效果 ❶ 选择“格式”选项卡。❷ 在“调整”组中单击“颜色”下拉按钮。❸ 选择所需的颜色效果。

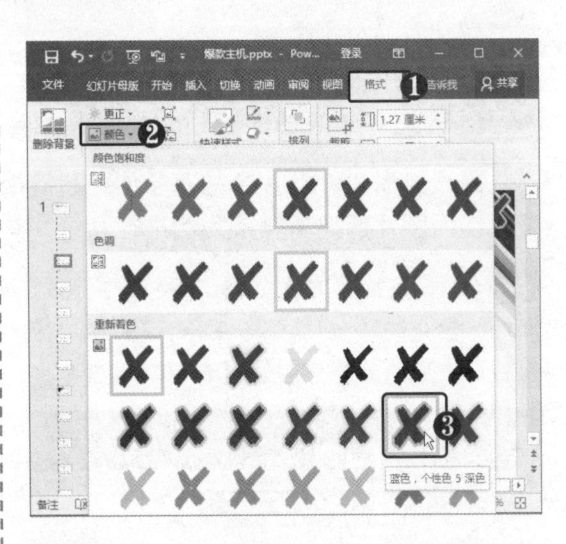

STEP 04 单击“动作”按钮 ❶ 选中Logo图片。❷ 选择“插入”选项卡。❸ 在“链接”组中单击“动作”按钮。

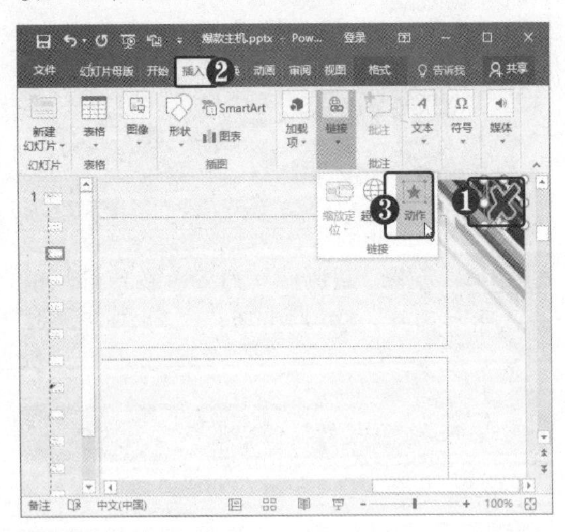

STEP 05 设置动作 弹出“操作设置”对话框，❶ 选中“超链接到”单选按钮。❷ 在“超链接到”下拉列表中选择“结束放映”选项。

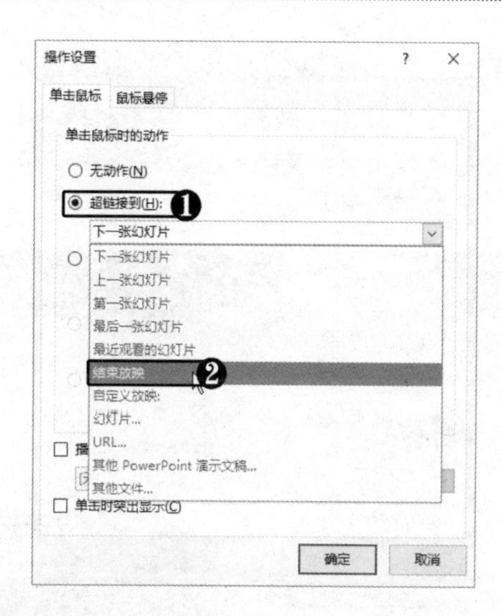

STEP 06 设置鼠标悬停声音 ❶ 选择“鼠标悬停”选项卡。❷ 选择“播放声音”复选框。❸ 在“播放声音”下拉列表框中选择“箭头”音效。❹ 单击“确定”按钮。

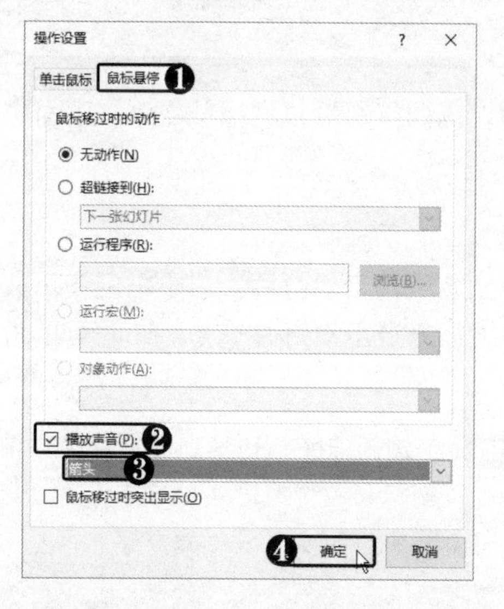

STEP 07 复制图片 按【Ctrl+C】组合键复制图片，在左侧选择新建的版式，按【Ctrl+V】组合键粘贴图片，然后切换到普通视图。

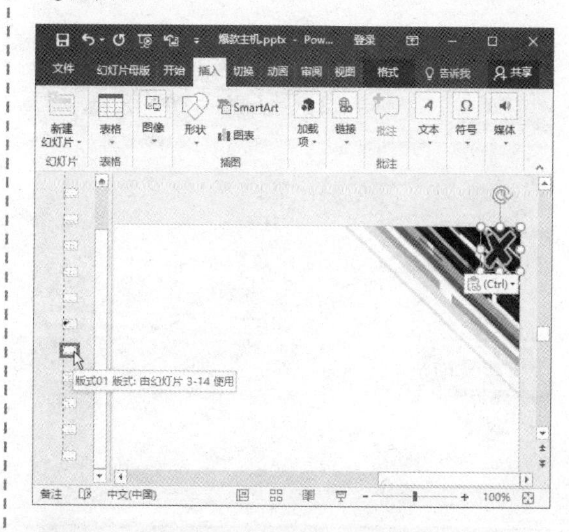

STEP 08 查看链接效果 按【F5】键放映幻灯片，单击图片，查看链接效果。

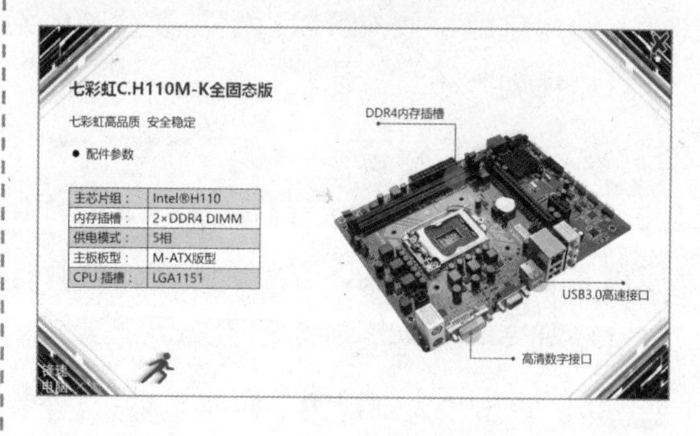

14.5 幻灯片放映

制作演示文稿的最终目的为通过放映幻灯片向观众传达某种信息。下面将介绍如何设置幻灯片放映，如隐藏幻灯片、排列计时、录制幻灯片、设置幻灯片放映，以及放映过程中的操作技巧等。

14.5.1 隐藏幻灯片

在放映幻灯片时，可以将不需要放映的幻灯片隐藏起来，具体操作方法如下。

STEP 01 单击“隐藏幻灯片”按钮 ❶ 在左窗格中选择要隐藏的幻灯片。❷ 选择“幻灯片放映”选项卡。❸ 在“设置”组中单击“隐藏幻灯片”按钮。

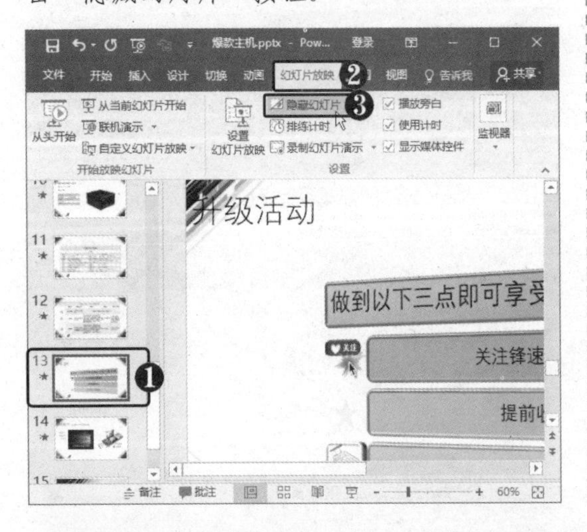

STEP 02 取消隐藏幻灯片 此时所选幻灯片呈半透明显示，其编号上显示斜线。若要取消隐藏幻灯片，❶ 可右击幻灯片。❷ 选择“隐藏幻灯片”命令。

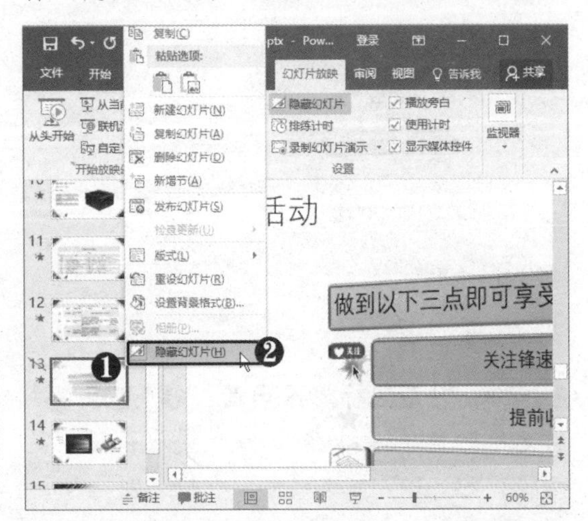

14.5.2 放映指定的幻灯片

创建自定义放映可以指定需要放映的幻灯片，或调整幻灯片的播放次序，下面将对其进行详细介绍。

1. 设置幻灯片标题

在设置自定义放映时，需要依据幻灯片的标题名来指定幻灯片。由于本例演示文稿应用了“空白”版式，因此不存在幻灯片标题名，而只显示幻灯片编号。此时可以为幻灯片添加标题，具体操作方法如下。

STEP 01 单击“大纲视图”按钮 ❶ 选择第 1 张幻灯片。❷ 选择“视图”选项卡。❸ 单击“大纲视图”按钮。

STEP 02 输入标题 切换到大纲视图，将光标定位到标题位置，输入幻灯片标题，此时在幻灯片中将同步显示标题文字。

STEP 03 添加其他幻灯片标题 采用同样的方法，为其他无标题的幻灯片添加标题。

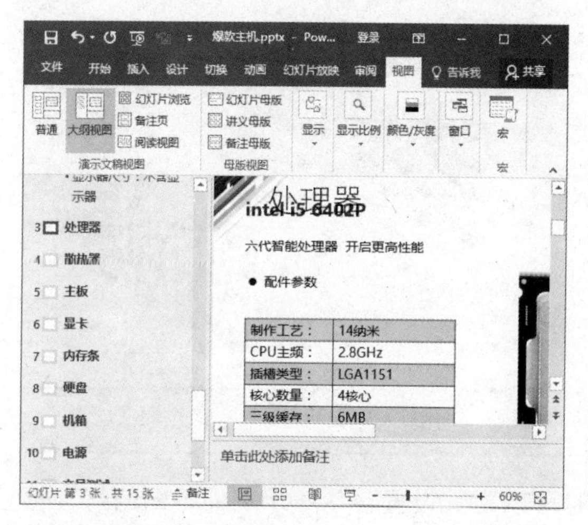

STEP 04 移动标题 为了使标题文字不在幻灯片中出现，可减小视图显示比例，然后将标题文本框移至幻灯片外。

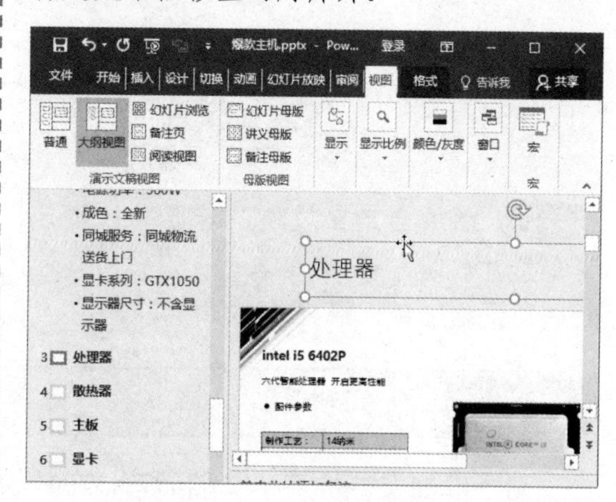

2. 创建自定义放映

通过创建自定义放映可以放映指定的幻灯片，具体操作方法如下。

STEP 01 选择“自定义放映”选项 ❶ 选择“幻灯片放映”选项卡。❷ 在“开始放映幻灯片”组中单击“自定义幻灯片放映”下拉按钮。❸ 选择“自定义放映”选项。

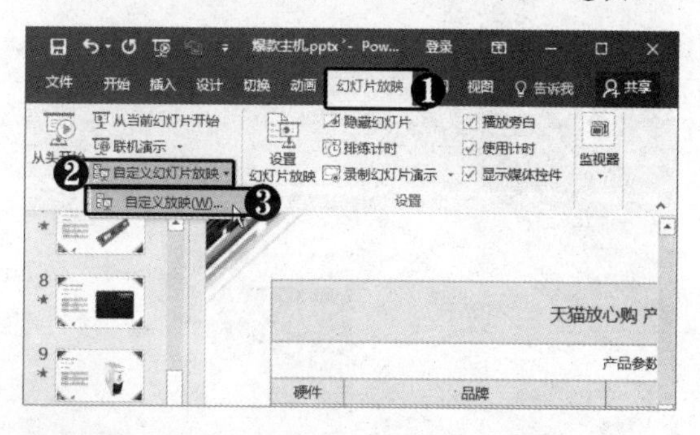

STEP 02 单击“新建”按钮 弹出“自定义放映”对话框，单击“新建”按钮。

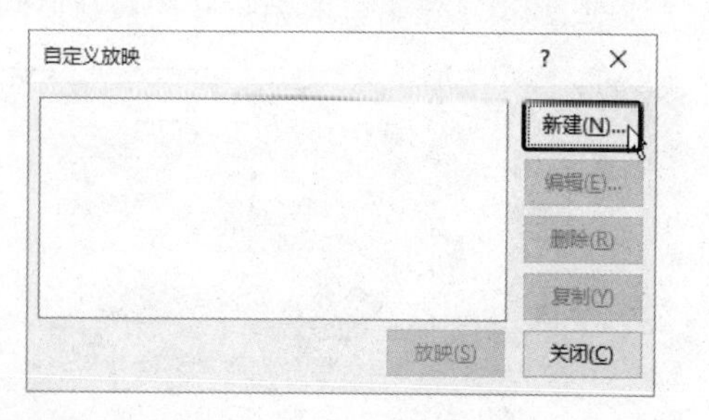

STEP 03 添加幻灯片 弹出“定义自定义放映”对话框，❶ 输入自定义放映名称。❷ 在左侧列表框中选中要放映的幻灯片前的复选框。❸ 单击“添加”按钮。

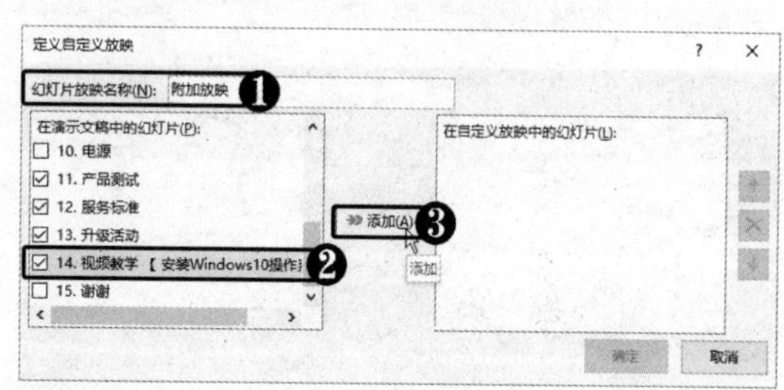

STEP 04 单击“确定”按钮 此时即可将自定义放映的幻灯片添加到右侧列表中。单击右侧的按钮，可以调整幻灯片幻灯片顺序或删除幻灯片，单击“确定”按钮。

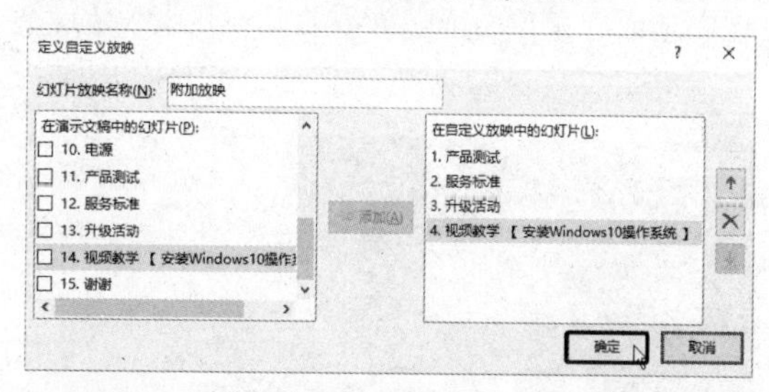

STEP 05 单击“关闭”按钮 返回“自定义放映”对话框，从中可设置编辑、删除或复制自定义放映，单击“关闭”按钮。

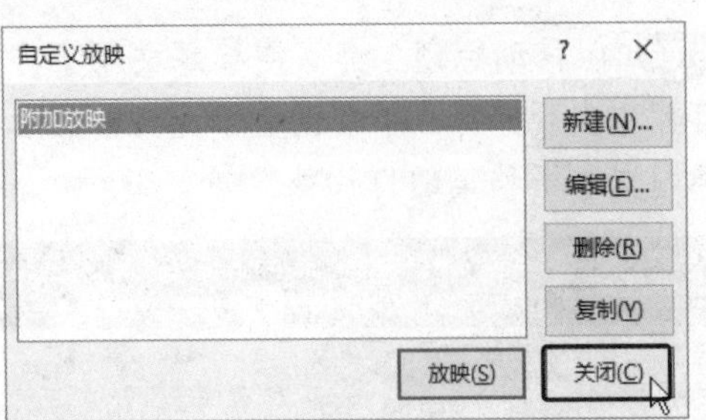

STEP 06 播放自定义放映 若要播放自定义幻灯片放映，❶ 可单击“自定义幻灯片放映”下拉按钮。❷ 选择放映名称。

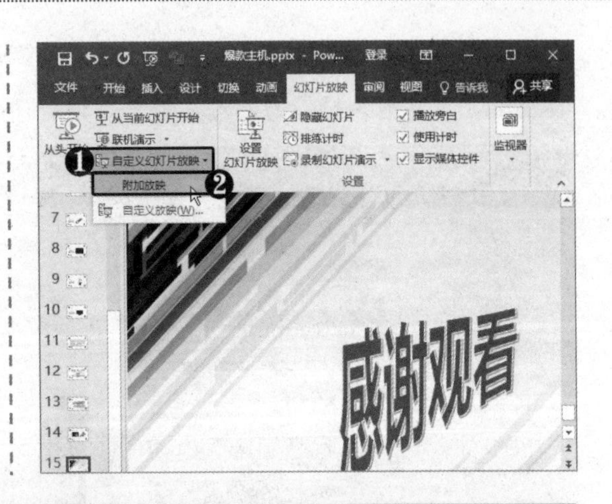

14.5.3 排列计时

对于非交互式的演示文稿而言，在放映时可以为其设置自动演示功能，即幻灯片根据预先设置的显示时间逐张自动演示。使用“排练计时”功能就能实现这个目的，具体操作方法如下。

STEP 01 单击“排练计时”按钮 ❶ 选择“幻灯片放映”选项卡。❷ 在“设置”组中单击“排练计时”按钮。

STEP 02 进行放映计时 进入幻灯片放映状态，在左上角出现“录制”工具栏，在该工具栏中显示了放映时间。单击工具栏中相应的按钮，可以设置“暂停录制”、“重复”等。

STEP 03 结束排列计时 单击鼠标左键或按空格键放映下一张幻灯片，直到排列计时结束，弹出提示信息框。单击“是”按钮，结束排练计时。也可在放映过程中按【Esc】键提前结束放映。

STEP 04 查看排列计时 切换到“幻灯片浏览”视图，其中显示出每张幻灯片的放映时间。

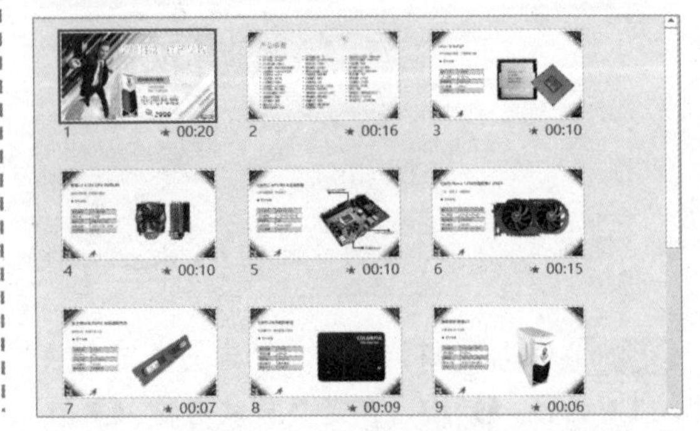

14.5.4 录制幻灯片演示

通过录制幻灯片可以在放映时使用麦克风为其添加旁白，以对幻灯片进行解释。录制幻灯片演示的具体操作方法如下。

STEP 01 选择"从头开始录制"选项 ❶ 选择"幻灯片放映"选项卡。❷ 在"设置"组中单击"录制幻灯片演示"下拉按钮。❸ 选择"从头开始录制"选项。

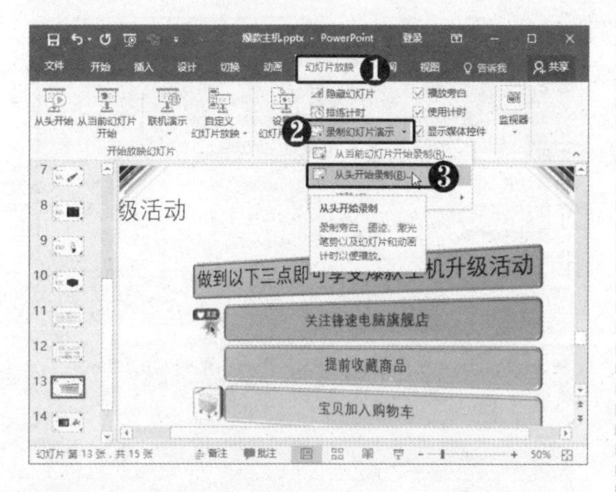

STEP 02 选择录制内容 弹出"录制幻灯片演示"对话框，❶ 选中要录制的内容。❷ 单击"开始录制"按钮。

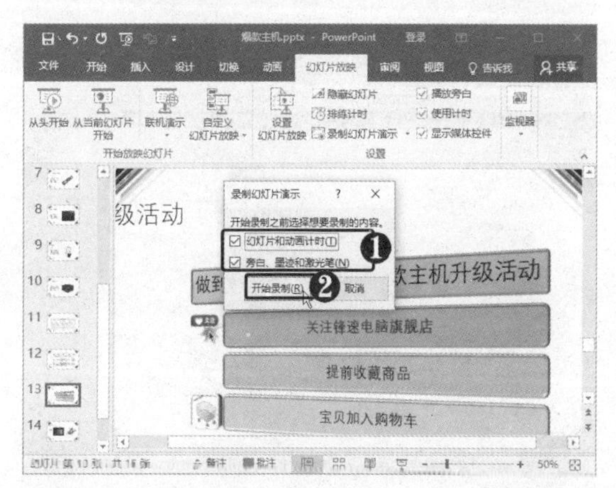

STEP 03 开始录制幻灯片 开始放映幻灯片并自动进行录制，可以使用麦克风进行录音，为幻灯片添加旁白。

STEP 04 录制完毕 录制完毕后切换到"幻灯片浏览"视图，从中可以看到计时时间，且在每张幻灯片的右下角多出一个小喇叭图标。

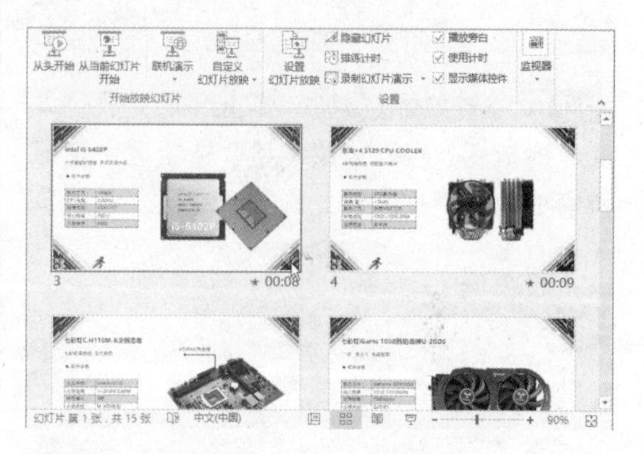

STEP 05 清除计时或旁白 ❶ 单击"录制幻灯片演示"下拉按钮。❷ 选择"清除"选项。❸ 选择要清除的项目。

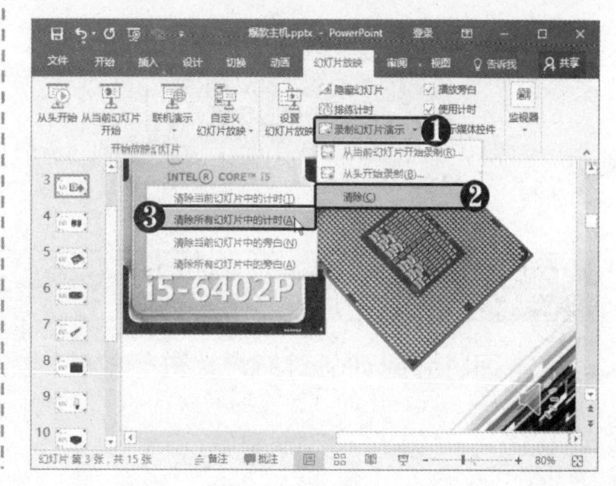

14.5.5 设置幻灯片放映

在实际幻灯片放映中，演讲者可能会对放映方式有不同的需求（如循环放映），这时就需要对幻灯片的放映类型进行设置，具体操作方法如下。

STEP 01 单击“设置幻灯片放映”按钮 ❶ 选择“幻灯片放映”选项卡。❷ 在“设置”组中单击“设置幻灯片放映”按钮。

STEP 02 选择放映类型 弹出“设置放映方式”对话框，在“放映类型”选项区中选择所需的放映类型，在此选中“观众自行浏览（窗口）”单选按钮。

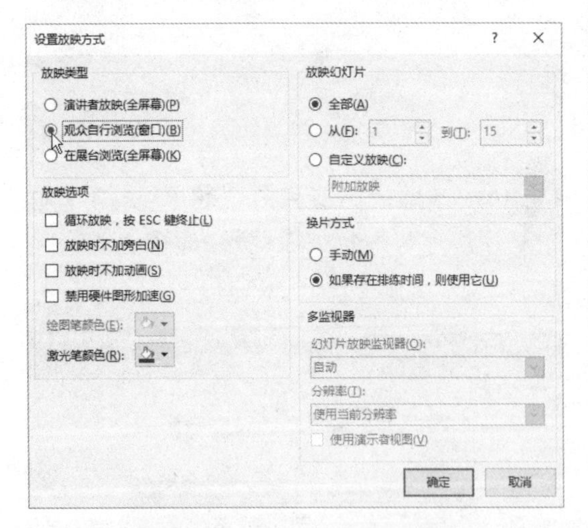

STEP 03 设置其他放映选项 ❶ 在“放映选项”选项区中设置参数。❷ 在右侧设置自定义放映及换片方式。❸ 单击“确定”按钮。

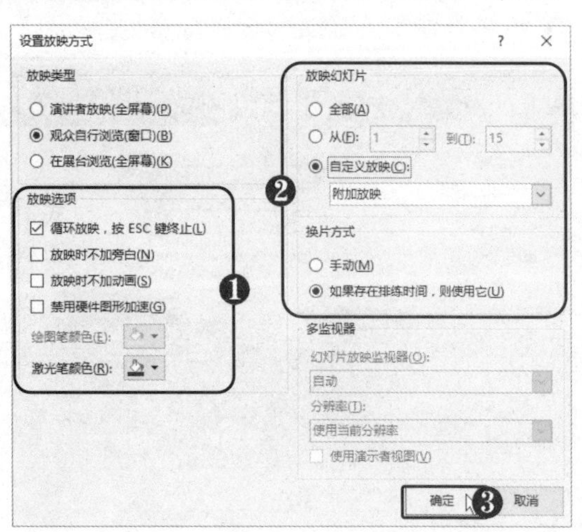

STEP 04 查看放映效果 按【F5】键放映幻灯片，查看放映效果。

14.5.6 开始放映幻灯片

下面将介绍如何对幻灯片进行放映，以及在放映过程中的一些操作技巧，具体操作方法如下。

STEP 01 单击“从头开始”按钮 在快速访问工具栏中单击“从头开始”按钮。

STEP 02 单击“笔”按钮 进入全屏模式的幻灯片放映视图，单击左下方的“笔”按钮，在弹出的列表中可选择笔及笔颜色，以在放映过程中进行绘制。

STEP 03 查看所有幻灯片 单击左下方的按钮，可以查看演示文稿中的所有幻灯片。要放映某张幻灯片，只需单击它即可。

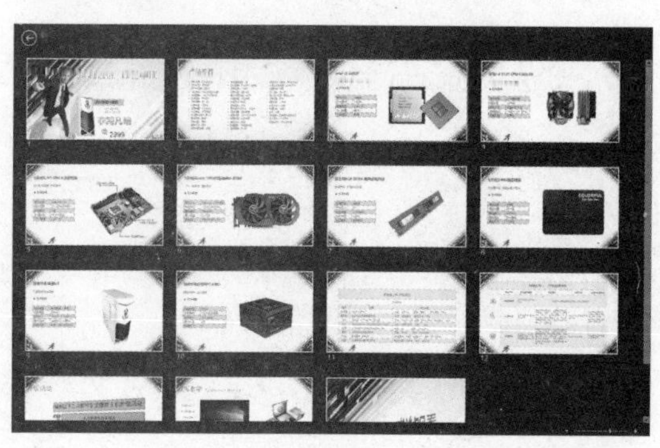

STEP 04 选择放大区域 单击左下方的按钮，然后在幻灯片中选择要放大的区域并单击鼠标左键。

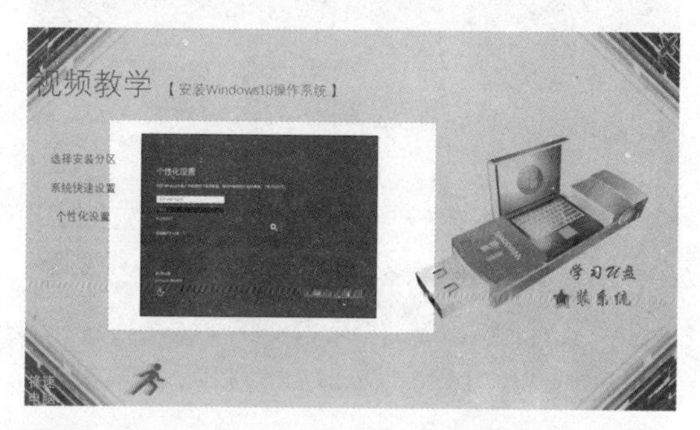

STEP 05 放大所选区域 此时即可将所选区域放大到整个屏幕，拖动鼠标可移动屏幕位置，右击可退出放大状态。

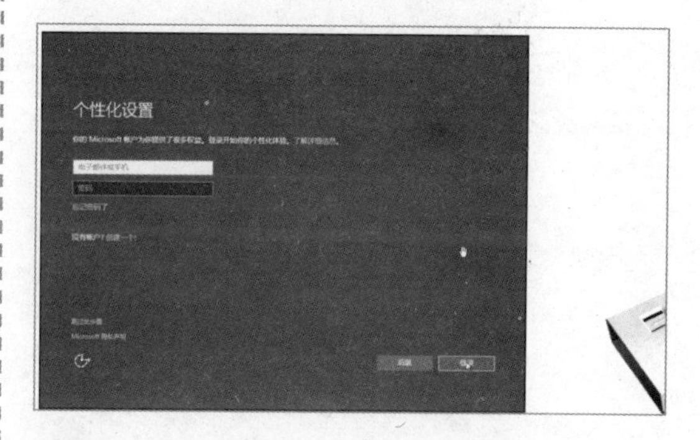

STEP 06 进入黑屏或白屏 ❶ 在幻灯片中右击。❷ 选择“屏幕”命令。❸ 选择“黑屏”或“白屏”命令，可进入黑屏或白屏状态。

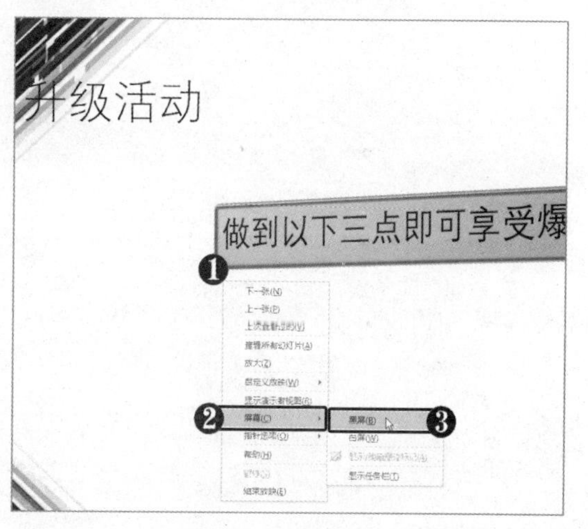

STEP 07 进入演示者视图 在幻灯片中右击，选择“显示演示者视图”命令，即可进

入演示者视图，在该视图中演讲者可查看备注信息。

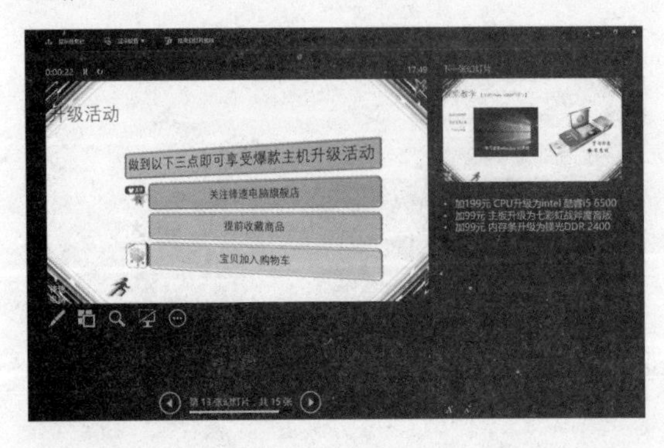

STEP 08 查看幻灯片放映帮助 按【F1】键，弹出"幻灯片放映帮助"对话框，在"常规"选项卡下可以查看放映幻灯片时常用的快捷方式。

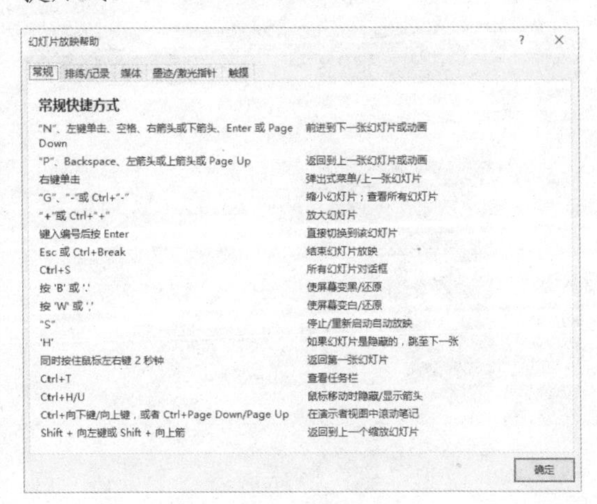